U0141176

前言

1. 出版背景

「青山遮不住，畢竟東流去！」雖然我們已經累積了大量的經典的 8 位元微控制器 (如 MCS-51)、16 位元微控制器 (如 MSP430) 的技術資料，但是複雜的指令、較低的主頻、有限的儲存空間、極少的片上外接裝置，使其在面對複雜應用時，捉襟見肘，難以勝任。8 位元、16 位元微控制器的應用不會就此結束，32 位元處理器時代已經到來。

在這個大環境下，ARM Cortex-M 處理器轟轟烈烈地誕生了！它性能更強、功耗更低、易於使用。許多曾經只能求助於高級 32 位元處理器或 DSP 的軟體設計，都能在 ARM Cortex-M 處理器上跑得很快。按照 ARM 公司的經營策略，公司只負責設計處理器 IP 核心，而不生產和銷售具體的處理器晶片。在諸多半導體製造商中，意法半導體 (ST Microelectronics) 公司較早在市場上推出基於 ARM Cortex-M 核心的微控制器產品，其根據 ARM Cortex-M 核心設計生產的 STM32 微控制器充分發揮了低成本、低功耗、高 C/P 值的優勢，以系列化的方式推出，方便使用者選擇，受到了廣泛的好評。在許多 STM32 微控制器產品中，基於 ARM Cortex-M3 核心的 STM32F103 微控制器和基於 ARM Cortex-M4 核心的 STM32F407 微控制器較為使用者所了解，市場佔有率很高，很多嵌入式教材也是以二者之一為藍本進行講解的。相比於 STM32F103 微控制器，STM32F407 在核心、資源、外接裝置、性能、功耗等多方面均有較大增強，而二者價格相差並不大，所以本書選擇以 STM32F407 為背景機型進行講解。

STM32 支援的四種開發方式中的暫存器開發方式和 LL 函數庫開發方式較少使用，嵌入式軟體工程師往往會在標準函數庫開發方式和 HAL 函數庫開發方式之間艱難抉擇。近年來，隨著硬體性能逐步提升和 STM32CubeMX 軟體的更新升級，HAL 函數庫開發方式的高效、便捷和通用性得到進一步的彰顯，選擇的天平逐漸傾向於 HAL 函數庫開發方式。作者實踐和比較了兩種開發方式之後，發現 HAL 函數庫開發方式較標準函數庫開發方式可以明顯減少程式量，大幅降低程式設計人員翻閱資料手冊的頻率，研發週期大幅縮短，可靠性顯著提升。雖然 HAL 函數庫開發方式不是完美無瑕，但利遠大於弊，它是未來嵌入式開發的技術方向，也是 STM32 官方主推的開發方式。所以，本書介紹的軟體設計是基於圖形化設定工具 STM32CubeMX 的 HAL 函數庫開發，這是當前技術主流，具有一定的前瞻性。

2. 內容簡介

針對上述情況，作者根據多年的嵌入式系統教學和開發經驗撰寫了本書，試圖做到循序漸進，理論與實踐並重，共通性與個性兼顧，將嵌入式系統的理論知識和基於 ARM Cortex-M4 核心的 STM32F407 微控制器的實際開發相結合。

全書共 18 章，劃分為以下三篇。

第一篇 (第 1~3 章) 為系統平臺。第 1 章介紹了嵌入式系統定義、ARM 核心以及基於 ARM Cortex-M4 核心的 STM32 微控制器；第 2 章對 STM32F407 微控制器和開發板硬體平臺各模組進行詳細介紹；第 3 章介紹 STM32 軟體環境設定與使用入門。

第二篇 (第 4~10 章) 為基本外接裝置，分別對 STM32 嵌入式系統最常用外接裝置模組介紹。第 4 章講解通用輸入輸出通訊埠；第 5 章講解 LED 流水燈與 SysTick 計時器；第 6 章講解按鍵輸入與蜂鳴器；第 7 章講解 FSMC 匯流排與雙顯示終端；第 8 章講解中斷系統與基本應用；第 9 章講解基本計時器；第 10 章講解通用計時器。

第三篇 (第 11~18 章) 為擴充外接裝置，分別對 STM32 嵌入式系統高級外接裝置模組介紹。第 11 章講解串列通訊介面 USART；第 12 章講解 SPI 與字形檔儲存；第 13 章講解 I2C 介面與 EEPROM；第 14 章講解類 / 數轉換與光照感測器；第 15 章講解直接記憶體存取；第 16 章講解數 / 類轉換器；第 17 章講解位元帶操作與溫濕度感測器；第 18 章講解 RTC 與藍牙通訊。

無論是基本外接裝置，還是擴充外接裝置，從第 4 章開始到第 18 章結束，每一章先對理論知識進行講解，然後引入專案實例，舉出專案實施具體步驟，專案可以在課堂完成。整個教學理論與實踐一體，學中做，做中學。

3. 本書特色

(1) 以學生認知過程為導向，設計本書邏輯，組織章節內容。先硬體後軟體，由淺入深，循序漸進；遵循理論夠用，重在實踐，容易上手的原則，培養學習興趣，激發學習動力。

(2) 專案引領，任務驅動，教學做一體，注重學生專案實踐能力的培養。對於每個典型外接裝置模組，在簡明扼要地闡述原理的基礎上，圍繞其應用，以案例的形式討論其設計精髓，並在書中舉出了完整的專案案例。

(3) 發揚 ARM 長處，助推 MCU 升級。ARM 嵌入式系統實際上是 8 位元微控制器的升級擴充，但是其高性能必然對應高複雜度。借助 8 位元微控制器共通性的理念、方法和案例，有助提升讀者學習興趣，使其輕鬆入門嵌入式開發。

4. 書附資源

「不聞不若聞之，聞之不若見之，見之不若知之，知之不若行之」。學習新東西時，沒有什麼比實踐更重要的了！為此，作者從硬體和軟體兩個方面為讀者建立了良好的實踐環境。

在硬體方面，本書設計了以下模組：①板載 CMSIS-DAP 偵錯器；②使用 FSMC 匯流排同時連接數位管和 TFT LCD；③獨立按鍵 / 矩陣鍵盤切換電路；④使用晶片外 SPI Flash 晶片儲存中文字形檔。讀者可直接購買本書書附開發板，也可以將本書專案移植到已有開發板，還可以自主設計開發板。

在軟體方面，本書提供了書附實例的程式碼，便於讀者開發驗證。此外，本書還提供了教學教材、教學大綱、實驗素材等教學資源。

5. 致謝

在本書的撰寫過程中參閱了許多資料，在此對所參考書籍的作者表示誠摯的感謝。本書在撰寫過程中引用了網際網路上最新資訊及報導，在此向原作者和刊發機構表示真摯的謝意，並對不能一一註明來源深表歉意。對於收集到的沒有標明出處或找不到出處的共用資料，以及一些進行加工、修改後納入本書的資料，在此鄭重宣告，本書內容僅用於教學，其著作權屬於原作者，並向他們表示致敬和感謝。

　　在本書的撰寫過程中，作者獲得了家人的理解和幫助，並且一直得到清華大學出版社盛東亮老師和鐘志芳老師的關心和大力支持，清華大學出版社的工作人員也付出了辛勤的勞動，在此謹向支持和關心本書編著的家人、同仁和朋友一併致謝。

　　由於嵌入式技術發展日新月異，加之作者水準有限，書中難免有疏漏和不足之處，懇請讀者們批評指正。如果讀者對本書有任何意見、建議和想法，或希望獲取本書書附開發板的更多技術支援，請與作者聯繫。

作者

章節部分

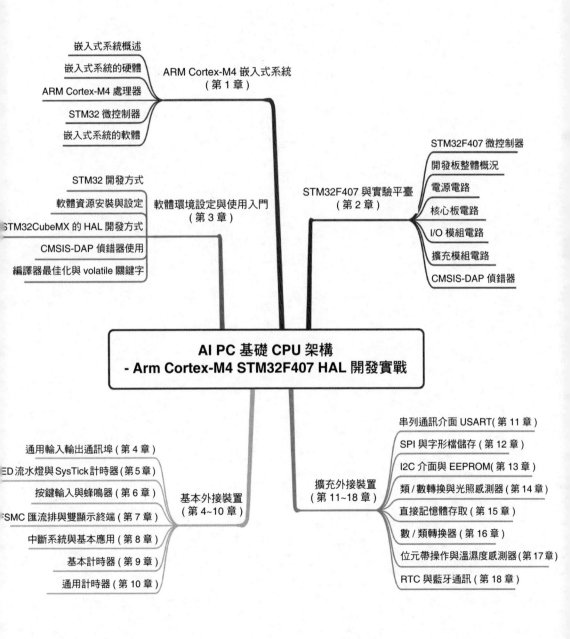

AI PC 基礎 CPU 架構
- Arm Cortex-M4 STM32F407 HAL 開發實戰

嵌入式系統概述
嵌入式系統的硬體
ARM Cortex-M4 處理器
STM32 微控制器
嵌入式系統的軟體

ARM Cortex-M4 嵌入式系統
（第 1 章）

STM32 開發方式
軟體資源安裝與設定
STM32CubeMX 的 HAL 開發方式
CMSIS-DAP 偵錯器使用
編譯器最佳化與 volatile 關鍵字

軟體環境設定與使用入門
（第 3 章）

STM32F407 微控制器
開發板整體概況
電源電路
核心板電路
I/O 模組電路
擴充模組電路
CMSIS-DAP 偵錯器

STM32F407 與實驗平臺
（第 2 章）

通用輸入輸出通訊埠（第 4 章）
LED 流水燈與 SysTick 計時器（第 5 章）
按鍵輸入與蜂鳴器（第 6 章）
FSMC 匯流排與雙顯示終端（第 7 章）
中斷系統與基本應用（第 8 章）
基本計時器（第 9 章）
通用計時器（第 10 章）

基本外接裝置
（第 4~10 章）

串列通訊介面 USART（第 11 章）
SPI 與字形檔儲存（第 12 章）
I2C 介面與 EEPROM（第 13 章）
類 / 數轉換與光照感測器（第 14 章）
直接記憶體存取（第 15 章）
數 / 類轉換器（第 16 章）
位元帶操作與溫濕度感測器（第 17 章）
RTC 與藍牙通訊（第 18 章）

擴充外接裝置
（第 11~18 章）

本書在表述上採用以下規則：

藍色

用來表示篇、章、節、小節等層次標題；關鍵字、術語、定義、定理、函數、命令、程式執行結果等重要詞語及欄位；圖題、表題、例題、習題。

網底

用來表示範例程式或專案來源程式。

粗體

用來表示術語、強調要點以及關鍵短語，在範例程式中也用來表示程式沙箱起止，或用來標注相近專案程式改動部分。

圖示

用來表示關鍵基礎知識，也用來表示提示、啟發以及某些值得深究的內容的補充資訊。

用來表示程式中存在的 Bug 或時常會發生的問題等警告資訊，引起讀者對該處內容的注意。

目錄

第一篇 系統平台

第 1 章 ARM Cortex-M4 嵌入式系統

第 2 章　STM32F407 與實驗平臺

第 3 章　軟體環境設定與使用入門

第二篇　基本外設

第4章　通用輸入輸出通訊埠

第 5 章　LED 流水燈與 SysTick 計時器

第 6 章　按鍵輸入與蜂鳴器

第 7 章　FSMC 匯流排與雙顯示終端

第 8 章　中斷系統與基本應用

第 9 章　基本計時器

第 10 章　通用計時器

第三篇　擴展外設

第 11 章　串列通訊介面 USART

第 12 章　SPI 與字形檔儲存

第 13 章 I2C 介面與 EEPROM

第 14 章　類 / 數轉換與光照感測器

第 15 章 直接記憶體存取

第 16 章　數 / 類轉換器

第 17 章　位元帶操作與溫濕度感測器

第 18 章　RTC 與藍牙通訊

附錄 A　ASCII 碼表

附錄 B　運算子和結合性關係表

附錄 C　STM32F407 微控制器接腳定義表

參 考 文 獻

第一篇 系統平台

工欲善其事，必先利其器

——孔子

本篇介紹系統平臺，共 3 章，分別說明嵌入式系統定義、嵌入式硬體平臺和軟體環境設定與使用入門。透過本篇學習，讀者將掌握嵌入式系統基本概念，了解嵌入式硬體功能模組，並能依據本書內容設定基於 STM32CubeMX 的 HAL 函數庫開發環境。

第 1 章 ARM Cortex-M4 嵌入式系統　　第 2 章 STM32F407 與實驗平臺

第 3 章 軟體環境設定與使用入門

第 1 章

ARM Cortex-M4 嵌入式系統

本章要點

➢ 嵌入式系統的定義；

➢ 嵌入式系統的特點和應用領域；

➢ 嵌入式系統的硬體；

➢ ARM Cortex-M4 處理器；

➢ STM32 微控制器；

➢ 嵌入式系統的軟體。

　　嵌入式系統在日常生活中無處不在，舉例來說，手機、印表機、掌上型電腦、數位機上盒等這些生活中常見的裝置都是嵌入式系統。目前，嵌入式系統已經成為電腦技術和電腦應用領域的重要組成部分。本章說明嵌入式系統的基礎知識，透過與生活中常見的個人電腦的比較，從定義、特點、組成、分類和應用等方面為讀者打開嵌入式系統之門。

1.1 嵌入式系統概述

　　電子電腦是 20 世紀最偉大的發明之一，電腦首先應用於數值計算。隨著電腦技術的不斷發展，電腦的處理速度越來越快，儲存容量越來越大，週邊設備的性能越來越好，滿足了高速數值計算和巨量資料處理的需要，形成了高性能的通用電腦系統。

　　以往我們按照電腦的系統結構、運算速度、結構規模和適用領域，將其分為大型主機、中型機、小型主機和微型機，並以此來組織學科和產業分工，這種分類沿襲了約 40 年。近 20 年來，隨著電腦技術的迅速發展，以及電腦技術和產品對其他行業的廣泛滲透，以應用為中心的分類方法更為切合實際。具體地說，就是按電腦的非嵌入式應用和嵌入式應用將其分為通用電腦系統和嵌入式電腦系統。

1.1.1　什麼是嵌入式系統

具備高速運算能力和巨量儲存，用於高速數值計算和巨量資料處理的電腦稱為通用電腦系統。而面向工控領域物件，嵌入各種控制應用系統、各類電子系統和電子產品，實現嵌入式應用的電腦系統稱為嵌入式電腦系統，簡稱嵌入式系統 (Embedded System)。

通用電腦具有電腦的標準形式，透過裝配不同的應用軟體，應用在社會的各個方面。現在，在辦公室、家庭中最廣泛使用的 PC 就是通用電腦最典型的代表。而嵌入式電腦則是以嵌入式系統的形式隱藏在各種裝置、產品和系統中，與所嵌入式環境成為一個統一的整體，完成運算和控制功能的專用電腦系統。日常生活中，人們形影不離的手機就是典型的嵌入式系統。

嵌入式系統是以應用為核心，以電腦技術為基礎，軟硬體可裁剪，適應應用系統對功能、可靠性、安全性、成本、體積、重量、功耗和環境等方面有嚴格要求的專用電腦系統。嵌入式系統將應用程式和作業系統與電腦硬體整合在一起，簡單地講就是系統的應用軟體與系統的硬體一體化。這種系統具有軟體程式少、高度自動化、回應速度快等特點，特別適應於物件導向的要求即時和多工的應用。

1.1.2　嵌入式系統和通用電腦比較

作為電腦系統的不同分支，嵌入式系統和人們熟悉的通用電腦 (如 PC) 既有共通性也有差異。

1. 嵌入式系統和通用電腦的共同點

嵌入式系統和通用電腦都屬於電腦系統。從系統組成上講，它們都是由硬體和軟體組成，工作原理相同，都是儲存程式機制。從硬體上看，嵌入式系統和通用電腦都是由中央處理器 (Central Processing Unit,CPU)、記憶體、輸入 / 輸出 (Input/Output，I/O) 介面和中斷系統等元件組成。從軟體上看，嵌入式系統軟體和通用電腦軟體都可以劃分為系統軟體和應用軟體兩類。

2. 嵌入式系統和通用電腦的不同點

作為電腦系統的新興的分支，嵌入式系統與人們熟悉和常用的通用電腦相比又具有以下不同。

1) 形態

通用電腦具有基本相同的外形(如主機、顯示器、滑鼠和鍵盤等)且獨立存在；而嵌入式系統通常隱藏在具體某個產品或裝置(稱為宿主物件，如空調、洗衣機和數位機上盒等)中，它的形態隨著產品或裝置的不同而不同。

2) 功能

通用電腦一般具有通用而複雜的功能，任意一台通用電腦都具有文件編輯、影音播放、娛樂遊戲、網上購物和通訊聊天等通用功能；而嵌入式系統嵌入在某個宿主物件中，功能由宿主物件決定，具有專用性，通常是為某個應用量身定做的。

3) 功耗

目前，通用電腦的功耗一般為 200W 左右；而嵌入式系統的宿主物件通常是小型應用系統，如手機、MP3 和智慧手環等，這些裝置不可能設定容量較大的電源。因此，低功耗一直是嵌入式系統追求的目標，如我們日常生活中使用的智慧型手機，其待機功率為 100~200mW，即使在通話時功率也只有 4~5W。

4) 資源

通用電腦通常擁有大而全的資源 (如滑鼠、鍵盤、硬碟、記憶體模組和顯示器等)；而嵌入式系統受限於嵌入的宿主物件 (如手機、MP3 和智慧手環等)，通常要求小型化和低功耗，其軟硬體資源受到嚴格的限制。

5) 價值

通用電腦的價值表現在「計算」和「儲存」上，運算能力 (處理器的位元組長度和主頻等) 和儲存能力 (記憶體及硬碟的大小和讀取速度等) 是通用電腦的通用評價指標；嵌入式系統往往嵌入某個裝置和產品中，其價值一般不取決於其內嵌的處理器的性能，而表現在它所嵌入和控制的裝置的一些指標上。如一台智慧洗衣機往往用洗淨比、洗滌容量和脫水轉速等來衡量，而不以其內嵌的微控制器的運算速度和儲存容量等來衡量。

1.1.3 嵌入式系統的特點

透過嵌入式系統的定義和嵌入式系統與通用電腦的比較，可以看出嵌入式系統具有以下特點。

1. 專用性強

嵌入式系統按照具體應用需求進行設計，完成指定的任務，通常不具備通用性，只能某個特定應用，就像嵌入在微波爐中導向的控制系統只能完成微波爐的基本操作，而不能在洗衣機中使用。

2. 可裁剪性

由於體積、功耗和成本等因素，嵌入式系統的硬體和軟體必須高效率地設計，根據實際應用需求量身打造，去除容錯，從而使系統在滿足應用要求的前提下達到最精簡的設定。

3. 即時性好

即時性是指系統能夠及時 (在限定時間內) 處理外部事件。大多數即時系統都是嵌入式系統，而嵌入式系統多數也有即時性的要求。例如導彈攔截系統，一旦發現目標，必須立即啟動攔截程式，否則將產生嚴重的後果。

4. 可靠性高

很多嵌入式系統必須一年 365 天、每天 24 小時持續工作，甚至要在極端環境下正常執行。大多數嵌入式系統 (如硬體的看門狗計時器、軟體的記憶體保護和重新啟動機制等) 都具有可靠性機制，以保證嵌入式系統在出現問題時能夠重新開機，保障系統的健壯性。

5. 生命週期長

遵從莫爾定律，通用電腦的改朝換代速度較快。嵌入式系統的生命週期與其嵌入的產品或裝置同步，經歷產品匯入期、成長期、成熟期和衰退期等各個階段，一般比通用電腦要長。

6. 不易被壟斷

嵌入式系統是將先進的電腦技術、半導體技術、電子技術和各個行業的具體應用相結合後的產物，這一點決定了它必然是一個技術密集、資金密集、高度分散、不斷創新的知識整合系統。因此，嵌入式系統不易在市場上形成壟斷。目前，嵌入式系統處於百花齊放、各有所長、全面發展的時代。各類嵌入式系統軟硬體差別顯著，其通用性和可攜性都較通用電腦系統要差。我們在學習嵌入式系統時要有所偏重，然後觸類旁通。

1.1.4 嵌入式系統的應用領域

嵌入式電腦系統以其獨特的結構和性能，越來越多地應用到國民經濟的各個領域。

1. 國防軍事

國防軍事是嵌入式系統最早的應用領域。無論是火炮、導彈等武器控制裝置，坦克、艦艇、戰機等軍用電子裝備，還是在月球車、火星車等科學探測裝置中，都有嵌入式系統的身影。圖 1-1 是「勇氣號」火星探測器所採用的太空車效果圖。太空車具有與地球控制中心通訊的功能，並能夠根據火星表面狀態和來自地球的控制命令進行運動和探索，其通訊和控制任務均由嵌入式系統管理和執行。

▲ 圖 1-1 嵌入式系統在國防軍事領域的典型應用——太空車

2. 工業控制

工業控制是嵌入式系統傳統的應用領域。目前，基於嵌入式晶片的工業自動化裝置獲得了長足的發展，已經有大量的 8 位元、16 位元、32 位元微控制器應用在程序控制、數控機床、電力系統、電網安全、電網裝置監測、石油化工等工控系統中，圖 1-2 是 EAMB-1585 嵌入式工控機主機板。就傳統的工業控制產品而言，低端型產品採用的往往是 8 位元微控制器。但是隨著技術的發展，32 位元、64 位元的處理器逐漸成為工業控制裝置的核心，在未來幾年內必將獲得長足的發展。

▲圖 1-2　嵌入式系統在工業控制領域的典型應用——工控機主機板

3. 交通管理與環境監測

在車輛導航、流量控制、資訊監測與汽車服務等方面，嵌入式系統已經獲得了廣泛的應用，內嵌 GPS 模組、GSM 模組、人造衛星模組的行動定位終端已經在各種運輸行業獲得了成功的使用。在水文資料即時監測、防洪系統及水土品質監測、堤壩安全、地震監測、即時氣象資訊、水源和空氣污染監測等領域也需要用到嵌入式技術。在很多環境惡劣，地況複雜的地區，嵌入式系統將實現無人監測。圖 1-3 為嵌入式系統在交通管理與環境監測的典型應用——人造衛星。

4. 消費電子

消費電子是目前嵌入式系統應用最廣、使用最多的領域。嵌入式系統隨著消費電子產品進入尋常百姓家，無時無刻不在影響著人們的日常生活。生活中經常使用的裝置，如手機、機上盒、數位相機、智慧玩具、音視訊播放機、電子遊戲主機等都是具有不同處理能力和儲存需求的嵌入式系統。如圖 1-4 所示，手機是普及率最高的消費類電子產品之一，也是典型的嵌入式系統，其實質上是以處理器為核心，整合多種外接裝置，用於個人行動通訊及相關應用的專用電腦系統。

▲圖 1-3 嵌入式系統在交通管理與環境監測的典型應用——人造衛星

▲圖 1-4 嵌入式系統在消費電子領域的典型應用——手機

5. 辦公自動化產品

　　嵌入式系統已廣泛應用於辦公自動化產品中，如雷射印表機、傳真機、掃描器、影印機和投影機等。這些辦公自動化產品大多嵌入了一個甚至多個處理器，成為複雜的嵌入式系統裝置。圖 1-5 為多功能一體機，集列印、影印、掃描多種功能於一身，支援有線、無線列印服務，功能強大，使用便捷。

6. 網路和通訊裝置

　　隨著萬物互聯的物聯網時代的到來，產生了大量網路基礎設施、連線裝置和終端設備，在這些裝置中大量使用嵌入式系統。目前，32 位元嵌入式微處理器廣泛應用於各網路裝置供應商的路由器，無論是思科的通用路由器系列，還是小企業、家庭中使用的寬頻路由器產品，都可以看到嵌入式系統的身影。圖 1-6 為家庭用寬頻路由器的實物圖片。

▲圖 1-5 嵌入式系統在辦公自動化領域的　　　▲圖 1-6 嵌入式系統在網路和通訊裝置領
典型應用——多功能一體機　　　　　　　　域的典型應用——路由器

▲圖 1-7 嵌入式系統在汽車電子領域的典型應用——汽車

7. 汽車電子

快速發展的汽車產業為汽車電子產品提供了廣闊的發展空間和應用市場。目前，嵌入式系統幾乎應用到絕大部分的汽車系統中。汽車內部的車載資訊系統、音視訊播放系統、導航系統、與駕車安全密切相關的防鎖死剎車系統 (ABS)、安全氣囊、電動轉向系統 (EPS)、胎壓檢測系統 (TPMS)、電子控制單元 (ECU) 等都是嵌入式系統。特別是近年來興起的電動汽車和自動駕駛汽車更是高性能嵌入式系統的整合。

圖 1-7 為 BMW740Li 外觀圖。

8. 金融商業

在金融商業領域，嵌入式系統主要應用在終端設備，如銷售終端 (Point of Sale，POS) 機、自動櫃員機 (Automated Teller Machine，ATM)、電子秤、電能表、流量計、條碼閱讀機、自動販賣機、公共汽車卡刷卡器等。圖 1-8 為電子秤實物照片。

9. 生物醫學

隨著嵌入式系統和感測器技術的發展與結合，嵌入式系統越來越多地出現在各種生物醫學裝置中,如 X 光機、CT 機、核心磁共振裝置、超音波檢測裝置、結腸鏡和內窺鏡等。尤其是近年來,可攜式和可穿戴逐漸成為生物醫學和健康服務裝置新的發展趨勢。可攜式和可穿戴要求生物醫學和健康服務裝置必須具備體積小、功耗低、價格便宜和易於使用的特點,而嵌入式系統恰好滿足這些要求。圖 1-9 為微軟公司 2015 年 10 月發佈的智慧手環 Microsoft Band2,其內建最佳化後的 Cortana,可以辨識一些簡單的語音命令,此外,還內建了 GPS、UV 監測、訓練指導、睡眠追蹤、卡路里追蹤、通知等功能。

▲ 圖 1-8 嵌入式系統在金融商業領域的典型應用——電子秤

▲ 圖 1-9 嵌入式系統在生物醫學領域的典型應用——Microsoft Band2

10. 資訊家電

　　資訊家電被視為嵌入式系統潛力最大的應用領域。具有良好的使用者介面,能實現遠端控制和智慧管理的電器是未來的發展趨勢。冰箱、空調、電視等電器的網路化和智慧化將引領人們的家庭生活步入一個嶄新的空間——智慧家居 (Smart Home,Home Automation),如圖 1-10 所示。即使不在家裡,也可以透過網路進行遠端控制和智慧管理。在這些裝置中,嵌入式系統將大有用武之地。

▲ 圖 1-10 嵌入式系統在資訊家電領域的典型應用——智慧家居

1.1.5 嵌入式系統範例

為幫助讀者進一步理解嵌入式系統的定義和應用方法，下面以作者設計並實現的「幼兒算術學習機」為例，進一步闡述嵌入式系統的概念。

1. 實施方式

幼兒算術學習機結構如圖 1-11 所示，其包括：①數位管；②發光二極體 (Light Emitting Diode,LED) 點陣；③矩陣鍵盤；④控制器；⑤結果提示；⑥聲音模組。數位管、LED 點陣、結果提示、聲音模組和控制器相連，控制器是系統核心，負責系統運算和控制功能。該學習機可以幫助幼兒建立算數運算概念，訓練運算、思維能力，提高學習興趣和學習效率。該學習機系統具有學習、練習和測試功能，在練習和測試模式下既可自動出題，又支持教師或家長手動輸入試題。

2. 範例理解

不難看出，上述幼兒算術學習機是一個典型的嵌入式系統，它透過將具備一定運算和控制功能的控制器嵌入整個系統中，完成數位管顯示、LED 點陣控制、鍵盤處理、語音合成、結果提示等所有功能。在上述專案中，控制器是系統核心，其運算和控制能力相對通用電腦來說要低很多，但其個性化比較強。控制器和數位管、LED 點陣及聲音模組介面必須為此專案單獨設計，且沒有通用電腦中的「視訊卡」或「音效卡」可以直接購買。另外，讀者也可以發現上述系統對成本和功耗比較敏感。

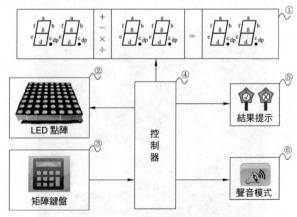

▲ 圖 1-11 幼兒算術學習機結構

透過對該嵌入式系統實例的學習，讀者可以更進一步地理解嵌入式系統和通用電腦系統的區別和聯繫，以及嵌入式系統的特點和應用方法。

1.2 嵌入式系統的硬體

嵌入式系統的硬體是嵌入式系統執行的基礎，也是提供嵌入式軟體執行的物理平臺和通訊介面。嵌入式系統的硬體組成如圖 1-12 所示，嵌入式系統的硬體由嵌入式記憶體、嵌入式處理器、嵌入式 I/O 介面和嵌入式 I/O 裝置共同組成。它以嵌入式處理器為核心，以嵌入式記憶體作為程式和資料的儲存媒體，借助匯流排相互連接，透過嵌入式 I/O 介面和 I/O 裝置與外部世界聯繫。

▲ 圖 1-12 嵌入式系統的硬體組成

1.2.1 嵌入式處理器的分類

嵌入式處理器是嵌入式系統硬體的核心，現在幾乎所有的嵌入式系統都是基於嵌入式處理器設計的。嵌入式處理器與傳統 PC 上的通用 CPU 最大的不同在於嵌入式處理器大多工作在為特定使用者群所專用設計的系統中，它將通用 CPU 的許多由電路板完成的任務整合在晶片上部，從而有利於嵌入式系統在設計時趨於小型化，同時它還具有很高的效率和可靠性。根據技術特點和應用場合，嵌入式處理器存在以下主要類別。

1. 嵌入式微處理器 (Micro Processor Unit，MPU)

嵌入式微處理器是由傳統 PC 中的 CPU 演變而來的，一般有 32 位元及以上的處理器，具有較高的性能，當然其價格也相應較高。但與傳統 PC 上的通用 CPU 不同的是，在實際嵌入式設計中，嵌入式微處理器只保留和嵌入式應用緊密相關的功能硬體，去除其他容錯功能，以最低的功耗和資源實現嵌入式應用的特殊要求。和傳統的工業控制電腦相比，嵌入式微處理器具有體積小、重量輕、功耗和成本低、抗電磁干擾強、可靠性高等優點。

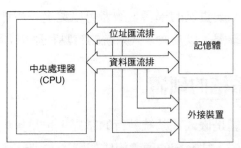

▲ 圖 1-13 嵌入式微處理器系統組成

嵌入式微處理器系統組成如圖 1-13 所示，在以嵌入式微處理器為核心建構嵌入式硬體系統時，除了嵌入式微處理器晶片外，還需要在同一塊電路板上增加隨機存取記憶體 (Random Access Memory，RAM)、唯讀儲存器 (Road-Only Memory，ROM)、匯流排、I/O 介面和外接裝置等多種元件，嵌入式系統才能正常執行。

目前主要的嵌入式微處理器類型有 Motorola 6800、PowerPC 和 MIPS 系列等。

2. 嵌入式微控制器 (Micro Controller Unit，MCU)

所謂微控制器就是將微型電腦主要功能元件整合在一塊半導體晶片上，微控制器的全稱為單片微型電腦，它忠實地反映了早期微控制器的形態和本質。隨後按照物件導向、突出控制功能的要求，在微控制器晶片上整合了許多週邊電路及外接裝置介面，突破了傳統意義的電腦結構，發展成了微控制器系統結構，鑑於它完全作為嵌入式應用，故又稱為嵌入式微控制器。

嵌入式微控制器系統組成如圖 1-14 所示，嵌入式微控制器通常以某種處理器核心為核心，內部整合了 RAM、ROM、I/O 介面、計時器 / 計數器以及其他必要的功能外接裝置和介面。

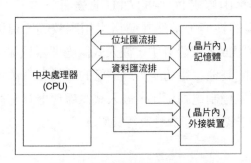

▲ 圖 1-14 嵌入式微控制器系統組成

　　與嵌入式微處理器相比，嵌入式微控制器的資源更豐富，功能更強大，最大的特點是單片化。它將 CPU、記憶體、外接裝置和介面整合在一塊晶片上，從而使體積大幅減小，功耗和成本顯著下降，但同時可靠性卻得到提高。

　　嵌入式微控制器，從 20 世紀 70 年代誕生到今天，歷經 50 多年的發展，由於其低成本、低功耗和較為豐富的片上外接裝置資源，在嵌入式裝置中有著極其廣泛的應用，目前佔據著嵌入式系統約 70% 的市佔率，是當前嵌入式系統的主流。

　　當前，嵌入式微控制器的廠商、種類和數量很多，比較有代表性的有 Intel 公司的 MCS-51 及其相容機、TI 公司的 MSP430、Microchip 公司的 PIC12/16/18/24、ATMEL 公司的 ATmega8/ATmega16/ATmega32/ATmega64/ATmega128、NXP 公司的 LPC1700 系統、ST 公司的 STM32F1/STM32F2/STM32F3/STM32F4/STM32F7 系列等。一般來說各個公司一系列的嵌入式微控制器具有多種衍生產品，每種衍生產品都基於相同的處理器核心，只是記憶體、外接裝置、介面和封裝各有不同。舉例來說，ST 公司的 STM32F1 和 STM32F2 系列嵌入式微控制器都基於 ARM Cortex-M3 處理器核心，而 STM32F3 和 STM32F4 系列嵌入式微控制器都基於 ARM Cortex-M4 處理器核心。

3. 嵌入式數位訊號處理器 (Digital Signal Processor，DSP)

　　嵌入式數位訊號處理器可以實現對離散時間訊號的高速處理和計算，是專門用於訊號處理方面的嵌入式處理器。DSP 的理論演算法在 20 世紀 70 年代已經出現，但只能透過嵌入式微處理器或嵌入式微控制器實現，而二者對離散時間訊號較低的處理速度無法滿足 DSP 的演算法要求。面對上述難題，20 世紀 80 年代，嵌入式 DSP 應運而生。它在系統結構和指令演算法方面進行了特殊設計，採用程式和資料分開儲存的哈佛系統結構，配有專門的硬體乘法器，採用管線操作，提供特殊的 DSP 指令，具有很高的編譯效率和指令執行速度，可以快速實現各種數位訊號處理演算法，在數位濾波、快速傅立葉轉換、譜分析等方面具有得天獨厚的處理優勢，在語音合成與編解碼、影像處理以及電腦和通訊等領域獲得了大規模的應用。

　　DSP 比較典型的產品有 TI 公司的 TMS320 系列和摩托羅拉的 DSP5600 系列。TMS320 系列處理器包括用於控制的 C2000 系列、行動通訊的 C5000 系列，以及性能更高的 C6000 系列和 C8000 系列。DSP56000 系列已經發展成為

DSP56000、DSP56100、DSP56200 和 DSP56300 等幾個不同系列的處理器。此外，Philips(飛利浦) 公司也推出了基於可重置嵌入式 DSP 結構，採用低成本、低功耗技術製造的 DSP 處理器，其特點是具備雙哈佛結構和雙乘 / 累加單元，應用目標是大量消費產品。

4. 嵌入式系統單晶片 (System on Chip，SoC)

嵌入式系統單晶片是一種追求產品系統最大包容的整合元件，是目前嵌入式應用領域的熱門話題之一。顧名思義，嵌入式系統單晶片就是一種電路系統，它結合了許多功能區塊，將功能做在一個晶片上。

在如圖 1-15 所示的嵌入式系統單晶片組成中，一塊晶片結合了多個處理器核心 (ASIC Core 和 Embedded Processor Core)，還整合了感測器介面單元、類比和通訊單元。

嵌入式系統單晶片的最大特點是成功實現了軟硬體無縫結合，直接在處理器晶片上嵌入作業系統的程式模組。而且 SoC 具有極高的綜合性，在一個晶圓內運用 VHDL 等硬體描述語言，可實現一個複雜的系統。使用者不需要再像傳統的系統設計那樣，繪製龐大複雜的電路版圖，一點點地連接焊制，只需要使用精確的語言、綜合時序設計直接在元件庫中呼叫各種通用處理器的標準，然後透過模擬就可以直接交付晶片廠商進行生產。由於絕大部分組件都是在系統內部，整個系統特別簡潔，不僅減小了系統的體積和功耗，而且提高了系統的可靠性和設計生產效率。

▲ 圖 1-15　嵌入式系統單晶片組成

由於 SoC 往往是專用的且佔嵌入式市場的份額較小，所以大部分都不為使用者所知。目前比較知名的 SoC 產品是 Philips 的 Smart XA，少數通用系列如 Siemens 的 TriCore、Motorola 的 M-Core、Echelon 和 Motorola 聯合研製的 Neuron 晶片等。

1.2.2 嵌入式處理器的技術指標

嵌入式處理器的技術指標主要有位元組長度、主頻、運算速度、定址能力、系統結構、指令集、管線、功耗和工作溫度等。

1. 位元組長度

位元組長度是嵌入式處理器一次能並行處理二進位的位元數，通常由嵌入式處理器內部的暫存器、運算器和資料匯流排的寬度決定。位元組長度是嵌入式處理器最重要的技術指標。位元組長度越長，所包含的資訊量越大，能表示的資料有效位數越多，計算精度越高，而且處理器的指令更長後，指令系統的功能就越強。

一般地，嵌入式處理器有 8 位元、16 位元、32 位元、64 位元位元組長度。舉例來說，8051 微控制器的位元組長度是 8 位元，MSP430 微控制器的位元組長度是 16 位元，而 ARM 嵌入式處理器的位元組長度是 32 位元。

在 32 位元嵌入式處理器系統中，資料寬度如圖 1-16 所示，字用 Word 表示，對應 32 位元寬度暫存器、記憶體或資料線，半字組用 Half Word 表示，對應 16 位元寬度，位元組用 Byte 表示，對應 8 位元寬度。

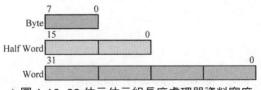

▲ 圖 1-16 32 位元位元組長度處理器資料寬度

2. 主頻

主頻是嵌入式處理器核心工作的時鐘頻率，是 CPU 時鐘週期的倒數，單位是 MHz 或 GHz。例如 Atmel(愛特梅爾) 公司的 AT89C51 微控制器典型工作頻率為 12MHz，ARM7 處理器的主頻一般為 20~133MHz，ARM Cortex-M3 處理器的主頻一般為 36~120MHz，而最新的 ARM Cortex-A75 處理器每核心主頻最高可達 2.85GHz。

3. 運算速度

嵌入式處理器的運算速度與主頻是相互聯繫而又截然不同的兩個概念，主頻並不能代表運算速度，尤其是在當前管線、多核心等技術已經廣泛應用於嵌入式處理器的情況下，更不能將兩者混為一談。

嵌入式處理器運算速度的單位通常是 MIPS(Million Instructions Per Second，百萬行指令每秒)。除此之外，還有 DMIPS(Dhrystone Million Instructions executed Per Second，百萬筆整數運算測試程式指令每秒)。DMIPS 主要用於測試整數運算能力，表示在 Dhrystone(一種整數運算測試程式) 測試而得的 MIPS。

顯然，不同的嵌入式處理器具有不同的運算速度。舉例來說，51 微控制器的運算速度通常是 0.1DMIPS/MHz，ARM7 處理器和 ARM Cortex-M0 處理器的運算速度約為 0.9DMIPS/MHz，ARM Cortex-M4 處理器的運算速度為 1.25DMIPS/MHz。已知 ARM Cortex-M4 嵌入式處理器主頻最高可達 180MHz，故其最大運算速度為 1.25DMIPS/MHz×180MHz=225DMIPS。

4. 定址能力

嵌入式處理器的定址能力由嵌入式處理器的位址匯流排的位數決定。舉例來說，對一個具有 32 位元位址匯流排的嵌入式處理器來說，它的定址能力為 2^{32} 個單元，即 4GB，位址範圍為 0x00000000~0xFFFFFFFF。

5. 系統架構

1) 馮·諾依曼結構

馮·諾依曼結構 (Von Neumann Architecture) 是較早提出的一種電腦系統結構，如圖 1-17 所示。在這種結構中，指令和資料不加以區分，而是把程式看成一種特殊的資料，都透過資料匯流排進行傳輸。因此，指令讀取和資料存取不能同時進行，資料輸送量低，但匯流排數量相對較少且管理統一。大多數通用電腦的處理器 (Intel X86) 和嵌入式系統中的 ARM7 處理器均採用馮·諾依曼結構。

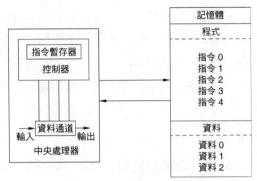

▲ 圖 1-17 馮·諾依曼系統結構

2) 哈佛結構

與馮·諾依曼結構相對的是**哈佛結構 (Harvard Architecture)**。在這種結構中，指令和資料分開儲存在不同的儲存空間，如圖 1-18 所示，使得指令讀取和資料存取可以並行處理，顯著地提高了系統性能，只不過需要兩套匯流排分別傳輸。大多數嵌入式處理器，如 ARM Cortex-M3/ARM Cortex-M4，都採用哈佛結構。

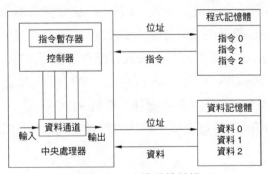

▲ 圖 1-18 哈佛系統結構

6. 指令集

1) 複雜指令集電腦

在嵌入式處理器發展的早期，設計師們試圖盡可能使指令集先進和複雜，其代價是使電腦硬體更複雜、更昂貴、效率更低。這樣的處理器稱為**複雜指令集電腦 (Complex Instruction Set Computer，CISC)**。CISC 採用微程式 (微指令) 控制，一般擁有較多的指令，而且指令具有不同程度的複雜性，指令的長度和格式不固定，執行需要多個機器週期。一般來說 CISC 中簡單的指令可以用一位元組表示，並可以迅速執行；但複雜的指令可能需要用幾位元組來表示，往往需要相對較長的時間執行。CISC CPU 指令執行效率差，資料處理速度慢，但程式開發相對方便。常見的 51 微控制器就是這樣的 CPU，它共有 111 行指令，指令長度有單位元組、雙位元組和三位元組 3 種，運算速度有單機器週期、雙機器週期和四機器週期 3 種。

2) 精簡指令集電腦

隨著編譯器的改進和高階語言的發展，原始 CPU 指令集的能力不再那麼重要。於是，另一種 CPU 設計方法——**精簡指令集電腦 (Reduced Instruction Set Computer，RISC)** 誕生了。它的設計目的是使 CPU 盡可能簡單，並且保持一個有限的指令集。相對 CISC，RISC 看起來更像是一個「返璞歸真」的方法。一個簡單的 RISC CPU 採用硬佈線控制邏輯，具有較少的指令，且指令長度和格式固定，大多數指令可以在單機器週期內完成。儘管 RISC CPU 硬體結構簡單且可以快速地執行指令，但相對 CISC CPU，它需要執行更多的指令來完成同樣的任務，使得應用程式的程式量增加。但隨著記憶體密度的不斷提高、價格的不斷降低及使用更加高效的編譯器生成機器程式，RISC 的缺點變得越來越少。而且，正是由於它的簡單，RISC 設計的功耗很低，這對經常使用電池供電的嵌入式產品來說是非常重要的。所以，現在大多數嵌入式處理器都是 RISC CPU，舉例來說，PIC16C7X 就是這樣的 CPU，只有 35 行指令，每行指令都是 14 位元，絕大多數都是單週期指令。又如，所有 ARM 處理器都是 RISC CPU。由於 RISC CPU 的大多數指令在相同的時間內執行完成，這使得很多有用的電腦設計功能，比如管線技術得以實現。

7. 管線

在嵌入式處理器中的**管線 (Pipeline)** 類似於工業生產上的裝配管線，它將指令處理分解為幾個子過程 (如取指、解碼和執行等)，每個子過程分別用不同的獨立元件處理，並讓不同指令各個子過程操作重疊，從而使幾行指令可並存執行，提高指令的執行速度。例如 ARM Cortex-M4 處理器採用三級管線技術，把每行指令分為讀取指令、指令解碼和執行指令 3 個階段依次處理，如圖 1-19 所示，使得以上 3 個操作可以在 ARM Cortex-M4 處理器上同時執行，增強了指令流的處理速度，能夠提供 1.25DMIPS/MHz 的指令執行速度。

週期		1	2	3	4	5	6
指令							
1	取指	解碼	執行				
2		取指	解碼	執行			
3			取指	解碼	執行		
4			取指	解碼	執行		
5				取指	解碼	執行	
6					取指	解碼	執行
7					取指	解碼	
8						取指	

▲圖 1-19 三級管線示意圖

8. 功耗

對於嵌入式處理器，功耗是非常重要的技術指標。嵌入式處理器通常有若干個功耗指標，如工作功耗、待機功耗等。許多嵌入式處理器還舉出了功耗與主頻之間的關係，單位為 mW/Hz 或 W/MHz 等。

9. 工作溫度

按工作溫度劃分，嵌入式處理器通常可分為民用、工業用、軍用和航太用4 個溫度等級。一般地，民用的嵌入式處理器的溫度在 0~70℃，工業用的溫度在 -40~85℃，軍用溫度在 -55~125℃，航太用的溫度範圍更寬。選擇嵌入式處理器時，需要根據產品的應用選擇對應的嵌入式處理器晶片。

1.2.3 嵌入式記憶體

嵌入式記憶體作為嵌入式硬體的基本組成部分，用來存放執行在嵌入式系統上的程式和資料。與通用電腦系統中的模組化和標準化的記憶體不同，嵌入式記憶體通常針對應用需求進行特殊訂製和自主設計。

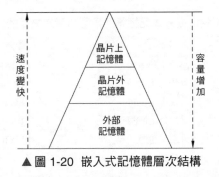

▲圖 1-20 嵌入式記憶體層次結構

1. 嵌入式記憶體的層次結構

嵌入式記憶體的層次結構由內到外，可以分為晶片上記憶體、晶片外記憶體和外部記憶體 3 個層次，如圖 1-20 所示。晶片上記憶體和晶片外記憶體一般固定安裝在嵌入式系統中，而外部記憶體通常位於嵌入式系統外部。

1) 晶片上記憶體

晶片上記憶體整合在嵌入式處理器晶片上部。這裡的「片」指的是嵌入式處理器晶片。舉例來說，嵌入式微控制器 STM32F407ZGT6 晶片上部就整合了晶片上記憶體，包括 192KB 的 RAM 和 1MB 的 ROM。

2) 晶片外記憶體

晶片外記憶體位於嵌入式處理器晶片的外部，和嵌入式處理器晶片一起安裝在電路板上，通常在嵌入式處理器沒有晶片上記憶體或晶片上記憶體容量不夠用時擴充使用。常見的嵌入式擴充 RAM 晶片有 IS61LV25616(256K×16 位元)、IS61LV51216(512K×16 位元) 等；常見的嵌入式擴充 ROM 晶片有 W25Q128(128Mb)、W25Q256(256Mb) 等。

3) 外部記憶體

外部記憶體通常做成可抽換的形式，需要時才插入嵌入式系統中使用，可以停電存放大量資料，一般用於擴充內建記憶體的容量或離線儲存資料。嵌入式系統常見的外部記憶體有隨身碟、各類儲存卡 (CF 卡、SD 卡和 MMC 卡) 等外部儲存媒體。

2. 嵌入式記憶體的主要類型

嵌入式記憶體按儲存能力和電源的關係劃分，可以分為揮發性記憶體和非揮發性記憶體。其與嵌入式記憶體的層次之間的關係如表 1-1 所示。

▼表 1-1　嵌入式記憶體的類型和層次之間的關係

類型	層次	典型代表
揮發性記憶體	晶片上記憶體	SRAM
	晶片外記憶體	DRAM(SDRAM)
非揮發性記憶體	晶片上記憶體	Flash
	晶片外記憶體	Flash、EEPROM
	外部記憶體	Flash

1) 揮發性記憶體

揮發性記憶體 (Volatile Memory) 指的是當電源供應中斷後，所儲存的資料便會消失的記憶體。其主類型是**隨機存取記憶體** (RAM)。儲存在 RAM 中的資料既讀取又寫入。RAM 又可以分為**靜態 RAM**(Static RAM，SRAM) 和**動態 RAM**(Dynamic RAM，DRAM)。

(1) SRAM 的基本組成單元是觸發器 (例如 D 觸發器)，一個儲存單元大約需要 6 個電晶體，SRAM 中的資料只有斷電才會遺失，而且存取速度快，但單位體積容量低，生產成本較高，它的典型應用是快取記憶體 (Cache)。

(2) DRAM 的儲存單元大約需要一個電晶體和一個電容，儲存在 DRAM 中的資料需要 DRAM 控制器週期性更新才能保持，而且存取速度低。但由於較高的單位容量密度和較低的單位容量價格，尤其是工作頻率與處理器匯流排頻率同步的**同步動態隨機記憶體** (Synchronous DRAM，SDRAM)，被大量用作嵌入式系統的主記憶體。

2) 非揮發性記憶體

非揮發性記憶體 (Non-Volatile Memory，NVM) 是指即使電源供應中斷，記憶體所儲存的資料也不會消失，重新供電後，就能夠讀取內部儲存資料的記憶體。其主要是**唯讀記憶體** (ROM)。ROM 家族按發展順序分為**掩膜 ROM**(Mask ROM，MROM)、**可程式化 ROM**(Programmable ROM，PROM)、**可擦可程式化 ROM**(Erasable PROM，EPROM)、**電可抹寫可程式化 ROM**(Electrically EPROM，EEPROM) 和**快閃記憶體** (Flash Memory)。

(1) MROM 基於掩膜製程技術，出廠時已決定資料 0 和 1，因此一旦生產完成，資料是不可改變的。MROM 在嵌入式系統中主要用於不可升級的成熟產品儲存程式或不變的參數資訊。

(2) PROM 可以透過外接一定的電壓和電流來控制內部儲存單元上節點熔絲的通斷以決定資料 0 和 1。PROM 只能一次程式設計，一經燒入便無法再更改。

(3) EPROM 利用紫外線照射抹寫資料，可以多次程式設計，但抹寫和程式設計時間長，且次數有限，通常在幾十萬次以內。

(4) EEPROM 利用高電位逐位元元組抹寫資料，無須紫外線照射，可以多次程式設計，但程式設計時間較長，且次數有限，通常在一百萬次以內。

　　(5) Flash Memory 又稱閃存或快閃記憶體，是在 EEPROM 基礎上改進發展而來的，可以多次程式設計，程式設計速度快，但必須按固定的區塊 (區塊的大小不定，不同廠商的產品有不同的規格) 抹寫，不能逐位元元組改寫資料，這也是 Flash Memory 不能取代 RAM 的原因。但由於 Flash Memory 高密度、低價格、壽命長及電氣可程式化等特性，是目前嵌入式系統中使用最多的非揮發性記憶體。

　　嵌入式系統中使用的 Flash Memory 主要分為兩種類型：NOR Flash 和 NAND Flash。NOR Flash 類似於記憶體，有獨立的位址線和資料線，適合頻繁隨機讀寫的場合，但價格比較貴，容量比較小，佔據了容量為 1~16MB 的大部分快閃記憶體市場。在嵌入式系統中，NOR Flash 主要用來儲存程式，尤其是用來儲存嵌入式系統的啟動程式並直接在 NOR Flash 中執行。嵌入式系統中常用的 NOR Flash 晶片有 SST(Silicon Storage Technology，矽儲存技術) 公司的 SST39VF6401(4M×16 位元)。而 NAND Flash 更像硬碟，與硬碟所有資訊都透過一條硬碟線傳送一樣，NAND Flash 的位址線和資料線是共用的 I/O 線，但成本要更低一些，而容量要大得多，較多地出現在容量 8MB 以上的產品中。在嵌入式系統中，NAND Flash 主要用來儲存資料，典型應用案例就是隨身碟。常用的 NAND Flash 晶片有 Samsung 公司的 K9F1208UOB(64M×8 位元)

　　綜上所述，嵌入式記憶體系統對整個嵌入式系統的操作和性能有著不可忽視的作用。因此，嵌入式記憶體的選擇、訂製和設計是嵌入式開發中非常重要的決策。嵌入式系統應用需求將決定嵌入式記憶體的類型 (揮發性或非揮發性) 以及使用目的 (儲存程式、資料或兩者兼有)。在為嵌入式系統選擇、訂製或設計記憶體系統時，需要考慮以下設計參數：微控制器的選擇、電壓範圍、儲存容量、讀寫速度、記憶體尺寸、記憶體的特性、抹寫 / 寫入的耐久性和系統總成本。舉例來說，對較小的系統，嵌入式微控制器附帶的記憶體就有可能滿足系統要求；而對於較大的系統，可能需要增加晶片外或外部記憶體。

1.2.4　嵌入式 I/O 裝置

　　嵌入式系統和外部世界進行資訊互動需要多種多樣的外部設備，這些外部設備被稱為嵌入式 I/O 裝置。它們不是向嵌入式系統輸入來自外部世界的資訊 (嵌入式輸入裝置)，就是接收嵌入式系統的資訊輸出到外部世界 (嵌入式輸出裝置)。嵌入式 I/O 裝置種類繁多，根據其服務物件可分為以下兩類。

1. 人機互動裝置

與常見的通用電腦中的人機互動裝置 (如鍵盤、滑鼠、顯示器、喇叭等) 不同，嵌入式系統的人機互動裝置受制於系統成本和體積，顯得更小、更輕。常見的嵌入式人機互動裝置有發光二極體、按鍵、矩陣鍵盤、指撥鍵盤、搖桿、蜂鳴器、數位管、觸控式螢幕和液晶顯示器等。

2. 機器之間互動裝置

機器之間互動裝置包括感測器和執行機構。

1) 感測器

感測器 (Sensor) 是人類感覺器官的延續和擴充，是生活中常用的一種檢測裝置。它將被測量資訊 (如溫度、濕度、壓力、流量、加速度等) 按一定規律轉為電訊號輸出。嵌入式系統常用的感測器有溫度感測器、濕度感測器、壓力感測器、光敏感測器、距離感測器、紅外感測器和運動感測器等。

2) 執行機構

微控制器各種控制演算法要作用於被控物件，需要透過各式各樣的**執行機構** (Actuator) 來實施。執行機構通常用來控制某個機械的運動或操作某個裝置。在嵌入式系統中，常見的執行機構包括繼電器 (Relay) 和各種電機 (Motor)。

1.2.5 嵌入式 I/O 介面

由於嵌入式 I/O 裝置的多樣性、複雜性和速度差異性，因此一般不能將嵌入式 I/O 裝置與嵌入式處理器直接相連，需要借助嵌入式 I/O 介面。嵌入式 I/O 介面透過和嵌入式 I/O 裝置連接來實現嵌入式系統的 I/O 功能，是嵌入式系統硬體不可或缺的一部分。

1. 嵌入式 I/O 介面的功能

作為嵌入式處理器和嵌入式 I/O 裝置的橋樑，嵌入式 I/O 介面連接和控制嵌入式 I/O 裝置，負責完成嵌入式處理器和嵌入式 I/O 裝置之間的訊號轉換、資料傳送和速度匹配。

2. 嵌入式 I/O 介面的分類

根據不同的標準，可以對嵌入式 I/O 介面進行不同的分類。

1) 按資料傳輸方式劃分

嵌入式 I/O 介面按資料傳輸方式可以分為串列 I/O 介面和並行 I/O 介面。

2) 按資料傳輸速率劃分

嵌入式 I/O 介面按資料傳輸速率可以分為高速 I/O 介面和低速 I/O 介面。

3) 按是否需要物理連接劃分

嵌入式 I/O 介面按是否需要物理連接可以分為有線 I/O 介面和無線 I/O 介面。在嵌入式系統中，常用的有線 I/O 介面有 USB 介面、乙太網介面等，常用的無線 I/O 介面有紅外介面、藍牙介面、WiFi 介面等。

4) 按是否能連接多個裝置劃分

嵌入式 I/O 介面按是否能連接多個裝置可以分為匯流排式 (可連接多個裝置) 和獨佔式 (只能連接一個裝置)。

5) 按是否整合在嵌入式處理器內部劃分

嵌入式 I/O 介面按是否整合在嵌入式處理器內部可以分為晶片上 I/O 介面和晶片外 I/O 介面。當前，隨著電子整合和封裝技術的提高，內建豐富 I/O 介面的嵌入式處理器成為嵌入式系統的發展趨勢，這也是嵌入式處理器和通用處理器的重要區別之一。因此，使用者在設計和選擇嵌入式 I/O 介面時應儘量選擇將其整合在內 (晶片上 I/O 介面) 的嵌入式處理器，從而盡可能不去增加週邊電路 (晶片外 I/O 介面)。

1.3　ARM Cortex-M4 處理器

在許多嵌入式應用系統中，基於 ARM 處理器的嵌入式系統佔有極高的市佔率，也是嵌入式學習的首選。

1.3.1　ARM 公司

ARM 公司 (Advanced RISC Machines Ltd)，1990 成立，總部位於英國劍橋，

是全球領先的半導體智慧財產權 (Intellectual Property，IP) 提供商，並因此在數位電子產品的開發中處於核心地位。

ARM 公司專門從事基於 RISC 技術晶片設計開發，作為智慧財產權供應商，本身不直接從事晶片生產，靠轉讓設計許可由合作公司生產各具特色的晶片。世界各大半導體生產商，如 Intel、IBM、微軟、SUN 等，從 ARM 公司購買其設計的 ARM 微處理器核心，根據各自不同的應用領域，加入適當的週邊電路，從而形成自己的 ARM 微處理器晶片進入市場。因此，ARM 技術獲得更多的第三方工具、製造、軟體的支援，又使整個系統成本降低，使產品更容易進入市場被消費者所接受。

採用 ARM 技術智慧財產權 (IP 核心) 的微處理器，即通常所說的 ARM 微處理器，已遍及工業控制、消費類電子產品、通訊系統、網路系統、無線系統等各類產品市場。基於 ARM 技術的微處理器應用佔據了 32 位元 RISC 微處理器約 75% 以上的市佔率，ARM 技術正在逐步滲入我們生活的各方面。進入 21 世紀之後，由於手機製造行業的快速發展，出貨量呈現爆炸式增長，全世界超過 95% 的智慧型手機和平板電腦都採用 ARM 架構。

1.3.2 ARM 處理器

ARM 數十年如一日地開發新的處理器核心和系統功能區塊。包括流行的 ARM7TDMI 處理器，還有更新的高檔產品 ARM1176TZ(F)-S 處理器，後者能拿去做高檔手機。功能的不斷進化，處理水準的持續提高，年深日久造就了一系列的 ARM 架構。要說明的是，架構版本編號和處理器名稱中的數字並不是一碼事。比如，ARM7TDMI 是基於 ARMv4T 架構的；ARMv5TE 架構則是伴隨著 ARM9E 處理器家族亮相的。ARM9E 家族成員包括 ARM926E-S 和 ARM946E-S。ARMv5TE 架構增加了「服務於多媒體應用增強的 DSP 指令」。

後來又推出了 ARM11，ARM11 是基於 ARMv6 架建構成的。基於 ARMv6 架構的處理器包括 ARM1136J(F)-S、ARM1156T2(F)-S，以及 ARM1176JZ(F)-S。ARMv6 是 ARM 進化史上的重要里程碑：從那時候起，許多突破性的新技術被引進，記憶體系統加入了很多的嶄新的特性，單指令流多資料流程 (SIMD) 指令也是從 ARM v6 開始被首次引入。而最前衛的新技術，就是經過最佳化的 Thumb-2 指令集，它專用於低成本的微控制器及汽車元件市場。

最近的幾年，基於從 ARMv6 開始的新的設計理念，ARM 進一步擴充了 CPU 設計，ARMv7 架構閃亮登場。在這個版本中，核心架構首次從單一款式變成三種款式。

1. ARM Cortex-A

ARM Cortex-A 設計用於高性能的「開放應用平臺」──越來越接近電腦了。

ARM Cortex-A 系列應用型處理器可向託管豐富作業系統的平臺和使用者應用程式的裝置提供全方位的解決方案，從超低成本手機、智慧型手機、行動計算平臺、數位電視和機上盒到企業網路、印表機和伺服器解決方案。高性能的 ARM Cortex-A15、可伸縮的 ARM Cortex-A9、經過市場驗證的 ARM Cortex-A8 處理器及高效的 ARM Cortex-A7 和 ARM Cortex-A5 處理器均共用同一架構，因此具有完全的應用相容性，可支援傳統的 ARM、Thumb 指令集和新增的高性能緊湊型 Thumb-2 指令集。

2. ARM Cortex-R

ARM Cortex-R 即時處理器為要求高可靠性、高可用性、高容錯功能、可維護性和即時回應的嵌入式系統提供高性能計算解決方案。

ARM Cortex-R 系列處理器透過已經在數以億計的產品中得到驗證的成熟技術，為產品提供了極快的上市速度，並利用廣泛的 ARM 生態系統、全球和本地語言以及全天候的支援服務，保證了產品快速、低風險的開發。

許多應用都需要 ARM Cortex-R，它的關鍵特性有：

(1) 高性能：與高時鐘頻率相結合的快速處理能力；

(2) 即時：處理能力在所有場合都符合硬實時限制；

(3) 安全：具有高容錯能力的可靠且可信的系統；

(4) 經濟實惠：可實現最佳性能、功耗和面積的功能。

3. ARM Cortex-M

ARM Cortex-M 處理器系列是一系列可向上相容的高能效、易於使用的處理器，旨在幫助開發人員滿足將來的嵌入式應用的需要。這些需要包括以更低的成本提供更多功能，不斷增加連接，改善程式重用和提高能效。

ARM Cortex-M 系列針對成本和功耗敏感的 MCU 和終端應用 (如智慧測量、人機周邊設備、汽車和工業控制系統、大型家用電器、消費性產品和醫療器械)

的混合訊號裝置進行最佳化。

幾十年來，每次 ARM 系統結構更新，隨後就會帶來一批新的支援該架構的 ARM 核心。ARM 系統結構與 ARM 核心的對應關係如圖 1-21 所示。

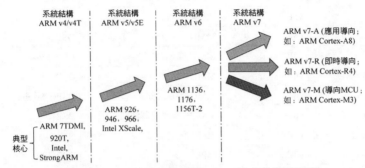

▲ 圖 1-21 ARM 系統結構與 ARM 核心的對應關係

以前，ARM 使用一種數字命名法。在早期 (20 世紀 90 年代)，還在數字後面增加字母尾碼，用來進一步明確該處理器支援的特性。以 ARM7TDMI 為例，T 代表 Thumb 指令集，D 代表支援 JTAG 偵錯 (Debugging)，M 意指快速乘法器，I 則對應一個嵌入式 ICE 模組。後來，這 4 項基本功能成了任何新產品的標準配備，於是就不再使用這 4 個尾碼——相當於默許了。但是新的尾碼不斷加入，包括定義記憶體介面、快取記憶體及緊耦合記憶體 (TCM)，於是形成了新一套命名法並沿用至今。

到了 ARMv7 時代，ARM 改革了一度使用的、冗長的、需要「解碼」的數字命名法，轉到另一種看起來比較整齊的命名法。比如，ARMv7 的三個款式都以 Cortex 作為主名。這不僅更清楚地說明並且「精裝」了所使用的 ARM 架構，也避免了新手對架構編號和系列編號的混淆。舉例來說，ARM7TDMI 並不是一款 ARMv7 的產品，而是輝煌起點——ARMv4T 架構的產品。

ARM 處理器名稱、架構與特性對應關係如表 1-2 所示。

▼ 表 1-2 ARM 處理器名稱、架構與特性對應關係

處理器名稱	架構版本編號	記憶體管理特性	其他特性
ARM7TDMI	v4T		
ARM7TDMI-S	v4T		
ARM920T	v4T	MMU	

處理器名稱	架構版本編號	記憶體管理特性	其他特性
ARM922T	v4T	MMU	
ARM926EJ-S	v5E	MMU	DSP，Jazelle
ARM968E-S	v5E		DMA,DSP
ARM966HS	v5E	MPU(可選)	DSP
ARM1020E	v5E	MMU	DSP
ARM1026EJ-S	v5E	MMU 或 MPU	DSP，Jazelle
ARM1136J(F)-S	v6	MMU	DSP，Jazelle
ARM1176JZ(F)-S	v6	MMU+TrustZone	DSP，Jazelle
ARM11MPCore	v6	MMU+ 多處理器快取	DSP
ARM Cortex-M3	v7-M	MPU(可選)	NVIC
ARM Cortex-M4	v7-M	MPU	DSP+FPU
ARM Cortex-R4	v7-R	MPU	DSP
ARM Cortex-R4F	v7-R	MPU	DSP+ 浮點運算
ARM Cortex-A8	v7-A	MMU+TrustZone	DSP，Jazelle

　　ARM 公司於 2012 年推出具備 64 位元運算能力的 ARMv8 架構，於 2022 年推出旨在為行動端裝置、電腦和伺服器提供更強演算法支援的 ARMv9 架構。由於處理器設計落後於核心架構，且微控制器設計落後於微處理器，目前基於 ARMv8 和 ARMv9 的微控制器產品還十分地少，本書並不打算就這兩種架構作進一步的探討。

　　本書主要說明的是目前被控制領域廣泛使用的基於 ARM Cortex-M4 核心的 STM32F407 微控制器，其核心架構為 ARMv7-M。

▌1.4　STM32 微控制器

1.4.1　從 ARM Cortex-M 核心到基於 ARM Cortex-M 的 MCU

　　上面介紹了 ARM 公司最新推出的微控制器應用導向的 ARM Cortex-M 處理器，但我們卻無法從 ARM 公司直接購買到這樣一款 ARM 處理器晶片。按照 ARM 公司的經營策略，它只負責設計處理器 IP 核心，而不生產和銷售具體的處理器晶片。ARM Cortex-M 處理器核心是微控制器的中央處理單元。完整的基於 ARM Cortex-M 的 MCU 還需要很多其他元件。晶片製造商得到 ARM Cortex-M

處理器核心的使用授權後，就可以把 ARM Cortex-M 核心用在自己的晶圓設計中，增加記憶體、外接裝置、I/O 以及其他功能區塊，即為基於 ARM Cortex-M 的微控制器。不同廠商設計出的 MCU 會有不同的設定，包括記憶體容量、類型、外接裝置等都各具特色。ARM Cortex-M 處理器核心和基於 ARM Cortex-M 的 MCU 的關係如圖 1-22 所示。

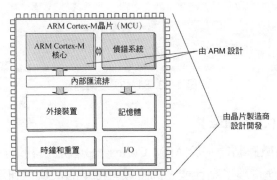

▲ 圖 1-22 ARM Cortex-M 核心與基於 ARM Cortex-M 核心的 MCU 的關係

1.4.2 STM32 微控制器產品線

在諸多半導體製造商中，意法半導體 (ST Microelectronics) 公司是較早在市場上推出基於 ARM Cortex-M 核心的 MCU 產品的公司，其根據 ARM Cortex-M 核心設計生產的 STM32 微控制器充分發揮了低成本、低功耗、高 C/P 值的優勢。STM32 微控制器以系列化的方式推出，方便使用者選擇，受到了廣泛的好評。

STM32 系列微控制器的產品線包括高性能、主流、超低功耗和無線類型 4 大類，分別不同導向的應用，其具體產品線如圖 1-23 所示。STM32 產品線十分豐富，共分為 4 個類別、17 個系列、100 多個子系列、1200 多個量產晶片。下面僅對經典常用的產品系列進行簡單介紹。讀者可以存取 ST 官網 www.st.com，獲取更多產品資訊。

		STM32F2	STM32F4	STM32F7	STM32H7
★ 高性能 MCUs	STM32 *ST*	Up to 398 CoreMark 120 MHz Cortex-M3	Up to 608 CoreMark 180 MHz Cortex-M4	1082 CoreMark 216 MHz Cortex-M7	Up to 3224 CoreMark Up to 550 MHz Cortex -M7 240 MHz Cortex -M4

	STM32F0	STM32G0	STM32F1	STM32F3 ●	STM32G4 ●
》 主流 MCUs	106 CoreMark 48 MHz Cortex-M0	142 CoreMark 64 MHz Cortex-M0+	177 CoreMark 72 MHz Cortex-M3	245 CoreMark 72 MHz Cortex-M4	550 CoreMark 170 MHz Cortex-M4

	STM32L0	STM32L1	STM32L4	STM32L4+	STM32L5	STM32U5
🔋 超低功耗 MCUs	75 CoreMark 32 MHz Cortex-M0+	93 CoreMark 32 MHz Cortex-M3	273 CoreMark 80 MHz Cortex-M4	409 CoreMark 120 MHz Cortex-M4	443 CoreMark 110 MHz Cortex-M33	651 CoreMark 160 MHz Cortex-M33

	STM32WL ●	STM32WB ●
🔊 無線 MCUs	162 CoreMark 48 MHz Cortex-M4 48 MHz Cortex-M0+	216 CoreMark 64 MHz Cortex-M4 32 MHz Cortex-M0+

● 針對混合訊號應用最佳化　　　● Cortex-M0+ 射頻輔助處理器

▲ 圖 1-23　STM32 產品線

1. STM32F1 系列 (主流類型)

STM32F1 系列微控制器基於 ARM Cortex-M3 核心，利用一流的外接裝置和低功耗、低電壓操作實現了高性能，同時以可接受的價格，利用簡單的架構和簡便好用的工具實現了高集成度，能夠滿足工業、醫療和消費市場的各種應用需求。憑藉該產品系列，意法半導體公司開發了 ARM Cortex-M 微控制器並在嵌入式應用歷史上樹立了一個里程碑。

截至 2016 年 3 月，STM32F1 系列微控制器包含以下 5 個產品線，它們的接腳、外接裝置和軟體均相容。

(1) STM32F100：超值型，24MHz CPU，具有電機控制和 CEC(Consumer Electronics Control, 消費類電子控制) 功能。

(2) STM32F101：基本型，36MHz CPU，具有高達 1MB 的 Flash。

(3) STM32F102：USB 基本型，48MHz CPU，具備 USB FS。

(4) STM32F103：增強型，72MHz CPU，具有高達 1MB 的 Flash、電機控制、USB 和 CAN(Controller Area Network, 控制器區域網路)。

(5) STM32F105/107：互聯型，72MHz CPU，具有乙太網 MAC(Media Access Control, 媒體存取控制)、CAN 和 USB2.0 OTG。

2. STM32F4 系列 (高性能類型)

STM32F4 系列微控制器基於 ARM Cortex-M4 核心，採用了意法半導體公司的 90nm NVM 製程和 ART(Adaptive Real-Time, 自我調整即時) 加速器，在高達 180MHz 的工作頻率下透過快閃記憶體執行時，處理性能達到 225 DMIPS/608 CoreMark。這是迄今所有基於 ARM Cortex-M 核心的微控制器產品中所達到的最高基準測試分數。由於採用了動態功耗調整功能，透過快閃記憶體執行時的電流消耗範圍為 STM32F410 的 89μA/MHz 到 STM32F439 的 260μA/MHz。

截至 2016 年 3 月，STM32F4 系列包括 8 條互相相容的數位訊號控制器 (Digital Signal Controller，DSC) 產品線，是 MCU 即時控制功能與 DSP 訊號處理功能的完美結合體。

(1) STM32F401：84MHz CPU/105DMIPS，尺寸最小、成本最低的解決方案，具有卓越的功耗效率 (動態效率系列)。

(2) STM32F410/STM32F411：100MHz CPU/125DMIPS， 採 用 新 型 智 慧 DMA(Direct Memory Access, 直接記憶體存取)，最佳化資料批次處理的功耗，配備的亂數產生器、低功耗計時器和 DAC(Digtal to Analog Convertor, 數 / 類轉換器)，為卓越的功率效率性能設立了新的里程碑 (執行模式下，電流消耗為 89μA/MHz 和停機模式下，電流消耗為 6μA/MHz)。

(3) STM32F405/STM32F415：168MHz CPU/210DMIPS，高達 1MB、具有先進連接功能和加密功能的快閃記憶體。

(4) STM32F407/STM32F417：168MHz CPU/210DMIPS， 高 達 1MB 的 Flash 快閃記憶體，增加了乙太網 MAC 和照相機介面。

(5) STM32F446：180MHz CPU/225DMIPS，高達 512KB 的 Flash 快閃記憶體，具有 Dual Quad SPI 和 SDRAM 介面。

(6) STM32F429/STM32F439：180MHz CPU/225DMIPS，高達 2MB 的雙區快閃記憶體，附帶 SDRAM 介面、Chrom-ART 加速器和 LCD-TFT 控制器。

(7) STM32F427/STM32F437：180MHz CPU/225DMIPS，高達 2MB 的雙區快閃記憶體，具有 SDRAM 介面、Chrom-ART 加速器、串列音訊介面，性能更高，靜態功耗更低。

(8) SM32F469/STM32F479：180MHz CPU/225DMIPS，高達 2MB 的雙區快閃記憶體，附帶 SDRAM 和 QSPI 介面、Chrom-ART 加速器、LCD-TFT 控制器和 MPI-DSI 介面。

3. STM32F7 系列 (高性能類型)

　　STM32F7 是世界上第一款基於 ARM Cortex-M7 核心的微控制器。它採用 6 級超過標準量管線和浮點單元，並利用 ST 的 ART 加速器和 L1 快取，實現了 ARM Cortex-M7 的最大理論性能——無論是從嵌入式快閃記憶體還是外部記憶體執行程式，都能在 216MHz 處理器頻率下使性能達到 462DMIPS/1082CoreMark。由此可見，相對意法半導體公司以前推出的高性能微控制器，如 STM32F2/STM32F4 系列，STM32F7 的優勢就在於其強大的運算性能，能夠適用於對高性能計算有巨大需求的應用。對目前還在使用簡單計算功能的可穿戴裝置和健身應用來說，將帶來革命性的顛覆，造成巨大的推動作用。

　　截至 2016 年 3 月，STM32F7 系列與 STM32F4 系列接腳相容，包含以下 4 款產品線：STM32F7x5 子系列、STM32F7x6 子系列、STM32F7x7 子系列和 STM32F7x9 子系列。

4. STM32L1 系列 (超低功耗類型)

　　STM32L1 系列微控制器基於 ARM Cortex-M3 核心，採用意法半導體專有的超低洩漏製程，具有創新型自主動態電壓調節功能和 5 種低功耗模式，為各種應用提供了無與倫比的平臺靈活性。STM32L1 擴充了超低功耗的理念，並且不會犧牲性能。STM32L1 提供了動態電壓調節、超低功耗時鐘振盪器、液晶螢幕 (Liquid Crystal Display,LCD) 介面、比較器、DAC 及硬體加密等元件。

　　截至 2016 年 3 月，STM32L1 系列微控制器包含 4 款不同的子系列：STM32L100 超 值 型、STM32L151、STM32L152(LCD) 和 STM32L162(LCD 和 AES-128)。

1.4.3　STM32 微控制器命名規則

　　意法半導體公司在推出以上一系列基於 ARM Cortex-M 核心的 STM32 微控制器產品線的同時，也制定了它們的命名規則。透過名稱，使用者能直觀、迅速地了解某款具體型號的 STM32 微控制器產品。STM32 命名規則如圖 1-24 所示，STM32 系列微控制器的名稱主要由以下部分組成。

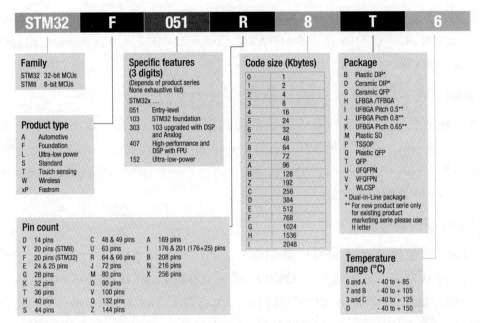

▲ 圖 1-24 STM32 命名規則 (來源：https://stm32world.com/wiki/STM32)

1. 產品系列名稱

STM32 系列微控制器名稱通常以 STM32 開頭，表示產品系列，代表意法半導體公司基於 ARM Cortex-M 系列核心的 32 位元 MCU。

2. 產品類型名稱

產品類型是 STM32 系列微控制器名稱的第 2 部分。通常有 F(Flash Memory，通用快速快閃記憶體)、WB(無線系統晶片)、L(低功耗低電壓，1.65~3.6V) 等類型。

3. 產品子系列名稱

產品子系列是 STM32 系列微控制器名稱的第 3 部分。舉例來說，常見的 STM32F 產品子系列有 050(ARM Cortex-M0 核心)、051(ARM Cortex-M0 核心)、100(ARM Cortex-M3 核心、超值型)、101(ARM Cortex-M3 核心、基本型)、102(ARM Cortex-M3 核心、USB 基本型)、103(ARM Cortex-M3 核心、增強型)、105(ARM Cortex-M3 核心、USB 網際網路型)、107(ARM Cortex-M3 核心、USB 網際網路型和乙太網型)、205/207(ARM Cortex-M3 核心、攝影機)、

215/217(ARM Cortex-M3 核心，攝影機和加密模組)、405/407(ARM Cortex-M4 核心、MCU+FPU、攝影機)、415/417(ARM Cortex-M4 核心、MCU+FPU、加密模組和攝影機) 等。

4. 接腳數

接腳數是 STM32 系列微控制器名稱的第 4 部分。通常有以下幾種：F(20 pin)、G(28 pin)、K(32 pin)、T(36 pin)、H(40 pin)、C(48 pin)、U(63 pin)、R(64 pin)、O(90 pin)、V(100 pin)、Q(132 pin)、Z(144 pin)、I(176 pin)、B(208 pin)、N(216 pin) 和 X(256 pin) 等。

5. Flash 記憶體容量

Flash 記憶體容量是 STM32 系列微控制器名稱的第 5 部分。通常有以下幾種：4(16KB Flash、小容量)、6(32KB Flash、小容量)、8(64KB Flash、中容量)、B(128KB Flash、中容量)、C(256KB Flash、大容量)、D(384KB Flash、大容量)、E(512KB Flash、大容量)、F(768KB Flash、大容量)、G(1MB Flash、大容量)、H(1.5MB Flash、大容量) 和 I(2MB Flash、大容量)。

6. 封裝方式

封裝方式是 STM32 系列微控制器名稱的第 6 部分。通常有以下幾種：T(LQFP、Low-profile Quad Flat Package、薄型四側接腳扁平封裝)、H(BGA、Ball Grid Array、球柵陣列封裝)、U(VFQFPN、Very thin Fine pitch Quad Flat Pack No-lead package、超薄細間距四方扁平無鉛封裝) 和 Y(WLCSP、Wafer Level Chip Scale Packaging、晶圓片級晶片規模封裝)。

7. 溫度範圍

溫度範圍是 STM32 系列微控制器名稱的第 7 部分。通常有以下兩種：6(-40~85℃、工業級)、7(-40~105℃、工業級)。

8. 軔體版本

標明晶片的軔體版本，可以為空。

9. 選項

標明晶片額外資訊，如晶片包裝、生產日期，可以為空。

透過命名規則，讀者能直觀、迅速地了解圖 1-24 中的範例晶片 STM32F051R8T6 微控制器的重要資訊，其中，STM32 代表意法半導體公司基於 ARM Cortex-M 系列核心的 32 位元 MCU，F 代表通用快閃記憶體型，051 代表基於 ARM Cortex-M0 核心的增強型子系列，R 代表 64 個接腳。8 代表中等容量 64KB Flash 記憶體，T 代表 LQFP 封裝方式，6 代表 -40~85℃的工業級溫度範圍。

本書書附開發板的主控晶片選擇為 STM32F407ZET6 或 STM32F407ZGT6，讀者可以根據晶片名稱了解其重要設定資訊，並說明為什麼二者可以直接替換。

1.5 嵌入式系統的軟體

嵌入式系統的軟體一般固化於嵌入式記憶體中，是嵌入式系統的控制核心，控制著嵌入式系統的執行，實現嵌入式系統的功能。由此可見，嵌入式軟體在很大程度上決定整個嵌入式系統的價值。

從軟體結構上劃分，嵌入式軟體分為無作業系統和附帶作業系統兩種。

1.5.1 無作業系統的嵌入式軟體

對於通用電腦，作業系統是整個軟體的核心，不可或缺；然而，對於嵌入式系統，由於其專用性，在某些情況下不需要作業系統。尤其在嵌入式系統發展的初期，由於較低的硬體規格、單一的功能需求以及有限的應用領域 (主要集中在工業控制和國防軍事領域)，嵌入式軟體的規模通常較小，沒有專門的作業系統。

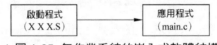

▲ 圖 1-25　無作業系統的嵌入式軟體結構

在結構上，無作業系統的嵌入式軟體僅由啟動程式和應用程式兩部分組成，如圖 1-25 所示。啟動程式一般由組合語言撰寫，在嵌入式系統通電後執行，完成自檢、儲存映射、時鐘系統和外接裝置介面設定等一系列硬體初始化操作。應用程式一般由 C 語言撰寫，直接架構在硬體之上，在啟動程式之後執行，負責實現嵌入式系統的主要功能。

1.5.2 附帶作業系統的嵌入式軟體

隨著嵌入式應用在各個領域的普及和深入，嵌入式系統向多樣化、智慧化和網路化發展，其對功能、即時性、可靠性和可攜性等方面的要求越來越高，嵌入式軟體日趨複雜，越來越多地採用嵌入式作業系統＋應用軟體的模式。相比無作業系統的嵌入式軟體，附帶作業系統的嵌入式軟體規模較大，其應用軟體架構於嵌入式作業系統上，而非直接面對嵌入式硬體，可靠性高，開發週期短，易於移植和擴充，適用於功能複雜的嵌入式系統。

附帶作業系統的嵌入式軟體結構如圖 1-26 所示，自下而上包括裝置驅動層、作業系統層和應用軟體層等。

▲ 圖 1-26　附帶作業系統的嵌入式軟體結構

1.5.3 典型嵌入式作業系統

嵌入式作業系統 (Embedded Operating System，EOS) 是指用於嵌入式系統的作業系統，負責嵌入式系統的全部軟、硬體資源的分配、任務排程，控制、協調併發活動。它必須表現其所在系統的特徵，能夠透過裝卸某些模組來達到系統所要求的功能。目前在嵌入式領域廣泛使用的作業系統有：嵌入式即時操作系統 μC/OS- II、VxWorks、FreeRTOS、嵌入式 Linux、Windows CE 等，以及應用在智慧型手機和平板電腦的 Android、iOS 等。

1. μ C/OS- II

μC/OS II (Micro-Controller Operating System Two) 是一個可以基於 ROM 執行的、可裁剪的、先佔式、即時多工核心，具有高度可攜性，特別適合於微處理器和微控制器，是和很多商業作業系統性能相當的即時操作系統 (RTOS)。為了提供最好的移植性能，μC/OS II 大幅上使用 ANSI C 語言進行開發，並且已經移植到近 40 多種處理器系統上，涵蓋了從 8 位元到 64 位元各種 CPU(包括 DSP)。μC/

OS Ⅱ可以簡單地視為一個多工排程器，在這個任務排程器之上完善並增加了和多工作業系統相關的系統服務，如訊號量、電子郵件等。其主要特點有公開原始程式碼，程式結構清晰明了，註釋詳盡，組織有條理，可攜性好，可裁剪，可固化。核心屬於先佔式，最多可以管理 60 個任務。

2. VxWorks

VxWorks 作業系統是美國 WindRiver 公司於 1983 年設計開發的一種嵌入式即時操作系統，是嵌入式開發環境的關鍵組成部分。良好的持續發展能力、高性能的核心以及友善的使用者開發環境，使其在嵌入式即時操作系統領域佔據一席之地。它以其良好的可靠性和卓越的即時性被廣泛地應用在通訊、軍事、航空、航太等高精尖技術及即時性要求極高的領域中，如衛星通信、軍事演習、彈道制導、飛機導航等。在美國的 F-16、FA-18 戰鬥機、B-2 隱身轟炸機和「愛國者」導彈上，甚至連 1997 年 4 月在火星表面登陸的火星探測器、2012 年 8 月登陸的「好奇」號也都使用到了 VxWorks。

3. FreeRTOS

FreeRTOS 是一個迷你的即時操作系統核心。作為一個羽量級的作業系統，功能包括任務管理、時間管理、訊號量、訊息佇列、記憶體管理、記錄功能、軟體計時器、程式碼協同等，可基本滿足較小系統的需要。相對 μC/OS-Ⅱ、VxWorks 等商業作業系統，FreeRTOS 作業系統是完全免費的作業系統，具有原始程式公開、可移植、可裁減、排程策略靈活的特點，可以方便地移植到各種微處理器和微控制器上執行。由於免費和開放原始碼，FreeRTOS 獲得了更多第三方開發工具的支援。例如在本書即將要介紹的 STM32 圖形化設定工具 STM32CubeMX 中，FreeRTOS 是作為一個中介軟體提供的，可以實現作業系統和應用程式無縫銜接。

4. 嵌入式 Linux

嵌入式 Linux 是嵌入式作業系統的新成員，其最大的特點是原始程式碼公開並且遵循 GPL 協定，近幾年來已成為研究熱點。目前正在開發的嵌入式系統中，有近 50% 的專案選擇 Linux 作為嵌入式作業系統。

嵌入式 Linux 是將日益流行的 Linux 作業系統進行裁剪修改，使之能在嵌入式電腦系統上執行的一種作業系統。嵌入式 Linux 既繼承了 Internet 上無限的開放原始程式碼資源，又具有嵌入式作業系統的特性。嵌入式 Linux 的特點是版權免費，而且性能優異，軟體移植容易，程式開放，有許多應用軟體支援，應用產品開發週期短，新產品上市迅速，系統即時性、穩定性和安全性好。

5. Android

Android 是一種基於 Linux 的自由及開放原始程式碼的作業系統，由 Google 公司和開放手機聯盟領導及開發，主要使用於行動裝置，如智慧型手機和平板電腦。Android 作業系統最初由 Andy Rubin 開發，主要支援手機。2005 年 8 月由 Google 收購注資。2007 年 11 月，Google 與 84 家硬體製造商、軟體開發商及電信營運商組建開放手機聯盟共同研發改良 Android 系統。隨後 Google 以 Apache 開放原始碼許可證的授權方式，發佈了 Android 的原始程式碼。第一部 Android 智慧型手機發佈於 2008 年 10 月。Android 逐漸擴充到平板電腦及其他領域上，如電視、數位相機、遊戲主機、智慧手錶等。

6. Windows CE

Windows CE(Windows Embedded Compact) 是微軟公司嵌入式、行動計算平臺的基礎，它是一個可搶先式、多工、多執行緒並具有強大通訊能力的 32 位元嵌入式作業系統，是微軟公司為行動應用程式、資訊裝置、消費電子和各種嵌入式應用而設計的即時系統，目標是實現行動辦公、便攜娛樂和智慧通訊。

Windows CE 支援 4 種處理器架構，即 x86、MIPS、ARM 和 SH4，同時支援多媒體裝置、圖形裝置、存放裝置、列印裝置和網路裝置等多種外接裝置。除了在智慧型手機方面得到廣泛應用之外，Windows CE 也被應用於機器人、工業控制、導航儀、掌上型電腦和示波器等裝置上。

1.5.4　軟體結構選擇建議

從理論上講，基於作業系統的開發模式，具有快捷、高效的特點，開發的軟體可攜性、可維護性、程式穩健性等都比較好。但是，不是所有系統都要基於作業系統，因為這種模式要求開發者對作業系統的原理有比較深入的掌握，一般功能比較簡單的系統，不建議使用作業系統，畢竟作業系統需要佔用系統資源；也不是所有系統都能使用作業系統，因為作業系統對系統的硬體有一定的要求。因此，在通常情況下，雖然 STM32 微控制器是 32 位元系統，但並不建議引入作業系統。

　　如果系統足夠複雜，任務特別多，又或有類似於網路通訊、檔案處理、圖形介面需求加入時，不得不引入作業系統來管理軟硬體資源，也要選擇輕量化的作業系統，比如，μC/OS- II、VxWorks、FreeRTOS，但是 VxWorks 是商業的，其許可費用比較高，所以選擇 μC/OS- II 和 FreeRTOS 比較合適，相應的參考資源也比較多；而不可以選擇 Linux、Android 和 Windows CE 這樣的重量級的作業系統，因為 STM32 微控制器硬體系統在未進行擴充時，是不能滿足此類作業系統的執行需求的。

本章小結

　　本章首先向讀者講解了嵌入式系統的定義，比較了嵌入式系統和通用電腦系統異同點，並由此總結出嵌入式系統的特點。隨後向讀者介紹了本書的主角——微控制器，因為 ARM 嵌入式系統特殊的商業模式，所以介紹分成兩步，第一步介紹 ARM 處理器，第二步介紹基於 ARM 核心的 STM32 微控制器。最後，本章討論了嵌入式系統軟體結構，嵌入式系統軟體結構分為兩種，一種是無作業系統的，另一種是附帶作業系統的，並舉出了兩種系統結構的選擇建議。

思考拓展

(1) 什麼是嵌入式電腦系統？
(2) 嵌入式電腦系統與通用電腦系統的異同點？
(3) 嵌入式電腦系統的特點主要有哪些？
(4) ARM Cortex-M4 處理器有幾個類別？分別應用於哪些領域？
(5) 簡要說明 ARM Cortex-M 核心和基於 ARM Cortex-M 的 MCU 的關係。
(6) STM32 微控制器產品線包括哪幾個類別？
(7) 以 STM32F407VET6 微控制器為例說明 STM32 微控制器命名規則？
(8) 嵌入式系統軟體分為哪兩種系統結構？
(9) 常見的嵌入式作業系統有哪幾種？
(10) STM32 嵌入式系統軟體在作業系統選擇方面如何進行考慮？

第 2 章

STM32F407 與實驗平臺

本章要點

➢ STM32F407 微控制器；

➢ 開發板整體概況；

➢ 實驗平臺電源電路；

➢ 實驗平臺核心板電路；

➢ 實驗平臺 I/O 模組電路；

➢ 實驗平臺擴充模組電路；

➢ CMSIS-DAP 偵錯器。

　　嵌入式系統開發是一門實踐性很強的專業課，必須透過大量的實驗才能夠較好地掌握其系統資源。嵌入式系統由硬體和軟體兩部分組成，硬體是基礎，軟體是關鍵，兩者聯繫十分緊密。本章將對 STM32F407 微控制器和本書書附開發板的全部硬體系統作一個整體的介紹，這部分內容是後續專案實踐的基礎，也是整個嵌入式學習的基礎。

2.1 STM32F407 微控制器

　　基於 ARM Cortex-M4 的 STM32F4 系列微控制器 (MCU) 帶有 DSP 和 FPU 指令，是微控制器即時控制功能與 DSP 訊號處理功能的完美結合體。STM32F4 系列微控制器根據性能劃分為多個相容的產品線，STM32F407/STM32F417 系列屬於基礎產品線。

2.1.1 STM32F407/STM32F417 系列

STM32F407/STM32F417 系列產品需要在小至 10mm×10mm 導向的封裝內實現高集成度、高性能、嵌入式記憶體和外接裝置功能的醫療、工業與消費類應用。

性能：在 168MHz 頻率下，從 Flash 記憶體執行時，STM32F407/STM32F417 產品能夠提供 210 DMIPS/566 CoreMark 性能，並且利用意法半導體的 ART(自我調整即時) 加速器實現 Flash 零等候狀態。DSP 指令和浮點單元擴大了產品的應用範圍。

功效：該系列產品採用意法半導體 90nm 製程和 ART 加速器，具有動態功耗調整功能，能夠在執行模式下，從 Flash 記憶體執行時實現低至 $238\mu A/MHz$ 的電流消耗 (168MHz)。

整合：STM32F407/STM32F417 系列產品具有 512KB~1MB Flash 和 192KB SRAM，採用尺寸小至 10mm×10mm 的 100~176 接腳封裝，STM32F407/ STM32F417 微控制器如圖 2-1 所示。

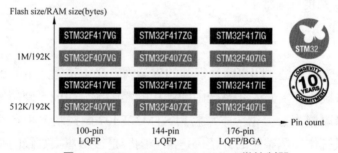

▲ 圖 2-1　STM32F407/STM32F417 微控制器

值得一提的是，STM32F407xE 和 STM32F407xG(x=V，Z 或 I) 這三個系列的相同封裝的晶片接腳相容，其相容方式是晶片升級換代的最高相容標準。

2.1.2 STM32F407 功能特性

開發板 CPU 晶片選擇 ST 公司的基於 ARM Cortex-M4 核心高性能 32 位元微控制器 STM32F407ZET6 或 STM32F407ZGT6，這兩款晶片除內部 Flash ROM 略有差別之外，其他設定和性能均完全一樣，軟硬體可以直接替換。開發板生產時根據市場情況設定，本書以 STM32F407ZET6 為藍本進行講解，其具備的主要功能和參數如下，詳細功能列表見 STM32F407 資料手冊。

(1) CPU 最高主頻為 168MHz，帶有浮點數單元 FPU，支援 DSP 指令集。

(2) 具有 512KB Flash ROM、192KB SRAM、4KB 備用 SRAM。

(3) 具有 FSMC 儲存控制器，支援 Compact Flash、SRAM、PSRAM、NOR Flash 記憶體，支援 8080/6800 介面的 TFT LCD。

(4) 具有 3 個 12 位元 ADC，最多 24 個通道；2 個 12 位元 DAC。

(5) 具有 2 個 DMA 控制器，共 16 個 DMA 串流，有 FIFO(First Input First Output, 先進先出) 和突發支援。

(6) 具有 10 個通用計時器、2 個高級控制計時器、2 個基礎計時器。

(7) 具有獨立看門狗 (IWDG) 和視窗看門狗 (WWDG)。

(8) 具有 RTC，微秒級精度，硬體日曆。

(9) 具有亂數產生器 (RNG)。

(10) 具有 8~14 位元並行數位攝影機介面 (DCMI)，最高傳輸速率為 54Mb/s。

(11) 具有多種通訊介面，包括 3 個 SPI、2 個 I2S 介面、3 個 I2C 介面、4 個 USART、2 個 UART 介面、2 個 CAN 介面以及 1 個 SDIO 介面。

(12) 具有符合 USB2.0 規範的 1 個 USB OTG FS 控制器和 1 個 USB OTG HS 控制器。

(13) 具有 10/100Mb/s Ethernet MAC 介面，使用專用的 DMA。

(14) 內部整合了 16MHz 晶體振盪器，可外接 4~26MHz 時鐘源。

(15) 1.8~3.6V 單一供電電源，具有 POR(Power on Reset, 通電重置)、PDR(Power Down Reset, 停電重置)、PVD(Programmable Voltage Detector, 可程式化電壓監測器)、BOR(Brown-out Reset, 欠壓重置) 功能。

(16) 具有睡眠、停止、待機三種低功耗工作模式。

(17) 具有 114 根高速通用輸入輸出 (GPIO) 通訊埠，可從其中任選 16 根作為外部中斷輸入口，幾乎全部 GPIO 可承受 5V 輸入。

(18) LQFP144 封裝，工作溫度為 -40~85℃。

2.1.3 STM32F407 內部結構

STM32F407 內部結構如圖 2-2 所示，由此可以看出 STM32F407 的內部基本組成，更多詳細資訊參見 STM32F407 資料手冊 P17。

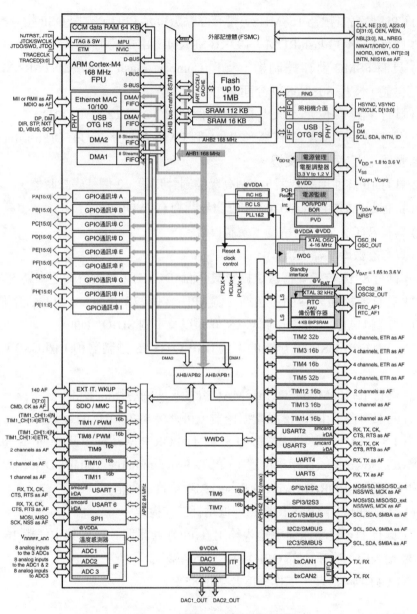

▲ 圖 2-2 STM32F407 內部結構

1 channel as AF: 單通道重複使用功能；2 channel as AF: 兩通道重複使用功能；
8 analog inputs common to the 3ADCs：8 類比輸入通道共用 3 個 ADC；
8 analog inputs common to the ADC 1&2：8 類比輸入通道共用 ADC1&2；
8 analog inputs to ADC3：8 類比輸入通道連接 ADC3；
4 channel，ETR as AF：4 通道，外部觸發輸入重複使用功能。

(1) STM32F407 的核心是 ARM Cortex-M4 核心，CPU 最高頻率為 168MHz，帶有 FPU。除了 ARM Cortex-M4 核心，STM32F407 上的其他部分都由 ST 公司設計。

(2) ARM Cortex-M4 核心有 3 條匯流排，即資料匯流排 (D-Bus)、指令匯流排 (I-Bus) 和系統匯流排 (S-Bus)。這 3 條匯流排透過匯流排矩陣 (Bus matrix-S) 與片上的各種資源和外接裝置連接。

(3) 32 位元的匯流排矩陣將系統裡的所有主裝置 (CPU、DMA、Ethernet 和 USB OTG HS) 以及從裝置 (Flash 記憶體、SRAM、FSMC、AHB(Advanced High Performance Bus，高級高性能匯流排) 和 APB(Advanced Peripheral Bus, 高級外接裝置匯流排) 外接裝置) 無縫連接起來以確保即使有多個高速外接裝置同時工作也能高效率地執行。

匯流排矩陣連接如圖 2-3 所示。結合圖 2-2，可以看到 MCU 內各條匯流排和外接裝置的連接關係。

(4) 有兩個通用的雙通訊埠 DMA(DMA1 和 DMA2)，每個 DMA 有 8 個串流 (Stream)，可用於管理記憶體到記憶體、外接裝置到記憶體、記憶體到外接裝置的傳輸。用於 AHB/APB 匯流排上的外接裝置時，有專用的 FIFO 記憶體，支援突發傳輸，用來為外接裝置提供最大的頻寬。

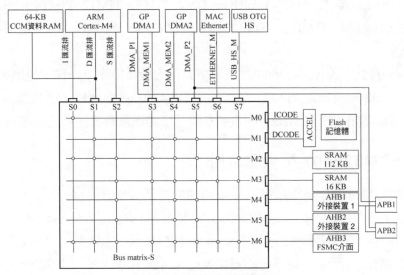

▲ 圖 2-3 匯流排矩陣連接

(5) MAC Ethernet 介面用於有線乙太網連接。

(6) USB OTG HS 介面，速度達到 480Mb/s，支援裝置 / 主機 /OTG 外接裝置模式。

(7) 透過 ACCEL 介面連接的內部 Flash 記憶體，使用了自我調整即時 (ART) 加速器技術。

(8) AHB3 匯流排上是 FSMC 介面，可連接外部的 SRAM、PSRAM、NOR Flash、PC Card、NAND Flash 等記憶體。

(9) AHB2 匯流排最高頻率為 168MHz，連接在此匯流排上的有 RNG、DCMI 和 USB OTG FS。

(10) AHB1 匯流排最高頻率為 168MHz，各 GPIO 通訊埠連接在 AHB1 匯流排上，共有 8 個 16 位元通訊埠 (Port A~Port H) 和 1 個 12 位元通訊埠 (Port I)。

(11) AHB1 匯流排分出兩條外接裝置匯流排 APB2 和 APB1，DMA2 和 DMA1 與這兩條外接裝置匯流排結合，為外接裝置提供 DMA。

(12) APB2 匯流排最高頻率為 84MHz，是高速外接裝置匯流排，上面連接的外接裝置有外部中斷 EXTI、SDIO/MMC、TIM1、TIM8~TIM11、USART1、USART6、SPI1 和 3 個 ADC。

(13) APB1 匯流排最高頻率為 42MHz，是低速外接裝置匯流排，上面連接的外接裝置有 RTC、WWDG、TIM2~TIM7、TIM12~TIM14、USART2、USART3、UART4、UART5、SPI2/I2S2、SPI3/I2S3、I2C1~I2C3、2 個 DAC 和 2 個 bxCAN。

不同外接裝置匯流排上的同類型外接裝置的最高頻率不一樣。舉例來說，對於 SPI，APB2 匯流排上的 SPI1 最高頻率是 84MHz，而 APB1 匯流排上的 SPI2 和 SPI3 的最高頻率是 42MHz。開發者在設計硬體電路時要注意這些區別。

2.1.4　STM32F407 記憶體映射

記憶體 (Memory) 是微控制器重要的功能單元，是許多儲存單元的集合。記憶體本身不具有位址資訊，它的位址是由晶片廠商或使用者分配，給記憶體分配位址的過程稱為記憶體映射，如果再分配一個位址就叫重映射。STM32F407 記憶體映射表如圖 2-4 所示，更多詳細資訊參見 STM32F407 資料手冊第 61 頁。

ARM Cortex-M4 是 32 位元處理器核心，32 位元匯流排矩陣定址空間是

4GB。在 STM32F407 內，程式記憶體、資料記憶體、暫存器和 I/O 通訊埠排列在同一個順序的 4GB 位址空間內。各位元組按小端格式在記憶體中編碼，即字中編號最低的位元組被視為該字的最低有效位元組，而編號最高的位元組被視為最高有效位元組。可定址的儲存空間分為 8 個主要區塊，每個區塊為 512MB。未分配給片上記憶體和外接裝置的所有儲存區域均視為「保留區」。

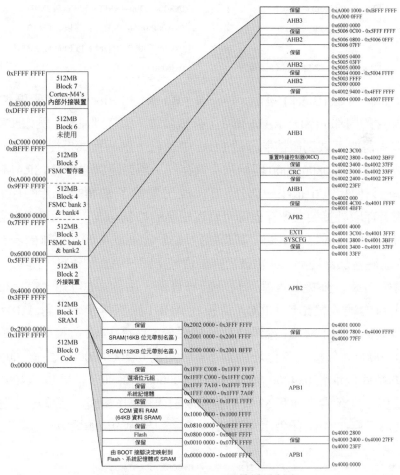

▲ 圖 2-4 STM32F407 記憶體映射表

儲存空間的容量是非常大的，因此晶片廠商就在每塊容量範圍內設計各自特色的外接裝置，要注意一點，每塊區域容量佔用越大，晶片成本就越高，所以說 STM32 晶片使用時都是只用了其中一部分。ARM 在對這 4GB 容量分塊的時候是按照其功能劃分，每塊都有它特殊的用途，如表 2-1 所示。

▼ 表 2-1 STM32F4 儲存空間功能表

序號	用途	位址範圍
Block 0	Code(內部 Flash)	0x0000 0000~0x1FFF FFFF(512MB)
Block 1	SRAM	0x2000 0000~0x3FFF FFFF(512MB)
Block 2	片上外接裝置	0x4000 0000~0x5FFF FFFF(512MB)
Block 3	FSMC 的 bank1~bank2	0x6000 0000~0x7FFF FFFF(512MB)
Block 4	FSMC 的 bank3~bank4	0x8000 0000~0x9FFF FFFF(512MB)
Block 5	FSMC 暫存器	0xA000 0000~0xBFFF FFFF(512MB)
Block 6	未使用	0xC000 0000~0xDFFF FFFF(512MB)
Block 7	ARM Cortex-M4 內部外接裝置	0xE000 0000~0xFFFF FFFF(512MB)

在這 8 個區塊 (Block) 裡面，Block0、Block1 和 Block2 這 3 個區塊包含了 STM32 晶片的內部 Flash、RAM 和片上外接裝置，須特別注意。例如使用者撰寫的目的程式需要下載到微控制器的 Flash 中執行，這個程式是從 Block0 的 Flash 儲存區啟始位址 0x0800 0000 開始依次儲存的。靜態隨機記憶體 (SRAM) 儲存於 Block1，但只使用其中很小一部分。Block2 分配給了 STM32 晶片的片上外接裝置，使用者存取外接裝置暫存器即可實現相應的控制功能。靈活靜態儲存控制器 (FSMC) 佔有 1GB 的儲存空間，其起始位址為 0x6000 0000。上述內容在後續學習相關模組時會加深理解，如需確定詳細位址空間，可查閱資料手冊。

下面舉出某一外接裝置基底位址計算實例，由圖 2-2 可知，STM32F407 第一個通用目的輸入輸出口 GPIOA 掛接在 AHB1 匯流排上，且對 AHB1 匯流排位址偏移量為 0，而 AHB1 匯流排位址相對於 STM32F407 外接裝置基底位址偏移 0x0002 0000，外接裝置位址由圖 2-4 可知為 0x4000 0000，由此可以計算出 GPIOA 的基底位址為 0x4000 0000+0x0002 0000+0x0000，結果為 0x4002 0000，這一數值與中文參考手冊第 53 頁記憶體映射表所列結果是一致的。上述計算過程以程式形式寫在 HAL 函數庫 STM32F407 系列晶片的標頭檔中，相關程式如下：

```
#define PERIPH_BASE          0x40000000UL
#define AHB1PERIPH_BASE      (PERIPH_BASE + 0x00020000UL)
#define GPIOA_BASE           (AHB1PERIPH_BASE + 0x0000UL)
```

STM32F407 內的所有暫存器都有位址，在 HAL 函數庫內有所有暫存器的定義。Flash 程式儲存空間、SRAM 定址空間也有其位址段的定義，應用時僅需包含微控制器對應的標頭檔即可。

2.1.5 STM32F407 時鐘系統

眾所皆知，時鐘系統是 CPU 的脈搏，就像人的心跳一樣，所以時鐘系統的重要性不言而喻。STM32F4 系列的時鐘系統比較複雜，不像 51 微控制器那樣一個系統時鐘能解決一切問題，這主要是為微控制器許多外接裝置對頻率、功耗、抗電磁干擾等不同需求而設計的。STM32F407 微控制器時鐘系統如圖 2-5 所示，更多詳細資訊參見 STM32F407 中文參考手冊第 107 頁。

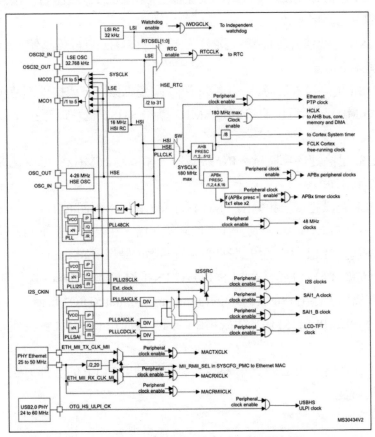

▲ 圖 2-5 STM32F407 微控制器時鐘系統 (來源：https://dev.to/theembeddedrustacean/
stm32f4-embedded-rust-at-the-pac-system-clock-configuration-39j1)

在 STM32F407 中，有 5 個最重要的時鐘源，為 HSI(High Speed Internal，高速內部)、HSE(High Speed External，高速外部)、LSI(Low Speed Internal, 低速內部)、LSE(Low Speed External, 低速外部)、PLL(Phase Locked Loop, 鎖相環) 時鐘。

其中 PLL 實際分為兩個時鐘源，分別為主 PLL 和專用 PLL。從時鐘頻率來分可分為高速時鐘源和低速時鐘源，在這 5 個時鐘源中 HSI、HSE 以及 PLL 是高速時鐘，LSI 和 LSE 是低速時鐘。從來源上可分為外部時鐘源和內部時鐘源，外部時鐘源就是從外部透過連接晶振的方式獲取時鐘源，其中 HSE 和 LSE 是外部時鐘源，其他的是內部時鐘源。下面我們學習一下 STM32F4 的這 5 個時鐘源，講解順序是按圖 2-5 中① ~ ⑤的順序。

①中 LSI 是低速內部時鐘，RC 振盪器，頻率為 32kHz 左右，供獨立看門狗和自動喚醒單元使用。

②中 LSE 是低速外部時鐘，接頻率為 32.768kHz 的石英晶體。這個主要是 RTC 的時鐘源。

③中 HSE 是高速外部時鐘，可接石英 / 陶瓷諧振器，或接外部時鐘源，頻率範圍為 4~26MHz。開發板連接的是 8MHz 晶振，HSE 也可以直接作為系統時鐘或 PLL 輸入。

④中 HSI 是高速內部時鐘，RC 振盪器，頻率為 16MHz。可以直接作為系統時鐘或用作 PLL 輸入。

⑤中 PLL 為鎖相環倍頻輸出。STM32F407 有以下兩個 PLL。

(1) 主 PLL(PLL) 由 HSE 或 HSI 提供時鐘訊號，並具有兩個不同的輸出時鐘。

第一個輸出 PLLP 用於生成高速的系統時鐘 (最高 168MHz)。

第二個輸出 PLLQ 用於生成 USB OTG FS 的時鐘 (48MHz)、亂數產生器的時鐘和安全數位輸入輸出 (Secure Digital Input and Output,SDIO) 時鐘。

(2) 專用 PLL(PLLI2S) 用於生成精確時鐘，從而在 I2S 介面實現高品質音訊性能。

這裡著重介紹主 PLL 時鐘第一個高速時鐘輸出 PLLP 的計算方法。圖 2-6 是主 PLL 的時鐘圖。

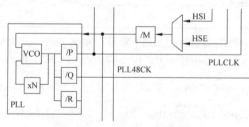

▲ 圖 2-6　主 PLL 時鐘圖

從圖 2-6 可以看出。主 PLL 時鐘的時鐘源要先經過一個分頻係數為 M 的分頻器，然後經過倍頻係數為 N 的倍頻器之後還需要經過一個分頻係數為 P(第一個輸出 PLLP) 或 Q(第二個輸出 PLLQ) 的分頻器分頻，最後才生成最終的主 PLL 時鐘。

舉例來說，當外部晶振選擇 8MHz。同時設定相應的分頻器 M=4，倍頻器倍頻係數 N=168，分頻器分頻係數 P=2，那麼主 PLL 生成的第一個輸出高速時鐘 PLLP 為：

$$PLLP=8MHz \times N/(M \times P)=8MHz \times 168/(4 \times 2)=168MHz$$

如果選擇 HSE 為 PLL 時鐘源，同時 SYSCLK 時鐘源為 PLL，那麼 SYSCLK 時鐘頻率為 168MHz。除非特別說明，後面的實驗都是採用這樣的設定。

上面簡要概括了 STM32 的時鐘源，那麼這 5 個時鐘源是怎麼給各個外接裝置以及系統提供時鐘的呢？這裡選擇一些比較常用的時鐘知識講解。

圖 2-5 中用 A~G 標示要講解的地方。

A 是看門狗時鐘輸入。從圖中可以看出，看門狗時鐘源只能是低速的 LSI 時鐘。

B 是 RTC 時鐘源，從圖上可以看出，RTC 的時鐘源可以選擇 LSI、LSE，以及 HSE 分頻後的時鐘，HSE 分頻係數為 2~31。

C 是 STM32F4 輸出時鐘 MCO1 和 MCO2。MCO1 是向晶片的 PA8 接腳輸出時鐘。它有四個時鐘來源，分別為 HSI、LSE、HSE 和 PLL 時鐘。MCO2 是向晶片的 PC9 接腳輸出時鐘，它同樣有四個時鐘來源，分別為 HSE、PLL、SYSCLK 以及 PLLI2S 時鐘。MCO 輸出時鐘頻率最大不超過 100MHz。

D 是系統時鐘。從圖 2-5 可以看出，SYSCLK 系統時鐘來源有三個：HSI、HSE 和 PLL。在實際應用中，當對時鐘速度要求都比較高時，才會選用 STM32F4 這種等級的處理器，一般情況下，都是採用 PLL 作為 SYSCLK 時鐘源。根據前面的計算公式就可以算出系統的 SYSCLK 時鐘頻率是多少。

E 指的是乙太網 PTP 時鐘、AHB 時鐘、APB2 高速時鐘和 APB1 低速時鐘。這些時鐘都是來源於 SYSCLK 系統時鐘。其中乙太網 PTP 時鐘使用系統時鐘。AHB、APB2 和 APB1 時鐘經過 SYSCLK 時鐘分頻得來。需要謹記的是，AHB 時鐘最大頻率為 168MHz，APB2 高速時鐘最大頻率為 84MHz，而 APB1 低速時鐘最大頻率為 42MHz。

F 是指 I2S 時鐘源。從圖 2-5 可以看出，I2S 的時鐘源來源於 PLLI2S 或映射到 I2S_CKIN 接腳的外部時鐘。出於音質的考慮，I2S 對時鐘精度要求很高。

G 是 STM32F4 內部乙太網 MAC 時鐘的來源。對 MII 來說，必須向外部 PHY 晶片提供 25MHz 的時鐘，這個時鐘可以由 PHY 晶片外接晶振，或使用 STM32F4 的 MCO 輸出提供。然後 PHY 晶片再給 STM32F4 提供 ETH_MII_TX_CLK 和 ETH_MII_RX_CLK 時鐘。對 RMII 來說，外部必須提供 50MHz 的時鐘驅動 PHY 和 STM32F4 的 ETH_RMII_REF_CLK，這個 50MHz 時鐘可以來自 PHY、主動晶振或 STM32F4 的 MCO。

H 是指外部 PHY 提供的 USB OTG HS(60MHZ) 時鐘。

這裡還需要說明一下，ARM Cortex 系統計時器 SysTick 的時鐘源可以是 AHB 時鐘 HCLK 或 HCLK 的 8 分頻，具體設定請參考 SysTick 計時器設定。

在以上的時鐘輸出中，有很多是附帶啟用控制的，例如 AHB 匯流排時鐘、核心時鐘、各種 APB1 外接裝置、APB2 外接裝置等。當需要使用某模組時，記得一定要先啟用對應的時鐘。

2.1.6 STM32F407 接腳

本書書附開發板上的晶片選擇 STM32F407ZET6 或 STM32F407ZGT6，二者均採用 LQFP144 封裝，接腳定義也完全相同，可直接替換，其接腳分佈如圖 2-7 所示，接腳的功能列表參見附錄 C。接腳主要分為三大類。

(1) 電源接腳，連接各種電源和地的接腳，如下所示：

① 數位電源接腳 V_{DD} 和數位電源地接腳 V_{SS}，使用 +3.3V 供電。

② 類比電源接腳 V_{DDA} 和類比電源地接腳 V_{SSA}，類比電源為 ADC 和 DAC 供電，簡化的電源電路設計中用 V_{DD} 連接 V_{DDA}。類比地和數位地必須共地。

③ ADC 參考電壓接腳 V_{REF+}，簡化的電源電路設計中用 V_{DD} 連接 V_{REF+}。這裡也可以使用專門的參考電壓晶片為 V_{REF+} 供電。

④ 備用電源接腳 V_{BAT}，為系統提供備用電源，可以在主電源停電的情況下為備份記憶體和 RTC 供電，一般使用 1 個紐扣電池作為備用電源。

⑤ V_{CAP_1} 和 V_{CAP_2} 是晶片上部 1.2V 域調壓器用到的兩個接腳，需要分別接 2.2μF 電容後接地。

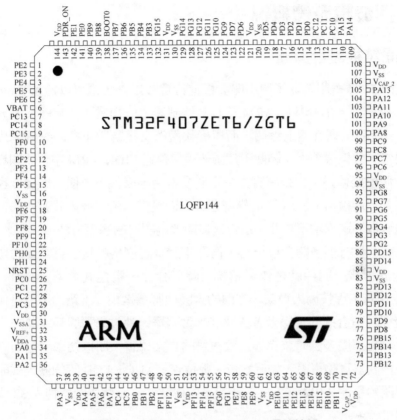

▲ 圖 2-7 STM32F407ZET6/ZGT6 晶片接腳

(2) GPIO 接腳，可以作為普通輸入或輸出接腳，也可以重複使用為各種外接裝置的接腳。在 144 個接腳中，大部分是 GPIO 接腳，分為 8 個 16 位元通訊埠 (PA~PH)，還有 1 個 12 位元通訊埠 PI。除系統偵錯需要用到的接腳外，其餘 GPIO 接腳在重置後都是浮空輸入狀態。

(3) 系統功能接腳，除了電源和 GPIO 接腳，還有其他一些具有特定功能的接腳。

① 系統重置接腳 NRST，低電位重置。

② 自舉設定接腳 BOOT0。

③ PDR_ON 接腳接高電位，將開啟內部電源電壓監測功能。有的封裝上沒有這個接腳，預設就是開啟內部電源電壓監測功能。

▌2.2 開發板整體概況

2.2.1 開發板設計背景

　　傳統的 51 微控制器除了使用開發板進行實踐以外，還可以透過 Proteus 等軟體進行模擬學習。由於基於 ARM 核心微控制器十分複雜，產品線又十分豐富，僅 ST 公司產品系列就達上百個，而模擬軟體僅支援為數不多的幾個晶片，且模擬速度很慢，效果偏差大，因此不建議使用。透過 MDK-ARM 整合式開發環境可以進行軟體模擬偵錯，但是事實上，這個模擬用起來很不方便，準確度也難以保證，另外其只能模擬 CPU，不能模擬週邊介面設備。所以嵌入式系統學習還是需要一塊開發板，邊學習邊實踐，這也是目前普遍認可的學習方法。

　　現在網上也有很多開發板出售，但是相對來說價格較貴，更重要的是其開發板往往過於複雜，開始就是作業系統、圖形介面、觸控式螢幕、USB、CAN、WiFi 等，作為工程技術人員某一方向的實踐硬體還是相當不錯的，但是作為學校教學開發板是不合適的，學習者會感到學習困難，喪失學習興趣。此外，學校教學安排也沒有那麼多課時來完成這麼複雜的專案學習。所以初學者迫切需要包括經典的微控制器實驗專案，如流水燈、數位管、ADC、LCD 等的嵌入式開發板，適合從零開始學習 ARM 嵌入式系統或是由傳統 8 位元微控制器轉入 32 位元微控制器的初學者。

2.2.2 開發板整體介紹

　　作者經過相當長時間的設計、制板，測試，最終設計出一款非常適合STM32F407 微控制器初學者的嵌入式開發板。該開發板主要包括電源電路、核心板電路、I/O 模組電路、擴充模組電路和 CMSIS-DAP 偵錯器等，後面幾節將具體介紹每一個子電路，相應模組的原理圖也會在後續講解中陸續舉出。該開發板PCB 元件整體版面設定如圖 2-8 所示。

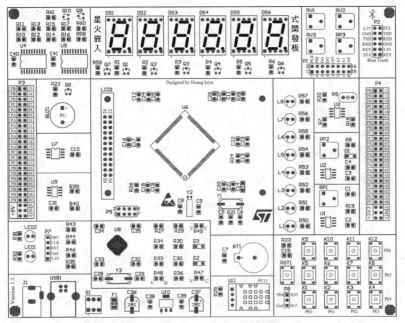

▲圖 2-8 PCB 元件整體版面設定

PCB 佈線完成效果如圖 2-9 所示。

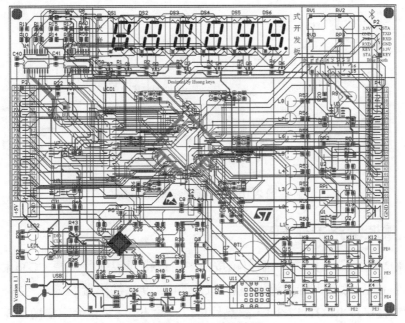

▲圖 2-9 PCB 佈線圖

出於對品質和性能的持續追求，開發板的實際電路在本書出版之後，仍有可能進行小幅改動，作者會在本書書附資源中同步更新其原理圖和 PCB 圖，如有需要讀者可以下載查看。

2.3 電源電路

2.3.1 電源電路原理圖

電源電路是給開發板所有模組提供電源的模組。開發板採用雙電源供電方式：一種方式為 USB 介面供電方式，另一種方式為火牛介面供電方式。兩個供電電路採用並聯的方式，實驗時只要連線一個電源即可。一般情況下，USB 介面供電方式即可滿足開發板供電要求，因為 USB 介面既可以實現資料通信，又可以為開發板提供電源，且無論桌上型電腦還是筆記型電腦，都具備 USB 介面，故該方式使用十分方便。當 USB 介面供電不能滿足要求時，例如某些大電流工作場所，也可以通過火牛介面 J1 向開發板提供電源，該方式可以向開發板提供更大的電流。開發板電源電路原理圖如圖 2-10 所示。

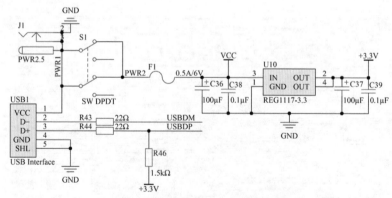

▲ 圖 2-10 開發板電源電路原理圖

2.3.2 電源電路工作原理

如圖 2-10 所示，S1 為一個自鎖按鈕，可以接通或斷開電源。C36 和 C38 為 REG1117-3.3 晶片輸入端的濾波電容，C37 和 C39 為輸出端的濾波電容。U10 為 DC/DC 變換晶片 REG1117-3.3，該晶片可以將輸入的 5V 直流電變換為 3.3V 直流電,且具有相當好的穩定性和可靠性。該電源模組可以接通或斷開 USB 或火牛介面直流電源,輸出 5V 和 3.3V 兩種直流電,向開發板的各模組提供電源。

2.4 核心板電路

核心板電路是微控制器最小系統電路,包括晶片電源電路、CPU 濾波電路、外接晶振電路、備用電源電路、重置電路、啟動設定電路等。

2.4.1 晶片電源電路

晶片電源電路如圖 2-11 所示。STM32F407ZET6 晶片採用 3.3V 供電,晶片的 12 個 V_{DD} 接腳連接至 +3.3V,9 個 V_{SS} 接腳連接至 GND。A/D 轉換模組電源 V_{DDA} 和 A/D 轉換參考電源 V_{REF+} 均取自系統 3.3V 主電源,並經 1 個 10Ω 電阻 R24 隔離。A/D 轉換模組電源地線 V_{SSA} 連接至電源的地線 GND,而 A/D 轉換參考電源地線 V_{REF-} 是在晶片上部完成與 GND 連接的,所以晶片並無 V_{REF-} 引出。PDR_ON 接腳接高電位開啟內部電源電壓監測功能。V_{CAP_1} 和 V_{CAP_2} 接腳需要各連接一個 2.2μF 對地電容,以使內部調壓器穩定工作,並輸出 1.2V 左右的電壓。

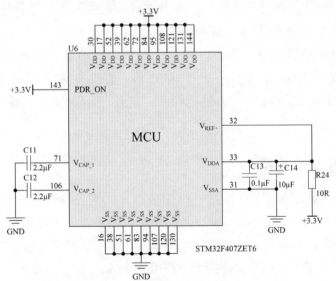

▲ 圖 2-11 開發板晶片電源電路

2.4.2 CPU 濾波電路

CPU 濾波電路如圖 2-12 所示，為保證 CPU 供電可靠穩定，需要在 STM32F407 晶片所有的電源接腳 V_{DD} 和 V_{SS} 之間加上濾波電容。CPU 濾波電路將 12 個 0.1μF 的電容 (C16~C27) 並聯，為 CPU 電源提供濾波功能。為保證濾波效果，在 PCB 版面設定時每 3 個電容劃為一組，共 4 組，每組電容要儘量靠近 CPU 的電源接腳。

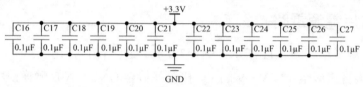

▲ 圖 2-12 CPU 濾波電路

2.4.3 外接晶振電路

晶振一般叫作晶體諧振器，是一種機電元件，是用電損耗很小的石英晶體經精密切割磨削並鍍上電極焊上引線做成。它的作用是為 STM32 系統提供基準時鐘訊號，類似於部隊訓練時喊口令的人，STM32 微控制器內部所有的工作都是以這個時鐘訊號為步調基準進行工作的。

開發板外接晶振電路如圖 2-13 所示，STM32 開發板需要兩個晶振，一個是系統主晶振 Y1，頻率為 8MHz，為 STM32 核心提供振盪源；另一個是即時時鐘晶振 Y2，頻率為 32.768kHz。為穩定頻率，在每一個晶振的兩端分別接上兩個對地微調電容。

2.4.4 備用電源電路

STM32 開發板的備用電源為一紐扣電池，具體設計時選用 CR1220 型號，供電電壓為 3V，用於對即時時鐘以及備份記憶體供電。如圖 2-14 所示，二極體 D2、D3 用於系統電源和備用電源之間的電源選擇，當開發板通電時選擇 3.3V 對 V_{BAT} 接腳供電，當開發板斷電時選擇 BT1 電池對 V_{BAT} 接腳供電，C7 為濾波電容。

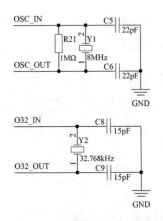

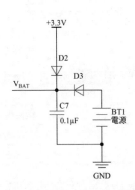

▲ 圖 2-13 開發板外接晶振電路   ▲ 圖 2-14 開發板備用電源電路

2.4.5 重置電路

圖 2-15 為 STM32 微控制器的重置電路，其可以實現通電重置和按鍵重置。開發板剛接通電源時，R23 和 C15 組成 RC 充電電路，對系統進行通電重置，重置持續時間由 R23 電阻值和 C15 容值乘積決定，一般電阻取 10kΩ，電容取 0.1μF 可以滿足重置要求。按鈕 RST1 可以實現按鍵重置，當需要重置時按下 RST1 按鈕，RESET 接腳直接接地，CPU 即進入重定模式。

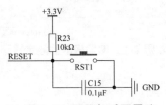

▲ 圖 2-15 開發板重置電路

2.4.6 啟動設定電路

STM32 三種啟動模式對應的儲存媒體均是晶片上建的，它們是：

(1) 使用者快閃記憶體 = 晶片上建的 Flash。

(2) SRAM= 晶片上建的 RAM 區，就是記憶體。

(3) 系統記憶體 = 晶片上部一塊特定的區域，晶片出廠時在這個區域預置了一段 Boot loader，就是通常所說的 ISP 程式。這個區域的內容在晶片出廠後就不允許再修改或抹寫，即它是一個 ROM 區。

在每個 STM32 的晶片上都有兩個接腳 BOOT0 和 BOOT1，這兩個接腳在晶片重置時的電位狀態決定了晶片重置後從哪個區域開始執行程式，如表 2-2 所示。

▼ 表 2-2 啟動方式與接腳對應關係

啟動模式選擇接腳		啟動模式	說明
BOOT1	BOOT0		
X	0	從使用者快閃記憶體啟動	正常的工作模式
0	1	從系統記憶體啟動	啟動的程式功能由廠商設定
1	1	從內建 SRAM	啟動可以用於偵錯

開發板啟動設定電路如圖 2-16 所示，其本質上是將主控晶片的 BOOT0 和 BOOT1 接腳透過 10kΩ 電阻下拉接地，由表 2-2 可知，晶片重置之後從使用者快閃記憶體啟動。由於開發板採用 CMSIS-DAP 偵錯器進行下載和偵錯，所以無須設計 ISP(在系統程式設計) 下載電路，但為了提高系統可靠性，增加一種後備下載方式，將主控晶片的 BOOT0 接腳引出至 P5 排座。下載程式時，只需要將 BOOT0 接腳接 V$_{DD}$，從系統記憶體啟動，執行晶片廠商燒錄好的 ISP 下載程式，透過序列埠更新程式即可。

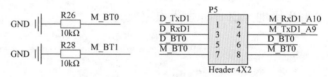

▲ 圖 2-16 開發板啟動設定電路

2.5 I/O 模組電路

本節主要介紹開發板的 I/O(輸入 / 輸出) 模組電路，這些電路是開發板的基礎模組，也是學習嵌入式系統的首先需要掌握的介面技術。

2.5.1 LED 模組

LED 模組電路如圖 2-17 所示，開發板共設定 8 個 LED 指示燈，採用共陽接法，即 8 個 LED 指示燈 L1~L8 的陽極經限流電阻 R50~R57 接系統的 3.3V 電源，8 個 LED 指示燈的陰極接 MCU 的 PF0~PF7。由電路圖可知，如果要想某一個指示燈亮，則需由微控制器控制相應的接腳輸出低電位，例如需要點亮 L1 和 L3，則需要撰寫程式,使 PF0 和 PF2 輸出低電位。

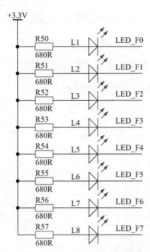

▲圖 2-17 LED 模組電路

2.5.2 按鍵模組

　　按鍵模組電路如圖 2-18 所示,實驗平臺共設定 3 行 4 列 12 個按鍵,由 P8 跳線座實現獨立鍵盤和矩陣鍵盤切換,當 P8 的 2、3 接腳短接時為獨立按鍵模式,當 P8 的 1、2 接腳短接時為矩陣鍵盤模式。獨立按鍵模式只有 K1~K4 有效,4 個按鍵一端由 MCU 的 PE0~PE3 控制,另一端接地。矩陣鍵盤模式時,按鍵的列訊號由 PE0~PE3 控制,行訊號由 PE4~PE6 控制,要辨識某一個按鍵需要確定行列位置,具體掃描方式將在後續章節結合實例進行講解。

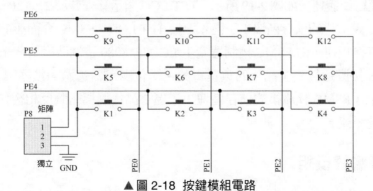

▲圖 2-18 按鍵模組電路

2.5.3 顯示模組

實驗平臺配備雙顯示終端，即數位顯示器和液晶顯示器。數位顯示器為 6 位元共陽數位管，採用 PNP 三極體驅動，74HC573D 鎖存；液晶顯示器為 2.8 寸全彩 TFT(Thin Film Transistor, 薄膜電晶體)LCD 顯示模組，為 240×320 像素，採用 ILI9341 驅動，16 位元 8080 平行介面。

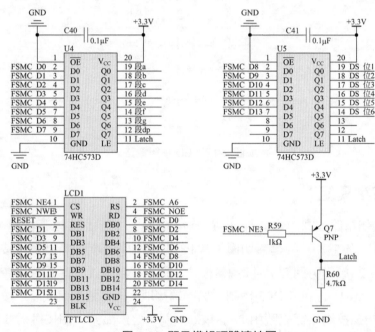

▲ 圖 2-19　顯示模組硬體連接圖

顯示模組硬體連接如圖 2-19 所示，TFT LCD 顯示幕安裝於 2×12P 母排座上，使用 FSMC 匯流排的儲存區塊 1 子區 4 連接 TFT LCD，FSMC 介面與 LCD 資料、控制訊號直接相連，由 FSMC 控制器產生 LCD 的 8080 控制時序，背光接腳 BLK 懸空，RES 接腳連接到主晶片的重置電路。數位顯示器透過閂鎖器與 LCD 重複使用資料線，FSMC 匯流排的儲存區塊 1 子區 3 晶片選擇訊號反相後作為數位顯示器的選通訊號。

2.5.4 蜂鳴器模組

蜂鳴器模組電路如圖 2-20 所示，開發板配備一個被動蜂鳴器 BUZ1 供系統警告或演奏簡單曲目使用，由 PNP 三極體 Q9 控制其導通或關閉。為限制其工作電流，還串聯一限流電阻 R22。三極體的基極由微控制器的 PC8 接腳控制，透過控制 GPIO 接腳的訊號頻率和持續時間就可以控制蜂鳴器發出不同聲音以及發音時間的長短。

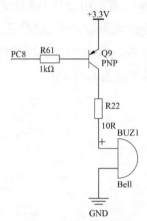

▲ 圖 2-20 蜂鳴器模組電路

2.6 擴充模組電路

本節主要介紹開發板提供的基本外接裝置擴充電路、典型感測器應用電路和 GPIO 接腳外接電路等內容。

2.6.1 溫濕度感測器

DHT11 溫濕度感測器是一款含有已校準數位訊號輸出的溫濕度複合感測器。它應用專用的數位模組擷取技術和溫濕度傳感技術，確保產品具有極高的可靠性與長期穩定性。感測器包括一個電容式感應濕度元件和一個 NTC 測溫元件，並與一個高性能微控制器相連接。

DHT11 溫濕度感測器採用簡化的單匯流排通訊，即只有一根資料線，系統中的資料交換、控制均由單匯流排完成。其與微控制器連接較為簡單，1 號接腳為電源線接 V_{DD}，2 號接腳為資料線，連接至 MCU 的 PC13 接腳，1 號接腳和 2 號接腳之間還需要跨接一個 4.7kΩ 的上拉電阻。3 號接腳為 NC，4 號接腳為 GND，兩個接腳同時連接電源地線，電路如圖 2-21 所示。

2.6.2 光照感測器

　　光照感測器電路如圖 2-22 所示，其核心元件是光敏電阻 R9，其阻值隨著光照變化而變化，與 R7 組成一個分壓電路，光照越強，阻值越小，分得的電壓越低，反之則電壓越高。分壓電路輸出電壓可以作為類比訊號傳送至微控制器的 ADC 模組，計算出電壓數值，透過查表獲取光照強度。也可以將其連接到運算放大器 U3 的同相輸入端，與反相輸入端電壓設定值進行比較，得到一個數位開關訊號，運放的反相輸入端設定值透過電位器 RP3 調節。

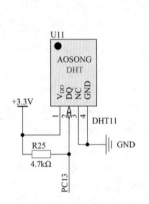

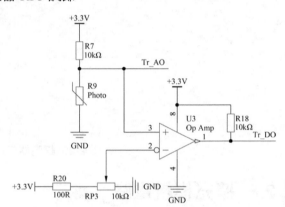

▲ 圖 2-21 溫濕度感測器電路　　　　　▲ 圖 2-22 光照感測器電路

2.6.3 A/D 採樣模組

　　A/D 採樣模組電路如圖 2-23 所示，A/D 採樣模組的主要作用是提供 4 個可以調節的電壓供系統採樣，並將其轉換成數位量，送入 CPU 模組進行後續處理。由於 STM32 晶片上部已經整合了 ADC，故不用外接 A/D 轉換電路。本模組的 4 個待測類比電壓均由分壓電路提供，其中前 3 路 ADIN0~ADIN2 由電位器 RV1~RV3 提供，第 4 路 Tr_AO 由分壓電阻 R7 和光敏電阻 R9 分壓提供。分壓電路一端接系統電源 3.3V，另一端接電源地，中間抽頭與 STM32 微控制器的一組 GPIO 接腳 (PA0~PA3) 連接。

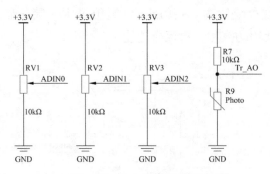

▲ 圖 2-23 A/D 採樣模組電路

2.6.4 EEPROM

為能夠持續保留重要資料和儲存系統組態資訊,開發板外擴了一片 EEPROM 儲存晶片 AT24C02,與 MCU 介面之間採用硬體 I2C 連接,即 AT24C02 的 SCL 接腳連接至微控制器 IIC1 的 SCL 接腳 PB8,AT24C02 的 SDA 接腳連接至微控制器 IIC1 的 SDA 接腳 PB9,兩根訊號線分別接 10kΩ 上拉電阻。電源和地之間加一個 $0.1\mu F$ 的濾波電容,A0~A2 晶片位址設定接腳均接地,EEPROM 連接電路如圖 2-24 所示。

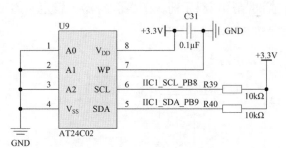

▲ 圖 2-24 EEPROM 連接電路

2.6.5 Flash 記憶體

Flash 記憶體結合了 ROM 和 RAM 的長處,不僅具備電可擦程式設計唯讀記憶體 (EEPROM) 的功能,還可以快速讀取資料,具有非揮發性隨機存取記憶體的優勢。本實驗平臺擴充了一片容量為 128Mb 的 NOR Flash 儲存晶片 W25Q128,連接至微控制器的 SPI1 介面,電路如圖 2-25 所示。W25Q128 晶片的 DO、DI、CLK 接腳分別接至微控制器的 SPI1_MISO、SPI1_MOSI、SPI1_SCK。微控制器的 PB14 接腳連接儲存晶片的 CS 接腳，低電位選中。儲存晶片的 $\overline{WP}$ 和 $\overline{HOLD}$ 接腳接 V_{DD}，即不使用防寫和資料保持功能。

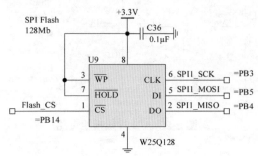

▲ 圖 2-25 SPI Flash 記憶體連接電路

2.6.6 波形發生器

波形發生器電路如圖 2-26 所示，本書書附開發板分別設計了脈衝發生器和 PWM(脈衝寬度調變) 波形發生器，二者均基於 555 時基晶片設計。脈衝發生器輸出固定工作週期比和頻率可調的方波訊號，PWM 波形發生器產生頻率和工作週期比均可調節的方波訊號。PWM 訊號和脈衝訊號透過跳線連接至微控制器的 PA6 和 PA7 接腳，查閱晶片資料手冊，選擇計時器，設定通道工作模式，即可完成計時器的輸入捕捉和 PWM 測量實驗。

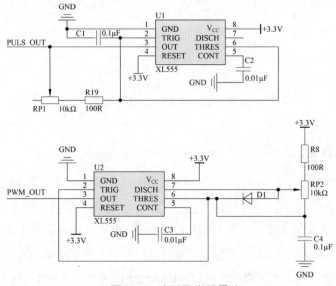

▲ 圖 2-26 波形發生器電路

2.6.7 藍牙模組

藍牙身為近距離無線通訊技術，由於其具有低功耗、低成本、高傳輸速率、網路拓樸簡單以及可同時管理資料和語音傳輸等諸多優點而深受嵌入式工程師的青睞。為讓使用者更便捷地使用藍牙模組或其他序列埠通訊裝置，開發板提供一個藍牙模組連接插座，如圖 2-27 所示。

連接插座是根據 BLE4.0+SPP2.0 雙模序列埠透傳模組 HC-04 設計，連接至微控制器的 USART3，藍牙模組的 TxD 接腳接微控制器 USART3 的 RxD 接腳，藍牙模組的 RxD 接腳接微控制器 USART3 的 TxD 接腳，此外還需將開發板電源和地線連接至藍牙模組為其提供通訊電源。藍牙模組連接指示接腳連接至微控制器的 PF14 接腳，藍牙模組的 AT 指令設定接腳連接微控制器的 PF15 接腳，上述兩個接腳只有在執行 AT 指令和進行連接指示時才需要使用。

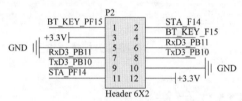

▲ 圖 2-27 藍牙模組連接插座

2.6.8 I/O 接腳外接模組

I/O 接腳外接模組電路如圖 2-28 所示，為了方便使用者在外電路中使用本開發板的控制接腳，特將 STM32 微控制器的部分 I/O 接腳以及系統電源 (5V 和 3.3V) 引出到開發板兩邊的排針上。如果使用者需要使用開發板的控制功能，只需要使用杜邦線將系統電源和 I/O 接腳訊號引入外電路中，然後在開發板撰寫控製程式，實現對外電路的控制，此時開發板就相當於普通的微控制器核心板。

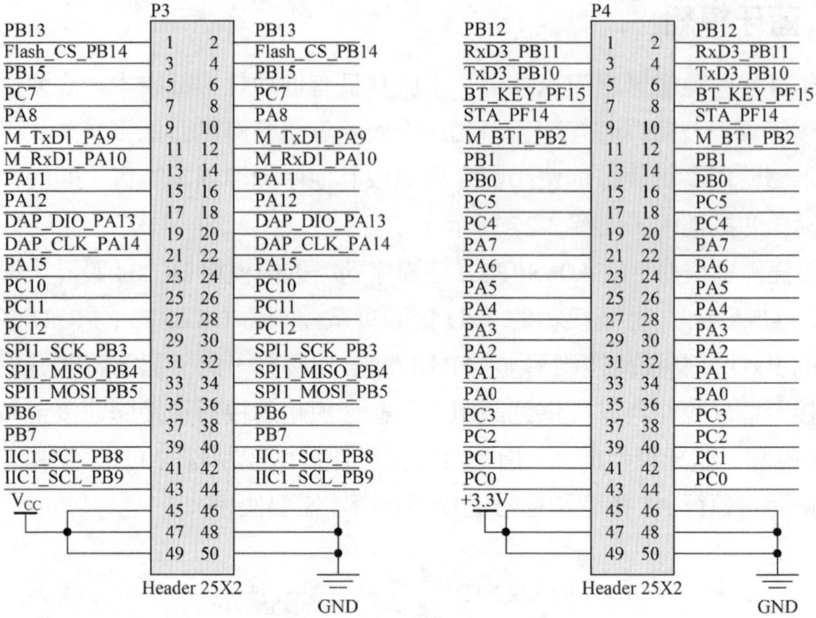

▲ 圖 2-28　I/O 接腳外接模組電路

2.7　CMSIS-DAP 偵錯器

　　CMSIS-DAP 偵錯器硬體電路如圖 2-29 所示，電路核心為 STM32F103T8U6 微控制器，透過執行監控程序，模擬 JTAG/SWD 兩種偵錯協定，可實現一鍵下載、單步執行或連續執行等全部偵錯方式。監控程序還虛擬出一個 USART 序列介面，用於嵌入式平臺與上位機雙向資料通信。CMSIS-DAP 偵錯器可實現嵌入式平臺下載、偵錯、通訊、供電功能，同時還具有開放原始碼、高速、免驅動等優點。理論分析和樣板測試均表明 F103T8U6 和 F103C8T6 晶片在實現 CMSIS-DAP 偵錯時是可以替換的，作者在設計開發板時會根據多種因素選用晶片，但對於使用者使用並無任何不同之處。

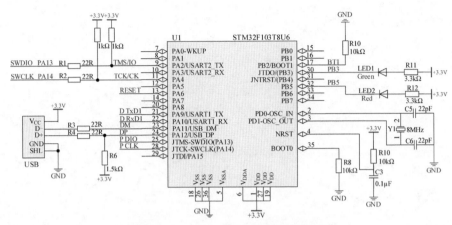

▲圖 2-29 CMSIS-DAP 偵錯器硬體電路

本章小結

　　本章首先對 STM32F407 微控制器進行簡介，包括產品類別、功能特性、內部結構、儲存映射和時鐘系統等，涉及內容許多，這裡僅講解重要基礎知識，讀者如需了解更多詳細資訊，可以參考晶片參考手冊和資料手冊。隨後對所設計的開發板進行詳細介紹，包括整體概述、電源電路、核心板電路、I/O 模組電路、擴充模組電路和 CMSIS-DAP 偵錯器等，讓讀者對開發板功能、版面設定、連接有一個整體認識，這些內容是後續學習和專案實驗的基礎。

思考拓展

(1) 開發板使用的微控制器具體型號是什麼？

(2) 開發板電源模組可以提供幾種供電電壓？

(3) 查看 CMSIS-DAP 所使用晶片，並列舉偵錯器的主要優點。

(4) 開發板有幾個外接晶振？頻率分別為多少？各自的作用分別是什麼？

(5) 根據 STM32F407 接腳定義列舉出 LQFP144 封裝晶片所有的 GPIO 接腳。

(6) 當開發板的按鍵按下時，輸入通訊埠為高電位還是低電位？

(7) 數位管採用共陽接法還是共陰接法？並說明其顯示控制方式。

(8) LED 指示燈採用共陽接法還是共陰接法？其電源電壓為多少伏？

第 3 章

軟體環境設定與使用入門

本章要點

➢ STM32 開發方式；

➢ 軟體資源安裝與設定；

➢ 基於 CubeMX 的 HAL 函數庫開發模式；

➢ CMSIS-DAP 偵錯器使用；

➢ 編譯器最佳化與 Volatile 關鍵字。

　　基於 STM32CubeMX 的 HAL 函數庫的嵌入式系統開發之所以高效、快捷、可攜性強，在一定程度上得益於軟體開發平臺的高效設定。相比於傳統的暫存器或是標準函數庫開發，HAL 函數庫開發的軟體環境設定更為複雜，涉及軟體許多，甚至成為嵌入式學習的攔路虎。為幫助讀者順利架設適合自己的嵌入式軟體平臺，本章將詳細介紹各相關軟體的安裝、設定和使用方法。

3.1 STM32 開發方式

　　嵌入式系統軟體設計的程式語言分為組合語言和高階語言兩種，目前廣泛使用 C 語言進行嵌入式系統應用程式開發，而依據開發函數庫的不同，STM32 開發方式又可以劃分為 STM32Snippets 函數庫、標準外接裝置函數庫 (Standard Peripheral Library)、STM32Cube HAL 函數庫、STM32Cube LL 函數庫 4 種。

3.1.1 STM32Snippets 函數庫

　　STM32Snippets 可翻譯為「程式部分」，其實就是常說的「**暫存器**」開發 STM32 的底層驅動程式。STM32Snippets 函數庫是高度最佳化的範例程式集合，使用符合 CMSIS 的直接暫存器存取來減少程式銷耗，從而在各種應用程式中最最佳化 STM32 微控制器的性能。

　　早期的 51 微控制器、AVR 微控制器和 PIC 微控制器均採用的是暫存器開發方式。尤其是我們十分熟悉的 51 微控制器，開發一個 51 微控制器程式，一般是採用組合語言或是 C 語言撰寫控製程式，操作相應暫存器 (例如 P1、IE、IP、TMOD、T1 等)，實現相應控制功能。

　　ST 官方僅提供 STM32F0 和 STM32L0 兩個系列的 STM32Snippets 函數庫，如圖 3-1 所示，但暫存器開發方式適用所有的 STM32 微控制器。對於沒有提供 STM32Snippets 函數庫的微控制器開發時只需包含該系列晶片的暫存器定義標頭檔便可使用暫存器開發方式，而這一步操作往往是在專案範本建立時已經完成。

▲ 圖 3-1　STM32Snippets 函數庫

　　雖然暫存器開發方式直接、高效，但是 STM32 片上資源十分豐富，要記住每個暫存器名稱和操作方式是十分困難的，且撰寫出來的程式可讀性、可維護性和可攜性都比較差。因此，除對速度要求較高和需要反覆執行的程式外，一般不使用暫存器開發方式。值得注意的是，暫存器開發方式是其他一切開發方式的基礎，所有開發模式本質上操作的是暫存器，有時在其他開發模式中直接操作暫存器會造成事半功倍的效果。

3.1.2 標準外接裝置函數庫

　　為幫助嵌入式工程師從查詢、記憶晶片手冊中解脫出來，ST 公司於 2007 年推出標準外接裝置函數庫 (Standard Peripheral Libraries，SPL)，也稱標準函數庫，STM32 標準函數庫是根據 ARM Cortex 微控制器軟體介面標準 (Cortex Microcontroller Software Interface Standard，CMSIS) 而設計的。CMSIS 標準由 ARM 和晶片生產商共同提出，讓不同的晶片公司生產的 ARM Cortex-M 微控制器能在軟體上基本相容。

STM32 標準函數庫是一個或一個以上的完整的軟體套件 (稱為軔體套件)，包括所有的標準外接裝置的裝置驅動程式，其本質是一個軔體函數套件 (函數庫)，由程式、資料結構和各種巨集群組成，包括了微控制器所有外接裝置的性能特徵。該函數庫還包括每一個外接裝置的驅動描述和應用實例，為開發者存取底層硬體提供了一個中間 API(Application Programming Interface，應用程式設計介面)。透過使用標準函數庫，開發者無須深入掌握底層硬體細節，就可以輕鬆應用每一個外接裝置，就像在標準 C 語言程式設計中呼叫 printf() 一樣。每個外接裝置驅動都由一組函數組成，這組函數覆蓋了該外接裝置的所有功能。每個元件的開發都由一個通用 API 驅動，API 對該驅動程式的結構、函數和參數名稱都進行了標準化。

標準外接裝置庫如圖 3-2 所示，目前，其支援 STM32F0、STM32F1、STM32F2、STM32F3、STM32F4、STM32L1 系列，不支援 STM32F7、STM32H7、STM32MP1、STM32L0、STM32L4、STM32L5、STM32G0、STM32G4 等 後 面推出的系列。

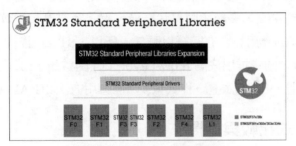

▲ 圖 3-2 標準外接裝置庫

3.1.3 STM32CubeMX HAL 函數庫

標準外接裝置庫不僅明顯降低了開發門檻和難度，縮短了開發週期，降低開發成本，而且提高了程式的可讀性和可維護性，給 STM32 微控制器開發帶來極大的便利。但是不同系列微控制器的標準函數庫是不通用的，差別較大，給程式重複使用和程式移植帶來挑戰，進而影響專案開發效率。

2014 年 ST 公司推出**硬體抽象層 (Hardware Abstraction Layer，HAL) 函數庫**，HAL 函數庫比標準函數庫抽象性更好，所有 API 具有統一的介面。STM32Cube HAL 函數庫如圖 3-3 所示，**基於 HAL 函數庫的程式可以在 STM32 全系列微控制**

器內遷移，可攜性好；借助圖形化設定工具 STM32CubeMX 可以自動生成初始化程式和專案範本，高效便捷，是 ST 公司主推的一種開發方式。

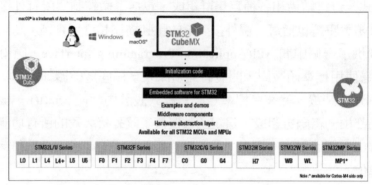

▲ 圖 3-3 STM32Cube HAL 函數庫

3.1.4 STM32CubeMX LL 函數庫

基於 STM32CubeMX 的 HAL 函數庫開發高效、快捷，支援 STM32 全系列產品，但是其抽象層次高，多層函數巢狀結構，程式容錯度相對較高，對晶片容量小，C/P 值要求高的應用場合有時難以勝任。所以，ST 公司對於部分產品在推出其 HAL 函數庫時，同步推出底層 (Low-Layer, LL) 函數庫，LL 函數庫中大部分程式直接操作暫存器，更接近硬體，程式量少，但應用方法和 HAL 函數庫並無區別。

3.1.5 開發方式比較與選擇

ST 公司提供的 4 種嵌入式開發方式各有所長，為幫助初學者選擇合適的開發方式，下面對 4 種開發方式進行比較，並舉出作者的選擇建議。

1. 開發方式比較

表 3-1 分別列出了 4 種開發方式在可攜性 (Portability)、最佳化程度 (Optimization Memory&Mips)、好用性 (Usability)、意願性 (Readiness) 和硬體覆蓋 (Hardware Coverage) 程度方面的對比結果。

由表 3-1 可知，STM32Snippets 函數庫 (暫存器) 開發方式除最佳化性能方面表現較好，其他性能均較差，所以目前已較少為嵌入式工程師使用。標準函數庫各方面性能均處於中間位置，有著不錯的性能表現，另外由於標準函數庫推出較早，在 STM32 嵌入式開發中獲得了廣泛的應用。HAL 函數庫除最佳化程度表現欠佳外，其他方面均具有最佳性能，綜合性能最好，是未來嵌入式開發的發展方向。LL 函數庫除最佳化程度這一性能指標和 HAL 函數庫的表現相反外，其他性能表現的趨勢二者是一致的，但 LL 函數庫的表現稍弱於 HAL 函數庫。

▼ 表 3-1 開發方式對比

開發函數庫		可移植性	優化程度	好用性	意願性	硬體覆蓋程度
CODE STM32Snippets 函數庫			+++			+
標準函數庫		++	++	+	++	+++
STM32 CubeMX	HAL 函數庫	+++	+	++	+++	+++
	LL 函數庫	+	+++	+	++	++

2. 開發方式選擇

各種開發方式的性能表現決定了其應用場合，嵌入式開發者應根據應用場合和自身技術背景選擇適合自己和專案的嵌入式開發方式。選擇沒有固定規則，且帶有一定的主觀性，此處只舉出一些選擇建議，僅供參考。

(1) 如果開發者使用的是小容量、少接腳的微控制器，並且想利用好記憶體中的每一位元，追求最高 C/P 值，因為硬體抽象是需要成本的，那麼暫存器開發或 STM32Cube LL 函數庫開發將是最佳選擇。

(2) 作為有過 8 位元微控制器開發經驗的開發者，如果習慣直接暫存器操作，那麼暫存器開發或 STM32Cube LL 函數庫開發將是一個很好的起點。如果更喜歡 C 語言程式設計，那麼建議使用 STM32Cube HAL 函數庫開發或標準函數庫開發。

(3) 有過標準函數庫開發經驗的嵌入式工程師，且將來可能僅使用同一系列的微控制器 (如 STM32F1 系列)，可以繼續使用標準函數庫進行開發。如果開發者計畫在未來使用不同的 STM32 系列，那麼作者建議考慮使用 STM32Cube 函數庫開發，因為這更容易在系列之間移植。

(4) 如果設計者希望程式具有好的可攜性同時保持較高的最佳化性能，則開發者可以使用 STM32Cube HAL 函數庫開發方式，並用特定的最佳化替換一些容錯度高的呼叫，從而保持最大的可攜性和隔離不可移植但經過最佳化的區域。也可以使用 STM32Cube HAL 函數庫和 STM32Cube LL 函數庫混合程式設計的方法來達到上述相同的效果。但需要注意的是，對於同一外接裝置，不可同時使用 HAL

處理程序和 LL 處理程序。

對一個控制系統來說，穩定可靠是最重要的，標準函數庫在同一系列晶片之間程式可直接重複使用，所以其依然是很多 STM32 開發者難以割捨的情懷。近年來，隨著微控制器儲存容量成倍增長，主頻持續提高，淡化了人們對性能的考量，開發人員更關心軟體開發效率和產品遷移，基於 STM32CubeMX 的 HAL 函數庫開發方式逐漸流行起來。本書也是以此開發方式講解嵌入式系統開發的，有時為了快捷存取和最佳化性能，也會在部分模組內直接操作暫存器。

3.2 軟體資源安裝與設定

基於 STM32CubeMX 的 HAL 函數庫開發主要需要圖形化設定軟體 STM32CubeMX、Java 開發環境、MDK-ARM 整合式開發環境 (Integrated Development Environment，IDE)、晶片元件套件、HAL 韌體套件。上述 5 個軟體資源的安裝又可劃分為兩個主要部分。第一部分的重點是安裝 STM32CubeMX 開發工具，安裝之前需要先安裝 Java 執行環境 (Java Runtime Environment，JRE)，安裝之後還需要在 STM32CubeMX 中增加晶片的 HAL 韌體套件。第二部分重點是 MDK-ARM 整合式開發環境的安裝，同樣安裝完成之後需要增加晶片的元件套件。

3.2.1 JRE 安裝

1. 下載 JRE 檔案

在瀏覽器網址列輸入網址：https://www.java.com/en/download/manual.jsp，打開如圖 3-4 所示的 JRE 下載介面，按一下「Windows Offline(64-bit)」連結開始下載 64 位元 Windows 作業系統離線 JRE 安裝檔案。

下載完成的 JRE 安裝檔案，名稱為 jre-8u341-windows-x64.exe，大小為 83.4 MB，版本編號為 8.0.3410.10。

2. 安裝 JRE 程式

按兩下 JRE 安裝檔案，開始安裝 Java 執行環境，JRE 安裝介面如圖 3-5 所示。一般無須更改任何設定，直接按一下「安裝」按鈕開始安裝，待出現「您已成功安裝 Java」對話方塊，按一下「關閉」按鈕完成安裝。

▲ 圖 3-4 JRE 下載介面

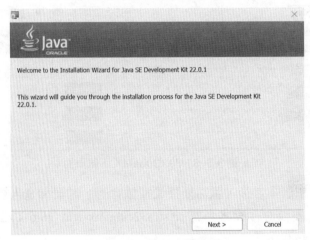

▲ 圖 3-5 JRE 安裝介面

3.2.2 STM32CubeMX 安裝

STM32CubeMX 軟體是意法半導體公司推出的一款具有劃時代意義的軟體開發工具，它是 ST 公司 STM32Cube 計畫中的一部分。該軟體是一個圖形化開發工具，用於設定和初始化其旗下全系列基於 ARM Cortex 核心的 32 位元微控制器，並可以根據不同的整合式開發環境，如 IAR、KEIL 和 GCC 等，生成相應的軟體開發專案和 C 程式。簡單地說，STM32CubeMX 軟體是一款圖形化的初始化 C 程式生成器，在本書的後續表述中也會將其簡稱為 CubeMX 或 Cube。

1. STM32CubeMX 下載

在 ST 官網 (www.st.com) 首頁搜索欄輸入 STM32CubeMX，在搜索結果頁面按一下 STM32CubeMX 連結，進入產品介紹頁面，繼續按一下 Get Software 進入

圖 3-6 所示 STM32CubeMX 下載頁面。上述操作也可以透過在網址列輸入以下網址完成：

https://www.st.com/en/development-tools/stm32cubemx.html#get-software

在圖 3-6 中，需要根據具體作業系統選擇相應的軟體進行下載，大多數讀者使用的是 Windows 作業系統，需要下載 STM32CubeMX-Win 安裝套件，同時軟體要不斷升級，也可以透過 Select version 下載列表方塊選擇不同的軟體版本，如果是下載最新的版本則可以按一下 Get latest 進入下載連結。

▲ 圖 3-6　STM32CubeMX 下載頁面

選擇好類別和版本之後，還需要接受授權合約，註冊和登入帳號才能完成下載。作者下載的安裝套件檔案名為 en.stm32cubemx-win_v6-6-1.zip，版本編號為 V6.6.1，大小為 454MB。

2. STM32CubeMX 軟體安裝

按兩下安裝套件中的可執行檔 SetupSTM32CubeMX-6.6.1-Win.exe，啟動安裝程式，安裝介面如圖 3-7 所示。

依次按一下 Next 按鈕，接受授權合約，同意隱私條款，自訂安裝路徑，然後開始程式安裝，經過短暫的等待，STM32CubeMX 程式就已經成功安裝。

3.2.3　HAL 韌體套件安裝

STM32CubeMX 支援全系列 STM32 晶片的開發，而晶片初始化程式和資源管理是基於 HAL/LL 韌體套件的，但 CubeMX 沒有必要也不可能將所有晶片的韌體套件都整合到開發環境當中，因此還需要增加可能用到晶片系列的 HAL/LL 的韌體套件。因為本書是基於 HAL 函數庫的開發，所以此處僅增加 HAL 韌體套件。

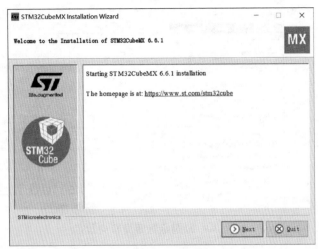

▲圖 3-7 安裝介面

軔體套件有兩種安裝方式，一種是線上安裝，另一種是將軔體套件下載後本地安裝。本節採用線上安裝方式安裝 STM32F4 軔體套件，採用本地安裝方式安裝 STM32F1 軔體套件，但在實際安裝時均推薦線上安裝。

1. 軔體類別檔案夾設定

STM32CubeMX 軟體安裝完之後會在桌面和開始選單生成一個捷徑，還可以將其增加到開始螢幕或工作列。按兩下其捷徑即可執行 STM32CubeMX 軟體，啟動介面如圖 3-8 所示。

▲圖 3-8 STM32CubeMX 啟動介面

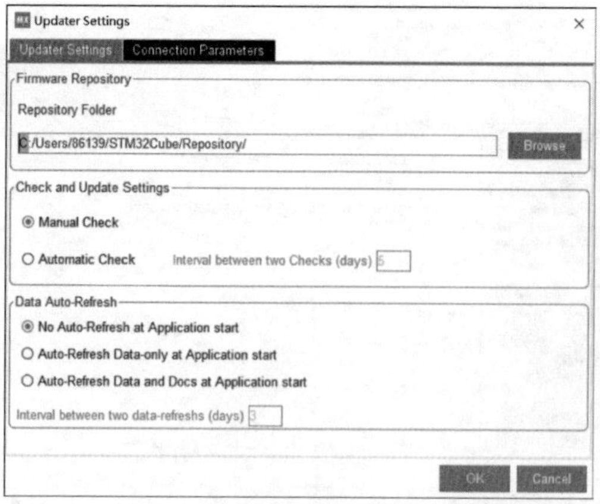

▲ 圖 3-9 軟體函數庫資料夾設定

在安裝韌體套件之前需要對軟體環境和函數庫資料夾進行設定，以便後續使用過程中更加得心應手。由於 C 磁碟容量經常告急，作者一般將嵌入式學習的軟體安裝在電腦最後一個分區 G 磁碟，所以還需要將軟體函數庫資料夾也設定在 G 磁碟。

啟動介面最上方共有三個選單項即 File,Window、Help，依次選擇 Help → Updater Settings 選單項，打開圖 3-9 所示軟體函數庫資料夾設定對話方塊。其中 Repository Folder 選項就是需要設定的軟體函數庫資料夾，所有的 MCU 韌體套件和擴充套件均安裝到此目錄下，這個資料夾一經設定並且安裝一個韌體套件之後就不能再更改，此處只需將磁碟代號由 C 修改為 G 即可。如果使用預設路徑或是瀏覽選擇其他路徑也是可以的，但需要注意路徑名稱中儘量不要帶有中文或空格。在圖 3-9 中還可以對軟體更新和資料更新選項進行設定。

2. 韌體套件線上安裝

如果個人電腦已成功連接至網路，韌體套件安裝一般採用線上安裝方式，該方式方便快捷，還可以線上更新。在圖 3-8 啟動介面依次按一下 Help → Manage embedded software packages 選單項，打開如圖 3-10 所示的嵌入式軟體套件管理對話方塊。這裡將 STM32Cube MCU 韌體套件和 STM32Cube 擴充套件統稱為嵌入式軟體套件。

在圖 3-10 對話方塊中找到所用晶片系列，如 STM32F4，按一下左側的下三角按鈕後會展開不同版本，最前面的一般是最新版本，選擇一個版本，將核取方塊選中，按一下對話方塊下面的 Install 按鈕開始安裝，等待一段時間，當核取方塊變成綠色填充時表示韌體套件已成功安裝。

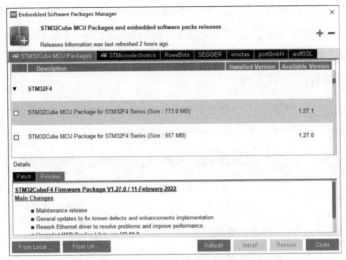

▲ 圖 3-10 嵌入式軟體套件管理對話方塊

3. 韌體套件本地安裝

如果個人電腦不具備聯網條件，且已獲取韌體套件安裝檔案，可以採用本地安裝方式。下面以安裝 STM32F1 系列韌體套件為例，講解本地安裝方式。

在 ST 公司官網 (www.st.com) 首頁搜索欄輸入關鍵字 STM32CubeF1，進入 STM32CubeF1 Active 頁面，按一下 Get Software 按鈕進入 HAL 函數庫下載頁面，如圖 3-11 所示。在下載資源列表中有兩個軟體套件可以下載，其中 STM32CubeF1 為基礎套件，Patch_CubeF1 為更新套件，所以這兩個檔案都需要下載，且均選擇最新版本。下載完成的基礎類別檔案為 en.stm32cubef1.zip，版本為 v1.8.0，大小為 109MB，更新類別檔案為 en.patch_cubef1_v1-8-4.zip，版本為 v1.8.4，大小為 51.4MB。

▲ 圖 3-11 HAL 函數庫下載頁面

在圖 3-8 啟動介面依次按一下 Help → Manage embedded software packages 選單項，打開嵌入式軟體套件管理對話方塊，按一下左下角的 From Local 按鈕，瀏覽選擇 STM32CubeF1 基礎套件，如圖 3-12 所示，按一下「打開」按鈕開始安裝，安裝完成之後，軟體套件管理對話方塊韌體套件列表中 STM32Cube MCU Package for STM32F1 Series 清單項前的核取方塊綠色填充，並出現了版本編號 1.8.0，表示基礎套件安裝完成。

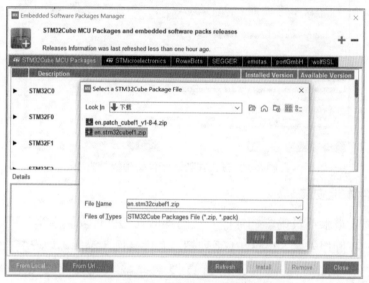

▲ 圖 3-12 基礎套件離線安裝

如果採用相同方法安裝更新套件，則會出現依賴錯誤 (Missing dependency for this package)，表示不可以在軟體套件管理對話方塊中同時安裝基礎套件和更新套件。

解決上述問題的方法是將下載好的基礎套件和更新套件複製到函數庫資料夾，預設路徑為 C: /Users/86139/STM32Cube/Repository/，若已修改請將其替換為新的目標路徑，並對這兩個檔案進行重新命名。如果在重新命名時記不清命名規則，可以從已安裝的韌體套件名稱得到相應啟示。

基礎套件：en.stm32cubef1.zip → STM32Cube_FW_F1_V180.zip。

更新套件：en.patch_cubef1_v1-8-4.zip → STM32Cube_FW_F1_V184.zip。

再次打開如圖 3-13 所示的更新套件離線安裝對話方塊，選中韌體套件 1.8.4 版本前面的核取方塊，按一下 Install 按鈕開始安裝 (操作方法同線上安裝)，此時

STM32CubeMX 會檢測到更新套件已存在，跳過軟體下載程式，直接進行解壓步驟，安裝完成之後，1.8.4 版本的韌體套件前面核取方塊同樣進行了綠色填充。至此 STM32CubeF1 韌體套件基礎套件和更新套件全部安裝完成。

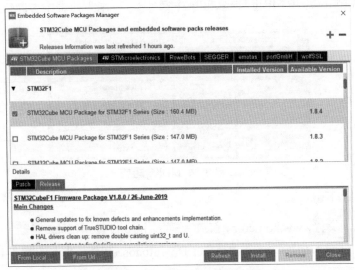

▲ 圖 3-13 更新套件離線安裝

由上述操作可知，STM32Cube 韌體套件離線安裝是對基礎套件和更新套件分別進行下載和安裝的，過程較為複雜，所以除非存在無法聯網等特殊情況，推薦使用線上安裝。

3.2.4 MDK-ARM 安裝

1. MDK-ARM 簡介

MDK-ARM 源自德國的 KEIL 公司，也稱 KEIL MDK-ARM、KEIL ARM、KEIL MDK、Realview MDK、I-MDK、μVision5(μVision4) 等，全球超過 10 萬的嵌入式開發工程師使用 MDK-ARM。本書使用版本為 MDK 5.37，該版本使用 μVision5 整合式開發環境，是目前針對 ARM 處理器，尤其是 ARM Cortex-M 核心處理器的最佳開發工具。

MDK5 向後相容 MDK4 和 MDK3 等，以前的專案同樣可以在 MDK5 上進行開發 (需安裝相容套件)，MDK5 同時加強了針對 ARM Cortex-M 微控制器開發的支援，並且對傳統的開發模式和介面進行升級，如圖 3-14 所示，MDK5 由兩個部分組成：MDK Tools(MDK 工具) 和 Software Packs(軟體套件)。其中，MDK Tools 包含 MDK-Core 和 Arm C/C++Compiler 兩部分；Software Packs 可以獨立於工具鏈進行新晶片支援和中間函數庫的升級。

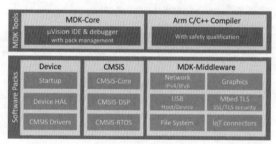

▲圖 3-14　MDK5 組成

2. MDK-ARM 下載

在 KEIL 官網 (www.keil.com) 首頁，按一下頂端 Download 連結，首先出現一個 Overview 頁面，繼續按一下 Product Downloads 選項，進入如圖 3-15 所示的產品下載清單頁面。

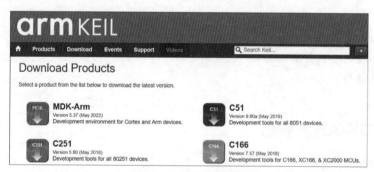

▲圖 3-15　產品下載清單

在圖中有 4 個下載選項，第 1 個選項為 MDK-ARM，適用於 ARM 核心開發工具，最新版本為 5.37，其他選項用於相應型號微控制器的開發。按一下 MDK-ARM 軟體圖示進入下載頁面，填寫並提交使用者資訊之後，軟體便開始下載。

在最新的 MDK 5.37 版本中僅內建 Compiler 6.18，沒有預先安裝 Compiler 5，將會導致在早期的 MDK5 或 MDK4 建立的檔案無法編譯。雖然使用者也可以手動增加 Compiler 5，但這個操作比較麻煩，也會進一步增加安裝檔案佔用空間，因此，如果讀者不需要打開以前建立的專案，可以直接安裝最新版本，否則可以和作者一樣選用上一個版本的安裝檔案 MDK535.EXE，檔案大小為 890MB。

3. MDK 軟體安裝

按兩下下載完成的 MDK535.EXE 可執行檔啟動安裝程式，按一下 Next 按鈕，同意授權合約，進入安裝路徑設定，預設安裝於 C 磁碟，此處將其修改為 G 磁碟，MDK 安裝介面如圖 3-16 所示，繼續按一下 Next 按鈕，填寫使用者資訊開始軟體安裝，當安裝介面出現 Finish 按鈕，表示軟體已安裝完成，按一下此按鈕退出安裝程式。

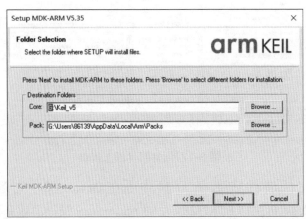

▲圖 3-16 MDK 安裝介面

3.2.5 元件套件安裝

隨著晶片系列、種類越來越多，MDK-ARM 軟體越來越難以將所有元件都整合到一個安裝套件中，所以和 MDK4 版本不同，從 MDK5 開始，MDK-Core 是一個獨立的安裝套件，基於 μVision，對 ARM Cortex-M 裝置提供支援，提供安裝程式用於下載、安裝和管理軟體套件，可隨時將軟體套件增加到 MDK-Core，使新的裝置支援和中介軟體更新獨立於工具鏈。

在 MDK 5.35 安裝完成後，要讓 MDK5 支援 STM32F4 和 STM32F1 系列晶片開發，還要安裝 STM32F4 的元件套件 (Keil.STM32F4xx_DFP.2.16.0.pack) 和 STM32F1 的元件套件 (Keil.STM32F1xx_DFP.2.4.0.pack)，安裝方式依然分為線上安裝和離線安裝，實際安裝時推薦使用離線安裝。

1. 元件套件線上安裝

　　MDK-ARM 軟體安裝成功之後，會在桌面和開始功能表列建立捷徑，按兩下或按一下捷徑啟動 Keil μVision5，按一下偵錯工具列最右邊 Pack Installer 圖示 ，打開如圖 3-17 所示元件套件線上安裝對話方塊。

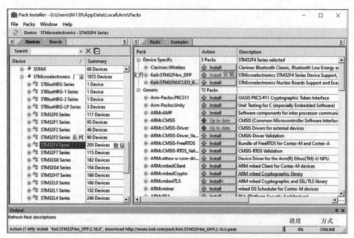

▲ 圖 3-17　元件套件線上安裝

　　在圖 3-17 元件套件安裝管理員中，在 Device 欄，先選擇晶片廠商 STMicroelectronics，再選擇 STM32F4 系列，Summary 欄顯示該系列元件的數量，在 Pack 欄選擇安裝檔案 STM32F4xx_DFP，按一下 Action 欄的 Install 按鈕開始安裝，此時按鈕轉變為灰色不可用狀態，對話方塊的最下面顯示元件套件安裝進度和安裝方式。當元件套件安裝完成，Install 按鈕前面綠色圖示會被點亮。

2. 元件套件離線安裝

　　如果已經獲取元件類別檔案，則也可以採用離線安裝的方式進行。

　　首先需要前往官方下載網址 (https://www.keil.com/dd2/pack/) 下載最新的元件套件，在資源瀏覽頁面中，首先找到晶片廠商 STMicroelectronics，然後找到要下載的產品系列名稱 STM32F1 Series Device Support，Drivers and Examples，按一下後面的下載按鈕開始資源下載。以 STM32F1 為例，下載完成後檔案名稱為 Keil.STM32F1xx_DFP.2.4.0.pack，版本編號為 2.4.0，大小為 47.9MB。

　　按兩下下載檔案開始元件套件安裝，元件套件離線安裝頁面如圖 3-18 所示，安裝檔案會自動辨識 MDK-ARM 的安裝路徑，無須任何更改，按一下 Next 按鈕開始安裝，出現 Finish 按鈕提示安裝完成。當元件套件安裝完成，打開圖 3-17 所示元件套件安裝管理員，和線上安裝方式一樣，Install 按鈕前面綠色圖示也將被點亮。

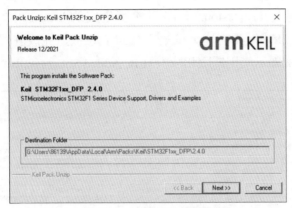

▲ 圖 3-18 元件套件離線安裝

 作者在安裝的過程中發現，無論是線上安裝還是離線安裝方式，元件套件的下載速度均十分緩慢，如果可以透過共用獲得元件套件，採用**離線**安裝方式更簡單、快捷，是推薦安裝方式。

3.2.6 MDK-ARM 註冊

MDK-ARM 作為 ARM Cortex-M 核心微控制器最全面的解決方案，提供了豐富的產品線，其支援能力和產品特性如圖 3-19 所示。MDK-Lite 是免費評估版，預設即是安裝此版本，要想獲得開發環境全面支援和更好使用性能，還需要將其註冊為 MDK-Professional 版本。

Components	Microcontroller Development Kit Editions			
	MDK-Professional	MDK-Plus	MDK-Essential	MDK-Lite
uVision IDE with Editor and Pack Installer	✔	✔	✔	✔
Arm C/C++ Compiler (armcc)	✔	✔	✔	32KB
Arm Macro Assembler (armasm)	✔	✔	✔	✔
Arm Linker (armlink)	✔	✔	✔	32 KB
Arm Utilities (fromelf)	✔	✔	✔	✔
Arm C and C ++ Libraries	✔	✔	✔	✔
Arm C Micro-Library (microlib)	✔	✔	✔	✔
uVision Debugger	✔	✔	✔	32 KB
CMSIS and Middleware Libraries				
CMSIS-CORE, CMSIS-DSP, CMSIS-RTOS RTX	✔	✔	✔	✔
File System, Graphic, Network IPv4, USB Device	✔	✔		
File System, Graphic, Network IPv4/IPv6, USB Host/Device	✔			
Arm Processor Support				
Arm Cortex-M0, M0+, M1, M3, M4, M7	✔	✔	✔	✔
Arm Cortex-M23, M33 (non-secure)	✔	✔	✔	
Arm Cortex-M23, M33 (secure)	✔	✔		
Arm7, Arm9, Cortex-R4	✔	✔		
SecurCore	✔	✔		

▲ 圖 3-19 MDK-ARM 支援能力和產品特性

在桌面或開始選單找到 Keil μVision5 捷徑，按右鍵選擇以管理員身份執行。按一下 File → License Management 選單項，打開授權管理對話方塊，如圖 3-20 所示，將圖中 Computer ID 填寫到註冊軟體 CID 文字標籤，註冊目標選擇 ARM，版本選擇 Professional，複製軟體生成的 License ID，並填寫到圖中 License ID Code(LIC) 編輯方塊，按一下 Add LIC 按鈕完成註冊。註冊成功會在授權管理對話塊顯示使用期限和「***LIC Added Successfully***」提示訊息。

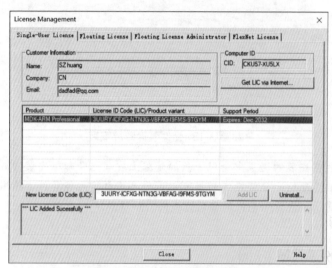

▲ 圖 3-20　MDK 授權管理對話方塊

3.2.7　軟體安裝總結

軟體平臺設定主要包括兩方面工作。一方面是軟體資源下載，一般是從官方網站直接下載，除因相容性問題選擇了 MDK-ARM 的上一個版本 MDK 5.35，其餘軟體和資源套件均為最新版本。另一方面是軟體安裝，本書圍繞著兩個軟體展開：第一個軟體是圖形化設定工具 STM32CubeMX 的安裝，安裝之前需要先安裝 JRE，安裝完後還需要安裝晶片的韌體套件 (HAL/LL)，在韌體套件安裝過程中，推薦使用線上安裝方式；第二個軟體是 32 位元 MCU 整合式開發環境 MDK 5.35，安裝完成之後還需要安裝晶片元件套件，元件套件推薦離線安裝。

3.3 基於 STM32CubeMX 的 HAL 開發方式

基於 STM32CubeMX 的 HAL 開發涉及軟體許多，對於初學者有時可能不知從何開始。為此，作者設計了本書第一個也是最簡單的專案實例，即設定開發板 LED 指示燈 L1 接腳為輸出模式 (預設輸出低電位)，撰寫 LED 週期閃爍應用程式，連接偵錯器，下載程式並重置執行。

3.3.1 STM32CubeMX 生成初始化程式

使用標準函數庫進行嵌入式開發的第一步就是建立適合自己的專案範本，並編譯通過，此外，在使用外接裝置之前需要花較多精力對其初始化，然後才是應用程式的撰寫。而借助 STM32CubeMX 可以輕鬆完成前面兩步，顯著減少了程式量，可靠性也得到進一步的提高。

1. 選擇 MCU 晶片

執行 STM32CubeMX 軟體，其初始介面如圖 3-21 所示，各部分功能如圖中標注所示，可以在該介面打開或新建專案。其中新建專案又分為 3 種方式，第 1 種是 Start My project from MCU(選擇一款 MCU) 新建專案，這是最常用的方式，其他 2 種方式分別是 Start My project from ST Board(選擇 ST 評估板) 和 Start My project from Example(參考常式) 新建專案。

▲ 圖 3-21 STM32CubeMX 初始介面

選擇第 1 種方式新建專案，按一下 ACCESS TO MCU SELECTOR 選項打開如圖 3-22 所示 MCU/MPU 晶片選擇對話方塊。

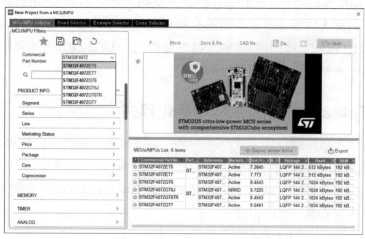

▲ 圖 3-22 MCU/MPU 晶片選擇

為方便查詢晶片，該對話方塊中設定了各種篩選條件，比方按產品資訊、記憶體、計時器、模數轉換器等，每一個篩選類別又細分為多個子專案。最快捷簡單的方法是在 Commercial Part Number 清單下拉式清單方塊中輸入晶片名稱 (如 STM32F407ZET6)，MCUs/MPUs List 列表將列出相應的晶片，其上部也會舉出晶片主要性能介紹，按一下清單前面的星形符號，可以收藏此晶片，按兩下晶片名稱，完成 MCU 選擇，跳躍至專案建立對話方塊，如圖 3-23 所示。書附步驟是按照專案建立流程組織的，在完成晶片選擇之後，還需要經過 Pinout & Configuration(接腳及資源設定)、Clock Configuration(時鐘設定)、Project Manager(專案管理) 等步驟才能初始化外接裝置和生成開發專案。

2. 設定 GPIO 接腳

下面以 PF0 接腳設定為例，講解 GPIO(通用目的輸入輸出) 接腳的設定。PF0 接腳設定如圖 3-24 所示，首先在專案建立對話方塊中的接腳視圖上找到 PF0 接腳，也可以使用右下方的查詢工具輸入接腳名稱進行快速查詢。在 PF0 接腳上用滑鼠左鍵選擇接腳功能為 GPIO_Output。然後展開左側最上面的 System Core(系統核心) 設定組別，選擇 GPIO 子項，此刻在設定類別和接腳視圖中間增加了 GPIO Mode and Configuration 設定區域，這一區域劃分為 Mode 和

Configuration 兩個子區,但是對本專案來說,GPIO 接腳無須設定工作模式,僅需設定 Configuration 選項即可。

▲圖 3-23 專案建立對話方塊

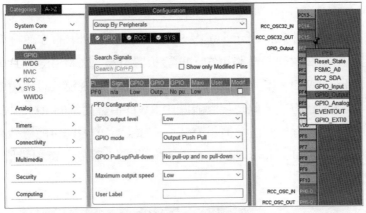

▲圖 3-24 PF0 接腳設定

　　根據專案設計要求,需要將 PF0 接腳設定為輸出模式,預設輸出電位為低電位,沒有上拉或下拉,最大輸出速度為低,其實上述設定均為 GPIO_Output 模式的預設設定,此處無須修改。

3. 設定時鐘源 (RCC)

　　完成接腳設定之後,還需要設定 System Core 下面的 RCC 子項,時針源設定過程及結果如圖 3-25 所示，此處實際上是設定系統的時鐘源。其中 High Speed Clock(HSE) 和 Low Speed Clock(LSE) 均有 3 個選項：Disable(禁用外部時鐘)、BYPASS Clock Source(外部主動時鐘)、Crystal/Ceramic Resonator(外部被動陶瓷晶振) 三個選項。由第 2 章開發板硬體電路可知，開發板的外部高速時鐘 (HSE) 和外部低速時鐘 (LSE) 接腳均外接石英晶體振盪器，所以 HSE 和 LSE 均應選擇 Crystal/Ceramic Resonator。

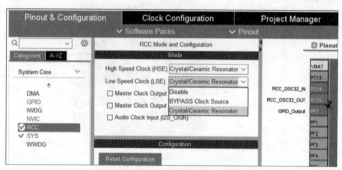

▲ 圖 3-25　時鐘源設定過程及結果

4. 設定偵錯方式

　　偵錯方式設定如圖 3-26 所示，選擇 System Core 類別下的 SYS 子項對偵錯方式進行設定，由第 2 章硬體電路可知，開發板設計板載 CMSIS-DAP 偵錯器採用 Serial Wire Debug(SWD，串列線偵錯) 方式，所以在 SYS 模式設定中 Debug 應當選擇 Serial Wire 偵錯方式。此時接腳視圖中 SWD 偵錯用到的 PA13 和 PA14 變為綠色，並偵錯功能進行了標注。偵錯方式一定要設定，否則可能導致專案無法偵錯下載。在圖 3-26 中的 Timebase Source(時基時鐘) 需要保持預設值 SysTick 計時器，不要修改。

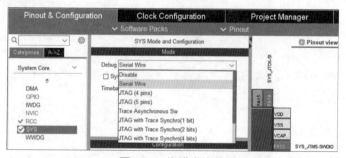

▲ 圖 3-26　偵錯方式設定

5. 設定系統時鐘

如圖 3-27 所示，按一下專案建立對話方塊流程控制按鈕 Clock Configuration 進入系統時鐘設定介面，此處只需要設定系統時鐘，設定步驟根據圖 3-27 中序號依次開展。

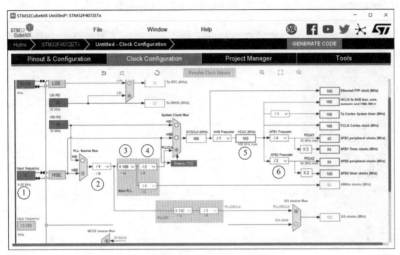

▲ 圖 3-27 系統時鐘設定

時鐘設定第①步選擇 HSE 作為系統的時鐘源，並在 Input frequency 頻率輸入框中輸入數字 8，表示頻率為 8MHz。第②步設定分頻係數「/M」為「/4」，外部 8MHz 經 4 分頻後頻率為 2MHz。第③步將「*N」倍頻係數設定為「×168」，2MHz 經 168 倍頻後頻率為 336MHz。第④步將「/P」分頻係數設定為「/2」，336MHz 再經 2 分頻後頻率為 168MHz。第⑤步將 System Clock Mux 設定為 PLLCLK，AHB 分頻係數保持預設值 1，此時 SYSCLK 和 HCLK 時鐘頻率均為 STM32F407 最高頻率 168MHz。第⑥步將 APB1 分頻係數設為 4，PCLK1 工作於最高允許頻率 42MHz，APB2 分頻係數設為 2，PCLK2 工作於最高允許頻率 84MHz。

專案建立時可以將系統時鐘設定在一個很廣的範圍內，但是為了最大限度發揮 CPU 潛能，一般將其設定在最高工作頻率 168MHz，這一頻率也是標準函數庫常式的預設工作頻率。即使將系統時鐘設定在 168MHz 主頻上，也有很多種組合，上述設定選項只是一個參考實例。

6. 專案選項設定

在完成接腳及資源設定和時鐘設定之後，下一步就是專案管理設定，按一下主介面的 Project Manager 標籤進入專案管理設定，如圖 3-28 所示，在左側設定類別清單中有 3 個子項，分別為 Project(專案)、Code Generator(程式生成)、Advanced Settings(高級選項)，一般只需要設定前兩項。

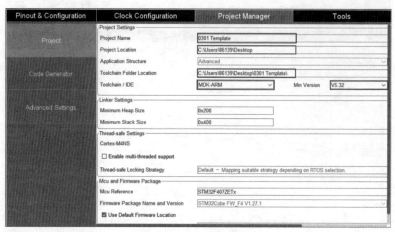

▲ 圖 3-28 專案管理設定

Project 選項設定介面一般只需設定圖中框線標出的地方，即設定專案檔案名稱、專案路徑、工具鏈資料夾路徑。其實只需輸入專案名稱和專案路徑，工具鏈資料夾路徑是二者的合成。STM32CubeMX 在專案檔案路徑建立一個以專案名稱命名的資料夾，工具鏈資料夾及其他檔案均存放在這一資料夾內。

 為便於交流和學習，本書專案名稱採用統一命名格式，即章節 (2 位元)+ 序號 (2 位元)+ 空格 + 專案主題。例如本章的專案名稱為 0301 Template，表示第 3 章第 1 個專案，重點講解專案開發的範本結構，為便於後續章節共用範本，本章建立專案名稱為 Template，專案備份時再將名稱更改為 0301 Template。

工具鏈 / 整合式開發環境 (Toolchain/IDE) 這一選項也十分重要，由下拉式清單方塊下拉清單選項可知，STM32CubeMX 支援的工具鏈有 EWARM、MDK-ARM、STM32CubeIDE、Makefile 4 種。本書使用的整合式開發環境是 MDK 5.35，所以 Toolchain/IDE 選項選擇 MDK-ARM，Min Version 選項是用來選擇開發工具的版本編號的，但是列表中並沒有 V5.35 這一選項，只需要選擇 STM32CubeMX 所支援的最新版本 V5.32 就可以，或直接選擇 V5。

設定完 Project 選項之後，還需要設定 Code Generator 選項，這部分設定實際取決於開發者的使用習慣，本書的程式生成選項設定情況如圖 3-29 所示，其中重要部分使用框線標出，具體步驟如下。

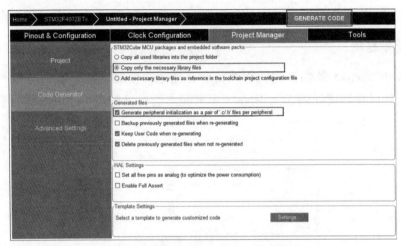

▲ 圖 3-29 Code Generator 選項設定

第 1 步，STM32Cube MCU packages and embedded software packs(元件套件和軟體套件) 複製方式選擇，建議選擇 Copy only the necessary library files(僅複製必需的檔案)，否則全盤複製會使檔案很大。

第 2 步，Generated files(生成檔案) 方式選擇，該選項群組列出了 4 個選項，各選項相互之間並沒有聯繫，可以選中 (打鉤) 或取消，其中第 1 項和第 2 項預設為未選中，第 3 項和第 4 項預設為選中。

其中第 1 項 Generate peripheral initialization as a pair of '.c/.h' files per peripheral 詢問是否為每個外接裝置生成一對「.c/.h」檔案。假設初始化了 GPIO 外接裝置，選中該選項則會生成 gpio.c 和 gpio.h 兩個檔案，否則將所有外接裝置的初始化函數全部放於 main.c 中。這一選項是否選中不會對程式生成和程式執行產生任何影響，僅會影響檔案組織結構。為了程式開發的條理性，建議選中此選項。第 2~4 項採用預設選項，無須更改。

至此，基於 STM32CubeMX 的 HAL 函數庫初始化程式生成的全部設定工作已經完成，按一下設定介面右上方的 GENERATE CODE 按鈕，即可生成包含外接裝置初始化程式的 MDK-ARM 專案檔案。

3.3.2 MDK-ARM 整合開發

使用 STM32CubeMX 初始化外接裝置時，還生成一個採用該晶片開發的專案範本，使用者可以直接在此範本上進行應用程式開發，減少了工作量，提升了效率，而程式編輯、編譯、下載、偵錯是在 MDK-ARM 整合式開發環境中完成的。

1. 專案範本結構

STM32CubeMX 軟體在生成程式時會在指定路徑建立以專案名稱命名的專案資料夾，其目錄結構如圖 3-30 所示，專案範本資料夾根目錄下有 3 個資料夾和 2 個檔案。

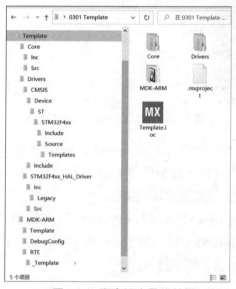

▲ 圖 3-30　專案範本目錄結構

1) Core 資料夾

Core 資料夾存放的是使用者檔案，包含兩個子資料夾：一個是 Inc 資料夾，用於存放標頭檔；另一個是 Src 資料夾，用於存放原始檔案。

2) Drivers 資料夾

Drivers 資料夾是韌體函數庫驅動程式，也包含兩個子資料夾，其中 CMSIS 存放核心驅動程式，STM32F4xx_HAL_Driver 存放 STM32F4 的 HAL 函數庫的驅動程式。STM32F4 的 HAL 函數庫驅動程式驅動的每一個外接裝置都有一個原始檔案和一個表頭檔案，分別存放於 Src 子資料夾和 Inc 子資料夾。

3) MDK-ARM 資料夾

MDK-ARM 資料夾存放 MDK-ARM 專案相關檔案，Template.uvprojx 是 MDK5 專案檔案。Template 子資料夾用於存放編譯輸出檔案，數量較多，佔用空間較大，備份時可以僅保留 .axf 和 .hex 兩個檔案。

4) .mxproject 檔案

.mxproject 是 STM32CubeMX 的設定檔。

5) .ioc 檔案

Template.ioc 檔案是 STM32CubeMX 的專案檔案，如果需要更改外接裝置設定資訊，可按兩下打開該專案檔案，更改相關設定重新生成專案檔案即可。

2. MDK-ARM 軟體使用

按兩下打開 MDK-ARM 資料夾中的專案檔案 Template.uvprojx，軟體主介面如圖 3-31 所示。

▲ 圖 3-31 MDK-ARM 軟體主介面

1) 標題列

標題列位於軟體介面最上方，左邊顯示打開專案的路徑，右邊是最小化、還原、最大化三個按鈕。

2) 功能表列

功能表列位於標題列下方，包含軟體的全部操作，有 File、Edit、View、Project、Flash、Debug、Peripherals、Tools、SVCS、Window、Help 共 11 個選單命令。

3) 工具列

工具列位於功能表列下方，包含軟體常見操作命令。在軟體使用過程，雖然所有的命令都可以透過功能表列查詢到，但使用工具列更便捷一些。

4) 專案管理區

專案管理區位於介面中部左側，和 8 位元微控制器簡單的檔案結構不一樣，STM32 專案開發檔案必須以專案方式進行組織，且在一個專案中需要對檔案按類別進行分組。按一下專案管理區分組名稱前面的「+/-」號可以展開或收起分組的檔案目錄。

選擇 Project → Manage → Project items 選單，或工具列中的 🔠 圖示即可以打開 Manage Project Items 對話方塊，如圖 3-32 所示，在此對話方塊中，可對專案檔案、分組名稱、引用檔案進行更改和設定，修改結果會同步更新到專案管理區。

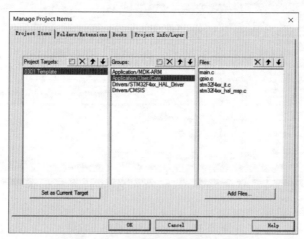

▲ 圖 3-32 專案分組管理對話方塊

在後續嵌入式開發中，涉及新建檔案或專案移植時需要更改專案分組結構也可以在專案管理區分組資料夾上按兩下增加檔案，或選中分組檔案按一下滑鼠右鍵，選擇「刪除」命令進行刪除。

5) 程式編輯區

程式編輯區位於介面中部右側，按兩下專案管理區專案分組下的任一檔案，即可將此檔案在程式編輯區打開，此檔案處於編輯狀態，編輯器支援同時打開多個檔案。

編輯器的字型、顏色、縮進等個性化選項都是可以設定的。按一下 Edit → Configuration 選單打開編輯器設定對話方塊，其中有很多標籤，第一個標籤是 Editor，為了更進一步地支援中文註釋，可以將 Encoding 選項設為 Chinese GB2312(Simplified)，也可以更改編輯定位停駐點縮進字元 Tab size 等內容。第二個標籤是 Colors and Fonts，用於設定編輯器的字型和顏色，一般只修改編輯器的字型，操作方式如圖 3-33 所示。在 Windows 列表方塊選擇一類檔案，如 C/C++Editor files，保持 Element 列表方塊中的預設選項 Text，在 Font 面板中選擇相應的字型、字型大小和顏色完成設定即可。

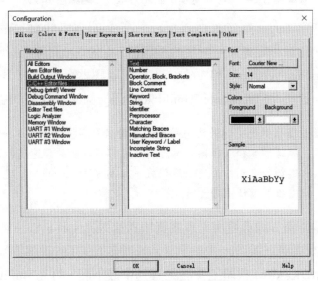

▲ 圖 3-33　編輯器字型設定

6) 資訊輸出區

資訊輸出區位於主介面下端，多數情況輸出的是編譯資訊，下面就介紹如何設定編譯選項，並對專案進行編譯。

按一下 Project → Options for Target 選單項，或按一下工具列中的圖示，或按下 Alt+F7 快速鍵均可以打開專案選項對話方塊，如圖 3-34 所示。專案檔案有很多重要設定均在這一對話方塊進行設定，此處僅講解編譯相關設定。

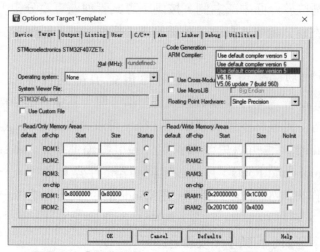

▲ 圖 3-34 「專案選項」對話方塊──編譯選項設定

該對話方塊中 Target 標籤的 Code Generation 區域的 ARM Compiler 列表方塊有 4 個可選項，用於指定專案所使用的編譯器。4 個選項實際上對應兩個編譯器，Use default compiler version 6 和 V6.16 是一個編譯器，即編譯器 6；Use default compiler version 5 和 V5.06 update 7(build 960) 是一個編譯器，即編譯器 5。

編譯器選擇原則是：如果使用早期的專案只能選擇編譯器 5，如果是最近建立的專案，編譯器 5 和編譯器 6 都可以。編譯器 5 的編譯速度較慢，但可以生成檔案追蹤連結，有利於快速組織程式，且為 STM32CubeMX 建立專案範本預設選項。此處推薦選擇**編譯器 5**。

如果選擇編譯器 6 編譯專案，專案選項對話方塊中原 C/C++ 標籤就會更改為 C/C++(AC6)，讀者可以透過此處快速地了解專案所採用的編譯器版本。

在圖 3-31MDK-ARM 軟體主介面工具列中最下面一行為 Build 工具列，其命令圖解如圖 3-35 所示。Build 工具列總共有 5 個編譯命令。第 1 個命令僅編譯當前使用中的檔案，不進行連結和生成目的檔案。第 2 個命令是編譯修改過的目的檔案，即所謂的增量編譯 (Build)。第 3 個命令是重新編譯 (Rebuild) 所有目的檔案，不管檔案是否有改動。如果專案是首次編譯，增量編譯和重新編譯效果是一樣的，都是將所有檔案全部編譯，如果專案已經編譯過了，且專案較大，選擇增量編譯要比重新編譯快得多！第 4 個命令是批次編譯。第 5 個命令是停止編譯。

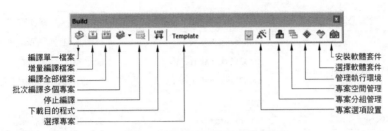

▲圖 3-35 Build 工具列命令圖解

作者在實際使用過程中發現，如果選擇編譯器 5，則使用增量編譯比較快；如果使用編譯器 6，因為編譯器本身編譯速度比較快，就無所謂哪一種編譯方式；工作空間若只有一個專案，則無須使用批次編譯。

選擇編譯器 5，按一下 Rebuild 按鈕，開始專案編譯，資訊輸出區輸出編譯結果，如圖 3-36 所示，「0 Error(s)，0 Warning(s)」表示專案範本建立正確，可以在此基礎上進行應用程式開發。

▲圖 3-36 編譯資訊輸出視窗

3. 程式分析及組織方式

基於 STM32CubeMX 的 HAL 函數庫開發，需要對程式框架和程式結構進行分析，然後進行應用程式碼快速組織。

1) 程式分析

STM32CubeMX 建立的 MDK 專案引用檔案及其分組，具體情況如表 3-2 所示。

▼表 3-2 專案引用檔案及其分組

檔案分組	檔案名稱	檔案功能
Application/MDK-ARM	startup_stm32f407xx.s	晶片開機檔案
Application/User/Core	main.c	使用者主檔案
	gpio.c	GPIO 函數檔案
	stm32f4xx_it.c	中斷服務程式檔案
	stm32f4xx_hal_msp.c	MCU 支援檔案

檔案分組	檔案名稱	檔案功能
Drivers/STM32F4xx_HAL_Driver	stm32f4xx_hal_rcc.c	時鐘 HAL 函數庫驅動檔案
	stm32f4xx_hal_rcc_ex.c	擴充 RCC 驅動檔案
	stm32f4xx_hal_gpio.c	GPIO 的 HAL 函數庫驅動檔案
	……	……
Drivers/CMSIS	system_stm32f4xx.c	STM32F4 系統檔案

　　晶片開機檔案和系統檔案只需要包含進專案，使用者在程式設計的時候一般無須關心。C 語言有且僅有一個 main() 函數，使用者程式是從 main() 函數開始執行的，main() 函數是撰寫在 main.c 檔案中的，其部分程式如下：

```
#include "main.h"
#include "gpio.h"
void SystemClock_Config(void);
int main(void)
{
    /* USER CODE BEGIN 1 */    // 使用者程式沙箱開始
    /* 使用者程式碼   */
    /* USER CODE END 1 */      // 使用者程式沙箱結束
    /* 重置所有外接裝置，初始化快閃記憶體介面和 SysTick 計時器 */

    HAL_Init();
    /* 設定系統時鐘 */
    SystemClock_Config();
    /* 初始化所有設定的外接裝置 */
    MX_GPIO_Init();
    /* USER CODE BEGIN WHILE */
    while (1)
    {
        /* USER CODE END WHILE */

        /* USER CODE BEGIN 3 */
    }
    /* USER CODE END 3 */
}
void SystemClock_Config(void)
{
    // 程式省略
}
void Error_Handler(void)
{
    // 程式省略
}
```

對 main.c 檔案進一步分析，檔案首先包含 main.h 和 gpio.h 兩個檔案，在包含敘述中的檔案名稱上按右鍵，選擇 Open document 'main.h' 命令，操作方法如圖 3-37 所示，打開 main.h 標頭檔。由原始程式碼可知 main.h 主要工作是包含 stm32f4xx_hal.h 標頭檔，並對 main.c 中定義的函數進行宣告。用同樣的方法打開 gpio.h 檔案，可知其主要工作是對 gpio.c 定義的函數進行宣告。

使用者程式設計從 main() 函數開始，晶片啟動完成之後自動轉入主函數執行。在 main() 函數中，呼叫 HAL_Init() 初始化 HAL 函數庫，其功能是重置所有外接裝置、初始化 Flash 介面、設定系統計時器 SysTick 週期為 1ms。呼叫 SystemClock_Config() 函數進行系統時鐘設定，其程式是由 STM32CubeMX 根據使用者設定參數生成的。呼叫 MX_GPIO_Init() 函數對使用者設定的 GPIO 接腳進行初始化，初始化程式由 STM32CubeMX 根據使用者設定生成。

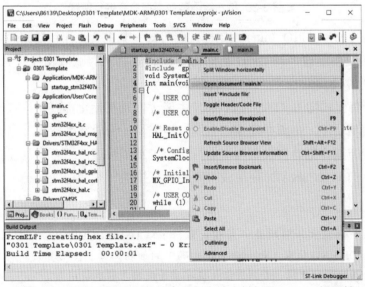

▲ 圖 3-37 在包含敘述中的檔案名稱上按右鍵打開 main.h 標頭檔

函數 SystemClock_Config() 是直接定義在 main.c 檔案中，另外還有一個異常處理函數 Error_Handler() 也存放在 main.c 中，而 GPIO 初始化函數 MX_GPIO_Init() 存放在 gpio.c 檔案中。

如果想查看 MX_GPIO_Init() 函數原始程式，可以將游標置於函數名稱上按右鍵，選擇 Go To Definition of 'MX_GPIO_Init' 選單，即可打開函數所在檔案 gpio.c，並定位到函數所在位置，如圖 3-38 所示。

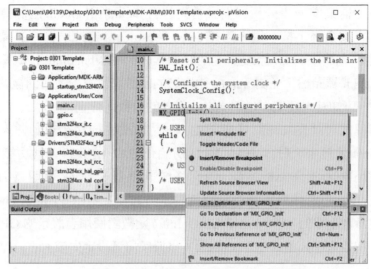

▲圖 3-38 按右鍵函數並選擇命令進行跳躍

由函數的 MX_GPIO_Init() 原始程式碼可知,其主要工作包括開通訊埠時鐘,設定 PF0 初始化電位,為 GPIO 初始化結構的成員依次賦值和呼叫 HAL_GPIO_Init 完成接腳初始化。

上述所有程式均由 STM32CubeMX 生成,僅為初始化程式和程式框架,要實現運算、控制功能,還需在此基礎上進一步開發。由於在系統設計過程中可能需要更改系統方案,對外接裝置再次進行設定,為了保證使用者撰寫程式不受重新設定影響,STM32CubeMX 在生成專案時特意提供一個個程式沙箱,用於放置使用者程式。

 每一個程式沙箱均為一對程式註釋,以 USER CODE BEGIN 開始,至 USER CODE END 結束,如 main.c 程式碼中的加粗部分。使用者必須將程式寫在這兩個註釋的中間,否則重新生成專案時使用者程式將遺失。

2) 程式組織

透過上述初始化之後,PF0 輸出電位為低電位,經編譯、下載到微控制器 Flash 記憶體中,L1 指示燈是一直亮的。下面對該專案進行一點改動,透過撰寫程式讓 L1 以一定週期閃爍,也透過此實例介紹 MDK-ARM 的程式組織技巧。

第 1 步,將 GPIO 寫入輸出通訊埠電位函數 HAL_GPIO_WritePin() 複製到 main.c,按右鍵打開函數定義,查看其功能。

　　第 2 步，在函數呼叫變數處依次按右鍵查看其定義，由此可知函數最後一個參數是用來設定通訊埠電位的，可以取 GPIO_PIN_RESET 和 GPIO_PIN_SET 兩者之一。

　　第 3 步，改寫 HAL_GPIO_WritePin() 函數，使 PF0 也可以輸出高電位，即 L1 指示燈可以熄滅。

　　第 4 步，修改程式，實現 L1 指示燈週期閃爍，所有增加程式均應寫在程式沙箱裡。參考程式碼如下，為便於讀者查看，將程式沙箱的註釋敘述作加粗顯示。

```
int main(void)
{
    /* USER CODE BEGIN 1 */        // 使用者程式沙箱
    uint32_t  i;
    /* USER CODE END 1 */          // 使用者程式沙箱
    HAL_Init();
    SystemClock_Config();
    MX_GPIO_Init();
/* USER CODE BEGIN WHILE */        // 使用者程式沙箱
    while (1)
    {
        HAL_GPIO_WritePin(GPIOF, GPIO_PIN_0, GPIO_PIN_RESET);
        for(i=0;i<12000000;i++) ;
        HAL_GPIO_WritePin(GPIOF, GPIO_PIN_0, GPIO_PIN_SET);
        for(i=0;i<12000000;i++) ;
        /* USER CODE END WHILE */      // 使用者程式沙箱
    }
}
```

3.4 CMSIS-DAP 偵錯器使用

　　作者所設計的嵌入式開發板板載 CMSIS-DAP 偵錯器，可以將其增加到 MDK 整合式開發環境中，就像以前使用 ST-Link、ULINK 等偵錯器一樣。

3.4.1 偵錯器連接與驅動安裝

　　使用一端是 A 型通訊埠，另一端是 B 型通訊埠的 USB 資料線分別連接開發板和 PC，如果電腦安裝 Windows 10 以上作業系統，電腦會自動安裝好驅動程式，偵錯器是開放原始碼、免驅動的。如果是 Windows 7 作業系統，還需要手動安裝驅動，在裝置管理員更新驅動程式，瀏覽找到驅動檔案即可完成安裝。

3.4.2 偵錯選項設定與程式下載

　　打開 MDK-ARM 專案，按一下 Project → Options for Target 選單項，或按一下工具列中的 圖示，或按下 Alt+F7 快速鍵均可以打開「專案選項」對話方塊，如圖 3-39 所示。

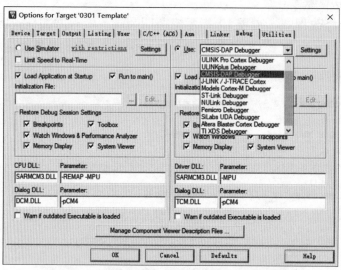

▲圖 3-39　「專案選項」對話方塊──偵錯器選擇

　　選擇 Debug 標籤，選中右側 Use 選項按鈕，在右邊的下拉清單中選擇 CMSIS-DAP Debugger，按一下 Settings 按鈕，打開偵錯選項設定對話方塊，如圖 3-40 所示。

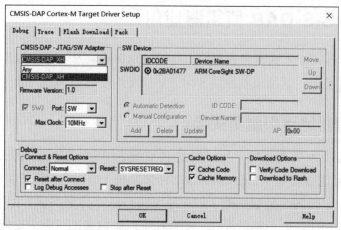

▲圖 3-40　「偵錯選項設定」對話方塊

首先設定 Debug 標籤，在 CMSIS-DAP-JTAG/SW Adapter 選項區域，選擇具體偵錯裝置 CMSIS-DAP_XH，偵錯器名稱在偵錯器驅動程式中定義，預設為 CMSIS-DAP。Port 是偵錯方式選擇，偵錯器與開發板主控晶片只有 SWD 方式連接，沒有 JTAG 方式連接，所以只能選擇 SW，時鐘頻率 Max Clock 選擇 10MHz。完成上述設定在 SW Device 選項區域會顯示偵錯器序號和名稱，表示辨識成功。

其次設定 Flash Download 標籤，如圖 3-41 所示，在 Download Function 選項區域，有 3 個關於抹寫的選項按鈕，分別是 Erase Full Chip(全晶片抹寫)、Erase Sectors(只抹寫磁區)、Do not Erase(不進行抹寫)，此處保留預設設定 Erase Sectors 即可。右側的 Program(程式設計) 和 Verify(驗證) 兩個核取方塊預設是選中的，還需要將 Reset and Run(重置並執行) 選項選中，以使偵錯器下載完程式重置 MCU 並執行。MDK-ARM 會根據晶片類型自動填充 SRAM 和 Flash 記憶體的大小和位址範圍，無須設定。

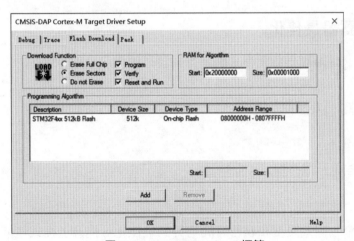

▲ 圖 3-41 Flash Download 標籤

完成上述選項設定，按一下工具列 Rebuild 按鈕，再按一下 Flash → Download 選單或工具列中的 Load 按鈕，或按 F8 快速鍵，程式開始下載，完成之後重置 MCU 並執行，如圖 3-42 所示。觀察程式執行效果，檢查是否滿足系統設計要求，不滿足則修改程式直至達到預期目標。

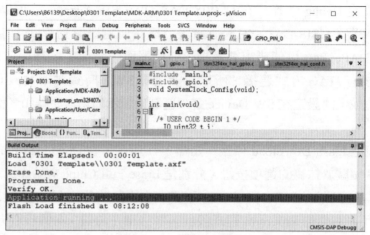

▲ 圖 3-42　程式下載執行

3.5　開發經驗小結──編譯器最佳化與 volatile 關鍵字

3.5.1　編譯器最佳化

　　MDK ARM 編譯器會對程式碼進行編譯最佳化，以獲得更好的空間和時間性能。

　　舉例來說，以下程式：

```
a=2;   a=3;   b=4;   b=5;   c=a+b;
```

　　可以最佳化為以下程式：

```
a=3;   b=5;   c=a+b;
```

　　如此一來，程式長度和執行時間均得到最佳化，提升了程式性能。上述常式僅用於說明編譯器最佳化原理，實際最佳化要遠比其複雜得多，對此不作進一步的探討。

　　編譯器最佳化減小了程式空間，提升了程式執行速度，但也使得程式執行時間變得不確定，而且有些場合是不允許最佳化的。那有沒有辦法不讓編譯器對變數進行最佳化呢？答案當然是肯定的。

3.5.2 volatile 關鍵字

1. volatile 的基本概念

volatile 意為易變的、不穩定的。簡單地說，就是不讓編譯器進行最佳化，即每次讀取或修改 volatile 變數的值時，都必須重新從記憶體或暫存器中讀取或修改。在嵌入式開發中，volatile 關鍵字主要用於以下場合：

(1) 中斷服務程式中修改的供其他程式檢測的變數。

(2) 多工環境下各任務間共用的標識。

(3) 記憶體映射的硬體暫存器。

2. volatile 應用實例

對於本章實踐的 L1 週期閃爍專案，在同一硬體平臺和相同的控製程式下，由於編譯最佳化選項設定的不同，閃爍的快慢是有差異的！如果想要軟體延遲時間時間確定，只需要使用 volatile 關鍵字修飾迴圈變數的定義即可，此時編譯器將不再對其進行最佳化，具體敘述如下：

```
volatile  uint32_t  i;
```

為便於記憶和使用，在 HAL 函數庫中舉出了 volatile 關鍵字的巨集定義，具體程式如下，讀者使用關鍵字和巨集定義的效果一樣。

```
#define __IO  volatile
```

本章小結

本章重點講解了 3 部分內容，第 1 部分內容是嵌入式開發方式的選擇，本書詳細介紹了 4 種開發模式，並從可攜性、最佳化性能、好用性、意願性、硬體支援面等多方面進行對比，最終選擇綜合表現優異的基於 STM32CubeMX 的 HAL 函數庫開發方式，該方式也是目前主流的開發方式。第 2 部分內容是軟體資源安裝與設定，詳細講解了 JRE、STM32CubeMX、韌體套件、MDK-ARM 和元件套件的安裝，講解較為詳細，讀者自行設定軟體平臺時，根據實際情況可以省略部分步驟。第 3 部分內容是透過一個簡單專案實例，講解了如何運用 STM32CubeMX 生成初始化程式，並在 MDK-ARM 進行程式組織，編譯成功之後再下載執行，專案十分簡單，但包含嵌入式開發的完整過程，具有很好的參考意義。

思考拓展

(1) STM32 開發方式中執行速度最快，佔用空間最小的是哪一種？

(2) STM32 開發方式中可攜性最好、開發效率最高的是哪一種？

(3) STM32 產品線中哪些系列既有標準函數庫又有 HAL 函數庫？

(4) 根據本書介紹的方法下載軟體，完成軟體平臺的架設。

(5) 參照本書的範例程式，建立一個專案，並驗證其正確性。

(6) 選擇不同編譯器對專案進行編譯，體會編譯器性能差異。

(7) 將 CMSIS-DAP 偵錯器增加進 MDK-ARM，並下載程式驗證。

(8) 打開專案進行程式分析，並列舉一些常見的快速組織程式技巧。

第二篇 基本外設

千里之行，始於足下

——老子

本篇介紹基本外接裝置，共 7 章，將對 STM32 嵌入式系統最常用的外接裝置介紹，這是嵌入式學習的基礎和重點。透過本篇學習，讀者將掌握嵌入式系統基本外接裝置的應用方法，並具備一定的綜合應用能力。

第 4 章

通用輸入輸出通訊埠

本章要點

➤ GPIO 概述及接腳命名；

➤ GPIO 內部結構、工作模式及輸出速度；

➤ GPIO I/O 接腳重複使用及映射；

➤ GPIO 控制暫存器及設定實例；

➤ 暫存器版 LEO 燈閃爍專案；

➤ MDK 中的 C 語言資料型態。

　　通用輸入輸出 (General Purpose Input Output，GPIO) 通訊埠是微控制器必備的片上外接裝置，幾乎所有基於微控制器的嵌入式應用程式開發都會用到它，是嵌入式系統學習中最基本的也是最重要的模組，本章將詳細介紹 STM32F407 系列微控制器的 GPIO 模組。

4.1 GPIO 概述及接腳命名

　　GPIO 是微控制器的數位輸入輸出的基本模組，可以實現微控制器與外部設備的數位交換。借助 GPIO，微控制器可以實現對週邊設備最簡單、最直觀的監控，除此之外，當微控制器沒有足夠的 I/O 接腳或晶片上記憶體時，GPIO 還可實現串列和並行通訊、記憶體擴充等重複使用功能。

　　根據具體型號不同，STM32F407 微控制器的 GPIO 可以提供最多 140 個多功能雙向 I/O 接腳，這些接腳分佈在 GPIOA、GPIOB、GPIOC、GPIOD、GPIOE、GPIOF、GPIOG、GPIOH 和 GPIOI 等通訊埠中。接腳採用「通訊埠編號 + 接腳編號」的方式命名。通訊埠編號：通訊埠編號通常以大寫字母命名，從 A 開始，舉例來說，GPIOA、GPIOB、GPIOC 等。接腳編號：每個通訊埠有 16 個 I/O 接腳，分別命名為 0~15，舉例來說，STM32F407ZET6 微控制器的 GPIOA 通訊埠有 16 個接腳，分別為 PA0、PA1、PA2、…、PA14 和 PA15。

4.2 GPIO 內部結構

STM32F407 微控制器 GPIO 的內部結構如圖 4-1 所示。

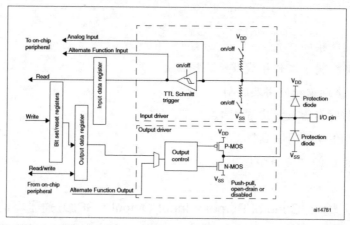

▲ 圖 4-1 GPIO 內部結構 (來源：https://www.cnblogs.com/kensporger/p/12198209.html)

由圖 4-1 可以看出，STM32F407 微控制器 GPIO 的內部主要由保護二極體、輸入驅動器、輸出驅動器、輸入資料暫存器、輸出資料暫存器等組成，其中輸入驅動器和輸出驅動器是每一個 GPIO 接腳內部結構的核心部分。

4.2.1 輸入驅動器

GPIO 的輸入驅動器主要由 TTL(Transistor Transistor Logic, 邏輯門電路) 肖特基觸發器、附帶開關的上拉電阻和附帶開關的下拉電阻電路組成。

根據 TTL 肖特基觸發器、上拉電阻和下拉電阻開關狀態，GPIO 的輸入方式可以分為以下 4 種：

(1) 類比輸入：TTL 肖特基觸發器關閉，類比訊號被提前送到片上外接裝置，即 A/D 轉換器。

(2) 上拉輸入：GPIO 內建上拉電阻，即上拉電阻開關閉合，下拉電阻開關打開，接腳預設輸入為高電位。

(3) 下拉輸入：GPIO 內建下拉電阻，即下拉電阻開關閉合，上拉電阻開關打開，接腳預設輸入為低電位。

(4) 浮空輸入：GPIO 內部既無上拉電阻也無下拉電阻，處於浮空狀態，上拉電阻開關和下拉電阻開關均打開。該模式下，接腳預設為高阻態 (懸空)，其電位狀態完全由外部電路決定。

4.2.2 輸出驅動器

GPIO 輸出驅動器由多路選擇器、輸出控制和一對互補的 MOS 管組成。

1. 多路選擇器

多路選擇器根據使用者設定決定該接腳是用於普通 GPIO 輸出還是用於重複使用功能輸出。普通輸出：該接腳的輸出訊號來自 GPIO 輸出資料暫存器。重複使用功能輸出：該接腳輸出訊號來自片上外接裝置，並且一個 STM32 微控制器接腳輸出可能來自多個不同外接裝置，但同一時刻，一個接腳只能使用這些重複使用功能中的一個，其他重複使用功能都處於禁止狀態。

2. 輸出控制邏輯

輸出控制邏輯根據使用者設定，控制一對互補的 MOS 管的導通或關閉狀態，決定 GPIO 輸出模式。

(1) 推拉(Push-Pull，PP)輸出：就是一對互補的 MOS 管，NMOS (Negativechannel MOS,N 閘極通道金屬氧化物半導體) 和 PMOS(Positivechannel MOS,P 閘極通道金屬氧化物半導體) 中有一個導通，另一個關閉，推拉式輸出可以輸出高電位和低電位。當內部輸出 1 時，PMOS 導通，NMOS 截止，接腳相當於接 V_{DD}，輸出高電位；當內部輸出 0 時，NMOS 導通，PMOS 截止，接腳相當於接 V_{SS}，輸出低電位。相比於普通輸出模式，推拉輸出既提高了負載能力，又提高了開關速度，適用於輸出 0V 和 V_{DD} 的場合。

(2) 開漏 (Open-Drain，OD) 輸出：開漏輸出模式中，與 V_{DD} 相連的 PMOS 始終處於截止狀態，對與 V_{SS} 相連的 NMOS 來說，其漏極是開路的。在開漏輸出模式下，當內部輸出 0 時，NMOS 管導通，接腳相當於接地，外部輸出低電位；當內部輸出 1 時，NMOS 管截止，由於此時 PMOS 管也截止，外部輸出既不是高電

位，也不是低電位，而是高阻態 (懸空)。如果想要外部輸出高電位，必須在 I/O
接腳上外接一個上拉電阻。開漏輸出可以匹配電位，因此一般適用於電位不匹配
的場合，而且開漏輸出吸收電流的能力相對較強，適合做電流型的驅動，比方說
驅動繼電器的線圈等。

 圖 4-1 中多路選擇器輸出訊號是經輸出控制模組連接互補 MOS 管的，且輸出
控制結構方塊圖在圖中並未畫出。舉例說明，設內部輸出「1」，輸出控制模組
根據其控制邏輯輸出兩個 MOS 管的柵極控制訊號均為低電位。

4.3 GPIO 工作模式

由 GPIO 內部結構和上述分析可知，STM32 晶片 I/O 接腳共有 8 種工作模式，
包括 4 種輸入模式和 4 種輸出模式。

輸入模式：

(1) 輸入浮空 (GPIO_MODE_INPUT_NOPULL)。

(2) 輸入上拉 (GPIO_MODE_INPUT_PULLUP)。

(3) 輸入下拉 (GPIO_MODE_INPUT_PULLDOWN)。

(4) 類比輸入 (GPIO_MODE_ANALOG)。

輸出模式：

(1) 開漏輸出 (GPIO_MODE_OUTPUT_OD)。

(2) 開漏重複使用輸出 (GPIO_MODE_AF_OD)。

(3) 推拉式輸出 (GPIO_MODE_OUTPUT_PP)。

(4) 推拉式重複使用輸出 (GPIO_MODE_AF_PP)。

4.3.1 輸入浮空

浮空就是邏輯元件與接腳既不接高電位，也不接低電位。通俗地講，浮空就
是浮在空中，就相當於此通訊埠在預設情況下什麼都不接，呈高阻態，這種設定
在資料傳輸時用得比較多。浮空最大的特點就是電壓的不確定性，它可能是 0V，
也可能是 V_{CC}，還可能是介於兩者之間的某個值 (最有可能)，輸入浮空工作模式
如圖 4-2 所示。

4.3.2 輸入上拉

上拉就是將不確定的訊號透過一個電阻鉗位在高電位，即把電位拉高，比如拉到 V_{CC}，同時電阻造成限流的作用，強弱只是上拉電阻的阻值不同，沒有什麼嚴格區分，輸入上拉工作模式如圖 4-3 所示。

4.3.3 輸入下拉

下拉就是把電位拉低，拉到 GND。與上拉原理相似，輸入下拉工作模式如圖 4-4 所示。

4.3.4 類比輸入

類比輸入用於將晶片接腳類比訊號輸入內部的模數轉換器，此時上拉電阻開關和下拉電阻開關均關閉，並且肖特基觸發器也關閉，類比輸入工作模式如圖 4-5 所示。

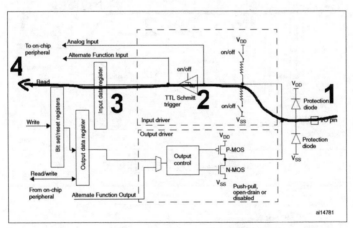

▲ 圖 4-2 輸入浮空工作模式

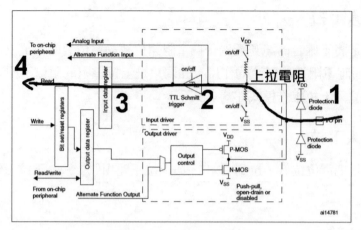

▲ 圖 4-3 輸入上拉工作模式

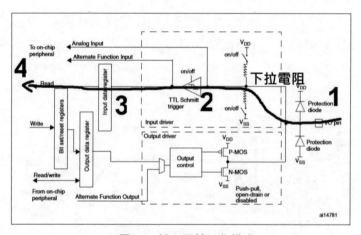

▲ 圖 4-4 輸入下拉工作模式

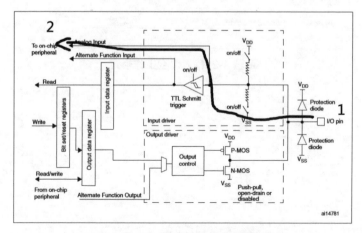

▲ 圖 4-5 類比輸入工作模式

4.3.5 開漏輸出

開漏輸出是指輸出端連接於 NMOS 的漏極，要得到高電位狀態需要外接上拉電阻才行，其吸收電流的能力相對強，適合做電流型的驅動，還可以實現電位匹配功能，開漏輸出工作過程如圖 4-6 所示。

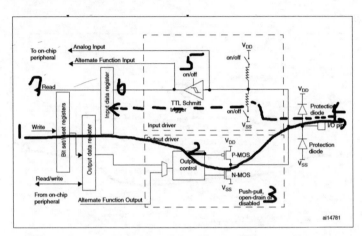

▲圖 4-6 開漏輸出工作過程

4.3.6 開漏重複使用輸出

開漏重複使用輸出可以視為 GPIO 通訊埠被用作第二功能時的設定情況 (即並非作為通用 I/O 通訊埠使用)，通訊埠必須設定成重複使用功能輸出模式 (推拉或開漏)，開漏重複使用輸出工作過程如圖 4-7 所示。

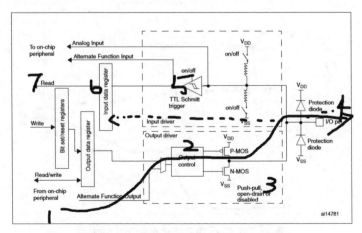

▲圖 4-7 開漏重複使用輸出工作過程

4.3.7　推拉式輸出

　　推拉式輸出可以輸出高、低電位，連接數位元件。推拉結構一般是指兩個 MOS 管分別受到互補訊號的控制，且總是在一個 MOS 管導通的時候另一個截止。推拉式輸出既提高了電路的負載能力，又提高了開關速度，推拉式輸出工作過程如圖 4-8 所示。

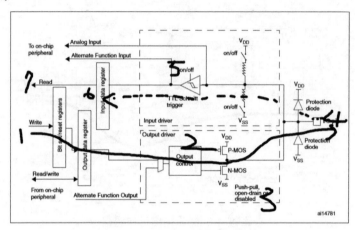

▲ 圖 4-8　推拉式輸出工作過程

4.3.8　推拉式重複使用輸出

　　推拉式重複使用輸出可以視為 GPIO 通訊埠被用作第二功能時的設定情況（並非作為通用 I/O 通訊埠使用），推拉式重複使用輸出工作過程如圖 4-9 所示。

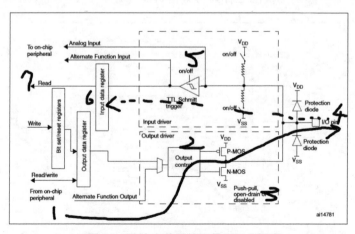

▲ 圖 4-9　推拉式重複使用輸出工作過程

4.3.9 工作模式選擇

(1) 如果需要將接腳訊號讀入微控制器,則應選擇輸入工作模式;如果需要將微控制器內部訊號更新到接腳通訊埠,則應選擇輸出工作模式。

(2) 作為普通 GPIO 輸入:根據需要設定該接腳為浮空輸入、附帶弱上拉輸入或附帶弱下拉輸入,同時不要啟用該接腳對應的所有重複使用功能模組。

(3) 作為內建外接裝置的輸入:根據需要設定該接腳為浮空輸入、附帶弱上拉輸入或附帶弱下拉輸入,同時啟用該接腳對應的某個重複使用功能模組。

(4) 作為普通類比輸入:設定該接腳為類比輸入模式,同時不要啟用該接腳對應的所有重複使用功能模組。

(5) 作為普通 GPIO 輸出:根據需要設定該接腳為推拉輸出或開漏輸出,同時不要啟用該接腳對應的所有重複使用功能模組。

(6) 作為內建外接裝置的輸出:根據需要設定該接腳為重複使用推拉輸出或重複使用開漏輸出,同時啟用該接腳對應的某個重複使用功能模組。

(7) GPIO 工作在輸出模式時,如果既要輸出高電位 (V_{DD}),又要輸出低電位 (V_{SS}) 且輸出速度快 (如 OLED 顯示幕),則應選擇推拉輸出。

(8) GPIO 工作在輸出模式時,如果要求輸出電流大,或是外部電位不匹配 (5V),則應選擇開漏輸出。

4.4 GPIO 輸出速度

如果 STM32 微控制器的 GPIO 接腳工作於某個輸出模式下,通常還需設定其輸出速度。這個輸出速度指的是 I/O 通訊埠驅動電路的回應速度,而非輸出訊號的速度,輸出訊號的速度取決於軟體程式。

STM32 微控制器 I/O 接腳內部有多個回應速度不同的驅動電路,使用者可以根據自己的需要選擇合適的驅動電路。眾所皆知,高頻驅動電路輸出頻率高,雜訊大,功耗高,電磁干擾強;低頻驅動電路輸出頻率低,雜訊小,功耗低,電磁干擾弱。透過選擇速度來選擇不同的輸出驅動模組,達到最佳的雜訊控制和降低功耗的目的。當不需要高輸出頻率時,儘量選用低頻回應速度的驅動電路,這樣非常有利於提高系統 EMI(電磁干擾) 性能。如果需要輸出較高頻率訊號,卻選擇了低頻驅動模組,很有可能會得到失真的輸出訊號。所以 GPIO 的接腳速度應與應用匹配，一般推薦 I/O 接腳的輸出速度是其輸出訊號速度的 5~10 倍。

STM32F407 微控制器 I/O 通訊埠輸出模式下有四種輸出速度可選，分別為 2MHz、25MHz、50MHz 和 100MHz(15pF 時最大速度為 80MHz)，下面根據一些常見應用，給讀者一些選用參考。

(1) 對於連接 LED、數位管和蜂鳴器等外部設備的普通輸出接腳，一般設定為 2MHz；

(2) 對序列埠來說，假設最大串列傳輸速率為 115200b/s，只需要用 2MHz 的 GPIO 的接腳速度就可以了，省電雜訊又小；

(3) 對 I2C 介面來說，假如使用 400000b/s 串列傳輸速率，且想把餘量留大一些，2MHz 的 GPIO 接腳速度或許還是不夠，這時可以選用 25MHz 的 GPIO 接腳速度；

(4) 對 SPI 來說，假如使用 18Mb/s 或 9Mb/s 的串列傳輸速率，用 25MHz 的 GPIO 通訊埠也不夠用了，需要選擇 50MHz 的 GPIO 接腳速度；

(5) 對用作 FSMC 重複使用功能連接記憶體的輸出接腳來說，一般設定為 100MHz 的 I/O 接腳速度。

4.5 I/O 接腳重複使用及映射

STM32F4 有很多的內建外接裝置，這些外接裝置的外部接腳都與 GPIO 重複使用。這部分知識在 STM32F4 的中文參考手冊第 7 章和晶片資料手冊有詳細的講解，本節僅以序列埠為例講解接腳重複使用的設定。

STM32F4 系列微控制器 I/O 接腳透過一個重複使用器連接到內建外接裝置或模組。該重複使用器一次只允許一個外接裝置的重複使用功能 (AF) 連接到對應的 I/O 通訊埠。這樣可以確保共用同一個 I/O 接腳的外接裝置之間不會發生衝突。重複使用器採用 16 路重複使用功能輸入 (AF0~AF15)，透過 GPIOx_AFRL(針對接腳 0~7) 和 GPIOx_AFRH(針對接腳 8~15) 暫存器對這些輸入進行設定，每 4 位元控制一路重複使用。

(1) 完成重置後，所有 I/O 通訊埠都會連接到系統的重複使用功能 AF0。

(2) 外接裝置的重複使用功能映射到 AF1~AF13。

(3) ARM Cortex-M4 EVENTOUT 映射到 AF15。

　　重複使用器連接示意圖如圖 4-10 所示，圖中只標出了接腳 0~7 的映射關係，接腳 8~15 的映射關係與之完全相同，只不過接腳 0~7 的重複使用功能是由暫存器 AFRL[31:0] 確定，而接腳 8~15 的重複使用功能是由暫存器 AFRH[31:0] 決定的。

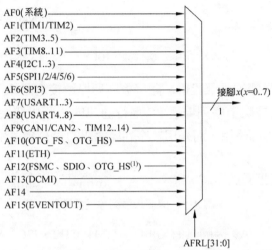

▲ 圖 4-10 重複使用器連接示意圖

　　圖 4-10 只是一個概略圖，某一個接腳實際具有的重複使用功能由資料手冊的映射表舉出，詳見 STM32F407 資料手冊第 56 頁「Table7 Alternate Function Mapping」，原始表格比較大，所以表 4-1 只列出 PORTA 的幾個常用通訊埠的映射關係，幫助大家建立初步印象。

▼ 表 4-1 PORTA 部分接腳 AF 映射表

接腳	PA0	PA1	PA2	PA9	PA10
AF0					
AF1	TIM2_CH1_ETR	TIM2_CH2	TIM2_CH3	TIM1_CH2	TIM1_CH3
AF2	TIM5_CH1	TIM5_CH2	TIM5_CH3		
AF3	TIM8_ETR		TIM9_CH1		
AF4				I2C3_SMBA	
AF5					
AF6					
AF7	USART2_CTS	USART2_RTS	USART2_TX	USART1_TX	USART1_RX
AF8	UART4_TX	UART4_RX			
AF9					

接腳	PA0	PA1	PA2	PA9	PA10
AF10					OTG_FS_ID
AF11	ETH_MIL_CRS	MIL_RX_CLK RMIL_REF_CLK	ETH_MDIO		
AF12					
AF13				DCMI_D0	DCMI_D1
AF14					
AF15	EVENTOUT	EVENTOUT	EVENTOUT	EVENTOUT	EVENTOUT

下面觀察一個具體的外部設備,開發板序列埠連接電路如圖 4-11 所示,在本書書附的開發板上是使用序列埠與 PC 進行通訊的,所以開發板的 PA9 和 PA10 接腳不作為 GPIO 接腳使用,而是用於序列埠通訊的資料發送和接收接腳。

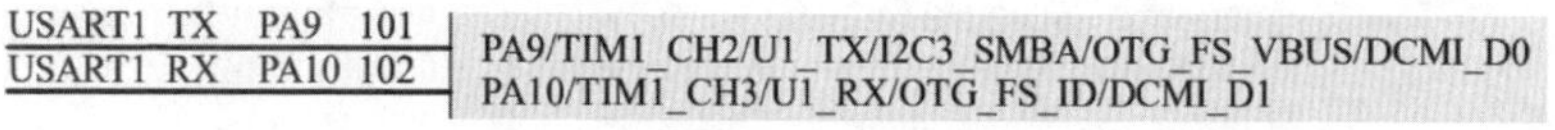

| USART1_TX PA9 101 | PA9/TIM1_CH2/U1_TX/I2C3_SMBA/OTG_FS_VBUS/DCMI_D0 |
| USART1_RX PA10 102 | PA10/TIM1_CH3/U1_RX/OTG_FS_ID/DCMI_D1 |

▲ 圖 4-11 開發板序列埠連接電路

由圖 4-11 可知,PA9 接腳具有 GPIO、TIM1_CH2、I2C3_SMBA、USART1_TX、DCMI_D0 等眾多功能,如果要使用序列埠通訊功能,需要將其重複使用通道打開。由表 4-1 可知,PA9 接腳使用重複使用功能 AF7 作為序列埠發送資料接腳 USART1_TX,PA10 接腳使用重複使用功能 AF7 作為序列埠接收資料接腳 USART1_RX,而要想讓 PA9 和 PA10 使用重複使用功能 AF7,只要設定 GPIO 重複使用功能暫存器這兩個接腳的控制位元為數值 7(0111),即可打開相應重複使用通道,具體操作方式將在講解 GPIO 控制暫存器時舉例說明。

4.6 GPIO 控制暫存器

雖然我們使用的是基於 STM32CubeMX 的 HAL 函數庫開發模式,很少需要操作暫存器,但掌握暫存器的定義和操作方式對理解微控制器原理很有幫助,且有時直接操作暫存器會更高效和快捷。

STM32F4 每組通用 I/O 通訊埠包括 4 個 32 位元設定暫存器 (MODER、OTYPER、OSPEEDR 和 PUPDR)、2 個 32 位元資料暫存器 (IDR 和 ODR)、1 個 32 位元置位 / 重置暫存器 (BSRR)、1 個 32 位元鎖定暫存器 (LCKR) 和 2 個 32 位元重複使用功能選擇暫存器 (AFRL 和 AFRH) 等。

1. GPIO 通訊埠模式暫存器 (GPIOx_MODER)

GPIO 通訊埠模式暫存器用於控制 GPIOx(STM32F4 最多有 9 組 I/O，分別用大寫字母表示，即 x=A/B/C/D/E/F/G/H/I，下同) 的工作模式，各位元描述如表 4-2 所示。該暫存器各位在重置後，一般都是 0(個別不是 0，比如 JTAG 佔用的幾個 I/O 通訊埠)，也就是預設一般是輸入狀態。每組 I/O 下有 16 個 I/O 通訊埠，該暫存器共 32 位元，每 2 位元控制 1 個 I/O 通訊埠。

▼ 表 4-2 GPIOx_MODER 暫存器各位元描述

31	30	29	28	27	26	25	24	23	22	21	20	19	18	17	16
MODER15[1:0]		MODER14[1:0]		MODER13[1:0]		MODER12[1:0]		MODER11[1:0]		MODER10[1:0]		MODER9[1:0]		MODER8[1:0]	
rw	rw	rw	rw	rw	rw	rw	rw	rw	rw	rw	rw	rw	rw	rw	rw
15	14	13	12	11	10	9	8	7	6	5	4	3	2	1	0
MODER7[1:0]		MODER6[1:0]		MODER5[1:0]		MODER4[1:0]		MODER3[1:0]		MODER2[1:0]		MODER1[1:0]		MODER0[1:0]	
rw	rw	rw	rw	rw	rw	rw	rw	rw	rw	rw	rw	rw	rw	rw	rw

位元 2y:2y+1MODERy[1：0]：通訊埠 x 設定位元 (Port x configuration bits)(y=0~15)

這些位元透過軟體寫入，用於設定 I/O 方向模式。

00：輸入 (重定模式)

01：通用輸出模式

10：重複使用功能模式

11：模擬模式

2. GPIO 通訊埠輸出類型暫存器 (GPIOx_OTYPER)

GPIO 通訊埠輸出類型暫存器用於控制 GPIOx 的輸出類型，各位元描述見表 4-3。該暫存器僅用於輸出模式，在輸入模式 (MODER[1:0]=00/11 時) 下不起作用。該暫存器低 16 位元有效，每 1 位元控制 1 個 I/O 通訊埠，重置後，該暫存器值均為 0。

▼ 表 4-3 GPIOx_OTYPER 暫存器各位元描述

31	30	29	28	27	26	25	24	23	22	21	20	19	18	17	16
Reserved															
15	14	13	12	11	10	9	8	7	6	5	4	3	2	1	0
OT15	OT14	OT13	OT12	OT11	OT10	OT9	OT8	OT7	OT6	OT5	OT4	OT3	OT2	OT1	OT0
rw	rw	rw	rw	rw	rw	rw	rw	rw	rw	rw	rw	rw	rw	rw	rw

位元 31：16 保留，必須保持重置值。

位元 15：0 OTy[1：0]：通訊埠 x 設定位元 (Port xconfiguration bits)(y=0~15)

這些位元透過軟體寫入，用於設定 I/O 通訊埠的輸出類型。

0：輸出推拉 (重定模式)

1：輸出開漏

3. GPIO 通訊埠輸出速度暫存器 (GPIOx_OSPEEDR)

GPIO 通訊埠輸出速度暫存器用於控制 GPIOx 的輸出速度，各位元描述見表 4-4。該暫存器也僅用於輸出模式，在輸入模式 (MODER[1:0]=00/11 時) 下不起作用。該暫存器每 2 位元控制 1 個 I/O 通訊埠，重置後，該暫存器值一般為 0。

▼ 表 4-4 GPIOx_OSPEEDR 暫存器各位元描述

31	30	29	28	27	26	25	24	23	22	21	20	19	18	17	16
OSPEEDR 15[1：0]		OSPEEDR 14[1：0]		OSPEEDR 13[1：0]		OSPEEDR 12[1：0]		OSPEEDR 11[1：0]		OSPEEDR 10[1：0]		OSPEEDR 9[1：0]		OSPEEDR 8[1：0]	
rw	rw	rw	rw	rw	rw	rw	rw	rw	rw	rw	rw	rw	rw	rw	rw
15	14	13	12	11	10	9	8	7	6	5	4	3	2	1	0
OSPEEDR 7[1：0]		OSPEEDR 6[1：0]		OSPEEDR 5[1：0]		OSPEEDR 4[1：0]		OSPEEDR 3[1：0]		OSPEEDR 2[1：0]		OSPEEDR 1[1：0]		OSPEEDR 0[1：0]	
rw	rw	rw	rw	rw	rw	rw	rw	rw	rw	rw	rw	rw	rw	rw	rw

位元 2y：2y+1OSPEEDRy[1：0]：通訊埠 x 設定位元 (Port x configuration bits)(y=0~15)

這些位元透過軟體寫入，用於設定 I/O 輸出速度。

00：2MHz(低速)

01：25MHz(中速)

10：50MHz(快速)

11：30pF 時為 100MHz(高速)(15pF 時為 80MHz 輸出 (最大速度))

4. GPIO 通訊埠上拉 / 下拉暫存器 (GPIOx_PUPDR)

GPIO 通訊埠上拉 / 下拉暫存器用於控制 GPIOx 的上拉 / 下拉，各位元描述見表 4-5。該暫存器每 2 位元控制 1 個 I/O 通訊埠，用於設定上拉 / 下拉。這裡提醒大家，STM32F1 是透過 ODR 暫存器控制上拉 / 下拉的，而 STM32F4 則由單獨的暫存器 GPIOx_PUPDR 控制上下拉，使用起來更加靈活。重置後，該暫存器值一般為 0。

▼ 表 4-5 GPIOx_PUPDR 暫存器各位元描述

31	30	29	28	27	26	25	24	23	22	21	20	19	18	17	16
PUPDR 15[1：0]		PUPDR 14[1：0]		PUPDR 13[1：0]		PUPDR 12[1：0]		PUPDR 11[1：0]		PUPDR 10[1：0]		PUPDR 9[1：0]		PUPDR 8[1：0]	
rw	rw	rw	rw	rw	rw	rw	rw	rw	rw	rw	rw	rw	rw	rw	rw
15	14	13	12	11	10	9	8	7	6	5	4	3	2	1	0
PUPDR 7[1：0]		PUPDR 6[1：0]		PUPDR 5[1：0]		PUPDR 4[1：0]		PUPDR 3[1：0]		PUPDR 2[1：0]		PUPDR 1[1：0]		PUPDR 0[1：0]	
rw	rw	rw	rw	rw	rw	rw	rw	rw	rw	rw	rw	rw	rw	rw	rw

位元 2y：2y+1PUPDRy[1：0]：通訊埠 x 設定位元 (Port x configuration bits)(y=0~15)

這些位元透過軟體寫入，用於設定 I/O 上拉或下拉。

00：無上拉或下拉　　　　01：上拉

10：下拉　　　　　　11：保留

至此，4 個重要的設定暫存器 GPIOx_MODER、GPIOx_OTYPER、GPIOx_OSPEEDR 和 GPIOx_PUPDR 已講解完成，顧名思義，設定暫存器就是用來設定 GPIO 的相關模式和狀態，接下來講解 GPIO 電位控制相關的暫存器 GPIOx_IDR、GPIOx_ODR 和 GPIOx_BSRR。

5. GPIO 通訊埠輸入資料暫存器 (GPIOx_IDR)

GPIO 通訊埠輸入資料暫存器用於讀取 GPIOx 的輸入，各位元描述見表 4-6。該暫存器用於讀取某個 I/O 通訊埠的電位，如果對應的位元為 0(IDRy=0)，則說明該 I/O 通訊埠輸入的是低電位，如果是 1(IDRy=1)，則表示輸入的是高電位。

▼ 表 4-6　GPIOx_IDR 暫存器各位元描述

31	30	29	28	27	26	25	24	23	22	21	20	19	18	17	16
							Reserved								

15	14	13	12	11	10	9	8	7	6	5	4	3	2	1	0
IDR15	IDR14	IDR13	IDR12	IDR11	IDR10	IDR9	IDR8	IDR7	IDR6	IDR5	IDR4	IDR3	IDR2	IDR1	IDR0
r	r	r	r	r	r	r	r	r	r	r	r	r	r	r	r

位元 31：16 保留，必須保持重置值。
位元 15：0IDRy[15：0]：通訊埠輸入資料 (Port input data)(y=0~15)
這些位元為唯讀形式，只能在字模式下存取。它們包含相應 I/O 通訊埠的輸入值。

6. GPIO 通訊埠輸出資料暫存器 (GPIOx_ODR)

GPIO 通訊埠輸出資料暫存器用於控制 GPIOx 的輸出，各位元描述見表 4-7。該暫存器用於設定某個 I/O 通訊埠輸出低電位 (ODRy=0) 還是高電位 (ODRy=1)，且僅在輸出模式下有效，在輸入模式 (MODER[1:0]=00/11 時) 下不起作用。

▼ 表 4-7　GPIOx_ODR 暫存器各位元描述

31	30	29	28	27	26	25	24	23	22	21	20	19	18	17	16
							Reserved								

15	14	13	12	11	10	9	8	7	6	5	4	3	2	1	0
IDR15	IDR14	IDR13	IDR12	IDR11	IDR10	IDR9	IDR8	IDR7	IDR6	IDR5	IDR4	IDR3	IDR2	IDR1	IDR0
rw	rw	rw	rw	rw	rw	rw	rw	rw	rw	rw	rw	rw	rw	rw	rw

位元 31：16 保留，必須保持重置值。
位元 15：0ODRy[15：0]：通訊埠輸出資料 (Port output data)(y=0~15)
這些位元可透過軟體讀取和寫入。
注意：對於原子置位 / 重置，透過寫入 GPIOx_BSRR 暫存器，可分別對 ODR 位元進行置位和重置 (x=A..I/)。

7. GPIO 通訊埠置位 / 重置暫存器 (GPIOx_BSRR)

GPIO 通訊埠置位 / 重置暫存器，顧名思義，這個暫存器是用來置位或重置 I/O 通訊埠，和 GPIOx_ODR 暫存器具有類似的作用，都可以用來設定 GPIO 通訊埠的輸出位元是 1 還是 0。該暫存器各位元描述如表 4-8 所示。

▼ 表 4-8　GPIOx_BSRR 暫存器各位元描述

31	30	29	28	27	26	25	24	23	22	21	20	19	18	17	16
BR15	BR14	BR13	BR12	BR11	BR10	BR9	BR8	BR7	BR6	BR5	BR4	BR3	BR2	BR1	BR0
w	w	w	w	w	w	w	w	w	w	w	w	w	w	w	w

15	14	13	12	11	10	9	8	7	6	5	4	3	2	1	0
BS15	BS14	BS13	BS12	BS11	BS10	BS9	BS8	BS7	BS6	BS5	BS4	BS3	BS2	BS1	BS0
w	w	w	w	w	w	w	w	w	w	w	w	w	w	w	w

位元 31：16BRy：通訊埠 x 重置位 y(Port x reset bit y)(y=0~15)
這些位元為寫入形式，只能在字、半字組或位元組模式下存取。讀取這些位元可傳回值 0x0000。
0：不會對相應的 ODRx 位元執行任何操作
1：對相應的 ODRx 位元進行重置
注意：如果同時對 BSx 和 BRx 置位，則 BSx 的優先順序更高。
位元 15：0BSy：通訊埠 x 置位位元 y(Port x set bit y)(y=0~15)
這些位元為寫入形式，只能在字、半字組或位元組模式下存取。讀取這些位元可傳回值 0x0000。
0：不會對相應的 ODRx 位元執行任何操作
1：對相應的 ODRx 位元進行置位

對於低 16 位元 (0~15)，若往相應的位元寫入 1，那麼對應的 I/O 通訊埠會輸出高電位，往相應的位元寫入 0，對 I/O 通訊埠沒有任何影響。高 16 位元 (16~31) 作用剛好相反，對相應的位元寫入 1，會輸出低電位，寫入 0 沒有任何影響。也就是說，對於 GPIOx_BSRR 暫存器，寫入 0，對 I/O 通訊埠電位是沒有任何影響的，若要設定某個 I/O 通訊埠電位，只需要將相關位元設定為 1 即可。而 GPIOx_ODR 暫存器，若要設定某個 I/O 通訊埠電位，首先需要讀出 GPIOx_ODR 暫存器的值，然後對整個 GPIOx_ODR 暫存器重新賦值來達到設定某個或某些 I/O 通訊埠的目的，而 GPIOx_BSRR 暫存器就不需要先讀取，而是直接設定。

8. GPIO 通訊埠設定鎖定暫存器 (GPIOx_LCKR)

GPIO 通訊埠設定鎖定暫存器各位元描述見表 4-9 所示，用於凍結特定的設定暫存器 (控制暫存器和重複使用功能暫存器)，非特殊用途一般不設定該暫存器。

▼表 4-9 GPIOx_LCKR 暫存器各位元描述

31	30	29	28	27	26	25	24	23	22	21	20	19	18	17	16
Reserved															LCKK
															rw

15	14	13	12	11	10	9	8	7	6	5	4	3	2	1	0
LCK15	LCK14	LCK13	LCK12	LCK11	LCK10	LCK9	LCK8	LCK7	LCK6	LCK5	LCK4	LCK3	LCK2	LCK1	LCK0
rw	rw	rw	rw	rw	rw	rw	rw	rw	rw	rw	rw	rw	rw	rw	rw

9. GPIO 重複使用功能低位元暫存器 (GPIOx_AFRL)

由 4.5 節分析可知，STM32F4 微控制器一個接腳往往可以連接多個晶片上外接裝置，當需要使用重複使用功能時，設定相應的暫存器 GPIOx_AFRL 或 GPIOx_AFRH，讓對應接腳透過重複使用器連接到對應的重複使用功能外接裝置。

重複使用功能低位元暫存器 GPIOx_AFRL 用於接腳 0~7 重複使用器設定，各位元描述如表 4-10 所示，從表中可以看出，32 位元暫存器 GPIOx_AFRL 每 4 位元控制 1 個 I/O 通訊埠，所以共控制 8 個 I/O 通訊埠。暫存器對應 4 位元的值設定決定這個 I/O 通訊埠映射到哪個重複使用功能 AF。

▼表 4-10 GPIOx_AFRL 暫存器位元描述

31	30	29	28	27	26	25	24	23	22	21	20	19	18	17	16
AFRL7[3：0]				AFRL6[3：0]				AFRL5[3：0]				AFRL4[3：0]			
rw	rw	rw	rw	rw	rw	rw	rw	rw	rw	rw	rw	rw	rw	rw	rw

15	14	13	12	11	10	9	8	7	6	5	4	3	2	1	0
AFRL3[3：0]				AFRL2[3：0]				AFRL1[3：0]				AFRL0[3：0]			
rw	rw	rw	rw	rw	rw	rw	rw	rw	rw	rw	rw	rw	rw	rw	rw

位元 31：0 AFRLy：通訊埠 x 位元 y 的重複使用功能選擇 (Alternate function selection for port x bit y)(y=0~7)
這些位元透過軟體寫入，用於設定重複使用功能 I/O。

AFRLy 選擇：

0000：AF0	1000：AF8
0001：AF1	1001：AF9
0010：AF2	1010：AF10
0011：AF3	1011：AF11
0100：AF4	1100：AF12
0101：AF5	1101：AF13
0110：AF6	1110：AF14
0111：AF7	1111：AF15

10. GPIO 通訊埠重複使用功能高位元暫存器 (GPIOx_AFRH)

GPIO 通訊埠重複使用功能高位元暫存器用於接腳 8~15 重複使用器設定，各位元描述如表 4-11 所示，功能和設定方法與 AFRL 相同，在此不再贅述。

▼表 4-11 GPIOx_AFRH 暫存器位元描述

31	30	29	28	27	26	25	24	23	22	21	20	19	18	17	16
AFRH15[3：0]				AFRH14[3：0]				AFRH13[3：0]				AFRH12[3：0]			
rw	rw	rw	rw	rw	rw	rw	rw	rw	rw	rw	rw	rw	rw	rw	rw

15	14	13	12	11	10	9	8	7	6	5	4	3	2	1	0
AFRH11[3：0]				AFRH10[3：0]				AFRH9[3：0]				AFRH8[3：0]			
rw	rw	rw	rw	rw	rw	rw	rw	rw	rw	rw	rw	rw	rw	rw	rw

位元 31：0AFRHy：通訊埠 x 位元 y 的重複使用功能選擇 (Alternate function selection for port x bit y)(y=8，0，15)
這些位元透過軟體寫入，用於設定重複使用功能 I/O。

AFRHy 選擇：

0000：AF0	1000：AF8
0001：AF1	1001：AF9
0010：AF2	1010：AF10
0011：AF3	1011：AF11
0100：AF4	1100：AF12
0101：AF5	1101：AF13
0110：AF6	1110：AF14
0111：AF7	1111：AF15

下面舉例說明重複使用器設定方法，根據表 4-1 所列通訊埠重複使用功能映射關係，如果需要將 PA9 和 PA10 作為序列埠通訊的資料發送和接收接腳使用，則需將表 4-11 中的 AFRH9[3:0] 和 AFRH10[3:0] 設定為 0111，將這兩個接腳的 AF7 重複使用通道打開，連接至晶片上 USART1 外接裝置。

11. RCC AHB1 外接裝置時鐘啟用暫存器 (RCC_AHB1ENR)

使用 STM32F4 I/O 通訊埠除需要設定 GPIO 暫存器而外，還需要啟用通訊埠時鐘。GPIO 外接裝置是掛接在 MCU 的 AHB1 匯流排上的，所以還需要設定 AHB1 外接裝置時鐘啟用暫存器 RCC_AHB1ENR，即啟用或停用掛接在 AHB1 匯流排上的外接裝置時鐘，該暫存器各位元描述如表 4-12 所示。外接裝置時鐘控制位元為 1 時，則打開其外接裝置時鐘，外接裝置時鐘控制位元為 0 時，則關閉其外接裝置時鐘。要使用某一外接裝置，必須先啟用其外接裝置時鐘。

▼表 4-12 RCC_AHB1ENR 暫存器位元描述

31	30	29	28	27	26	25	24	23	22	21	20	19	18	17	16
Reserved	OTGHS ULPIEN	OTGHSEN	ETH-MACPTP	ETH-MACPTP	ETH-MACPTP	ETH-MACPTP	Reserved		DMA2EN	DMA1EN	CCMDA-TARA-MEN	Res.	BKPSRAMEN		Reserved
	rw	rw	rw	rw	rw	rw			rw	rw			rw		

15	14	13	12	11	10	9	8	7	6	5	4	3	2	1	0
Reserved			CRCEN	Reserved			GPIOIEN	GPIOIEN	GPIOIEN	GPIOIEN	GPIOIEN	GPIOIEN	GPIOIEN	GPIOIEN	GPIOIEN
			rw				rw	rw	rw	rw	rw	rw	rw	rw	rw

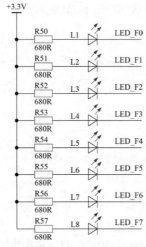

▲圖 4-12 LED 指示燈電路

4.7 GPIO 控制暫存器設定實例

已知開發板 LED 指示燈電路如圖 4-12 所示。

如果需要實現 8 個 LED 閃爍程式，則需要對相應的暫存器進行設定。需要設定的暫存器分別為：

1. RCC AHB1 外接裝置時鐘啟用暫存器 (RCC_AHB1ENR)

RCC_AHB1ENR 暫存器設定結果如圖 4-13 所示，設定 GPIOFEN 為 1，打開掛接在 AHB1 匯流排上的 GPIOF 時鐘。由於 AHB1ENR 暫存器重置後的值是 0x0010 0000，而非全 0，所以此處不能僅將 GPIOFEN 位置 1，其他位元為 0，所對應的十六進位數 0x0000 0020 直接賦給 RCC_AHB1ENR 暫存器。比較好的程式設計方法是將暫存器的值與常數 0x0000 0020 位元或來實現 GPIOAEN 位置 1。

31	30	29	28	27	26	25	24	23	22	21	20	19	18	17	16
Reser-ved	OTGHS ULPIEN	OTGHS EN	ETHMA CPTPEN	ETHMA CRXEN	ETHMA CTXEN	ETHMA CEN	Reserved		DMA2EN	DMA1EN	CCMDATA RAMEN	Res.	BKPSR AMEN	Reserved	
	rw	rw	rw	rw	rw	rw			rw	rw	rw		rw		

15	14	13	12	11	10	9	8	7	6	5	4	3	2	1	0
Reserved			CRCEN	Reserved				GPIOIEN	GPIOH EN	GPIOGEN	GPIOFEN	GPIOEEN	GPIOD EN	GPIOC EN	GPIOB EN	GPIOA EN
			rw					rw	rw	rw	rw	1	rw	rw	rw	rw

▲ 圖 4-13　RCC_AHB1ENR 設定結果

2. GPIO 通訊埠模式暫存器 (GPIOF_MODER)

開發板 LED 流水燈電路由 GPIOF 的低 8 位元 PF0~PF7 控制，GPIOF_MODER 暫存器設定結果如圖 4-14 所示。將 PF0~PF7 的模式控制位元 MODER0[1:0]~MODER7[1:0] 均設定為 01，工作於通用輸出模式，GPIOF_MODER 暫存器的值為 0x0000 5555。

31	30	29	28	27	26	25	24	23	22	21	20	19	18	17	16
MODER15[1:0]		MODER14[1:0]		MODER13[1:0]		MODER12[1:0]		MODER11[1:0]		MODER10[1:0]		MODER9[1:0]		MODER8[1:0]	
rw	rw	rw	rw	rw	rw	rw	rw	rw	rw	rw	rw	rw	rw	rw	rw

15	14	13	12	11	10	9	8	7	6	5	4	3	2	1	0
MODER7[1:0]		MODER6[1:0]		MODER5[1:0]		MODER4[1:0]		MODER3[1:0]		MODER2[1:0]		MODER1[1:0]		MODER0[1:0]	
0	1	0	1	0	1	0	1	0	1	0	1	0	1	0	1

▲ 圖 4-14　GPIOF_MODER 設定結果

3. GPIO 通訊埠輸出類型暫存器 (GPIOF_OTYPER)

開發板流水燈電路採用推拉輸出，GPIOF_OTYPER 暫存器每個接腳輸出類型控制位元為 0，推拉輸出，暫存器保持重置值，設定操作可省略，其設定結果如圖 4-15 所示。

31	30	29	28	27	26	25	24	23	22	21	20	19	18	17	16
Reserved															

15	14	13	12	11	10	9	8	7	6	5	4	3	2	1	0
OT15	OT14	OT13	OT12	OT11	OT10	OT9	OT8	OT7	OT6	OT5	OT4	OT3	OT2	OT1	OT0
0	0	0	0	0	0	0	0	0	0	0	0	0	0	0	0

▲ 圖 4-15　GPIOF_OTYPER 設定結果

4. GPIO 通訊埠輸出速度暫存器 (GPIOF_OSPEEDR)

LED 流水燈控制電路，訊號輸出頻率較低，所以輸出速度選擇低速 2MHz 可以滿足要求，全部接腳速度控制位元為 00，GPIOF_OSPEEDR 暫存器保持重置值，設定操作可省略，其設定結果如圖 4-16 所示。

31	30	29	28	27	26	25	24	23	22	21	20	19	18	17	16
OSPEEDR15[1:0]		OSPEEDR14[1:0]		OSPEEDR13[1:0]		OSPEEDR12[1:0]		OSPEEDR11[1:0]		OSPEEDR10[1:0]		OSPEEDR9[1:0]		OSPEEDR8[1:0]	
0	0	0	0	0	0	0	0	0	0	0	0	0	0	0	0
15	14	13	12	11	10	9	8	7	6	5	4	3	2	1	0
OSPEEDR7[1:0]		OSPEEDR6[1:0]		OSPEEDR5[1:0]		OSPEEDR4[1:0]		OSPEEDR3[1:0]		OSPEEDR2[1:0]		OSPEEDR1[1:0]		OSPEEDR0[1:0]	
0	0	0	0	0	0	0	0	0	0	0	0	0	0	0	0

▲ 圖 4-16 GPIOF_OSPEEDR 設定結果

5. GPIOF 通訊埠輸出資料暫存器 (GPIOF_ODR)

由於 LED 是採用共陽接法，I/O 通訊埠輸出低電位時點亮：將 LED 全部點亮，對應的 GPIOF_ODR 數值如圖 4-17 所示；將 LED 燈全部熄滅，對應的 GPIOF_ODR 的數值如圖 4-18 所示。

31	30	29	28	27	26	25	24	23	22	21	20	19	18	17	16
							Reserved								
15	14	13	12	11	10	9	8	7	6	5	4	3	2	1	0
ODR15	ODR14	ODR13	ODR12	ODR11	ODR10	ODR9	ODR8	ODR7	ODR6	ODR5	ODR4	ODR3	ODR2	ODR1	ODR0
0	0	0	0	0	0	0	0	0	0	0	0	0	0	0	0

▲ 圖 4-17 GPIOF_ODR 設定結果 (LED 亮)

31	30	29	28	27	26	25	24	23	22	21	20	19	18	17	16
							Reserved								
15	14	13	12	11	10	9	8	7	6	5	4	3	2	1	0
ODR15	ODR14	ODR13	ODR12	ODR11	ODR10	ODR9	ODR8	ODR7	ODR6	ODR5	ODR4	ODR3	ODR2	ODR1	ODR0
1	1	1	1	1	1	1	1	1	1	1	1	1	1	1	1

▲ 圖 4-18 GPIOF_ODR 設定結果 (LED 滅)

6. GPIO 通訊埠置位 / 重置暫存器 (GPIOF_BSRR)

控制 LED 點亮或熄滅還有另外一種方式，即設定 GPIOF_BSRR 暫存器。如果要使 LED 全部點亮，GPIOF_BSRR 的設定結果如圖 4-19 所示。

31	30	29	28	27	26	25	24	23	22	21	20	19	18	17	16
BR15	BR14	BR13	BR12	BR11	BR10	BR9	BR8	BR7	BR6	BR5	BR4	BR3	BR2	BR1	BR0
1	1	1	1	1	1	1	1	1	1	1	1	1	1	1	1
15	14	13	12	11	10	9	8	7	6	5	4	3	2	1	0
BS15	BS14	BS13	BS12	BS11	BS10	BS9	BS8	BS7	BS6	BS5	BS4	BS3	BS2	BS1	BS0
0	0	0	0	0	0	0	0	0	0	0	0	0	0	0	0

▲ 圖 4-19 GPIOF_BSRR 設定結果 (LED 亮)

設定說明：

GPIOF_BSRR=0xFFFF0000

BR*y*=1：清除對應的 ODR*y* 位元為 0。

BS*y*=0：對對應的 ODR*y* 位元不產生影響。

如果要使 LED 燈全部熄滅，GPIOF_BSRR 設定結果如圖 4-20 所示。

31	30	29	28	27	26	25	24	23	22	21	20	19	18	17	16
BR15	BR14	BR13	BR12	BR11	BR10	BR9	BR8	BR7	BR6	BR5	BR4	BR3	BR2	BR1	BR0
0	0	0	0	0	0	0	0	0	0	0	0	0	0	0	0

15	14	13	12	11	10	9	8	7	6	5	4	3	2	1	0
BS15	BS14	BS13	BS12	BS11	BS10	BS9	BS8	BS7	BS6	BS5	BS4	BS3	BS2	BS1	BS0
1	1	1	1	1	1	1	1	1	1	1	1	1	1	1	1

▲圖 4-20 GPIOF_BSRR 設定結果 (LED 滅)

設定說明：

GPIOF_BSRR=0x0000 FFFF

BR*y* = 0：對對應的 ODR*y* 位元不產生影響。

BS*y* = 1：設定對應的 ODR*y* 位元為 1。

　　因為專案屬於輸出控制，所以 GPIO 輸入資料暫存器 (GPIOF_IDR) 無須設定。上拉 / 下拉開關僅輸入模式有效，所以 GPIO 上拉 / 下拉暫存器 (GPIOF_PUPDR) 無須設定。因為專案使用 GPIO 預設功能，所以 GPIO 重複使用功能暫存器 (GPIOF_AFRL、GPIOF_AFRH) 無須設定。非特殊應用一般不設定 GPIO 鎖定暫存器 (GPIOF_LCKR)。至此，專案應用涉及的暫存器均已設定完成。

4.8 暫存器版 LED 燈閃爍專案

4.8.1 建立暫存器版專案範本

　　暫存器版專案範本因為不需要呼叫 HAL 函數庫，所以範本較簡單，只需要將開機檔案、系統檔案和暫存器定義檔案包含進專案中即可，其他檔案可以從專案中移除，當然，直接使用第 3 章建立的專案範本也是可以的。同時為了程式設計介面簡潔明了，可以將 main.c 檔案中的註釋和程式沙箱全部刪除，僅包含標頭檔敘述和 main() 主函數。修改後的暫存器版專案範本介面如圖 4-21 所示。

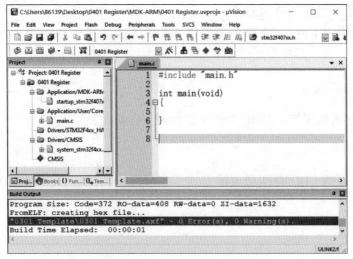

▲ 圖 4-21 暫存器版專案範本介面

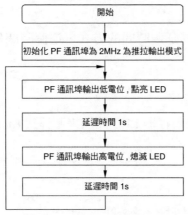

▲ 圖 4-22 LED 燈閃爍程式流程

4.8.2 LED 燈閃爍程式設計

LED 燈閃爍控制要求為，開發板通電，8 個 LED 全部點亮，延遲時間 1s，8 個 LED 全部熄滅，再延遲時間 1s，再全部點亮 8 個 LED，周而復始，不斷循環，其流程如圖 4-22 所示。

根據上面分析可知：

(1) 需要打開 GPIOF 通訊埠時鐘，將 PF 通訊埠初始化為推拉輸出模式，工作速度為 2MHz，其中 GPIO 通訊埠輸出類型暫存器和 GPIO 通訊埠輸出速度暫存器保持重置值，設定操作可省略。

(2) 全部點亮 LED 有兩種表述方式，一種方式為操作 GPIOF_ODR 暫存器，C 敘述為：

```
GPIOF->ODR=0x00000000;
```

另一種方式為操作 GPIOF_BSRR 暫存器，C 敘述為：

```
GPIOF->BSRR = 0xFFFF0000;
```

(3) 全部熄滅 LED 有兩種表述方式，一種方式為操作 GPIOF_ODR 暫存器，C 敘述為：

```
GPIOF->ODR=0xFFFFFFFF;
```

另一種方式為操作 GPIOF_BSRR 暫存器，C 敘述為：

```
GPIOF->BSRR = 0x0000FFFF;
```

(4) 延遲時間採用軟體延遲時間的方式，這個時間是大概估算的，具體的 C 敘述為：

```
for(i=0; i<1000000; i++)  ;
```

(5) 設定 GPIOF_ODR 暫存器 LED 閃爍來源程式 (main.c)，程式如下：

```c
#include "main.h"
int main(void)
{
    __IO uint32_t i;
    RCC->AHB1ENR=RCC->AHB1ENR|0x00000020;
    GPIOF->MODER=0x00005555;
    while(1)
    {
        GPIOF->ODR=0x00000000;
        for(i=0;i<1000000;i++)  ;
        GPIOF->ODR=0xFFFFFFFF;
        for(i=0;i<1000000;i++)  ;
    }
}
```

(6) 設定 GPIOF_BSRR 暫存器 LED 閃爍來源程式 (main.c)，程式如下：

```c
#include "main.h"
```

```
int main(void)
{
    __IO uint32_t i;
    RCC->AHB1ENR=RCC->AHB1ENR|0x00000020;
    GPIOF->MODER=0x00005555;
    while(1)
    {
        GPIOF->BSRR=0xFFFF0000;
        for(i=0;i<1000000;i++) ;
        GPIOF->BSRR=0x0000FFFF;
        for(i=0;i<1000000;i++) ;
    }
}
```

在 MDK-ARM 軟體中輸入來源程式，並進行編譯，編譯成功後將程式下載到開發板執行，觀察實際執行效果。

4.9 開發經驗小結——MDK 中的 C 語言資料型態

C 程式語言支援多種「標準 (ANSI)」資料型態，不過，資料在硬體中的表示方式取決於處理器的架構和 C 編譯器。對不同的處理器架構，某種資料型態的大小可能是不一樣的。舉例來說，整數在 8 位元或 16 位元微控制器上一般是 16 位元，而在 ARM 架構上則總是 32 位元的。表 4-13 列出 ARM 架構 (其中包括所有的 ARM Cortex-M 處理器) 中的常見資料型態，所有的 C 編譯器都支援這些資料型態。

▼表 4-13　ARM 架構支援的資料型態大小和範圍

類型	ANSI	MDK	位數	範圍
字元型	char	int8_t	8	-128~127
無號字元型	unsigned char	uint8_t	8	0~255
短整數	short	int16_t	16	-32768~32767
無號短整數	unsigned short	uint16_t	16	0~65535
整數	int	int32_t	32	-2147483648~2147483647
無號整數	unsigned int	uint32_t	32	0~4294967295
長整數	long	int32_t	32	-2147483648~2147483647
無號長整數	unsigned long	uint32_t	32	0~4294967295
長長整數	long long	int64_t	64	$-(2^{63})\sim(2^{63}-1)$
無號長長整數	unsigned long long	uint64_t	64	$0\sim(2^{64}-1)$

類型	ANSI	MDK	位數	範圍
單精度	float	float	32	$-3.40 \times 10^{38} \sim 3.40 \times 10^{38}$
雙精度	double	double	64	$-1.79 \times 10^{308} \sim 1.79 \times 10^{308}$
長雙精度	long double	long double	64	$-1.79 \times 10^{308} \sim 1.79 \times 10^{308}$
指標	—	—	32	0x0~0xFFFFFFFF
列舉	enum	enum	8/16/32	可用的最小資料型態

在 MDK 整合式開發環境中使用 ANSI 資料型態和 MDK 編譯器新定義的資料型態效果是一樣的,例如使用「unsigned int」和使用「uint32_t」均表示 32 位元無號整型態資料,事實上,「uint32_t」是 MDK 使用敘述「typedef」為「unsigned int」定義的別名。MDK 資料型態相對於 ANSI 資料型態更加直觀且長度確定,是推薦的資料定義方式。

本章小結

GPIO 是 STM32F407 微控制器最基本、最重要的外接裝置,也是本書講解的第一個外接裝置。本章首先講解了 GPIO 的定義、概述、接腳命名;其次講解了 GPIO 工作模式、輸出速度、重複使用功能;再次詳細講解了 GPIO 相關暫存器,包括暫存器名稱、位元定義和存取方式等內容;最後以 LED 流水燈為例,舉出了暫存器設定方法,並舉出了基於暫存器開發方式的 LED 燈閃爍專案詳細實施步驟。

思考拓展

(1) 什麼是 GPIO ?

(2) STM32F407 微控制器 GPIO 的接腳是如何命名的?

(3) STM32F407 微控制器 GPIO 有幾種輸入工作模式?

(4) STM32F407 微控制器 GPIO 有幾種輸出工作模式?

(5) STM32F407 微控制器 GPIO 輸出速度有哪幾種?在應用中如何進行選擇?

(6) STM32F407 微控制器 GPIO 相關暫存器有哪些?

(7) 如果需要設定 GPIOE 通訊埠所有接腳輸出低電位,則 GPIOE_ODR 暫存器的值為多少?

(8) 如果需要設定 GPIOE 通訊埠所有接腳輸出高電位,則 GPIOE_BSRR 暫存器的值為多少?

(9) STM32F407 微控制器 PB3、PB4 接腳的系統功能分別是什麼？如果需要將這兩個接腳作為 GPIO 使用，如何設定重複使用功能暫存器？

(10) STM32F407 微控制器 PA13、PA14 接腳的系統功能分別是什麼？本書書附開發板是否可以將這兩個接腳作為 GPIO 使用？

第 5 章

LED 流水燈與 SysTick 計時器

➤ GPIO 輸出庫函數；
➤ LED 流水燈控制；
➤ SysTick 計時器；
➤ C 語言中的位元運算。

　　第 4 章介紹了 STM32 的 GPIO 並舉出透過操作 GPIO 暫存器的 LED 閃爍程式，讓讀者對 STM32 程式設計有一定的了解。本章將首先介紹常用的 HAL 函數庫輸出函數，隨後完成嵌入式系統開發的經典案例——LED 流水燈專案，其中延遲時間實現有兩種方法，一種是軟體延遲時間，另一種是基於 SysTick 的中斷定時。

5.1 GPIO 輸出庫函數

　　由第 4 章分析可知，要實現 LED 流水燈專案，需要設定 PF 通訊埠的工作模式，並設定 PF0~PF7 的電位狀態。現將涉及的 HAL 函數庫一一講解，因為這是本書第一次介紹 HAL 函數庫，所以講解較為詳盡。

5.1.1 GPIO 外接裝置時鐘啟用

　　要使用 STM32 微控制器控制某一外接裝置，首先就必須打開其外接裝置時鐘，HAL 函數庫外接裝置時鐘啟用和停用是透過一組巨集定義完成的，函數首碼為 __ 。

　　(1) 啟用 GPIOF 外接裝置時鐘函數：__HAL_RCC_GPIOF_CLK_ENABLE()。
　　(2) 停用 GPIOF 外接裝置時鐘函數：__HAL_RCC_GPIOF_CLK_DISABLE()。
　　對於 GPIOA、GPIOB、GPIOC 等其他通訊埠外接裝置時鐘的啟用和停用方式可以類推得到，在此不一一列舉。

5.1.2 函數 HAL_GPIO_Init()

表 5-1 描述了函數 HAL_GPIO_Init()。

▼ 表 5-1 函數 HAL_GPIO_Init()

函數名稱	HAL_GPIO_Init()
函數原型	HAL_GPIO_Init(GPIO_TypeDef *GPIOx，GPIO_InitTypeDef *GPIO_Init)
功能描述	根據 GPIO_Init 結構中指定的參數初始化外接裝置 GPIOx 暫存器
輸入參數 1	GPIOx：x 可以是 A~I 中的，用來選擇 GPIO 外接裝置
輸入參數 2	GPIO_Init：指向結構 GPIO_InitTypeDef 的指標，包含了外接裝置 GPIO 的設定資訊。參閱 Section：GPIO_InitTypeDef，查閱更多該參數允許的設定值範圍
輸出參數	無
傳回值	無

1. GPIO_InitTypeDef structure

GPIO_InitTypeDef 定義於檔案 stm32f4xx_hal_gpio.h，程式如下：

```
typedef struct
{
    uint32_t Pin;
    uint32_t Mode;
    uint32_t Pull;
    uint32_t Speed;
    uint32_t Alternate;
}GPIO_InitTypeDef;
```

2. Pin 參數

Pin 參數選擇待設定的 GPIO 接腳，使用操作符號 | 可以一次選中多個接腳。Pin 參數值可以使用表 5-2 中的任意組合。

▼ 表 5-2 Pin 參數值

Pin	描述	Pin	描述
GPIO_PIN_0	選中接腳 0	GPIO_PIN_9	選中接腳 9
GPIO_PIN_1	選中接腳 1	GPIO_PIN_10	選中接腳 10
GPIO_PIN_2	選中接腳 2	GPIO_PIN_11	選中接腳 11
GPIO_PIN_3	選中接腳 3	GPIO_PIN_12	選中接腳 12
GPIO_PIN_4	選中接腳 4	GPIO_PIN_13	選中接腳 13
GPIO_PIN_5	選中接腳 5	GPIO_PIN_14	選中接腳 14

Pin	描述	Pin	描述
GPIO_PIN_6	選中接腳 6	GPIO_PIN_15	選中接腳 15
GPIO_PIN_7	選中接腳 7	GPIO_PIN_All	選中全部接腳
GPIO_PIN_8	選中接腳 8		

3. Mode 參數

Mode 參數用於設定選中接腳的工作模式。表 5-3 舉出了其參數。

▼ 表 5-3 Mode 參數值

Mode	描述	Mode	描述
GPIO_MODE_INPUT	輸入浮空模式	GPIO_MODE_IT_RISING	中斷上昇緣觸發
GPIO_MODE_OUTPUT_PP	推拉輸出模式	GPIO_MODE_IT_FALLING	中斷下降沿觸發
GPIO_MODE_OUTPUT_OD	開漏輸出模式	GPIO_MODE_IT_RISING_FALLING	中斷上、下邊沿
GPIO_MODE_AF_PP	重複使用推拉模式	GPIO_MODE_EVT_RISING	事件上昇緣觸發
GPIO_MODE_AF_OD	重複使用開漏模式	GPIO_MODE_EVT_FALLING	事件下降沿觸發
GPIO_MODE_ANALOG	類比訊號模式	GPIO_MODE_EVT_RISING_FALLING	事件上、下邊沿

4. Pull 參數

Pull 參數用於設定是否使用內部上拉或下拉電阻。表 5-4 舉出了其參數。

▼ 表 5-4 Pull 參數值

Pull	描述
GPIO_NOPULL	無上拉或下拉
GPIO_PULLUP	使用上拉電阻
GPIO_PULLDOWN	使用下拉電阻

5. Speed 參數

Speed 參數用於設定選中接腳的速率。表 5-5 舉出了其參數，接腳實際速率需要參考產品資料手冊。

▼ 表 5-5 Speed 參數值

Speed	描述
GPIO_SPEED_FREQ_LOW	2MHz
GPIO_SPEED_FREQ_MEDIUM	12.5~50MHz
GPIO_SPEED_FREQ_HIGH	25~100MHz
GPIO_SPEED_FREQ_VERY_HIGH	50~200MHz

6. Alternate 參數

　　Alternate 參數定義接腳的重複使用功能，在檔案 stm32f4xx_hal_gpio_ex.h 中
定義了該參數的可用巨集定義，這些重複使用功能的巨集定義與具體的 MCU 型
號有關，表 5-6 是其中的部分參數定義範例。

▼ 表 5-6　Alternate 參數值

Speed	描述
GPIO_AF1_TIM1	TIM1 重複使用功能映射
GPIO_AF1_TIM2	TIM2 重複使用功能映射
GPIO_AF5_SPI1	SPI1 重複使用功能映射
GPIO_AF5_SPI2	SPI2/I2S2 重複使用功能映射
GPIO_AF7_USART1	USART1 重複使用功能映射
GPIO_AF7_USART2	USART2 重複使用功能映射

　　例：

```
/* Configure all the GPIOA in Input Floating mode */
GPIO_InitTypeDef GPIO_InitStruct = {0};
GPIO_InitStruct.Pin = GPIO_PIN_All;
GPIO_InitStruct.Mode = GPIO_MODE_INPUT;
GPIO_InitStruct.Pull = GPIO_NOPULL;
GPIO_InitStruct.Speed = GPIO_SPEED_FREQ_LOW;
HAL_GPIO_Init(GPIOA, &GPIO_InitStruct);
```

5.1.3　函數 HAL_GPIO_DeInit()

　　表 5-7 描述了函數 HAL_GPIO_DeInit()。

▼ 表 5-7　函數 HAL_GPIO_DeInit()

函數名稱	HAL_GPIO_DeInit()
函數原型	voidHAL_GPIO_DeInit(GPIO_TypeDef *GPIOx，uint32_t GPIO_Pin)
功能描述	反初始化 GPIO 外接裝置暫存器，恢復為重置後的狀態
輸入參數 1	GPIOx：x 可以是 A~I 中的，用來選擇 GPIO 外接裝置
輸入參數 2	GPIO_Pin：指定反初始化通訊埠接腳，設定值參閱表 5-2
輸出參數	無
傳回值	無

例：

```
/* De-initializes the PA8 peripheral registers to their default reset values. */
HAL_GPIO_DeInit (GPIOA, GPIO_PIN_8);
```

5.1.4 函數 HAL_GPIO_WritePin()

表 5-8 描述了函數 HAL_GPIO_WritePin()。

▼表 5-8 函數 HAL_GPIO_WritePin()

函數名稱	HAL_GPIO_WritePin()
函數原型	voidHAL_GPIO_WritePin(GPIO_TypeDef* GPIOx，uint16_t GPIO_Pin，GPIO_PinState PinState)
功能描述	向指定接腳輸出高電位或低電位
輸入參數 1	GPIOx：x 可以是 A~I 中的，用來選擇 GPIO 外接裝置
輸入參數 2	GPIO_Pin：指定輸出通訊埠接腳，設定值參閱表 5-2
輸入參數 3	PinState：寫入電位狀態，設定值 GPIO_PIN_RESET 或 GPIO_PIN_SET
輸出參數	無
傳回值	無

例：

```
/* Set the GPIOA port pin 10 and pin 15 */
HAL_GPIO_WritePin(GPIOA, GPIO_PIN_10|GPIO_PIN_15, GPIO_PIN_SET);
```

5.1.5 函數 HAL_GPIO_TogglePin()

表 5-9 描述了函數 HAL_GPIO_TogglePin()。

▼表 5-9 函數 HAL_GPIO_TogglePin()

函數名稱	HAL_GPIO_TogglePin()
函數原型	voidHAL_GPIO_TogglePin(GPIO_TypeDef* GPIOx，uint16_t GPIO_Pin)
功能描述	翻轉指定接腳的電位狀態
輸入參數 1	GPIOx：x 可以是 A~I 中的，用來選擇 GPIO 外接裝置
輸入參數 2	GPIO_Pin：指定翻轉通訊埠接腳，設定值參閱表 5-2
輸出參數	無
傳回值	無

例：

```
/* Toggles the GPIOA port pin 10 and pin 15 */
HAL_GPIO_TogglePin (GPIOA, GPIO_PIN_10|GPIO_PIN_15);
```

5.1.6　輸出暫存器存取

　　HAL 函數庫並沒有提供存取 GPIO 通訊埠輸出資料暫存器的函數庫，所以如果程式中需要讀取或更新通訊埠資料，可以採用直接存取通訊埠資料暫存器 GPIOx_ODR 的方式來完成，其更加高效和快捷。

　　例：

```
/* Write data to GPIOA data port */
GPIOA->ODR=0x1101;
```

5.2　LED 流水燈控制

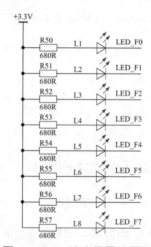

▲ 圖 5-1　LED 流水燈電路原理圖

　　已知開發板 LED 流水燈原理圖如圖 5-1 所示。由圖可知，如需實現 LED 流水燈控制只需要依次點亮 L1~L8，即需依次設定 PF0~PF7 為低電位即可，對應 GPIOF 通訊埠寫入資料分別為 0xFE、0xFD、0xFB、0XF7、0xEF、0xDF、0xBF、0x7F。

　　專案具體實施步驟為：

　　第 1 步：複製第 3 章建立的專案範本資料夾到桌面 (也可以複製到其他路徑，

只是桌面操作更方便)，並將資料夾重新命名為 0501 LEDWater(其他名稱完全可以，只是命名需要遵循一定原則，以便於專案累積)。

第 2 步：打開專案範本資料夾中的 Template.ioc 檔案，啟動 STM32CubeMX 設定軟體，首先在接腳視圖下面將 PF0~PF7 全部設定為 GPIO_Output 模式，然後選擇 System Core 類別下的 GPIO 子項，LED 控制接腳均設定為推拉、低速、無上拉 / 下拉、初始輸出高電位，增加使用者標籤 LED1~LED8，流水燈專案初始化設定如圖 5-2 所示。時鐘設定和專案設定選項無須修改，按一下 GENERATE CODE 按鈕生成初始化專案。

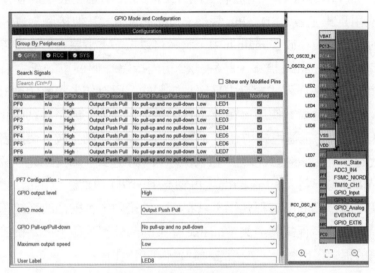

▲ 圖 5-2 流水燈專案初始化設定

第 3 步：打開 MDK-ARM 資料夾下的專案檔案 Template.uvprojx，將生成專案編譯一下，沒有錯誤和警告就可以開始使用者程式撰寫了。此時專案建立了一個 gpio.c 檔案，將其增加到 Application/User/Core 專案小組下面，生成的 LED 初始化程式就存放在該檔案中，部分程式如下：

```
#include "gpio.h"
void MX_GPIO_Init(void)
{
    GPIO_InitTypeDef GPIO_InitStruct = {0};
    __HAL_RCC_GPIOF_CLK_ENABLE();
    HAL_GPIO_WritePin(GPIOF, LED1_Pin|LED2_Pin|LED3_Pin|LED4_Pin
        |LED5_Pin|LED6_Pin|LED7_Pin|LED8_Pin, GPIO_PIN_SET);
    GPIO_InitStruct.Pin = LED1_Pin|LED2_Pin|LED3_Pin|LED4_Pin
```

```
                |LED5_Pin|LED6_Pin|LED7_Pin|LED8_Pin;
    GPIO_InitStruct.Mode = GPIO_MODE_OUTPUT_PP;
    GPIO_InitStruct.Pull = GPIO_NOPULL;
    GPIO_InitStruct.Speed = GPIO_SPEED_FREQ_LOW;
    HAL_GPIO_Init(GPIOF, &GPIO_InitStruct);
}
```

　　上述程式和 STM32CubeMX 設定選項一一對應，因為 LED 接腳既需要輸出高電位，又需要輸出低電位，所以需要將相應接腳設定為推拉輸出模式。而對於輸出速度並沒有特殊要求，設定成 2MHz 即可。對於 LED 流水燈控制，需要初始化 GPIOF 的 PIN0~PIN7，由於在 STM32CubeMX 初始化設定時使用了標籤，所以程式使用巨集定義 LED1_Pin 替換 GPIO_PIN_0，其他接腳對應關係依此類推，相應的巨集定義存放在 main.h 中，讀者可以按一下滑鼠右鍵追蹤查看。

　　第 4 步：打開 main.c 檔案，在程式沙箱內撰寫一個簡單的延遲時間程式，其程式很短，但是在嵌入式開發中是經常使用的，所以作者將該函數的宣告放到 main.h 中，以便其他檔案使用。在 main() 函數中，需要完成系統初始化、時鐘設定和 GPIO 初始化，上述程式均是由 STM32CubeMX 自動生成。使用者只需定位 main() 函數的 while 迴圈程式沙箱，撰寫流水燈顯示程式，即先點亮一個 LED 燈，呼叫延遲時間函數，等待約 1s 時間，再點亮下一個 LED 燈，如此往復。需要注意的是，使用者撰寫的所有程式均需寫在程式沙箱內，否則修改系統組態後再次生成專案時，使用者程式將遺失。main.c 檔案的部分程式如下，為便於讀者查看使用者撰寫的程式，已將程式沙箱註釋敘述作加粗顯示。

```
#include "LED.h"
#include "main.h"
#include "gpio.h"
void SystemClock_Config(void);

/* USER CODE BEGIN 0 */
void delay(uint32_t i)
{
while(i--)   ;
}
/* USER CODE END 0 */

int main(void)
{
    HAL_Init();              // 系統初始化
    SystemClock_Config();    // 系統時鐘設定
```

```
MX_GPIO_Init();              //GPIO 初始化
/* USER CODE BEGIN WHILE */
while (1)
{
    GPIOF->ODR=0xFE;
    delay(24000000);
    GPIOF->ODR=0xFD;
    delay(24000000);
    GPIOF->ODR=0xFB;
    delay(24000000);
    GPIOF->ODR=0xF7;
    delay(24000000);
    GPIOF->ODR=0xEF;
    delay(24000000);
    GPIOF->ODR=0xDF;
    delay(24000000);
    GPIOF->ODR=0xBF;
    delay(24000000);
    GPIOF->ODR=0x7F;
    delay(24000000);
/* USER CODE END WHILE */
}
}
```

第 5 步：編譯專案，直到沒有錯誤為止，下載程式到開發板，重置執行，檢查實驗效果。

5.3 SysTick 計時器

5.3.1 SysTick 計時器概述

以前大多作業系統需要一個硬體計時器產生作業系統需要的滴答中斷，作為整個系統的時基。舉例來說，為多個任務安排不同數目的時間切片，確保沒有一個任務能獨佔系統；或把每個計時器週期的某個時間範圍分配給特定的任務等。作業系統提供的各種定時功能，都與這個滴答計時器有關。因此，需要一個計時器來產生週期性的中斷，而且最好是使用者程式不能隨意存取它的暫存器，以維持作業系統「心跳」的節律。

ARM Cortex-M4 處理器內部包含一個簡單的計時器。因為所有的 Cortex-M4 晶片都帶有這個計時器，軟體在不同 Cortex-M4 元件間的移植工作得以化簡。

該計時器的時鐘源可以是內部時鐘 (FCLK，Cortex-M4 處理器上的自由執行時期鐘)，也可以是外部時鐘 (Cortex-M4 處理器上的 STCLK 訊號)。不過，STCLK的具體來源則由晶片設計者決定，因此不同產品之間的時鐘頻率可能會大不相同，需要查閱晶片的元件手冊來決定選擇什麼作為時鐘源。

　　SysTick 計時器能產生中斷，Cortex-M4 專門為它開出一個異常類型，並且在向量表中有其一席之地。SysTick 計時器使作業系統和其他系統軟體在 Cortex-M4元件間的移植變得更簡單了，因為在所有 Cortex-M4 產品間對其處理都是相同的。

　　SysTick 計時器除了能服務於作業系統之外，還能用於其他目的。如作為一個鬧鈴，用於測量時間等。要注意的是，當處理器在偵錯期間被喊停 (halt) 時，SysTick 計時器亦將暫停運作。

5.3.2 SysTick 計時器暫存器

　　有 4 個暫存器控制 SysTick 計時器，如表 5-10~ 表 5-13 所示。

▼ 表 5-10　SysTick 控制及狀態暫存器 STK_CTRL(0xE000_E010)

位元段	名稱	類型	重置值	描述
16	COUNTFLAG	R	0	如果在上次讀取本暫存器後，SysTick 已經數到 0，則該位元為 1。如果讀取該位元，該位元將自動清零
2	CLKSOURCE	R/W	0	0= 外部時鐘 (STCLK)，AHB 時鐘 8 分頻 1= 內部時鐘 (FCLK，HCLK)
1	TICKINT	R/W	0	1=SysTick 倒數到 0 時，產生 SysTick 異常請求 0=SysTick 數到 0 時，無動作
0	ENABLE	R/W	0	SysTick 計時器的啟用位元

▼ 表 5-11　SysTick 重加載數值暫存器 STK_LOAD(0xE000_E014)

位元段	名稱	類型	重置值	描述
23:0	RELOAD	R/W	0	當 SysTick 倒數至 0 時，將被重加載的值

▼ 表 5-12　SysTick 當前數值暫存器 STK_VAL(0xE000_E018)

位元段	名稱	類型	重置值	描述
23:0	CURRENT	R/Wc	0	讀取時，則傳回當前倒計數的值，寫入時，則清零，同時還會清除在 SysTick 控制及狀態暫存器中的 COUNTFLAG 標識

▼ 表 5-13 SysTick 校準數值暫存器 STK_CALIB(0xE000_E01C)

位元段	名稱	類型	重置值	描述
31	NOREF	R	-	1= 沒有外部參考時鐘 (STCLK 不可用) 0= 外部參考時鐘可用
30	SKEW	R	-	1= 校準值不是準確的 10ms 0= 校準值是準確的 10ms
23:0	TENMS	R/W	0	10ms 的時間內倒計數的格數。晶片設計者應該透過 Cortex-M4 的輸入訊號提供該數值。若該值讀回零，則無法使用校準功能

5.3.3 延遲時間函數 HAL_Delay()

在 HAL 函數庫中提供了一個十分方便的利用 SysTick 計時器實現的延遲時間函數 HAL_Delay()，為更進一步地理解和應用這一函數，下面對其實現過程進行詳細講解。

HAL_Delay() 函數位於 stm32f4xx_hal.c 檔案中，其原型為：

```
__weak void HAL_Delay(uint32_t Delay)
{
    uint32_t tickstart = HAL_GetTick();
    uint32_t wait = Delay;
    /* Add a freq to guarantee minimum wait */
    if (wait < HAL_MAX_DELAY)  // HAL_MAX_DELAY=0xFFFF FFFF
    {
        wait += (uint32_t)(uwTickFreq);
    }
    while((HAL_GetTick() - tickstart) < wait)
    {
    }
}
```

延遲時間函數首先呼叫 HAL_GetTick() 函數，並把它的傳回值賦給變數 tickstart，同時把函數的形參 (Delay，延遲時間的毫秒數) 賦給變數 wait，隨後使用 if 敘述判斷 wait 的值是否小於 HAL_MAX_DELAY(巨集定義值為 0xFFFF FFFF)，如果是，則 wait 變數增加 uwTickFreq(列舉類型，延遲時間為 1ms)。最後進入 while 迴圈中，while 迴圈執行的時間即為延遲時間的時間。

繼續打開 HAL_GetTick() 函數，其程式比較簡單，僅傳回變數 uwTick 值。

```
__weak uint32_t HAL_GetTick(void)
```

```
{
return uwTick;
}
```

　　由此可見，變數 uwTick 在延遲時間實現中起關鍵作用，進一步觀察與這一變數數值變化有關的函數，其中一個為 HAL_IncTick() 函數，其程式也較為簡單，只是將 uwTick 數值加 1。

```
__weak void HAL_IncTick(void)
{
    uwTick += uwTickFreq;
}
```

　　透過程式追蹤發現 HAL_IncTick() 函數被 SysTick 中斷服務程式 SysTick_Handler() 呼叫，其位於 stm32f4xx_it.c 檔案中，程式如下：

```
void SysTick_Handler(void)
{
    HAL_IncTick();
}
```

　　綜上所述，HAL_Delay() 延遲時間函數實現原理為，定義一個無號整數變數 uwTick，透過中斷服務程式每 1ms 使其數值加 1。進入延遲時間函數，首先記錄下 uwTick 初始值，然後不斷讀取當前的 uwTick 變數值，如果二者差值小於延遲時間數值，則一直等待，直至延遲時間完成。

　　細心的讀者可能會發現一個問題，那就是為什麼 SysTick 計時器會每 1ms 中斷一次，以及計時器的時鐘源、中斷優先順序又是如何設定的？所以本節還要帶領大家了解一下 SysTick 計時器的初始化過程。

　　在 main() 主函數中呼叫的第一個函數是 HAL_Init()，其主要用於重置所有外接裝置，初始化 Flash 介面和 SysTick 計時器，並將中斷優先順序分組設為分組 4。SysTick 計時器初始化是呼叫 HAL_InitTick(TICK_INT_PRIORITY) 函數完成的，其引用參數 TICK_INT_PRIORITY 數值為 15，該數值為 SysTick 計時器的中斷優先順序。函數定義如下：

```
__weak HAL_StatusTypeDef HAL_InitTick(uint32_t TickPriority)
{
    /* Configure the SysTick to have interrupt in 1ms time basis*/  //uwTickFreq=1
    if (HAL_SYSTICK_Config(SystemCoreClock / (1000U / uwTickFreq)) > 0U)
    {return HAL_ERROR;  }
    /* Configure the SysTick IRQ priority */  //__NVIC_PRIO_BITS=4
```

```
    if (TickPriority < (1UL << __NVIC_PRIO_BITS))
    {
        HAL_NVIC_SetPriority(SysTick_IRQn, TickPriority, 0U);
        uwTickPrio = TickPriority;
    }
    else
    {return HAL_ERROR;  }
    /* Return function status */
    return HAL_OK;
}
```

　　HAL_InitTick() 函數主要實現兩個功能：一是設定 SysTick 計時器的中斷優先順序，初始化後中斷優先順序的數值是 15，即最低優先順序 (數值越大等級越低)；二是設定計時器的分頻係數，以使計時器中斷頻率為 1kHz，透過呼叫 HAL_SYSTICK_Config() 函數實現，其引用參數為 SystemCoreClock/(1000U/uwTickFreq)，實為計時器相對於核心頻率的分頻係數，具體實現方法需要進一步查看其函數原型。程式如下：

```
uint32_t HAL_SYSTICK_Config(uint32_t TicksNumb)
{
    return SysTick_Config(TicksNumb);
}
```

　　在函數 HAL_SYSTICK_Config() 呼叫了另一個 SysTick_Config()，其引用參數是同值傳遞的，繼續打開 SysTick_Config()，其原始程式碼如下：

```
__STATIC_INLINE uint32_t SysTick_Config(uint32_t ticks)
{
    if ((ticks - 1UL) > SysTick_LOAD_RELOAD_Msk)
    {return (1UL);                      /* Reload value impossible */}
    SysTick->LOAD  = (uint32_t)(ticks - 1UL); /* set reload register */
    NVIC_SetPriority (SysTick_IRQn, (1UL << __NVIC_PRIO_BITS) - 1UL);
    SysTick->VAL   = 0UL;               /* Load the SysTick Counter Value */
    SysTick->CTRL  = SysTick_CTRL_CLKSOURCE_Msk |
                     SysTick_CTRL_TICKINT_Msk |
                     SysTick_CTRL_ENABLE_Msk;
    return (0UL);                              /* Function successful */
}
```

　　為了便於大家更進一步地理解程式，現將函數參數和相關巨集定義說明如下：

　　(1) ticks：函數引用參數，用於設定 SysTick 計時器中斷頻率。因為 SysTick 計時器當計數到 0 後再減 1，才將 STK_LOAD 加載到當前值暫存器 STK_VAL，開始下一個週期的計數，所以需要將 ticks 減去 1 之後賦給計時器的重加載暫存器 STK_LOAD。

分頻係數由形式參數 ticks 決定，其數值由實際參數 SystemCoreClock/(1000U/uwTickFreq) 計算得出。當系統核心頻率為 SystemCoreClock=168MHz，uwTickFreq 取預設值 1，則計時器中斷頻率為：

$$f_{Tick}=SystemCoreClock/(SystemCoreClock/(1000U/uwTickFreq))$$
$$=168MHz/(168MHz/(1000/1))$$
$$=1kHz$$

由上述計算過程可以看出，核心頻率 SystemCoreClock 對計時器的中斷頻率沒有影響，1000U/uwTickFreq 運算式即為最終頻率，增加 uwTickFreq 數值將減小輸出頻率，事實上 HAL_Delay 延遲時間函數還可以設定以 10ms 或 100ms 為單位的延遲時間函數，但是不推薦使用，一般直接使用預設的毫秒延遲時間即可。

(2) __NVIC_PRIO_BITS：中斷優先順序位元數，巨集定義，數值為 4，此處再次將 SysTick 計時器中斷優先順序設定為 15，即最低優先順序。

(3) SysTick_LOAD_RELOAD_Msk：計時器最大多載值遮罩，巨集定義，數值為 0xFF FFFF，向計時器重加載暫存器，寫入資料不得大於此數值。

(4) SysTick_CTRL_CLKSOURCE_Msk：計時器時鐘來源控制位元遮罩，巨集定義，數值為 0x0000 0004。由此可知 STK_CTRL 的 CLKSOURCE 位元為 1，SysTick 計時器時鐘源為內部時鐘，即 FCLK 或 HCLK，二者數值上是相同的，最高頻率 168MHz。

(5) SysTick_CTRL_TICKINT_Msk：判斷計時器是否產生異常控制位元遮罩，巨集定義，數值為 0x0000 0002。由此可知，STK_CTRL 的 TICKINT 位元為 1，即計時器倒數到 0 時產生異常請求。

(6) SysTick_CTRL_ENABLE_Msk：計時器啟用控制位元遮罩，巨集定義，數值為 0x0000 0001，由此可知，STK_CTRL 的 ENABLE 位元為 1，啟用 SysTick 計時器。

SysTick_Config() 函數是 SysTick 計時器初始化的核心函數，進入函數首先將分頻係數減 1 後賦給計時器重加載暫存器，隨後將 SysTick 計時器中斷優先順序設為最低，計時器當前值暫存器寫入 0。最後設定計時器控制及狀態暫存器，選擇內部時鐘為時鐘源、產生異常中斷，並啟用計時器。如果使用者在撰寫程式時需要重新設定 SysTick 計時器也可以再次呼叫 SysTick_Config() 函數進行相關設定。

　　HAL_Delay() 延遲時間函數雖然用來全不費工夫，只需要舉出需要延遲時間的毫秒數即可，但其實現卻是許多設定、層層呼叫，較為複雜。

　　由上述分析可知，使用延遲時間函數需要注意以下幾點：

① SysTick 計時器使用內部時鐘作為時鐘源。② SysTick 計時器延遲時間是阻塞執行的，延遲時間過程獨佔 CPU，無法執行其他任務。③ SysTick 計時器要想跳出延遲時間函數，必須保證中斷服務程式能夠被執行，否則將導致系統死機。

5.3.4 HAL_Delay() 延遲時間實例

　　前文 LED 流水燈控製程式中延遲時間程式是透過軟體延遲時間的方法實現的，這個時間很不精確，只能大概估計。根據上述分析，本節利用 HAL_Delay() 函數實現精確的延遲時間，操作較為簡單，只需要將原程式中的 delay(24000000) 替換為 HAL_Delay(1000) 即可。main() 函數的參考程式如下：

```
int main(void)
{
    HAL_Init();
    SystemClock_Config();
    MX_GPIO_Init();
    /* USER CODE BEGIN WHILE */
    while (1)
    {
        GPIOF->ODR=0xFE;    HAL_Delay(1000);
        GPIOF->ODR=0xFD;    HAL_Delay(1000);
        GPIOF->ODR=0xFB;    HAL_Delay(1000);
        GPIOF->ODR=0xF7;    HAL_Delay(1000);
        GPIOF->ODR=0xEF;    HAL_Delay(1000);
        GPIOF->ODR=0xDF;    HAL_Delay(1000);
        GPIOF->ODR=0xBF;    HAL_Delay(1000);
        GPIOF->ODR=0x7F;    HAL_Delay(1000);
        /* USER CODE END WHILE */
    }
}
```

5.3.5 微秒級延遲時間的實現

　　HAL_Delay() 函數無須使用者設計程式，在專案任何位置可以直接呼叫，十分方便。但它也存在一些缺點：一是使用中斷方式，如果在其他中斷服務程式中使用，則需重新設定中斷優先順序，否則將導致死機；二是無法實現微秒級延遲時間，因為設定的中斷服務程式是 1ms 執行一次，只能進行毫秒級延遲時間。本節將使用查詢方式實現 SysTick 計時器微秒級的延遲時間，這在某些感測器或資料通信中是經常需要使用的，其參考程式如下：

```
void delay_us(uint32_t nus)
{
    uint32_t ticks;
    uint32_t told,tnow,tcnt=0;
    uint32_t reload=SysTick->LOAD+1;        // 計數個數為重加載值加 1
    ticks=nus*(SystemCoreClock/1000000);    // 需要的節拍數
    told=SysTick->VAL;                      // 初始計數器值
    while(1)
    {
        tnow=SysTick->VAL;
        if(tnow!=told)
        {
            if(tnow<told) tcnt+=told-tnow;          //SysTick 遞減的計數器
            else tcnt+=reload-tnow+told;
            told=tnow;
            if(tcnt>=ticks)  break;         // 延遲時間時間已到，退出
        }
    }
}
```

　　基於查詢方式的微秒級延遲時間函數設計想法為：進入函數記錄計時器起始值，讀取計時器當前值暫存器，如果和起始值不相同，則計算經歷過的節拍數，當前值小於起始值，則直接累計，如果當前值大於起始值，則需要加上一個週期的計數個數 (重加載值加 1) 再累計，如此循環，直至累計的節拍數大於或等於需要的節拍數，退出函數。

　　分析 delay_us() 函數的實現程式可知，函數使用重加載值參與節拍數的累加，但並沒有更改暫存器的數值。根據系統變數 SystemCoreClock 計算 $1\mu s$ 定時所需要的節拍數。上述兩點使得延遲時間函數可以應用於任意核心頻率系統且和 SysTick 計時器重加載值無關。

使用 delay_us(1000) 可以實現 1ms 的延遲時間，基於查詢方式的毫秒延遲時間函數就是延遲時間若干 1ms，其參考程式如下：

```c
void delay_ms(uint32_t nms)
{
    uint32_t i;
    for(i=nms;i>0;i--)
        delay_us(1000) ;
}
```

5.3.6 綜合延遲時間程式實例

至此，本章共介紹了 4 種延遲時間函數的實現方式，還是以 LED 流水燈為例進行專案實驗，採用 4 種方式分別延遲時間，參考程式如下：

```c
int main(void)
{
    HAL_Init();
    SystemClock_Config();
    MX_GPIO_Init();
    /* USER CODE BEGIN WHILE */
    while (1)
    {
        GPIOF->ODR=0xFE;
        delay_us(1000000);    //SysTick 查詢方式μs 延遲時間
        GPIOF->ODR=0xFD;
        delay_us(1000000);
        GPIOF->ODR=0xFB;
        delay_ms(1000);           // SysTick 查詢方式ms 延遲時間
        GPIOF->ODR=0xF7;
        delay_ms(1000);
        GPIOF->ODR=0xEF;
        HAL_Delay(1000);      // SysTick 中斷方式ms 延遲時間
        GPIOF->ODR=0xDF;
        HAL_Delay(1000);
        GPIOF->ODR=0xBF;
        delay(24000000);        // 軟體延遲時間，空迴圈等待
        GPIOF->ODR=0x7F;
        delay(24000000);
        /* USER CODE END WHILE */
    }
}
```

需要說明的是上述程式中 4 種延遲時間方式混合使用，只為測試方便，這種程式設計風格是不推薦的。測試表明 4 種延遲時間函數可以交替使用，相互之間沒有影響，除軟體延遲時間時間精度難以保證外，其餘三種方式可以實現精確的延遲時間。

　　這麼多的延遲時間方式應該如何選擇呢？軟體延遲時間函數 delay() 簡單方便、易於實現，在短延遲時間或不需要精確延遲時間的場合使用更加高效。基於中斷方式的 HAL_Delay() 延遲時間函數由官方提供，且已經初始化完成，在任何檔案中都可以直接使用，在大部分場合，使用該函數實現毫秒級延遲時間。如果要實現微秒級延遲時間，則可以使用作者撰寫的 delay_us() 延遲時間函數，令人欣喜的是，該函數與官方延遲時間函數共用系統初始化，可以交替使用。如果需要採用基於查詢方式的毫秒級延遲時間，則可以使用 delay_ms() 延遲時間函數。

　　為了便於讀者在後續專案中使用上述延遲時間函數，作者將自訂的 3 個延遲時間函數宣告到公共標頭檔 main.h 中，其他檔案若需要使用延遲時間函數僅需要將其包含即可，而這一操作在大部分情況下是系統自動完成的。

5.4 開發經驗小結——C 語言中的位元運算

　　C 語言既具有高階語言的特點，又具有低階語言的功能，因而具有廣泛的用途和旺盛的生命力，其位元運算功能就十分適合撰寫嵌入式硬體控製程式。

5.4.1 位元運算符號和位元運算

　　所謂位元運算是指進行二進位位元的運算。C 語言提供如表 5-14 所列出的位元運算符號。

▼ 表 5-14 C 語言位元運算符號

運算子	含義	運算子	含義
&	位元與	~	位元反轉
|	位元或	<<	位元左移
^	位元互斥	>>	位元右移

說明：

(1) 位元運算符號中除~以外，均為二目運算子，即要求兩側各有一個運算量。

(2) 運算量只能是整數或字元型的資料,不能為實型態資料。

下面對各運算子分別介紹如下:

1. 位元與運算子 (&)

位元與運算是指參加運算的兩個資料,按二進位位元進行「與」運算。如果兩個相應的二進位位元都為 1,則該位元的結果值為 1,否則為 0,即 0&0=0;0&1=0;1&0=0;1&1=1。

舉例來說,兩個 8 位元無號數 3 和 5,位元與運算計算過程如下:

```
        3 = 0  0  0  0  0  0  1  1
  (&)   5 = 0  0  0  0  0  1  0  1
        ─────────────────────────
            0  0  0  0  0  0  0  1
```

計算時,首先將兩個運算量分別轉為二進位數字,然後逐位元相與,最後計算得到 3&5 的運算結果為 1。

2. 位元或運算子 (|)

位元或運算的運算規則是,兩個相應的二進位位元中只要有一個為 1,該位元的結果為 1,即:0|0=0;0|1=1;1|0=1;1|1=1。

舉例來說,兩個 8 位元十六進位數 0x35 和 0xA8,位元或運算過程如下:

```
      0x35 = 0  0  1  1  0  1  0  1
  (|) 0xA8 = 1  0  1  0  1  0  0  0
      ──────────────────────────────
             1  0  1  1  1  1  0  1
```

計算時,首先將兩個運算量分別轉為二進位,然後逐位元元相或,最後計算得到 0x35|0xA8 的運算結果為 0xBD。

3. 位元互斥運算子 (^)

位元互斥運算子 ^ 也稱為 XOR 運算子,位元互斥的運算規則是,若參與運算的兩個二進位位元相同,則結果為 0(假);兩個二進位位元不相同,則結果為 1(真),即 0^0=0;0^1=1;1^0=1;1^1=0。「互斥」的意思是判斷兩個相應位元的值是否為「異」,為「異」(值不同) 就取真 (1), 否則取假 (0)。

舉例來說,兩個 8 位元無號數 57 和 42,位元互斥運算過程如下:

$$57 = 0\ 0\ 1\ 1\ 1\ 0\ 0\ 1$$
$$(\verb|^|) \quad 42 = 0\ 0\ 1\ 0\ 1\ 0\ 1\ 0$$
$$\overline{ 0\ 0\ 0\ 1\ 0\ 0\ 1\ 1}$$

計算時，首先將兩個運算量分別轉為二進位數字，然後逐位元相互斥，最後得到 57^42 的運算結果 19。

4. 反轉運算子 (~)

反轉運算子 ~ 是一個一元運算子，用來對一個二進位數字逐位元反轉，即將 0 變 1，1 變 0。舉例來說，對於 8 位元無號數 0x01 進行反轉的運算過程如下：

$$(\sim) \quad 0x01 = 0\ 0\ 0\ 0\ 0\ 0\ 0\ 1$$
$$\overline{ 1\ 1\ 1\ 1\ 1\ 1\ 1\ 0}$$

計算時，只需將待反轉運算量轉為二進位，然後逐位元元反轉，由此可知 ~0x01 的結果為 0xFE，也就是十進位數字 254。

5. 左移運算子 (<<)

左移運算子 << 用來將一個數的各二進位位元全部左移若干位元。例如 a<<2，表示將 a 的二進位數字左移 2 位元，右邊空出的位元補 0。若 a=15，即二進位數字 00001111，左移 2 位元得到 00111100，即十進位數字 60(為簡單起見，用 8 位元二進位數字表示十進位數字 15，如果用 16 位元二進位數字表示，結果也是一樣的)。高位元左移後溢位，捨棄即可。

左移 1 位相當於該數乘以 2，左移 2 位元相當於該數乘以 2^2=4。上面舉的例子 15<<2=60，即乘以 4。但此結論只適用於該數左移時被溢位捨棄的高位元中不包含 1 的情況。

6. 右移運算子 (>>)

右移運算子 >> 用來將一個數的各二進位位元全部右移若干位元。例如 a>>2，表示將 a 的各二進位位元右移 2 位元。移到右端的低位元被捨棄，高位元補 0。舉例來說，a=15，對應的二進位數字為 00001111，a>>2 結果為 00000011，最低兩位元 11 被移出捨棄。右移一位相當於除以 2，右移 n 位相當於

除以 2^n。

　　實踐可知，ARM Cortex-M 平臺，使用 MDK 編譯器，無論是左移還是右移，移出位元均捨棄，移入位元均補 0。

7. 位元運算符號與設定運算子

　　位元運算符號與設定運算子可以組成複合設定運算子，分別為：&=，|=，^=，>>=，<<=。舉例來說，a&=b 相當於 a=a&b，a<<=2 相當於 a=a<<2。

5.4.2 嵌入式系統位元運算實例

　　C 語言的位元運算可以實現嵌入式系統底層硬體位元控制功能，但 C 語言並沒有像組合語言那樣，具有 SETB、CLR、CPL 等單一位元操作指令，而只能透過對整型態資料的位元運算實現對單一或多個二進位位元的操作。下面舉出幾個應用實例，以期造成拋磚引玉的效果。

1. 對指定位反轉

　　已知開發板 LED 流水燈電路如圖 5-1 所示，現需要將中間 4 個 LED 燈 (L3~L6) 的狀態反轉。

　　分析上面介紹的各位元運算操作的特點可以發現，互斥運算規則中，與 0 相互斥，保持原二進位位元狀態不變，與 1 相互斥其狀態反轉。所以要實現本例功能，僅需將通訊埠輸出暫存器與二進位數字 00111100 相互斥即可，即中間四位元反轉，其餘位元不變，參考程式如下：

```
GPIOF->ODR=GPIOF->ODR^0x3C;
```

2. 流水燈移位實現

　　5.2 節流水燈控製程式還可以透過移位來實現，具體方法是，將常數 1 依次左移 i 位元，i=0~7，然後將結果反轉後送通訊埠輸出暫存器，其參考程式如下：

```
GPIOF->ODR=~(1<<i);
```

3. 實現循環移位功能

　　在組合語言中一般會提供循環左移和循環右移功能。在流水燈控製程式中，另外一種實現方法是設定一個初始狀態，即點亮第一個 LED 燈，對應通訊埠資料為 0xFE，之後循環移位即可。通訊埠資料循環左移 i 位元的參考程式如下：

```
uint8_t LedVal=0xFE;
LedVal=LedVal<<i|LedVal>>(8-i);
GPIOF->ODR=LedVal;
```

上述程式實現的基本思想為，首先定義一個 8 位元無號變數並賦初值，然後將該變數先左移 i 位元，再右移 8-i 位元，兩者相位或，最後將結果輸出到通訊埠暫存器。

本章小結

本章首先介紹 HAL 函數庫 GPIO 輸出庫函數，包括函數的功能、參數和應用方法，隨後介紹了第一個基於 HAL 函數庫的嵌入式開發實例，即 LED 流水燈控制，採用軟體延遲時間方式實現流水效果。最後介紹了 SysTick 計時器的功能、原理和控制暫存器，詳細講解了官方延遲時間函數原理及實現方法，撰寫了基於查詢方式的微秒級延遲時間函數和毫秒級延遲時間函數，並將上述延遲時間函數增加到 LED 流水燈專案中，測試表明 4 種延遲時間方法均可實現延遲時間，可交替使用，相互之間無影響。

思考拓展

(1) 函數 __HAL_RCC_GPIOA_CLK_ENABLE() 的功能是什麼？

(2) 函數 HAL_GPIO_Init() 的功能是什麼？有哪些參數？

(3) 函數 HAL_GPIO_WritePin() 的功能是什麼？有哪些參數？

(4) 函數 HAL_GPIO_TogglePin() 的功能是什麼？有哪些參數？

(5) 簡要說明 SysTick 計時器的概況以及使用該計時器的好處。

(6) SysTick 計時器相關的控制暫存器有哪些？

(7) SysTick 計時器的時鐘源是哪兩類？如何設定？

(8) HAL_Delay() 函數延遲時間的單位是什麼？最大延遲時間時間是多少？

(9) delay_us() 延遲時間函數為什麼不需要對 SysTick 計時器進行初始化？

(10) 透過位元互斥運算實現開發板 L1、L3、L5 以秒為週期閃爍程式設計。

第 6 章

按鍵輸入與蜂鳴器

本章要點

➢ GPIO 輸入庫函數；

➢ 蜂鳴器工作原理；

➢ 獨立按鍵控制蜂鳴器；

➢ 矩陣鍵盤掃描；

➢ 複合資料型態。

　　GPIO 學習是嵌入式系統應用的基礎，在第 5 章中舉出 GPIO 輸出應用函數庫實例，本章將繼續學習 GPIO 及其應用中的按鍵輸入，以及 GPIO 綜合應用中的由按鍵控制蜂鳴器發聲、矩陣按鍵掃描方法等內容，讓讀者能較好地掌握 GPIO 應用方法，以及嵌入式系統開發一般過程。

6.1 GPIO 輸入庫函數

6.1.1 函數 HAL_GPIO_ReadPin()

　　表 6-1 描述了函數 HAL_GPIO_ReadPin()。

▼ 表 6-1 函數 HAL_GPIO_ReadPin()

函數名稱	HAL_GPIO_ReadPin()
函數原型	GPIO_PinState HAL_GPIO_ReadPin(GPIO_TypeDef* GPIOx，uint16_t GPIO_Pin)
功能描述	讀取指定通訊埠接腳的輸入電位狀態
輸入參數 1	GPIOx：x 可以是 A~I 中的，用來選擇 GPIO 外接裝置
輸入參數 2	GPIO_Pin：指定讀取的通訊埠接腳，設定值參閱表 5-2
輸出參數	無
傳回值	GPIO_PinState：接腳電位狀態，設定值 GPIO_PIN_RESET 或 GPIO_PIN_SET

例：

```
/* Reads the seventh pin of the GPIOB and store it in ReadValue variable */
uint8_t ReadValue;
ReadValue = HAL_GPIO_ReadPin(GPIOB, GPIO_PIN_7);
```

6.1.2 輸入資料暫存器存取

HAL 函數庫並沒有提供存取 GPIO 通訊埠輸入資料暫存器的函數庫，所以如果程式中需要批次讀取通訊埠接腳狀態，可以採用直接存取通訊埠輸入資料暫存器 GPIOx_IDR 的方式來完成，其更加高效和快捷。

例：

```
/* Read the level status of all pins of GPIOA port */
uint16_t ReadValue;
ReadValue = GPIOA->IDR;
```

6.1.3 函數 HAL_GPIO_LockPin()

表 6-2 描述了函數 HAL_GPIO_LockPin()。

▼ 表 6-2 函數 HAL_GPIO_LockPin()

函數名稱	HAL_GPIO_LockPin()
函數原型	HAL_StatusTypeDef HAL_GPIO_LockPin(GPIO_TypeDef * GPIOx，uint16_t GPIO_Pin)
功能描述	鎖定指定通訊埠接腳的設定資訊
輸入參數 1	GPIOx：x 可以是 A~I 中的，用來選擇 GPIO 外接裝置
輸入參數 2	GPIO_Pin：指定讀取的通訊埠接腳，設定值參閱表 5-2
輸出參數	無
傳回值	HAL_StatusTypeDef：列舉資料型態，傳回函數執行狀態

HAL_StatusTypeDef 為列舉資料型態，定義於 stm32f4xx_hal_def.h 檔案中，表示函數執行的狀態，設定值見表 6-3。

▼ 表 6-3 HAL_StatusTypeDef 設定值

名稱	數值	名稱	數值
HAL_OK	0x00U	HAL_BUSY	0x02U
HAL_ERROR	0x01U	HAL_TIMEOUT	0x03U

　　需要注意的是 HAL_GPIO_LockPin() 函數用於鎖存接腳的設定資訊，而非接腳的電位狀態，實際應用中該函數較少使用，本節僅為了知識完整性而將其列出。

6.2 獨立按鍵控制蜂鳴器

6.2.1 電路原理

　　已知開發板按鍵電路和蜂鳴器電路如圖 6-1 所示，開發板設定了一個獨立按鍵 / 矩陣鍵盤切換電路，由於本實驗只需要使用兩個按鍵，所以選擇獨立按鍵，即需要將 P8 的跳線開關的 2、3 接腳短接。由圖 6-1(a) 可知，4 個按鍵一端並聯接地，另外一端分別由 MCU 的 PE0~PE3 控制，當某一個按鍵按下後，MCU 的 I/O 通訊埠應表現出低電位，當按鍵沒有按下時，其電位狀態由微控制器 GPIO 接腳內部電位決定。為區別按鍵按下和沒有按下兩種情況，需要設定 GPIO 接腳無訊號輸入時表現為高電位，結合第 4 章介紹的 GPIO 工作原理，本例按鍵輸入控制接腳應當設定為上拉輸入模式。

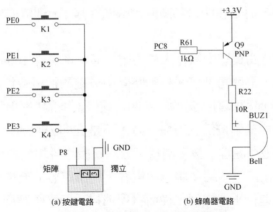

▲ 圖 6-1　按鍵電路和蜂鳴器電路

　　圖 6-1(b) 為蜂鳴器電路，蜂鳴器是微控制器系統常用的聲音輸出元件，常用於警告訊號輸出。蜂鳴器存在主動和被動之分，主動蜂鳴器內建振盪電路，加電源就可以正常發聲，通常頻率固定。被動蜂鳴器則需要透過外部的正弦或方波訊號驅動，控制稍微複雜一些，但是可以發出不同頻率的聲響，撰寫程式還可以演繹一些音樂曲目。開發板選擇的是被動蜂鳴器，需要撰寫控製程式輸出方波訊號。

由圖 6-1(b) 可知，Q9 是 PNP 三極體，基極控制訊號 PC8 輸出低電位導通，蜂鳴器有電流流過；PC8 輸出高電位，Q9 截止，蜂鳴器沒有電流流過。改變高低電位持續時間即改變方波的頻率，以使蜂鳴器發出不同聲響。根據上述分析，PC8 應工作於輸出方式，並且要輸出高低兩種電位，所以 PC8 接腳應工作在推拉輸出模式。

6.2.2　按鍵消抖

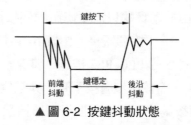

▲ 圖 6-2　按鍵抖動狀態

　　通常按鍵所用的開關都是機械彈性開關，當機械觸點斷開、閉合時，由於機械觸點的彈性作用，一個按鍵開關在閉合時不會馬上就穩定接通，在斷開時也不會一下子徹底斷開，而是在閉合和斷開的瞬間伴隨了一連串的抖動，按鍵抖動狀態如圖 6-2 所示。

　　按鍵穩定閉合時間長短由操作人員決定，通常都會在 100ms 以上，刻意快速按能達到 40~50ms，很難再低了。抖動時間由按鍵的機械特性決定，一般都會在 10ms 以內，為了確保程式對按鍵的一次閉合或一次斷開只回應一次，必須進行按鍵的消抖處理。當檢測到按鍵狀態變化時，不是立即去回應動作，而是先等待閉合或斷開穩定後再進行處理。按鍵消抖可分為硬體消抖和軟體消抖。

　　硬體消抖就是在按鍵兩端並聯一個電容，利用電容的充放電特性對抖動過程中產生的電壓突波進行平滑處理，從而實現消抖。但實際應用中，這種方式的效果往往不是很好，而且還增加了成本和電路複雜度，所以實際中的應用並不多。

　　在絕大多數情況下是用軟體即程式來實現消抖的。最簡單的消抖原理就是當檢測到按鍵狀態變化時，先等待 10ms 左右，讓抖動消失後再進行一次按鍵狀態檢測，如果與剛才檢測到的狀態相同，則可以確認按鍵已經穩定動作，並轉到相應回應程式執行。後續舉出的專案實例就是採用軟體延遲時間方式實現按鍵消抖處理的。

6.2.3 專案實施

本節將設計一個 I/O 的綜合專案實例，使用輸入按鍵選擇蜂鳴器發出不同警告聲，K1 鍵按下發出救護車警告聲，K2 鍵按下發出電動車警告聲。專案具體實施步驟為：

第 1 步：複製第 3 章建立的專案範本資料夾到桌面，並將資料夾重新命名為 0601 BeepKey。

第 2 步：打開專案範本資料夾裡面的 Template.ioc 檔案，啟動 STM32CubeMX 設定軟體，首先在接腳視圖下面將 PE0~PE3 設定為 GPIO_Input 模式，PC8 設定為 GPIO_Output 模式，然後選擇 System Core 類別下的 GPIO 子項，按鍵輸入接腳 PE0~PE3 設定為上拉輸入工作模式，並增加標籤 K1~K4；蜂鳴器控制接腳 PC8 設定為推拉、低速、無上拉／下拉、初始輸出高電位，增加使用者標籤 BP，專案初始化設定結果如圖 6-3 所示。時鐘設定和專案設定選項無須修改，按一下 GENERATE CODE 按鈕生成初始化專案。

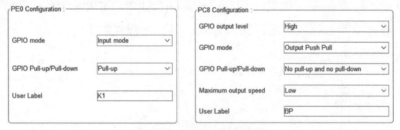

▲圖 6-3 專案初始化設定

第 3 步：打開 MDK-RAM 資料夾下面的專案檔案 Template.uvprojx，將生成專案編譯一下，沒有錯誤和警告則開始使用者程式撰寫。此時會發現專案建立了一個 gpio.c 檔案，並將其增加到 Application/User/Core 專案小組下面，生成的初始化程式就存放在該檔案中，部分程式如下：

```
void MX_GPIO_Init(void)
{
    GPIO_InitTypeDef GPIO_InitStruct = {0};
    /* GPIO Ports Clock Enable */
    __HAL_RCC_GPIOE_CLK_ENABLE();
    __HAL_RCC_GPIOC_CLK_ENABLE();
    __HAL_RCC_GPIOH_CLK_ENABLE();
    __HAL_RCC_GPIOA_CLK_ENABLE();
```

```
    /*Configure GPIO pin Output Level */
    HAL_GPIO_WritePin(BP_GPIO_Port, BP_Pin, GPIO_PIN_RESET);
    /*Configure GPIO pins : PEPin PEPin PEPin PEPin */
    GPIO_InitStruct.Pin = K3_Pin|K4_Pin|K1_Pin|K2_Pin;
    GPIO_InitStruct.Mode = GPIO_MODE_INPUT;
    GPIO_InitStruct.Pull = GPIO_PULLUP;
    HAL_GPIO_Init(GPIOE, &GPIO_InitStruct);
    /*Configure GPIO pin : PtPin */
    GPIO_InitStruct.Pin = BP_Pin;
    GPIO_InitStruct.Mode = GPIO_MODE_OUTPUT_PP;
    GPIO_InitStruct.Pull = GPIO_NOPULL;
    GPIO_InitStruct.Speed = GPIO_SPEED_FREQ_LOW;
    HAL_GPIO_Init(BP_GPIO_Port, &GPIO_InitStruct);
}
```

上述程式和 STM32CubeMX 設定選項一一對應，由於在 STM32CubeMX 初始化設定時使用了標籤，所以程式使用巨集定義 K1_Pin 替換 GPIO_PIN_0，其他接腳對應關係依此類推，而相應的巨集定義存放在 main.h 中的，讀者可以使用滑鼠右鍵追蹤查看。

第 4 步：打開 main.c 檔案，在程式沙箱 4(USER CODE 4) 內分別撰寫延遲時間程式、救護車警告程式、電動警告程式，其參考程式如下：

```
/* USER CODE BEGIN 4 */
void delay(uint32_t i)          // 軟體延遲時間
{
      while(i--) ;
}
void sound1(void)               // 救護車警告
{
      uint32_t i=30000;
      while(i)                  // 產生一段時間的 PWM 波，使蜂鳴器發聲
      {
      HAL_GPIO_WritePin(GPIOC,BP_Pin,GPIO_PIN_RESET); //I/O 介面輸出低電位
      delay(i);
      HAL_GPIO_WritePin(GPIOC,BP_Pin,GPIO_PIN_SET);    //I/O 介面輸出高電位
      delay(i);
      i=i-6;
    }
}
void sound2(void)               // 電動車警告
{
    uint32_t i=6000;
    while(i)                    // 產生一段時間的 PWM 波，使蜂鳴器發聲
    {
```

```
HAL_GPIO_WritePin(GPIOC,BP_Pin,GPIO_PIN_RESET); //I/O介面輸出低電位
delay(i);
HAL_GPIO_WritePin(GPIOC,BP_Pin,GPIO_PIN_SET);    //I/O介面輸出高電位
delay(i);
i=i-6;
}
}
/* USER CODE END 4 */
```

　　撰寫完上述 3 個函數之後，還需要將其宣告在檔案上方的私有函數宣告在程式沙箱內，參考程式如下：

```
/* USER CODE BEGIN PFP */
void delay(uint32_t i);
void sound1(void);
void sound2(void);
/* USER CODE END PFP */
```

　　在主程式的 while 程式沙箱內撰寫程式迴圈檢測按鍵，根據鍵值呼叫函數發出相應警告聲音。程式實現原理較為簡單，依次讀取 K1 和 K2 按鍵電位狀態，低電位則軟體延遲時間 10ms，再次檢測接腳電位，依然為低電位則認為按鍵已穩定按下，呼叫發聲程式輸出警告資訊，發聲完成再次檢測按鍵，如此往復。參考程式如下：

```
/* USER CODE BEGIN WHILE */
    while (1)
    {
        if(HAL_GPIO_ReadPin(GPIOE,K1_Pin)==GPIO_PIN_RESET)
        {
            HAL_Delay(10);            // 延遲時間消抖
            if(HAL_GPIO_ReadPin(GPIOE,K1_Pin)==GPIO_PIN_RESET)
            sound1();                 // 救護車警告聲音
        }
        if(HAL_GPIO_ReadPin(GPIOE,K2_Pin)==GPIO_PIN_RESET)
        {
            HAL_Delay(10);      // 延遲時間消抖
            if(HAL_GPIO_ReadPin(GPIOE,K2_Pin)==GPIO_PIN_RESET)
                sound2();                // 救護車警告聲音
        }
        /* USER CODE END WHILE */
    }
```

　　第 5 步：編譯專案，直到沒有錯誤為止，下載程式到開發板，重置執行，檢查實驗效果。

6.3 矩陣鍵盤掃描

6.3.1 矩陣鍵盤電路

矩陣鍵盤電路連接如圖 6-4 所示，為了便於多鍵值輸入，同時節約 MCU 的 I/O 介面資源，開發板設計了獨立按鍵 / 矩陣鍵盤切換電路。將圖中跳線開關 P8 的 1、2 接腳短接，電路表現為矩陣鍵盤，由 3 行 4 列共 12 個按鍵組成，行訊號由 MCU 的 PE4~PE6 接腳控制，列訊號由 MCU 的 PE0~PE3 控制。

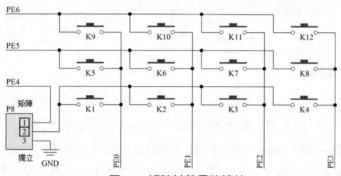

▲ 圖 6-4　矩陣鍵盤電路連接

6.3.2 矩陣鍵盤掃描原理

矩陣鍵盤確定鍵值掃描方法主要有行掃描、列掃描和行列掃描，行列掃描分兩步確定按鍵的行號和列號，需要不斷切換通訊埠接腳工作模式，不太適合本專案。行掃描和列掃描本質上一樣，均為依次將某一行 (列) 輸出低電位，讀取所有列 (行) 的接腳電位，確定行列編號，相對來說，行掃描更接近大眾思維習慣，所以本專案採用行掃描方法確定矩陣鍵盤鍵值。

下面以圖 6-4 所示連接關係為例講解其工作原理。掃描前需要設定行線為推拉輸出模式，列線為上拉輸入模式。依次控制行線 PE4~PE6 輸出低電位，讀取列線 PE0~PE3 電位狀態，如果其中包含低電位，則可由其對應的行列訊號確定按鍵編號。例如當行線 PE5 輸出低電位，讀出列線 PE1 為低電位時，則可以確定第二行第二列按鍵 K6 被按下。在進行矩陣鍵盤掃描時同樣也需要進行消抖處理。

6.3.3 矩陣鍵盤實例

本節將設計一簡單專案驗證矩陣鍵盤行掃描方法。對 3×4 矩陣鍵盤進行掃描，並將鍵值以 8421BCD 碼 (每 4 位元二進位數字表示 1 位元十進位數字) 形式顯示於 LED 指示燈。專案具體實施步驟為：

第 1 步：複製第 3 章建立的專案範本資料夾到桌面，並將資料夾重新命名為 0602 MatrixKey。

第 2 步：打開專案範本資料夾裡面的 Template.ioc 檔案，啟動 STM32CubeMX 設定軟體，首先在接腳視圖下面將 PE0~PE3 設定為 GPIO_Input 模式，PE4~PE6、PF0~PF7 設定為 GPIO_Output 模式。然後選擇 System Core 類別下的 GPIO 子項，將按鍵輸入接腳 PE0~PE3 設定為上拉輸入工作模式，將按鍵行掃描訊號接腳 PE4~PE6 和 LED 指示燈控制接腳 PF0~PF7 均設定為推拉、低速、無上拉 / 下拉、初始輸出高電位。按一下 GENERATE CODE 按鈕生成初始化專案。

第 3 步：打開 MDK-ARM 資料夾下面的專案檔案 Template.uvprojx，將生成專案編譯一下，沒有錯誤和警告則開始使用者程式撰寫。GPIO 初始化程式存放在 STM32CubeMX 建立的 gpio.c 檔案中，部分程式如下：

```
void MX_GPIO_Init(void)
{
    GPIO_InitTypeDef GPIO_InitStruct = {0};
    /* GPIO Ports Clock Enable */        __HAL_RCC_GPIOE_CLK_ENABLE();
    __HAL_RCC_GPIOC_CLK_ENABLE();        __HAL_RCC_GPIOF_CLK_ENABLE();
    __HAL_RCC_GPIOH_CLK_ENABLE();        __HAL_RCC_GPIOA_CLK_ENABLE();
    /*Configure GPIO pin Output Level */
    HAL_GPIO_WritePin(GPIOE,GPIO_PIN_4|GPIO_PIN_5|GPIO_PIN_6,PIO_PIN_SET);
    /*Configure GPIO pin Output Level */
    HAL_GPIO_WritePin(GPIOF, GPIO_PIN_0|GPIO_PIN_1|GPIO_PIN_2|GPIO_PIN_3
        |GPIO_PIN_4|GPIO_PIN_5|GPIO_PIN_6|GPIO_PIN_7, GPIO_PIN_SET);
    /*Configure GPIO pins : PE2 PE3 PE0 PE1 */
    GPIO_InitStruct.Pin = GPIO_PIN_2|GPIO_PIN_3|GPIO_PIN_0|GPIO_PIN_1;
    GPIO_InitStruct.Mode = GPIO_MODE_INPUT;
    GPIO_InitStruct.Pull = GPIO_PULLUP;
    HAL_GPIO_Init(GPIOE, &GPIO_InitStruct);
    /*Configure GPIO pins : PE4 PE5 PE6 */
    GPIO_InitStruct.Pin = GPIO_PIN_4|GPIO_PIN_5|GPIO_PIN_6;
    GPIO_InitStruct.Mode = GPIO_MODE_OUTPUT_PP;
    GPIO_InitStruct.Pull = GPIO_NOPULL;
    GPIO_InitStruct.Speed = GPIO_SPEED_FREQ_LOW;
    HAL_GPIO_Init(GPIOE, &GPIO_InitStruct);
```

```
/*Configure GPIO pins : PF0 PF1 PF2 PF3 PF4 PF5 PF6 PF7 */
GPIO_InitStruct.Pin = GPIO_PIN_0|GPIO_PIN_1|GPIO_PIN_2|GPIO_PIN_3
                      |GPIO_PIN_4|GPIO_PIN_5|GPIO_PIN_6|GPIO_PIN_7;
GPIO_InitStruct.Mode = GPIO_MODE_OUTPUT_PP;
GPIO_InitStruct.Pull = GPIO_NOPULL;
GPIO_InitStruct.Speed = GPIO_SPEED_FREQ_LOW;
HAL_GPIO_Init(GPIOF, &GPIO_InitStruct);
}
```

　　上述程式和 STM32CubeMX 設定選項一一對應，且使用者無須任何修改。

　　第 4 步：打開 main.c 檔案，在程式沙箱 1 內定義程式中需要用到的變數和陣列，在 while 程式沙箱內撰寫行掃描程式，參考程式如下：

```
int main(void)
{
    /* USER CODE BEGIN 1 */
    uint16_t i,KeyVal=0;
    uint8_t PreLine[3]={2,0,1};   // 前一行的行號
    /* USER CODE END 1 */
    HAL_Init();
    SystemClock_Config();
    MX_GPIO_Init();
    /* USER CODE BEGIN WHILE */
    while (1)
    {
        for(i=0;i<3;i++)
            {
                if((GPIOE->IDR&0x0F)!=0x0F)                      // 有鍵按下
                {
                    HAL_Delay(16);                              // 延遲時間消抖
                    if((GPIOE->IDR&0x0F)!=0x0F)                 // 仍然按下
                    {
                        switch((GPIOE->IDR&0x0F))
                        {
                            case 0x0E:KeyVal=4*PreLine[i]+1;break;   // 第 1 列
                            case 0x0D:KeyVal=4*PreLine[i]+2;break;   // 第 2 列
                            case 0x0B:KeyVal=4*PreLine[i]+3;break;   // 第 3 列
                            case 0x07:KeyVal=4*PreLine[i]+4;break;   // 第 4 列
                            default  :break;
                        }
                    }
                }
                GPIOE->ODR=~(1<<(i+4));                          // 輸出行控制訊號
            }
            GPIOF->ODR=~((KeyVal/10<<4)+KeyVal%10);             // 鍵值輸出
    /* USER CODE END WHILE */
    }
}
```

上述程式完成了矩陣按鍵的掃描、消抖、動作分離的全部內容，程式緊湊高效，為幫助大家讀懂程式，掌握矩陣按鍵的原理和應用方法，現對其中重要的兩部分內容加以說明。

首先，讀者可能發現，程式的撰寫想法並不符合上面所介紹的行掃描原理，主要表現為輸出行訊號和讀取列接腳的順序上。如果完全按照行掃描原理撰寫程式是辨識不到任何按鍵的，這是因為任何訊號從輸出到穩定都需要一定時間，有時它足夠快而有時卻不夠快，這取決於具體的電路設計，本例中列訊號沒來得及變為低電位，行掃描就已轉入下一行。雖然可以透過適當的程式設計方法解決，但是會使得程式趨向複雜，回應時間顯著增加。

因為矩陣鍵盤是循環掃描，所以我們可以先辨識上一次行輸出訊號對應的按鍵資訊，消抖、處理完成之後再輸出本行的控制資訊。這裡 I/O 的順序顛倒是為了讓輸出訊號有足夠的時間來穩定，並有足夠的時間完成對輸入的影響，當按鍵電路中還有硬體電容消抖時，這樣處理就是絕對必要的了。雖然這樣使得程式理解起來有點繞，但其適應性是最好的，換個說法就是，這段程式足夠「健壯」，足以應對各種惡劣情況。

其次，程式多採用直接操作暫存器完成對行列 I/O 控制，列接腳電位狀態讀取透過 GPIOE->IDR&0x0F 敘述完成，即取 GPIOE 輸入資料暫存器的低 4 位元，對應 PE0~PE3 接腳電位狀態。行控制訊號輸出是透過 GPIOE->ODR=~(1<<(i+4)) 敘述實現的，其中 i 代表行號，範圍為 0~2，所以行號加上 4，使得移位輸出接腳對應 PE4~PE6，又由於輸出低電位表示掃描該行，所以移位後數值還需要反轉。鍵值 BCD 輸出的實現方法是先將鍵值十位、個位拆開，然後十位左移 4 位加上個位，再將其反轉，送給 GPIOF 通訊埠，即可透過 LED 亮滅表示按鍵編號。

第 5 步：編譯專案，直到沒有錯誤為止，下載程式到開發板，重置執行，檢查實驗效果。

6.4 開發經驗小結──複合資料型態

在 C 語言中除了需要使用字元型、整數、浮點型等基底資料型態以外，有時還需要把不同類型的資料組成一個有機的整體來處理，這就引入了複合資料型態。複合資料型態主要包括結構、共用體和列舉等資料型態，但共用體使用時容易造成運算結果不確定，不推薦使用，故本節僅介紹結構和列舉兩種資料型態。

6.4.1　結構資料型態

　　無論是標準函數庫還是 HAL 函數庫都要大量使用結構以及結構指標。結構是一種構造資料型態，可將多種資料型態組合在一起描述一個物件，它的每個成員可以是基底資料型態，也可以是構造資料型態。結構的使用方法是先聲明結構類型，再定義結構變數，最後透過結構變數引用其成員。

1. 結構宣告與變數定義

　　因為結構是構造資料型態，所以使用之前必須對其進行宣告，然後定義結構變數，這兩步也可以合在一起完成，其一般格式如下：

```
struct 結構名稱
{
    類型名稱 1    成員名稱 1；
    類型名稱 2    成員名稱 2；
    …
    類型名稱 n    成員名稱 n；
} 結構變數名稱 1，結構變數名稱 2，…，結構變數名稱 n；
```

　　上述宣告方式在宣告結構類型的同時又用它定義了結構變數，此時的結構名稱可以省略，但如果省略後，就不能在別處再次定義這樣的結構變數了。這種方式把類型定義和變數定義混在一起，降低了程式的靈活性和可讀性，因此並不建議採用這種方式，而是推薦用以下的這種方式：

```
struct 結構名稱
{
    類型名稱 1    成員名稱 1；
    類型名稱 2    成員名稱 2；
    …
    類型名稱 n    成員名稱 n；
};
struct 結構名稱    結構變數名稱 1，結構變數名稱 2，…，結構變數名稱 n；
```

　　也可以使用 MDK 類型態名稱定義關鍵字 typedef，為結構建立一個新的名稱，也稱為類型態名稱。定義別名後，就可以用別名代替資料型態修飾詞對變數進行定義，其一般格式如下：

```
typedef struct
```

```
{
    類型名稱 1      成員名稱 1；
    類型名稱 2      成員名稱 2；
    …
    類型名稱 n      成員名稱 n；
} 結構類型態名稱；
結構類型態名稱    結構變數名稱 1，結構變數名稱 2，…，結構變數名稱 n；
```

　　由於類型態名稱定義一般情況下只需定義一次，所以常將結構類型名稱省略。GPIO 初始化結構的型態宣告和變數定義參考程式如下：

```
typedef struct
{
    uint32_t Pin;
    uint32_t Mode;
    uint32_t Pull;
    uint32_t Speed;
    uint32_t Alternate;
}GPIO_InitTypeDef;
GPIO_InitTypeDef  GPIO_InitStruct = {0};
```

　　上述程式定義了一個 GPIO 初始化結構，結構名稱省略，並建立了一個類型態名稱 GPIO_InitTypeDef，定義了一個結構變數 GPIO_InitStruct。

2. 引用結構成員變數

　　定義了結構變數以後，就可以引用這個變數，但需要注意，不能將一個結構變數作為一個整體進行輸入和輸出，例如上節中的最後一行程式如果將其定義和設定陳述式更改為以下形式，則將不能編譯通過。

```
GPIO_InitTypeDef  GPIO_InitStruct = 0;
```

　　上述程式中如果保留大括號，則將結構全部成員賦值為 0，這是符合語法的。如果去掉括號是將結構變數賦值為 0，而這是不合語法的，因為只能對結構變數中的各個成員分別進行輸入和輸出。引用結構變數中成員的方式如下：

```
結構變數名稱 . 成員名稱
結構指標名稱 -> 成員名稱
```

　　例如在定義了初始化結構變數 GPIO_InitStruct 之後就可以採用以下兩種方式對其成員進行存取。

```
GPIO_InitStruct.Pin = GPIO_PIN_2;
(&GPIO_InitStruct)->Mode = GPIO_MODE_IT_FALLING;
```

其中 & 是取變數位址運算子，由於 & 的優先順序低於 ->，所以加一個括號改變組合關係。一般情況下，僅當引用結構指標變數成員時才會使用 -> 運算子，上述程式僅用於展示結構成員變數的兩種引用方法。

如果結構成員本身又屬於一個結構類型，則要用若干成員運算子，一級一級地找到最低的一級成員。只能對最低級的成員進行賦值或存取以及運算。

舉例來說，定義一個學生資訊結構 student，其包括 num、name、sex 和 birthday 四個成員，其中 birthday 成員是 date 類型結構，包括 month、day 和 year 三個成員，結構型態宣告和變數定義參考程式如下：

```
struct date
{
    int month;
    int day;
    int year;
};
struct student
{
    int num;
    char name[20];
    char sex;
    struct date birthday;
}student1;
```

可以分別採用以下方式存取結構變數中的成員：

```
student1.num=1001;
student1.birthday.year=2002;
```

注意：不能用 student1.birthday 來存取 student1 變數中的成員 birthday，因為 birthday 本身是一個結構變數。

6.4.2 列舉資料型態

在實際問題中，有些變數的設定值被限定在一個有限的範圍內。舉例來說，一個星期從週一到周日有 7 天，一年從一月到十二月有 12 個月，按鍵有按下和彈起兩種狀態等。把這些變數定義成整數或字元型不是很合適，因為這些變數都有自己的範圍。C 語言提供了一種稱為「列舉」的類型，在列舉類型的定義中列舉出所有可能的值，並可以為每一個值取一個形象化的名稱，這一特性可以提高程式碼的可讀性。

列舉的說明形式如下：

```
enum 列舉名稱
{
    識別字 1[= 整數常數 ]，
    識別字 2[= 整數常數 ]，
    ...
    識別字 n[= 整數常數 ]，
};
enum 列舉名稱 列舉變數
```

列舉的說明形式中，如果沒有被初始化，那麼「= 整數常數」可以省略，如果是預設值，從第一個識別字順序賦值 0，1，2，…，但是當列舉中任何一個成員被賦值後，它後邊的成員按照依次加 1 的規則確定數值。

列舉的使用，有以下幾點要注意：

(1) 列舉中每個成員結束符號是逗點，而非分號，最後一個成員可以省略逗點。

(2) 列舉成員的初始化值可以是負數，但是後面的成員依然依次加 1。

(3) 列舉變數只能取列舉結構中的某個識別字常數，不可以在範圍之外。

下面舉出兩個列舉資料型態定義實例，第一個是 GPIO 接腳電位狀態列舉資料型態，其定義如下：

```
typedef enum
{
    GPIO_PIN_RESET = 0,
    GPIO_PIN_SET
}GPIO_PinState;
```

上述程式定義了列舉資料型態 GPIO_PinState，用於表示接腳電位狀態，其變數只能取 GPIO_PIN_RESET 和 GPIO_PIN_SET 中的識別字常數，其中 GPIO_PIN_RESET 代表數字 0，GPIO_PIN_SET 代表數字 1。

又如 HAL 狀態列舉類型定義如下：

```
typedef enum
{
    HAL_OK        = 0x00U,
    HAL_ERROR     = 0x01U,
    HAL_BUSY      = 0x02U,
    HAL_TIMEOUT   = 0x03U
} HAL_StatusTypeDef;
```

由上述程式可知，HAL_StatusTypeDef 列舉類型變數可以取 4 個識別字常數中的，分別表示成功、錯誤、忙碌、逾時四種狀態，識別字常數對應的無號整數數值依次為 0~3。

本章小結

本章講解了 GPIO 綜合應用實例，按鍵輸入需要設定 GPIO 工作於輸入狀態，蜂鳴器發聲需要設定 GPIO 工作於輸出狀態。本章首先介紹了 GPIO 輸入庫函數，然後對獨立按鍵控制蜂鳴器專案進行分析，介紹硬體電路及其工作原理，討論了兩部分硬體的具體設定方法。隨後舉出了專案實施的詳細步驟和具體原始程式碼，讀者可以依此實施和驗證。最後介紹了矩陣鍵盤電路及其掃描原理，撰寫掃描、消抖、處理一體化程式，為讀者提供矩陣鍵盤應用參考實例。透過本章學習，讀者對 GPIO 應用有了進一步的理解，在實際應用中將更加得心應手。

思考拓展

(1) GPIO 輸入函數有哪些？名稱、功能、輸入參數、傳回值各是什麼？

(2) 微控制器控制系統中，按鍵有哪些連接方式？各自的優缺點是什麼？應如何選擇？

(3) 蜂鳴器的工作原理是什麼？什麼是主動蜂鳴器？什麼是被動蜂鳴器？在微控制器控制系統中如何控制它們？

(4) 按鍵輸入時是如何實現去抖動的？除了軟體去抖動外，如何進行硬體去抖動？

(5) 如何實現按鍵功能重複使用？分別對按一下、按兩下、長按等撰寫不同的回應程式。

(6) 參考網上資料，利用開發板上的硬體資源，撰寫簡單的樂曲演奏程式。

第 7 章

FSMC 匯流排與雙顯示終端

本章要點

➢ FSMC 匯流排；

➢ 硬體系統設計；

➢ 數位管介面技術；

➢ TFT LCD 驅動；

➢ 專案實例；

➢ C 語言指標及其類型轉換。

　　嵌入式系統均需配備顯示裝置以指示程式執行狀態和輸出控制結果。TFT LCD(薄膜電晶體型液晶顯示器) 因為功耗低、輻射小、顏色鮮豔、顯示內容豐富等優點而成為嵌入式系統顯示裝置的主流。數位管亮度高、穩定可靠、價格便宜，在家用電器、工業控制和傳感檢測等領域有著十分廣泛的應用，是嵌入式學習的經典元件。設計一款嵌入式開發板，如果同時配備這兩種顯示裝置，則可以豐富教學案例設計，有利於循序漸進地開展教學活動。開發板使用 FSMC 匯流排連接上述雙顯示終端，其本質上是一種並行擴充技術，類似於 51 微控制器使用 8155/8255 等晶片擴充記憶體或外部設備，只是其功能較 51 微控制器要強大得多，複雜程度也大幅提升。

7.1 FSMC 匯流排

　　FSMC(Flexible Static Memory Controller，靈活靜態儲存控制器) 能夠連接同步、非同步記憶體和 16 位元 PC 儲存卡，支援 SRAM、NAND Flash、NOR Flash 和 PSRAM 等類型記憶體。FSMC 連接的所有外部記憶體共用位址、資料和控制訊號，但有各自的晶片選擇訊號，所以 FSMC 一次只能存取一個外部元件。

FSMC 儲存區域劃分如圖 7-1 所示，FSMC 將外部記憶體 1GB 空間劃分為固定大小為 256MB 的 4 個儲存區塊 (Bank)，Bank1 可連接多達 4 個 NOR Flash 或 PSRAM/SRAM 記憶體件，Bank2 和 Bank3 用於存取 NAND Flash 記憶體，每個儲存區域連接一個裝置，Bank4 用於連接 PC Card 裝置。其中 Bank1 又被分為 4 個區 (Sector)，每個區管理 64MB 空間且有獨立的暫存器對所連接的記憶體進行設定。

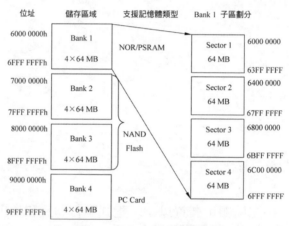

▲ 圖 7-1 FSMC 儲存區域劃分

Bank1 儲存區選擇表如表 7-1 所示，Bank1 的 256MB 空間由 28 根位址線 (HADDR[27:0]) 定址。這裡 HADDR 是內部 AHB 匯流排位址，位元組編址，對應程式中的位址，其中 HADDR[25:0] 來自外部記憶體位址 FSMC_A[25:0]，物理存在，對應接腳位址訊號，而 HADDR[27:26] 對 4 個區進行定址，由系統自動完成，無外部接腳對應訊號。

▼ 表 7-1 Bank1 儲存區選擇表

Bank1 所選區	片選訊號	位址範圍	HADDR	
			[27:26]	[25:0]
第 1 區	FSMC_NE1	0X6000 0000-0X63FF FFFF	00	FSMC_A [25:0]
第 2 區	FSMC_NE2	0X6400 0000-0X67FF FFFF	01	
第 3 區	FSMC_NE3	0X6800 0000-0X6BFF FFFF	10	
第 4 區	FSMC_NE4	0X6C00 0000-0X6FFF FFFF	11	

在設計或分析系統時需要特別注意的是，**無論外部記憶體的寬度為 16 位元還是 8 位元，FSMC_A[0] 都連接到外部記憶體位址 A[0]**，HADDR[25:0] 和 FSMC_A[25:0] 對應關係存在以下兩種情況：

當 Bank1 連接的是 8 位元寬度記憶體時，匯流排和外接裝置均採用位元組編址，二者一一對應，即 HADDR[25:0] → FSMC_A[25:0]。

當 Bank1 連接的是 16 位元寬度記憶體時，匯流排位元組編址，記憶體雙位元組定址，此時匯流排 26 位址中最低位元 HADDR[0] 用來表示 16 位元資料的高位元或低位元，高 25 位元 HADDR[25:1] 對應 16 位元寬的記憶體單元位址，即：HADDR[25:1] → FSMC_A[24:0]，相當於匯流排位址右移了一位元。

7.2 硬體系統設計

7.2.1 硬體結構方塊圖

為提高資料傳輸速度，降低軟硬體設計難度，平行介面是數位管、液晶顯示器與微控制器連接的首選，但平行埠需要佔用大量 I/O 通訊埠資源。以 6 位數位管為例，共有 6 個位選訊號和 8 個段選訊號，TFT LCD 則有 6 個控制訊號和 16 位元資料線。設計系統時，為程式設計方便，一般希望位選訊號、段選訊號、LCD 資料線分別佔用連續的 16 位元通訊埠，而這些 I/O 接腳又離散地分佈於晶片的四周。上述技術需求給微控制器接腳資源設定和 PCB 佈線帶來極大的挑戰，同時降低了實驗裝置的可靠性，而破解這一難題的方法就是將二者均掛接在 FSMC 匯流排上，同時進行訊號線重複使用。

作者設計的嵌入式系統實驗裝置 FSMC 連接結構如圖 7-2 所示，其重點展示 TFT LCD 和數位管的 FSMC 匯流排連接關係。實驗裝置主控晶片選擇基於 ARM Cortex-M4 核心，性能出色的 STM32F407ZET6 微控制器，該晶片擁有完備的 FSMC 介面系統，區塊 1 的 4 個子區可同時連接 4 個 NOR Flash/PSRAM/SRAM 存放裝置。實驗裝置配備雙顯示終端，數位顯示器為 6 位元 0.56 寸共陽數位管，PNP 三極體 S8550 驅動；液晶顯示器為 2.8 寸全彩 TFT LCD 顯示模組，240×320 像素，2.8~3.3V 供電，ILI9341 驅動，16 位元 8080 平行介面。

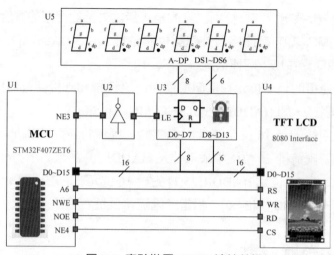

▲ 圖 7-2 實驗裝置 FSMC 連接結構

7.2.2 FSMC 與 TFT LCD 連接

在 STM32 內部，FSMC 造成橋樑作用，其一端透過內部高速匯流排 AHB 連接到 Cortex 核心，另一端則是擴充記憶體導向的外部匯流排，既能夠進行訊號類型的轉換，又能夠進行訊號寬度和時序的調整，提供多種讀寫模式，使之對核心而言沒有區別。

FSMC 綜合了 SRAM/ROM、PSRAM 和 NOR Flash 產品的訊號特點，定義了 4 種不同的時序模型模式 (Mode)A、模式 B、模式 C、模式 D。在實際擴充時，根據選用記憶體的特徵確定時序模型，利用儲存晶片資料手冊中給定的參數指標，計算出 FSMC 所需要的各時間參數，從而對時間參數暫存器進行合理的設定。

模式 A 比較適合連接至 Bank1 的 NOR FLASH/PSRAM/SRAM 記憶體，其讀寫時序如圖 7-3 所示，訊號線主要包括 26 位元位址線 A[25:0]，16 位元資料線 D[15:0]，晶片選擇訊號 NEx，輸出啟用 NOE，寫入啟用 NWE。

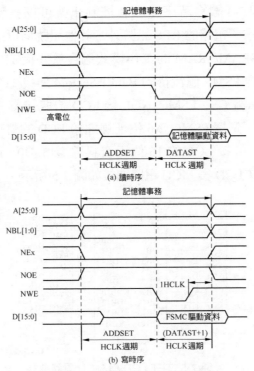

▲ 圖 7-3 FSMC 模式 A 讀寫時序

TFT LCD 顯示模組訊號線包括：資料線 D[15:0]，暫存器 / 記憶體選擇 RS，讀取啟用 RD，寫入啟用 WR，晶片選擇 CS，重置 RST，通常使用標準的 16 位元 8080 平行介面與微控制器連接，其讀寫時序如圖 7-4 所示。

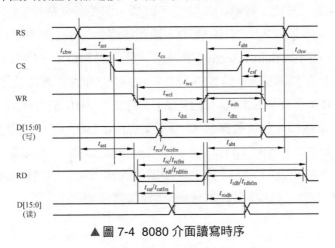

▲ 圖 7-4 8080 介面讀寫時序

對比圖 7-3、圖 7-4 讀寫時序和二者控制訊號可以發現，TFT LCD 模組，除了已連接至系統重置電路的 RES 訊號外，其他訊號均可由 FSMC 介面提供，所以 FSMC 連接 PSRAM/SRAM 的工作模式適合於連接 TFT LCD。如圖 7-2 所示，專案實施時選擇 FSMC 匯流排的 Bank1.Sector4 連接 TFT LCD，FSMC_NE4 接 LCD 晶片選擇訊號 CS，FSMC_NOE 接 LCD 讀取接腳 RD，FSMC_NWE 接 LCD 寫入接腳 WR，選擇 FSMC_A6 位址線連接 LCD 的暫存器 / 記憶體選擇訊號 RS，FSMC_D[15:0] 接 LCD 的 16 位元資料線 D15~D0，LCD 工作於 16 位元 8080 介面模式。TFT LCD 與 MCU 電路連接如圖 7-5 所示。

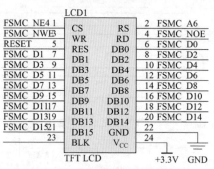

▲ 圖 7-5 TFT LCD 與 MCU 電路連接

7.2.3 FSMC 與數位管連接

如圖 7-2 所示，數位管和 TFT LCD 同時掛接在 STM32F4 的 FSMC 匯流排上，二者共用資料線，為使二者輸出訊號互不影響，需要將向數位管送出的資料訊號進行鎖存，閂鎖器選擇 2 片 74HC573D，鎖存接腳 LE 高電位傳輸，低電位封鎖。選擇 FSMC 匯流排的 Bank1.Sector3 連接 6 位元共陽數位管，所以 FSMC_NE3 作為數位管的晶片選擇訊號，但是 NE3 是低電位有效，和閂鎖器傳輸訊號正好相反，所以 FSMC_NE3 需要經反相器 U2 連接 U3 的 2 片 74HC573D 的鎖存接腳 LE。數位管 8 個段選線和 6 個位選線共 14 條訊號線由 FSMC_D[13:0] 控制，需要經過鎖存模組 U3 鎖存，FSMC_D[7:0] 接一片閂鎖器輸入端，閂鎖器輸出端接數位管段選線 dp~a，FSMC_D[13:8] 接另一片閂鎖器的輸入端，閂鎖器的輸出端接數位管位選線 DS6~DS1。數位管 FSMC 匯流排連接電路如圖 7-6 所示。

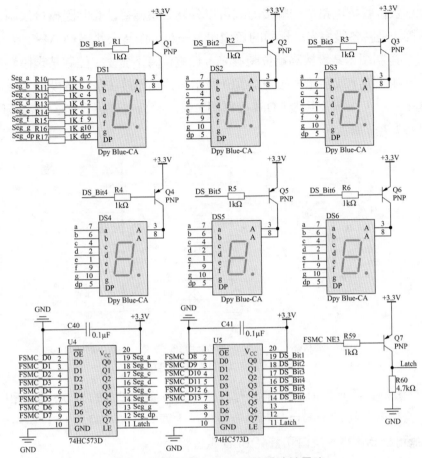

▲ 圖 7-6 數位管 FSMC 匯流排連接電路

上述設計實現了數位管和 TFT LCD 資料線和控制線的時分重複使用，減少了微控制器 GPIO 需求，節約了 CPU 資源，降低了 PCB 佈線難度，提升了系統可靠性。

7.3 數位管介面技術

7.3.1 數位管工作原理

LED 數位管是由發光二極體作為顯示欄位的數位型顯示器。圖 7-7(a) 為 LED 數位管結構，包括其外形和接腳圖，其中 7 只發光二極體分別對應 a~g 段，組成「日」字形，另一隻發光二極體 dp 作為小數點，這種 LED 顯示器稱為八段數位管。

　　LED 數位管按電路中的聯接方式可以分為共陰極接法和共陽極接法兩大類：共陰極接法是將各段發光二極體的負極連在一起，作為公共端 COM 接地，a~g、dp 各段接控制端，某段接高電位時發光，低電位時不發光，控制某幾段發光，就能顯示出某個數字或字元，如圖 7-7(b) 所示。共陽極接法是將各段發光二極體的正極連在一起，作為公共端 COM 接電源，某段接低電位時發光，高電位時不發光，如圖 7-7(c) 所示。

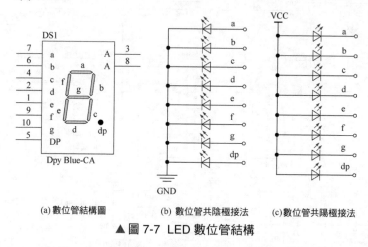

(a) 數位管結構圖　　(b) 數位管共陰極接法　　(c) 數位管共陽極接法

▲ 圖 7-7 LED 數位管結構

　　LED 數位管按其外形尺寸劃分有多種形式，使用最多的是 0.5 英吋和 0.8 英吋 LED 數位管；按顯示顏色分類也有多種，主要有紅色和綠色 LED 數位管；按亮度強弱可分為超亮、反白和普亮 LED 數位管。

　　LED 數位管的使用與發光二極體相同，根據其材料不同，正向壓降一般為 1.5~2V，額定電流為 10mA，最大電流為 40mA。靜態顯示時取 10mA 為宜，動態掃描顯示時可加大脈衝電流，但一般不超過 40mA。

7.3.2 數位管編碼方式

　　當 LED 數位管與微控制器相連時，一般將 LED 數位管的各段接腳 a~g 和 dp 按某一順序接到 MCU 某一個並行 I/O 介面 D0~D7，當該 I/O 介面輸出某一特定資料時，就能使 LED 數位管顯示出某個字元。舉例來說，要使共陽極 LED 數位管顯示「0」，則 a~f 各段接腳為低電位，g 和 dp 為高電位，如表 7-2 所示。

▼表 7-2 共陽極 LED 數位管顯示「0」

D7	D6	D5	D4	D3	D2	D1	D0	欄位碼	顯示數字
dp	g	f	e	d	c	b	a		
1	1	0	0	0	0	0	0	0xC0	0

0xC0 稱為共陽極 LED 數位管顯示「0」的欄位碼。

LED 數位管的編碼方式有多種，按小數點計否可分為七段碼和八段碼；按公共端連接方式可分為共陰極欄位碼和共陽極欄位碼，計小數點的共陰極欄位碼與共陽極欄位碼互為反碼；按 a~g、dp 編碼順序是高位元在前還是低位元在前，又可分為順序欄位碼和反向欄位碼，甚至在某些特殊情況下可將 a~g、dp 順序打亂編碼。表 7-3 為共陰極和共陽極 LED 數位管八段編碼表。

▼表 7-3 共陰極和共陽極 LED 數位管八段編碼表

顯示數字	共陰極順序小數點暗									共陽極順序小數點亮	共陽極順序小數點暗
	dp	g	f	e	d	c	b	e	十六進位		
0	0	0	1	1	1	1	1	1	0x3F	0x40	0xC0
1	0	0	0	0	0	1	1	0	0x06	0x79	0xF9
2	0	1	0	1	1	0	1	1	0x5B	0x24	0xA4
3	0	1	0	0	1	1	1	1	0x4F	0x30	0xB0
4	0	1	1	0	0	1	1	0	0x66	0x19	0x99
5	0	1	1	0	1	1	0	1	0x6D	0x12	0x92
6	0	1	1	1	1	1	0	1	0x7D	0x02	0x82
7	0	0	0	0	0	1	1	1	0x07	0x78	0xF8
8	0	1	1	1	1	1	1	1	0x7F	0x00	0x80
9	0	1	1	0	1	1	1	1	0x6F	0x10	0x90

7.3.3 數位管顯示方式

LED 數位管顯示電路在嵌入式應用系統中可分為靜態顯示和動態顯示兩種方式。

1. 靜態顯示

在靜態顯示方式下，每一位顯示器的欄位需要一個 8 位元 I/O 介面控制，而且該 I/O 介面必須有鎖存功能，n 位顯示器就需要 n 個 8 位元 I/O 介面，公共端可直接接 V_{DD} (共陽極) 或接地 (共陰極)。顯示時，每一位欄位分碼別從 I/O 控制通訊埠輸出，保持不變，直至 CPU 更新顯示為止，也就是各欄位的燈亮滅狀態不變。

　　靜態顯示方式編碼較簡單，但佔用 I/O 介面線多，即軟體簡單，硬體成本高，一般適用顯示位數較少的場合。

2. 動態顯示

　　動態掃描顯示電路是將顯示各位的所有相同欄位線連在一起，每一位的 a 段連在一起，b 段連在一起，……，dp 段連在一起，共 8 段，由一個 8 位元 I/O 介面控制，而每一位的公共端 (共陽或共陰 COM) 由另一個 I/O 介面控制。

　　由於這種連接方式將每位相同欄位的欄位線連在一起，當輸出欄位碼時，每位將顯示相同的內容。因此，要想顯示不同的內容，必須要採取輪流顯示的方式。即在某一暫態，只讓某一位的字位線處於選通狀態 (共陰極 LED 數位管為低電位，共陽極為高電位)，其他各位的字位線處於斷開狀態，同時欄位線上輸出該位要顯示的相應的欄位碼。在這一暫態，只有這一位顯示，其他幾位不顯示。同樣，在下一暫態，單獨顯示下一位，這樣依次循環掃描，輪流顯示，由於人的視覺滯留效應，人們看到的是多位同時穩定顯示。

　　動態掃描顯示電路的特點是佔用 I/O 端線少，電路較簡單，硬體成本低，程式設計較複雜，CPU 要定時掃描更新顯示。當要求顯示位數較多時，通常採用動態掃描顯示方式。

7.4　TFT LCD 驅動

　　2.8 寸 TFT LCD 驅動晶片有很多，其中比較常用的有 ILI9341 和 ST7789，開發板配備的 TFT LCD 的驅動晶片是前者。下面以此為例，講解驅動原理，其他晶片與之類似。

7.4.1　ILI9341 顏色系統

　　ILI9341 液晶控制器附帶顯示記憶體，其顯示記憶體總大小為 172800B(240×320×18/8)，即 18 位元模式 (26 萬色) 下的顯示記憶體量。在 16 位元模式下，ILI9341 採用 RGB565 格式儲存顏色資料，此時 ILI9341 的 18 位元資料線與 MCU 的 16 位元資料線以及 LCD 顯示記憶體 (GRAM) 的對應關係如圖 7-8 所示。

9341 匯流排	D17	D16	D15	D14	D13	D12	D11	D10	D9	D8	D7	D6	D5	D4	D3	D2	D1	D0
MCU資料 （16位元）	D15	D14	D13	D12	D11	NC	D10	D9	D8	D7	D6	D5	D4	D3	D2	D1	D0	NC
LCD GRAM （16位元）	R[4]	R[3]	R[2]	R[1]	R[0]	NC	G[5]	G[4]	G[3]	G[2]	G[1]	G[0]	B[4]	B[3]	B[2]	B[1]	B[0]	NC

▲ 圖 7-8 16 位元資料線與顯示記憶體對應關係

從圖中可以看出，ILI9341 在 16 位元模式下，資料線有用的是：D17~D13 和 D11~D1，D0 和 D12 沒有用到，實際上在 TFT LCD 模組裡面，ILI9341 的 D0 和 D12 根本就沒有引出來，其 D17~D13 和 D11~D1 對應 MCU 的 D15~D0。

MCU 的 16 位元資料中，最低 5 位元代表藍色，中間 6 位元為綠色，最高 5 位元為紅色。數值越大，表示該顏色越深。

在由廠商提供的顯示幕底層驅動函數的標頭檔中，已經定義了常用顏色的 16 位數值，使用者在程式設計時直接使用這些常數即可。例如紅色巨集定義數值為 0xF800，也就是對應圖 7-8 中 R[4]~R[0] 均為 1，其他顏色分量均為 0，這和上述分析一致。對於由 PC 等真彩色裝置遷移過來的顯示資料，只需要將 RGB 三個顏色分量分別捨棄其超出表示範圍的低位元，合成一個 16 位元顏色資料，即可將其應用於 MCU 連接的 LCD 顯示裝置了。

7.4.2 ILI9341 常用命令

ILI9341 命令很多，記憶這些命令並無意義，感興趣的讀者可以透過查看 datasheet 獲取詳細資訊，在這裡僅介紹 6 個重要的命令 0XD3、0X36、0X2A、0X2B、0X2C 和 0X2E，希望透過這些命令的學習，進一步加深對 ILI9341 驅動原理的理解。

1. 讀取 LCD 控制器的 ID 指令

0XD3 是讀取 ID4 指令，用於讀取 LCD 控制器 ID，該指令如表 7-4 所示。

▼ 表 7-4 0XD3 指令描述

順序	控制			各位元描述									HEX
	RS	RD	WR	D15~D8	D7	D6	D5	D4	D3	D2	D1	D0	
指令	0	1	↑	XX	1	1	0	1	0	0	1	1	D3H
參數 1	1	↑	1	XX	X	X	X	X	X	X	X	X	X
參數 2	1	↑	1	XX	0	0	0	0	0	0	0	0	00H
參數 3	1	↑	1	XX	1	0	0	1	0	0	1	1	93H

順序	控制			各位元描述									HEX
	RS	RD	WR	D15~D8	D7	D6	D5	D4	D3	D2	D1	D0	
參數 4	1	↑	1	XX	0	1	0	0	0	0	0	1	41H

從上表可以看出，0XD3 指令後面跟了 4 個參數，最後 2 個參數讀出來是 0X93 和 0X41，剛好是 LCD 控制器 ILI9341 的數字部分，透過該指令，即可辨識所用 LCD 驅動器型號。

2. 儲存存取控制指令

0X36 是儲存存取控制指令，可以控制 ILI9341 記憶體的讀寫方向，簡單地說，就是在連續寫入 GRAM 的時候，可以控制 GRAM 指標的增長方向，從而控制顯示方式 (讀取 GRAM 也是一樣)。該指令如表 7-5 所示。

▼表 7-5 0X36 指令描述

順序	控 制			各位元描述									HEX
	RS	RD	WR	D15~D8	D7	D6	D5	D4	D3	D2	D1	D0	
指令	0	1	↑	XX	0	0	1	1	0	1	1	0	36H
參數	1	1	↑	XX	MY	MX	MV	ML	BGR	MH	0	0	0

從上表可以看出，0X36 指令後面，緊接 1 個參數，這裡我們主要關註：MY、MX、MV 這三個位元，透過這三個位元的設定，我們可以控制整個 ILI9341 掃描方向，如表 7-6 所示。

▼表 7-6 MY、MX、MV 設定與 LCD 掃描方向

控制位元			效果 LCD 掃描方向 (GRAM 自動增加方式)
MY	MX	MV	
0	0	0	從左到右，從上到下
1	0	0	從左到右，從下到上
0	1	0	從右到左，從上到下
1	1	0	從右到左，從下到上
0	0	1	從上到下，從左到右
0	1	1	從上到下，從右到左
1	0	1	從下到上，從左到右
1	1	1	從下到上，從右到左

如此，在利用 ILI9341 顯示內容的時候，就有很大靈活性了。比如顯示 BMP 圖片，BMP 解碼資料就是從圖片的左下角開始，慢慢顯示到右上角，如果設定 LCD 掃描方向為從左到右，從下到上，那麼只需要設定一次座標，然後不停地往 LCD 填充顏色資料即可，提高了顯示速度。

3. 列位址設定指令

0X2A 是列位址設定指令，在從左到右，從上到下的掃描方式 (預設) 下，該指令用於設定水平座標 (x 座標)，該指令如表 7-7 所示。

▼表 7-7　0X2A 指令描述

順序	控　制			各位元描述								HEX
	RS	RD	WR	D15~D8	D7	D6	D5	D4	D3	D2	D1	D0	
指令	0	1	↑	XX	0	0	1	0	1	0	1	0	2AH
參數 1	1	1	↑	XX	SC15	SC14	SC13	SC12	SC11	SC10	SC9	SC8	SC
參數 2	1	1	↑	XX	SC7	SC6	SC5	SC4	SC3	SC2	SC1	SC0	
參數 3	1	1	↑	XX	EC15	EC14	EC13	EC12	EC11	EC10	EC9	EC8	EC
參數 4	1	1	↑	XX	EC7	EC6	EC5	EC4	EC3	EC2	EC1	EC0	

在預設掃描方式時，該指令帶有 4 個參數，實際上是 2 個座標值：SC 和 EC，即列位址的起始值和結束值，SC 必須小於或等於 EC，且 $0 \leq SC/EC \leq 239$。一般在設定 x 座標的時候，只需要附帶 2 個參數即可，也就是設定 SC，因為如果 EC 沒有變化，只需要設定一次 (在初始化 ILI9341 的時候設定)，從而提高速度。

4. 分頁位址設定指令

與 0X2A 指令類似，指令 0X2B 是分頁位址設定指令，在從左到右，從上到下的掃描方式 (預設) 下，該指令用於設定垂直座標 (y 座標)。該指令如表 7-8 所示。

▼表 7-8　0X2B 指令描述

順序	控制			各位元描述								HEX
	RS	RD	WR	D15~D8	D7	D6	D5	D4	D3	D2	D1	D0	
指令	0	1	↑	XX	0	0	1	0	1	0	1	0	2BH

參數 1	1	1	↑	XX	SP15	SP14	SP13	SP12	SP11	SP10	SP9	SP8	SP
參數 2	1	1	↑	XX	SP7	SP6	SP5	SP4	SP3	SP2	SP1	SP0	
參數 3	1	1	↑	XX	EP15	EP14	EP13	EP12	EP11	EP10	EP9	EP8	EP
參數 4	1	1	↑	XX	EP7	EP6	EP5	EP4	EP3	EP2	EP1	EP0	

　　在預設掃描方式時，該指令帶有 4 個參數，實際上是 2 個座標值：SP 和 EP，即分頁位址的起始值和結束值，SP 必須小於或等於 EP，且 $0 \leq SP/EP \leq 319$。一般在設定 y 座標的時候，只需要附帶 2 個參數即可，也就是設定 SP，因為如果 EP 沒有變化，只需要設定一次 (在初始化 ILI9341 的時候設定)，從而提高速度。

5. 寫入 GRAM 指令

　　0X2C 是寫入 GRAM 指令，在發送該指令之後，便可以往 LCD 的 GRAM 裡面寫入顏色資料，該指令支援連續寫入，指令描述如表 7-9 所示。

▼表 7-9　0X2C 指令描述

順序	控 制			各位元描述									HEX
	RS	RD	WR	D15~D8	D7	D6	D5	D4	D3	D2	D1	D0	
指令	0	1	↑	XX	0	0	1	0	1	1	0	0	2CH
參數 1	1	1	↑	D1 [15:0]									XX
…… …	1	1	↑	D2 [15:0]									XX
參數 n	1	1	↑	Dn [15:0]									XX

　　從上表可知，在收到指令 0X2C 之後，資料有效位元寬變為 16 位元，可以連續寫入 LCD GRAM 值，而 GRAM 的位址將根據 MY/MX/MV 設定的掃描方向進行自動增加。假設設定的是從左到右，從上到下的掃描方式，那麼設定好起始座標 (透過 SC，SP 設定) 後，每寫入一個顏色值，GRAM 位址將自動增加 1(SC++)，如果碰到 EC，則回到 SC，同時 SP++，一直到座標 EC，EP 結束，其間無須再次設定座標，從而提高寫入速度。

6. 讀取 GRAM 指令

　　0X2E 是讀取 GRAM 指令，用於讀取 ILI9341 的顯示記憶體 (GRAM)，指令描述如表 7-10 所示。

▼ 表 7-10 0X2E 指令描述

順序	控制			各位元描述											HEX
	RS	RD	WR	D15~D11	D10	D9	D8	D7	D6	D5	D4	D3	D2	D1	D0	
指令	0	1	↑	XX				0	0	1	0	1	1	1	0	2EH
參數 1	1	↑	1	XX												dummy
參數 2	1	↑	1	R1 [4:0]		XX			G1 [5:0]				XX			R1G1
參數 3	1	↑	1	B1 [4:0]		XX			R2 [4:0]				XX			B1R2
參數 4	1	↑	1	G2 [5:0]			XX		B2 [4:0]				XX			G2B2
參數 5	1	↑	1	R3 [4:0]		XX			G3 [5:0]				XX			R3G3
參數 N	1	↑	1	按以上規律輸出												

如表 7-10 所示，ILI9341 在收到該指令後，第一次輸出的是 dummy 資料，也就是無效的資料。第二次開始讀取到的才是有效的 GRAM 資料 (從座標 SC，SP 開始)，輸出規律為：每個顏色分量佔 8 個位元，一次輸出 2 個顏色分量。比如第一次輸出是 R1G1，隨後的規律為 B1R2 → G2B2 → R3G3 → B3R4 → G4B4 → R5G5…，依此類推。如果只需要讀取一個點的顏色值，那麼接收到參數 3 即可。如果要連續讀取 (利用 GRAM 位址自動增加，方法同上)，那麼就按照上述規律去接收顏色資料。

透過上述驅動晶片常用操作指令，可以極佳地控制 ILI9341 顯示程式輸出資訊。

7.5 專案實例

本章涉及數位管和 TFT LCD 兩個顯示裝置，將對二者底層軟體設計結合專案實例進行講解。因為顯示裝置均掛接在 FSMC 匯流排上，所以資訊顯示前需要完成 FSMC 初始化。

7.5.1 FSMC 讀寫時序

FSMC 有多種時序模型用於 NOR Flash/PSRAM/SRAM 的存取，對 TFT LCD 來說，讀取操作比較慢，寫入操作比較快，使用模式 A 的讀寫分離時序控制比較方便，可以讓讀寫操作均獲得較高性能表現。數位管控制只涉及寫入，且沒有速度要求，任何模式均可以滿足要求，為了和 LCD 保持一致，也採用模式 A 進行控制。

存取 NOR Flash/PSRAM/SRAM 的模式 A 的讀取時序如圖 7-3(a) 所示，寫入時序如圖 7-3(b) 所示。在這兩個時序中都只需要設定位址建立時間 ADDSET 和資料建立時間 DATAST 兩個參數，它們都用 HCLK 的時鐘週期個數表示，其中 ADDSET 最小值為 0，最大值為 15，DATAST 最小值為 1，最大值為 255。由圖 7-3 可知，FSMC 匯流排讀寫時序位址建立時間均為 ADDSET 個 HCLK 週期，而讀取時序資料建立時間是 DATAST 個 HCLK 週期，寫入時序資料建立時間為 DATAST+1 個 HCLK 週期。

為幫助初學者理解位址建立時間和資料建立時間這兩個新概念，作者以 CPU 讀取記憶體資料過程為例作簡要說明。記憶體有很多儲存單元，CPU 需要告訴記憶體要存取的是哪個單元，即送出位址訊號，在正式開始讀取資料之前位址訊號必須穩定，所以從晶片選擇訊號有效到舉出有效的讀取訊號這段時間是位址建立時間，在圖 7-3(a) 中表現為 NOE 高電位持續時間。CPU 啟動資料存取過程，必須等記憶體準備就緒才能讀取，CPU 啟動資料傳輸到完成資料讀取這一段時間是資料建立時間，對應圖 7-3(a) 中的 NOE 低電位持續時間。

7.5.2 FSMC 初始化

FSMC 工作模式靈活多變，控制暫存器許多，直接操作暫存器很難完成，一般採用基於函數庫的開發方式，專案採用基於 STM32CubeMX 的 HAL 函數庫開發方式。

1. 數位管 FSMC 初始化設定

在 STM32CubeMX 軟體中，打開如圖 7-9 所示的數位管 FSMC 初始化介面，首先設定 Mode 選項內容，設定 NOR Flash/PSRAM/SRAM/ROM/LCD 3，即選擇 Bank1.Sector3 連接數位管，晶片選擇訊號為 NE3，記憶體類型為 LCD Interface，LCD 的 RS 訊號為 A6，資料寬度為 16 位元。隨後設定 Configuration 選項內容，其中大部分參數採用預設即可，選擇啟用擴充模式，使其支援分開設定讀寫時序。對數位管的存取只有寫入，不需要讀取，所以讀取時序參數可以任意設定；寫入時序中無須送出位址訊號，所以寫入時序位址建立時間設定為 0，以使其選中晶片後立即送出資料。因晶片選擇訊號需要經過反相器送給鎖存晶片以完成資料傳

輸，所以資料送出後需要保持一定的時間，資料建立時間需要設定大一些，作者
設定的是 15。所有需要設定的資訊在圖 7-9 中均使用紅色框線標出。

2. LCD 的 FSMC 初始化設定

　　LCD 的 FSMC 初始化介面如圖 7-10 所示，TFT LCD 的 FSMC 初始化基本上
和圖 7-9 的數位管 FSMC 初始化設定一樣，不同的地方已用框線標出。LCD 連接
到 FSMC 的 Bank1.Sector4，所以此時需要設定 NOR Flash/PSRAM/SRAM/ROM/
LCD 4，晶片選擇訊號也相應地調整為 NE4。FSMC 匯流排選擇模式 A 分開設定
讀寫時序控制 LCD 顯示幕，由於 LCD 讀取速度要比寫入速度慢得多，所以在設
定讀取時序時，時間參數儘量設定大一些，作者將 ADDSET 和 DATAST 分別設
定為 15 和 60。對於 STM32F407 微控制器，168 主頻時，HCLK 約為 6ns，其對
應的位址建立時間為 15×6ns=90ns，資料建立時間為 60×6ns=360ns。LCD 寫入
時序的時間參數設定適當小一些，作者將 ADDSET 和 DATAST 分別設定為 9 和 8，
這樣這兩個參數對應的時間數值均約為 54ns。

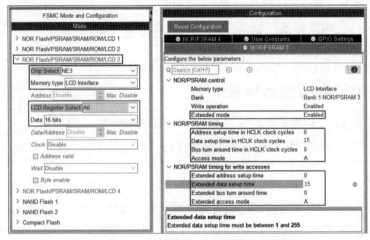

▲ 圖 7-9 數位管 FSMC 初始化介面

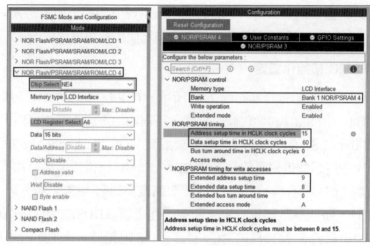

▲ 圖 7-10　LCD 的 FSMC 初始化介面

上述參數設定對 2.8 寸 TFT LCD 的常規驅動晶片 ILI9341 來說可以保證其穩定執行，並留有足夠的裕量。

完成上述設定後，STM32CubeMX 會自動將 FSMC 匯流排用到的 GPIO 接腳，設定為 FSMC 重複使用推拉模式，無須上拉或下拉，並在 FSMC 初始化程式中完成呼叫，減輕了使用者程式設計工作量。

7.5.3　數位管動態顯示學號

數位管 FSMC 匯流排連接電路如圖 7-6 所示，設計一個專案實例，在數位管上顯示每位同學學號的後六位。撰寫範例程式時，顯示 0~5 這六個數字。

1. 開發專案

由上述分析可知，開發板上每位數位管段碼 (a~g、dp) 是並聯到一起的，要想顯示這六個數字必須採用動態掃描的方式，即依次選中一位數位管顯示一個數字，快速切換，利用人的視覺滯留效應，將 6 位數字同時穩定顯示於數位管上。

如果要在第一個數位管上顯示第一個數字「0」，須選中第一個數位管，而讓其餘數位管處於未選中狀態。由圖 7-6 可知，數位管為共陽極數位管，DS1 數位管任一段要想點亮，必須設定數位管的 3 號和 8 號接腳為高電位，而要使 3 號和 8 號接腳為高電位，PNP 三極體 Q1 必須要導通，由 PNP 三極體工作原理可知，必須設定 Q1 的基極控制訊號 DS_Bit1 為低電位。由此可歸納 DS_Bit$n$ 為低電位時 Qn 導通，選中 DSn 數位管，其中 n=1~6。又由圖中閂鎖器連接關係可知，DS_Bit1~DS_Bit6 鎖存的是 FSMC_D8~FSMC_D13。由於選用的是共陽極數位管，所以其段選碼也是低電位相應筆劃點亮，且段碼 a~dp 鎖存的是 FSMC_D0~FSMC_D7。在第一個數位管上面顯示數字「0」，則應送出的顯示碼如表 7-11 所示，即向 FSMC 匯流排送出一個十六進位資料 0xFEC0，即可實現顯示控制。在其餘數位管上顯示別的數字的顯示碼可以依此類推。

▼表 7-11 數位管控制實例顯示碼

名稱	/	/	DS6	DS5	DS4	DS3	DS2	DS1	dp	g	f	e	d	c	b	a
FSMC	D15	D14	D13	D12	D11	D10	D9	D8	D7	D6	D5	D4	D3	D2	D1	D0
數值	1	1	1	1	1	1	1	0	1	1	0	0	0	0	0	0
HEX	F				E				C				0			

數位管掛接在 FSMC 匯流排 Bank1.Sector3 上，由表 7-1 可知，這一區域對應的位址範圍為 0x6800 0000~0x6BFF FFFF，只要向這 64MB 空間內任一位址送資料，即可將顯示碼發送至資料線，並自動產生晶片選擇訊號 FSMC_NE3，反相後形成鎖存訊號，完成資料鎖存。本專案選擇這一區域的啟始位址 0x6800 0000，轉為指標型常數，將其賦值給 uint16_t 型指標型變數 SEG_ADDR，向該位址寫入資料即可實現顯示控制。

2. 專案實施

1) 複製專案檔案

複製第 3 章建立的專案範本資料夾到桌面，並將資料夾改名為 0701 DSGLCD。

2) FSMC 初始化

本章將學習和使用數位管和 LCD 兩個顯示裝置，由於二者均掛接在 FSMC 匯流排上，所以將二者一起初始化。打開專案範本資料夾裡面的 Template.ioc 檔案，啟動 STM32CubeMX 設定軟體，在左側設定類別 Categories 下面的 Connectivity 子類別中的找到 FSMC 選項。數位管和 LCD 的初始化具體設定已經在圖 7-9 和圖 7-10 中舉出。時鐘設定和專案設定選項無須修改，按一下 GENERATE CODE 按鈕生成初始化專案。

3) 初始化程式分析

打開 MDK-ARM 資料夾下面的專案檔案 Template.uvprojx，若將生成專案編譯一下，若沒有錯誤和警告則開始使用者程式撰寫。此時專案正建立了一個 fsmc. c 檔案，並將其增加到 Application/User/Core 專案小組下面，生成的 FSMC 初始化程式就存放在該檔案中，部分程式如下：

```c
#include "fsmc.h"
SRAM_HandleTypeDef hsram3;
SRAM_HandleTypeDef hsram4;
/* FSMC 初始化函數 */
void MX_FSMC_Init(void)
{
    FSMC_NORSRAM_TimingTypeDef Timing = {0};
    FSMC_NORSRAM_TimingTypeDef ExtTiming = {0};
    /* 執行 SRAM3 記憶體初始化操作 */
    hsram3.Instance = FSMC_NORSRAM_DEVICE;
    hsram3.Extended = FSMC_NORSRAM_EXTENDED_DEVICE;
    /* hsram3 初始化結構 */
    hsram3.Init.NSBank = FSMC_NORSRAM_BANK3;
    hsram3.Init.DataAddressMux = FSMC_DATA_ADDRESS_MUX_DISABLE;
    hsram3.Init.MemoryType = FSMC_MEMORY_TYPE_SRAM;
    hsram3.Init.MemoryDataWidth = FSMC_NORSRAM_MEM_BUS_WIDTH_16;
    hsram3.Init.BurstAccessMode = FSMC_BURST_ACCESS_MODE_DISABLE;
    hsram3.Init.WaitSignalPolarity = FSMC_WAIT_SIGNAL_POLARITY_LOW;
    hsram3.Init.WrapMode = FSMC_WRAP_MODE_DISABLE;
    hsram3.Init.WaitSignalActive = FSMC_WAIT_TIMING_BEFORE_WS;
    hsram3.Init.WriteOperation = FSMC_WRITE_OPERATION_ENABLE;
    hsram3.Init.WaitSignal = FSMC_WAIT_SIGNAL_DISABLE;
    hsram3.Init.ExtendedMode = FSMC_EXTENDED_MODE_ENABLE;
    hsram3.Init.AsynchronousWait = FSMC_ASYNCHRONOUS_WAIT_DISABLE;
    hsram3.Init.WriteBurst = FSMC_WRITE_BURST_DISABLE;
    hsram3.Init.PageSize = FSMC_PAGE_SIZE_NONE;
    /* 讀取時序 */
    Timing.AddressSetupTime = 0;
    Timing.AddressHoldTime = 15;
    Timing.DataSetupTime = 15;
    Timing.BusTurnAroundDuration = 0;
    Timing.CLKDivision = 16;
    Timing.DataLatency = 17;
    Timing.AccessMode = FSMC_ACCESS_MODE_A;
    /* 寫入時序 */
    ExtTiming.AddressSetupTime = 0;
    ExtTiming.AddressHoldTime = 15;
    ExtTiming.DataSetupTime = 15;
```

```
    ExtTiming.BusTurnAroundDuration = 0;
    ExtTiming.CLKDivision = 16;
    ExtTiming.DataLatency = 17;
    ExtTiming.AccessMode = FSMC_ACCESS_MODE_A;
    if (HAL_SRAM_Init(&hsram3, &Timing, &ExtTiming) != HAL_OK)
        {  Error_Handler( );   }
    /* 執行 SRAM4 記憶體初始化操作 */
    hsram4.Instance = FSMC_NORSRAM_DEVICE;
    hsram4.Extended = FSMC_NORSRAM_EXTENDED_DEVICE;
    /* hsram4 初始化結構 */
    hsram4.Init.NSBank = FSMC_NORSRAM_BANK4;
    hsram4.Init.DataAddressMux = FSMC_DATA_ADDRESS_MUX_DISABLE;
    hsram4.Init.MemoryType = FSMC_MEMORY_TYPE_SRAM;
    hsram4.Init.MemoryDataWidth = FSMC_NORSRAM_MEM_BUS_WIDTH_16;
    hsram4.Init.BurstAccessMode = FSMC_BURST_ACCESS_MODE_DISABLE;
    hsram4.Init.WaitSignalPolarity = FSMC_WAIT_SIGNAL_POLARITY_LOW;
    hsram4.Init.WrapMode = FSMC_WRAP_MODE_DISABLE;
    hsram4.Init.WaitSignalActive = FSMC_WAIT_TIMING_BEFORE_WS;
    hsram4.Init.WriteOperation = FSMC_WRITE_OPERATION_ENABLE;
    hsram4.Init.WaitSignal = FSMC_WAIT_SIGNAL_DISABLE;
    hsram4.Init.ExtendedMode = FSMC_EXTENDED_MODE_ENABLE;
    hsram4.Init.AsynchronousWait = FSMC_ASYNCHRONOUS_WAIT_DISABLE;
    hsram4.Init.WriteBurst = FSMC_WRITE_BURST_DISABLE;
    hsram4.Init.PageSize = FSMC_PAGE_SIZE_NONE;
    /* 讀取時序 */
    Timing.AddressSetupTime = 15;
    Timing.AddressHoldTime = 15;
    Timing.DataSetupTime = 60;
    Timing.BusTurnAroundDuration = 0;
    Timing.CLKDivision = 16;
    Timing.DataLatency = 17;
    Timing.AccessMode = FSMC_ACCESS_MODE_A;
    /* 寫入時序 */
    ExtTiming.AddressSetupTime = 9;
    ExtTiming.AddressHoldTime = 15;
    ExtTiming.DataSetupTime = 8;
    ExtTiming.BusTurnAroundDuration = 0;
    ExtTiming.CLKDivision = 16;
    ExtTiming.DataLatency = 17;
    ExtTiming.AccessMode = FSMC_ACCESS_MODE_A;
    if (HAL_SRAM_Init(&hsram4, &Timing, &ExtTiming) != HAL_OK)
        {  Error_Handler( );   }
}
static uint32_t FSMC_Initialized = 0;
static void HAL_FSMC_MspInit(void){
    GPIO_InitTypeDef GPIO_InitStruct = {0};
```

```
if (FSMC_Initialized) { return; }
FSMC_Initialized = 1;
/* 外接裝置時鐘啟用 */
__HAL_RCC_FSMC_CLK_ENABLE();
/** FSMC GPIO Configuration
PF12    ------> FSMC_A6      PE7    ------> FSMC_D4
PE8    ------> FSMC_D5       PE9    ------> FSMC_D6
PE10    ------> FSMC_D7      PE11    ------> FSMC_D8
PE12    ------> FSMC_D9      PE13    ------> FSMC_D10
PE14    ------> FSMC_D11     PE15    ------> FSMC_D12
PD8    ------> FSMC_D13      PD9    ------> FSMC_D14
PD10    ------> FSMC_D15     PD14    ------> FSMC_D0
PD15    ------> FSMC_D1      PD0    ------> FSMC_D2
PD1    ------> FSMC_D3       PD4    ------> FSMC_NOE
PD5    ------> FSMC_NWE      PG10    ------> FSMC_NE3    */
/* GPIO 初始化 */
GPIO_InitStruct.Pin = GPIO_PIN_12;
GPIO_InitStruct.Mode = GPIO_MODE_AF_PP;
GPIO_InitStruct.Pull = GPIO_NOPULL;
GPIO_InitStruct.Speed = GPIO_SPEED_FREQ_VERY_HIGH;
GPIO_InitStruct.Alternate = GPIO_AF12_FSMC;
HAL_GPIO_Init(GPIOF, &GPIO_InitStruct);
/* GPIO 初始化 */
GPIO_InitStruct.Pin = GPIO_PIN_7|GPIO_PIN_8|GPIO_PIN_9|GPIO_PIN_10|GPIO_PIN_11
                    |GPIO_PIN_12|GPIO_PIN_13|GPIO_PIN_14|GPIO_PIN_15;
GPIO_InitStruct.Mode = GPIO_MODE_AF_PP;
GPIO_InitStruct.Pull = GPIO_NOPULL;
GPIO_InitStruct.Speed = GPIO_SPEED_FREQ_VERY_HIGH;
GPIO_InitStruct.Alternate = GPIO_AF12_FSMC;
HAL_GPIO_Init(GPIOE, &GPIO_InitStruct);
/* GPIO 初始化 */
GPIO_InitStruct.Pin = GPIO_PIN_8|GPIO_PIN_9|GPIO_PIN_10|GPIO_PIN_14|GPIO_PIN_15
                        |GPIO_PIN_0|GPIO_PIN_1|GPIO_PIN_4|GPIO_PIN_5;
GPIO_InitStruct.Mode = GPIO_MODE_AF_PP;
GPIO_InitStruct.Pull = GPIO_NOPULL;
GPIO_InitStruct.Speed = GPIO_SPEED_FREQ_VERY_HIGH;
GPIO_InitStruct.Alternate = GPIO_AF12_FSMC;
HAL_GPIO_Init(GPIOD, &GPIO_InitStruct);
/* GPIO 初始化 */
GPIO_InitStruct.Pin = GPIO_PIN_10;
GPIO_InitStruct.Mode = GPIO_MODE_AF_PP;
GPIO_InitStruct.Pull = GPIO_NOPULL;
GPIO_InitStruct.Speed = GPIO_SPEED_FREQ_VERY_HIGH;
GPIO_InitStruct.Alternate = GPIO_AF12_FSMC;
HAL_GPIO_Init(GPIOG, &GPIO_InitStruct);
}
```

上述程式中 MX_FSMC_Init() 函數用於完成 FSMC 介面的設定，初始化程式和 STM32CubeMX 選項一一對應，重要設定資訊採用加粗顯示以便於讀者查看。HAL_FSMC_MspInit() 是 STM32 的 MSP(MCU Specific Package) 函數，被 MX_FSMC_Init() 函數呼叫，用於初始化與具體 MCU 相關部分，本例主要工作是啟用 FSMC 時鐘，初始化 FSMC 介面所有用到的接腳。

 FSMC 初始化涉及內容較多，程式體量較大，令人欣慰的是上述程式均可由 STM32CubeMX 自動生成，且無須任何修改，也使開發者更加深切地體會到基於 STM32CubeMX 的 HAL 函數庫開發的高效便捷。

4) 使用者程式撰寫

打開 main.c 檔案，首先將 Bank1.Sector3 啟始位址 0x6800 0000 轉為指標型常數，將其賦值給 uint16_t 型指標型變數 SEG_ADDR，向該位址寫入資料即可實現顯示控制。FSMC 資料線上的 16 位元資料中 D0~D7 為段碼，D8~D13 為位元碼，最高兩位元未使用。撰寫一個學號顯示程式 DsgShowNum()，參考程式如下：

```
#include "main.h"
#include "gpio.h"
#include "fsmc.h"
/* USER CODE BEGIN PV */
uint16_t *SEG_ADDR=(uint16_t *)(0x68000000);
/* USER CODE END PV */
void SystemClock_Config(void);
/* USER CODE BEGIN PFP */
void DsgShowNum(void);
/* USER CODE END PFP */
int main(void)
{
    HAL_Init();
    SystemClock_Config();
    MX_GPIO_Init();
    MX_FSMC_Init();
    /* USER CODE BEGIN WHILE */
    while (1)
    {
        DsgShowNum();
        /* USER CODE END WHILE */
    }
}
/* USER CODE BEGIN 4 */
```

```
void DsgShowNum(void)
{
    uint16_t i;
    *SEG_ADDR=0xFEC0;    for(i=0;i<2000;i++);
    *SEG_ADDR=0xFDF9;    for(i=0;i<2000;i++);
    *SEG_ADDR=0xFBA4;    for(i=0;i<2000;i++);
    *SEG_ADDR=0xF7B0;    for(i=0;i<2000;i++);
    *SEG_ADDR=0xEF99;    for(i=0;i<2000;i++);
    *SEG_ADDR=0xDF92;    for(i=0;i<2000;i++);
}
/* USER CODE END 4 */
```

5) 下載偵錯

編譯專案，直到沒有錯誤為止，下載程式到開發板，重置執行，檢查實驗效果。

7.5.4 數位管動態顯示時間

上一節中介紹的數位管動態顯示程式撰寫其實很不專業，其通用性比較差，主要目的是讓大家能夠快速熟悉數位管動態顯示控制方法。

本節將介紹一個新的實例，其任務是將主程式賦值的 hour、minute 和 second 三個變數的數值顯示在六位數位管上，並在小時個位和分鐘個位數字下面顯示一個點。

由於本例要顯示數字不確定，所以需要將顯示碼中段碼和位元分碼別存放於陣列中，透過下標進行元素存取。當要在某一數位管上顯示一位數字時，需要將位元碼取出左移 8 位元加上段碼合併為顯示碼，並發送至資料線。

在程式沙箱內撰寫數位管動態顯示時間程式，完成時、分、秒的顯示，此處需要把要顯示的兩位數的每一位數字都取出來，設小時的數值為「12」，則需要將其拆成「1」和「2」兩個數字，具體方法是用「12/10=1」取出十位，用「12%10=2」取出個位。另外小時和分鐘個位數字的小數點需要顯示出來，因為數位管是共陽的，所以只要將要加小數點數字的段選碼與 0x7f 進行「位元與」即可。

顯示時間程式與顯示學號程式初始化程式完全一樣，只需要修改使用者程式即可，參考程式如下：

```
#include "main.h"
```

```c
#include "gpio.h"
#include "fsmc.h"
/* USER CODE BEGIN PV */
uint16_t *SEG_ADDR=(uint16_t *)(0x68000000);
uint8_t smgduan[10]={0xc0,0xf9,0xa4,0xb0,0x99,0x92,0x82,0xf8,0x80,0x90 };
uint8_t smgwei[6]={0xfe,0xfd,0xfb,0xf7,0xef,0xdf};
uint8_t hour, minute, second;
/* USER CODE END PV */
void SystemClock_Config(void);
/* USER CODE BEGIN PFP */
void DsgShowTime(void);
/* USER CODE END PFP */
int main(void)
{
    HAL_Init();
    SystemClock_Config();
    MX_GPIO_Init();
    MX_FSMC_Init();
    /* USER CODE BEGIN WHILE */
    hour=9; minute=30; second=25;
    while (1)
    {
        DsgShowTime();
        /* USER CODE END WHILE */
    }
}
/* USER CODE BEGIN 4 */
void DsgShowTime(void)
{
    uint16_t i;
    *SEG_ADDR=(smgwei[0]<<8)+smgduan[hour/10];
    for(i=0;i<2000;i++);
    *SEG_ADDR=(smgwei[1]<<8)+(smgduan[hour%10]&0x7f);
    for(i=0;i<2000;i++);
    *SEG_ADDR=(smgwei[2]<<8)+smgduan[minute/10];
    for(i=0;i<2000;i++);
    *SEG_ADDR=(smgwei[3]<<8)+(smgduan[minute%10]&0x7f);
    for(i=0;i<2000;i++);
    *SEG_ADDR=(smgwei[4]<<8)+smgduan[second/10];
    for(i=0;i<2000;i++);
    *SEG_ADDR=(smgwei[5]<<8)+smgduan[second%10];
    for(i=0;i<2000;i++);
}
/* USER CODE END 4 */
```

　　將修改好的來源程式，編譯生成目的程式，並下載到開發板，觀察執行結果，檢查是否達到預期效果。

7.5.5 LCD 驅動程式

由 STM32CubeMX 生成的程式只是完成了數位管和 LCD 的 FSMC 初始化，此時使用者可以透過 FSMC 介面對數位管和 LCD 進行讀寫操作，但是使用 LCD 進行資訊顯示的功能函數還需要根據 LCD 的驅動晶片的指令來實現，這就是 LCD 的驅動程式。

如果完全由自己撰寫 LCD 的驅動程式是比較複雜的，需要搞清楚 LCD 驅動晶片的各種指令操作，費時又費力，沒有必要。一般情況下，顯示幕廠商會提供多種介面的參考常式，開發者需要理解驅動程式實現方式，然後根據實際硬體進行驅動程式的移植。

1. LCD 參數結構

為了便於全域共用 LCD 裝置參數資訊，在 lcd.h 檔案定義了一個 LCD 參數結構。

```
typedef struct
{
    uint16_t  width;           //LCD 寬度
    uint16_t  height;          //LCD 高度
    uint16_t  id;              //LCD ID
}_lcd_dev;
extern _lcd_dev lcddev;        // 管理 LCD 重要參數
```

結構只有 3 個成員，分別為 LCD 的寬度、高度和 ID，對結構的存取可以使驅動程式支援不同尺寸的 LCD，實現螢幕顯示方向旋轉等功能。

2. LCD 操作結構

LCD 暫存器選擇訊號 RS 連接到 FSMC_A6 接腳，RS=0 存取控制暫存器，RS=1 存取資料暫存器。對 LCD 暫存器和記憶體一體化控制簡單、便捷的方法是定義一個 LCD 資料存取結構，包含暫存器和記憶體 2 個 16 位元無號型成員，其定義位於 lcd.h 檔案中，原型如下：

```
typedef struct
{
    volatile uint16_t  LCD_REG;
```

```
    volatile uint16_t  LCD_RAM;
} LCD_TypeDef;
#define LCD_BASE        ((u32)(0x6C000000 | 0x0000007E))
#define LCD             ((LCD_TypeDef *) LCD_BASE)
```

由上述程式可知 LCD 結構的基底位址為 0x6C00007E，這是內部 AHB 匯流排位址，即 HADDR 位址，其中 HADDR[27,26]=11，表明選擇的是 Bank1. Sector4，即晶片選擇訊號 FSMC_NE4 有效。結構兩個成員均為 16 位元無號型，第一個成員 LCD_REG 位址和 LCD 結構的基底位址相同，即 0x6C00007E，第二個成員 LCD_RAM 位址為基底位址加 2，即 0x6C000080。如果我們只觀察 HADDR 低 8 位元，即 LCD->LCD_REG 的 HADDR[7:0]=0111 1110，LCD->LCD_RAM 的 HADDR[7:0]=1000 0000。由於 FSMC 外接 16 位元記憶體時內外位址對應關係為 HADDR[25:1] → FSMC_A[24:0]，相當於右移 1 位元，由此可知 LCD->LCD_REG 的 FSMC_A[6:0]=011 1111，FSMC_A6(RS)=0，讀寫 LCD 暫存器，LCD->LCD_RAM 的 FSMC_A[6:0]=100 0000，FSMC_A6(RS)=1，讀寫 LCD 記憶體。

在 FSMC 設定過程中選擇不同的位址線連接 LCD 的 RS 訊號，其基底位址的確定亦可舉一反三。

3. LCD 基本讀寫函數

有了 LCD 結構定義，透過選擇不同成員就可以實現 LCD 的暫存器和記憶體的存取，又由於 LCD 的控制訊號 CS/RD/WR 是由 FSMC 匯流排自動生成的，所以 LCD 基本讀寫函數實現較為簡單，其參考程式如下：

```
// 寫入暫存器函數，reg: 暫存器值
void LCD_WR_REG(u16 reg)
{
    LCD->LCD_REG=reg;              // 寫入暫存器序號
}
// 寫入 LCD 資料，data: 要寫入的值
void LCD_WR_DATA(u16 data)
{
    LCD->LCD_RAM=data;
}
// 讀取 LCD 資料，傳回值：讀到的值
u16 LCD_RD_DATA(void)
{
    volatile uint16_t ram;        // 防止被最佳化
```

```
ram=LCD->LCD_RAM;
return ram;
}
```

　　LCD 驅動晶片指令可以有運算元也可以沒有運算元，可以有一個運算元也可以有多個運算元，所以上述 LCD 基本讀寫函數經常是組合使用的。

4. LCD 設定顯示位置和游標函數

　　要實現 LCD 資訊顯示，首先就需要設定行列起始和結束位址，設定顯示位置函數程式如下所示，其中引用參數 x1,x2 為列的起始和結束位址，y1, y2 為行的起始和結束位址，函數無傳回值。

```
// 設定 LCD 顯示起始和結束位址
void LCD_Address_Set(u16 x1,u16 y1,u16 x2,u16 y2)
{
    LCD_WR_REG(0x2a);          // 列位址設定
    LCD_WR_DATA(x1>>8);
    LCD_WR_DATA(x1&0xff);
    LCD_WR_DATA(x2>>8);
    LCD_WR_DATA(x2&0xff);
    LCD_WR_REG(0x2b);          // 行位址設定
    LCD_WR_DATA(y1>>8);
    LCD_WR_DATA(y1&0xff);
    LCD_WR_DATA(y2>>8);
    LCD_WR_DATA(y2&0xff);
    LCD_WR_REG(0x2c);          // 記憶體寫入
}
```

　　設定游標函數和設定位置函數十分相似，只是在游標設定函數中，僅需要設定顯示的行列起始位址，而不需要設定結束位址，其參考程式如下：

```
void LCD_SetCursor(u16 x,u16 y)
{
LCD_WR_REG(0x2a);   // 列位址設定
LCD_WR_DATA(x>>8);
LCD_WR_DATA(x&0xff);
LCD_WR_REG(0x2b);   // 行位址設定
LCD_WR_DATA(y>>8);
LCD_WR_DATA(y&0xff);
}
```

5. LCD 畫點函數

畫點函數如下所示，引用參數 *x, y* 表示游標位置，color 表示該點顯示的顏色，函數無傳回值。

```
void LCD_DrawPoint(u16 x,u16 y,u16 color)
{
    LCD_Address_Set(x,y,x,y);      // 設定游標位置
    LCD_WR_DATA(color);            // 寫入顏色資料
}
```

該函數實現比較簡單，就是先設定座標，然後往座標寫入顏色。畫點函數雖然簡單，但卻是至關重要的，幾乎所有上層函數，都是透過呼叫該函數實現的。

6. LCD 讀點函數

與畫點函數相對應的是讀點函數，其實現的功能是讀取游標位置的像素點的 GRAM 數值，引用參數 *x, y* 是像素座標，函數傳回值是該點的顏色數值，16 位元 RGB565 格式。要理解讀點函數的實現原理，需要結合表 7-10 仔細分析。

```
u16 LCD_ReadPoint(u16 x,u16 y)
{
    u16 r=0,g=0,b=0;
    LCD_SetCursor(x,y);
    LCD_WR_REG(0X2E);
    r=LCD_RD_DATA();                    //dummy Read
    r=LCD_RD_DATA();                    // 實際座標顏色
    b=LCD_RD_DATA();
    g=r&0XFF;
    g<<=8;
    return (((r>>11)<<11)|((g>>10)<<5)|(b>>11));
}
```

7. LCD 字元顯示函數

有了上述底層驅動函數就可以實現字元、文字、圖形、圖片等任意形式的顯示，在這裡僅以 ASCII 字元的顯示為例進行講解，其他顯示可直接查看參考程式。

1) 字元取餘

要實現字元顯示，就必須先了解所使用的顯示幕，TFT LCD 及其安裝方式如圖 7-11 所示，開發板使用的是 2.8 寸 TFT LCD 顯示幕，橫向安裝。水平方向定義為 X 軸，從左向右像素座標由 0 變化到 319，垂直方向定義為 Y 軸，從上向下

像素座標由 0 變化到 239。LCD 驅動檔案中定義了 8 種掃描方向，開發板使用的是其預設掃描方向 U2D_R2L，英文直譯為 Up to Down & Right to Left，特別需要注意的是，這裡的 Up、Down、Right、Left 均是相對於顯示幕垂直螢幕正放 (排針在上面) 而言，所以對於開發板顯示幕橫向安裝時，其掃描方向對應圖中 X 座標依次增加，到邊界後換行，Y 座標依次增加。

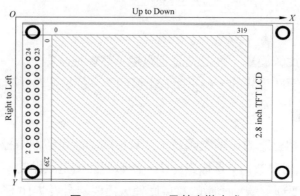

▲圖 7-11 TFT LCD 及其安裝方式

　　要想在顯示幕實現字元顯示，就需要將 ASCII 所有可顯示字元取字模，取餘選項需要根據螢幕安裝方式和掃描方向進行選擇。假設需要在螢幕上顯示字母「S」，字模大小為 16×8，16 位元組儲存。如果像素點亮為 1，不亮為 0。從第 1 行依次取餘到最後一行，取餘資料低位元在前，高位元在後。上述取餘選項稱為「陰碼、逐行式、逆向」，取餘原理如圖 7-12 所示。

　　作者上述取餘示意過程在 Excel 中完成，事實上需要對所有 ASCII 可顯示字元取餘並儲存為陣列形式，這一過程可以借助專業的取餘工具完成，目前使用較多的軟體是 PCtoLCD2002，執行軟體首先需要按一下「模式」選單，選擇「字元模式」，然後選擇字寬和字高為 16，軟體會自動將英文字元的寬度減少一半，隨後按一下工具列「設定」按鈕，打開「字模選項」對話方塊，設定取餘選項為「陰碼、逐行式、逆向」，資料格式為「C51、十六進位」。最後按一下「生成字模」按鈕完成取餘過程，其操作介面如圖 7-13 所示，其中重要選項使用框線標出。

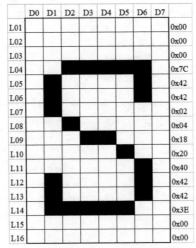

▲ 圖 7-12 字元取餘原理

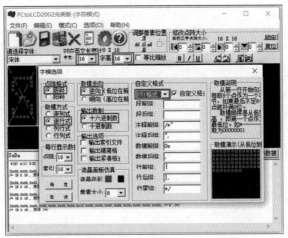

▲ 圖 7-13 軟體取餘操作介面 (編按：本圖例為簡體中文介面)

　　在廠商提供的 LCD 參考程式中，除了原始檔案 lcd.c 和標頭檔 lcd.h 外，還有一個字形檔檔案 lcdfont.h，所有可顯示的 ASCII 字元的 4 種字型 (12×6、16×8、24×12、32×16) 均已取餘完成，並以陣列形式儲存於該檔案中。

2) 字元顯示函數

　　在 lcd.c 檔案中舉出了單一字元的顯示函數，其參考程式如下：

```
/********************************************************************
    函數說明：顯示單一字元
    入口資料：x,y 顯示座標         num 要顯示的字元
              fc 字的顏色         bc 字的背景顏色
              sizey 字型大小      mode：0 非疊加模式 1 疊加模式
    傳回值： 無
********************************************************************/
void LCD_ShowChar(u16 x,u16 y,u8 num,u16 fc,u16 bc,u8 sizey,u8 mode)
{
    u8 temp,sizex,t;
    u16 i,x0=x,TypefaceNum;                          // 一個字元所佔位元組大小
    sizex=sizey/2;
    TypefaceNum=(sizex/8+((sizex%8)?1:0))*sizey;
    num=num-' ';                                     // 得到偏移後的值
    LCD_Address_Set(x,y,x+sizex-1,y+sizey-1);        // 設定游標位置
    for(i=0;i<TypefaceNum;i++)
    {
        if(sizey==12) temp=ascii_1206[num][i];       // 呼叫 6×12 字型
        else if(sizey==16) temp=ascii_1608[num][i];  // 呼叫 8×16 字型
        else if(sizey==24) temp=ascii_2412[num][i];  // 呼叫 12×24 字型
        else if(sizey==32) temp=ascii_3216[num][i];  // 呼叫 16×32 字型
        else return;
        for(t=0;t<8;t++)
        {
            if(temp&(0x01<<t)) LCD_DrawPoint(x,y,fc); // 畫一個前景點
            else if(!mode) LCD_DrawPoint(x,y,bc);     // 非疊加時畫背景點
            x++;
            if((x-x0)==sizex)
            {
                x=x0;
                y++;
                break;
            }
        }
    }
}
```

　　字元顯示函數是所有英文資訊顯示的基礎，字串顯示、整型態資料顯示、浮點數顯示等函數最終均是透過呼叫字元顯示函數完成資訊輸出，且函數展示了 LCD 資訊顯示的通用方式，所以讀者需要仔細學習其實現原理。

　　因為要顯示的字元寬度並不全是 8 的整數倍，如 12 號字的字寬為 6，很顯然按行取餘時，6 位元用一位元組儲存，用運算式「(sizex / 8 +((sizex % 8) ? 1: 0))×sizey」來計算一個字元所佔位元組數巧妙且合適，其本質是將列數補齊為 8 的整數倍。

字元顯示函數支援兩種顯示方式，一種是非疊加顯示，另一種是疊加顯示。這兩種方式在像素點處理方法是逐位元取出字模資料，如果其數值為 1，則寫入前景顏色；如果其數值為 0，疊加模式則不需要進行處理，非疊加模式則寫入背景顏色。

LCD 驅動程式提供了許多其他方面的處理函數，其原理和實現方式與字元顯示函數類似，讀者在學習時只需要學會函數使用方法即可，在此就不將其全部貼出。

7.5.6 LCD 英文顯示

幾乎所有 LCD 廠商提供的參考程式都是基於標準函數庫的，無法直接使用，需要針對軟體環境和 HAL 函數庫開發方式進行改寫，本節將詳細介紹的 LCD 驅動程式移植方法，為讀者進行其他專案移植時提供一個參考範例。

1. 複製專案檔案

在本書的後續章節，有很多專案都是需要同時使用數位管和 LCD 雙顯示終端。以數位管顯示為主的專案可以在 LCD 顯示專案和使用者資訊，也可用於輸出程式偵錯資訊；以 LCD 顯示為主的專案也可以將重要資料反白顯示於數位管。

鑑於上述原因，本專案在 7.5.3 節和 7.5.4 節專案基礎上進行擴充，所以其專案資料夾仍然為 0701 DSGLCD

2. STM32CubeMX 設定

在 7.5.3 節和 7.5.4 節專案中已經一併完成了數位管和 LCD 的 FSMC 初始化，所以本專案無須再進行 STM32CubeMX 設定。

3. 複製並增加 LCD 驅動檔案

複製廠商提供的 LCD 底層驅動檔案，將原始檔案 lcd.c 存放於 0701 DSGLCD\Core\Src 資料夾中，將驅動標頭檔 lcd.h 和字形檔檔案 lcdfont.h 存放於 0701 DSGLCD\Core\Inc 資料夾中，打開 MDK 專案檔案，按兩下整合式開發環境左側的專案檔案管理區中的 Application/User/Core 專案小組圖示，或在其上方按右鍵選擇 Add Existing Files to Group Application/User/Core 選單命令，打開增加檔案對話方塊，瀏覽並選擇 lcd.c 檔案，將其增加至專案中，操作介面如圖 7-14 所示。

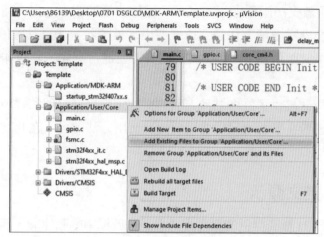

▲ 圖 7-14　增加 lcd.c 檔案

4. LCD 驅動程式改寫

將增加到專案中的驅動檔案編譯一下，會發現有很多錯誤，還需要對驅動程式進行改寫。

(1) 刪除 lcd.h 中檔案中的包含 sys.h 檔案敘述，將其替換為 #include "main.h"，即包含標頭檔 main.h。

(2) 在 lcd.h 檔案中增加了標準函數庫支援的 u8、u16 等資料型態的定義，定義敘述如下：

```
typedef  int32_t  s32;
typedef  int16_t  s16;
typedef  int8_t  s8;
typedef  __IO uint32_t  vu32;
typedef  __IO uint16_t  vu16;
typedef  __IO uint8_t  vu8;
typedef  uint32_t  u32;
typedef  uint16_t  u16;
typedef  uint8_t  u8;
typedef  const uint32_t uc32;    /*!< Read Only */
typedef  const uint16_t uc16;    /*!< Read Only */
typedef  const uint8_t uc8;      /*!< Read Only */
```

(3) 將 lcd.c 中的標頭檔 usart.h 和 delay.h 包含敘述刪除，移植後的 LCD 驅動檔案不再使用序列埠輸出資訊，也沒有使用專門撰寫的延遲時間函數，所以還需要將延遲時間函數 delay_ms() 替換為 HAL 函數庫延遲時間函數 HAL_Delay()。

(4) 將 LCD 初始化函數 LCD_Init() 中的 FSMC 介面初始化程式刪除，相關工作在 STM32CubeMX 生成的初始化程式中已經完成，並由主程式自動呼叫。

(5) 將 LCD 初始化函數 LCD_Init() 中的背光控制敘述「LCD_LED=1」以及 lcd.h 中的巨集定義敘述「#define LCD_LED PBout(15)」註釋起來，因為開發板背光控制接腳是懸空的。

(6) 如有必要，改寫部分 LCD 底層驅動函數或增加一些自訂函數。

將專案檔案編譯一下，如果沒有錯誤和警告，則LCD底層驅動檔案移植成功。

5. 使用者顯示程式撰寫

專案初始化程式和 7.5.3 節數位管顯示專案一樣，故不展示和分析，此處僅需在 main.c 中撰寫使用者程式完成資訊顯示即可，其參考程式如下：

```
#include "main.h"
#include "gpio.h"
#include "fsmc.h"
/* USER CODE BEGIN Includes */
#include "lcd.h"
/* USER CODE END Includes */
/* USER CODE BEGIN PV */
uint16_t *SEG_ADDR=(uint16_t *)(0x68000000);
uint8_t smgduan[10]={0xc0,0xf9,0xa4,0xb0,0x99,0x92,0x82,0xf8,0x80,0x90 };
uint8_t smgwei[6]={0xfe,0xfd,0xfb,0xf7,0xef,0xdf};
uint8_t hour, minute, second;
/* USER CODE END PV */
void SystemClock_Config(void);
/* USER CODE BEGIN PFP */
void DsgShowTime(void);
/* USER CODE END PFP */
int main(void)
{
    HAL_Init();
    SystemClock_Config();
    MX_GPIO_Init();
    MX_FSMC_Init();
    /* USER CODE BEGIN WHILE */
    hour=9; minute=30; second=25;
    LCD_Init();
    LCD_Clear(WHITE);
    LCD_ShowString(0,24*5,(u8 *)"          ",WHITE,BLUE,24,0);
    LCD_ShowString(0,24*6,(u8 *)"          ",WHITE,BLUE,24,0);
    LCD_ShowString(0,24*7,(u8 *)"          ",WHITE,BLUE,24,0);
```

```
    LCD_ShowString(0,24*8,(u8 *)"           ",WHITE,BLUE,24,0);
    LCD_ShowString(0,24*9,(u8 *)"          ",WHITE,BLUE,24,0);
    LCD_ShowString(4,24*0,(u8 *)"  Chapter DSG & LCD ",BLUE,WHITE,24,0);
    LCD_ShowIntNum(124,24*0,7,1,BLUE,WHITE,24);
    LCD_ShowString(4,24*1,(u8 *)"Hello World!",RED,WHITE,24,0);
    LCD_ShowString(4,24*2,(u8 *)"Name:Huang Keya",BLUE,WHITE,24,0);
    LCD_ShowString(4,24*3,(u8 *)"Soochow University",BLUE,WHITE,24,0);
    LCD_ShowString(4,24*4,(u8 *)"Contact :22102600@qq.com",BLUE,WHITE,24,0);
    while (1)
    {
        DsgShowTime();
        /* USER CODE END WHILE */
    }
}
```

要使用 LCD 顯示驅動函數，首先需要包含其標頭檔，然後在主程式呼叫 LCD 初始化函數 LCD_Init() 對 LCD 進行初始化，隨後呼叫 LCD 顯示函數完成資訊顯示，整個主程式最終處於數位管動態顯示時間的無限迴圈中。

6. 下載偵錯

編譯專案，直到沒有錯誤為止，下載程式到開發板，重置執行，檢查實驗效果。

7.5.7 LCD 中文資訊顯示

中文資訊顯示專案是在英文資訊顯示專案基礎上修改的，所以此處重點展示其擴充的地方。

1. 中文字型取餘

LCD 驅動檔案中提供了 4 種字型大小中文字的顯示函數，字型大小分別為 12×12、16×16、24×24 和 32×32。由於中文字形檔十分龐大，參考程式字形檔檔案中只有幾個範例程式用到的字模資料，使用者要實現中文資訊顯示，需要將要顯示的中文字手動取餘，並儲存於字形檔檔案中。中文字取餘與顯示方法以 24 號字型為例進行講解。

打開取餘軟體 PCtoLCD2002，字寬和字高均設為 24，字模選項設定為「陰碼、逐行式、逆向、十六進位數」，資料輸出為「C51 格式」，行首碼為空，行尾碼為逗點，操作介面如圖 7-15 所示。

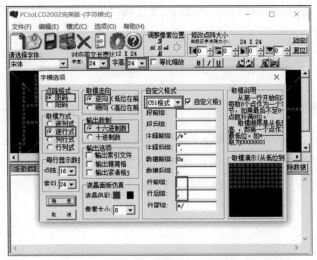

▲ 圖 7-15 24 號中文字取餘介面 (編按：本圖例為簡體中文介面)

　　為方便快捷地進行中文顯示，LCD 驅動檔案中定義了中文字存取結構，其原型如下：

```
typedef struct
{
    unsigned char Index[2];
    unsigned char Msk[72];
}typFNT_GB24;
```

　　由上述定義可知，每一種字型存取結構除中文字本身對應字模資料外均附加了 2 位元組的索引陣列，用來存放該中文字的內碼。這樣做的好處就是存取某一中文字字模資訊並不需要知道其在字模陣列中的位置，也就實現了中文字顯示與其儲存位置無關。所以字模資訊在儲存時需要將該中文字加上雙引號放到字模資料的最前面。

2. 中英文通用顯示函數

　　LCD 驅動檔案中提供了 4 種字型的中文顯示函數，其實現方法與字元顯示函數十分類似，讀者對照分析是很容易理解的。為了使用的便利，驅動程式擴充了一個中英文通用顯示函數 LCD_Print()，可實現中英文混合顯示、確認換行等功能。為了使顯示字串自動行置中顯示，還定義了 LCD_PrintCenter() 函數，其透過呼叫 LCD_Print() 實現，根據所顯示字串長度自動計算置中顯示起始座標。因為

來源程式較長，所以此處僅舉出函數宣告，感興趣的讀者可以查看驅動程式原始
檔案。

```
void LCD_Print(u16 x, u16 y,u8 *str,u16 fc, u16 bc,u8 sizey,u8 mode) ;      // 函數宣告
void LCD_PrintCenter(u16 x, u16 y,u8 *str,u16 fc, u16 bc,u8 sizey,u8 mode) ; // 函數宣告
```

3. 使用者程式撰寫

中文資訊顯示透過呼叫 LCD_Print() 或 LCD_PrintCenter() 輸出中英文混合字
串實現，二者並無本質區別，可以根據輸出需求合理選擇。main.c 檔案中部分參
考程式如下，其中僅展示主函數部分，相對於上一專案修改地方均作加粗顯示。

```
int main(void)
{
    HAL_Init();
    SystemClock_Config();
    MX_GPIO_Init();
    MX_FSMC_Init();
    hour=9; minute=30; second=25;
    LCD_Init();
    LCD_Clear(WHITE);
    LCD_ShowString(0,24*5,(u8 *)"                              ",WHITE,BLUE,24,0);
    LCD_ShowString(0,24*6,(u8 *)"                              ",WHITE,BLUE,24,0);
    LCD_ShowString(0,24*7,(u8 *)"                              ",WHITE,BLUE,24,0);
    LCD_ShowString(0,24*8,(u8 *)"                              ",WHITE,BLUE,24,0);
    LCD_ShowString(0,24*9,(u8 *)"                              ",WHITE,BLUE,24,0);
    LCD_ShowString(4,24*0,(u8 *)"  Chapter     DSG & LCD  ",BLUE,WHITE,24,0);
    LCD_ShowIntNum(124,24*0,7,1,BLUE,WHITE,24);
    LCD_ShowString(4,24*1,(u8 *)"Hello World!",RED,WHITE,24,0);
    LCD_ShowString(4,24*2,(u8 *)"Name:Huang Keya",BLUE,WHITE,24,0);
    LCD_ShowString(4,24*3,(u8 *)"Soochow University",BLUE,WHITE,24,0);
    LCD_ShowString(4,24*4,(u8 *)"Contact :22102600@qq.com",BLUE,WHITE,24,0);
    LCD_Print(32,128,(u8 *)" 星火嵌入式開發板 ",WHITE,BLUE,32,0);
    LCD_Print(58,24*7-4,(u8 *)"MCU:STM32F407ZGT6",WHITE,BLUE,24,0);
    LCD_PrintCenter(0,24*8,(u8 *)" 版本 :V1.0   設計 : 黃克亞 ",YELLOW,BLUE,24,0);
    LCD_Print(0,24*9,(u8 *)" TFT LCD  320x240  ILI9341",WHITE,BLUE,24,0);
    while (1)
    {
        DsgShowTime();
    }
}
```

4. 下載偵錯

編譯專案，直到沒有錯誤為止，下載程式到開發板，重置執行，檢查實驗效果。

 雖然本章花了較大篇幅對數位管和 LCD 原理、驅動、移植以及應用作了詳細地講解，但讀者在實際應用時卻很簡單，只需要在 STM32CubeMX 中完成 FSMC 初始化，將 LCD 驅動檔案放到相應資料夾中，在主程式中對 LCD 進行初始化，之後就可以對數位管和 LCD 進行顯示控制。

7.6 開發經驗小結——C 語言指標及其類型轉換

指標是 C 語言的精華，複雜且靈活，但本節僅對與嵌入式應用相關內容作簡單介紹。

7.6.1 指標基本概念

記憶體每一位元組均有一個編號，這就是「位址」，相當於旅館中的房間號碼。在位址所標識的儲存單元中存放資料，相當於旅館中各個房間中居住旅客一樣。由於透過位址能找到所需的變數單元，因此可以說，位址「指向」該變數單元 (如同說，房間號碼「指向」某一房間一樣)。在 C 語言中，將位址形象化地稱為指標。一個變數的位址稱為該變數的「指標」，如果有一個變數專門用來存放另一變數的位址，則稱為「指標變數」。

1. 指標變數的定義和引用

1) 指標變數的定義

指標變數不同於整數變數和其他類型的變數，它是用來專門存放位址的。必須將它定義為「指標類型」。定義指標變數的一般形式為：

基類型 * 指標變數名稱

下面來看一個具體的例子：

```
int  *p1, *p2 ;
```

上述程式中定義了兩個指標變數 p1 和 p2，它們是指向整數變數的指標變數。

左端的 int 是在定義指標變數時必須指定的「基類型」。指標變數的**基類型**用來指定該指標變數可以指向變數的類型。

2) 指標變數的引用

指標變數有兩個有關的運算子：

(1) &：取位址運算子。

(2) *：指標運算子 (或稱間接存取運算子)。

例如：&a 為變數 a 的位址，*p 為指標變數 p 所指向的儲存單元。

指標變數定義和引用的範例程式如下：

```
main()
{
    int a=3 ,b=5;
    int *p1,*p2;
    p1=&a;
    p2=&b;
    printf("%d,%d\n",*p1,*p2);
}
```

 上述程式中有兩處出現了「*」，其中定義敘述中「*」表示變數 p1 和 p2 的類型為指標型變數，而輸出敘述中的「*」表示輸出指標變數 p1 和 p2 指向儲存單元的內容。

2. 陣列的指標和指向陣列的指標變數

指標變數既然可以指向變數，也可以指向陣列和陣列元素。所謂陣列的指標就是陣列的起始位址，陣列元素的指標是陣列元素的位址。

定義一個指向陣列元素的指標變數的方法如下：

```
int a[10];
int *p;
```

有了上述定義之後就可以對指標變數進行賦值，以使其指向陣列元素。C 語言規定陣列名稱代表陣列的啟始位址，也就是第 0 號元素的位址，則下述程式作用是相同的，均是將陣列的啟始位址賦給指標變數。

```
p=&a[0];
p=a;
```

在上述定義和賦值中，指標變數 p 是變數，陣列名稱 a 是常數，因此 p++ 是合法的，而 a++ 是非法的，因為試圖改變常數的操作是無法執行的。

按 C 語言的規定：如果指標變數 p 已指向陣列中的元素，則 p+1 指向同一陣列中的下一個元素 (而非將 p 值簡單地加 1)。舉例來說，陣列元素是實數，每個元素佔 4 位元組，則 p+1 表示使 p 的值 (位址) 加 4 位元組，以使它指向下一個元素。

如果 p 的初值為 &a[0]，則：

(1) p+i 和 a+i 就是 a[i] 的位址，或說，它們指向 a 陣列的第 i 個元素。

(2) *(p+i) 或 *(a+i) 是 p+i 或 a+i 所指向的陣列元素，即 a[i]。

(3) 指向陣列的指標變數也可以附帶下標，如 p[i] 與 *(p+i) 等價。

綜上所述，對陣列元素的存取有 a[i]、*(a+i)、*(p+i) 和 p[i] 等方法，也可以透過改變指標變數 p 的值，實現對陣列的隨機存取。

3. 指向字串的指標變數和指標陣列

在 C 語言中，字串以字元陣列形式儲存，即依次儲存每一個字元的 ASCII 碼值，並在字串的結尾加一個結束符號 '\0'。有兩種方式存取一個字串。

1) 用字元陣列存放一個字串

```c
char string[]="I love China";
printf("%s\n", string);
```

string 是陣列名稱，它代表陣列的啟始位址。string[3] 代表陣列中序號為 3 的元素 (「o」)，實際上 string[3] 就是 *(string+3)，string+3 是一個位址，它指向字元「o」。

2) 用字元指標指向一個字串

當然可以不定義字元陣列，而定義一個字元指標。用字元指標指向字串中的字元。

```c
char *string="I love China";
printf("%s\n", string);
```

在這裡沒有定義字元陣列，而是定義了一個字元指標變數 string，並將字串啟始位址賦給這一變數。之後對字串整體或單一字元的存取方式類似於字元陣列。例如可以使用 %s 輸出整個字串，參數為字串啟始位址 string，也可以使用 string[3] 或 *(string+3) 來存取字串中序號為 3 的元素 (「o」)。

3) 指標陣列

一個陣列的元素均為指標類型態資料，則稱為指標陣列，也就是說，指標陣列中每一個元素相當於一個指標變數。一維指標陣列的定義形式為：

類型名稱　 * 陣列名稱 [陣列長度]

例如：

```
int *p[4];
```

由於 [ ] 比 * 優先順序高，因此 p 先與 [4] 結合，形成 p[4] 形式，這顯然是陣列形式，它有 4 個元素。然後再與 p 前面的 * 結合，* 表示此陣列是指標型，每個陣列元素都可以指向一個整數變數。

指標陣列特別適合用來指向若干個字串，使字串處理更加方便靈活。例如已知星期的編號為 num，在螢幕上輸出相應的英文字串的參考程式如下所示：

```
char *week[7]={"Monday","Tuesday","Wednesday","Thursday","Friday","Saturday","Sunday"};
printf("%s\n",week[num-1]);
```

7.6.2　指標類型轉換

由前述可知，指標在定義時必需指出其基類型，如果需要改變指標變數所指向變數的資料型態，則需要進行指標類型轉換，其一般形式如下：

(基類型 *) 指標運算式

不同於指標變數定義，指標類型轉換的運算物件既可以是指標變數，也可以是指標常數，即某一絕對位址。

7.5.3 節的數位管顯示控制指標變數的定義和賦值可以改寫為以下兩行敘述：首先定義一個 uint16_t 型指標變數 SEG_ADDR，然後再將數位管外接裝置位址 0x68000000 賦給指標變數 SEG_ADDR，而 0x68000000 是一個數，不是位址，所以還需要將其強制轉為 uint16_t 類型指標，基類型 uint16_t 決定了一次寫入和讀取的資料是 16 位元的。

```
uint16_t *SEG_ADDR;
SEG_ADDR=(uint16_t *)(0x68000000);
```

　　使用指標存取某一位址時，一次存取的資料由指標變數所指向的變數類型決定，為說明這一問題，作者舉出一個簡單實例：

```
main()
{
    unsigned char a[8]={0x01,0x02,0x03,0x04,0x05,0x6,0x07,0xFF};
    unsigned char *pc=a;
    short *ps=(short *)(a+1);
    int *pi=(int *)(a+3);
    char *pe=a+7;
    printf("*pc=0x%02X  *ps=0x%04X  *pi=0x%08X  *pe=%d\n",*pc,*ps,*pi,*pe);
}
```

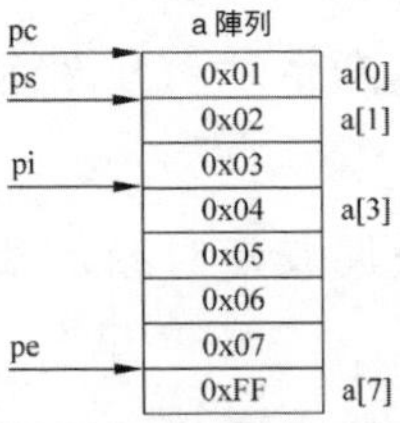

▲ 圖 7-16 記憶體分配及指標指向關係

　　上述程式首先定義一個無號字元型陣列並賦初值，形成一段連續的資料儲存區，然後分別定義了 4 個不同類型的指標指向陣列的不同元素，記憶體分配及指標指向關係如圖 7-16 所示。

　　編譯器並執行，結果如下：

*pc=0x01*ps=0x0302

*pi=0x07060504*pe=-1

　　分析上述結果可知，程式從指標變數指向位址讀取其基類型對應長度的資料，按小端格式儲存，即低位址存放資料的低位元。前三項輸出容易分析，最後一項結果可能會讓人有些費解，現對其作簡要說明。char 型指標 pe 指向單中繼資料為 0xFF，該數是以補數形式儲存的 8 位元有號數，即「-1」的補數是 0xFF。

本章小結

　　為集數位顯示器和 TFT LCD 的優點於一身，進一步豐富嵌入式系統教學案例，本章設計了基於 FSMC 匯流排的嵌入式系統多顯示終端實驗裝置。硬體設計使用 FSMC 匯流排的 Bank1.Sector4 連接 LCD，FSMC 介面與 LCD 資料、控制訊號直接相連，由 FSMC 控制器產生 LCD 的 8080 控制時序。數位顯示器透過閂鎖器與 LCD 重複使用資料線，FSMC 匯流排的 Bank1.Sector3 晶片選擇訊號反相後作為數位顯示器的選通訊號。軟體設計借助 STM32CubeMX 完成了 FSMC 初始化，實現數位顯示器和 LCD 底層驅動，移植 LCD 基礎顯示和高層應用程式。執行測試表明，系統執行穩定可靠，顯示效果清晰流暢，軟硬體設計大為簡化，為嵌入式系統多顯示終端並行擴充提供了一個經典案例。

思考拓展

(1) 數位管顯示的原理是什麼？共陽和共陰顯示碼如何確定？顯示分碼別是什麼？

(2) 什麼是靜態顯示？什麼是動態顯示？兩種顯示方法的特點分別是什麼？如何進行選擇？

(3) 數位管動態掃描的延遲時間時間長短對顯示效果有何影響？延遲時間程式一般如何撰寫？

(4) 在本章的顯示時間專案中，為什麼要使用陣列？陣列的資料型態如何確定？如何定義陣列和引用陣列元素？

(5) 如何在一塊開發板上顯示兩位或多位同學的學號？每一個學號顯示持續時間約為 3 秒？

(6) 如何實現捲動顯示？例如在六位數位管上顯示 11 位的手機號碼。

(7) 將本章數位顯示與第 6 章的按鍵輸入結合在一起，當有不同按鍵按下時，數位管上顯示按鍵編號。

(8) 已知有一浮點數，其數值小於 1000，且小數點後保留兩位小數，如何將其顯示在數位管上？

(9) FSMC 介面總共管理多大空間？劃分為幾塊？每一塊分別用於擴充什麼類型的記憶體？

(10) 作者設計開發板時是否可以將數位管連接於 Bank1 的其他子區？如果不可以請說明理由，如果可以其資料的位址應如何修改？

(11) 設計開發板時，依然選 Bank1 的子區 4 連接 TFT LCD，但是選擇 FSMC_A8 連接 LCD 的 RS 接腳，請計算此時 LCD 操作結構的基底位址。

(12) 為 LCD 顯示幕上下兩個區域設定不同的前景和背景，將個人資訊的中英文分別顯示於螢幕的上方和下方，並注意格式和美觀。

第 8 章

中斷系統與基本應用

本章要點

➢ 中斷的基本概念；

➢ STM32F407 中斷系統；

➢ STM32F407 外部中斷 / 事件控制器 EXTI；

➢ STM32F407 外部中斷 HAL 函數庫；

➢ EXTI 專案實例；

➢ 前 / 背景嵌入式軟體架構。

　　中斷是現代電腦必備的重要功能，尤其是在微控制器嵌入式系統中，中斷扮演了非常重要的角色。因此，能否全面深入地了解中斷的概念，並能靈活掌握中斷技術應用，成為學習和真正掌握嵌入式應用非常重要的關鍵問題之一。

8.1 中斷的基本概念

8.1.1 中斷的定義

　　為了更進一步地描述中斷，我們用日常生活中常見的例子來打比方。假如你有朋友下午要來拜訪，可又不知道他具體什麼時候到，為了提高效率，你就邊看書邊等。在看書的過程中，門鈴響了，這時，你先在書籤上記下你當前閱讀的頁碼，然後暫停閱讀，放下手中的書，開門接待朋友。等接待完畢後，再從書籤上找到閱讀的進度，從剛才暫停的頁碼處繼續看書。這個例子極佳地表現了日常生活中的中斷及其處理過程：門鈴的鈴聲使你暫時中止當前的工作 (看書)，而去處理更為緊急的事情 (朋友來訪)，把急需處理的事情 (接待朋友) 處理完畢之後，再回過頭來繼續原來的事情 (看書)。顯然這樣的處理方式比一個下午你不做任何事情，一直站在門口傻等要高效多了。

　　同理，在電腦執行程式的過程中，CPU 暫時中止其正在執行的程式，轉去執行請求中斷的外接裝置或事件的服務程式，等處理完畢後再傳回執行原來中止的程式，這就叫作中斷。

8.1.2　中斷的優點與應用

1. 提高 CPU 工作效率

　　在早期的電腦系統中，CPU 工作速度快，外接裝置工作速度慢，形成 CPU 等待，效率低。設定中斷後，CPU 不必花費大量的時間等待和查詢外接裝置工作，例如電腦和印表機連接，電腦可以快速地傳送一行字元給印表機 (由於印表機儲存容量有限，一次不能傳送很多)，印表機開始列印字元，CPU 可以不理會印表機，繼續處理自己的工作，待印表機列印該行字元完畢，發給 CPU 一個訊號，CPU 產生中斷，即中斷正在處理的工作，轉而再傳送一行字元給印表機，這樣在印表機列印字元期間 (外接裝置慢速工作)，CPU 可以不必等待或查詢，自行處理自己的工作，從而提高 CPU 工作效率。

2. 具有即時處理功能

　　即時控制是微型電腦系統特別是嵌入式系統應用領域的重要任務。在即時控制系統中，現場各種參數和狀態的變化隨機發生，要求 CPU 能做出快速回應、及時處理。有了中斷系統，這些參數和狀態的變化可以作為中斷訊號，使 CPU 中斷，在相應的中斷服務程式中及時處理這些參數和狀態的變化。

3. 具有故障處理功能

　　嵌入式系統在實際執行中，常會出現一些故障。例如電源突然停電、硬體自檢出錯、運算溢位等。利用中斷就可執行處理故障的中斷服務程式。例如電源突然停電，由於穩壓電源輸出端接有大電容，從電源停電至大電容的電壓下降到正常執行電壓之下，一般有幾毫秒到幾百毫秒的時間。這段時間內若使 CPU 產生中斷，在處理停電的中斷服務程式中將需要儲存的資料和資訊及時轉移到具有備用電源的記憶體中，待電源恢復正常時再將這些資料和資訊送回到原儲存單元，傳回中中斷點繼續執行原程式。

4. 實現分時操作

嵌入式系統通常需要控制多個外接裝置同時工作。例如鍵盤、印表機、顯示器、A/D 轉換器 (ADC)、D/A 轉換器 (DAC) 等，這些裝置工作有些是隨機的，有些是定時的。對於一些定時工作的外接裝置，可以利用計時器，到一定時間產生中斷，在中斷服務程式中控制這些外接裝置工作。例如動態掃描顯示，每隔一定時間，更換顯示字位碼和欄位碼。

此外，中斷系統還能用於程式偵錯、多機連接等方面。因此，中斷系統是電腦中重要的組成部分。可以說，只有有了中斷系統後，電腦才能比原來無中斷系統的早期電腦演繹出更多姿多彩的功能。

8.1.3 中斷來源與中斷遮罩

1. 中斷來源

中斷來源是指能引發中斷的事件。一般來說中斷來源都與外接裝置有關。在前面說明的朋友來訪的例子中，門鈴的鈴聲是一個中斷來源，它由門鈴這個外接裝置發出，告訴主人 (CPU) 有客來訪 (事件)，並等待主人 (CPU) 回應和處理 (開門接待客人)。電腦系統中，常見的中斷來源有按鍵、計時器溢位、序列埠收到資料等，與此相關的外接裝置有鍵盤，計時器和序列埠等。

每個中斷來源都有它對應的中斷標識位元，一旦該中斷發生，其中斷標識位元就會被置位。如果中斷標識位元被清除，那麼它所對應的中斷便不會再被回應。所以，一般在中斷服務程式最後要將對應的中斷標識位元清零，否則將始終回應該中斷，不斷執行該中斷服務程式。

2. 中斷遮罩

在前面說明的朋友來訪的例子中，如果在看書的過程中門鈴響起，你也可以選擇不理會門鈴聲，繼續看書，這就是中斷遮罩。

中斷遮罩是中斷系統一個十分重要的功能。在電腦系統中，程式設計人員可以透過設定相應的中斷遮罩位元，禁止 CPU 回應某個中斷，從而實現中斷遮罩。中斷遮罩的目的是保證在執行一些關鍵程式時不回應中斷，以免由延遲而引起錯誤。舉例來說，在系統啟動執行初始化程式時遮罩鍵盤中斷，能夠使初始化程式順利進行，這時，按任何按鍵都不會回應。當然，對於一些重要的插斷要求不能遮罩，例如系統重新啟動、電源故障、記憶體出錯等影響整個系統工作的插斷要求。因此，按中斷是否可以被遮罩可分為可遮罩中斷和不可遮罩中斷兩類。

值得注意的是，儘管某個中斷來源可以被遮罩，但一旦該中斷發生，不管該中斷遮罩與否，它的中斷標識位元都會被置位，而且只要該中斷標識位元不被軟體清除就一直有效。等待該中斷重新被啟用時，它即允許被 CPU 回應。

8.1.4 中斷處理過程

在中斷系統中，通常將 CPU 處在正常情況下執行的程式稱為主程式，把產生申請中斷訊號的事件稱為中斷來源，由中斷來源向 CPU 發出的申請中斷訊號稱為插斷要求訊號，CPU 接收插斷要求訊號後，停止現行程式的執行而轉向為中斷服務稱為中斷回應，為中斷服務的程式稱為中斷服務程式 (Interrupt Service Routines,ISR) 或中斷處理常式。現行程式被打斷的地方稱為中斷點，執行完中斷服務程式後傳回中斷點處繼續執行主程式稱為中斷傳回。整個處理過程稱為中斷處理過程，如圖 8-1 所示，其大致可以分為四步：**插斷要求、中斷回應、中斷服務和中斷傳回**。

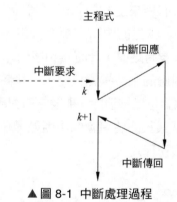

▲ 圖 8-1 中斷處理過程

在整個中斷處理過程中，由於 CPU 執行完中斷處理常式之後仍然要傳回主程式，因此在執行中斷處理常式之前，要將主程式中斷處的位址，即中斷點處 (主程式下一行指令位址，即圖 8-1 中的 k+1 點) 儲存起來，稱為保護中斷點。又由於 CPU 在執行中斷處理常式時，可能會使用和改變主程式使用過的暫存器、標識位元，甚至記憶體單元，因此，在執行中斷服務程式前，還要把有關的資料保護起來，稱為現場保護。在 CPU 執行完中斷處理常式後，則要恢復原來的資料，並傳回主程式的中斷點處繼續執行，分別稱為恢復現場和恢復中斷點。

　　在微控制器中，中斷點的保護和恢復操作是在系統回應中斷和執行中斷傳回指令時由微控制器硬體自動實現。簡單地說，就是在回應中斷時，微控制器的硬體系統會自動將中斷點位址壓進系統的堆疊儲存；而當執行中斷傳回指令時，硬體系統又會自動將存入堆疊的中斷點彈出到 CPU 的執行指標暫存器中。在新型微控制器的中斷處理過程中，保護和恢復現場的工作也是由硬體自動完成，無須使用者操心，使用者只需集中精力撰寫中斷服務程式即可。

8.1.5 中斷優先順序與中斷巢狀結構

1. 中斷優先順序

　　電腦系統中的中斷往往不止一個，那麼，對於多個同時發生的中斷或巢狀結構發生的中斷，CPU 又該如何處理？應該先響應哪一個中斷？為什麼？答案就是設定中斷優先順序。

　　為了更形象地說明中斷優先順序的概念，還是從生活中的實例講起。生活中的突發事件很多，為了便於快速處理，通常把這些事件按重要性或緊急程度從高到低依次排列，這種分級就稱為優先順序。如果多個事件同時發生，根據它們的優先順序從高到低依次回應。舉例來說，在前文說明的朋友來訪的例子中，如果門鈴響的同時，電話鈴也響了，那麼你將在這兩個插斷要求中選擇先回應哪一個請求？這裡就有一個優先的問題。如果開門比接電話更重要 (即門鈴的優先順序比電話的優先順序高)，那麼就應該先開門 (處理門鈴中斷)，然後再接電話 (處理電話中斷)，接完電話後再回來繼續看書 (回到原程式)。

　　同理，電腦系統中的中斷來源許多，它們也有輕重緩急之分，這種分級就被稱為中斷優先順序。一般來說，各個中斷來源的優先順序都有事先規定。一般來說中斷的優先順序是根據中斷的即時性、重要性和軟體處理的方便性預先設定。當同時有多個插斷要求產生時，CPU 會先響應優先順序較高的插斷要求。由此可見，優先順序是中斷回應的重要標準，也是區分中斷的重要標識。

2. 中斷巢狀結構

　　中斷優先順序除了用於併發中斷中，還用於巢狀結構中斷中。

　　還是回到前面說明的朋友來訪的例子，在你看書的時候電話鈴響了，接電話的過程中門鈴又響了。這時，門鈴中斷和電話中斷形成巢狀結構。由於門鈴的優先順序比電話的優先順序高，你只能讓電話的對方稍等，放下電話去開門。開門之後再回頭繼續接電話，通話完畢再回去繼續看書。當然，如果門鈴的優先順序比電話的優先順序低，那麼在通話的過程中門鈴響了也可不予理睬，繼續接聽電話 (處理電話中斷)，通話結束後再去開門迎客 (即處理門鈴中斷)。

同理，在電腦系統中，中斷巢狀結構是指當系統正在執行一個中斷服務程式時，又有新的中斷事件發生而產生新的插斷要求。此時，CPU 如何處理取決於新舊兩個中斷的優先順序。當新發生的中斷的優先順序高於正在處理的中斷時，CPU 將終止執行優先順序較低的當前中斷處理常式，轉去處理新發生的、優先順序較高的中斷，處理完畢才傳回原來的中斷處理常式繼續執行。

通俗地說，中斷巢狀結構其實就是更高一級的中斷「加塞」，當 CPU 正在處理中斷時，又接收了更緊急的另一件「急件」，轉而處理更高一級的中斷的行為。

8.2 STM32F407 中斷系統

在了解中斷相關基礎知識後，下面從巢狀結構向另中斷控制器、中斷優先順序、中斷向量表和中斷服務函數 4 方面來分析 STM32F407 微控制器的中斷系統，最後再介紹設定和使用 STM32F407 中斷系統的全過程。

8.2.1 巢狀結構向量中斷控制器

巢狀結構向量中斷控制器 (Nested Vectored Interrupt Controller, NVIC) 是 ARM Cortex-M4 不可分離的一部分，它與 M4 核心的邏輯緊密耦合，有一部分甚至水乳交融。NVIC 與 CM4 核心同聲相應，同氣相求，相輔相成，裡應外合，共同完成對中斷的回應。

ARM Cortex-M4 核心共支援 256 個中斷，包括 16 個內部中斷和 240 個外部中斷以及 256 級可程式化的中斷優先順序。STM32F407 目前支援的中斷共 95 個 (13 個內部中斷 +82 個外部中斷)，還有 16 級可程式化的中斷優先順序。

STM32 可支援的 82 個中斷通道已經固定分配給相應的外部設備，每個中斷通道都具備自己的中斷優先順序控制位元組 (8 位元，但是 STM32 中只使用 4 位元，高 4 位元有效)，每 4 個通道的 8 位元中斷優先順序控制字組成一個 32 位元的優先順序暫存器。82 個通道的優先順序控制字至少組成 21 個 32 位元的優先順序暫存器。

8.2.2 STM32F407 中斷優先順序

中斷優先順序決定了一個中斷是否能被遮罩，以及在未遮罩的情況下何時可以回應。優先順序的數值越小，則優先順序越高。

STM32(ARM Cortex-M4) 中有先佔式優先順序和回應優先順序兩個優先順序概念，也把回應優先順序稱作次優先順序或副優先順序，每個中斷來源都需要被指定這兩種優先順序。

1. 先佔式優先順序 (Preemption Priority)

高先佔式優先順序的中斷事件會打斷當前的主程式 / 中斷程式執行，俗稱中斷巢狀結構。

2. 回應優先順序 (Subpriority)

在先佔式優先順序相同的情況下，高回應優先順序的中斷優先被回應；如果有低回應優先順序中斷正在執行，高回應優先順序的中斷要等待已被回應的低回應優先順序中斷執行結束後才能得到回應 (不能巢狀結構)。

3. 中斷回應依據

首先要考慮的是先佔式優先順序，其次是回應優先順序。先佔式優先順序決定是否會有中斷巢狀結構，回應優先順序僅用於決定相同先佔優先順序中斷同時到來時的回應順序。

4. 優先順序衝突的處理

具有高先佔式優先順序的中斷可以在具有低先佔式優先順序的中斷處理過程中被回應，即中斷的巢狀結構，或說高先佔式優先順序的中斷可以巢狀結構低先佔式優先順序的中斷。

當兩個中斷來源的先佔式優先順序相同時，這兩個中斷將沒有巢狀結構關係。當一個中斷到來後，如果程式正在處理另一個中斷，後到來的中斷就要等前一個中斷處理完之後才能被處理。如果這兩個中斷同時到達，則中斷控制器根據它響應優先順序高低決定先處理哪一個。如果先佔式優先順序和回應優先順序都相等，則根據在中斷表中的排位元順序決定先處理哪一個。

5. STM32 中斷優先順序的定義

STM32 中指定中斷優先順序的暫存器位元有 4 位元，這 4 個暫存器位元的分組方式如下：

第 0 組：所有 4 位元用於指定回應優先順序。

第 1 組：最高 1 位元用於指定先佔式優先順序，最低 3 位元用於指定回應優先順序。

第 2 組：最高 2 位元用於指定先佔式優先順序，最低 2 位元用於指定回應優先順序。

第 3 組：最高 3 位元用於指定先佔式優先順序，最低 1 位元用於指定回應優先順序。

第 4 組：所有 4 位元用於指定先佔式優先順序。

STM32F407 優先順序分組方式所對應的先佔式優先順序和回應優先順序的暫存器位數和其所表示的優先順序級數如圖 8-2 所示。

優先順序組別	先佔式優先順序		回應式優先順序	
	位數	級數	位數	級數
4組	4	16	0	0
3組	3	8	1	2
2組	2	4	2	4
1組	1	2	3	8
0組	0	0	4	16

▲ 圖 8-2 STM32F407 優先順序的暫存器位數和其所表示的優先順序級數

無論是先佔式優先順序還是回應優先順序，均是數值越小，優先順序越高。在設定優先順序時，還需要注意其有效的資料位數，設先佔式優先順序佔 3 位元，將其設定為 9，實際優先順序為 9(1001) 的最低 3 位元 1(001)。

8.2.3 STM32F407 中斷向量表

中斷向量表是中斷系統中非常重要的概念。它是一區塊儲存區域，通常位於記憶體的零位址處，在這塊區域上按中斷號碼從小到大依次存放著所有中斷處理常式的入口位址。當某個中斷產生且經判斷後發現其未被遮罩，CPU 會根據辨識到的中斷號碼到中斷向量表中找到該中斷號碼的所在記錄，取出該中斷對應的中斷服務程式的入口位址，然後跳躍到該位址執行。STM32F407 中斷向量表如表 8-1 所示，表中灰底內容表示核心中斷。

▼ 表 8-1 STM32F407 中斷向量表

位置	優先順序	優先順序類型	中斷名稱	功能說明	入口位址
-	-	-	-	保留	0x00000000
	-3	固定	Reset	重置	0x00000004
	-2	固定	NMI	不可遮罩中斷。RCC 時鐘安全系統 (CSS) 連接到 NMI 向量	0x00000008
	-1	固定	HardFault	所有類型的錯誤	0x0000000C
	0	可設定	MemManage	記憶體管理	0x00000010
	1	可設定	BusFault	預先存取指失敗，記憶體存取失敗	0x00000014
	2	可設定	UsageFault	未定義的指令或非法狀態	0x00000018
-	-	-	-	保留	0x0000001C~ 0x0000002B
	3	可設定	SVCall	透過 SWI 指令呼叫的系統服務	0x0000002C
	4	可設定	Debug Monitor	偵錯監控器	0x00000030
-	-	-	-	保留	0x00000034
	5	可設定	PendSV	可暫停的系統服務	0x00000038
	6	可設定	SysTick	系統滴答計時器	0x0000003C
0	7	可設定	WWDG	視窗看門狗中斷	0x00000040
1	8	可設定	PVD	連接到 EXTI 線的可程式化電壓檢測 (PVD) 中斷 0x00000044	0x00000044
2	9	可設定	TAMP_STAMP	連接到 EXTI 線的入侵和時間戳記中斷	0x00000048
3	10	可設定	RTC_WKUP	連接到 EXTI 線的入侵和時間戳記中斷	0x0000004C
4	11	可設定	FLASH	Flash 全域中斷	0x00000050
5	12	可設定	RCC	RCC 全域中斷	0x00000054
6	13	可設定	EXTI0	EXTI 線 0 中斷	0x00000058
7	14	可設定	EXTI1	EXTI 線 1 中斷	0x0000005C
8	15	可設定	EXTI2	EXTI 線 2 中斷	0x00000060
9	16	可設定	EXTI3	EXTI 線 3 中斷	0x00000064
10	17	可設定	EXTI4	EXTI 線 4 中斷	0x00000068
11	18	可設定	DMA1_Stream0	DMA1 流 0 全域中斷	0x0000006C
12	19	可設定	DMA1_Stream1	DMA1 流 1 全域中斷	0x00000070
13	20	可設定	DMA1_Stream2	DMA1 流 2 全域中斷	0x00000074
14	21	可設定	DMA1_Stream3	DMA1 流 3 全域中斷	0x00000078
15	22	可設定	DMA1_Stream4	DMA1 流 4 全域中斷	0x0000007C
16	23	可設定	DMA1_Stream5	DMA1 流 5 全域中斷	0x00000080
17	24	可設定	DMA1_Stream6	DMA1 流 6 全域中斷	0x00000084

位置	優先順序	優先順序類型	中斷名稱	功能說明	入口位址
18	25	可設定	ADC	ADC1、ADC2 和 ADC3 全域中斷	0x00000088
19	26	可設定	CAN1_TX	CAN1TX 中斷	0x0000008C
20	27	可設定	CAN1_RX0	CAN1RXO 中斷	0x00000090
21	28	可設定	CAN1_RX1	CAN1RXI 中斷	0x00000094
22	29	可設定	CAN1_SCE	CAN1SCE 中斷	0x00000098
23	30	可設定	EXTI9-5	EXTI 線 [9:5] 中斷	0x0000009C
24	31	可設定	TIM1_BRK_TIM9	TIM1 剎車中斷和 TIM9 全域中	0x000000A0
25	32	可設定	TIM1_UP_TIM10	TIM1 更新中斷和 TIM10 全域中斷	0x000000A4
26	33	可設定	TIM1_TRG_COM_TIM11	TIM1 觸發和換相中斷與 TIM11 全域中斷	0x000000A8
27	34	可設定	TIM1_CC	TIM1 捕捉比較中斷	0x000000AC
28	35	可設定	TIM2	TIM2 全域中斷	0x000000B0
29	36	可設定	TIM3	TIM3 全域中斷	0x000000B4
30	37	可設定	TIM4	TIM4 全域中斷	0x000000B8
31	38	可設定	I2C1_EV	I2C1 事件中斷	0x000000BC
32	39	可設定	I2C1_ER	I2C1 錯誤中斷	0x000000C0
33	40	可設定	I2C2_EV	I2C2 事件中斷	0x000000C4
34	41	可設定	I2C2_ER	I2C2 錯誤中斷	0x000000C8
35	42	可設定	SPI1	SPI1 全域中斷	0x000000CC
36	43	可設定	SPI2	SPI2 全域中斷	0x000000D0
37	44	可設定	USART1	USART1 全域中斷	0x000000D4
38	45	可設定	USART2	USART2 全域中斷	0x000000D8
39	46	可設定	USART3	USART3 全域中斷	0x000000DC
40	47	可設定	EXTI15-10	EXTI 線 [15:10] 中斷	0x000000E0
41	48	可設定	RTC_Alarm	連接到 EXTI 線的 RTC 鬧鈴 (A 和 B) 中斷	0x000000E4
42	49	可設定	OTG_FS_WKUP	連接到 EXTI 線的 USB On-The-GoFS 喚醒中斷	0x000000E8
43	50	可設定	TIM8_BRK_TIM12	TIM8 剎車中斷和 TIM12 全域中斷	0x000000EC
44	51	可設定	TIM8_UP_TIM13	TIM8 更新中斷和 TIM13 全域中斷	0x000000F0
45	52	可設定	TIM8_TRG_COM_TIM14	TIM8 觸發和換相中斷與 TIM14 全域 中斷	0x000000F4
46	53	可設定	TIM8_CC	TIM8 捕捉比較中斷	0x000000F8
47	54	可設定	DMA1_Stream7	DMA1 串流 7 全域中斷	0x000000FC
48	55	可設定	FSMC	FSMC 全域中斷	0x00000100
49	56	可設定	SDIO	SDIO 全域中斷	0x00000104
50	57	可設定	TIM5	TIM5 全域中斷	0x00000108

位置	優先順序	優先順序類型	中斷名稱	功能說明	入口位址
51	58	可設定	SPI3	SPI3 全域中斷	0x0000010
52	59	可設定	UART4	UART4 全域中斷	0x00000110
53	60	可設定	UART5	UART5 全域中斷	0x00000114
54	61	可設定	TIM6_DAC	TIM6 全域中斷，DAC1 和 DAC2 下溢錯誤中斷	0x00000118
55	62	可設定	TIM7	TIM7 全域中斷	0x0000011C
56	63	可設定	DMA2_Stream0	DMA2 串流 0 全域中斷	0x00000120
57	64	可設定	DMA2_Stream1	DMA2 串流 1 全域中斷	0x00000124
58	65	可設定	DMA2_Stream2	DMA2 串流 2 全域中斷	0x00000128
59	66	可設定	DMA2_Stream3	DMA2 串流 3 全域中斷	0x0000012C
60	67	可設定	DMA2_Stream4	DMA2 串流 4 全域中斷	0x00000130
61	68	可設定	ETH	乙太網全域中斷	0x00000134
62	69	可設定	ETH_WKUP	連接到 EXTI 線的乙太網喚醒中斷	0x00000138
63	70	可設定	CAN2_TX	CAN2TX 中斷	0x0000013C
64	71	可設定	CAN2_RX0	CAN2RX0 中斷	0x00000140
65	72	可設定	CAN2_RX1	CAN2RX1 中斷	0x00000144
66	73	可設定	CAN2_SCE	CAN2SCE 中斷	0x00000148
67	74	可設定	OTG_FS	USB OTG FS 全域中斷	0x0000014C
68	75	可設定	DMA2_Stream5	DMA2 串流 5 全域中斷	0x00000150
69	76	可設定	DMA2_Stream6	DMA2 串流 6 全域中斷	0x00000154
70	77	可設定	DMA2_Stream7	DMA2 串流 7 全域中斷	0x00000158
71	78	可設定	USART6	USART6 全域中斷	0x0000015C
72	79	可設定	I2C3_EV	I2C3 事件中斷	0x00000160
73	80	可設定	I2C3_ER	I2C3 錯誤中斷	0x00000164
74	81	可設定	OTG_HS_EP1_OUT	USB OTG HS 端點 1 輸出全域中斷	0x00000168
75	82	可設定	OTG_HS_EP1JN	USB OTG HS 端點 1 輸入全域中斷	0x00000160
76	83	可設定	OTG_HS_WKUP	連接到 EXTI 線的 USB OTG HS 喚醒中斷	0x00000170
77	84	可設定	OTG_HS	USB OTG HS 全域中斷	0x00000174
78	85	可設定	DCMI	DCMI 全域中斷	0x00000178
79	86	可設定	CRYP	CRYP 加密全域中斷	0x0000017C
80	87	可設定	HASH_RNG	雜湊和亂數產生器全域中斷	0x00000180
81	88	可設定	FPU	FPU 全域中斷	0x00000184

STM32F4 系列微控制器不同產品的支援可遮罩中斷的數量略有不同，STM32F405/STM32F407 系列和 STM32F415/STM32F417 系列共支援 82 個可遮罩中斷通道，STM32F427/STM32F429 系列和 STM32F437/STM32F439 系列共支援 87 個可遮罩中斷通道，上述通道均不包括 ARM Cortex-M4 核心中斷來源，即表 8-1 中加灰色網底的前 13 行。

如果要對某個中斷進行回應和處理，就需要撰寫相應的中斷服務程式。在表 8-1 中，除了 Reset 中斷外，其他中斷都有 ISR。中斷回應程式的標頭檔 stm32f4xx_it.h 中定義了這些 ISR，但它們在原始檔案 stm32f4xx_it.c 中的函數實現程式不是為空，就是就是 while 無窮迴圈。如果使用者需要對某個系統中斷進行處理，就需要在其 ISR 內撰寫功能實現程式。

8.2.4 STM32F407 中斷服務函數

中斷服務程式在結構上與函數非常相似。但是不同的是，函數一般有參數和傳回值，並在應用程式中被人為顯式地呼叫執行，而中斷服務程式一般沒有參數也沒有傳回值，並只有在中斷發生時才會被自動隱式地呼叫執行。每個中斷都有自己的中斷服務程式，用來記錄中斷發生後要執行的真正意義上的處理操作。

STM32F407 所有的中斷服務函數在該微控制器所屬產品系列的啟動程式檔案 startup_stm32f407xx.s 中都有預先定義，核心中斷以 PPP_Handler 形式命名，外部中斷以 PPP_IRQHandler 形式命名，其中 PPP 是表 8-1 中所列的中斷名稱。使用者開發自己的 STM32F407 應用時可在檔案 stm32f4xx_it.c 中使用 C 語言撰寫函數重新定義。程式在編譯、連結生成可執行檔時，會使用使用者自訂的名稱相同中斷服務程式替代啟動程式中原來預設的中斷服務程式。

如果系統使用 SysTick 計時器延遲時間並啟用 TIM7 計時器，透過 STM32CubeMX 設定相應外接裝置並生成初始化程式時會在 stm32f4xx_it.c 檔案中建立兩個外接裝置的中斷服務程式 SysTick_Handler() 和 TIM7_IRQHandler()，使用者可以在這兩個 ISR 中撰寫程式碼，也可以使用 STM32CubeMX 提供的程式框架更新其回呼函數。中斷服務程式建立介面如圖 8-3 所示。

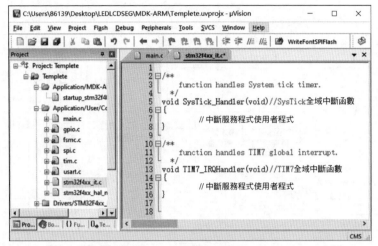

▲ 圖 8-3 中斷服務程式建立介面

尤其需要注意的是，在更新 STM32F407 中斷服務程式時，必須確保 STM32F407 中斷服務程式檔案 stm32f4xx_it.c 中的中斷服務程式名稱 (如 TIM7_ IRQHandler) 和啟動程式檔案 startup_stm32f407xx.s 中的中斷服務程式名稱(TIM7_ IRQHandler) 相同，否則在連結生成可執行檔時無法使用使用者自訂的中斷服務程式替換原來預設的中斷服務程式。

8.3 STM32F407 外部中斷 / 事件控制器 EXTI

STM32F407 微控制器的外部中斷 / 事件控制器 EXTI 由 23 個產生事件 / 插斷要求的邊沿檢測器組成，每個輸入線可以獨立地設定輸入類型 (脈衝或暫停) 和對應的觸發事件 (上昇緣或下降沿或雙邊沿都觸發)，還可以獨立地被遮罩，暫停暫存器可保持著狀態線的插斷要求。

8.3.1 EXTI 內部結構

在 STM32F407 微控制器中，外部中斷 / 事件控制器 EXTI 由 23 根外部輸入線、23 個產生中斷 / 事件請求的邊沿檢測器和 APB 外接裝置介面等部分組成，其內部結構如圖 8-4 所示。

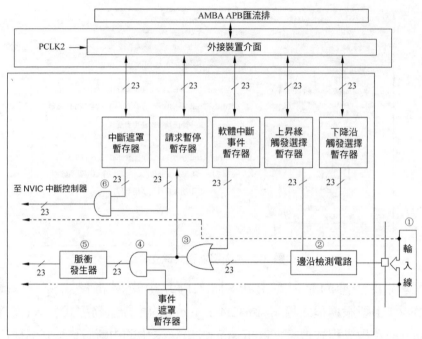

▲ 圖 8-4 STM32F407 外部中斷 / 事件控制器內部結構

1. 外部中斷、事件輸入

　　從圖 8-4 可以看出，STM32F407 外部中斷 / 事件控制器 EXTI 內部訊號線上畫有一條斜線，旁邊標有「23」，表示這樣的線路共有 23 套。

　　與此對應，EXTI 的外部中斷 / 事件輸入線也有 23 根，分別是 EXTI0，EXTI1，EXTI2，⋯，EXTI22。除了 EXTI16(PVD 輸出)、EXTI17(RTC 鬧鈴)、EXTI18(USB OTG FS 喚醒)、EXTI19(乙太網喚醒)、EXTI20(USB OTG HS 喚醒)、EXTI21(RTC 入侵和時間戳記) 和 EXTI22(RTC 喚醒) 外，其他 16 根外部訊號輸入線 EXTI0，EXTI1，EXTI2，⋯，EXTI15 可以分別對應於 STM32F407 微控制器的 16 個接腳 Px0，Px1，Px2，⋯，Px15，其中 x 為 A、B、C、D、E、F、G、H、I。

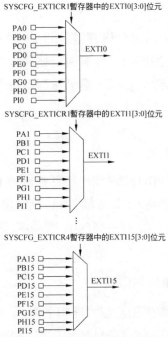

▲ 圖 8-5　STM32F407 外部中斷 / 事件輸入線映射

　　STM32F407 微控制器最多有 140 個 I/O 接腳，可以以下述方式連接到 16 根外部中斷 / 事件輸入線上，如圖 8-5 所示，任一通訊埠的 0 號接腳 (如 PA0，PB0，…，PI0) 映射到 EXTI 的外部中斷 / 事件輸入線 EXTI0 上，任一通訊埠的 1 號接腳 (如 PA1，PB1，…，PI1) 映射到 EXTI 的外部中斷 / 事件輸入線 EXTI1 上，依此類推。需要注意的是，在同一時刻，只能有一個通訊埠的 n 號接腳映射到 EXTI 對應的外部中斷 / 事件輸入線 EXTIn 上，n {0，1，2，…，15}。另外，如果將 STM32F407 的 I/O 接腳映射為 EXTI 的外部中斷 / 事件輸入線，必須將該接腳設定為輸入模式。

2. APB 外接裝置介面

　　圖 8-4 上部的 APB 外接裝置模組介面是 STM32F407 微控制器每個功能模組都有的部分，CPU 透過此介面存取各個功能模組。

　　尤其需要注意的是，如果使用 STM32F407 接腳的外部中斷 / 事件映射功能，必須打開 APB2 匯流排上該接腳對應通訊埠的時鐘以及系統組態時鐘 SYSCFG。

3. 邊沿檢測器

如圖 8-4 所示，EXTI 中的邊沿檢測器共有 23 個，用來連接 23 個外部中斷 / 事件輸入線，是 EXTI 的主體部分。每個邊沿檢測器由邊沿檢測電路、控制暫存器、門電路和脈衝發生器等部分組成。邊沿檢測器每個部分的具體功能將在 8.3.2 節結合 EXTI 的工作原理具體介紹。

8.3.2 EXTI 工作原理

在初步介紹了 STM32F407 外部中斷 / 事件控制器 EXTI 的內部結構 (如圖 8-4 所示) 後，本節由右向左，從輸入 (外部輸入線) 到輸出 (外部中斷 / 事件請求訊號) 逐步說明 EXTI 的工作原理，即 STM32F407 微控制器中外部中斷 / 事件請求訊號的產生和傳輸過程。

1. 外部中斷 / 事件請求的產生和傳輸

外部中斷 / 事件請求的產生和傳輸過程如下：

(1) 外部請求訊號從編號①的 STM32F407 微控制器接腳進入。

(2) 外部請求訊號經過編號②的邊沿檢測電路，該邊沿檢測電路受到上昇緣觸發選擇暫存器和下降沿觸發選擇暫存器控制，使用者可以設定這兩個暫存器選擇，在哪一個邊沿產生中斷 / 事件。由於選擇上昇緣或下降沿分別受兩個並行的暫存器控制，所以使用者還可以選擇雙邊沿 (即同時選擇上昇緣和下降沿) 產生中斷 / 事件。

(3) 外部請求訊號經過編號③的或閘，其另一個輸入是中斷 / 事件暫存器。由此可見，軟體可以優先於外部請求訊號產生一個中斷 / 事件請求，即當軟體插斷 / 事件暫存器對應位元為 1 時，不管外部請求訊號如何，編號③的或閘都會輸出有效訊號。到此為止，無論是中斷還是事件，外部請求訊號的傳輸路徑一致。

(4) 外部請求訊號進入編號④的及閘，其另一個輸入是事件遮罩暫存器。如果事件遮罩暫存器的對應位元為 0，則該外部請求訊號不能傳輸到及閘的另一端，從而實現對某個外部事件的遮罩；如果事件遮罩暫存器的對應位元為 1，則及閘產生有效的輸出並送至編號⑤的脈衝發生器。脈衝發生器把一個跳變的訊號轉變為一個單脈衝，輸出到 STM32F407 微控制器的其他功能模組。以上是外部事件請求訊號傳輸路徑，如圖 8-4 中雙點線箭頭所示。

(5) 外部請求訊號進入暫停請求暫存器，暫停請求暫存器記錄其電位變化。經過暫停請求暫存器後，外部請求訊號最後進入編號⑥的及閘，和編號④的及閘類似，用於引入中斷遮罩暫存器的控制。只有當中斷遮罩暫存器的對應位元為 1 時，該外部請求訊號才被送至 CM4 核心的 NVIC 中斷控制器，從而發出一個插斷要求，否則遮罩之。以上是外部插斷要求訊號的傳輸路徑，如圖 8-4 中虛線箭頭所示。

2. 事件與中斷

由上面的說明的外部中斷 / 事件請求訊號的產生和傳輸過程可知，從外部激勵訊號看，中斷和事件的請求訊號沒有區別，只是在 STM32F407 微控制器內部將它們分開。

(1) 一路訊號 (中斷) 會被送至 NVIC 向 CPU 產生插斷要求，至於 CPU 如何回應，由使用者撰寫或系統預設的對應的中斷服務程式決定。

(2) 另一路訊號 (事件) 會向其他功能模組 (如計時器、USART、DMA 等) 發送脈衝觸發訊號，至於其他功能模組會如何回應這個脈衝觸發訊號，則由對應的模組自己決定。

8.3.3 EXTI 主要特性

STM32F407 微控制器的外部中斷 / 事件控制器具有以下主要特性：

(1) 支援多達 23 個軟體事件 / 插斷要求。

(2) 可以將多達 140 個通用 I/O 接腳映射到 16 個外部中斷 / 事件輸入線上。

(3) 可以檢測脈衝寬度低於 APB2 時鐘寬度的外部訊號。

(4) 每個外部中斷都有專用的標識位元 (請求暫停暫存器)，保持著插斷要求。

(5) 每個外部中斷 / 事件輸入線都可以獨立地設定觸發事件 (上昇緣、下降沿或雙邊沿)，並能夠單獨地被遮罩。

8.4 STM32F407 外部中斷 HAL 函數庫

外部中斷 HAL 函數庫分為 NVIC 和 EXTI 兩部分，NVIC 部分是 CPU 管理中斷系統的通用函數，EXTI 部分是外部中斷特有的函數。

8.4.1 STM32F407 的 NVIC 相關函數庫

STM32F407 的 NVIC 相關函數如表 8-2 所示。

▼ 表 8-2 NVIC 相關函數

函數名稱	功能描述
__HAL_RCC_SYSCFG_CLK_ENABLE()	啟用系統組態時鐘 SYSCFG
HAL_NVIC_SetPriorityGrouping()	設定中斷優先順序分組
HAL_NVIC_SetPriority()	設定中斷優先順序
HAL_NVIC_EnableIRQ()	啟用中斷

1. 啟用系統組態控制器時鐘 SYSCFG

在 HAL 函數庫中，以 __HAL 為首碼的都是巨集函數，一般用於直接操作暫存器，可以從一定程度上提高 HAL 函數庫的最佳化性能。透過按一下滑鼠右鍵並追蹤程式可知 __HAL_RCC_SYSCFG_CLK_ENABLE() 函數實現的功能是將 RCC APB2 外接裝置時鐘啟用暫存器 RCC_APB2ENR 的 SYSCFGEN 位置 1，即打開系統組態控制器時鐘。特別需要注意的是只要使用到外部中斷，就必須打開 SYSCFG 時鐘。

2. 設定中斷優先順序分組

函數 HAL_NVIC_SetPriorityGrouping() 用於設定中斷優先順序分組，其定義如下：

```
void HAL_NVIC_SetPriorityGrouping(uint32_t PriorityGroup)
```

其輸入參數 PriorityGroup 設定值為 NVIC_PRIORITYGROUP_n，其中 $n=0$~4，表示先佔優先順序的位數為 n 位，回應優先順序的位數為 4-n 位。

3. 設定中斷優先順序

函數 HAL_NVIC_SetPriority() 用於設定某一中斷的先佔優先順序和回應優先順序，其定義如下：

```
void HAL_NVIC_SetPriority(IRQn_Type IRQn, uint32_t PreemptPriority,
uint32_t SubPriority)
```

函數共有 3 個引用參數，IRQn 用於指明需要設定優先順序的中斷，是 IRQn_

Type 列舉資料型態，採用 PPP_IRQn 形式命名，其中 PPP 為表 8-1 的中斷名稱，例如外部中斷 0 的名稱為 EXTI0_IRQ0。PreemptPriority 參數用於設定先佔優先順序數值，SubPriority 參數用於設定回應優先順序的數值。

　　使用者在設計系統時應根據任務的輕重緩急合理確定優先順序，並根據優先順序分組情況舉出具體數值，設系統優先順序分組為 NVIC_PRIORITYGROUP_2，則此時先佔優先順序和回應優先順序均為 2 位元，數值範圍應限定在 0~3，超出範圍設定優先順序會產生不可預料的結果。

4. 啟用中斷

　　函數 HAL_NVIC_EnableIRQ() 用於啟用特定中斷，其定義如下，輸入參數 IRQn 說明同上。

```
void HAL_NVIC_EnableIRQ(IRQn_Type IRQn)
```

8.4.2 STM32F407 的 EXTI 相關函數庫

　　外部中斷相關函數的定義在檔案 stm32f4xx_hal_gpio.h 中，EXTI 相關函數如表 8-3 所示。

▼ 表 8-3　EXTI 相關函數

函數名稱	功能描述
__HAL_GPIO_EXTI_GET_IT()	檢查某個外部中斷線是否有暫停 (Pending) 的中斷
__HAL_GPIO_EXTI_CLEAR_IT()	清除某個外部中斷線的暫停標識位元
__HAL_GPIO_EXTI_GET_FLAG()	與 __HAL_GPIO_EXTI_GET_IT 的程式和功能相同
__HAL_GPIO_EXTI_CLEAR_FLAG()	與 __HAL_GPIO_EXTI_CLEAR_IT 的程式和功能相同
__HAL_GPIO_EXTI_GENERATE_SWIT()	在某個外部中斷線上產生軟中斷
HAL_GPIO_EXTI_IRQHandler()	外部 ISR 中呼叫的通用處理函數
HAL_GPIO_EXTI_Callback()	外部中斷處理的回呼函數，需要使用者重新實現

1. 讀取和清除中斷標識

　　表 8-3 前 5 個以 __HAL 開頭的函數都是巨集函數，直接操作 MCU 控制暫存器，具有較高的程式效率，例如函數 __HAL_GPIO_EXTI_GET_IT() 的定義如下：

```
#define __HAL_GPIO_EXTI_GET_IT(__EXTI_LINE__) (EXTI->PR & (__EXTI_LINE__))
```

用於檢查外部中斷暫停暫存器 (EXTI_PR) 中某個外部中斷線是否有暫停的中斷。參數 _EXTI_LINE_ 是某個外部中斷線，用 GPIO_PIN_0、GPIO_PIN_1 等巨集定義常數表示。函數的傳回值只要不等於 0(用列舉類型 RESET 表示 0) 就表示外部中斷線暫停標識位元被置位，有未處理的中斷事件。

函數 __HAL_GPIO_EXTI_CLEAR_IT() 用於清除某個外部中斷線的暫停標識位元，其定義如下：

```
#define __HAL_GPIO_EXTI_CLEAR_IT(__EXTI_LINE__) (EXTI->PR = (__EXTI_LINE__))
```

向外部中斷暫停暫存器 (EXTI_PR) 的某個中斷線位元寫入 1 就可以清除該中斷線的暫停標識，此處類似於數位電路中可控 RS(重置 / 置位) 觸發器置 0 輸入端 (R) 高電位有效。在外部中斷的 ISR 裡處理完中斷後，需要呼叫這個函數清除暫停標識位元，以便再次回應下一次中斷。

2. 在某個外部中斷線上產生軟中斷

函數 __HAL_GPIO_EXTI_GENERATE_SWIT() 的功能是在某個外部中斷線上產生軟中斷，其定義如下：

```
#define __HAL_GPIO_EXTI_GENERATE_SWIT(__EXTI_LINE__) (EXTI->SWIER |= (__EXTI_LINE__))
```

該函數實際上就是將外部中斷的軟體插斷事件暫存器 (EXTI_SWIER) 中對應於中斷線 _EXTI_LINE_ 的位置 1，透過軟體的方式產生某個外部中斷。

3. 外部 ISR 以及中斷處理回呼函數

對於 0~15 線的外部中斷，從表 8-1 可以看到，EXTI0~EXTI4 有獨立的 ISR，EXTI[9:5] 共用一個 ISR，EXTI[15:10] 共用一個 ISR。在啟用某個中斷後，STM32CubeMX 會在中斷處理常式檔案 stm32F4xx_it.c 中會生成 ISR 的程式框架。這些外部中斷 ISR 的程式是類似的，下面舉出 EXTI0 的 ISR 程式框架，其餘 ISR 框架可以依此類推。

```
void EXTI0_IRQHandler(void)   // EXTI0 ISR
{
    /* USER CODE BEGIN EXTI0_IRQn 0 */

    /* USER CODE END EXTI0_IRQn 0 */
```

```
    HAL_GPIO_EXTI_IRQHandler(GPIO_PIN_0);
    /* USER CODE BEGIN EXTI0_IRQn 1 */

    /* USER CODE END EXTI0_IRQn 1 */
}
```

由上程式可知，EXTI0 的中斷服務程式中除了兩個預設的程式沙箱之外，僅呼叫了外部中斷通用處理函數 HAL_GPIO_EXTI_IRQHandler()，並以中斷線作為引用參數，其程式如下：

```
void HAL_GPIO_EXTI_IRQHandler(uint16_t GPIO_Pin)
{
    /* 檢測到外部中斷 */
    if(__HAL_GPIO_EXTI_GET_IT(GPIO_Pin) != RESET)
    {
        __HAL_GPIO_EXTI_CLEAR_IT(GPIO_Pin);
        HAL_GPIO_EXTI_Callback(GPIO_Pin);
    }
}
```

這個函數的程式很簡單，如果檢測到中斷線 GPIO_Pin 的中斷暫停標識不為 0 就清除中斷暫停標識位元，然後呼叫函數 HAL_GPIO_EXTI_Callback()。該函數是對中斷進行回應處理的回呼函數，程式框架在檔案 stm32f4xx_hal_gpio.c 中，其程式如下：

```
__weak void HAL_GPIO_EXTI_Callback(uint16_t GPIO_Pin)
{
    /* 防止未使用參數的編譯器警告 */
    UNUSED(GPIO_Pin);
    /* 注意：當需要回呼時，此函數不需要修改，HAL_GP20_EXTI_Callback 可以在使用者檔案中實現 */
}
```

該函數前面有個修飾符號 __weak，用來定義弱函數。所謂弱函數就是 HAL 函數庫中預先定義的帶有 __weak 修飾符號的函數，如果使用者沒有重新實現這些函數，就編譯這些弱函數，如果在使用者程式檔案裡重新實現了這些函數，就編譯使用者重新實現的函數。使用者重新實現一個弱函數時，要捨棄修飾符號 __weak。

弱函數一般用作中斷處理的回呼函數，例如函數 HAL_GPIO_EXTI_Callback()。如果使用者重新實現了這個函數，對某個外部中斷做出具體的處理，使用者程式就會被編譯進去。

8.5 EXTI 專案實例

為幫助讀者更進一步地掌握 STM32 微控制器外部中斷的應用方法，現以一具
體專案為例，詳細介紹外部中斷的應用過程。

8.5.1 開發專案

第 7 章完成了在六位數位管上動態顯示時間的功能，在本專案中，還需要利
用外部中斷進行時、分、秒的調節。時鐘會有一個初始的時間，但在執行時期一
般還需要對時間調整。調整時間一般用按鍵實現，對按鍵的處理有兩種方法，一
種是查詢法，另一種是中斷法。查詢法耗用大量的 CPU 執行時間，還要與動態掃
描程式進行融合，效率低，程式設計複雜。中斷法極佳地克服了上述缺點，所以
本例採用外部中斷進行按鍵處理，完成時間調節。

STM32 的 EXTI 中斷建立過程如圖 8-6 所示，其中建立中斷向量表和分
配堆疊空間並初始化是由系統自動完成，其來源程式存放於系統開機檔案於
startup_stm32f407xx.s 中，在使用 STM32CubeMX 建立專案範本時已經增加到
開發專案中。要應用 STM32 外部中斷，必須對其初始化，其中包括 GPIO 初
始化、EXTI 中斷線接腳映射、EXTI 初始化和 NVIC 初始化，上述初始化工作
也由 STM32CubeMX 自動完成。外部中斷要想完成控制功能，必須撰寫中斷服
務程式，中斷服務程式一般撰寫在 stm32f4xx_it.c 檔案中，且函數名為 EXTIn_
IRQHandler，其中 n 為外部中斷線編號。

當將開發板跳線座 P8 的 2、3 接腳短接，鍵盤工作於獨立按鍵模式，其等效
電路如圖 8-7 所示，KEY1 按鍵定義為小時調節，KEY2 按鍵定義為分鐘調節，
KEY3 按鍵定義為秒調節，均只能向上調節，調到最大時重新置零。由於 4 個按
鍵的一端接地，所以 GPIO 初始化時應將其設定為輸入上拉模式。因為各個按鍵
未按下時表現為高電位，按下時表現為低電位，所以中斷初始化時應將觸發方式
設定為下降沿觸發。

8.5.2 專案實施

1. 複製專案檔案

複製第 7 章建立專案範本資料夾到桌面,並將資料夾重新命名為 0801 EXTI。

2. STM32CubeMX 設定

打開專案範本資料夾裡面的 Template.ioc 檔案。啟動 STM32CubeMX 設定軟體。首先在接腳視圖下將 PE0~PE2 均設定為 GPIO_EXTI 模式,隨後在左側設定類別 Categories 下面的 System Core 子類別中的找到 GPIO 選項,將外部中斷輸入接腳 PE0~PE2 均設定為上拉、下降沿觸發模式,外部中斷 GPIO 接腳設定結果如圖 8-8 所示。

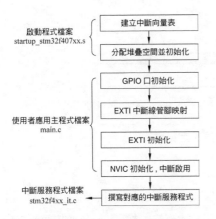

▲ 圖 8-6 EXTI 中斷建立過程

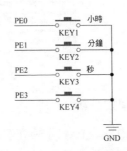

▲ 圖 8-7 開發板按鍵電路

Pin.	Sign.	GPI.	GPIO mode	GPIO Pull-up/...	Maximu...	User.	Mod.
PE0	n/a	n/a	External Interrupt Mode with Falling edge trigger detection	Pull-up	n/a		☑
PE1	n/a	n/a	External Interrupt Mode with Falling edge trigger detection	Pull-up	n/a		☑
PE2	n/a	n/a	External Interrupt Mode with Falling edge trigger detection	Pull-up	n/a		☑
PF0	n/a	High	Output Push Pull	No pull-up and...	Low		☑

▲ 圖 8-8 外部中斷 GPIO 接腳設定結果

緊接著在設定介面左側設定類別 Categories 下面的 System Core 子類別中的找到 NVIC 選項,將優先順序分組設定為 NVIC_PRIORITYGROUP_3,即 3 位元先佔優先順序,1 位元回應優先順序主。

因為在外部中斷需要呼叫 HAL_Delay 延遲時間消抖，所以需要將 SysTick 計時器優先順序設為最高，使 SysTick 計時器可以打斷 EXTI 中斷實現正常延遲時間。

外部中斷 EXTI0~EXTI2 均用於調節系統時間，對即時性並無要求，所以將其先佔優先順序和回應優先順序均設為一樣且對應的優先順序較低。優先順序設定結果如圖 8-9 所示，修改選項均採用紅色框線標注。時鐘設定和專案設定選項無須修改，按一下 GENERATE CODE 按鈕生成初始化專案。

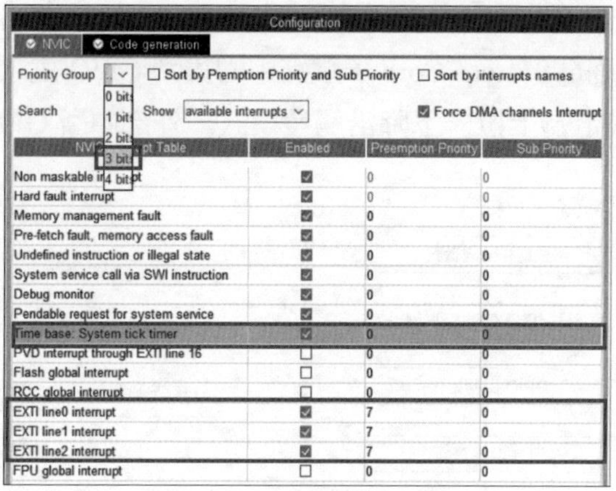

▲ 圖 8-9　優先順序設定結果

3. 初始化程式分析

打開 MDK-ARM 資料夾下面的專案檔案 Template.uvprojx，將生成專案編譯一下，沒有錯誤和警告之後開始初始化程式分析。首先打開 main.c 檔案，其部分程式如下：

1) 主程式

```
/***** main.c Source File ****/
#include "main.h"
#include "gpio.h"
#include "fsmc.h"
/* USER CODE BEGIN PV */
uint16_t *SEG_ADDR=(uint16_t *)(0x68000000);
uint8_t hour, minute, second;
/* USER CODE END PV */
void SystemClock_Config(void);
/* USER CODE BEGIN PFP */
```

```
void DsgShowTime(void);
/* USER CODE END PFP */
int main(void)
{
    HAL_Init();                    //HAL 初始化
    SystemClock_Config(); // 系統時鐘設定
    MX_GPIO_Init();                //GPIO 設定和 EXTI 設定
    MX_FSMC_Init();                // 數位管 FSMC 匯流排設定
    /* USER CODE BEGIN WHILE */
    hour=9;minute=30;second=25;
    while (1)
    {
        DsgShowTime();        // 動態顯示時間，來源程式見 7.5.4 節
        /* USER CODE END WHILE */
    }
}
```

HAL_Init() 函數用於 HAL 初始化，其中打開設定控制器時鐘和實現中斷優先分群組原則由其呼叫弱函數 HAL_MspInit() 函數實現。該函數位於 stm32f4xx_hal_msp.c 檔案中，在這個檔案裡重新實現了函數 HAL_MspInit()，其程式如下：

```
void HAL_MspInit(void)
{
    __HAL_RCC_SYSCFG_CLK_ENABLE();                        // 打開設定控制器時鐘
    __HAL_RCC_PWR_CLK_ENABLE();                           // 啟用 PWR 時鐘
    HAL_NVIC_SetPriorityGrouping(NVIC_PRIORITYGROUP_3); // 中斷優先順序分組
}
```

2) GPIO 和 EXTI 中斷初始化

檔案 gpio.c 中的函數 MX_GPIO_Init() 函數實現了 GPIO 接腳和 EXTI 中斷初始化，其程式如下：

```
void MX_GPIO_Init(void)
{
    GPIO_InitTypeDef GPIO_InitStruct = {0};
    /* GPIO 通訊埠時鐘啟用 */
    __HAL_RCC_GPIOE_CLK_ENABLE();
    __HAL_RCC_GPIOC_CLK_ENABLE();   __HAL_RCC_GPIOH_CLK_ENABLE();
    __HAL_RCC_GPIOF_CLK_ENABLE();   __HAL_RCC_GPIOD_CLK_ENABLE();
    __HAL_RCC_GPIOA_CLK_ENABLE();   __HAL_RCC_GPIOG_CLK_ENABLE();
    /* 設定 GP20 接腳：PE2 PE0 PE1 */
    GPIO_InitStruct.Pin = GPIO_PIN_2|GPIO_PIN_0|GPIO_PIN_1;
    GPIO_InitStruct.Mode = GPIO_MODE_IT_FALLING;
    GPIO_InitStruct.Pull = GPIO_PULLUP;
    HAL_GPIO_Init(GPIOE, &GPIO_InitStruct);
```

```
        /* EXTI 中斷初始化 */
        HAL_NVIC_SetPriority(EXTI0_IRQn, 7, 0);
        HAL_NVIC_EnableIRQ(EXTI0_IRQn);
        HAL_NVIC_SetPriority(EXTI1_IRQn, 7, 0);
        HAL_NVIC_EnableIRQ(EXTI1_IRQn);
        HAL_NVIC_SetPriority(EXTI2_IRQn, 7, 0);
        HAL_NVIC_EnableIRQ(EXTI2_IRQn);
    }
```

上述程式主要完成三部分工作，第一部分是打開 GPIO 通訊埠時鐘，由於需要用到 FSMC 連接數位管，所以打開的時鐘較多。第二部分工作是設定 GPIO 接腳，將 PE0~PE2 設定為上拉模式、下降沿觸發。第三部分是 EXTI 相關設定，包括優先順序設定和中斷啟用。

3) EXTI 中斷的 ISR

本例使用的 EXTI0~EXTI2 都有獨立的 ISR，在檔案 stm32f4xx_it.c 中自動生成了這 3 個 ISR 的程式框架，參考程式如下，這裡只保留了第一個 ISR 的全部註釋，沒有顯示其他 ISR 的註釋。

```
void EXTI0_IRQHandler(void)              // 外部中斷 0 的 ISR
{
    /* USER CODE BEGIN EXTI0_IRQn 0 */

    /* USER CODE END EXTI0_IRQn 0 */
    HAL_GPIO_EXTI_IRQHandler(GPIO_PIN_0);
    /* USER CODE BEGIN EXTI0_IRQn 1 */
    /* USER CODE END EXTI0_IRQn 1 */
}
void EXTI1_IRQHandler(void)          // 外部中斷 1 的 ISR
{
    HAL_GPIO_EXTI_IRQHandler(GPIO_PIN_1);
}
void EXTI2_IRQHandler(void)          // 外部中斷 2 的 ISR
{
    HAL_GPIO_EXTI_IRQHandler(GPIO_PIN_2);
}
```

由前面分析可知，EXTI0~EXTI2 的中斷服務程式均呼叫外部中斷通用處理函數 HAL_GPIO_EXTI_IRQHandler()，且將相應中斷線作為其引用參數，該函數位於 stm32f4xx_hal_gpio.c 檔案中。外部中斷通用處理函數的初始化程式已完成中斷檢測、清除中斷標識位元工作並呼叫外部中斷回呼函數 HAL_GPIO_EXTI_Callback()，因此使用者只需要重新實現這個回呼函數即可，外部中斷通用處理函數參考程式如下：

```
void HAL_GPIO_EXTI_IRQHandler(uint16_t GPIO_Pin)
{
    /* 檢測到外部中斷 */
    if(__HAL_GPIO_EXTI_GET_IT(GPIO_Pin) != RESET)
    {
        __HAL_GPIO_EXTI_CLEAR_IT(GPIO_Pin);
        HAL_GPIO_EXTI_Callback(GPIO_Pin);
    }
}
```

為方便使用者程式設計，MDK-ARM 為每個回呼函數定義了一個名稱相同弱函數，以 __weak 開頭，使用者只需要在專案的任何檔案內重新實現這一回呼函數即可，且無須對其進行宣告，編譯系統將自動用重新實現的回呼函數替換原來的弱函數。

4. 使用者程式撰寫

1) 主程式設計

首先需要在 main.c 檔案中定義 3 個 uint8_t 類型變數，即 hour、minute 和 second，並在 main() 函數中對其賦初值，呼叫 7.5.4 節的撰寫的 DsgShowTime() 函數動態循環顯示時間。上述程式在上一節初始化程式分析主程式部分已進行了更新。

2) 重新實現中斷回呼函數

使用者要處理外部中斷，只需要在專案的任何一個檔案內重新實現外部中斷回呼函數即可。實現回呼函數的位置可以在 gpio.c、stm32f4xx_it.c 和 main.c 等檔案中選擇，為減少變數跨檔案傳遞，所以作者選擇在 main.c 檔案中重新實現回呼函數。HAL_GPIO_EXTI_Callback() 回呼函數參考程式如下：

```
/* USER CODE BEGIN 4 */
void HAL_GPIO_EXTI_Callback(uint16_t GPIO_Pin)
{
    HAL_Delay(15);
    if(HAL_GPIO_ReadPin(GPIOE,GPIO_Pin)==GPIO_PIN_RESET)
    {
        if(GPIO_Pin==GPIO_PIN_0)
        {
```

```
            if(++hour==24) hour=0;
        }
        if(GPIO_Pin==GPIO_PIN_1)
        {
            if(++minute==60) minute=0;
        }
        if(GPIO_Pin==GPIO_PIN_2)
        {
            if(++second==60) second=0;
        }
    }
}
/* USER CODE END 4 */
```

　　因為多個中斷線共用一個回呼函數，所以進入回呼函數還需要判斷是哪一個接腳請求了中斷，以便對其作相應處理。上述程式中消抖延遲時間是十分有必要的，當按鍵抖動發生時，雖然產一個下降沿，但是持續時間很短，訊號沒有穩定，依然不執行中斷服務程式。ISR 中延遲時間採用基於 SysTick 中斷的 HAL_Delay() 函數實現，要想其能夠退出延遲時間，必須保證 SysTick 的中斷優先順序高於外部中斷優先順序，該實驗亦可用於驗證不同先佔優先順序之間中斷巢狀結構，原理請讀者自行分析。

5. 下載偵錯

　　編譯專案，直到沒有錯誤為止，下載程式到開發板，重置執行，檢查實驗效果。

8.5.3 ISR 框架總結

　　結合上面應用實例，對中斷服務程式框架作一些總結，以便於讀者掌握中斷應用方法。在 STM32CubeMX 生成的程式中，所有 ISR 採用以下處理框架：

　　在檔案 stm32f4xx_it.c 中，自動生成已啟用中斷的 ISR 程式框架，例如為 EXTI0 中斷生成 ISR 函數 EXTI0_IRQHandler()。

　　(1) 在 ISR 裡，執行 HAL 函數庫中為該中斷定義的通用處理函數，舉例來說，外部中斷的通用處理函數是 HAL_GPIO_EXTI_IRQHandler()。一般來說一個外接裝置只有一個中斷號碼，一個 ISR 有一個通用處理函數，也可能多個中斷號碼共用一個通用處理函數，舉例來說，外部中斷有多個中斷號碼，但是 ISR 裡呼叫的通用處理函數都是 HAL_GPIO_EXTI_IRQHandler()。

(2) ISR 裡呼叫的中斷通用處理函數是 HAL 函數庫裡定義的，舉例來說，HAL_GPIO_EXTI_IRQHandler() 是外部中斷的通用處理函數。在中斷的通用處理函數裡，會自動進行中斷事件來源的判斷 (一個中斷號碼一般有多個中斷事件來源)、中斷標識位元的判斷和清除，並呼叫與中斷事件來源對應的回呼函數。

(3) 一個中斷號碼一般有多個中斷事件來源，HAL 函數庫中會為一個中斷號碼的常用中斷事件定義回呼函數，在中斷的通用處理函數裡判斷中斷事件來源並呼叫相應的回呼函數。外部中斷只有一個中斷事件來源，所以只有一個回呼函數 HAL_GPIO_EXTI_Callback()。計時器就有多個中斷事件來源，所以在計時器的 HAL 驅動程式中，針對不同的中斷事件來源，定義了不同的回呼函數 (見後續章節)。

(4) HAL 函數庫中定義的中斷事件處理的回呼函數都是弱函數，需要使用者重新實現回呼函數，從而實現對中斷的具體處理。

在 HAL 函數庫程式設計方式中，中斷初始化程式是由 STM32CubeMX 自動生成的，使用者只需搞清楚與中斷事件對應的回呼函數，然後重新實現回呼函數即可。對於外部中斷，只有一個中斷事件來源，所以只有一個回呼函數 HAL_GPIO_EXTI_Callback()。在對外部中斷進行處理時，只需重新實現這個函數即可，函數實現可以在開發專案的任何檔案中進行，且無須宣告。

8.6 開發經驗小結──前 / 背景嵌入式軟體架構

中斷是一種優秀的硬體機制，使系統能快速回應緊急事件或優先處理重要任務，並在此基礎上，可以採用基於前 / 背景的軟體設計方法，顯著地提高系統效率。因此，中斷是使用微控制器進行應用程式開發必須掌握的內容之一。

不同於前面幾章中開發的基於無限迴圈架構的嵌入式應用程式，本章的應用程式是基於前 / 背景嵌入式軟體架構。前 / 背景架構，顧名思義，是由幕後程式和前景程式兩部分組成。**背景又被稱為任務級程式，主要負責處理日常事務；前臺透過中斷及其服務函數實現，因此又被稱為中斷級程式**，可以打斷背景的執行，主要用於快速回應事件，處理緊急事務和執行時間相關性較強的操作。實際生活中，很多基於微控制器的產品都採用前 / 背景架構設計，例如微波爐、電話機、玩具等。在另外一些基於微控制器的應用中，從省電的角度出發，平時微控制器執行於背景停機狀態，所有的事務和操作都透過中斷服務完成。

基於前／背景架構的 STM32F407，其軟體設計和實現也分為兩部分：背景和前臺。背景，即 STM32F407 應用主程式，位於 main.c 檔案中，其主體是 main() 主函數。當 STM32F407 微控制器通電重置完成系統初始化後，就會轉入主函數中執行。前臺，即 STM32F407 中斷服務程式，位於 stm32f4xx_it.c 檔案中，由 STM32F407 中斷服務函數組成。使用者可以根據應用需求在任意專案檔案中重新實現其中斷回呼函數，完成中斷交易處理。

本章小結

本章首先介紹中斷的基本概念，然後又介紹了 STM32F407 中斷系統，以及 STM32F407 外部中斷／事件控制器，這 3 部分內容是一個逐步遞進的關係，讀者要想完全掌握 STM32 中斷系統必須好好研讀相關內容。隨後介紹了 STM32F407 中斷 HAL 函數庫，包括 EXTI 函數庫和 NVIC 函數庫兩部分。為幫助大家掌握 STM32 中斷系統的應用方法，本章最後舉出了一個綜合實例，該實例是在上一專案時間顯示的基礎上，用外部中斷實現時間的調節，重點是中斷初始化和中斷服務程式的撰寫，讀者可以在開發板上完成該專案實驗，並舉一反三。

思考拓展

(1) 什麼是中斷？為什麼要使用中斷？

(2) 什麼是中斷來源？ STM32F407 支援哪些中斷來源？

(3) 什麼是中斷遮罩？為什麼要進行中斷遮罩？如何進行中斷遮罩？

(4) 中斷的處理過程是什麼？包含哪些步驟？

(5) 什麼是中斷優先順序？什麼是中斷巢狀結構？

(6) STM32F407 優先順序分組方法，什麼是先佔優先順序？什麼是回應優先順序？

(7) 什麼是中斷向量表？它通常存放在記憶體的哪個位置？

(8) 什麼是中斷服務函數？如何確定中斷函數的名稱？在哪裡撰寫中斷服務程式？

(9) 中斷服務函數與普通的函數相比有何異同？

(10) 什麼叫中斷點？什麼叫中斷現場？中斷點和中斷現場保護和恢復有什麼意義？

(11) 對本章所介紹時間調節專案進行修改，時間調節由三個按鍵完成，一個按鍵用來選擇調節位置，一個按鍵是數字加，一個按鍵是數字減。

(12) 設計並完成專案，開發板通電 LED 指示燈 L1 亮，設定兩個按鍵，一個用於 LED 左移，一個用於 LED 右移。

第 9 章

基本計時器

本章要點

➤ STM32F407 計時器概述；
➤ 基本計時器的特性與功能；
➤ 基本計時器的 HAL 驅動；
➤ 專案實例。

微控制器中的計時器本質上是一個計數器，可以對內部脈衝或外部輸入進行計數，不僅具有基本的延遲時間 / 計數功能，還具有輸入捕捉、輸出比較和 PWM(Pulse Width Modulation, 脈衝寬度調變) 波形輸出等高級功能。在嵌入式開發中，充分利用計時器的強大功能，可以顯著提高外接裝置驅動的程式設計效率和 CPU 使用率，增強系統的即時性。因此，掌握計時器的基本功能、工作原理和程式設計方法是嵌入式學習的重要內容。

9.1 STM32F407 計時器概述

STM32F407 計時器相比於傳統的 51 微控制器要完善和複雜得多，專為工業控制應用量身定做，具有延遲時間、頻率測量、PWM 波形輸出、電機控制及編碼介面等功能。

STM32F407 微控制器內部整合了多個可程式化計時器，可以分為基本計時器 (TIM6、TIM7)，通用計時器 (TIM2~TIM5、TIM9~TIM14) 和高級計時器 (TIM1、TIM8)3 種類型。從功能上看，基本計時器的功能是通用計時器的子集，而通用計時器的功能又是高級計時器的子集。這些計時器掛在 APB2 或 APB1 匯流排上 (見圖 2-2)，所以它們的最高工作頻率不一樣，這些計時器的計數器有 16 位元的，也有 32 位元的。STM32F407 計時器特性如表 9-1 所示。

▼表 9-1 STM32F407 計時器特性

計時器類型	計時器	計數器長度	計數方向	DMA 請求生成	捕捉 / 比較通道數	所在匯流排
基本計時器	TIM6、TIM7	16 位元	向上	有	0	APB1
通用計時器	TIM2、TIM5	32 位元	向上、向下、雙向	有	4	APB1
	TIM3、TIM4	16 位元	向上、向下、雙向	有	4	APB1
	TIM9	16 位元	向上	無	2	APB2
	TIM12	16 位元	向上	無	2	APB1
	TIM10、TIM11	16 位元	向上	無	1	APB2
	TIM13、TIM14	16 位元	向上	無	1	APB1
高級計時器	TIM1、TIM8	16 位元	向上、向下、雙向	有	4	APB2

圖 9-1 為 STM32F407 時鐘樹的一部分區域，由圖可知計時器時鐘訊號來源於 APB1 匯流排或 APB2 匯流排的 Timer Clocks 訊號。STM32F407 的 HCLK 最高頻率為 168MHz，APB1 匯流排的時鐘頻率 PCLK1 最高為 42MHz，掛在 APB1 匯流排上的計時器時鐘頻率固定為 PCLK1 的 2 倍，所以掛在 APB1 匯流排上計時器的輸入時鐘頻率最高為 84MHz。同理，掛在 APB2 匯流排上的計時器的輸入時鐘頻率最高為 168MHz。除另有說明外，本書所有實例 HCLK 均設定為最高工作頻率 168MHz。

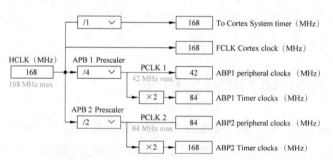

▲圖 9-1 STM32F407 時鐘樹部分區域

每個計時器的內部還有一個 16 位元的預分頻器暫存器 TIMx_PSC，可以設定 0~65535 中的任何一個整數對輸入時鐘訊號分頻，實際分頻係數為 TIMx_PSC+1，預分頻之後的時鐘訊號再進入計數器。

算上核心計時器 SysTick 和即時時鐘計時器 RTC，以及本質上也是計時器的獨立看門狗 (IWDG) 和視窗看門狗 (WWDG) 模組，STM32F407 有多達 18 個各類計時器,功能強大,應用複雜,為此將基本計時器和通用計時器各成一章,分別講解,高級計時器應用相對專業,讀者若有此技術需求可自行查閱相關資料,本書不對其作詳細討論。

9.2 基本計時器

9.2.1 基本計時器簡介

STM32F407 基本計時器 TIM6 和 TIM7 各包含一個 16 位元自動加載計數器,由各自的可程式化預分頻器驅動。它們可以為通用計時器提供時間基準,特別地,可以為數模轉換器 (DAC) 提供時鐘。實際上,它們在晶片上部直接連接到 DAC 並透過觸發輸出直接驅動 DAC。這兩個計時器是互相獨立的,不共用任何資源。

9.2.2 基本計時器的主要特性

TIM6 和 TIM7 計時器的主要功能包括:

(1) 16 位元自動重加載累加計數器。

(2) 16 位元可程式化 (可即時修改) 預分頻器,用於對輸入的時鐘按係數為 1~65536 的任意數值分頻。

(3) 觸發 DAC 的同步電路。

(4) 在更新事件 (計數器溢位) 時產生中斷 /DMA 請求。

基本計時器內部結構如圖 9-2 所示。

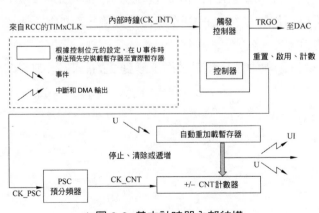

▲ 圖 9-2 基本計時器內部結構

9.2.3 基本計時器的功能

1. 時基單元

可程式化計時器的主要部分是一個帶有自動重加載的 16 位元累加計數器，計數器的時鐘透過一個預分頻器得到。軟體可以讀寫計數器、自動重加載暫存器和預分頻暫存器，即使計數器執行時期也可以操作。

時基單元包含：

(1) 計數器暫存器 (TIMx_CNT)。

(2) 預分頻暫存器 (TIMx_PSC)。

(3) 自動重加載暫存器 (TIMx_ARR)。

2. 時鐘源

從 STM32F407 基本計時器內部結構可以看出，基本計時器 TIM6 和 TIM7 只有一個時鐘源，即內部時鐘 CK_INT。對 STM32F407 所有的計時器來說，內部時鐘 CK_INT 都來自 RCC 的 TIMxCLK，但對於不同的計時器，TIMxCLK 的來源不同。基本計時器 TIM6 和 TIM7 的 TIMxCLK 來源於 APB1 預分頻器的輸出，APB1 匯流排頻率 PCLK1 最大 42MHz，而掛接在 APB1 匯流排上計時器的頻率固定為 PCLK1 的 2 倍，所以 TIM6 和 TIM7 計時器最大時鐘頻率為 84MHz。

3. 預分頻器

預分頻器可以以係數介於 1~65536 的任意數值對計數器時鐘分頻，它是透過一個 16 位元暫存器 (TIMx_PSC) 的計數實現分頻的。因為 TIMx_PSC 控制暫存器具有緩衝，所以可以在執行過程中改變它的數值，新的預分頻數值將在下一個更新事件時起作用。

圖 9-3 是在執行過程中預分頻係數從 1 變到 2 的計時器時序圖。

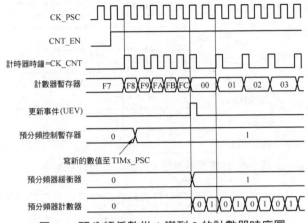

▲ 圖 9-3 預分頻係數從 1 變到 2 的計數器時序圖

4. 計數模式

STM32F407 基本計時器只有向上計數工作模式，其工作過程如圖 9-4 所示，其中 ↑ 表示產生溢位事件。

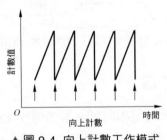

▲ 圖 9-4 向上計數工作模式

基本計時器工作時，脈衝計數器 TIMx_CNT 從 0 累加計數到自動重加載數值 (TIMx_ARR 暫存器)，然後重新從 0 開始計數並產生一個計數器溢位事件。由此可見，如果使用基本計時器進行延遲時間，延遲時間時間可以由以下公式計算：

延遲時間時間 =(TIMx_ARR+1)×(TIMx_PSC+1)/TIMxCLK

當發生一次更新事件時，所有暫存器會被更新並設定更新標識：傳送預先安裝載值 (TIMx_PSC 暫存器的內容) 至預分頻器的緩衝區，自動重加載影子暫存器被更新為預先安裝載值 (TIMx_ARR)。

以下是在 TIMx_ARR=0x36 時不同時鐘頻率下計數器時序圖。圖 9-5 內部時鐘分頻係數為 1，圖 9-6 內部時鐘分頻係數為 2。

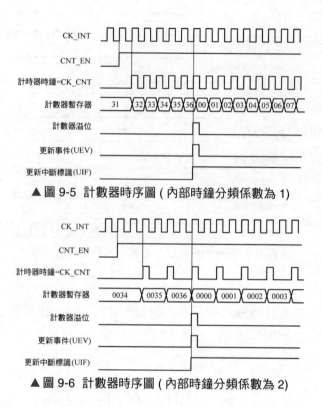

▲圖 9-5 計數器時序圖 (內部時鐘分頻係數為 1)

▲圖 9-6 計數器時序圖 (內部時鐘分頻係數為 2)

9.2.4 基本計時器暫存器

現將 STM32F407 基本計時器相關暫存器名稱介紹如下,可以用半字組 (16 位元) 或字 (32 位元) 的方式操作這些外接裝置暫存器,由於採用函數庫方式程式設計,故不作進一步的探討。

(1) TIM6 和 TIM7 控制暫存器 1(TIMx_CR1)。

(2) TIM6 和 TIM7 控制暫存器 2(TIMx_CR2)。

(3) TIM6 和 TIM7 DMA/ 中斷啟用暫存器 (TIMx_DIER)。

(4) TIM6 和 TIM7 狀態暫存器 (TIMx_SR)。

(5) TIM6 和 TIM7 事件產生暫存器 (TIMx_EGR)。

(6) TIM6 和 TIM7 計數器 (TIMx_CNT)。

(7) TIM6 和 TIM7 預分頻器 (TIMx_PSC)。

(8) TIM6 和 TIM7 自動重加載暫存器 (TIMx_ARR)。

9.3 基本計時器的 HAL 驅動

基本計時器只有定時這一個基本功能，在計數溢位時產生更新事件 (Update Event，UEV) 是基本計時器中斷的唯一事件來源。根據控制暫存器 TIMx_CR1 中的 OPM(One-Pulse Mode) 位元的設定值不同，基本計時器有兩種定時模式：連續定時模式和單次定時模式。當 OPM 位元為 0 時，計時器是連續定時模式，也就是計數器在發生 UEV 時不停止計數，計時器可以產生連續、週期性的定時中斷，這是計時器預設的工作模式。當 OPM 位元為 1 時，計時器是單次定時模式，也就是計數器在發生一次 UEV 後就停止計數，只能產生一次計時器更新中斷。

9.3.1 基本計時器主要 HAL 驅動函數

表 9-2 是基本計時器主要 HAL 驅動函數，所有計時器都具有定時功能，所以這些函數對於通用計時器、高級計時器同樣適用。

▼ 表 9-2 基本計時器主要 HAL 驅動函數

類 型	函 數	功 能
初始化	HAL_TIM_Base_Init()	計時器初始化，設定各種參數和連續定時模式
	HAL_TIM_OnePulse_Init()	將計時器設定為單次定時模式，需要先執行 HAL_TIM_Base_Init()
	HAL_TIM_Base_MspInit()	MSP 弱函數，在 HAL_TIM_Base_Init() 裡被呼叫，重新實現的這個函數一般用於計時器時鐘啟用和中斷設定。
啟動與停止	HAL_TIM_Base_Start()	以輪詢工作方式啟動計時器，不會產生中斷
	HAL_TIM_Base_Stop()	停止輪詢工作方式的計時器
	HAL_TIM_Base_Start_IT()	以中斷工作方式啟動計時器，發生更新事件時產生中斷
	HAL_TIM_Base_Stop_IT()	停止中斷工作方式的計時器
	HAL_TIM_Base_Start_DMA()	以 DMA 工作方式啟動計時器
	HAL_TIM_Base_Stop_DMA()	停止 DMA 工作方式的計時器
獲取狀態	HAL_TIM_Base_GetState()	獲取基本計時器的當前狀態

1. 計時器初始化

函數 HAL_TIM_Base_Init() 用於對計時器的連續定時工作模式和參數進行初始化設定，其原型定義如下：

```
HAL_StatusTypeDef HAL_TIM_Base_Init(TIM_HandleTypeDef *htim)
```

其中，參數 htim 是計時器外接裝置物件指標，是 TIM_HandleTypeDef 結構類型指標，這個結構類型定義在檔案 stm32f4xx_hal_tim.h 中，其定義如下：

```
typedef struct
{
    TIM_TypeDef                  *Instance;    // 計時器的暫存器基底位址
    TIM_Base_InitTypeDef         Init;         // 計時器的基本參數
    HAL_TIM_ActiveChannel        Channel;      // 當前通道
    DMA_HandleTypeDef            *hdma[7];      //DMA 處理相關陣列
    HAL_LockTypeDef              Lock;         // 是否鎖定
    __IO HAL_TIM_StateTypeDef    State;        // 計時器的工作狀態
} TIM_HandleTypeDef;
```

其中，Instance 是計時器的暫存器基底位址，用來表示具體哪個計時器，也就是其英文直譯「實例」。Init 是計時器主要參數的集合，由結構類型 TIM_Base_InitTypeDef 表示，其定義如下，各成員變數的意義見註釋。

```
typedef struct
{
    uint32_t Prescaler;            // 預分頻係數
    uint32_t CounterMode;          // 計數模式，遞增、遞減、雙向
    uint32_t Period;               // 計數週期
    uint32_t ClockDivision;        // 內部時鐘分頻，基本計時器無此功能
    uint32_t RepetitionCounter;    // 重複計數器值，用於 PWM 模式
    uint32_t AutoReloadPreload;    // 自動重加載預先安裝載功能
} TIM_Base_InitTypeDef;
```

要初始化計時器，一般是先定義一個 TIM_HandleTypeDef 類型的變數表示計時器，對其各個成員變數賦值，然後呼叫函數 HAL_TIM_Base_Init() 進行初始化。計時器的初始化設定可以在 STM32CubeMX 中圖形化設定，從而自動生成初始化程式。

計時器初始化函數 HAL_TIM_Base_Init() 會呼叫 MSP 函數 HAL_TIM_Base_MspInit()，這是一個弱函數，在 STM32CubeMX 生成的計時器初始化程式檔案裡會重新實現這個函數，用於開啟計時器的時鐘，設定計時器的中斷優先順序。

2. 設定為單次定時模式

計時器預設工作於連續定時模式，如果要設定計時器工作於單次定時模式，在呼叫計時器初始化函數 HAL_TIM_Base_Init() 之後，還需要呼叫函數 HAL_TIM_OnePulse_Init() 將計時器設定為單次模式，其函數原型定義如下：

```
HAL_StatusTypeDef HAL_TIM_OnePulse_Init(TIM_HandleTypeDef *htim, uint32_t OnePulseMode)
```

其中，參數 htim 是計時器物件指標，參數 OnePulseMode 是產生的脈衝的方式，有兩個巨集定義常數可以作為該參數的設定值，其中 TIM_OPMODE_SINGLE 表示單次模式，TIM_OPMODE_REPETITIVE 表示重複模式。

3. 啟動和停止計時器

計時器有 3 種啟動和停止方式，對應於表 9-2 中的 3 組函數。

一是輪詢方式，函數 HAL_TIM_Base_Start() 啟動計時器後，計時器便開始計數，計數溢位時會產生 UEV 標識，但是不會觸發中斷。使用者程式需要不斷地查詢計數值或 UEV 標識來判斷是否發生計數溢位。函數 HAL_TIM_Base_Stop()用於停止以輪詢方式工作的計時器。

二是中斷方式，函數 HAL_TIM_Base_Start_IT() 啟動計時器後，計時器便開始計數，計數溢位時會產生 UEV，並觸發中斷。使用者在 ISR 裡進行處理即可，這是計時器最常用的處理方式。函數 HAL_TIM_Base_Stop_IT() 用於停止以中斷方式工作的計時器。

三是 DMA 方式，函數 HAL_TIM_Base_Start_DMA() 啟動計時器後，計時器便開始計數，計數溢位時會產生 UEV，並產生 DMA 請求。DMA 將在後續章節專門介紹，一般用於需要進行高速資料傳輸的場合，計時器一般不使用 DMA 功能。函數 HAL_TIM_Base_Stop_DMA() 用於停止以 DMA 方式工作的計時器。

實際使用計時器的週期性連續定時功能時，一般使用中斷方式。函數 HAL_TIM_Base_Start_IT() 的原型定義如下：

```
HAL_StatusTypeDef HAL_TIM_Base_Start_IT(TIM_HandleTypeDef *htim)
```

其中，參數 htim 是計時器的物件指標，其他幾個啟動和停止計時器的函數參數與此相同。

4. 獲取計時器的執行狀態

函數 HAL_TIM_Base_GetState() 用於獲取計時器的當前狀態，其函數原型定義如下：

```
HAL_TIM_StateTypeDef HAL_TIM_Base_GetState(TIM_HandleTypeDef *htim)
```

函數的傳回值是列舉資料型態 HAL_TIM_StateTypeDef，表示計時器的當前狀態。這個列舉類型的定義如下，各列舉常數的對應狀態描述見註釋。

```
typedef enum
{
    HAL_TIM_STATE_RESET   = 0x00U,      // 計時器未被初始化或未啟用
    HAL_TIM_STATE_READY   = 0x01U,      // 計時器已經初始化完成，可以使用
    HAL_TIM_STATE_BUSY    = 0x02U,      // 一個內部處理過程正在執行
    HAL_TIM_STATE_TIMEOUT = 0x03U,      // 計時器到期 (Timeout) 狀態
    HAL_TIM_STATE_ERROR   = 0x04U       // 發生錯誤，Reception 處理程序正在執行
} HAL_TIM_StateTypeDef;
```

9.3.2 計時器通用操作巨集函數

　　檔案 stm32f4xx_hal_tim.h 還定義了計時器操作的一些通用函數，這些函數都是巨集函數，以 __HAL 開頭，直接操作暫存器，所以主要用於計時器執行時期直接讀取或修改某些暫存器的值，如修改定時週期、重設預分頻係數等，計時器通用操作巨集函數如表 9-3 所示。表中暫存器名稱用了首碼 TIMx_，其中的 x 可以用具體的計時器編號替換。

▼ 表 9-3 計時器通用操作巨集函數

函數名稱	功能描述
__HAL_TIM_ENABLE()	啟用某個計時器，就是將計時器控制暫存器 TIMx_CR1 的 CEN 位置 1
__HAL_TIM_DISABLE()	停用某個計時器
__HAL_TIM_GET_COUNTER()	在執行時期讀取計時器的當前計數值，就是讀取 TIMx_CNT 暫存器的值
__HAL_TIM_SET_COUNTER()	在執行時期設定計時器的計數值，就是設定 TIMx_CNT 暫存器的值
__HAL_TIM_GET_AUTORELOAD()	在執行時期讀取自動重加載暫存器 TIMx_ARR 的值
__HAL_TIM_SET_AUTORELOAD()	在執行時期設定自動重加載暫存器 TIMx_ARR 的值，改變定時週期
__HAL_TIM_SET_PRESCALER()	在執行時期設定預分頻係數，就是設定預分頻暫存器 TIMx_PSC 的值

　　這些函數都需要一個計時器物件指標作為參數，舉例來說，啟用計時器的函數定義如下：

```
#define __HAL_TIM_ENABLE(__HANDLE__) ((__HANDLE__)->Instance->CR1|=(TIM_CR1_CEN))
```

　　其中參數 __HANDLE__ 表示計時器物件指標，即 TIM_HandleTypeDef 類型指標，函數的功能就是將計時器的 TIMx_CR1 暫存器的 CEN 位置 1，函數使用範例如下：

```
TIM_HandleTypeDef htim6;           // 定義 TIM6 外接裝置物件變數
__HAL_TIM_ENABLE(&htim6);          // 啟用計時器 TIM6
```

讀取暫存器的函數會傳回一個數值，舉例來說，讀取當前計數值的函數定義如下：

```
#define __HAL_TIM_GET_COUNTER(__HANDLE__)  ((__HANDLE__)->Instance->CNT)
```

其傳回值就是暫存器 TIMx_CNT 的值，由表 9-1 可知，有的計時器是 32 位元的，有的計時器是 16 位元的，實際使用時用 uint32_t 類型變數來儲存函數傳回值即可。

設定某個暫存器的值的函數有兩個參數，舉例來說，設定計時器當前計數值的函數定義如下：

```
#define __HAL_TIM_SET_COUNTER(__HANDLE__, __COUNTER__)  ((__HANDLE__)->Instance->CNT =
(__COUNTER__))
```

其中，參數 __HANDLE__ 是計時器指標，參數 __COUNTER__ 是需要設定的計數值。

9.3.3 計時器中斷處理函數

計時器中斷處理函數如表 9-4 所示，這些函數對所有計時器都適用。

▼表 9-4　計時器中斷處理函數

函數名稱	功能描述
__HAL_TIM_ENABLE_IT()	啟用某個事件的中斷，就是將中斷啟用暫存器 TIMx_DIER 中相應事件位置 1
__HAL_TIM_DISABLE_IT()	停用某個事件的中斷，就是將中斷啟用暫存器 TIMx_DIER 中相應事件位置 0
__HAL_TIM_GET_FLAG()	判斷某個中斷事件來源的中斷暫停標識位元是否被置位元，就是讀取狀態暫存器 TIMx_SR 中相應的中斷事件位元是否置 1，傳回值為 TRUE 或 FALSE
__HAL_TIM_CLEAR_FLAG()	清除某個中斷事件來源的中斷暫停標識位元，就是將狀態暫存器 TIMx_SR 中相應的中斷事件位元清零
__HAL_TIM_GET_IT_SOURCE()	查詢是否允許某個中斷事件來源產生中斷，就是檢查中斷啟用暫存器 TIMx_DIER 中相應事件位元是否置 1，傳回值為 SET 或 RESET
__HAL_TIM_CLEAR_IT()	與 __HAL_TIM_CLEAR_FLAG() 的程式和功能完全相同

函數名稱	功能描述
HAL_TIM_IRQHandler()	計時器中斷的 ISR 裡呼叫的計時器中斷通用處理函數
HAL_TIM_PeriodElapsedCallback()	弱函數，更新事件中斷的回呼函數

　　每個計時器都只有一個中斷號碼，也就是只有一個 ISR。基本計時器只有一個中斷事件來源，即更新事件，但是通用計時器和高級控制計時器有多個中斷事件來源，相關內容見後續章節。在計時器的 HAL 驅動程式中，每一種中斷事件對應一個回呼函數，HAL 驅動程式會自動判斷中斷事件來源，清除中斷事件暫停標識，然後呼叫相應的回呼函數。

1. 中斷事件類型

　　檔案 stm32f4xx_hal_tim.h 中定義了表示計時器中斷事件類型的巨集，定義如下：

```
#define TIM_IT_UPDATE TIM_DIER_UIE          /*!< 更新中斷 >*/
#define TIM_IT_CC1 TIM_DIER_CC1IE           /*!< 捕捉 / 比較通道 1 中斷 >*/
#define TIM_IT_CC2 TIM_DIER_CC2IE           /*!< 捕捉 / 比較通道 2 中斷 >*/
#define TIM_IT_CC3 TIM_DIER_CC3IE           /*!< 捕捉 / 比較通道 3 中斷 >*/
#define TIM_IT_CC4 TIM_DIER_CC4IE           /*!< 捕捉 / 比較通道 4 中斷 >*/
#define TIM_IT_COM TIM_DIER_COMIE           /*!< 換相中斷 >*/
#define TIM_IT_TRIGGER TIM_DIER_TIE         /*!< 觸發中斷 >*/
#define TIM_IT_BREAK TIM_DIER_BIE           /*!< 斷路中斷 >*/
```

　　這些巨集定義實際上是計時器的中斷啟用暫存器 (TIMx_DIER) 中相應位元的遮罩。基本計時器只有一個中斷事件來源，即 TIM_IT_UPDATE，其他中斷事件來源通用計時器或高級控制計時器才有。

　　表 9-4 中的一些巨集函數需要以中斷事件類型作為輸入參數，就是用以上的中斷事件類型的巨集定義。舉例來說，函數 __HAL_TIM_ENABLE_IT() 的功能是開啟某個中斷事件來源，也就是在發生這個事件時允許產生計時器中斷，否則只是發生事件而不會產生中斷。該函數定義如下：

```
#define __HAL_TIM_ENABLE_IT(__HANDLE__, __INTERRUPT__) ((__HANDLE__)
->Instance->DIER |= (__INTERRUPT__))
```

　　其中，參數 __HANDLE__ 是計時器物件指標，__INTERRUPT__ 就是某個中斷類型的巨集定義。這個函數的功能就是將中斷啟用暫存器 (TIMx_DIER) 中對應於中斷事件 __INTERRUPT__ 的位置 1, 從而開啟該中斷事件來源。

2. 計時器中斷處理流程

每個計時器都只有一個中斷號碼，也就是只有一個 ISR。STM32CubeMX 生成程式時，會在檔案 stm32f4xx_it.c 中生成計時器中斷 ISR 的程式框架。假設專案中將兩個基本計時器 TIM6 和 TIM7 均開啟，生成的 ISR 程式框架如下，其中 TIM7 的 ISR 省略了註釋和程式沙箱。

```
void TIM6_DAC_IRQHandler(void)
{
    /* USER CODE BEGIN TIM6_DAC_IRQn 0 */

    /* USER CODE END TIM6_DAC_IRQn 0 */
    HAL_TIM_IRQHandler(&htim6);
    /* USER CODE BEGIN TIM6_DAC_IRQn 1 */

    /* USER CODE END TIM6_DAC_IRQn 1 */
}

void TIM7_IRQHandler(void)
{
    HAL_TIM_IRQHandler(&htim7);
}
```

由上述程式可知，所有計時器的 ISR 程式是類似的，都是呼叫函數 HAL_TIM_IRQHandler()，只是傳遞了各自的計時器物件指標，這與第 8 章中外部中斷 ISR 的處理方式類似。

所以，HAL_TIM_IRQHandler() 是計時器中斷通用處理函數。追蹤分析這個函數在 stm32f4xx_hal_tim.c 中的原始程式碼，發現其功能就是判斷中斷事件來源、清除中斷暫停標識位元、呼叫相應的回呼函數，程式體量較大，其中對應於基本計時器唯一中斷來源——更新事件的判斷和處理相關程式如下：

```
void HAL_TIM_IRQHandler(TIM_HandleTypeDef *htim)
{
    /* 計時器更新事件 */
    if (__HAL_TIM_GET_FLAG(htim, TIM_FLAG_UPDATE) != RESET)
    {
        if (__HAL_TIM_GET_IT_SOURCE(htim, TIM_IT_UPDATE) != RESET)
        {
            __HAL_TIM_CLEAR_IT(htim, TIM_IT_UPDATE);
            HAL_TIM_PeriodElapsedCallback(htim);
        }
    }
}
```

由上述程式可以看到，其先呼叫函數 __HAL_TIM_GET_FLAG() 判斷 UEV 的中斷暫停標識位元是否被置位，再呼叫函數 __HAL_TIM_GET_IT_SOURCE() 判斷是否已開啟 UEV 事件來源中斷。如果這兩個條件都成立，說明發生了 UEV 中斷，就呼叫函數 __HAL_TIM_CLEAR_IT() 清除 UEV 的中斷暫停標識位元，再呼叫 UEV 中斷對應的回呼函數 HAL_TIM_PeriodElapsedCallback()。

所 以， 使 用 者 要 做 的 事 情 就 是 重 新 實 現 回 呼 函 數 HAL_TIM_PeriodElapsedCallback()，在計時器發生 UEV 中斷時做相應的處理。判斷中斷是否發生、清除中斷暫停標識位元等操作都由 HAL 函數庫完成。這簡化了中斷處理的複雜度，特別是在一個中斷號碼有多個中斷事件來源時。

基本計時器只有一個 UEV 中斷事件來源，只需重新實現回呼函數 HAL_TIM_PeriodElapsedCallback() 即可。通用計時器和高級控制計時器有多個中斷事件來源，對應不同的回呼函數，這些回呼函數將在後續章節進行討論。

9.4 專案實例

本章將介紹 3 個專案，其中第 1 個專案為計時器基本應用專案實例：數字電子鐘。第 2 個專案最佳化上一個專案的數位管更新方式，使用計時器週期更新數位管。第 3 個專案使用中斷方式重寫第 6 章矩陣按鍵的掃描程式。

9.4.1 數字電子鐘

本專案是在前兩章專案的基礎上擴充的，在第 7 章中我們完成了數位管動態顯示時間實驗，在第 8 章中我們完成了利用外部中斷調節時間實驗，在本專案中我們將利用基本計時器的定時功能讓時間走起來，實現一個數位電子鐘的功能。

1. 開發專案

本專案的核心功能是實現精確的 1 秒的定時，要完成這一功能，必須先選擇一個計時器。由於本專案只需要單一定時功能，可以採用向上計數模式和中斷服務程式調整時間方式。由前文分析可知，採用 STM32F407 的基本計時器即可完成相應功能，所以本例選擇 TIM6 作為專案計時器。

對數字電子鐘來說，每秒產生一次更新中斷十分重要，是本專案的關鍵所在。由表 9-1 可知，基本計時器 TIM6 和 TIM7 掛接在 APB1 匯流排上。由圖 9-1 可知，按本書的常規時鐘設定方式,即將核心時鐘 HCLK 設定為 168MHz,基本計時器的輸入時鐘頻率為 84MHz。

由計時器工作原理可以分析得出,無論是時鐘訊號的預分頻還是週期計數,均對應時鐘訊號分頻操作。那如何將 84MHz 時鐘訊號透過 2 次分頻操作得到 1Hz 定時訊號呢?其實只需要合理設定預分頻係數和計數週期數,其本質上是設定預分頻暫存器 TIMx_PSC 和自動重加載暫存器 TIMx_ARR,這兩個暫存器都是 16 位元,所以其設定值範圍為 0~65535,對應分頻係數為 1~65536,如果將一個暫存器的分頻係數設為最大 65536,則另一個暫存器的分頻係數最小約為 1282。此處較為均勻地分配了兩個分頻係數,即預分頻係數設為 8400,計數週期分頻係數為 10000,需要注意的是,根據圖 9-6 所示時序圖可知,預分頻暫存器和自動多載暫存器的數值分別為分頻係數減 1。

在 STM32CubeMX 中完成計時器初始化設定,生成的初始化程式會在檔案 stm32f4xx_it.c 中生成計時器 ISR 的程式框架。在這程式框架中會呼叫計時器通用處理函數,對事件類型進行判斷並呼叫相應的回呼函數。使用者在撰寫程式只需重新實現這一回呼函數,執行秒加 1 指令,並根據秒的數值實現分鐘和小時的進位。

2. 專案實施

1) 複製專案檔案

複製第 8 章建立的專案範本資料夾到桌面,並將資料夾重新命名為 0901 BasicTimer。

2) STM32CubeMX 設定

打開專案範本資料夾裡面的 Template.ioc 檔案,啟動 STM32CubeMX 設定軟體,在左側設定類別 Categories 下面的 Timers 列表中的找到 TIM6 計時器,打開其設定對話方塊,TIM6 操作介面如圖 9-7 所示。在模式設定部分,選中 Activated 核取方塊,啟用計時器,此時 One Pulse Mode 核取方塊也變為可設定狀態,該選項用於設定是否採用單脈衝模式。本例需要實現連續定時功能,所以該選項應處於未選中狀態。

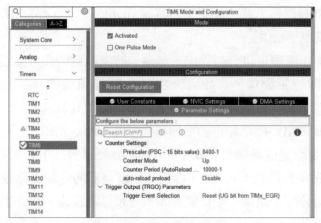

▲ 圖 9-7 TIM6 操作介面

參數設定選項裡設定以下幾個參數：

Prescaler：預分頻值，16 位元暫存器，設定範圍為 0~65535，對應分頻係數為 1~65536。這裡設定為 8400-1，實際分頻係數為 8400。

Counter Mode：計數模式，基本計時器只有向上計數模式一種。

Counter Period：計數週期，設定的是自動重加載暫存器的值，這裡設定為 10000-1，對應的計數值為 10000。

auto-reload preload：是否啟用計時器的預先安裝載功能。不啟用預先安裝載功能，對自動重加載暫存器的修改立即生效，啟用預先安裝載功能，對自動重加載暫存器的修改在更新事件發生後才生效。如果不動態修改 TIMx_ARR 的值，這個設定對計時器工作無影響，此處選擇 Disable，即不啟用預先安裝載功能。

Trigger Event Selection：主模式下觸發輸出訊號 (TRGO) 訊號來源選擇，專案並未在主模式輸出觸發訊號，此處保留預設選項 Reset。

在完成計時器模式和參數設定後還需要打開 TIM6 的全域中斷，其設定介面如圖 9-8 所示。

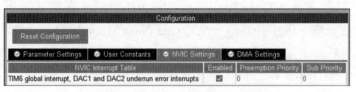

▲ 圖 9-8 TIM6 全域中斷設定介面

在打開 TIM6 全域中斷之後，還需要設定計時器的中斷優先順序，設定方法為依次選擇左側設定類別 Categories → System Core → NVIC 打開中斷優先順序設定介面。優先順序設定原則為，SysTick 計時器優先順序最高，因為 TIM6 計時器用於計數，為保證精度，儘量減少被其他中斷打擾，所以將其優先順序設定為次高，按鍵中斷優先順序設為最低，TIM6 中斷優先順序設定如圖 9-9 所示。時鐘設定和專案設定選項無須修改，按一下 GENERATE CODE 按鈕生成初始化專案。

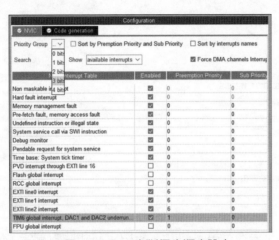

▲ 圖 9-9 TIM6 中斷優先順序設定

TIM6 的輸入時鐘訊號頻率為 84MHz，經過兩次分頻之後的訊號頻率為 84MHz/8400/10000=1Hz，TIM6 將每 1s 產生一個更新事件，打開計時器全域中斷之後，TIM6 將每 1s 產生一次硬體中斷，在其 ISR 中對時間數值進行處理即可實現數位電子鐘功能。

3) 初始化程式分析

打開 MDK-ARM 資料夾下面的專案檔案 Template.uvprojx，將生成專案編譯一下，沒有錯誤和警告之後開始初始化程式分析。

(1) 打開 main.c 檔案，主程式如下：

```
#include "main.h"
#include "tim.h"
#include "gpio.h"
#include "fsmc.h"
/* USER CODE BEGIN PV */
uint16_t *SEG_ADDR=(uint16_t *)(0x68000000);
```

```
uint8_t smgduan[11]={0xc0,0xf9,0xa4,0xb0,0x99,0x92,0x82,0xf8,0x80,0x90,0xbf};
uint8_t smgwei[6]={0xfe,0xfd,0xfb,0xf7,0xef,0xdf},hour,minute,second;
/* USER CODE END PV */
void SystemClock_Config(void);
/* USER CODE BEGIN PFP */
void DsgShowTime(void);
/* USER CODE END PFP */
int main(void)
{
    HAL_Init();
    SystemClock_Config();
    MX_GPIO_Init();
    MX_FSMC_Init();
    MX_TIM6_Init();
    /* USER CODE BEGIN WHILE */
    hour=9; minute=30; second=25;
    HAL_TIM_Base_Start_IT(&htim6);   // 以中斷方式啟動 TIM6
    while (1)
    {
        DsgShowTime();   // 動態顯示時間
        /* USER CODE END WHILE */
    }
}
```

在主程式中，首先進行檔案包含、變數定義和函數宣告，隨後完成所有外接裝置初始化，給時間變數賦一個初值，以中斷方式啟動計時器，最後採用無限迴圈動態顯示時間。

(2) 計時器初始化。

使用者在 STM32CubeMX 中啟用了某個計時器，系統會自動生成計時器初始化原始檔案 tim.c 和計時器初始化標頭檔 tim.h，分別用於計時器初始化的實現和定義。

標頭檔 tim.h 內容如下，其中省略了程式沙箱和部分註釋。

```
#include "main.h"
extern TIM_HandleTypeDef htim6;
void MX_TIM6_Init(void);
```

原始檔案 tim.c 內容如下，其中省略了程式沙箱和部分註釋。

```
#include "tim.h"
TIM_HandleTypeDef htim6;
void MX_TIM6_Init(void)
{
```

```
    TIM_MasterConfigTypeDef sMasterConfig = {0};
    htim6.Instance = TIM6;
    htim6.Init.Prescaler = 8400-1;
    htim6.Init.CounterMode = TIM_COUNTERMODE_UP;
    htim6.Init.Period = 10000-1;
    htim6.Init.AutoReloadPreload = TIM_AUTORELOAD_PRELOAD_DISABLE;
    if (HAL_TIM_Base_Init(&htim6) != HAL_OK)
    { Error_Handler(); }
    sMasterConfig.MasterOutputTrigger = TIM_TRGO_RESET;
    sMasterConfig.MasterSlaveMode = TIM_MASTERSLAVEMODE_DISABLE;
    if (HAL_TIMEx_MasterConfigSynchronization(&htim6, &sMasterConfig) != HAL_OK)
    { Error_Handler(); }
}
void HAL_TIM_Base_MspInit(TIM_HandleTypeDef* tim_baseHandle)
{

    if(tim_baseHandle->Instance==TIM6)
    {

        __HAL_RCC_TIM6_CLK_ENABLE();                    /* TIM6 時鐘啟用 */
        HAL_NVIC_SetPriority(TIM6_DAC_IRQn, 1, 0);      /* TIM6 中斷初始化 */
        HAL_NVIC_EnableIRQ(TIM6_DAC_IRQn);

    }

}
```

透過觀察上述兩個檔案的程式，可以發現計時器初始化工作原理。

外接裝置物件的定義與宣告。在 tim.c 檔案中定義了 TIM6 的外接裝置物件變數 htim6，資料型態為 TIM_HandleTypeDef，在 tim.h 檔案中使用 extern 關鍵字將這一外接裝置變數宣告為外部變數，當其他檔案需要使用這一外接裝置變數只需要將 tim.h 包含即可。

extern 關鍵字：一個嵌入式專案往往由多個檔案組成，如果一個檔案需要引用另一個檔案已經定義的外部變數，就需要在本檔案中使用 extern 關鍵字對其作「外部變數宣告」。

計時器 TIM6 初始化。函數 MX_TIM6_Init() 用於對 TIM6 進行初始化。程式需要對外接裝置物件變數 htim6 的成員進行賦值。首先對指標 Instance 賦值，將外接裝置物件 htim6 的 Instance 指標指向 TIM6 的基底位址，這樣 htim6 就能表示計時器 TIM6。隨後程式再對 htim6.Init 的一些參數賦值，如預分頻係數、計數週期等，這些程式和圖 9-7 中設定資訊是一一對應的。對 htim6 賦值後，執行函數 HAL_TIM_Base_Init() 對 TIM6 進行初始化。

程式還定義了 TIM_MasterConfigTypeDef 結構類型變數 sMasterConfig，

用於設定 TRGO 訊號來源和主從模式參數，再呼叫函數 HAL_TIMEx_MasterConfigSynchronization() 設定 TIM6 工作於主模式。

MSP 初始化。HAL_TIM_Base_MspInit() 是計時器的 MSP 初始化函數，在函數 HAL_TIM_Base_Init() 中被呼叫。檔案重新實現了這個函數，其功能就是開啟 TIM6 時鐘，設定計時器的中斷優先順序，啟用計時器的硬體中斷。

(3) 計時器中斷處理。

使用者啟用計時器 TIM6 並啟用了其全域中斷，在 STM32CubeMX 設定完成之後，會在檔案 stm32f4xx_it.c 中自動生成 TIM6 的硬體中斷 ISR 的程式框架，程式如下：

```
void TIM6_DAC_IRQHandler(void)
{
    /* USER CODE BEGIN TIM6_DAC_IRQn 0 */

    /* USER CODE END TIM6_DAC_IRQn 0 */
    HAL_TIM_IRQHandler(&htim6);
    /* USER CODE BEGIN TIM6_DAC_IRQn 1 */

    /* USER CODE END TIM6_DAC_IRQn 1 */
}
```

計時器中斷服務程式除程式沙箱而外，僅呼叫了計時器中斷通用處理函數 HAL_TIM_IRQHandler()，該函數會判斷產生計時器中斷的事件來源，然後呼叫對應的回呼函數進行處理。

4) 使用者程式撰寫

(1) 主程式設計，首先需要在 main.c 檔案中定義 3 個 uint8_t 類型變數 hour、minute 和 second，並在 main() 函數中對其賦初值，呼叫第 7 章中的撰寫的 DsgShowTime() 函數動態循環顯示時間。上述程式在上一節初始化程式分析主程式部分已進行了更新。

(2) 重新實現中斷回呼函數，基本計時器的中斷事件來源只有一個，就是計數器溢位時產生的 UEV，對應的回呼函數是 HAL_TIM_PeriodElapsedCallback()，在 stm32f4xx_hal_tim.c 有其弱函數的定義形式，需要重新實現這個函數進行中斷處理。使用者可以在專案的任何檔案內實現這一回呼函數，為減少變數跨檔案傳遞，所以作者選擇在 main.c 重新實現回呼函數。HAL_TIM_PeriodElapsedCallback()

回呼函數參考程式如下：

```
/* USER CODE BEGIN 4 */
void HAL_TIM_PeriodElapsedCallback(TIM_HandleTypeDef *htim)
{
    if(htim->Instance==TIM6)
    {
        if(++second==60)
        {
            second=0;
            if(++minute==60)
            {
                minute=0;
                if(++hour==24) hour=0;
            }
        }
    }
}
/* USER CODE BEGIN 4 */
```

函數的傳入參數 htim 是計時器指標，透過 htim->Instance 可以判斷具體是哪個計時器，因為多個計時器同一事件共用一個回呼函數，所以這一判斷是十分有必要的。確認是 TIM6 發生中斷以後，即進行時間處理，實現讓時間走起來的功能。

5) 下載偵錯

編譯專案，直到沒有錯誤為止，下載程式到開發板，重置執行，檢查實驗效果。

9.4.2 計時器更新數位管

1. 開發專案

在 9.4.1 節數位電子鐘專案中，數位管動態顯示程式安排在主程式中無限迴圈執行，CPU 佔有率高，如果有多個任務需要執行，相互融合十分困難。為彌補上述不足，可利用計時器週期更新數位管完成動態顯示。

具體實現想法為，選擇一個基本計時器，設定其中斷週期，當計時器計數溢位，發生更新事件時，在執行的中斷服程式中更新要顯示的數位管。因為每次中斷會依次更新一個數位管，所以需要一個靜態索引變數記錄更新位置。為便於中斷服務程式依次更新數位管,需要定義一個顯示緩衝陣列,在主程式中僅需對其賦值即可,無須延遲時間等待,可提高 CPU 使用率,增強多工處理能力。

2. 專案實施

由於本專案是在 9.4.1 節專案基礎上進行最佳化設計,專案設計流程和主要功能相同,所以本節重點介紹二者的不同之處。

1) 專案初始化

選擇另一基本計時器 TIM7,用於數位管中斷更新。數位管動態掃描更新週期短,最理想的數值其實很難確定,好在其具有較大的適應性,作者此處選擇更新週期為 1ms。

STM32CubeMX 中啟用 TIM7,將預分頻暫存器的值設為 84-1,將自動重加載暫存器的值設為 1000-1,實際對應的預分頻係數為 84,計數週期為 1000,這樣 84MHz 的時鐘輸入訊號經過兩次分頻之後的訊號頻率為 1kHz。TIM7 參數設定介面如圖 9-10 所示。

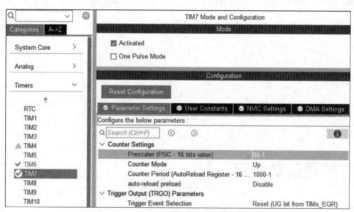

▲ 圖 9-10　TIM7 參數設定介面

打開 TIM7 的全域中斷,使其發生更新事件時能產生硬體中斷。因為數位管動態掃描中斷更新在整個系統中屬於非緊急處理任務,可以將其中斷優先順序設定較低,作者將先佔優先順序設為 7,回應優先順序設為 0,TIM7 中斷設定結果如圖 9-11 所示。

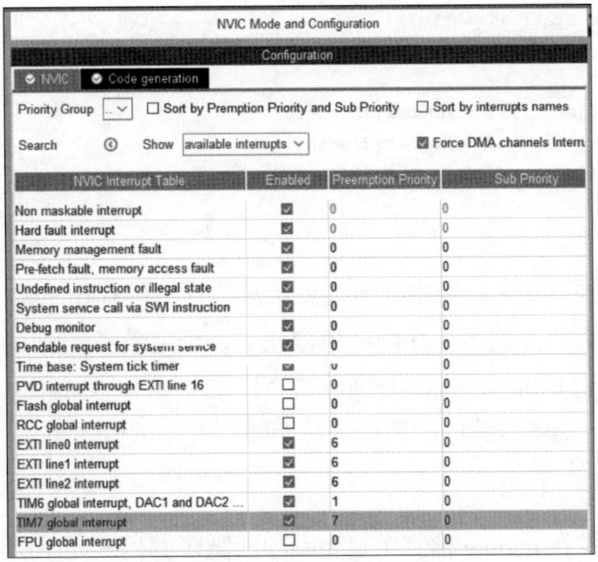

▲ 圖 9-11 TIM7 中斷設定結果

計時器 TIM7 經過上述設定之後，每 1ms 產生一次硬體中斷，使用者需要在其回呼函數中實現數位管依次更新功能。

2) 主程式設計

```
/********** main.c Source File **********/
#include "main.h"
#include "tim.h"
#include "gpio.h"
#include "fsmc.h"
uint16_t *SEG_ADDR=(uint16_t *)(0x68000000);
uint8_t smgduan[11]={0xc0,0xf9,0xa4,0xb0,0x99,0x92,0x82,0xf8,0x80,0x90,0xbf};
uint8_t smgwei[6]={0xfe,0xfd,0xfb,0xf7,0xef,0xdf},hour,minute,second,SmgBuff[6];
void SystemClock_Config(void);
void DsgShowTime(void);
int main(void)
{
    HAL_Init();
    SystemClock_Config();
    MX_GPIO_Init();
    MX_FSMC_Init();
    MX_TIM6_Init();
    MX_TIM7_Init();
    hour=9;minute=30;second=25;
    HAL_TIM_Base_Start_IT(&htim6);
```

```
    HAL_TIM_Base_Start_IT(&htim7);
    while (1)
    {
        SmgBuff[0]=hour/10;SmgBuff[1]=hour%10;
        SmgBuff[2]=minute/10;SmgBuff[3]=minute%10;
        SmgBuff[4]=second/10;SmgBuff[5]=second%10;
    }
}
```

分析上述程式可知，採用中斷方式更新數位管主程式和 9.4.1 節專案差別比較小，主要修改地方有 3 處，均採用加粗標注，一是定義了一個 uint8_t 類型數位管顯示緩衝陣列 SmgBuff[6]，二是增加了 TIM7 的初始化程式和以中斷方式啟用敘述，三是在 while 迴圈敘述中的對顯示緩衝陣列進行賦值。

3) 回呼函數實現

專案依然選擇在 main.c 檔案中實現回呼函數，其程式如下所示：

```
void HAL_TIM_PeriodElapsedCallback(TIM_HandleTypeDef *htim)
{
    static uint8_t FreshIndex=0;
    if(htim->Instance==TIM6)
    {
        if(++second==60)
        {
            second=0;
            if(++minute==60)
            {
                minute=0;
                if(++hour==24) hour=0;
            }
        }
    }
    else if(htim->Instance==TIM7)
    {
        if(FreshIndex==1||FreshIndex==3)
            *SEG_ADDR=(smgwei[FreshIndex]<<8)+smgduan[SmgBuff[FreshIndex]]&0xFF7F;
        else
            *SEG_ADDR=(smgwei[FreshIndex]<<8)+smgduan[SmgBuff[FreshIndex]];
        if(++FreshIndex==6) FreshIndex=0;
    }
}
```

因為本專案是兩個計時器 TIM6 和 TIM7 共用一個回呼函數，所以需要判斷是哪一個計時器的更新事件。如果是 TIM6 更新事件，則依然完成時間處理，其程式和 9.4.1 節專案並無差別。如果是 TIM7 更新事件，則應進行數位管更新操作。函數定義了一個靜態無號字元型變數 FreshIndex 用於指示需要更新的數位管位置，設定值在 0~5，當 FreshIndex 為 1 或 3 時，也就是對應時間顯示的小時個位和分鐘個位時，還需要將其小數點點亮。

 static 關鍵字：有時希望函數中的區域變數的值在函數呼叫結束後不消失而保留原值，即佔用的儲存單元不釋放。此時就需要使用關鍵字 static 將該變數宣告為「靜態區域變數」。

4) 下載偵錯

編譯專案，直到沒有錯誤為止，下載程式到開發板，重置執行，檢查實驗效果。

9.4.3 計時器矩陣鍵盤掃描

1. 開發專案

本書 6.4.3 節實現了矩陣鍵盤行掃描實例，可以快速準確地辨識出行列按鍵，並將其鍵號顯示於 LED 指示燈，但是這一專案還會有一些不夠完整的地方。

(1) 矩陣鍵盤掃描程式在主程式中採用無限迴圈實現，和 9.4.1 節實例一樣，存在 CPU 佔有率高，多工處融合困難等缺點。

(2) 按鍵消抖採用 HAL_Delay() 函數阻塞執行，當系統處理任務較多，某一事件到來時，如果 CPU 恰好在執行延遲時間程式，會導致事件無法被辨識，最後造成事件遺失。

(3) 矩陣鍵盤採用電位辨識按鍵，即穩定檢測到低電位時認為按鍵按下。如果按鍵回應程式是長時任務 (如蜂鳴器) 或輸出具有鎖存功能 (如 LED 指示燈) 是可行的，但如果按鍵呼叫函數是快速回應程式 (如用按鍵調時間)，則會導致一次按鍵而回應程式卻被多次執行。

為克服上述不足，採用計時器週期掃描按鍵並進行消抖處理，同時將按鍵的辨識方法由電位辨識更改為邊沿辨識，即辨識到一個下降沿 (按鍵按下) 或一個上昇緣 (按鍵鬆開) 時認為是一次按鍵。

下面分析使用計時器進行延遲時間消抖和矩陣按鍵掃描具體實現方法。對獨立按鍵來說，其行線已經接地，列線連接至微控制器一組 I/O 介面，通訊埠設定為輸入模式，上拉電阻有效。隨後啟用一個定時中斷，每 2ms 進一次中斷，掃描一次按鍵狀態並將其儲存起來，則連續掃描 8 次後，判斷這連續 8 次的按鍵狀態是否一致。8 次按鍵的所用時間大概是 16ms，這 16ms 內如果按鍵狀態一直保持一致，那就可以確定現在按鍵處於穩定的階段，而非處於抖動的階段。

按鍵連續掃描判斷如圖 9-12 所示。假如左邊是起始時間 0，每經過 2ms 左移一次，每移動一次，判斷當前連續的 8 次按鍵狀態，如果是全 1 則判定為彈起，如果是全 0 則判定為按下，如果 0 和 1 交錯，就認為是抖動，不做任何判定。想一下，這樣是不是比簡單的延遲時間更加可靠呢？

$$1111111111111111101001000000000000000000010010111111111111111111$$

| 彈起 | 抖動 | 按下 | 抖動 | 彈起 |

▲ 圖 9-12 按鍵連續掃描判斷

利用這種方法可以避免透過延遲時間消抖佔用微控制器執行時間，轉化成一種按鍵狀態判定而非按鍵過程判定，且只對當前按鍵 16ms 內的 8 次狀態進行判斷，不再關心它在這 16ms 內都做了什麼事情。

矩陣按鍵的中斷掃描較獨立按鍵要複雜一些，但原理還是和獨立按鍵掃描一樣。依然需要啟用一個計時器，在計時器中斷服務程式中，每次僅掃描一行按鍵，對每個按鍵均需連續多次讀取接腳狀態，鍵值均相同時才能確認其是按下還是彈起，處理完一行按鍵之後再進行行切換。至於掃描間隔時間和消抖時間，對開發板的 3×4 矩陣鍵盤來說，因為現在有 3 個行訊號輸出，要中斷 3 次才能完成一次全部按鍵的掃描，顯然再採用 2ms 中斷判斷 8 次掃描值的方式時間就太長了 (2×3×8=48ms)，可改用 1.33ms 中斷判斷 4 次採樣值，這樣消抖時間還約為 16ms(1.33×3×4=15.96ms)。

2. 專案實施

本專案在 9.4.2 節專案的基礎上進一步擴充，在保持數位電子鐘和計時器中斷更新數位管等功能不變的基礎上增加了矩陣鍵盤計時器中斷掃描，所以本節重點展示擴充功能部分的實現。

1) 專案初始化

基本計時器只有 TIM6 和 TIM7，雖然已經在 9.4.2 節專案中全部使用完了，但是 F407 系列微控制器配備數量許多的高級計時器和通用計時器，且高級計時器功能涵蓋通用計時器，通用計時器功能涵蓋基本計時器。所以僅需選擇一個通用計時器使用其基本的定時功能即可，此處作者選擇的是 TIM13。

STM32CubeMX 中啟用 TIM13，將預分頻暫存器的值設為 112-1，將自動重加載暫存器的值設為 1000-1，實際對應的預分頻係數為 112，計數週期為 1000，這樣 84MHz 的時鐘輸入訊號經過兩次分頻之後的訊號頻率為 750Hz，更新週期約為 1.33ms。TIM13 參數設定介面如圖 9-13 所示。

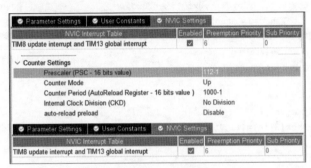

▲ 圖 9-13 TIM13 參數設定介面

打開 TIM13 的全域中斷，使其發生更新事件時能產生硬體中斷。因為對矩陣按鍵的掃描的緊急程度低於 TIM6 的時鐘基準中斷，高於 TIM7 的數位管更新中斷，所以將其優先順序設定為介於二者之間，TIM13 中斷優先順序設定如圖 9-14 所示。

NVIC Interrupt Table	Enabled	Preemption Priority	Sub Priority
Non maskable interrupt	☑	0	0
Hard fault interrupt	☑	0	0
Memory management fault	☑	0	0
Pre-fetch fault, memory access fault	☑	0	0
Undefined instruction or illegal state	☑	0	0
System service call via SWI instruction	☑	0	0
Debug monitor	☑	0	0
Pendable request for system service	☑	0	0
Time base: System tick timer	☑	0	0
PVD interrupt through EXTI line 16	☐	0	0
Flash global interrupt	☐	0	0
RCC global interrupt	☐	0	0
TIM8 update interrupt and TIM13 global interr...	☑	6	0
TIM6 global interrupt, DAC1 and DAC2 underr...	☑	1	0
TIM7 global interrupt	☑	7	0
FPU global interrupt	☐	0	0

▲ 圖 9-14 TIM13 中斷優先順序設定

計時器 TIM13 經過上述設定之後，每 1.33ms 產生一次硬體中斷，使用者需要在其回呼函數實現矩陣鍵盤掃描功能。

2) 主程式

```c
/********** main.c Source File **********/
#include "main.h"
#include "tim.h"
#include "gpio.h"
#include "fsmc.h"
uint16_t *SEG_ADDR=(uint16_t *)(0x68000000);
uint8_t smgduan[11]={0xc0,0xf9,0xa4,0xb0,0x99,0x92,0x82,0xf8,0x80,0x90, }; //"-" 顯示碼 0xbf
uint8_t smgwei[6]={0xfe,0xfd,0xfb,0xf7,0xef,0xdf};
uint8_t hour,minute,second,SmgBuff[6],ShowCount=0;
uint8_t KeySta[3][4]={{1,1,1,1},{1,1,1,1},{1,1,1,1}};          // 全部按鍵當前狀態
void SystemClock_Config(void);
void DsgShowTime(void);
int main(void)
{
    uint8_t i,j,KeyVal=0;
    uint8_t KeyBack[3][4]={{1,1,1,1},{1,1,1,1},{1,1,1,1}};     // 按鍵備份值
    HAL_Init();
    SystemClock_Config();
    MX_GPIO_Init();
    MX_FSMC_Init();
    MX_TIM6_Init();
    MX_TIM7_Init();
    MX_TIM13_Init();
    hour=9;minute=30;second=25;
    HAL_TIM_Base_Start_IT(&htim6);
    HAL_TIM_Base_Start_IT(&htim7);
    HAL_TIM_Base_Start_IT(&htim13);
    while(1)
    {
        for(i=0;i<3;i++)
        {
            for(j=0;j<4;j++)
            {
                if(KeyBack[i][j]!=KeySta[i][j])          // 檢測按鍵動作
                {
                    if(KeyBack[i][j]==1)                 // 按鍵按下時執行動作
                    {
                        KeyVal=4*i+j+1;                  // 更新鍵值
                        ShowCount=2;                     // 鍵值顯示的秒數
                    }
                    KeyBack[i][j]=KeySta[i][j];          // 更新前一次備份值
                }
            }
        }
```

```
    if(ShowCount==0)
    {// 無按鍵時顯示時間
        SmgBuff[0]=hour/10;SmgBuff[1]=hour%10;
        SmgBuff[2]=minute/10;SmgBuff[3]=minute%10;
        SmgBuff[4]=second/10;SmgBuff[5]=second%10;
    }
    else
    {// 有按鍵時顯示鍵值，格式："—xx--"
        SmgBuff[0]=10;SmgBuff[1]=10;                    //10 為 "-" 顯示碼的下標
        SmgBuff[2]=KeyVal/10;SmgBuff[3]=KeyVal%10;
        SmgBuff[4]=10;SmgBuff[5]=10;
    }
  }
}
```

　　分析上述程式可知，初始化部分與 9.4.2 節專案差別較小，主要增加了 TIM13
初始化函數和計時器啟用敘述。while 迴圈主體部分差別較大，主要完成兩部分
工作，一部分是比較所按鍵當前與備份值異同，如果不同且備份值為 1，則檢測
到按鍵按下，計算鍵值 KeyVal，並舉出鍵值顯示時間 ShowCount，單位是秒。另
一部分是根據鍵值顯示時間 ShowCount 數值對數位管顯示緩衝數值賦值。所有相
對於 9.4.2 節專案修改地方均以加粗標注。

3) 回呼函數實現

　　專案依然選擇在 main.c 檔案中實現回呼函數，其程式如下所示：

```
void HAL_TIM_PeriodElapsedCallback(TIM_HandleTypeDef *htim)
{
    uint8_t i;
    static uint8_t FreshIndex=0;
    static uint8_t KeyLine=0;
    static uint8_t KeyBuff[3][4]=
    { {0xFF,0xFF,0xFF,0xFF}, {0xFF,0xFF,0xFF,0xFF}, {0xFF,0xFF,0xFF,0xFF} };
    if(htim->Instance==TIM6)
    {
        if(++second==60)
        {
            second=0;
            if(++minute==60)
            {
                minute=0;
                if(++hour==24) hour=0;
            }
        }
```

```
        if(ShowCount>0) ShowCount--;   // 鍵值顯示時間減 1
   }
   else if(htim->Instance==TIM7)
   {
        if((FreshIndex==1||FreshIndex==3)&&ShowCount==0)   // 鍵值顯示不點亮小數點
            *SEG_ADDR=(smgwei[FreshIndex]<<8)+smgduan[SmgBuff[FreshIndex]]&0xFF7F;
        else
            *SEG_ADDR=(smgwei[FreshIndex]<<8)+smgduan[SmgBuff[FreshIndex]];
        if(++FreshIndex==6) FreshIndex=0;
   }
   else if(htim->Instance==TIM13)
   {
        for(i=0;i<4;i++)
        {
            // 將一行的 4 個按鍵值移入緩衝區
            KeyBuff[KeyLine][i]=(KeyBuff[KeyLine][i]<<1)|((GPIOE->IDR>>i)&0x01);
        }
        for(i=0;i<4;i++)   // 每行 4 個鍵，所以迴圈 4 次
        {
            if((KeyBuff[KeyLine][i]&0x0F)==0x00)
            { // 連續 4 次掃描值為 0，即 4*4ms 內都是按下狀態時，認為按鍵已穩定按下
                KeySta[KeyLine][i]=0;
            }
            else if((KeyBuff[KeyLine][i]&0x0F)==0x0F)
            { // 連續 4 次掃描值為 1，即 4*4ms 內都是彈起狀態時，認為按鍵已穩定彈起
                KeySta[KeyLine][i]=1;
            }
        }
        if(++KeyLine==3) KeyLine=0;              // 執行下一行掃描
        GPIOE->ODR=~(1<<(KeyLine+4));            // 依次將 PE4~PE6 行訊號拉低
   }
}
```

　　計時器更新事件回呼函數相對 9.4.2 節專案來說修改較大，所有修改地方均加粗顯示以方便對比查看。因為本專案是 3 個計時器 TIM6、TIM7 和 TIM13 共用一個回呼函數，所以需要判斷是哪一個計時器的更新事件。如果是 TIM6 更新事件，則繼續完成時間處理，僅增加鍵值顯示時間變數 ShowCount 修改敘述，使鍵值顯示狀態得以退出。如果是 TIM7 更新事件，則應進行數位管更新操作，此處增加了一個判斷，以便在鍵值顯示時熄滅小數點。如果是 TIM13 更新事件，則需要進行矩陣按鍵行掃描，每次中斷處理一行按鍵，首先將該行鍵值移入緩衝區，然後判斷一行所有按鍵緩衝區的 4 次掃描鍵值是否一致，以更改按鍵狀態。最後修改行號，掃描下一行。

讀者可能會注意到上述程式和 6.4.3 節處理方式很類似，**中斷事件到來時，每次掃描的實際是上一次輸出選擇的那行按鍵**，這裡的 I/O 順序的顛倒就是為了讓輸出訊號有足夠的時間 (一次中斷間隔) 穩定，並完成對輸入的影響，使程式健壯性更好和適應各種惡劣情況。

4) 下載偵錯

編譯專案，直到沒有錯誤為止，下載程式到開發板，重置執行，檢查實驗效果。

本章小結

本章首先講解了 STM32F407 計時器概述，讓讀者對 STM32F407 計時器有一個整體認識。隨後講解了基本計時器的主要特徵和功能，舉出了基本計時器典型計數時序圖。接著介紹了基本計時器的 HAL 驅動，包括基本計時器主要 HAL 函數，計時器通用操作巨集函數和計時器中斷處理函數。最後設計並實施了 3 個層層遞進的專案實例，第一個專案是計時器基本功能應用——數字電子鐘，第二個專案將數字電子鐘的數位管更新方式更改為定時中斷方式，第三個專案在數字電子鐘基礎上增加了矩陣鍵盤週期掃描功能，並將二者有機融合。

思考拓展

(1) 嵌入式系統中，計時器的主要功能有哪些？

(2) 軟體延遲時間和可程式化計時器延遲時間的特點各是什麼？各應用於什麼場合？

(3) STM32F407 微控制器計時器的類型有哪幾種？不同類型的計時器有什麼區別？

(4) 計時器初始化時，如何確定預分頻暫存器 TIMx_PSC 和自動重加載值暫存器 TIMx_ARR 的值？

(5) 基本計時器可以以哪幾種方式啟用和停止？有何區別？分別使用什麼函數實現？

(6) 利用計時器實現開發板 LED 秒閃爍功能，要求亮滅各 500ms。

(7) 利用計時器產生精確的 1s 的定時，秒數值從 0 開始向上累加，並將數值顯示於六位數位管。

(8) 使用開發板現有資源，實現一個定時功能，定時時間按鍵調節，數位管同步顯示，定時完成 LED 指示燈週期閃爍。

第 10 章

通用計時器

本章要點

➢ 通用計時器功能概述；

➢ 通用計時器工作模式與 HAL 驅動；

➢ 通用計時器暫存器；

➢ 通用計時器中斷事件和回呼函數；

➢ 專案實例。

　　與基本計時器相比，STM32F407 微控制器通用計時器數量許多，功能強大，除具備基本的定時功能外，還可用於測量輸入脈衝的頻率和脈衝寬度以及輸出 PWM 波形等場合，還具有編碼器介面。STM32F407 的每個通用計時器完全獨立，沒有共用任何資源，但它們可以一起同步操作。STM32F407 高級計時器，除具有通用計時器的功能外，還有附帶可程式化死區的互補輸出、重複計數器等功能，一般用於電機的控制。限於篇幅，本章僅介紹通用計時器的功能原理和使用，不介紹高級計時器。

10.1 通用計時器功能概述

10.1.1 通用計時器主要特性

　　STM32F407 通用計時器 TIM2~TIM5 以及 TIM9~TIM14 的功能如表 9-1 所示，它們的區別主要在於計數器的位數、捕捉 / 比較通道的數量不同。通用定時器具有以下特性。

　　(1) 16 位元或 32 位元向上、向下、向上 / 向下自動加載計數器。

(2) 16 位元可程式化 (可以即時修改) 預分頻器，計數器時鐘頻率的分頻係數為 1~65536 的任意數值。

(3) 有 1 個、2 個或 4 個獨立通道，可用於：

① 輸入捕捉。

② 輸出比較。

③ PWM 生成 (邊沿或中心對齊模式)。

④ 單脈衝模式輸出。

(4) 使用外部訊號控制計時器和計時器互連的同步電路。

(5) 以下事件發生時產生中斷 /DMA：

① 更新：計數器向上溢位 / 向下溢位，計數器初始化 (透過軟體或內部 / 外部觸發)。

② 觸發事件 (計數器啟動、停止、初始化或由內部 / 外部觸發計數)。

③ 輸入捕捉。

④ 輸出比較。

(6) 支援針對定位的增量 (正交) 編碼器和霍爾感測器電路。

(7) 外部時鐘觸發輸入或逐週期電流管理。

在 STM32 參 考 手 冊 上，TIM2~TIM5 和 TIM9~TIM14 分 兩 個 章 節 介 紹，TIM2~TIM5 功能更多一些，例如 TIM2~TIM5 可以使用外部時鐘訊號驅動計數器，TIM9~TIM14 只能使用內部時鐘訊號。

10.1.2 通用計時器功能描述

通用計時器內部結構如圖 10-1 所示，相比於基本計時器，其內部結構要複雜得多，其中最顯著的地方就是增加了 4 個捕捉 / 比較暫存器 (TIMx_CCR)，這也是通用計時器擁有那麼多強大功能的原因。需要注意的是並不是所有通用計時器都具有 4 個捕捉 / 比較通道，其中 TIM2~TIM5 具有 4 個，TIM9 和 TIM12 具有 2 個，TIM10、TIM11、TIM13 和 TIM14 僅具有 1 個。為了講解的全面性，多數時候會將計時器可能具備的資源全部列出，但並非所有計時器都具有相應設定，實際可用資源請查閱晶片資料手冊。

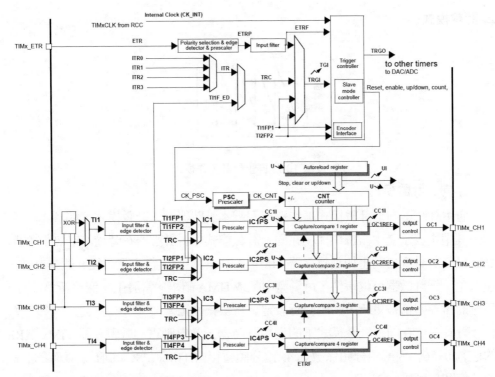

▲ 圖 10-1 通用計時器內部結構 (來源：https://arm-stm.blogspot.com/2014/12/general-pur-pose-timers-tim2-to-tim5.html)

1. 時基單元

可程式化通用計時器的主要部分是一個 16 位元或 32 位元數目器和與其相關的自動加載暫存器。此計數器可以向上計數、向下計數或向上 / 向下雙向計數，計數器時鐘由預分頻器分頻得到。計數器、自動加載暫存器和預分頻器暫存器可以由軟體讀寫，在計數器執行時期仍可以讀寫。時基單元包含：計數器暫存器 (TIMx_CNT)、預分頻器暫存器 (TIMx_PSC) 和自動加載暫存器 (TIMx_ARR)。

預分頻器可以將計數器的時鐘頻率按 1~65536 之間的任意值分頻，它是基於一個 (在 TIMx_PSC 暫存器中)16 位元暫存器控制的 16 位元數目器。這個控制暫存器帶有緩衝器，它能夠在工作時被改變。新的預分頻器參數在下一次更新事件到來時被採用。

2. 計數模式

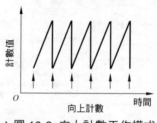

▲ 圖 10-2 向上計數工作模式

1) 向上計數模式

通用計時器向上計數模式工作過程同基本計時器向上計數模式,如圖 10-2 所示,其中↑表示產生溢位事件。在向上計數模式中,計數器在時鐘 CK_CNT 的驅動下從 0 計數到自動重加載暫存器 TIMx_ARR 的預設值後,重新從 0 開始計數,並產生一個計數器溢位事件,可觸發中斷或 DMA 請求。當發生一個更新事件時,所有的暫存器都被更新,硬體同時設定更新標識位元。

對於工作在向上計數模式下的通用計時器,當自動重加載暫存器 TIMx_ARR 的值為 0x36,內部預分頻係數為 4(預分頻暫存器 TIMx_PSC 的值為 3) 時的計數器時序圖如圖 10-3 所示。

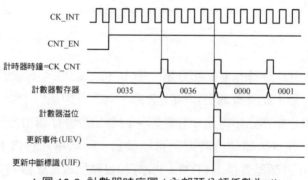

▲ 圖 10-3 計數器時序圖 (內部預分頻係數為 4)

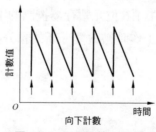

▲ 圖 10-4 向下計數工作模式

2) 向下計數模式

通用計時器向下計數模式工作過程如圖 10-4 所示，其中 ↑ 表示產生溢位事件。在向下計數模式中，計數器在時鐘 CK_CNT 的驅動下從自動重加載暫存器 TIMx_ARR 的預設值開始向下計數到 0 後，從自動重加載暫存器 TIMx_ARR 的預設值重新開始計數，並產生一個計數器溢位事件，可觸發中斷或 DMA 請求。當發生一個更新事件時，所有的暫存器都被更新，硬體同時設定更新標識位元。

對於工作在向下計數模式下的通用計時器，當自動重加載暫存器 TIMx_ARR 的值為 0x36，內部預分頻係數為 2(預分頻暫存器 TIMx_PSC 的值為 1) 時的計數器時序圖如圖 10-5 所示。

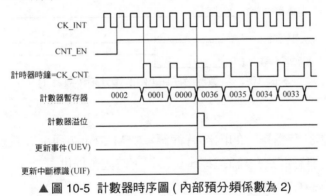

▲ 圖 10-5 計數器時序圖 (內部預分頻係數為 2)

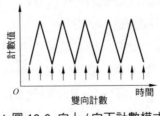

▲ 圖 10-6 向上 / 向下計數模式

3) 向上 / 向下計數模式

向上 / 向下計數模式又稱為中央對齊模式或雙向計數模式，其工作過程如圖 10-6 所示，計數器從 0 開始計數到自動載入的值 (TIMx_ARR 暫存器) 減 1，產生一個計數器上溢事件，然後向下計數到 1 並且產生一個計數器下溢事件，然後再從 0 開始重新計數。在這個模式，不能寫入 TIMx_CR1 中的 DIR 方向位元，它由硬體更新並指示當前的計數方向。可以在每次計數上溢和每次計數下溢時產生更新事件，觸發中斷或 DMA 請求。

對於工作在向上／向下計數模式下的通用計時器，當自動重加載暫存器 TIMx_ARR 的值為 0x06，內部預分頻係數為 1(預分頻暫存器 TIMx_PSC 的值為 0) 時的計數器時序圖如圖 10-7 所示。

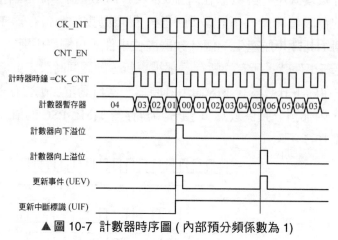

▲ 圖 10-7　計數器時序圖 (內部預分頻係數為 1)

3. 時鐘選擇

相比於基本計時器單一的內部時鐘源，STM32F407 通用計時器的 16 位元或 32 位元數目器的時鐘源有多種選擇，可由以下時鐘源提供：

(1) 內部時鐘 (CK_INT)。

(2) 外部時鐘模式 1：外部輸入捕捉接腳 (TIx)。

(3) 外部時鐘模式 2：外部觸發輸入 (ETR)。

(4) 內部觸發輸入 (ITRx)：使用一個計時器作為另一個計時器的預分頻器。

內部時鐘 CK_INT 來自 RCC 的 TIMxCLK，根據 STM32F407 時鐘樹，通用計時器 TIM2~TIM5 和 TIM12~TIM13 的內部時鐘 CK_INT 來自 TIM_CLK，與基本計時器相同，都是 APB1 預分頻器的輸出，其時鐘頻率最高 84MHz。通用計時器 TIM9~TIM11 的內部時鐘 CK_INT 來自 TIM_CLK，但其是 APB2 預分頻器的輸出，最高工作頻率為 168MHz。

4. 捕捉／比較通道

每一個捕捉／比較通道都圍繞著一個捕捉／比較暫存器 (包含影子暫存器)，包括捕捉的輸入部分 (數位濾波、多工和預分頻器) 和輸出部分 (比較器和輸出控制)。輸入部分對相應的 TIx 輸入訊號採樣，產生濾波後的訊號 TIxF。然後，附帶極性選擇的邊沿檢測器產生一個訊號 (TIxFPx)，它可以作為從模式控制器的輸入觸發或作為捕捉控制。該訊號透過預分頻進入捕捉暫存器 (ICxPS)。輸出部分產生中間波形 OCxRef(高有效) 作為基準，鏈的末端決定最終輸出訊號的極性。

10.2 通用計時器工作模式與 HAL 驅動

通用定時器具有 PWM 輸出模式、輸出比較模式、輸入捕捉模式、PWM 輸入模式、強制輸出模式、單脈衝模式以及編碼器介面等多種工作模式，本節重點討論實際應用較多，開發板方便實踐的 4 種工作模式。討論工作模式時一併介紹 HAL 函數庫相關驅動函數。

10.2.1 PWM 輸出模式

PWM 輸出模式是一種特殊的輸出模式，在電力電子和電機控制領域得到廣泛應用。STM32F407 微控制器除了基本計時器 TIM6 和 TIM7 之外，其他的計時器都可以用來產生 PWM 輸出，其中通用計時器能同時產生多達 4 路的 PWM 輸出。

1. PWM 簡介

PWM 是利用微處理器的數位輸出對類比電路進行控制的一種非常有效的技術，因其控制簡單、靈活和動態回應好等優點而成為電力電子技術最廣泛應用的控制方式，其應用領域包括測量、通訊、功率控制與變換，電動機控制、伺服控制、調光、開關電源，甚至某些音訊放大器等。

PWM 是一種對類比訊號電位進行數位編碼的方法。透過高解析度計數器的使用，方波的工作週期比被調變用來對具體類比訊號的電位進行編碼。PWM 訊號仍然是數位訊號，因為在替定的任何時刻，滿強度的直流供電不是完全有 (ON)，就是完全無 (OFF)。電壓或電流源是以一種通 (ON) 或斷 (OFF) 的重複脈衝序列被加到模擬負載上。通的時候即是直流供電被加到負載上，斷的時候即是供電被斷開。只要頻寬足夠，任何模擬值都可以使用 PWM 進行編碼。

2. PWM 輸出模式的工作過程

STM32F407 微控制器 PWM 模式可以產生一個由 TIMx_ARR 暫存器確定頻

率、由 TIMx_CCRx 暫存器確定工作週期比的訊號，其產生原理如圖 10-8 所示。

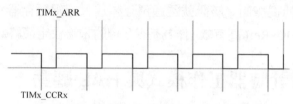

▲圖 10-8 STM32F407 微控制器 PWM 產生原理

通用計時器 PWM 輸出模式的工作過程如下：

(1) 若設定脈衝計數器 TIMx_CNT 為向上計數模式，自動重加載暫存器 TIMx_ARR 的預設為 N，則脈衝計數器 TIMx_CNT 的當前計數值 X 在時鐘 CK_CNT(通常由 TIMxCLK 經 TIMx_PSC 分頻而得) 的驅動下從 0 開始不斷累加計數。

(2) 在脈衝計數器 TIMx_CNT 隨著時鐘 CK_CNT 觸發進行累加計數的同時，脈衝計數器 TIMx_CNT 的當前計數值 X 與捕捉 / 比較暫存器 TIMx_CCR 的預設值 A 進行比較。如果 X<A，輸出高電位 (或低電位)；如果 X≥A，輸出低電位 (或高電位)。

(3) 當脈衝計數器 TIMx_CNT 的計數值 X 大於自動重加載暫存器 TIMx_ARR 的預設值 N 時，脈衝計數器 TIMx_CNT 的計數值清零並重新開始計數。如此循環往復，得到的 PWM 的輸出訊號週期為 (N+1)×TCK_CNT，其中，N 為自動重加載暫存器 TIMx_ARR 的預設值，TCK_CNT 為時鐘 CK_CNT 的週期。PWM 輸出訊號脈衝寬度為 A×TCK_CNT，其中，A 為捕捉 / 比較暫存器 TIMx_CCR 的預設值，TCK_CNT 為時鐘 CK_CNT 的週期。PWM 輸出訊號的工作週期比為 A/(N+1)。

下面舉例具體說明。當通用計時器設定為向上計數，自動重加載暫存器 TIMx_ARR 的預設值為 8，4 個捕捉 / 比較暫存器 TIMx_CCRx 分別設為 0、4、8 和大於 8 時，透過用計時器的 4 個 PWM 通道的輸出時序 OCxREF 和觸發中斷時序 CCxIF 如圖 10-9 所示。舉例來說，在 TIMx_CCR = 4 的情況下，當 TIMx_CNT < 4 時，OCxREF 輸出高電位；當 TIMx_CNT ≥ 4 時，OCxREF 輸出低電位，並在比較結果改變時觸發 CCxIF 中斷標識。此 PWM 的工作週期比為 4/(8+1)。

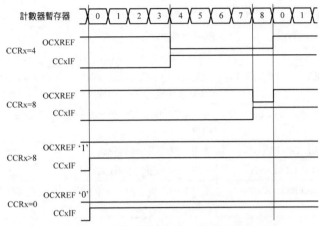

▲ 圖 10-9 向上計數模式 PWM 輸出時序圖

需要注意的是，在 PWM 輸出模式下，脈衝計數器 TIMx_CNT 的計數模式有向上計數、向下計數和向上 / 向下計數 (中央對齊)3 種。以上僅介紹其中的向上計數模式，但是在掌握通用計時器向上計數模式的 PWM 輸出原理後，由此及彼，其他兩種計數模式的 PWM 輸出也就容易推出了。

3. PWM 輸出 HAL 函數庫

PWM 輸出 HAL 函數庫如表 10-1 所示。還有以 DMA 方式啟動和停止 PWM 的函數，但是通用計時器基本不使用 DMA 方式，後文也不會列出各種模式的 DMA 相關函數。此處僅列出了相關函數，簡要說明其功能，在後面生成 PWM 波的範例裡，再結合 STM32CubeMX 設定和初始化程式分析講解這些函數的功能和使用。

▼ 表 10-1 PWM 輸出 HAL 函數庫

函數名稱	功能描述
TIM_PWM_Init()	生成 PWM 波的設定初始化，需先執行 HAL_TIM_Base_Init() 進行計時器初始化
HAL_TIM_PWM_ConfigChannel()	設定 PWM 輸出通道
HAL_TIM_PWM_Start()	啟動生成 PWM 波，需要先執行 HAL_TIM_Base_Start() 啟動計時器
HAL_TIM_PWM_Stop()	停止生成 PWM 波
HAL_TIM_PWM_Start_IT()	以中斷方式啟動生成 PWM 波，需要先執行 HAL_TIM_Base_Start_IT() 啟動計時器

函數名稱	功能描述
HAL_TIM_PWM_Stop_IT()	停止生成 PWM 波
HAL_TIM_PWM_GetState()	傳回計時器狀態，與 HAL_TIM_Base_GetState() 功能相同
__HAL_TIM_ENABLE_OCxPRELOAD()	啟用 CCR 的預先安裝載功能，為 CCR 設定的新值要等到下個 UEV 事件發生時才更新到 CCR
__HAL_TIM_DISABLE_OCxPRELOAD()	停用 CCR 的預先安裝載功能，為 CCR 設定的新值會立刻更新到 CCR
__HAL_TIM_ENABLE_OCxFAST()	啟用一個通道的快速模式
__HAL_TIM_DISABLE_OCxFAST()	停用一個通道的快速模式
HAL_TIM_PWM_PulseFinishedCallback()	當計數器的值等於 CCR 的值時，產生輸出比較事件對應的回呼函數

10.2.2 輸出比較模式

1. 輸出比較工作原理

輸出比較 (Output Compare) 能用於控制輸出波形，或指示已經過某一時間段。當捕捉 / 比較暫存器 CCR 與計數器 CNT 之間相匹配時，輸出比較有以下功能：

(1) 將為相應的輸出接腳分配一個可程式化值，該值由輸出比較模式和輸出極性定義。匹配時，輸出接腳既可保持其電位 (Frozen)，也可設定為有效電位 (Active Level)、無效電位 (Inactive Level) 或翻轉 (Toggle)。

(2) 將中斷狀態暫存器中的標識置 1(TIMx_SR 暫存器中的 CCxIF 位元)。

(3) 如果相應中斷啟用位元 (TIMx_DIER 暫存器中的 CCxIE 位元) 置 1，將生成中斷。

在輸出比較模式下，更新事件 UEV 對 OCxREF 和 OCx 輸出毫無影響。同步的精度可以達到計數器的計數週期。輸出比較模式也可用於輸出單脈衝 (在單脈衝模式下)。

使用計時器捕捉 / 比較模式暫存器 TIMx_CCMRy 中的 OCxPE 位元，可將 TIMx_CCRy 暫存器設定為附帶或不附帶預先安裝載暫存器。如果 OCxPE 位元設定為 0，則捕捉 / 比較暫存器 TIMx_CCRy 無預先安裝載功能，對 TIMx_CCRy 暫存器的修改立刻生效；如果設定 OCxPE 位元為 1，對 TIMx_CCRy 暫存器的修改需要在下一個 UEV 時才生效。

圖 10-10 舉出一個輸出比較模式範例，設定輸出極性為高電位，匹配時輸

出翻轉，TIM1_CCR1 暫存器無預先安裝載功能。TIM1_CCR1 初始設定值為 0x003A，輸出參考 OC1REF 初始為低電位。當 TIM1_CNT 暫存器與 TIM1_CCR1 暫存器值第 1 次匹配時 (0x003A)，輸出參考 OC1REF 翻轉為高電位，如果啟用輸出比較中斷，會產生 CC1IF 中斷標識。

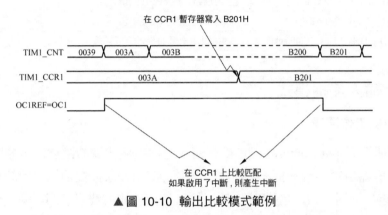

▲ 圖 10-10 輸出比較模式範例

如果在執行過程中修改了 TIM1_CCR1 暫存器的值為 0xB201，因為沒有使用預先安裝載功能，所以寫入 TIM1_CCR1 暫存器的值立即生效。當 TIM1_CNT 暫存器與 TIM1_CCR1 暫存器值第 2 次匹配時 (0xB201)，輸出參考 OC1REF 再翻轉為低電位，並且產生 CC1IF 中斷標識。

2. 輸出比較 HAL 函數庫

表 10-2 列出了輸出比較 HAL 函數庫。

▼ 表 10-2 輸出比較 HAL 函數庫

函數名稱	功能描述
HAL_TIM_OC_Init()	輸出比較初始化，需先執行 HAL_TIM_Base_Init() 進行計時器初始化
HAL_TIM_OC_ConfigChannel()	輸出比較通道設定
HAL_TIM_OC_Start()	啟動輸出比較，需要先執行 HAL_TIM_Base_Start() 啟動計時器
HAL_TIM_OC_Stop()	停止輸出比較
HAL_TIM_OC_Start_IT()	以中斷方式啟動輸出比較，需要先執行 HAL_TIM_Base_Start_IT() 啟動計時器
HAL_TIM_OC_Stop_IT()	停止計時器輸出比較
HAL_TIM_OC_GetState()	傳回計時器狀態，與 HAL_TIM_Base_GetState() 功能相同

函數名稱	功能描述
__HAL_TIM_ENABLE_OCxPRELOAD()	啟用 CCR 的預先安裝載功能，為 CCR 設定的新值在 UEV 發生時才生效
__HAL_TIM_DISABLE_OCxPRELOAD()	停用 CCR 的預先安裝載功能，為 CCR 設定的新值立即生效
__HAL_TIM_SET_COMPARE()	設定比較暫存器 CCR 的值
__HAL_TIM_GET_COMPARE()	讀取比較暫存器 CCR 的值
HAL_TIM_OC_DelayElapsedCallback()	產生輸出比較事件時的回呼函數

10.2.3 輸入捕捉模式

1. 輸入捕捉工作原理

輸入捕捉 (Input Capture) 就是檢測輸入通道方波訊號的跳變沿，並將發生跳變時的計數器值鎖存到捕捉 / 比較暫存器中，使用輸入捕捉功能可用於檢測方波訊號的週期、頻率和工作週期比。使用輸入捕捉檢測方波訊號週期的工作原理如圖 10-11 所示，設定捕捉極性是上昇緣，計時器在自動重加載暫存器 ARR 的控制下週期性地計數。

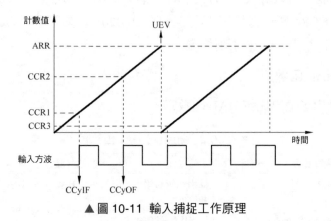

▲ 圖 10-11 輸入捕捉工作原理

輸入捕捉測定脈衝訊號寬度存在兩種情況，一種情況是兩次邊緣捕捉發生在一個計數週期內，另一種情況是兩次捕捉發生在不同計數週期內。

圖 10-11 中假設輸入方波訊號的兩次捕捉發生在同一計數週期內，輸入捕捉測定脈衝週期的工作原理描述如下：

(1) 在一個上昇緣時，狀態暫存器 TIMx_SR 中的捕捉 / 比較標識位元 CCyIF 會被置 1，表示發生了捕捉事件，會產生相應的中斷。計數器的值自動鎖存到

CCR 中，假設鎖存的值為 CCR1，在程式裡讀取出 CCR 的值，並清除 CCyIF 標識位元。

(2) 在下一個上昇緣時，計數器的值也會鎖存到 CCR 中，假設鎖存的值為 CCR2。如果在上次發生捕捉事件後，CCR 的值沒有及時讀出，則 CCyIF 位元依然為 1，且 TIMx_SR 中的重複捕捉標識位元 CCyOF 會被置 1。

如果像圖 10-11 那樣，兩個上跳沿的捕捉發生在計時器的計數週期內，兩個計數值分別為 CCR1 和 CCR2，則方波的週期為 (CCR2-CCR1) 個計數週期。根據計時器的時鐘週期就可以計算出方波週期和頻率。

如果方波週期超過計時器的計數週期，或兩次捕捉發生在相鄰兩個定時週期裡，如圖 10-11 中的 CCR2 和 CCR3，則只需將計數器的計數週期和 UEV 發生次數考慮進去即可，如圖 10-11 中根據 CCR2 和 CCR3 計算的脈衝週期應該是 (ARR+1-CCR2+CCR3) 個計數週期。

輸入捕捉還可以對輸入設定濾波，濾波係數 0~15，用於輸入有抖動時的處理。輸入捕捉還可以設定預分頻器係數 N，數值 N 的設定值為 1、2、4 或 8，表示發生 N 個事件時才執行一次捕捉。

2. 輸入捕捉 HAL 函數庫

表 10-3 列出了輸入捕捉 HAL 函數庫。

▼表 10-3 輸入捕捉 HAL 函數庫

函數名稱	功能描述
HAL_TIM_IC_Init()	輸入捕捉初始化，需先執行 HAL_TIM_Base_Init() 進行計時器初始化
HAL_TIM_IC_ConfigChannel()	輸入捕捉通道設定
HAL_TIM_IC_Start()	啟動輸入捕捉，需要先執行 HAL_TIM_Base_Start() 啟動計時器
HAL_TIM_IC_Stop()	停止輸入捕捉
HAL_TIM_IC_Start_IT()	以中斷方式啟動輸入捕捉，需要先執行 HAL_TIM_Base_Start_IT() 啟動計時器
HAL_TIM_IC_Stop_IT()	停止輸入捕捉
HAL_TIM_IC_GetState()	傳回計時器狀態，與 HAL_TIM_Base_GetState() 功能相同
__HAL_TIM_SET_CAPTUREPOLARITY()	設定捕捉輸入極性，上昇緣、下降沿或雙邊沿捕捉
__HAL_TIM_SET_COMPARE()	設定捕捉 / 比較暫存器 CCR 的值
__HAL_TIM_GET_COMPARE()	讀取捕捉 / 比較暫存器 CCR 的值
HAL_TIM_IC_CaptureCallback()	產生輸入捕捉事件時的回呼函數

10.2.4 PWM 輸入模式

PWM 輸入模式是輸入捕捉模式的特例，主要用於測量 PWM 輸入訊號的週期和工作週期比。基本方法如下：

(1) 兩個 ICx 訊號被映射至同一個 TIx 輸入。

(2) 兩個 ICx 訊號在邊沿處有效，但極性相反。

(3) 選擇兩個 TIxFP 訊號之一作為觸發輸入，並將從模式控制器設定為重置模式。

圖 10-12 舉出了測量 TI1(輸入通道 CH1 上的輸入 PWM 波) 的週期和工作週期比的示意圖，其初始設定和工作原理描述如下：

(1) 將 TIMx_CCR1 和 TIMx_CCR2 的輸入都設定為 TI1(即通道 TIMx_CH1)。

(2) 設定 TIMx_CCR1 的極性為上昇緣有效，設定 TIMx_CCR2 的極性為下降沿有效。

(3) 選擇 TI1FP1 為有效觸發輸入。

(4) 將從模式控制器設定為重置模式。

(5) 同時啟用 TIMx_CCR1 和 TIMx_CCR2 輸入捕捉。

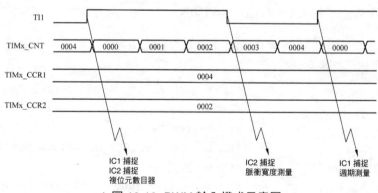

▲ 圖 10-12 PWM 輸入模式示意圖

(6) 在圖 10-12 中，在第 1 個上昇緣處，TIMx_CCR1 鎖存計數器的值，並且使計數器重置。在接下來的下降沿處，TIMx_CCR2 鎖存計數器的值 (為 0002) 就是 PWM 的高電位寬度。在下一個上昇緣處，TIMx_CCR1 鎖存計數器的值 (為 0004) 就是 PWM 的週期。

10.3 通用計時器暫存器

現將 STM32F407 通用計時器相關暫存器名稱介紹如下，32 位元外接裝置暫存器必須按字 (32 位元) 寫入資料。所有其他外接裝置暫存器則必須按半字組 (16 位元) 或字 (32 位元) 寫入資料。而讀取存取可支援位元組 (8 位元)、半字組 (16 位元) 或字 (32 位元)。由於採用函數庫方式程式設計，故不作進一步的探討。

(1) 控制暫存器 1(TIMx_CR1)。

(2) 控制暫存器 2(TIMx_CR2)。

(3) 從模式控制暫存器 (TIMx_SMCR)。

(4) DMA/ 中斷啟用暫存器 (TIMx_DIER)。

(5) 狀態暫存器 (TIMx_SR)。

(6) 事件產生暫存器 (TIMx_EGR)。

(7) 捕捉 / 比較模式暫存器 1(TIMx_CCMR1)。

(8) 捕捉 / 比較模式暫存器 2(TIMx_CCMR2)。

(9) 捕捉 / 比較啟用暫存器 (TIMx_CCER)。

(10) 計數器 (TIMx_CNT)。

(11) 預分頻器 (TIMx_PSC)。

(12) 自動重加載暫存器 (TIMx_ARR)。

(13) 捕捉 / 比較暫存器 1(TIMx_CCR1)。

(14) 捕捉 / 比較暫存器 2(TIMx_CCR2)。

(15) 捕捉 / 比較暫存器 3(TIMx_CCR3)。

(16) 捕捉 / 比較暫存器 4(TIMx_CCR4)。

(17) DMA 控制暫存器 (TIMx_DCR)。

(18) 全傳輸 DMA 位址 (TIMx_DMAR)。

10.4 通用計時器中斷事件和回呼函數

透過第 9 章基本計時器的學習，已經了解到所有計時器的 ISR 裡呼叫了計時器通用處理函數 HAL_TIM_IRQHandler()，在其中，程式會判斷中斷事件類型，並呼叫相應的回呼函數。舉例來說，在第 9 章介紹的基本計時器只有一個更新事件，對應的回呼函數是 HAL_TIM_PeriodElapsedCallback()。通用計時器和高級計時器有更多的中斷事件和相應的回呼函數，檔案 stm32f4xx_hal_tim.h 舉出了計時器的所有中斷事件類型的巨集定義。

```
#define TIM_IT_UPDATE TIM_DIER_UIE      /*!< 更新中斷 >*/
#define TIM_IT_CC1 TIM_DIER_CC1IE       /*!< 通道 1 捕捉 / 比較中斷 >*/
#define TIM_IT_CC2 TIM_DIER_CC2IE       /*!< 通道 2 捕捉 / 比較中斷 >*/
#define TIM_IT_CC3 TIM_DIER_CC3IE       /*!< 通道 3 捕捉 / 比較中斷 >*/
#define TIM_IT_CC4 TIM_DIER_CC4IE       /*!< 通道 4 捕捉 / 比較中斷 >*/
#define TIM_IT_COM TIM_DIER_COMIE       /*!< 換相中斷 >*/
#define TIM_IT_TRIGGER TIM_DIER_TIE     /*!< 觸發中斷 >*/
#define TIM_IT_BREAK TIM_DIER_BIE       /*!< 斷路中斷 >*/
```

透過分析函數 HAL_TIM_IRQHandler() 的原始程式碼，整理出中斷事件類型與回呼函數對應關係如表 10-4 所示，這些回呼函數均需要一個計時器外接裝置物件指標 htim 作為輸入參數。表中最後兩個事件類型是高級計時器才具有的，一般用於電機控制。TIM_IT_TRIGGER 是計時器作為從計時器時，觸發輸入訊號產生有效邊沿跳變時的事件。

▼ 表 10-4 整理出中斷事件類型與回呼函數對應關係

中斷事件類型	事件名稱	回呼函數
TIM_IT_CC1	CH1 輸入捕捉	HAL_TIM_IC_CaptureCallback(htim)
	CH1 輸出比較	HAL_TIM_OC_DelayElapsedCallback(htim)
		HAL_TIM_PWM_PulseFinishedCallback(htim)
TIM_IT_CC2	CH2 輸入捕捉	HAL_TIM_IC_CaptureCallback(htim)
	CH2 輸出比較	HAL_TIM_OC_DelayElapsedCallback(htim)
		HAL_TIM_PWM_PulseFinishedCallback(htim)
TIM_IT_CC3	CH3 輸入捕捉	HAL_TIM_IC_CaptureCallback(htim)
	CH3 輸出比較	HAL_TIM_OC_DelayElapsedCallback(htim)
		HAL_TIM_PWM_PulseFinishedCallback(htim)
TIM_IT_CC4	CH4 輸入捕捉	HAL_TIM_IC_CaptureCallback(htim)
	CH4 輸出比較	HAL_TIM_OC_DelayElapsedCallback(htim)
		HAL_TIM_PWM_PulseFinishedCallback(htim)
TIM_IT_UPDATE	更新事件 (UEV)	HAL_TIM_PeriodElapsedCallback(htim);
TIM_IT_TRIGGER	觸發輸入事件	HAL_TIM_TriggerCallback(htim);
TIM_IT_BREAK	斷路輸入事件	HAL_TIMEx_BreakCallback(htim);
TIM_IT_COM	換相事件	HAL_TIMEx_CommutCallback(htim);

　　對於輸入／捕捉通道，輸入和捕捉使用一個中斷事件類型，如 TIM_IT_CC1 表示通道 CH1 的輸入或捕捉事件，程式會根據捕捉／比較模式暫存器 TIMx_CCMR1 的內容判斷到底是輸入捕捉還是輸出比較。如果是輸出比較，則會連續呼叫兩個回呼函數，這兩個函數僅意義不同，根據使用場景實現其中一個即可。函數 HAL_TIM_IRQHandler() 中判斷 TIM_IT_CC1 中斷事件來源和呼叫回呼函數的程式如下，省略其他中斷事件類型處理和條件不成立部分程式。

```
void HAL_TIM_IRQHandler(TIM_HandleTypeDef *htim)
{
    /* 捕捉／比較事件 1 */
    if (__HAL_TIM_GET_FLAG(htim, TIM_FLAG_CC1) != RESET)
    {
        if (__HAL_TIM_GET_IT_SOURCE(htim, TIM_IT_CC1) != RESET)
        {
            {
                __HAL_TIM_CLEAR_IT(htim, TIM_IT_CC1);
                htim->Channel = HAL_TIM_ACTIVE_CHANNEL_1;
                /* 輸入捕捉事件 */
                if ((htim->Instance->CCMR1 & TIM_CCMR1_CC1S) != 0x00U)
                {
                    HAL_TIM_IC_CaptureCallback(htim);
                }
                /* 輸出比較事件 */
                else
                {
                    HAL_TIM_OC_DelayElapsedCallback(htim);
                    HAL_TIM_PWM_PulseFinishedCallback(htim);
                }
                htim->Channel = HAL_TIM_ACTIVE_CHANNEL_CLEARED;
            }
        }
    }
}
```

　　表 10-4 所列回呼函數都是在 HAL 函數庫中定義的弱函數，且函數程式為空，使用者需要處理某個中斷事件時，需要重新實現對應的回呼函數。

10.5 專案實例

　　本章將介紹 4 個專案實例，分別對應通用計時器的 4 種主要工作模式，前 2 個專案分別使用 PWM 模式和輸出比較模式產生 PWM 波形，第 3 個專案為輸入捕捉，第 4 個專案為 PWM 輸入波形頻率和工作週期比測量。

10.5.1 PWM 呼吸燈

1. 開發專案

　　由開發板原理圖可知，LED 指示燈 L7 連接至微控制器的 PF6 接腳，透過查詢資料手冊可知該接腳具有的功能為 PF6/TIM10_CH1/FSMC_NIORD/ADC3_IN4，可以使用其重複使用功能將 TIM10_CH1 生成的 PWM 波輸出到接腳，接腳所連接的 LED 燈的亮度可直觀反映 PWM 波的工作週期比變化。專案實施的目標是在 PF6 接腳產生一個頻率固定為 10kHz，工作週期比循環改變，類似於呼吸燈效果的 PWM 方波。

　　由表 9-1 可知，TIM10 掛接在 APB2 匯流排上，按照本書的常規設定，掛接在 APB2 匯流排上計時器的輸入時鐘頻率為 168MHz。10kHz 方波訊號需要經過兩次分頻得到，一次是預分頻，一次是週期計數分頻，這兩個分頻係數的可以在較大範圍設定，作者採用的具體數值分別為預分頻係數為 21，計數週期數為 800。

　　當設定計數週期數為 800 時，則捕捉比較暫存器 CCR1 的數值可以在 0~800 變化，對應工作週期比為 0~100%，因為人的視覺分辨亮和很亮的能力比較弱，所以作者將 CCR1 暫存器的值限定在 0~500 變化，主程式中迴圈修改 CCR1 的數值，改變 PWM 波形工作週期比，形成一個呼吸燈的效果。因為 LED 指示燈採用共陽接法，所以將 PWM 輸出極性設定為低，這樣捕捉 / 比較暫存器的數值直接對應 LED 指示燈的亮度。

2. 專案實施

1) 複製專案檔案

　　複製第 9 章建立專案範本資料夾 0901 BasicTimer 到桌面，並將資料夾重新命名為 1001 PWMGenerate。

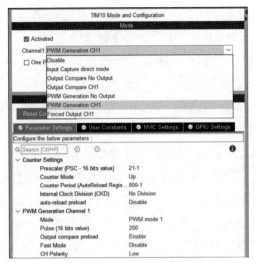

▲ 圖 10-13 TIM10 設定介面

2) STM32CubeMX 設定

打開專案範本資料夾裡面的 Template.ioc 檔案,啟動 STM32CubeMX 設定軟體,在左側設定類別 Categories 下面的 Timers 列表中的找到 TIM10 計時器,打開其設定對話方塊,設定介面如圖 10-13 所示。在模式設定部分,選中 Activated 核取方塊,啟用計時器,此時 Channel1 下拉式選單處於可選擇狀態,並有以下選項可供選擇:

(1) Disable:停用通道。

(2) Input Capture direct mode:直接模式輸入捕捉。

(3) Output Compare No Output:輸出比較,不輸出到通道接腳。

(4) PWM Generation No Output:生成 PWM,不輸出到通道接腳。

(5) PWM Generation CH1:生成 PWM,輸出到通道接腳 CH1。

(6) Forced Output CH1:強制通道接腳 CH1 輸出某個電位。

將 TIM10 的 Channel1 通道模式設定為 PWM Generation CH1,即生成 PWM 訊號輸出至 TIM10_CH1 映射接腳 PF6,此時 One Pulse Mode(單脈衝模式) 核取方塊依然無須選中,即使用計時器連續模式。

參數設定選項裡設定劃分為 Counter Settings 和 PWM Generation Channel1 兩部分,分別為計時器基本設定和 PWM 波形設定。

(1) Counter Settings 設定。

① Prescaler：預分頻值，16 位元暫存器，設定範圍為 0~65535，對應分頻係數 1~65536。這裡設定為 21-1，實際分頻係數 21。

② Counter Mode：計數模式，通用計時器可以有向上、向下和雙向計數模式，但是 TIM10 只支援向上計數模式，所以此處設定為 Up。

③ Counter Period：計數週期，設定的是自動重加載暫存器的值，這裡設定為 800-1，對應的計數值為 800。

④ Internal Clock Division：內部時鐘分頻，是在計時器控制器部分對內部時鐘進行分頻，可以設定為 1、2 或 4 分頻，對應選項為 No Division、Division by 2 和 Division by 4，此處選擇 No Division(無分頻)，使得 CK_PSC 等於 CK_INT。

⑤ auto-reload preload：是否啟用計時器的預先安裝載功能，不啟用預先安裝載功能，對自動重加載暫存器的修改立即生效，啟用預先安裝載功能，對自動重加載暫存器的修改在更新事件發生後才生效。如果不動態修改 TIMx_ARR 的值，這個設定對計時器工作無影響，此處選擇 Disable，即不啟用預先安裝載功能。

(2) PWM 波形設定。

① Mode：PWM 模式，選項有 PWM Mode 1(PWM 模式 1) 和 PWM Mode 2(PWM 模式 2)。這兩種模式 PWM 輸出特性如下：

PWM 模式 1——在向上計數模式下，CNT<CCR 通道輸出有效狀態，否則為無效狀態。在向下計數模式下，CNT>CCR 通道輸出有效狀態，否則為無效狀態。圖 10-9 是通道極性 (有效狀態) 為高，PWM 模式 1 下生成的 PWM 波形。

PWM 模式 2——其輸出與 PWM 模式 1 正好相反，舉例來說，在向上計數模式下，只要 CNT<CCR，通道就是無效狀態，否則為有效狀態。

② Pulse：PWM 脈衝寬度，就是設定 16 位元捕捉 / 比較暫存器 CCR 的值。脈衝寬度的值應小於計數週期的值，此處將其初始值設定為 200，對應初始工作週期比為 25%。

③ Output compare preload：是否啟用 CCR 暫存器的預先安裝載功能，設定為 Disable，對 CCR 暫存器的修改立即生效，設定為 Enable，對 CCR 暫存器修改在下一個 UEV 發生後才生效，此處設定為 Enable。

④ Fast Mode：是否使用輸出比較快速模式，用於加快觸發輸入事件對輸出的影響，一般設定為 Disable。

⑤ CH Polarity：通道極性，就是 CCR 與 CNT 比較輸出的有效狀態，可以設

定為高電位 High 或低電位 Low。對於共陽接法 LED，通道極性設定為 Low 較為直觀。

本專案無須使用計時器中斷，所以不需要設定 TIM10 的全域中斷。時鐘設定和專案設定選項無須修改，按一下 GENERATE CODE 按鈕生成初始化專案。

3) 初始化程式分析及使用者程式撰寫

打開 MDK-ARM 資料夾下面的專案檔案 Template.uvprojx，將生成專案編譯一下，沒有錯誤和警告之後開始初始化程式分析和使用者程式撰寫。

(1) 計時器初始化分析。

使用者在 STM32CubeMX 中啟用了某個計時器，系統會自動生成計時器初始化原始檔案 tim.c 和計時器初始化標頭檔 tim.h，分別用於計時器初始化的實現和定義，此處僅展示 TIM10 相關程式。

標頭檔 tim.h 內容如下，其中省略了程式沙箱和部分註釋。

```
#include "main.h"
extern TIM_HandleTypeDef htim10;
void MX_TIM10_Init(void);
void HAL_TIM_MspPostInit(TIM_HandleTypeDef *htim);
```

原始檔案 tim.c 內容如下，其中省略了程式沙箱和部分註釋。

```
#include "tim.h"
TIM_HandleTypeDef htim7;
TIM_HandleTypeDef htim10;
void MX_TIM10_Init(void)
{
    TIM_OC_InitTypeDef sConfigOC = {0};
    htim10.Instance = TIM10;
    htim10.Init.Prescaler = 21-1;
    htim10.Init.CounterMode = TIM_COUNTERMODE_UP;
    htim10.Init.Period = 800-1;
    htim10.Init.ClockDivision = TIM_CLOCKDIVISION_DIV1;
    htim10.Init.AutoReloadPreload = TIM_AUTORELOAD_PRELOAD_DISABLE;
    if (HAL_TIM_Base_Init(&htim10) != HAL_OK)
    {  Error_Handler();  }
    if (HAL_TIM_PWM_Init(&htim10) != HAL_OK)
    {  Error_Handler();  }
    sConfigOC.OCMode = TIM_OCMODE_PWM1;
    sConfigOC.Pulse = 200;
    sConfigOC.OCPolarity = TIM_OCPOLARITY_LOW;
    sConfigOC.OCFastMode = TIM_OCFAST_DISABLE;
```

```
    if (HAL_TIM_PWM_ConfigChannel(&htim10, &sConfigOC, TIM_CHANNEL_1) != HAL_OK)
    {  Error_Handler();  }
    HAL_TIM_MspPostInit(&htim10);
}
void HAL_TIM_Base_MspInit(TIM_HandleTypeDef* tim_baseHandle)
{
    if(tim_baseHandle->Instance==TIM10)
    {
        __HAL_RCC_TIM10_CLK_ENABLE();   /* TIM10 clock enable */
    }
}
void HAL_TIM_MspPostInit(TIM_HandleTypeDef* timHandle)
{
    GPIO_InitTypeDef GPIO_InitStruct = {0};
    if(timHandle->Instance==TIM10)
    {
        __HAL_RCC_GPIOF_CLK_ENABLE();
        /**TIM10 GPIO Configuration    PF6    ------> TIM10_CH1    */
        GPIO_InitStruct.Pin = GPIO_PIN_6;
        GPIO_InitStruct.Mode = GPIO_MODE_AF_PP;
        GPIO_InitStruct.Pull = GPIO_NOPULL;
        GPIO_InitStruct.Speed = GPIO_SPEED_FREQ_LOW;
        GPIO_InitStruct.Alternate = GPIO_AF3_TIM10;
        HAL_GPIO_Init(GPIOF, &GPIO_InitStruct);
    }
}
```

上述程式由 STM32CubeMX 生成，一般情況下無須任何修改。tim.h 檔案主要用於外部變數和初始化函數宣告。

tim.c 檔案中首先定義了 TIM_HandleTypeDef 型外接裝置物件變數 htim10，用來表示 TIM10。函數 MX_TIM10_Init() 用於計時器 TIM10 的初始化，包括計時器基本參數初始化和 PWM 生成參數初始化，初始化程式和圖 10-13 設定一一對應。

函數 HAL_TIM_Base_MspInit() 是重新實現的 MSP 函數，由 HAL_TIM_Base_Init() 函數內部呼叫，其功能只有一個，即開啟 TIM10 時鐘。

函數 HAL_TIM_MspPostInit() 在函數 MX_TIM10_Init() 中最後呼叫，其功能是對接腳 PF6 進行 GPIO 初始化，將其重複使用為 TIM10_CH1 輸出接腳。

(2) 主程式分析及使用者程式撰寫。

首先打開 main.c 檔案，其部分程式如下：

```
/********** main.c Source File **********/
#include "main.h"
#include "tim.h"
#include "gpio.h"
#include "fsmc.h"
/* USER CODE BEGIN PV */
uint16_t *SEG_ADDR=(uint16_t *)(0x68000000);
uint8_t smgduan[11]={0xc0,0xf9,0xa4,0xb0,0x99,0x92,0x82,0xf8,0x80,0x90,0xbf};
uint8_t smgwei[6]={0xfe,0xfd,0xfb,0xf7,0xef,0xdf},SmgBuff[6];
/* USER CODE END PV */
void SystemClock_Config(void);
int main(void)
{
    /* USER CODE BEGIN 1 */
    uint8_t dir=1;
    uint16_t Duty=0;
    /* USER CODE END 1 */
    HAL_Init();
    SystemClock_Config();    /* Configure the system clock */
    MX_GPIO_Init();
    MX_FSMC_Init();
    MX_TIM7_Init();
    MX_TIM10_Init();                     // 計時器 TIM10 初始化
    /* USER CODE BEGIN WHILE */
    SmgBuff[0]=0;SmgBuff[1]=1;           // 顯示學號前面兩位
    SmgBuff[2]=2;SmgBuff[3]=3;           // 顯示學號中間兩位
    SmgBuff[4]=4;SmgBuff[5]=5;           // 顯示學號最後兩位
    HAL_TIM_Base_Start_IT(&htim7);
    HAL_TIM_PWM_Start(&htim10,TIM_CHANNEL_1);
    while(1)
    {
        HAL_Delay(6);
        if(dir==1)
        {
            if(++Duty==500) dir=0;
        }
        else
        {
            if(--Duty==0) dir=1;
        }
        // 設定比較暫存器 TIM10_CCR1 數值
        __HAL_TIM_SetCompare(&htim10,TIM_CHANNEL_1,Duty);
        /* USER CODE END WHILE */
    }
}
```

新生成初始化程式和使用者撰寫程式均作加粗顯示，以區別於前期專案已有程式，本專案還需要將學生學號顯示於數位管上，所以計時器 TIM7 及其中斷更新數字部分程式仍然需要，但該部分內容相對第 9 章專案來說並無區別，所以未將其貼出。

在 main() 函數中，首先定義兩個變數，一個是方向變數 dir，另一個工作週期比變數 Duty。在無限迴圈程式中先讓工作週期比增加，當增加到 500 時，再讓工作週期比減少，並將工作週期比數值即時更新到 TIM10 的捕捉比較暫存器 CCR1，以實現 L7 指示燈的 PWM 呼吸燈效果。

4) 下載偵錯

編譯專案，直到沒有錯誤為止，下載程式到開發板，重置執行，檢查實驗效果。

10.5.2　輸出比較模式輸出方波訊號

由開發板原理圖可知，LED 指示燈 L8 連接至微控制器的 PF7 接腳，透過查詢資料手冊可知該接腳具有的功能為 PF7/TIM11_CH1/FSMC_NREG/ADC3_IN5，本節將使用輸出比較功能，在 TIM11_CH1 重複使用功能映射接腳 PF7 產生高低電位各持續 500ms 的脈衝訊號，使 L8 以 1s 為週期進行閃爍。本專案無須新建專案，直接在上一個專案中修改。

1. STM32CubeMX 設定及實現原理

打開專案範本資料夾裡面的 Template.ioc 檔案，啟動 STM32CubeMX 設定軟體，左側設定類別 Categories 下面的 Timers 列表中的找到 TIM11 計時器，打開其設定對話方塊，設定介面如圖 10-14 所示。在模式設定部分，選中 Activated 核取方塊，啟用計時器，此時在 Channel1 下拉式選單中選擇 Output Compare CH1，也就是使用輸出比較功能，並輸出到 CH1 通道映射接腳 PF7。One Pulse Mode 核取方塊用於設定單脈衝模式，本例不使用。

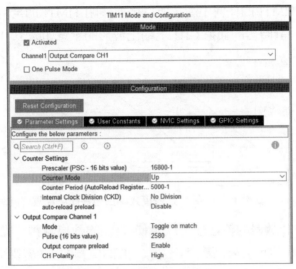

▲ 圖 10-14 TIM11 設定介面

　　Counter Settings 組用於設定計時器的基本參數，其中大部分設定和上例是相同的，所以不作一一說明。由表 9-1 可知，TIM11 掛接在 APB2 匯流排上，由前面分析可知其計時器的輸入時鐘頻率為 168MHz。此處將預分頻係數設定為 16800，即預分頻暫存器 PSC 的值為 16800-1，計數週期數為 5000，即自動重加載暫存器的 ARR 值為 5000-1。

　　Output Compare Channel 1 組是通道 1 的輸出比較參數，各個參數的意義和設定值如下。

　　(1) Mode：輸出比較模式，有 Frozen(凍結)、Active Level on match(有效電位)、Inactive Level on match(無效電位)、Toggle on match(翻轉)、Forced Active(強制輸出有效電位) 和 Forced Inactive(強制輸出無效電位) 共 6 種模式可選。此處設定為 Toggle on match，也就是在計時器 CNT 的值和 CCR 的值相等時，CH1 輸出翻轉。

　　(2) Pulse：脈衝寬度，也就是 CCR 的值，這裡設定為 2580。

　　(3) Output compare preload：設定 CCR 是否使用預先安裝載功能，此處選擇 Enable，也就是啟用 CCR 暫存器的預先安裝載功能。

　　(4) CH Polarity：通道極性，如果參數 Mode 設定為 Active Level on match 或 Inactive Level on match 等與通道極性有關的模式，此參數就是輸出的有效電位。本例模式設定為 Toggle on match，與此參數無關。

本例不使用 TIM11 的任何中斷，所以需要關閉 TIM11 的全域中斷。
設定完畢後，計時器的通道 CH1 上輸出波形的示意如圖 10-15 所示。

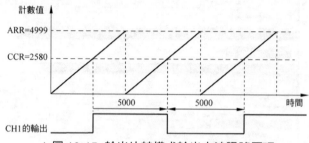

▲ 圖 10-15　輸出比較模式輸出方波訊號原理

如果 CCR 和計數器的值匹配，就會使 CH1 的輸出翻轉。從圖 10-15 可以看出，CH1 的輸出是一個方波訊號，且不管 CCR 的值為多少 (需要小於 ARR 的值)，方波訊號的工作週期比總是 50%，脈衝的寬度總是 (ARR+1) 個計數週期，即高低電位持續時間可由式 (10-1) 計算得出，L8 指示燈以 1s 為週期進行閃爍。

$$T_L = (ARR + 1)\ \frac{1}{\dfrac{HCLK}{PSC + 1}} = (4999 + 1)\ \frac{1}{\dfrac{168}{16799 + 1}} = 500 (ms) \tag{10-1}$$

2. 初始化程式分析及使用者程式撰寫

1) 初始化程式分析

由於 STM32CubeMX 生成的計時器初始化程式位於 tim.c 檔案中，為使程式表達更為簡潔，僅將新增的 TIM11 初始化程式列於下方：

```
#include "tim.h"
TIM_HandleTypeDef htim11;
void MX_TIM11_Init(void)
{
    TIM_OC_InitTypeDef sConfigOC = {0};
    htim11.Instance = TIM11;
    htim11.Init.Prescaler = 16800-1;
    htim11.Init.CounterMode = TIM_COUNTERMODE_UP;
    htim11.Init.Period = 5000-1;
    htim11.Init.ClockDivision = TIM_CLOCKDIVISION_DIV1;
    htim11.Init.AutoReloadPreload = TIM_AUTORELOAD_PRELOAD_DISABLE;
    if (HAL_TIM_Base_Init(&htim11) != HAL_OK)
    {  Error_Handler();  }
    if (HAL_TIM_OC_Init(&htim11) != HAL_OK)
```

```
    {  Error_Handler();  }
    sConfigOC.OCMode = TIM_OCMODE_TOGGLE;
    sConfigOC.Pulse = 2580;
    sConfigOC.OCPolarity = TIM_OCPOLARITY_HIGH;
    sConfigOC.OCFastMode = TIM_OCFAST_DISABLE;
    if (HAL_TIM_OC_ConfigChannel(&htim11, &sConfigOC, TIM_CHANNEL_1) != HAL_OK)
    {  Error_Handler();  }
    __HAL_TIM_ENABLE_OCxPRELOAD(&htim11, TIM_CHANNEL_1);
    HAL_TIM_MspPostInit(&htim11);
}
void HAL_TIM_Base_MspInit(TIM_HandleTypeDef* tim_baseHandle)
{
    if(tim_baseHandle->Instance==TIM11)
    {
        __HAL_RCC_TIM11_CLK_ENABLE();      /* TIM11 時鐘啟用 */
    }
}
void HAL_TIM_MspPostInit(TIM_HandleTypeDef* timHandle)
{
    if(timHandle->Instance==TIM11)
    {
        __HAL_RCC_GPIOF_CLK_ENABLE();
        /* TIM11 GPIO 設定，即 PF7 對應 TIM11_CH */
        GPIO_InitStruct.Pin = GPIO_PIN_7;
        GPIO_InitStruct.Mode = GPIO_MODE_AF_PP;
        GPIO_InitStruct.Pull = GPIO_NOPULL;
        GPIO_InitStruct.Speed = GPIO_SPEED_FREQ_LOW;
        GPIO_InitStruct.Alternate = GPIO_AF3_TIM11;
        HAL_GPIO_Init(GPIOF, &GPIO_InitStruct);
    }
}
```

上述程式定義了計時器外接裝置物件變數 htim11，在函數 MX_TIM11_Init()
中，設定 htim11 各參數值之後，呼叫 HAL_TIM_Base_Init() 進行計時器基本參
數初始化。定義 TIM_OC_InitTypeDef 類型變數 sConfigOC 設定輸出比較通道參
數，再呼叫函數 HAL_TIM_OC_ConfigChannel() 對 TIM11_CH1 進行輸出比較設
定。函數 HAL_TIM_Base_MspInit 屬於計時器 MSP 函數，用於打開 TIM11 時鐘。
HAL_TIM_MspPostInit() 在函數 MX_TIM11_Init() 中最後呼叫，其功能是對接腳
PF7 進行 GPIO 初始化，將其重複使用為 TIM11_CH1 輸出接腳。

2) 使用者程式撰寫

因為本專案是利用計時器的輸出比較模式，輸出頻率和工作週期比均固定的

週期方波訊號，無須即時修改計時器暫存器數值，也未啟用計時器全域中斷，相對 10.5.1 節專案來說，僅需要在主程式中增加一筆啟用 TIM11_CH1 的輸出比較模式敘述即可。

```
// 啟用計時器 TIM11 的通道 1 輸出比較模式。
HAL_TIM_OC_Start(&htim11,TIM_CHANNEL_1);
```

3. 下載偵錯

編譯專案，直到沒有錯誤為止，下載程式到開發板，重置執行，檢查實驗效果。

10.5.3　輸入捕捉模式測量脈衝頻率

1. 開發專案

開發板脈衝發生電路如圖 10-16 所示，其與圖 2-26 電路連接相同，只是將脈衝發生電路和 PWM 波形生成電路分開繪製，並將 P1 路線座 1、2 腳位置做調整，更便於查看。

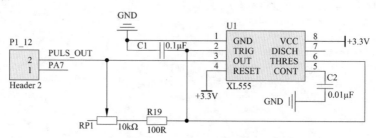

▲ 圖 10-16　脈衝發生電路

由圖 10-16 可知，開發板通電之後，利用 555 時基電路的充放電特性，會在 U1 的 3 號接腳產生一個工作週期比為 50%，頻率可調的方波訊號。短接 P1 跳線座的 1、2 號接腳即可將脈衝訊號送到微控制器的 PA7 接腳。透過查詢資料手冊可知該接腳具有的功能如下所示，限於篇幅只將其主要功能列出。

PA7/SPI1_MOSI/TIM1_CH1N/TIM3_CH2/TIM8_CH1N/TIM14_CH1/ADC12_IN7

根據 10.5.3 節所介紹的計時器輸入捕捉模式工作原理可知，其可用於測量脈衝訊號的週期。由 PA7 接腳的重複使用功能可知，TIM3_CH2 和 TIM14_CH1

通道均可用於脈衝訊號的輸入捕捉,但是由於本章的下一個專案需要同時用到 TIM3_CH1 和 TIM3_CH2 通道進行 PWM 輸入訊號的測量,所以本實驗只能選擇計時器 TIM14 的 CH1 通道作為脈衝訊號的輸入捕捉通道。

由表 9-1 所列 STM32F407 計時器特性可知,計時器 TIM14 掛接在 APB1 匯流排上,根據本書的典型時鐘設定,即 HCLK=168MHz,則 TIM14 的輸入時鐘頻率為 84MHz。

考慮到脈衝發生電路產生的方波訊號的實際頻率在幾百 Hz 到幾十 kHz 的範圍內,為了便於計算可以將輸入時鐘預分頻係數設定為 84,計時器計數時鐘頻率 CK_CNT 訊號頻率為 1MHz。將 16 位元自動重加載值暫存器 ARR 的數值設為最大,可以簡化計算和擴大低頻測量範圍。經過上述設定計時器輸入捕捉脈衝訊號頻率測量範圍可達 15Hz~1MHz,對開發板脈衝發生電路來說足夠了。

專案需要實現的功能為即時測量脈衝發生電路產生的方波訊號的頻率,要求回應時間小於 500ms,並將頻率數值顯示於數位管,DS1 顯示字元「F」,DS2~DS6 顯示頻率數值。

2. 專案實施

1) 複製專案檔案

由於輸入捕捉專案相對於 10.5.1 節和 10.5.2 節專案差別較大,為保持較好的條理性,將上兩節建立的專案複製,並將資料夾重新命名為 1002 InputCapture。

2) STM32CubeMX 設定

打開專案範本資料夾裡面的 Template.ioc 檔案,啟動 STM32CubeMX 設定軟體,因為 TIM14_CH1 通道預設映射接腳是 PF9,所以需要在接腳視圖下選擇 PA7 接腳,將其重複使用功能設定為 TIM14_CH1,否則將導致始終無法捕捉到脈衝上昇緣。隨後在左側設定類別 Categories 下面的 Timers 列表中的找到 TIM14 計時器,打開其設定對話方塊,設定介面如圖 10-17 所示。在模式設定部分,選中 Activated 核取方塊,啟用計時器,Channel1 通道模式列表方塊選擇 Input Capture direct mode,即使該通道處於直接輸入捕捉模式。

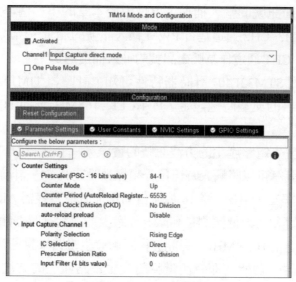

▲ 圖 10-17 TIM14 設定介面

　　Counter Settings 組用於設定計時器基本參數，設定選項和前述專案基本相同，此處將預分頻暫存器 PSC 的值設為 84-1，即預分頻係數為 84。自動重加載暫存器 ARR 的值設為 65535，計數個數最大為 65536 個。

　　Input Capture Channel 1 組用於設定輸入捕捉參數，其選項和設定值介紹如下：

　　(1) Polarity Selection：捕捉極性，可以設定為 Rising Edge(上昇緣)、Falling Edge(下降沿) 或 Both Edges(雙邊沿)，本專案設定為上昇緣捕捉和下降沿捕捉均可以，此處採用預設值 Rising Edge。

　　(2) IC Selection：輸入通道選擇，對於 TIM14 只有一個輸入捕捉通道，只能是 Direct，即 CH1 作為直接通道。

　　(3) Prescaler Division Ratio：捕捉輸入訊號分頻係數，設定為 No Division，即不分頻。

　　(4) Input Filter：輸入訊號濾波係數，數值範圍為 0~15，此濾波具有類似於消除按鍵抖動的功能。因為開發板脈衝發生電路產生方波訊號沒有邊沿抖動，無須濾波，濾波係數設定為 0。

　　因為計時器捕捉邊沿訊號需要進行捕捉次數判斷和頻率計算，這些操作安排在輸入捕捉中斷中完成比較恰當，所以完成 TIM14 參數設定後還需要打開計時器全域中斷，並設定中斷優先順序，設定結果如圖 10-18 所示。

▲圖 10-18 TIM14 中斷設定結果

時鐘設定和專案設定選項無須修改,按一下 GENERATE CODE 按鈕生成初始化專案。

3) 計時器初始化程式分析

打開 MDK-ARM 資料夾下面的專案檔案 Template.uvprojx,將生成專案編譯一下,沒有錯誤和警告之後開始初始化程式分析。使用者在 STM32CubeMX 中啟用了某個計時器,系統會自動生成計時器初始化原始檔案 tim.c 和計時器初始化標頭檔 tim.h,分別用於計時器初始化的實現和定義。

標頭檔 tim.h 內容如下,其中僅展示 TIM14 相關定義,並省略了程式沙箱和部分註釋。

```
#include "main.h"
extern TIM_HandleTypeDef htim14;
void MX_TIM14_Init(void);
```

原始檔案 tim.c 內容如下,其中僅展示 TIM14 初始化部分,並省略了程式沙箱和部分註釋。

```
#include "tim.h"
TIM_HandleTypeDef htim14;
void MX_TIM14_Init(void)  /* TIM14 init function */
{
    TIM_IC_InitTypeDef sConfigIC = {0};
    htim14.Instance = TIM14;
    htim14.Init.Prescaler = 84-1;
    htim14.Init.CounterMode = TIM_COUNTERMODE_UP;
    htim14.Init.Period = 65535;
    htim14.Init.ClockDivision = TIM_CLOCKDIVISION_DIV1;
    htim14.Init.AutoReloadPreload = TIM_AUTORELOAD_PRELOAD_DISABLE;
    if (HAL_TIM_Base_Init(&htim14) != HAL_OK)
    { Error_Handler(); }
    if (HAL_TIM_IC_Init(&htim14) != HAL_OK)
    { Error_Handler(); }
    sConfigIC.ICPolarity = TIM_INPUTCHANNELPOLARITY_RISING;
    sConfigIC.ICSelection = TIM_ICSELECTION_DIRECTTI;
```

```
    sConfigIC.ICPrescaler = TIM_ICPSC_DIV1;
    sConfigIC.ICFilter = 0;
    if (HAL_TIM_IC_ConfigChannel(&htim14, &sConfigIC, TIM_CHANNEL_1) != HAL_OK)
    {  Error_Handler();  }
}
void HAL_TIM_Base_MspInit(TIM_HandleTypeDef* tim_baseHandle)
{
    GPIO_InitTypeDef GPIO_InitStruct = {0};
    if(tim_baseHandle->Instance==TIM14)
    {
        __HAL_RCC_TIM14_CLK_ENABLE();  /* TIM14 clock enable */
        __HAL_RCC_GPIOA_CLK_ENABLE();
        /**TIM14 GPIO 設定，即 PA7 對應 TIM4_CH1 */
        GPIO_InitStruct.Pin = GPIO_PIN_7;
        GPIO_InitStruct.Mode = GPIO_MODE_AF_PP;
        GPIO_InitStruct.Pull = GPIO_NOPULL;
        GPIO_InitStruct.Speed = GPIO_SPEED_FREQ_LOW;
        GPIO_InitStruct.Alternate = GPIO_AF9_TIM14;
        HAL_GPIO_Init(GPIOA, &GPIO_InitStruct);
        /* TIM14 中斷初始化 */
        HAL_NVIC_SetPriority(TIM8_TRG_COM_TIM14_IRQn, 4, 0);
        HAL_NVIC_EnableIRQ(TIM8_TRG_COM_TIM14_IRQn);
    }
}
```

　　計時器初始化程式呼叫 void MX_TIM14_Init() 完成 TIM14 基本參數初始化和輸入捕捉通道初始化，設定參數與圖 10-17 設定選項一一對應。函數 HAL_TIM_Base_MspInit() 是計時器的 MSP 函數，用於完成 TIM14_CH1 通道映射接腳 PA7 的工作模式和重複使用功能設定。上述程式均由 STM32CubeMX 自動生成，且使用者無須任何修改。

4) 主程式分析和使用者程式設計

　　打開 main.c 檔案，其部分程式列於下方，其中使用者撰寫程式採用加粗顯示，以區別於系統自動生成程式。

　　(1) 主程式。

```
/********** main.c Source File **********/
#include "main.h"
#include "tim.h"
#include "gpio.h"
#include "fsmc.h"
uint16_t *SEG_ADDR=(uint16_t *)(0x68000000);
```

```
uint8_t smgduan[11]={0xc0,0xf9,0xa4,0xb0,0x99,0x92,0x82,0xf8,0x80,0x90,0x8E}; //0x8E="F"
uint8_t smgwei[6]={0xfe,0xfd,0xfb,0xf7,0xef,0xdf},SmgBuff[6];
uint32_t ICValue1 = 0;        // 上次捕捉數值
uint32_t ICValue2 = 0;        // 本次捕捉數值
uint32_t DiffCapture = 0;     // 脈衝個數
uint16_t CaptureIndex = 0;    // 捕捉次數
uint32_t Frequency = 0;       // 頻率數值
void SystemClock_Config(void);
int main(void)
{
    HAL_Init();   /* 重置所有外接裝置，初始化快閃記憶體介面和 SysTick 計時器 */
    SystemClock_Config();   /* 設定系統時鐘 */
    /* 初始化所有設定的外接裝置 */
    MX_GPIO_Init();
    MX_FSMC_Init();
    MX_TIM7_Init();
    MX_TIM14_Init();
    HAL_TIM_Base_Start_IT(&htim7);
    HAL_TIM_IC_Start_IT(&htim14,TIM_CHANNEL_1);    //TIM14-CH1
    while(1)
    {
        if(HAL_GetTick()%500==0)
        {
            SmgBuff[0]=10;
            SmgBuff[1]=Frequency/10000;
            SmgBuff[2]=Frequency/1000%10;
            SmgBuff[3]=Frequency/100%10;
            SmgBuff[4]=Frequency/10%10;
            SmgBuff[5]=Frequency%10;
        }
    }
}
```

在主程式中，首先進行檔案包含、變數定義和函數宣告，隨後完成所有外接裝置初始化，以中斷方式啟動計時器 TIM14 輸入捕捉模式，接著在 while 無限迴圈中對顯示緩衝陣列進行賦值，第一數位管顯示「F」，其餘 5 個數位管顯示頻率數值，為了防止數位管更新太快，作者獲取 SysTick 計數值，當其是 500 的整數倍時才進行顯示緩衝陣列更新，也就是數位管顯示頻率 500ms 更新一次。為便於查看，本專案新增程式均加粗顯示。

(2) 回呼函數撰寫。

計時器 TIM14 測量脈衝訊號週期透過輸入捕捉中斷實現，所以程式撰寫的重要內容就是重新實現輸入捕捉回呼函數，依然選擇在 main.c 檔案中實現，其參考程式：

```
void HAL_TIM_IC_CaptureCallback(TIM_HandleTypeDef *htim)
{
    if (htim->Instance==TIM14&&htim->Channel == HAL_TIM_ACTIVE_CHANNEL_1)
    {
        if(CaptureIndex == 0)          /* 獲取第 1 個輸入捕捉值 */
        {
            ICValue1 = HAL_TIM_ReadCapturedValue(htim, TIM_CHANNEL_1);
            CaptureIndex = 1;
        }
        else if(CaptureIndex == 1)         /* 獲取第 2 個輸入捕捉值 */
        {
            ICValue2 = HAL_TIM_ReadCapturedValue(htim, TIM_CHANNEL_1);
            if (ICValue2 > ICValue1)          /* 捕捉計算 */
            {
                DiffCapture = (ICValue2 - ICValue1);
            }
            else if (ICValue2 < ICValue1)
            {
                DiffCapture = ((0xFFFF - ICValue1) + ICValue2) + 1; /* 0xFFFF 是最大的 CCR 值 */
            }
            else
            {
                /* 如果捕捉值相同，則已達到頻率測量極限 */
                Error_Handler();
            }
            /* 頻率計算：本例中 TIM14 時鐘訊號頻率為 84MHz */
            Frequency = (HAL_RCC_GetPCLK1Freq()*2)/(TIM14->PSC+1)/ DiffCapture;
            CaptureIndex = 0;
        }
    }
}
```

當 TIM14_CH1 發生輸入捕捉事件時，回呼函數 HAL_TIM_IC_CaptureCallback() 將被執行，其基本的處理方法是，如果輸入捕捉的是脈衝訊號的第 1 個邊沿時，則讀取捕捉 / 比較暫存器 CCR 的值，並記錄捕捉次數，當輸入捕捉的是脈衝訊號的第 2 個邊沿時，則再次讀取捕捉 / 比較暫存器 CCR 的值，並計算兩次捕捉之間的脈衝個數，同時重置捕捉次數。

5) 下載偵錯

編譯專案，直到沒有錯誤為止，下載程式到開發板，重置執行，檢查實驗效果。

10.5.4 PWM 波頻率和工作週期比測量

1. 開發專案

開發板 PWM 波生成電路如圖 10-19 所示，其與圖 2-26 電路連接相同，只是將脈衝發生電路和 PWM 波生成電路分開繪製，並將 P1 跳線座 3、4 腳位置調整，更便於查看。

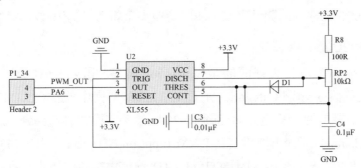

▲圖 10-19 PWM 波生成電路

由圖 10-19 可知，開發板通電之後，透過建構充放電兩條通路，改變 555 時基電路內部觸發電路的輸入電壓，輸出工作週期比和頻率均可調節的 PWM 波訊號。短接 P1 跳線座的 3、4 號接腳即可將 PWM 波連接至微控制器的 PA6 接腳。透過查詢資料手冊可知該接腳具有的功能如下所示，限於篇幅只將其主要功能列出。

PA6/SPI1_MISO/TIM1_BKIN/TIM3_CH1/TIM8_BKIN/TIM13_CH1/DCMI_PIXCLK/ADC12_IN6 結合圖 10-12 舉出的 PWM 輸入模式工作時序圖，進一步說明其測量 PWM 波頻率和工作週期比的原理。將 TIM3_CCR1 和 TIM3_CCR2 的輸入設定為 TI1，即選擇通道 TIM3_CH1，並將其映射到接腳 PA6。設定 TIM3_CCR1 的極性為上昇緣有效，設定 TIM3_CCR2 的極性為下降沿有效。選擇 TIM3_CH1(TI1FP1) 為有效觸發輸入。輸入比較通道 CC1 捕捉上昇緣時，將計數器的值存入暫存器 CCR1，同時複位數目器。輸入比較通道 CC2 捕捉下降沿時，將計數值存入暫存器 CCR2。所以暫存器 CCR1 裡的值表示 PWM 波的週期，暫存器 CCR2 的值表示 PWM 波的脈衝寬度。

專案需要實現的功能為即時測量 PWM 發生電路產生的方波訊號的頻率和工作週期比，要求回應時間小於 500ms。並將二者分別顯示於數位管，顯示時間各持續 1.5s。顯示頻率時，DS1 顯示字元「F」，DS2~DS6 顯示頻率數值。顯示工作週期比時，DS1 顯示字元「d」，DS2 和 DS6 顯示「-」，DS3~DS5 顯示工作週期比。

2. 專案實施

1) 複製專案檔案

複製 10.5.3 節建立的開發專案，並將資料夾重新命名為 1003 PWMInput。

2) STM32CubeMX 設定

打開專案範本資料夾裡面的 Template.ioc 檔案，啟動 STM32CubeMX 設定軟體，在左側設定類別 Categories 下面的 Timers 列表中的找到 TIM3 計時器，打開其設定對話方塊，設定介面如圖 10-20 所示。在模式設定部分，將聯合通道 Combined Channels 列表方塊設定為 PWM Input on CH1，即使用 TIM3 的 CH1 通道測量輸入 PWM 波的參數。因為 TIM3_CH1 通道重複使用功能是映射到 PA6 接腳，所以需要短接開發板 P1 跳線座的 3、4 接腳，將 PWM 波輸入至微控制器的 PA6 接腳。

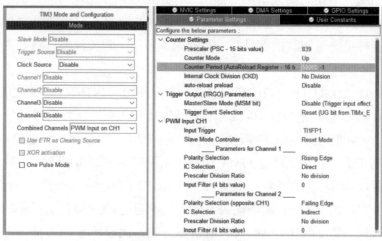

▲ 圖 10-20　TIM3 設定介面

Counter Settings 組的主要參數設定如下：

(1) Prescaler：預分頻暫存器值設定為 839，預分頻係數為 840，TIM3 計數器的時鐘頻率為 100kHz。

(2) Counter Period：自動重加載暫存器 ARR 設定為 50000-1，所以計數器溢位週期為 500ms，該週期其實是遠大於輸入 PWM 的週期，這樣在發生邊沿捕捉之前，TIM3 不會產生 UEV，不需要進行額外的計算。

Trigger Output(TRGO) Parameters 參數組用於設定計時器觸發輸出選項，其設定選項保持預設值即可。

PWM Input CH1 組用於設定輸入捕捉通道的 PWM 輸入模式選項，各參數的設定和意義如下：

(1) Input Trigger：輸入觸發訊號，因為設定了使用 CH1 作為 PWM 輸入通道，所以只能選擇 TI1FP1。如果在模式設定中將 Combined Channels 設定為 PWM Input on CH2，則只能選擇 TI2FP2。

(2) Slave Mode Controller：從模式控制器，只能設定為 Reset Mode。

Parameters for Channel 1 參數組用於設定輸入捕捉通道 CC1，主要參數如下：

(3) Polarity Selection：捕捉極性，設定為 Rising Edge(上昇緣捕捉)，CH2 通道極性與 CH1 通道的極性相反。

(4) IC Selection：輸入通道選擇，只能是 Direct，即 CH1 作為直接通道。

(5) Prescaler Division Ratio：設定為 No Division，即不分頻。

(6) Input Filter：輸入波形濾波係數，類似於按鍵消除抖動功能，因為 555 時基電路生成 PWM 方波訊號較為規整，無須濾波，此項參數設定為 0。

Parameters for Channel 2 參數組用於設定輸入捕捉通道 CC2，其極性與 CH1 通道相反，輸入通道只能選擇 Indirect。

由於需要在計時器的捕捉比較中斷裡讀取 CCR 暫存器的值，並進行頻率和工作週期比的計算，所以需要打開 TIM3 全域中斷，設定中等水準優先順序，設定介面如圖 10-21 所示。

▲ 圖 10-21 TIM3 中斷設定介面

3) 計時器初始化程式分析

使用者在 STM32CubeMX 中啟用了某個計時器，系統會自動生成計時器初始化原始檔案 tim.c 和計時器初始化標頭檔 tim.h，分別用於計時器初始化的實現和定義。原始檔案 tim.c 內容如下，其中僅展示 TIM3 初始化部分，並省略了程式沙箱和部分註釋。

```c
#include "tim.h"
TIM_HandleTypeDef htim3;
/* TIM3 初始化函數 */
void MX_TIM3_Init(void)
{
    TIM_SlaveConfigTypeDef sSlaveConfig = {0};
    TIM_IC_InitTypeDef sConfigIC = {0};
    TIM_MasterConfigTypeDef sMasterConfig = {0};
    htim3.Instance = TIM3;
    htim3.Init.Prescaler = 839;
    htim3.Init.CounterMode = TIM_COUNTERMODE_UP;
    htim3.Init.Period = 50000-1;
    htim3.Init.ClockDivision = TIM_CLOCKDIVISION_DIV1;
    htim3.Init.AutoReloadPreload = TIM_AUTORELOAD_PRELOAD_DISABLE;
    if (HAL_TIM_IC_Init(&htim3) != HAL_OK)
    { Error_Handler(); }
    sSlaveConfig.SlaveMode = TIM_SLAVEMODE_RESET;
    sSlaveConfig.InputTrigger = TIM_TS_TI1FP1;
    sSlaveConfig.TriggerPolarity = TIM_INPUTCHANNELPOLARITY_RISING;
    sSlaveConfig.TriggerPrescaler = TIM_ICPSC_DIV1;
    sSlaveConfig.TriggerFilter = 0;
    if (HAL_TIM_SlaveConfigSynchro(&htim3, &sSlaveConfig) != HAL_OK)
    { Error_Handler(); }
    sConfigIC.ICPolarity = TIM_INPUTCHANNELPOLARITY_RISING;
    sConfigIC.ICSelection = TIM_ICSELECTION_DIRECTTI;
    sConfigIC.ICPrescaler = TIM_ICPSC_DIV1;
    sConfigIC.ICFilter = 0;
    if (HAL_TIM_IC_ConfigChannel(&htim3, &sConfigIC, TIM_CHANNEL_1) != HAL_OK)
    { Error_Handler(); }
    sConfigIC.ICPolarity = TIM_INPUTCHANNELPOLARITY_FALLING;
    sConfigIC.ICSelection = TIM_ICSELECTION_INDIRECTTI;
    if (HAL_TIM_IC_ConfigChannel(&htim3, &sConfigIC, TIM_CHANNEL_2) != HAL_OK)
    { Error_Handler(); }
    sMasterConfig.MasterOutputTrigger = TIM_TRGO_RESET;
    sMasterConfig.MasterSlaveMode = TIM_MASTERSLAVEMODE_DISABLE;
    if (HAL_TIMEx_MasterConfigSynchronization(&htim3, &sMasterConfig) != HAL_OK)
    { Error_Handler(); }
}
void HAL_TIM_IC_MspInit(TIM_HandleTypeDef* tim_icHandle)
{
    GPIO_InitTypeDef GPIO_InitStruct = {0};
    if(tim_icHandle->Instance==TIM3)
```

```
{
    /* TIM3 時鐘啟用 */
    __HAL_RCC_TIM3_CLK_ENABLE();
    __HAL_RCC_GPIOA_CLK_ENABLE();
    /* TIM3 GPIO 設定,即 PA6 對應 TIM3_CH1  */
    GPIO_InitStruct.Pin = GPIO_PIN_6;
    GPIO_InitStruct.Mode = GPIO_MODE_AF_PP;
    GPIO_InitStruct.Pull = GPIO_NOPULL;
    GPIO_InitStruct.Speed = GPIO_SPEED_FREQ_LOW;
    GPIO_InitStruct.Alternate = GPIO_AF2_TIM3;
    HAL_GPIO_Init(GPIOA, &GPIO_InitStruct);
    /* TIM3 interrupt Init */
    HAL_NVIC_SetPriority(TIM3_IRQn, 3, 0);
    HAL_NVIC_EnableIRQ(TIM3_IRQn);
  }
}
```

計時器初始化程式呼叫 MX_TIM3_Init() 完成 TIM3 基本參數初始化和 PWM 輸入模式初始化,設定參數與圖 10-20 設定選項一一對應。函數 HAL_TIM_IC_MspInit() 是計時器的 MSP 函數,用於完成 TIM3_CH1 通道映射接腳 PA6 的工作模式和重複使用功能設定。上述程式均由 STM32CubeMX 自動生成,且使用者無須任何修改。

4) 主程式分析和使用者程式設計

打開 main.c 檔案,其部分程式列於下方,其中使用者撰寫程式採用加粗顯示,以區別於系統自動生成程式。

(1) 主程式。

```
/********** main.c Source File **********/
#include "main.h"
#include "tim.h"
#include "gpio.h"
#include "fsmc.h"
uint16_t *SEG_ADDR=(uint16_t *)(0x68000000);
// 0x8E="F" 0xA1="d" 0xBF="-"
uint8_t smgduan[13]={0xc0,0xf9,0xa4,0xb0,0x99,0x92,0x82,0xf8,0x80,0x90,0x8E,0xA1,0xBF};
uint8_t smgwei[6]={0xfe,0xfd,0xfb,0xf7,0xef,0xdf},SmgBuff[6];
//PWM IN 相關變數
__IO uint32_t       IC1ValuePWM = 0;
__IO uint32_t       DutyCyclePWM = 0;
__IO uint32_t       FrequencyPWM = 0;
void SystemClock_Config(void);
```

```
int main(void)
{
    uint32_t TickVal=0;
HAL_Init();
SystemClock_Config();
/* 初始化所有設定的外接裝置 */
MX_GPIO_Init();
MX_FSMC_Init();
MX_TIM7_Init();
MX_TIM3_Init();
HAL_TIM_Base_Start_IT(&htim7);
HAL_TIM_IC_Start_IT(&htim3,TIM_CHANNEL_1);      //TIM3-CH1
HAL_TIM_IC_Start_IT(&htim3,TIM_CHANNEL_2);      //TIM3-CH2
while(1)
    {
        TickVal=HAL_GetTick();
        if(TickVal%1500==0&&TickVal%3000!=0)
        {
            SmgBuff[0]=10;                       // 顯示 "F"
            SmgBuff[1]=FrequencyPWM/10000;
            SmgBuff[2]=FrequencyPWM/1000%10;
            SmgBuff[3]=FrequencyPWM/100%10;
            SmgBuff[4]=FrequencyPWM/10%10;
            SmgBuff[5]=FrequencyPWM%10;
        }
        if(TickVal%3000==0)
        {//0x8E="F" 0xA1="d" 0xBF="-"
            SmgBuff[0]=11;                       // 顯示 "d"
            SmgBuff[1]=12;                       // 顯示 "-"
            SmgBuff[2]=DutyCyclePWM/100;         // 工作週期比百位
            SmgBuff[3]=DutyCyclePWM/10%10;       // 工作週期比十位
            SmgBuff[4]=DutyCyclePWM%10;          // 工作週期比個位
            SmgBuff[5]=12;                       // 顯示中畫線
        }
    }
}
```

　　在主程式中，首先進行檔案包含、變數定義和函數宣告，隨後完成所有外接
裝置初始化，以中斷方式啟動計時器 TIM3 的 CH1 和 CH2 通道輸入捕捉模式，
隨後在 while 無限迴圈中讀取 SysTick 的計數值，並根據其處於的區間對顯示緩
衝陣列進行賦值，以實現頻率和工作週期比分時顯示功能。為便於查看，本專案
新增程式均加粗顯示。

(2) 回呼函數撰寫。

PWM 波頻率和工作週期比測量透過 TIM3 輸入捕捉中斷實現，所以程式撰寫的重要內容就是重新實現輸入捕捉回呼函數，依然選擇在 main.c 檔案中實現，其參考程式如下：

```
void HAL_TIM_IC_CaptureCallback(TIM_HandleTypeDef *htim)
{
    if (htim->Instance==TIM3&&htim->Channel == HAL_TIM_ACTIVE_CHANNEL_1)
    {
        /* 獲取輸入捕捉值 */
        IC1ValuePWM = HAL_TIM_ReadCapturedValue(htim, TIM_CHANNEL_1);
        if (IC1ValuePWM != 0)
        {
            /* 工作週期比計算 */
            DutyCyclePWM = ((HAL_TIM_ReadCapturedValue(htim, TIM_CHANNEL_2)) * 100)
/ IC1ValuePWM;
            /* TIM3 內部時鐘頻率為 PCLK1 的 2 倍 */
            FrequencyPWM = (HAL_RCC_GetPCLK1Freq()*2/(TIM3->PSC+1))/ IC1ValuePWM;
        }
        else
        {
            DutyCyclePWM = 0;
            FrequencyPWM = 0;
        }
    }
}
```

當 TIM3_CH1 發生輸入捕捉事件時，回呼函數 HAL_TIM_IC_CaptureCallback() 將被執行，其中，首先讀取 CCR1 的值，如果其不為 0，則繼續讀取 CCR2 的值，並計算工作週期比和頻率。如果 CCR1 的值為 0，則將工作週期比和頻率重置為 0。在計算頻率時，將 APB1 匯流排頻率和計時器預分頻器數值代入其中，使計算公式在不同時鐘頻率和預分頻係數均適用，提高了程式的通用性。

5) 下載偵錯

編譯專案，直到沒有錯誤為止，下載程式到開發板，重置執行，檢查實驗效果。

本章小結

　　本章首先介紹了通用計時器功能概述，隨後介紹通用計時器工作模式與 HAL 函數庫驅動，重點討論了 4 種典型工作模式，並簡單介紹了通用計時器暫存器。緊接著介紹了通用計時器中斷事件及其回呼函數。本章的最後舉出 4 個通用計時器應用的經典實例，分別為 PWM 呼吸燈、輸出比較模式輸出方波訊號、輸入捕捉模式測量脈衝頻率和 PWM 波頻率和工作週期比測量，透過上述專案實踐可較好地掌握通用計時器應用方法。

思考拓展

(1) STM32F407 微控制器通用計時器有哪幾種計數方式？何時可以產生更新事件？

(2) 通用計時器有哪些工作模式？分別說出 4 種典型模式的工作原理。

(3) 在 PWM 輸出模式中，如何確定 PWM 波的頻率、工作週期比，以及輸出的極性？

(4) 在 10.5.1 節呼吸燈專案的基礎上，將實驗者學號和呼吸燈工作週期比顯示於數位管，格式為：「XX-YY-」，其中 XX 為學號，YY 為工作週期比。

(5) 使用計時器輸出比較模式，在中斷服務程式中更改比較數值，實現與 10.5.1 節相同的 PWM 呼吸燈效果。

(6) 調整 P1 跳線座連接關係，將微控制器 PA2 和 PA3 接腳短接，在 PA2 接腳輸出頻率為 1kHz，工作週期比為 50% 的 PWM 方波，使用 PA3 接腳測量輸入的 PWM 訊號，並將頻率和工作週期比顯示於數位管。

(7) 將 10.5.1 節和 10.5.2 節介紹的兩個專案在一個專案中同時實現，即在 L7 指示燈上實現呼吸燈效果，用輸出比較模式在 L8 指示燈上實現 1s 週期閃爍效果。

(8) 將 10.5.3 節和 10.5.4 節介紹的兩個專案在同一專案中實現，鍵盤處於獨立按鍵模式，K1 鍵按下測量脈衝訊號頻率，K2 鍵按下測量 PWM 訊號頻率和工作週期比。

第三篇 擴展外設

欲窮千里目，更上一層樓

——王之渙

　　本篇介紹擴充外接裝置，共 8 章，分別對 STM32 嵌入式系統高級外接裝置和典型感測器進行講解。透過本篇學習，讀者將掌握更多高級外接裝置和典型感測器的應用方法，綜合設計能力將得到進一步提升。

第 11 章　串列通訊介面 USART　　　　第 12 章　SPI 與字形檔儲存

第 13 章　I2C 介面與 EEPROM　　　　第 14 章　類 / 數轉換與光照感測器

第 15 章　直接記憶體存取　　　　　　第 16 章　數 / 類轉換器

第 17 章　位元帶操作與溫濕度感測器　第 18 章　RTC 與藍牙通訊

第 11 章

串列通訊介面 USART

本章要點

➢ 資料通信基本概念；

➢ USART 工作原理；

➢ USART 的 HAL 驅動；

➢ 序列埠通訊專案實例；

➢ printf() 重定向函數。

在嵌入式系統中，微控制器經常需要與週邊設備 (如觸控螢幕、感測器等) 或其他微控制器交換資料，一般採用並行或串列方式。

11.1 資料通信基本概念

11.1.1 並行通訊與串列通訊

如圖 11-1(a) 所示，並行通訊是指使用多筆資料線傳輸資料。並行通訊時，各個位元同時在不同的資料線上傳送，資料可以以字或位元組為單位並行進行傳輸，就像具有多車道 (資料線) 的高速公路可以同時讓多輛車 (位元) 通行。顯然，並行通訊的優點是傳送速率快，一般用於傳輸大量、緊急的資料。舉例來說，在嵌入式系統中，微控制器與 LCD 之間的資料交換通常採用並行通訊方式。同樣，並行通訊的缺點也很明顯，它需要佔用更多的 I/O 介面，傳輸距離較短，且易受外界訊號干擾。

如圖 11-1(b) 所示，串列通訊是指使用一筆資料線將資料一位元一位元地依次傳輸，每一位元資料佔據一個固定的時間長度，就像只有一筆車道 (資料線) 的街道一次只能允許一輛車(位元)通行。它的優點是只需要寥寥幾根線(如資料線、時鐘線或地線等)便可實現系統與系統間或系統與元件間的資料交換,且傳輸距離較長,因此被廣泛應用於嵌入式系統中。其缺點是由於只使用一根資料線,資料傳輸速度較慢。

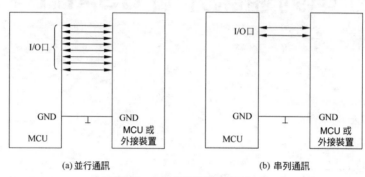

▲ 圖 11-1 並行通訊和串列通訊

11.1.2 非同步通訊與同步通訊

串列通訊按同步方式分為非同步通訊和同步通訊。非同步通訊依靠起始位元、停止位元保持通訊同步;同步通訊依靠同步字元保持通訊同步。

1. 非同步通訊

非同步通訊資料傳送格式如圖 11-2 所示,非同步通訊資料傳送按幀傳輸,一幀資料封包含起始位元、資料位元、驗證位元和停止位元。最常見的框架格式為 1 個起始位元、8 個資料位元、1 個驗證位元和 1 個停止位元組成,幀與幀之間可以有空閒位元。起始位元約定為 0,停止位元和空閒位元約定為 1。

非同步通訊對硬體要求較低,實現起來比較簡單、靈活,適用於資料的隨機發送 / 接收,但因每個位元組都要建立一次同步,即每個字元都要額外附加兩位元,所以工作速度較低,在嵌入式系統中主要採用非同步通訊方式。

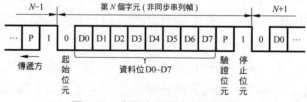

▲ 圖 11-2 非同步通訊資料傳送格式

2. 同步通訊

　　同步通訊資料傳送格式如圖 11-3 所示，同步通訊是由 1~2 個同步字元和多位元組資料位元組成。同步字元作為起始位元以觸發同步時鐘開始發送或接收資料；多位元組資料之間不允許有空隙，每位元佔用的時間相等；空閒位元需發送同步字元。

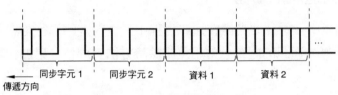

|← 傳遞方向　　同步字元 1　　同步字元 2　　資料 1　　資料 2

▲ 圖 11-3 同步通訊資料傳送格式

　　同步通訊傳送的多位元組資料中間沒有空隙，因而傳送速率較快，但要求有準確的時鐘來實現收發雙方的嚴格同步，對硬體要求較高，適用於資料批次傳送。

11.1.3 串列通訊的制式

　　串列通訊按照資料傳送方向可分為三種制式：

1. 單工制式 (Simplex)

　　單工制式是指甲乙雙方通訊時只能單向傳送資料。系統組成以後，發送方和接收方固定。這種通訊制式應用很少，但在某些串列 I/O 裝置中使用了這種制式，如早期的印表機和電腦之間的通訊，資料傳輸只需要一個方向，即從電腦至印表機。單工制式見圖 11-4(a)。

2. 半雙工制式 (Half Duplex)

　　半雙工制式是指通訊雙方都具有發送器和接收器，既可發送也可接收，但不能同時接收和發送，即發送時不能接收，接收時不能發送。半雙工制式見圖 11-4(b)。

3. 全雙工制式 (Full Duplex)

　　全雙工制式是指通訊雙方均設有發送器和接收器，並且通道劃分為發送通道和接收通道，因此全雙工制式可實現甲方 (乙方) 同時發送和接收資料，即發送時能接收，接收時也能發送。全雙工制式見圖 11-4(c)。

▲ 圖 11-4 串列通訊的制式

11.1.4 串列通訊的驗證

在串列通訊中，往往要考慮在通訊過程中對資料差錯進行驗證，因為差錯驗證是保證準確無誤通訊的關鍵。常用差錯驗證方法有同位、累加和驗證及循環容錯碼驗證等。

1. 同位

在發送資料時，資料位元尾隨的 1 位元資料為同位檢查位元 (1 或 0)。當設定為奇數同位檢查時，資料中 1 的個數與驗證位元 1 的個數之和應為奇數；當設定為偶驗證時，資料中 1 的個數與驗證位元中的 1 的個數之和應為偶數。接收時，接收方應具有與發送方一致的差錯檢驗設定，當接收 1 幀字元時，對 1 的個數進行驗證，若二者不一致，則說明資料傳送過程中出現差錯。同位的特點是按字元驗證，資料傳輸速度將受到影響，一般只用於非同步串列通訊中。

2. 累加和驗證

累加和驗證是指發送方將所發送的資料區塊求和，並將「校驗和」附加到資料區塊末尾。接收方接收資料時也是對資料區塊求和，將所得結果與發送方的「校驗和」進行比較，相符則無差錯，否則即出現差錯。「校驗和」的加運算可用邏輯加，也可用算術加。累加和驗證的缺點是無法驗證出位元組位元序 (或 1、0 位元序不同) 的錯誤。

3. 循環容錯碼驗證

循環容錯碼驗證 (Cyclic Redundancy Check，CRC) 的基本原理是將一個資料區塊看成一個位數很長的二進位數字，然後用一個特定的數去除它，將餘數作驗證碼附在資料區塊後一起發送。接收端收到該資料區塊和驗證碼後，進行同樣的運算來驗證傳送是否出錯。目前 CRC 已廣泛用於資料儲存和資料通信中，在國際上形成規範，並已有不少現成的 CRC 軟體演算法。

還有諸如海明碼驗證等，不再一一說明，有興趣的讀者可以參考有關書籍。

11.1.5 串列通訊的串列傳輸速率

串列傳輸速率是串列通訊中一個重要概念，指傳輸資料的速率。串列傳輸速率 (bit per second) 的定義是每秒傳輸資料的位數，即：

1 波特 =1 位元 / 秒 (1b/s)

串列傳輸速率的倒數即為每位元傳輸所需的時間。由以上串列通訊原理可知，互相通訊的甲乙雙方必須具有相同的串列傳輸速率，否則無法成功地完成串列資料通信。

11.2 USART 工作原理

11.2.1 USART 介紹

通用同步 / 非同步收發器 (Universal Synchronous/Asynchronous Receiver-Transmitter, USART) 提供了一種靈活的方法與使用工業標準 NRZ 非同步串列資料格式的外部設備之間進行全雙工資料交換。USART 利用分數串列傳輸速率發生器提供寬範圍的串列傳輸速率選擇。它支援同步單向通訊和半雙工單線通訊，也支援 LIN(局部網際網路)、智慧卡協定、IrDA(紅外資料組織)SIR ENDEC 規範以及資料機操作，還允許多處理器通訊。使用多緩衝器設定的 DMA 方式，可以實現高速資料通信。

STM32F407 全系列微控制器均有 4 個 USART 和 2 個通用非同步收發器 (Universal Asynchronous Receiver-Transmitter, UART)，分別為 4 個通用同步 / 非同步收發器 USART1、USART2、USART3、USART6 和 2 個通用非同步收發器 UART4、UART5。

11.2.2 USART 功能特性

STM32F407 微控制器 USART 介面透過三個接腳與其他裝置連接在一起，其內部結構如圖 11-5 所示。

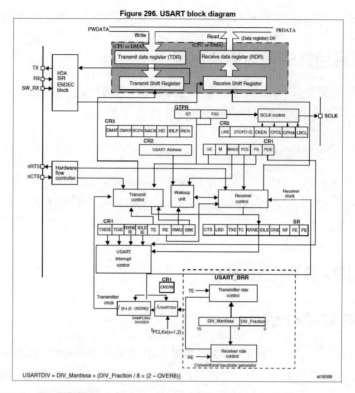

▲ 圖 11-5　USART 內部結構 (來源：https://wiki.csie.ncku.edu.tw/embedded/USART)

任何 USART 雙向通訊至少需要以下兩個接腳：

(1) RX：接收資料串列輸入。透過過採樣技術來區別資料和雜訊，從而恢復資料。

(2) TX：發送資料串行輸出。當發送器被禁止時，輸出接腳恢復到 I/O 通訊埠設定。當發送器被啟動，並且不發送資料時，TX 接腳處於高電位。在單線和智慧卡模式裡，此 I/O 介面被同時用於資料的發送和接收。

正常 USART 模式下，透過這些接腳以幀的形式發送和接收串列資料：

(1) 匯流排在發送或接收前應處於空閒狀態。

(2) 1 個起始位元。

(3) 1 個資料字 (8 或 9 位元)，最低有效位元在前。

(4) 0.5、1.5 或 2 個的停止位元，由此表明資料幀的結束。

(5) 使用分數串列傳輸速率發生器——12 位整數和 4 位小數的表示方法。

(6) 1 個狀態暫存器 (USART_SR)。

(7) 資料暫存器 (USART_DR)。

(8) 1 個串列傳輸速率暫存器 (USART_BRR)，12 位的整數和 4 位小數。

(9) 1 個智慧卡模式下的保護時間暫存器 (USART_GTPR)。

在同步模式中需要下列接腳：

CK：發送器時鐘輸出。此輸出接腳用於同步傳輸的時鐘，資料可以在 RX 上同步被接收，可以用來控制帶有移位暫存器的外部設備 (例如 LCD 驅動器)。時鐘相位和極性都是軟體可程式化的。在智慧卡模式裡，CK 可以為智慧卡提供時鐘。

在 IrDA 模式裡需要下列接腳：

(1) IrDA_RDI：IrDA 模式下的資料登錄。

(2) IrDA_TDO：IrDA 模式下的資料輸出。

在硬體流量控制制模式中需要下列接腳：

(1) nCTS: ：清除發送，若是高電位，在當前資料傳輸結束時阻斷下一次的資料發送。

(2) nRTS：發送請求，若是低電位，USART 準備好接收資料。

11.2.3 UART 通訊協定

除了建立必要的物理連結，通訊雙方還需要約定使用一個相同的協定進行資料傳輸，否則發送和接收的資料就會發生錯誤。這個通訊協定一般包括 3 方面：時序、資料格式和傳輸速率。

STM32F407 的 USART 介面可以實現非同步通訊或同步通訊，而 UART 介面僅具有非同步通訊功能。在嵌入式領域中，非同步通訊更具代表性，所以本節以 UART 講解序列埠通訊協定。由於 UART 是非同步通訊，沒有時序，因此，本節僅從資料格式和傳輸速率兩方面來具體說明 UART 協定。

1. UART 資料格式

UART 資料是按照一定的格式打包成幀，以幀為單位在物理鏈路上進行傳輸。UART 的資料格式由起始位元、資料位元、驗證位元、停止位元和空閒位元等組成，其通訊時序如圖 11-6 所示。其中，起始位元、資料位元、驗證位元和停止位元組成了一個資料幀。

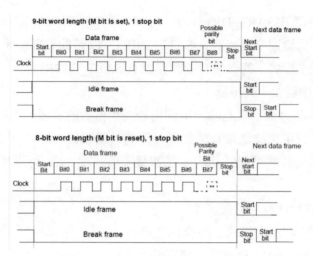

▲ 圖 11-6　UART 通訊時序 (來源：https://wiki.csie.ncku.edu.tw/embedded/USART)

(1) 起始位元。必需項，長度為 1 位元，值為邏輯 0。UART 在每一個資料幀的開始，先發出一個邏輯 0 訊號，表示開始傳輸字元。

(2) 資料位元。必需項，長度可以是 7 位元或 8 位元，每個資料位元的值可以為邏輯 0 或邏輯 1。一般來說資料用 ASCII 碼表示，採用小端方式一位元一位元傳輸，即 LSB(Least Significant Bit，最低有效位元) 在前，MSB(Most Significant Bit，最高有效位元) 在後，由低位元到高位元依次傳輸。

(3) 驗證位元。可選項，長度為 0 位元或 1 位元，值可以為邏輯 0 或邏輯 1。如果驗證位元長度為 0，即不對資料位元進行驗證。如果驗證位元長度為 1，則需對資料位元進行奇數同位檢查或偶驗證。

(4) 停止位元。必需項，長度可以是 1 位元、1.5 位元或 2 位元，值一般為邏輯 1。停止位元是一個資料幀結束標識。

(5) 空閒位元。資料傳送完畢，線路上將保持邏輯 1，即空閒狀態，當前線路上沒有資料傳輸。

綜上所述，UART 通訊以幀為單位進行資料傳輸。一個 UART 資料幀由 1 位元起始位元、7/8 位元資料位元、0/1 位元驗證位元和 1/1.5/2 位元停止位元 4 部分組成。除了起始位元外，其他 3 部分所佔的位元數具體由 UART 通訊雙方在資料傳輸前設定。資料位元和檢驗位元合稱為傳輸資料的位元組長度，位元組長度可以透過程式設計 USART_CR1 暫存器中的 M 位元，選擇成 8 位元或 9 位元 (見圖 11-6)。起始位元為 0，停止位元為 1，線路空閒時一直保持 1。

舉例來說，UART 通訊雙方事先約定使用 8 個資料位元、偶驗證、1 個停止位元的幀資料格式傳送資料。當傳輸字元「Z」(ASCII 碼為 0b01011010) 時，UART 傳輸線路 RxD 或 TxD 上的波形如圖 11-7 所示。

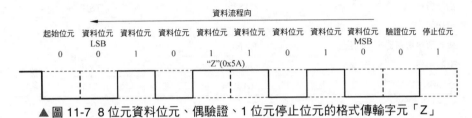

▲圖 11-7　8 位元資料位元、偶驗證、1 位元停止位元的格式傳輸字元「Z」

2. UART 傳輸速率

除了上述提到的統一的資料格式外，UART 通訊雙方必須事先約定相同的傳輸速率發送和接收資料。

UART 資料傳輸速率用串列傳輸速率表示，單位為 b/s(bit per second)、kb/s 或 Mb/s。需要特別注意的是，在這裡的 k 和 M 分別表示 10^3 和 10^6，而非 2^{10} 和 2^{20}。在實際應用中，常用的 UART 傳輸速率值有 1200、2400、4800、9600、14400、19200、28800、38400、56000、57600、115200、128000、230400、256000、460800、500000 等。

根據約定的傳輸速率和所要傳輸的資料大小，可以得出透過 UART 發送完全部資料所需的時間。舉例來說，UART 以 115200b/s 的速率，使用 8 個資料位元、偶驗證、1 個停止位元的資料格式傳輸一個大小為 2KB 的檔案，所需時間為 $(2048 \times (8+1+1+1))/(115200)=195.6ms$。

11.2.4 USART 中斷

STM32F407 系列微控制器的 USART 主要有以下中斷事件：

(1) 發送期間的中斷事件包括發送資料暫存器空 (TXE)、清除發送 (CTS) 和發送完成 (TC)。

(2) 接收期間：接收資料暫存器不可為空 (RXNE)、上溢錯誤 (ORE)、空閒匯流排檢測 (IDLE)、同位錯誤 (PE)、LIN 斷路檢測 (LBD)、雜訊標識 (NE，僅在多緩衝器通訊) 和幀錯誤 (FE，僅在多緩衝器通訊)。

如果設定了對應的啟用控制位元，這些事件就可以產生各自的中斷，如表 11-1 所示。

▼表 11-1　USART 的中斷事件及其啟用標識位元

中斷事件	事件標識	啟用控制位元
發送資料暫存器空	TXE	TXEIE
清除發送	CTS	CTSIE
發送完成	TC	TCIE
接收資料暫存器不可為空	RXNE	RXNEIE
上溢錯誤	ORE	
空閒匯流排檢測	IDLE	IDLEIE
交錯檢驗錯誤	PE	PEIE
LIN 斷路檢測	LBD	LBDIE
雜訊標識、上溢錯誤和幀錯誤	NF 或 ORE 或 FE	EIE

　　STM32F407 系列微控制器 USART 以上各種不同的中斷事件都被連接到同一個中斷向量，中斷映射如圖 11-8 所示。

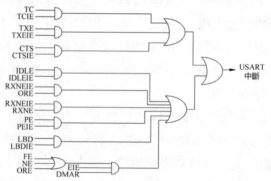

▲圖 11-8　STM32F407 系列微控制器 USART 中斷映射

11.2.5　USART 相關暫存器

　　現將 STM32F407 的 USART 相關暫存器名稱介紹如下，可以用半字組 (16 位元) 或字 (32 位元) 的方式操作這些外接裝置暫存器，由於採用函數庫方式程式設計，故不作進一步的探討。

　　(1) 狀態暫存器 (USART_SR)。

　　(2) 資料暫存器 (USART_DR)。

　　(3) 波特比率暫存器 (USART_BRR)。

　　(4) 控制暫存器 1(USART_CR1)。

　　(5) 控制暫存器 2(USART_CR2)。

(6) 控制暫存器 3(USART_CR3)。

(7) 保護時間和預分頻暫存器 (USART_GTPR)。

11.3 UART 的 HAL 驅動

11.3.1 UART 常用功能函數

UART(通用非同步收發器) 常用的 HAL 驅動函數如表 11-2 所示，這些函數的原始檔案和標頭檔分別為 stm32f4xx_hal_uart.c 和 stm32f4xx_hal_uart.h。

▼表 11-2 UART 常用的 HAL 驅動函數

類別	函數	功能 說 明
初始化和整體功能	HAL_UART_Init()	序列埠初始化，設定序列埠通訊參數
	HAL_UART_MspInit()	序列埠初始化的 MSP 弱函數，在 HAL_UART_Init() 中被呼叫
	HAL_UART_GetState()	獲取 UART 當前狀態
	HAL_UART_GetError()	傳回 UART 錯誤程式
阻塞式傳輸	HAL_UART_Transmit()	阻塞方式發送一個緩衝區的資料，發送完成或逾時後才傳回
	HAL_UART_Receive()	阻塞方式將資料接收到一個緩衝區，接收完成或逾時才傳回
中斷方式傳輸	HAL_UART_Transmit_IT()	以中斷方式發送一個緩衝區的資料
	HAL_UART_Receive_IT()	以中斷方式將指定長度的資料接收到緩衝區
DMA 方式傳輸	HAL_UART_Transmit_DMA()	以 DMA 方式發送一個緩衝區的資料
	HAL_UART_Receive_DMA()	以 DMA 方式將指定長度的資料接收到緩衝區
	HAL_UART_DMAPause()	暫停 DMA 傳輸過程
	HAL_UART_DMAResume()	繼續先前暫停的 DMA 傳輸過程
	HAL_UART_DMAStop()	停止 DMA 傳輸過程
取消資料傳輸	HAL_UART_Abort()	終止以中斷方式或 DMA 方式啟動的傳輸過程，函數自身以阻塞方式執行
	HAL_UART_AbortTransmit()	終止以中斷方式或 DMA 方式啟動的資料發送過程，函數自身以阻塞方式執行
	HAL_UART_AbortReceive()	終止以中斷方式或 DMA 方式啟動的資料接收過程，函數自身以阻塞方式執行
	HAL_UART_Abort_IT()	終止以中斷方式或 DMA 方式啟動的傳輸過程，函數自身以非阻塞方式執行
	HAL_UART_AbortTransmit_IT()	終止以中斷方式或 DMA 方式啟動的資料發送過程，函數自身以非阻塞方式執行
	HAL_UART_AbortReceive_IT()	終止以中斷方式或 DMA 方式啟動的資料接收過程，函數自身以非阻塞方式執行

上述函數較多，下面重點按函數類別講解一些常用的序列埠 HAL 函數庫。

1. UART 初始化

函數 HAL_UART_Init() 用於序列埠初始化，主要用於設定序列埠通訊參數。其原型定義如下：

```
HAL_StatusTypeDef HAL_UART_Init(UART_HandleTypeDef *huart)
```

函數引用參數 huart 是 UART_HandleTypeDef 類型的指標，是序列埠外接裝置物件指標。結構類型定義於 stm32f4xx_hal_uart.h 檔案中。

```
typedef struct __UART_HandleTypeDef
{
    USART_TypeDef               *Instance;        //UART 暫存器基底位址
    UART_InitTypeDef           Init;             //UART 通訊參數
    const uint8_t              *pTxBuffPtr;       // 發送資料緩衝區指標
    uint16_t                   TxXferSize;        // 需要發送資料的位元組數
    __IO uint16_t              TxXferCount;       // 發送資料計數器，遞增計數
    uint8_t                    *pRxBuffPtr;       // 接收資料緩衝區指標
    uint16_t                   RxXferSize;        // 需要接收資料的位元組數
    __IO uint16_t              RxXferCount;       // 接收資料計數器，遞減計數
    DMA_HandleTypeDef          *hdmatx;           // 資料發送 DMA 串流物件指標
    DMA_HandleTypeDef          *hdmarx;           // 資料接收 DMA 串流物件指標
    HAL_LockTypeDef            Lock;             // 鎖定類型
    __IO HAL_UART_StateTypeDef gState;            //UART 狀態
    __IO HAL_UART_StateTypeDef RxState;           // 發送操作相關的狀態
    __IO uint32_t              ErrorCode;         // 錯誤程式
} UART_HandleTypeDef;
```

結構 UART_HandleTypeDef 的成員 Init 的資料型態是結構 UART_InitTypeDef，它表示 UART 通訊參數，其定義如下：

```
typedef struct
{
    uint32_t BaudRate;          // 串列傳輸速率
    uint32_t WordLength;        // 位元組長度
    uint32_t StopBits;          // 停止位元個數
    uint32_t Parity;            // 同位檢查位元
    uint32_t Mode;              // 工作模式
    uint32_t HwFlowCtl;         // 硬體流量控制制
    uint32_t OverSampling;      // 過採樣次數
} UART_InitTypeDef;
```

在 STM32CubeMX 中，使用者可以視覺化地設定序列埠通訊參數，生成程式時會自動生成序列埠初始化函數。

2. 阻塞式資料傳輸

序列埠資料傳輸有兩種模式：阻塞模式和非阻塞模式。

(1) 阻塞模式 (Blocking Mode) 就是輪詢模式，如果使用阻塞模式發送一組資料，則啟動資料傳輸之後，CPU 會不斷查詢資料發送狀態，直到資料發送成功或逾時，程式才傳回。

(2) 非阻塞模式 (Non-Blocking Mode) 使用中斷或 DMA 方式進行資料傳輸，例如使用中斷方式接收一組資料，則啟動資料傳輸之後，函數立即傳回。資料接收和處理在傳輸過程中引發的各種中斷服務程式中完成，一般透過重新實現其回呼函數實現。

以阻塞模式發送資料的函數庫是 HAL_UART_Transmit()，其原型定義如下：

```
HAL_StatusTypeDef HAL_UART_Transmit(UART_HandleTypeDef *huart, const
uint8_t *pData, uint16_t Size, uint32_t Timeout)
```

其中參數 huart 是 UART 外接裝置物件指標，參數 pData 是發送資料緩衝區指標，參數 Size 是需要發送的資料長度 (位元組)，參數 Timeout 是逾時等待時間，用滴答訊號的節拍數表示，當 SysTick 計時器的定時週期是 1ms 時，Timeout 的單位就是 ms。下面舉出一個使用範例：

```
uint8_t SendStr[]="Hello World!\n";
HAL_UART_Transmit(&huart1,SendStr,sizeof(SendStr),500);
```

函數 HAL_UART_Transmit() 以阻塞模式發送一個緩衝區的資料，若傳回值為 HAL_OK，表示傳輸成功，否則可能是逾時或其他錯誤。

以阻塞模式接收資料的函數是 HAL_UART_Receive()，其原型定義如下：

```
HAL_StatusTypeDef HAL_UART_Receive(UART_HandleTypeDef *huart,
uint8_t *pData, uint16_t Size, uint32_t Timeout)
```

其中參數 huart 是 UART 外接裝置物件指標，參數 pData 是接收資料緩衝區指標，參數 Size 是需要接收的資料長度 (位元組)，參數 Timeout 是逾時等待時間，單位是 ms，下面舉出一個使用範例。

```
uint8_t RecvArray[8];
HAL_UART_Receive(&huart1,RecvArray,8,500);
```

　　函數 HAL_UART_Receive() 以阻塞模式將指定長度的資料接收到緩衝區，若傳回值為 HAL_OK，表示接收成功，否則可能是逾時或其他錯誤。

3. 非阻塞資料傳輸

　　以中斷或 DMA 方式啟動的資料傳輸是非阻塞式的，DMA 傳輸方式將在後續章節介紹，本章只講解中斷方式。

1) UART 中斷方式發送資料

　　UART 以中斷方式發送資料的函數是 HAL_UART_Transmit_IT()，其原型定義如下：

```
HAL_StatusTypeDef HAL_UART_Transmit_IT(UART_HandleTypeDef *huart,
const uint8_t *pData, uint16_t Size)
```

　　其中參數 huart 是 UART 外接裝置物件指標，pData 是發送資料緩衝區指標，Size 是需要發送的資料長度 (位元組)。函數以中斷方式發送一定長度的資料，若函數傳回值為 HAL_OK，表示啟動發送成功，但並不表示資料發送完成，其使用範例程式如下：

```
uint8_t SendStr[]="Hello World!\n";
HAL_UART_Transmit_IT(&huart1,SendStr,sizeof(SendStr));
```

　　資料發送結束時，會觸發中斷並呼叫回呼函數 HAL_UART_TxCpltCallback()，若使用者要在資料發送結束時做一些處理，就需要重新實現這個回呼函數。

2) UART 中斷方式接收資料

　　UART 以中斷方式接收資料的函數是 HAL_UART_Receive_IT()，其原型定義如下：

```
HAL_StatusTypeDef HAL_UART_Receive_IT(UART_HandleTypeDef *huart,
uint8_t *pData, uint16_t Size)
```

　　其中參數 huart 是 UART 外接裝置物件指標，參數 pData 是接收資料緩衝區指標，參數 Size 是需要接收的資料長度 (位元組)。函數以中斷方式接收一定長度的資料，若函數傳回值為 HAL_OK，表示啟動接收成功，但並不表示已經接收完資料了，其使用範例程式如下：

```
uint8_t RecvArray[8];
HAL_UART_Receive_IT(&huart1,RecvArray,8);
```

　　資料接收完成時，會觸發中斷並呼叫回呼函數 HAL_UART_RxCpltCallback()，若要在接收完資料後做一些處理，就需要重新實現這個回呼函數。

　　函數 HAL_UART_Receive_IT() 有一些需要特別注意的特性。

(1) 這個函數執行一次只能接收固定長度的資料，即使設定為只接收 1 位元組的資料。

(2) 在完成資料接收後會自動關閉接收中斷，不會再繼續接收資料，也就是說，這個函數是「一次性」的。若要再接收下一批資料，需要再次執行這個函數。

　　函數的這些特性，使其在處理不確定長度、不確定輸入時間的序列埠資料登錄時比較麻煩，需要做一些特殊的處理。

11.3.2 UART 常用的巨集函數

　　在 HAL 驅動程式中，每個外接裝置都有一些以 __HAL 為首碼的巨集函數。這些巨集函數直接操作暫存器，主要是進行啟用或停用外接裝置、開啟或遮罩事件中斷、判斷和清除中斷標識位元等操作。UART 操作常用的巨集函數如表 11-3 所示。

▼ 表 11-3 UART 操作常用的巨集函數

巨集函數	功能描述
__HAL_UART_ENABLE(__HANDLE__)	啟用某個序列埠，範例： __HAL_UART_ENABLE(&huart1)
__HAL_UART_DISABLE(__HANDLE__)	停用某個序列埠，範例： __HAL_UART_DISABLE(&huart1)
__HAL_UART_ENABLE_IT(__HANDLE__, __INTERRUPT__)	啟用指定的 UART 中斷，範例： __HAL_UART_ENABLE_IT(&huart1,UART_IT_RXNE)
__HAL_UART_DISABLE_IT(__HANDLE__, __INTERRUPT__)	停用指定的 UART 中斷，範例： __HAL_UART_DISABLE_IT(&huart1,UART_IT_RXNE)
__HAL_UART_GET_IT_SOURCE(__HANDLE__, __IT__)	檢查某個事件是否被允許產生硬體中斷，範例： __HAL_UART_GET_IT_SOURCE(&huart1,UART_IT_TC)
__HAL_UART_GET_FLAG(__HANDLE__, __FLAG__)	檢查某個事件的中斷標識位元是否被置位，範例： __HAL_UART_GET_FLAG(&huart1,UART_FLAG_RXNE)

巨集函數	功能 描述
__HAL_UART_CLEAR_FLAG(__HANDLE__, __FLAG__)	清除某個事件的中斷標識位元，範例： __HAL_UART_CLEAR_FLAG(&huart1,UART_FLAG_TC)

其中，參數 __HANDLE__ 是序列埠外接裝置物件指標，參數 __INTERRUPT__ 和 __IT__ 都是中斷事件類型，而 __FLAG__ 是中斷標識位元。一個序列埠只有一個中斷號碼，但是中斷事件類型較多，檔案 stm32f4xx_hal_uart.h 定義了這些中斷事件類型和中斷標識位元，現將其列於表 11-4，以便讀者程式設計時查閱。

▼表 11-4　中斷事件類型和中斷標識位元巨集定義

中斷事件描述	中斷事件類型巨集定義	中斷標識位元巨集定義
交錯檢驗錯誤中斷	UART_IT_PE	UART_FLAG_PE
發送資料暫存器空中斷	UART_IT_TXE	UART_FLAG_TXE
發送完成中斷	UART_IT_TC	UART_FLAG_TC
接收資料暫存器不可為空中斷	UART_IT_RXNE	UART_FLAG_RXNE
檢測到空閒線路中斷	UART_IT_IDLE	UART_FLAG_IDLE
LIN 打斷檢測中斷	UART_IT_LBD	UART_FLAG_LBD
CTS 訊號變化中斷	UART_IT_CTS	UART_FLAG_CTS
發生幀錯誤、雜訊錯誤、溢位錯誤的中斷	UART_IT_ERR	UART_FLAG_ORE
		UART_FLAG_NE
		UART_FLAG_FE

由表 11-4 可知，中斷事件類型和中斷標識位元並非是一一對應關係，存在多個中斷標識位元對應同一中斷事件類型情況，另外，透過追蹤巨集定義程式還發現，即使當中斷標識位元和中斷事件類型一一對應時，二者數值上並不相等，所以在程式設計時需要分清參數要求，切不可混淆使用。

11.3.3　UART 中斷事件與回呼函數

一個序列埠只有一個中斷號碼，也就是只有一個 ISR，舉例來說，USART1 的全域中斷對應的 ISR 是 USART1_IRQHandler()，需要注意的是，雖然我們使用的是序列埠的非同步工作模式 (UART)，但是微控制器只有 USART1 這個外接裝置，所以此處的函數名稱的前半部分是 USART1 而非 UART1。在

STM32CubeMX 自動生成程式時，其 ISR 框架會在檔案 stm32f4xx_it.c 中生成，
程式如下：

```
void USART1_IRQHandler(void)
{
    HAL_UART_IRQHandler(&huart1);
}
```

所有序列埠的 ISR 都呼叫了函數 HAL_UART_IRQHandler()，該函數是中斷
處理通用函數，會判斷產生中斷的事件類型，清除事件中斷標識位元，呼叫中斷
事件對應的回呼函數。

對函數 HAL_UART_IRQHandler() 進行程式追蹤分析，整理出如表 11-5 所示
的 UART 中斷事件類型與其回呼函數的對應關係。

▼表 11-5 UART 中斷事件類型及其回呼函數

中斷事件描述	中斷事件類型巨集定義	對應的回呼函數
交錯檢驗錯誤中斷	UART_IT_PE	HAL_UART_ErrorCallback()
發送資料暫存器空中斷	UART_IT_TXE	無
發送完成中斷	UART_IT_TC	HAL_UART_TxCpltCallback()
接收資料暫存器不可為空中斷	UART_IT_RXNE	HAL_UART_RxCpltCallback()
檢測到空閒線路中斷	UART_IT_IDLE	無
LIN 打斷檢測中斷	UART_IT_LBD	無
CTS 訊號變化中斷	UART_IT_CTS	無
發生幀錯誤、雜訊錯誤、溢位錯誤的中斷	UART_IT_ERR	HAL_UART_ErrorCallback()

常用的回呼函數有 HAL_UART_TxCpltCallback() 和 HAL_UART_
RxCpltCallback()。在以中斷或 DMA 方式發送資料完成時，會觸發 UART_IT_
TC 事件中斷，執行回呼函數 HAL_UART_TxCpltCallback()；在以中斷或 DMA
方式接收資料完成時，會觸發 UART_IT_RXNE 事件中斷，執行回呼函數 HAL_
UART_RxCpltCallback()。

需要注意的是，並不是所有中斷事件都有對應的回呼函數，舉例來說，
UART_IT_IDLE 中斷事件就沒有對應的回呼函數。也不是所有的回呼函數都與中
斷事件連結，檔案 stm32f4xx_hal_uart.h 中還有其他幾個回呼函數並沒有出現在表
11-5 中。這幾個函數定義和功能說明如下：

```
//DMA 發送資料完成一半時回呼函數
```

```
void HAL_UART_TxHalfCpltCallback(UART_HandleTypeDef *huart);
//DMA 接收資料完成一半時回呼函數
void HAL_UART_RxHalfCpltCallback(UART_HandleTypeDef *huart);
//UART 中止操作完成時回呼函數
void HAL_UART_AbortCpltCallback(UART_HandleTypeDef *huart);
//UART 中止發送操作完成時回呼函數
void HAL_UART_AbortTransmitCpltCallback(UART_HandleTypeDef *huart);
//UART 中止接收操作完成時回呼函數
void HAL_UART_AbortReceiveCpltCallback(UART_HandleTypeDef *huart);
```

11.4 序列埠通訊專案實例

11.4.1 開發專案

本專案實現以下功能：STM32 微控制器透過序列埠和上位機建立通訊連接，上位機獲取本機日期、星期和時間，透過序列埠發送給 STM32 微控制器，微控制器在收到上位機發送過來的一組資料後，提取出年、月、日、星期、時、分、秒的數值，將時間反白顯示於數位管上，同步更新於 LCD，僅當收到上位機全部(7 個) 資料才對顯示於 LCD 的日期和星期資料進行更新。微控制器每產生一次接收中斷，就會將接收到的資料個數回傳至上位機。

本專案包括兩部分程式，一是微控制器序列埠收發程式，二是上位機序列埠通訊程式。本專案討論的重點是微控制器序列埠收發程式的設計，上位機程式設計只是簡單介紹。微控制器端採用 UART 典型應用方法，即序列埠中斷接收資料，阻塞發送資料。序列埠使用的一般步驟是先對其初始化，然後呼叫序列埠中斷接收函數，等待接收資料，當上位機資料到來時，產生序列埠接收中斷，在中斷服務程式中完成資料的提取。因為上位機一次發送一組資料，需要按照一定的規則對資料進行提取，本專案採用了較為簡單的資料提取方法，即按資料到來的順序進行賦值，即一批資料中第一個資料是年份，第二資料是月份，依此類推，完成全部資料提取。完成資料接收工作之後，還需要呼叫阻塞發送函數，將系統接收到的資料個數回送至上位機，因為序列埠中斷接收函數是一次性的，所以資料處理完成之後還需要再次呼叫中斷接收函數。

11.4.2 微控制器端程式設計

1. 複製專案檔案

因為本專案涉及時間同步，所以複製第 9 章建立的專案檔案 0901 BasicTimer 到桌面，並將資料夾重新命名為 1101 USART。

2. STM32CubeMX 設定

打開專案範本資料夾裡面的 Template.ioc 檔案，啟動 STM32CubeMX 設定軟體，在左側設定類別 Categories 下面的 Connectivity 列表中的找到 USART1 序列埠，打開其設定對話方塊，操作介面如圖 11-9 所示。

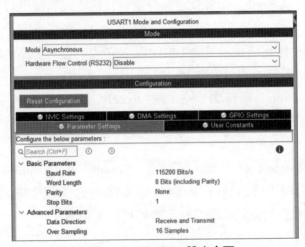

▲ 圖 11-9 USART1 設定介面

在模式設定部分只有兩個參數，分別說明如下：

(1) Mode：用於設定 USART 的工作模式，有 Asynchronous(非同步)、Synchronous(同步)、Single Wire(半雙工)、IrDA(紅外通訊)、SmartCard(智慧卡) 等工作模式，我們使用的是 UART 功能，所以此處選擇非同步模式 Asynchronous。

(2) Hardware Flow Control(RS232)：硬體流量控制制，有 Disable、CTS Only、RTS Only、CTS/RTS 共 4 個選項，由於本專案並沒有使用硬體流量控制制，所以應選擇無硬體流量控制制 Disable。如果使用硬體流量控制制一般是 CTS 和 RTS 同時使用。注意，只有非同步模式才有硬體流量控制制訊號。

　　參數設定部分包括序列埠通訊的 4 個基本參數和微控制器的 2 個擴充參數。4 個基本參數說明如下：

　　(1) Baud Rate：序列埠通訊的串列傳輸速率，初始化設定時只要舉出具體的串列傳輸速率數值即可，STM32CubeMX 會根據設定的串列傳輸速率自動設定相關暫存器。常用的序列埠串列傳輸速率有 9600b/s、14400b/s、19200b/s、115200b/s、460800b/s、500000b/s 等，此處保留其預設值 115200b/s。

　　(2) Word Length：位元組長度 (資料位元 + 同位檢查位元)，可以設定為 8 位元或 9 位元，這裡設定為 8 位元。

　　(3) Parity：同位檢查位元，可選 None(無)、Even(偶驗證)、Odd(奇數同位檢查)，此處設定為 None。如果設定為奇數同位檢查或偶驗證時，位元組長度應設定為 9 位元。

　　(4) Stop Bits：停止位元，可選 1 位元或 2 位元，這裡設定為 1 位元。

　　STM32 MCU 擴充的兩個參數說明如下：

　　(1) Data Direction：資料方向，可選 Receive and Transmit(接收和發送)、Receive Only(僅接收)、Transmit Only(僅發送)。此處設定為 Receive and Transmit。

　　(2) Over Sampling：過採樣，可選 16 Samples 或 8 Samples，這裡設定為 16 Samples。選擇不同的過採樣數值會影響串列傳輸速率的可設定範圍，而 STM32CubeMX 會自動更新串列傳輸速率的可設定範圍。

　　上述 USART1 序列埠設定過程僅需選擇 Mode 下拉清單中的非同步工作模式選項，其餘參數均採用預設設定即可。完成上述設定，STM32CubeMX 會自動設定 PA9 和 PA10 作為 USART1_TX 和 USART1_RX 訊號重複使用接腳，這與開發板電路設計一致，故無須再做任何 GPIO 設定。因為本專案需要使用序列埠中斷接收資料，所以還需要打開 USART1 的全域中斷。整個專案中斷優先順序分組設定為 NVIC_PRIORITYGROUP_3，序列埠通訊對中斷回應時間並無苛刻要求，所以此處為 USART1 設定了一個中等的優先順序。USART1 的 GPIO 和 NVIC 設定結果如圖 11-10 所示。

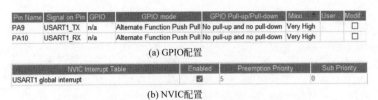

Pin Name	Signal on Pin	GPIO	GPIO mode	GPIO Pull-up/Pull-down	Maxi...	User...	Modif
PA9	USART1_TX	n/a	Alternate Function Push Pull	No pull-up and no pull-down	Very High		☐
PA10	USART1_RX	n/a	Alternate Function Push Pull	No pull-up and no pull-down	Very High		☐

(a) GPIO配置

NVIC Interrupt Table	Enabled	Preemption Priority	Sub Priority
USART1 global interrupt	☑	5	0

(b) NVIC配置

▲圖 11-10 USART1 的 GPIO 和 NVIC 設定

3. 初始化程式分析及使用者程式撰寫

打開 MDK-ARM 資料夾下面的專案檔案 Template.uvprojx，將生成專案編譯一下，沒有錯誤和警告之後開始初始化程式分析和使用者程式撰寫。

1) 初始化程式分析

使用者在 STM32CubeMX 中啟用了某個通訊埠序列埠，系統會自動生成序列埠初始化原始檔案 usart.c 和序列埠初始化標頭檔 usart.h，分別用於序列埠初始化的實現和定義。usart.h 僅用於外部變數和初始化函數的宣告，usart.c 內容如下，其中省略了程式沙箱和部分註釋。

```c
#include "usart.h"
UART_HandleTypeDef huart1;
void MX_USART1_UART_Init(void)
{
    huart1.Instance = USART1;
    huart1.Init.BaudRate = 115200;
    huart1.Init.WordLength = UART_WORDLENGTH_8B;
    huart1.Init.StopBits = UART_STOPBITS_1;
    huart1.Init.Parity = UART_PARITY_NONE;
    huart1.Init.Mode = UART_MODE_TX_RX;
    huart1.Init.HwFlowCtl = UART_HWCONTROL_NONE;
    huart1.Init.OverSampling = UART_OVERSAMPLING_16;
    if (HAL_UART_Init(&huart1) != HAL_OK)
    { Error_Handler(); }
}
void HAL_UART_MspInit(UART_HandleTypeDef* uartHandle)
{
    GPIO_InitTypeDef GPIO_InitStruct = {0};
    if(uartHandle->Instance==USART1)
    {
        /* USART1 時鐘啟用 */
        __HAL_RCC_USART1_CLK_ENABLE();
        __HAL_RCC_GPIOA_CLK_ENABLE();
        /** USART1 GPIO Configuration  PA9--> USART1_TX  PA10--> USART1_RX  **/
```

```
        GPIO_InitStruct.Pin = GPIO_PIN_9|GPIO_PIN_10;
        GPIO_InitStruct.Mode = GPIO_MODE_AF_PP;
        GPIO_InitStruct.Pull = GPIO_NOPULL;
        GPIO_InitStruct.Speed = GPIO_SPEED_FREQ_VERY_HIGH;
        GPIO_InitStruct.Alternate = GPIO_AF7_USART1;
        HAL_GPIO_Init(GPIOA, &GPIO_InitStruct);
        /* USART1 中斷初始化 */
        HAL_NVIC_SetPriority(USART1_IRQn, 5, 0);
        HAL_NVIC_EnableIRQ(USART1_IRQn);
    }
}
```

上述程式中，定義了一個序列埠外接裝置物件指標變數 huart1，呼叫 MX_
USART1_UART_Init() 函數對 USART1 進行初始化，其選項設定資訊和圖 11-9 的
STM32CubeMX 設定資訊一一對應。HAL_UART_MspInit() 函數是序列埠初始化
的 MSP 函數，它在 HAL_UART_Init() 函數內被呼叫。重新實現這一函數主要用
於序列埠的 GPIO 接腳設定和 NVIC 中斷設定。

2) 序列埠回呼函數實現

當我們在 STM32CubeMX 中啟用 USART1 外接裝置並啟用其全域中
斷，stm32f4xx_it.c 檔案中就會生成 USART1 的中斷服務程式框架 USART1_
IRQHandler()，在其中僅呼叫序列埠通用處理函數 HAL_UART_IRQHandler()，對
各種中斷事件進行判斷，並呼叫各自的回呼函數。對本專案來說，當序列埠接收
資料完成時會呼叫 HAL_UART_RxCpltCallback() 回呼函數，依然選擇在 main.c
中重新實現這一回呼函數，其參考程式如下：

```
/* USER CODE BEGIN 4 */
void HAL_UART_RxCpltCallback(UART_HandleTypeDef *huart)
{
    static uint8_t k=0;
    if(huart->Instance==USART1)
    {
        k++;
        switch (k%7)
        {
            case 1:
                year= RxData;
                break;
            case 2:
                month=RxData;
                break;
```

```
            case 3:
                day= RxData;
                break;
            case 4:
                WeekIndex=RxData;
                break;
            case 5:
                hour= RxData;
                break;
            case 6:
                minute=RxData;
                break;
            case 0:
                second= RxData;
                DateFresh=1;    // 更新日期、星期標識
                break;
            default:
                break;
        }
        HAL_UART_Transmit(&huart1,&k,1,100);
        HAL_UART_Receive_IT(&huart1,&RxData,1);
    }
}
/* USER CODE END 4 */
```

　　在上述程式中，首先定義了一個靜態變數 k，用於記錄序列埠中斷發生的次
數，隨後根據資料到來的次序提取數值，另外為不對日期和星期資料反覆更新，
還設定了一個全部資料接收完成標識位元。最後將接收到的資料個數以阻塞方式
回傳上位機，並重新啟動序列埠資料接收。

3) 使用者主程式撰寫

　　使用者撰寫主程式參考程式如下：

```
#include "main.h"
#include "tim.h"
#include "usart.h"
#include "gpio.h"
#include "fsmc.h"
/* USER CODE BEGIN Includes */
#include "stdio.h"
#include "lcd.h"
/* USER CODE END Includes */
/* USER CODE BEGIN PV */
uint16_t *SEG_ADDR=(uint16_t *)(0x68000000);
```

```
uint8_t smgduan[10]={0xc0,0xf9,0xa4,0xb0,0x99,0x92,0x82,0xf8,0x80,0x90 };
uint8_t smgwei[6]={0xfe,0xfd,0xfb,0xf7,0xef,0xdf};
uint8_t hour=9,minute=30,second=25,ShowBuff[6],RxData=0;
uint8_t year=22,month=5,day=9,WeekIndex=1,DateFresh=0,TempStr[30];      // 初始時間
char *WeekName[7]={"Monday","Tuesday","Wednesday","Thursday","Friday","Saturday",
    "Sunday" };
/* USER CODE END PV */
void SystemClock_Config(void);
int main(void)
{
    /* USER CODE BEGIN 1 */
    uint8_t i;
    /* USER CODE END 1 */
    HAL_Init();
    SystemClock_Config();
    /* 初始化所有設定外接裝置 */
    MX_GPIO_Init();
    MX_FSMC_Init();
    MX_TIM6_Init();
    MX_TIM7_Init();
    MX_USART1_UART_Init();
    /* USER CODE BEGIN WHILE */
    LCD_Init();
    HAL_TIM_Base_Start_IT(&htim6);
    HAL_TIM_Base_Start_IT(&htim7);
    HAL_UART_Receive_IT(&huart1,&RxData,1);    // 以中斷方式接收 1 位元組資料
    for(i=0;i<5;i++)    // 清螢幕 0~4 行
        { LCD_ShowString(0,24*i,(u8 *)" ",BLUE,WHITE,24,0); }
    LCD_ShowString(4,24*1,(u8 *)"USART Between PC and STM32",BLUE,WHITE,24,0);
    for(i=5;i<10;i++)    // 清螢幕 5~9 行
        { LCD_ShowString(0,24*i,(u8 *)" ",WHITE,BLUE,24,0); }
    sprintf((TempStr,"20%02d-%02d-%02d    %s",year,month,day,WeekName[WeekIndex-1]);
    LCD_ShowString(40,24*7,TempStr,WHITE,BLUE,24,0);
    while (1)
    {
        ShowBuff[0]=hour/10;ShowBuff[1]=hour%10;
        ShowBuff[2]=minute/10;ShowBuff[3]=minute%10;
        ShowBuff[4]=second/10;ShowBuff[5]=second%10;
        if(DateFresh==1)
        {
            sprintf(TempStr,"20%02d-%02d-%02d %s",year,month,day,WeekName[WeekIndex-1]);
            LCD_ShowString(40,24*7,TempStr,WHITE,BLUE,24,0);        // 將日期和星期顯示於 LCD
            DateFresh=0;
        }
        sprintf((char *)TempStr," %02d:%02d:%02d ",hour,minute,second);
        LCD_ShowString(32*2+16,24*2+16,TempStr,RED,GREEN,32,0); // 將時間顯示於 LCD
```

```
        /* USER CODE END WHILE */
    }
}
```

　　本專案是在第 9 章基本計時器應用的基礎上修改的，在持續時間數位管顯示方式不變的基礎上，將時間、日期、星期均顯示於 LCD，時間即時更新，日期和星期僅當序列埠接收到全部 7 個資料才進行更新。

　　程式首先增加定義了本專案需要用到的變數，隨後對所有外接裝置進行初始化，緊接著呼叫序列埠接收單位元組函數，啟動資料接收工作，資料提取和處理在回呼函數中完成。最後在主程式中進行顯示資訊處理。

　　在上述程式中多次使用了 sprintf() 函數，其用法十分類似於 printf() 函數，只不過 printf() 是將字串輸出到標準裝置顯示器，而 sprintf() 函數是將字串輸出到其第一個參數所指定的字串指標。使用上述兩個函數均需要包含 stdio.h 檔案。

4. 下載偵錯

　　編譯專案，直到沒有錯誤為止，下載程式到開發板，重置執行；上位機同步執行通訊程式，待二者建立通訊連接後，進行通訊測試，檢驗實驗效果。

11.4.3 上位機程式設計

　　因為本專案需要實現 PC 與 MCU 之間的 USART 通訊，所以除了撰寫微控制器端程式以外，還需要撰寫上位機控製程式，上位機程式在個人電腦上撰寫，其開發方法和使用平臺形式各異，作者採用 Visual Basic 6.0 進行序列埠程式設計，其他開發平臺與此類似。

　　首先在 VB6.0 軟體中新建一個表單 Form1，並在表單上增加序列埠通訊控制項 MSComm1，序列埠組合列表方塊 cboPort，狀態指示圖示 shpCOM，序列埠狀態標籤 cmdOpenCom，當前時間標籤 Label10，文字標籤 Text1~Text7，發送資料標籤 Label2，接收資料標籤 Label3，退出按鈕 Command2，發送時間按鈕 Command4，計時器 Timer1 以及多個資訊指示標籤，建立完成後序列埠通訊表單建立介面如圖 11-11 所示。

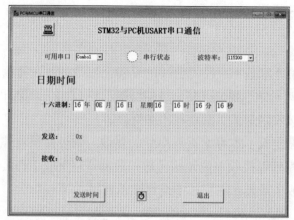

▲ 圖 11-11 序列埠通訊表單建立介面 (編按：本圖例為簡體中文介面)

上位機通訊程式主要包括表單載入，計時器中斷，發送時間，序列埠接收等。

1. 表單載入程式

表單載入程式主要是尋找可用序列埠，並對有效序列埠進行初始化。尋找有效序列埠的方法是，先試圖打開一個序列埠，若成功則有效，否則繼續尋找下一個序列埠。有的學校機房使用早期桌上型電腦，其具備傳統的 COM 通訊埠，但其通訊埠編號一般較小，為避免手動選擇序列埠，程式會自動選擇最大編號的有效序列埠，並進行初始化。序列埠初始化包括設定通訊格式、資料位數和事件產生方法等。特別注意的是，需要將序列埠控制項 DTREnable 和 RTSEnable 兩個屬性值設為 False，否則系統會強制重置。

2. 計時器中斷程式

計時器設定為每秒中斷一次，每次中斷將系統當前日期、星期和時間更新到顯示標籤上。當使用第三方序列埠偵錯幫手發送資料時，需要發送十六進位資料，所以本軟體還提供一個協助工具，即將系統當前日期、星期和時間數值轉為十六進位，並且顯示於文字標籤 Text1~Text7，這一轉換過程在計時器中斷中完成。

3. 發送時間程式

序列埠通訊以二進位格式進行時，資料必須以陣列形式進行發送，所以序列埠發送時間，首先需要將系統的年、月、日、星期、時、分、秒數值分別送陣列的 7 個元素中，然後呼叫序列埠發送方法發送。為了讓使用者了解發送資料的具體數值，程式還將發送資料以十六進位形式顯示於發送資訊顯示標籤。

4. 序列埠接收程式

序列埠接收程式首先判斷事件類型，如果是序列埠接收事件，為避免陣列越界，需要根據緩衝區資料個數，重定義接收陣列大小，然後接收一個資料陣列，並將陣列元素以十六進位形式顯示於接收資訊顯示標籤。

專案功能不算複雜，程式量卻不少，所以作者將開發專案及其原始程式碼以本書書附資源形式提供，有上位機開發需求的讀者，可自行下載查看。

11.4.4 序列埠通訊偵錯

MCU 與 PC 的 USART 通訊偵錯有兩種方法，一種方法是使用作者開發的上位機軟體偵錯，另一種方法是使用第三方提供的序列埠偵錯幫手偵錯。相比於作者 2020 年出版的教材中提供的上位機通訊軟體，該軟體的新版本修補了一些缺陷，功能也得到進一步增強，所以作者推薦第一種偵錯方法。

1. 通訊軟體偵錯

VB6.0 開發的程式可以透過「檔案 / 微控制器與 PC 通訊 .exe」選單，生成可執行檔「微控制器與 PC 通訊 .exe」，具體的檔案名稱和專案名稱有關，並且可以修改，生成的可執行檔可以獨立執行。

1) 序列埠通訊控制項註冊

在很多序列埠通訊軟體中都會用到序列埠通訊控制項 mscomm32.ocx，作者撰寫的上位機通訊軟體也不例外，該控制項在 Win7 或 Win10 系統中沒有註冊，執行時期會提示找不到控制項錯誤，此時需要對控制項進行註冊。

(1) 在微軟官網下載或從本書書附資源獲取控制項 mscomm32.ocx。

(2) 將控制項放到相應資料夾內，32 位元系統路徑為 C:\Windows\System32，64 位元系統路徑為 C:\Windows\Syswow64。

(3) 然後在對應目錄下找到 cmd.exe 檔案，按一下滑鼠右鍵，選擇以管理員身份執行 (關鍵)，在命令視窗輸入 regsvr32 mscomm32.ocx。

經過以上 3 步即可完成控制項註冊。

2) MCU 與 PC 通訊

打開開發板電源，下載序列埠通訊程式，並重置執行。在 PC 上按兩下執行「微控制器與 PC 通訊 .exe」程式，操作介面如圖 11-12 所示，按一下「發送時間」按鈕，Windows 系統當前日期、星期和時間共 7 個資料會發送至微控制器。MCU 收到上位機資料之後，將時間資訊動態顯示於數位管和 LCD，日期和星期資訊更新於 LCD 顯示幕。通訊軟體支援手動選擇序列埠，設定串列傳輸速率，同時提供了一個附加功能，即將系統當前日期、星期和時間資訊即時轉化為十六進位。

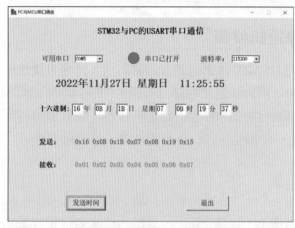

▲ 圖 11-12　操作介面 (編按：本圖例為簡體中文介面)

在前期專案的基礎上，加上本章的序列埠通訊程式，就可以實現 PC 和微控制器時間同步，其本質上是提供了一種精確、快捷的時間設定方法，而且本例中使用的 USART1 是開發板 CMSIS-DAP 偵錯器通訊介面，沒有增加任何硬體成本。

▲ 圖 11-13　序列埠通訊設定

2. 序列埠幫手偵錯

事實上，很多同學可能沒有掌握一門視覺化程式語言，解決這一問題較好的方法是使用序列埠偵錯幫手，需要說明的是，各種版本序列埠偵錯幫手略有差別，但大同小異，可以舉一反三。

具體偵錯步驟如下：

(1) 打開開發板電源，執行微控制器程式。

(2) 執行序列埠偵錯幫手，並打開序列埠通訊設定對話方塊，設定結果如圖 11-13 所示，本專案全部採用預設設定，該步驟也可以跳過。

(3) 序列埠偵錯選項設定，設定結果如圖 11-14 所示，其中重要選項如圖中加粗框線所示。

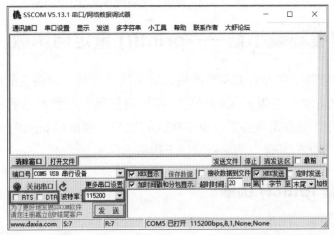

▲ 圖 11-14 序列埠偵錯選項設定 (編按：本圖例為簡體中文介面)

(4) 序列埠收發通訊，採用兩種方式進行實驗，第一種方式將年、月、日、星期、時、分、秒共 7 個數值分開發送，第二種方式是所有資料一起發送 (用空格分隔)，操作過程如圖 11-15 所示。若設定的時間為「2022-11-28 Monday 13: 50: 45」，則需要發送十六進位資料「16 0B 1C 01 0D 32 2D」，此處要注意發送和接收的資料均為十六進位，且輸入和顯示均沒有「0x」或「H」等附加格式。年份僅發送最後兩位數值，例如 2022 年，發送的是數字 22，微控制器僅當收到一組 7 個資料時才對日期和時間資訊進行更新。

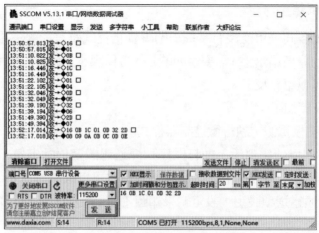

▲ 圖 11-15 操作過程 (編按：本圖例為簡體中文介面)

11.5 開發經驗小結——printf() 重定向函數

　　序列埠偵錯幫手在沒有顯示幕的嵌入式系統中有著十分廣泛的應用，可以利用函數重定向功能，呼叫 printf() 函數，將開發板獲取的資料透過序列埠輸出到 PC，為程式偵錯和序列埠通訊提供了極大的便利。要實現 printf() 函數重定向功能，在上一個專案的基礎上還需完成以下幾項工作。

11.5.1 重寫 fputc() 函數

　　因為標準 C 語言中的 printf() 函數需要呼叫 fputc() 函數實現字元輸出，所以要想實現 printf() 函數重定向功能，還需要重寫 fputc() 函數，並包含 stdio.h 標頭檔，依然選擇在 main.c 檔案中實現上述操作，且程式需要書寫在程式沙箱內，參考程式如下：

```
#include "stdio.h"
int fputc(int ch,FILE *f)
{
    HAL_UART_Transmit(&huart1,(uint8_t *)&ch,1,1000);
    return ch;
}
```

11.5.2 選擇使用 Micro LIB

打開專案屬性對話方塊「Options for Target 'Template'」，在 Target 選項中選中 Use Micro LIB 核取方塊，此步非常重要，否則編譯不能透過，其操作介面如圖 11-16 所示。

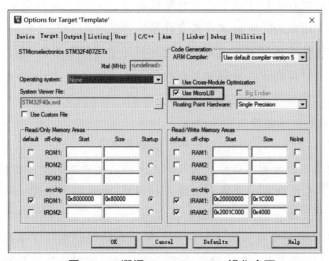

▲ 圖 11-16　選擇 Use Micro LIB 操作介面

11.5.3　printf() 序列埠列印資訊

經過上述設定之後，已經可以像標準 C 語言一樣使用 printf() 函數向序列埠輸出資料。讀者可以在 main 函數中，使用敘述「printf（"Hello World!\n"）；」輸出一個字串，並在序列埠偵錯幫手中查看輸出結果，序列埠偵錯幫手使用方法同上一節，但是通訊介面中的「HEX 顯示」核取方塊不要選中。

本章小結

本章首先介紹了資料通信基本概念，包括並行通訊、串列通訊、同步通訊、非同步通訊、通訊制式、校檢和串列傳輸速率等內容。其次介紹了 STM32F407 的 USART 工作原理，包括 STM32F407 微控制器 USART 的設定情況，內部結構，通訊時序等內容。隨後又介紹了 STM32F407 微控制器 UART 的 HAL 函數庫驅動，包括常用功能函數、常用的巨集函數和中斷事件及其回呼函數。最後舉出 MCU 與 PC

的 USART 通訊實現時間同步的綜合性應用實例。此外在本章還撰寫了 printf() 重定向函數，實現微控制器序列埠列印功能，方便了嵌入式系統資訊輸出和軟體偵錯。

思考拓展

(1) 什麼叫串列通訊和並行通訊？各有什麼特點？

(2) 什麼叫非同步通訊和同步通訊？各有什麼特點？

(3) 什麼叫串列傳輸速率？串列通訊對串列傳輸速率有什麼基本要求？

(4) 串列通訊按資料傳送方向來劃分共有幾種制式？

(5) 試述串列通訊常用的差錯驗證方法。

(6) 典型 USART 資料幀由哪些部分組成？

(7) STM32F407 微控制器的 USART 有哪些中斷事件？

(8) 已知非同步通訊介面的框架格式由 1 個起始位元，8 個資料位元，無同位檢查位元和 1 位元停止位元組成。當該介面每分鐘傳送 3600 個字元時，試計算其串列傳輸速率。

(9) 更改本章專案實例實現方式，將日期、星期和時間資訊以字串的形式發送，微控制器序列埠以中斷方式一次性接收全部資訊，並完成數值提取和顯示更新。

(10) 設計一個互動程式，用於設定開發板 LED 指示燈狀態。上位機指令格式為 Ln: x，其中 n 表示燈的序號，設定值範圍為 1~8。x 表示設定狀態：0，點亮；1，熄滅；2，反轉。初始時所有 LED 指示燈均熄滅。微控制器回覆指令格式為 Ln: ON 或 Ln: OFF，其中 n 表示指示燈序號。

(11) 設計一個互動程式，用於查詢開發板獨立按鍵狀態。上位機指令格式為 Kn，其中 n 表示鍵號，設定值範圍為 1~4。微控制器回覆指令格式為 Kn: P 或 Kn: R，其中 n 表示鍵號，P 表示按鍵按下，R 表示按鍵釋放。

(12) 使用序列埠重定向函數，在序列埠偵錯幫手上輸出乘法口訣，請注意換行和格式對齊。

第 12 章

SPI 與字形檔儲存

本章要點

➢ SPI 通訊原理；

➢ STM32F407 的 SPI 工作原理；

➢ Flash 儲存晶片 W25Q128；

➢ SPI 的 HAL 函數庫驅動；

➢ SPI Flash 讀寫測試專案；

➢ 中文字形檔儲存；

➢ 基於 SPI 快閃記憶體的中文資訊；

➢ 條件編譯。

    SPI(Serial Peripheral Interface, 串列外接裝置介面) 是由 Motorola 提出的一種高速全雙工串列同步通訊介面，首先出現在其 M68HC 系列處理器中，由於其簡單方便、成本低廉、傳送速率快，因此被其他半導體廠商廣泛使用，從而成為事實上的標準。

    與第 11 章說明的 USART 相比，SPI 的資料傳輸速度要高得多，因此它被廣泛地應用於微控制器與 ADC、LCD、Flash 等裝置進行通訊，尤其是高速通訊的場合。微控制器還可以透過 SPI 組成一個小型同步網路進行高速資料交換，完成較複雜的工作。

12.1 SPI 通訊原理

    SPI 採用主 / 從 (master/slave) 模式，支援一個或多個從裝置，能夠實現主裝置和從裝置之間的高速資料通信。SPI 具有硬體簡單、成本低廉、易於使用和傳輸資料速度快等優點，適用於成本敏感或高速通訊的場合。但 SPI 也存在無法檢查校正、不具備定址能力和接收方沒有應答訊號等缺點，不適合複雜或可靠性要求較高的場合。

12.1.1 SPI

SPI 是同步全雙工串列通訊。由於同步，SPI 有一條公共的時鐘線；由於全雙工，SPI 至少有兩根資料線來實現資料的雙向同時傳輸；由於串列，SPI 收發資料只能一位元一位元地在各自的資料線上傳輸，因此最多只有兩根資料線，一根發送資料線和一根接收資料線。

由此可見，SPI 在物理層表現為 4 根訊號線，分別是 SCK、MOSI、MISO 和 SS。

(1) SCK(Serial Clock)，即時鐘線，由主裝置產生。不同的裝置支援的時鐘頻率不同。但每個時鐘週期可以傳輸一位元資料，經過 8 個時鐘週期，一個完整的位元組資料就傳輸完成了。

(2) MOSI(Master Output Slave Input)，即主裝置資料輸出 / 從裝置資料登錄線。這條訊號線上的方向是從主裝置到從裝置，即主裝置從這條訊號線發送資料，從裝置從這條訊號線上接收資料。有的半導體廠商 (如 Microchip 公司)，站在從裝置的角度，將其命名為 SDI。

(3) MISO(Master Input Slave Output)，即主裝置資料登錄 / 從裝置資料輸出線。這條訊號線上的方向是由從裝置到主裝置，即從裝置從這條訊號線發送資料，主裝置從這條訊號線上接收資料。有的半導體廠商 (如 Microchip 公司)，站在從裝置的角度，將其命名為 SDO。

(4) SS(Slave Select)，有的時候也叫 CS(Chip Select)，SPI 從裝置選擇訊號線，當有多個 SPI 從裝置與 SPI 主裝置相連 (即「一主多從」) 時，SS 用來選擇啟動指定的從裝置，由 SPI 主裝置 (通常是微控制器) 驅動，低電位有效。當只有一個 SPI 從裝置與 SPI 主裝置相連 (即「一主一從」) 時，SS 並不是必需的。因此，SPI 也被稱為三線同步通訊介面。

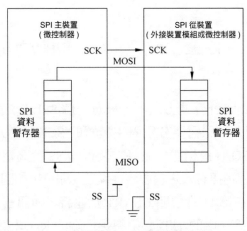

▲ 圖 12-1 SPI 組成

除了 SCK、MOSI、MISO 和 SS 這 4 根訊號線外，SPI 還包含一個串列移位暫存器，如圖 12-1 所示。

SPI 主裝置向它的 SPI 串列移位資料暫存器寫入一位元組，發起一次傳輸，該暫存器透過資料線 MOSI 一位元一位元地將位元組送給 SPI 從裝置。與此同時，SPI 從裝置也將自己的 SPI 串列移位資料暫存器中的內容透過資料線 MISO 傳回給主裝置。這樣，SPI 主裝置和 SPI 從裝置的兩個資料暫存器中的內容相互交換。需要注意的是，對從裝置的寫入操作和讀取操作同步完成。

如果只進行 SPI 從裝置寫入操作 (即 SPI 主裝置向 SPI 從裝置發送一位元組資料)，只需忽略收到的位元組即可。反之，如果要進行 SPI 從裝置讀取操作 (即 SPI 主裝置要讀取 SPI 從裝置發送的一位元組資料)，則 SPI 主裝置發送一個空位元組觸發從裝置的資料傳輸。

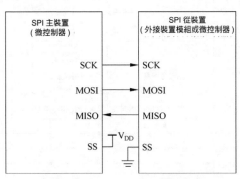

▲ 圖 12-2 「一主一從」的 SPI 互連

12.1.2 SPI 互連

SPI 互連主要有「一主一從」和「一主多從」兩種互連方式。

1.「一主一從」

在「一主一從」的 SPI 互連方式下,只有一個 SPI 主裝置和一個 SPI 從裝置進行通訊。這種情況下,只需要分別將主裝置的 SCK、MOSI、MISO 和從裝置的 SCK、MOSI、MISO 直接相連,並將主裝置的 SS 置高電位,從裝置的 SS 接地 (即置低電位,晶片選擇有效,選中該從裝置) 即可,如圖 12-2 所示。

值得注意的是,在第 11 章說明 USART 互連時,通訊雙方 USART 的兩根資料線必須交叉連接,即一端的 TxD 必須與另一端的 RxD 相連,對應地,一端的 RxD 必須與另一端的 TxD 相連。而當 SPI 互連時,主裝置和從裝置的兩根資料線必須直接相連,即主裝置的 MISO 與從裝置的 MISO 相連,主裝置的 MOSI 與從裝置的 MOSI 相連。

2.「一主多從」

在「一主多從」的 SPI 互連方式下,一個 SPI 主裝置可以和多個 SPI 從裝置相互通訊。這種情況下,所有的 SPI 裝置 (包括主裝置和從裝置) 共用時鐘線和資料線,即 SCK、MOSI、MISO,並在主裝置端使用多個 GPIO 接腳選擇不同的 SPI 從裝置,如圖 12-3 所示。顯然,在多個從裝置的 SPI 互連方式下,晶片選擇訊號 SS 必須對每個從裝置分別進行選通,增加了連接的難度和連線的數量,失去了串列通訊的優勢。

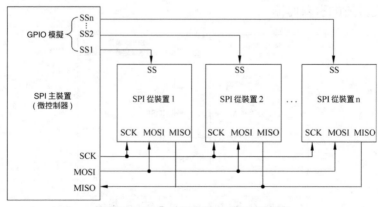

▲ 圖 12-3 「一主多從」的 SPI 互連

需要特別注意的是，在多個從裝置的 SPI 系統中，由於時鐘線和資料線為所有的 SPI 裝置共用，因此，在同一時刻只能有一個從裝置參與通訊。而且當主裝置與其中一個從裝置進行通訊時，其他從裝置的時鐘線和資料線都應保持高阻態，以避免影響當前資料的傳輸。

12.2 STM32F407 的 SPI 工作原理

STM32F407 微控制器的 SPI 模組允許 MCU 與外部設備以半 / 全雙工、同步、串列方式通訊。它通常被設定為主模式，並為外部從裝置提供通訊時鐘。

12.2.1 SPI 主要特徵

STM32F407 系列微控制器均具有 3 個 SPI，分別為 SPI1、SPI2 和 SPI3，其具有以下特徵：

(1) 基於三條線的全雙工同步傳輸。

(2) 基於雙線的單工同步傳輸，其中一筆可作為雙向資料線。

(3) 8 或 16 位元傳輸框架格式選擇。

(4) 主模式或從模式操作。

(5) 多主模式功能。

(6) 8 個主模式串列傳輸速率預分頻器 (最大值為 $f_{PCLK}/2$)。

(7) 從模式頻率 (最大值為 $f_{PCLK}/2$)。

(8) 對於主模式和從模式都可實現更快的通訊。

(9) 對於主模式和從模式都可透過硬體或軟體進行 NSS 管理：動態切換主 / 從操作。

(10) 可程式化的時鐘極性和相位。

(11) 可程式化的資料順序，最先移位 MSB 或 LSB。

(12) 可觸發中斷的專用發送和接收標識。

(13) SPI 匯流排忙狀態標識。

(14) SPI TI 模式。

(15) 用於確保可靠通訊的硬體 CRC 功能：

① 在發送模式下可將 CRC 值作為最後一個位元組發送。

② 根據收到的最後一個位元組自動進行 CRC 錯誤驗證。

(16) 可觸發中斷的主模式故障、上溢和 CRC 錯誤標識。

(17) 具有 DMA 功能的 1 位元組發送和接收緩衝器：發送和接收請求。

12.2.2　SPI 內部結構

STM32F407 系列微控制器 SPI 模組主要由串列傳輸速率發生器，收發控制和資料儲存轉移三部分組成，內部結構如圖 12-4 所示。

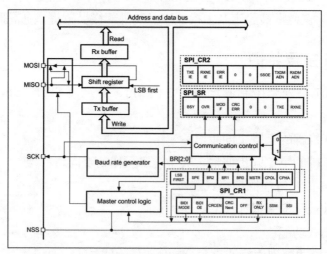

▲ 圖 12-4　STM32F407 微控制器 SPI 內部結構
(來源：https://deepbluembedded.com/stm32-spi-tutorial/)

1. 串列傳輸速率發生器

串列傳輸速率發生器用來產生 SPI 的 SCK 時鐘訊號。串列傳輸速率預分頻係數可以是 2、4、8、16、32、64、128 或 256。透過設定串列傳輸速率控制位元 BR[2:0]，可以控制 SCK 時鐘的輸出頻率，從而控制 SPI 的傳輸速率。由圖 2-2 所示的 STM32F407 結構可知，SPI1 掛接在 APB2 匯流排上，SPI2 和 SPI3 掛接在 APB1 匯流排上。

2. 收發控制

收發控制主要由若干控制暫存器組成，如 SPI 控制暫存器 (Control Register) SPI_CR1、SPI_CR2 和 SPI 狀態暫存器 (Status Register)SPI_SR 等。

SPI_CR1 暫存器主控收發電路，用於設定 SPI 的協定，例如時鐘極性、時鐘相位和資料格式等。

SPI_CR2 暫存器用於設定各種 SPI 中斷啟用，例如啟用 TXE 的 TXEIE 和啟用 RXNE 的 RXNEIE 等。

SPI_SR 暫存器用於記錄 SPI 模組使用過程中的各種狀態資訊，例如透過查詢 BSY 位元可以確定模組是否處於忙狀態。

3. 資料儲存轉移

資料儲存轉移如圖 12-4 的左上部分所示，主要由接收緩衝區、移位暫存器和發送緩衝區等組成。

移位暫存器直接與 SPI 的資料接腳 MISO 和 MOSI 連接。一方面將從 MISO 收到的個資料位元根據資料格式和資料順序經串並轉換後轉發到接收緩衝區；另一方面將發送緩衝區收到的資料根據資料格式和資料順序經並串轉換後一位元一位元地從 MOSI 上發送出去。

12.2.3 時鐘訊號的相位和極性

SPI 通訊有 4 種時序模型，由 SPI 控制暫存器 SP1_CR1 中的 CPOL 位元和 CPHA 位元控制。

(1) CPOL(Clock Polarity) 時鐘極性，控制 SCK 接腳在空閒時的電位。如果 CPOL 為 0，則空閒時 SCK 為低電位；如果 CPOL 為 1 時，則空閒時 SCK 為高電位。

(2) CPHA(Clock Phase) 時鐘相位，如果 CPHA 為 0，則在 SCK 的第 1 個邊沿對資料採樣；如果 CPHA 為 1，則在 SCK 的第 2 個邊沿對資料採樣。

CPHA 為 0 時的資料傳輸時序如圖 12-5 所示，NSS 從高變低是資料傳輸的起始訊號，NSS 從低變高是資料傳輸的結束訊號，圖中舉出的是 MSB 先行方式。

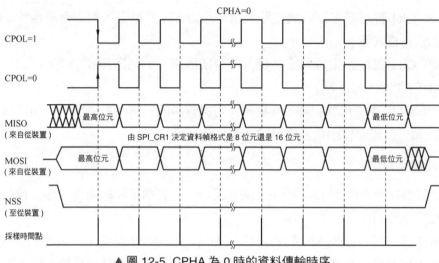

▲ 圖 12-5 CPHA 為 0 時的資料傳輸時序

CPHA 為 0 表示在 SCK 的第 1 個邊沿讀取資料，讀取資料的時刻 (捕捉選通時刻) 如圖 12-5 中虛線所示。根據 CPOL 的設定值不同，讀取資料的時刻發生在 SCK 的下降沿 (CPOL 為 1) 或上昇緣 (CPOL 為 0)。MISO、MOSI 上的資料是在讀取資料的 SCK 前一個跳變沿發生變化的。

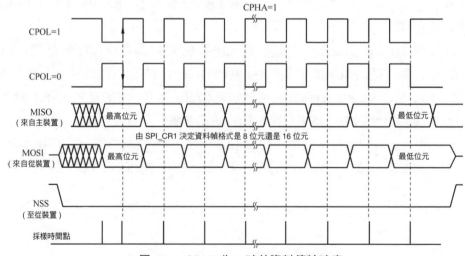

▲ 圖 12-6 CPHA 為 1 時的資料傳輸時序

CPHA 為 1 時的資料傳輸時序如圖 12-6 所示。CPHA 為 1 表示在 SCK 的第 2 個邊沿讀取資料，也就是圖 12-6 中虛線表示的時刻。根據 CPOL 的設定值不同，讀取資料的時刻發生在 SCK 的上昇緣 (CPOL 為 1) 或下降沿 (CPOL 為 0)。
MISO、MOSI 上的資料是在讀取資料的 SCK 前一個跳變沿發生變化的。

在使用 SPI 通訊時，主裝置和從裝置的 SPI 時序必須一致，否則無法正常通訊。由 CPOL 和 CPHA 的不同組合組成了 4 種 SPI 時序模式，如表 12-1 所示。

▼ 表 12-1 SPI 時序模式

SPI 時序模式	CPOL 時鐘極性	CPHA 時鐘相位	空閒時 SCK 電位	採樣時刻
模式 0	0	0	低電位	第 1 跳變沿
模式 1	0	1	低電位	第 2 跳變沿
模式 2	1	0	高電位	第 1 跳變沿
模式 3	1	1	高電位	第 2 跳變沿

系統設計時需要根據微控制器所連接的元件類型，合理選擇 SPI 時序模式，且主從裝置必須設定相同的時序模式。

12.2.4 資料框架格式

根據 SPI_CR1 暫存器中的 LSBFIRST 位元，輸出資料位元時可以 MSB 在先也可以 LSB 在先。

根據 SPI_CR1 暫存器的 DFF 位元，每個資料幀可以是 8 位元或是 16 位元。所選擇的資料框架格式決定發送 / 接收的資料長度。

12.3 Flash 儲存晶片 W25Q128

12.3.1 硬體介面和連接

W25Q128 是一個 Flash 儲存晶片，容量為 128Mb，也就是 16MB。W25Q128 支援標準 SPI，還支援 Dual/Quad SPI。STM32F407 微控制器只有標準 SPI，不支援 Dual/Quad SPI 通訊。開發板配備了一個 W25Q128 晶片，透過標準 SPI 與 STM32F407 的 SPI1 介面連接，電路如圖 12-7 所示。Flash 晶片的 DO、DI、CLK 接腳分別接至微控制器的 SPI1_MISO、SPI1_MOSI、SPI1_SCK，佔用 MCU 的 PB4、PB5、PB3 接腳。微控制器的 PB14 接腳連接記憶體的 $\overline{CS}$ 接腳，低電位選中。儲存晶片 $\overline{WP}$ 和 $\overline{HOLD}$ 接腳接 V_{DD}，即不使用防寫和資料保持功能。

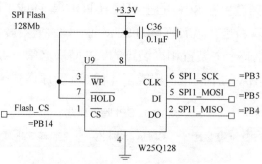

▲ 圖 12-7　MCU 與 W25Q128 連接電路

W25Q128 支援 SPI 模式 0 和模式 3，在 MCU 與 W25Q128 通訊時，設定使用 SPI 模式 3，即設定 CPOL=1，CPHA=1。

12.3.2　儲存空間劃分

W25Q128 總容量為 16MB，使用 24 位元位址線，位址範圍是 0x000000~0xFFFFFF。

16MB 分為 256 個區塊 (Block)，每個區塊的大小為 64KB，16 位元偏移位址，區塊內偏移位址範圍是 0x0000~0xFFFF。

每個區塊又分為 16 個磁區 (Sector)，共 4096 個磁區，每個磁區的大小為 4KB，12 位元偏移位址，磁區內偏移位址範圍是 0x000~0xFFF。

每個磁區又分為 16 個分頁 (Page)，共 65536 個分頁，每個分頁的大小為 256 位元組，8 位元偏移位址，分頁內偏移位址範圍是 0x00~0xFF。

12.3.3　資料讀寫原則

使用者可以隨機讀取 W25Q128 晶片資料，即可以從任意位址開始讀取任意長度的資料。

向 W25Q128 寫入資料時，使用者可以從任何位址開始寫入資料，但是一次 SPI 通訊寫入的資料範圍不能超過一個分頁的邊界。所以如果從分頁的起始位址開始寫入資料，一次最多寫入一個分頁的資料，即 256 位元組。如果一次寫入的資料超過分頁的邊界，會再從分頁的起始位置開始寫入。

向儲存區域寫入資料時，儲存區必須抹寫過，即儲存內容是 0xFF，否則寫入資料操作無效。使用者可以對整個元件、儲存區塊、磁區進行抹寫操作，但是不能對單一頁進行抹寫。

12.3.4 記憶體操作指令

SPI 的硬體層和傳輸協定只是規定了傳輸一個資料幀的方法，對具體 SPI 元件操作由元件規定的操作指令實現。W25Q128 制定了很多操作指令，用以實現各種功能，其全部指令和詳細解釋在需要時可以查閱晶片資料手冊。

W25Q128 的操作指令可以是單位元組，也可以是多位元組。指令的第 1 個位元組是指令碼，其後跟隨指令的參數或傳回的資料。W25Q128 常用指令如表 12-2 所示，其中用括號表示的部分代表傳回的資料，A23~A0 是 24 位元的全域位址，dummy 表示必須發送的無效位元組資料，一般發送 0x00。

▼表 12-2 W25Q128 常用指令

指令名稱	BYTE1	BYTE2	BYTE3	BYTE4	BYTE5	BYTE6
寫入啟用	0x06	—	—	—	—	—
讀取狀態暫存器 1	0x05	(S7~S0)	—	—	—	—
讀取狀態暫存器 2	0x35	(S15~S8)	—	—	—	—
讀取廠商和裝置 ID	0x90	dummy	dummy	0x00	(MF7~ MF0)	(ID7~ID0)
讀取 64 位元序號	0x4B	dummy	dummy	dummy	dummy	(ID63~ID0)
元件抹寫	0xC7/0x60	—	—	—	—	—
區塊抹寫 (64KB)	0xD8	A23~A16	A15~A8	A7~A0	—	—
磁區抹寫 (4KB)	0x20	A23~A16	A15~A8	A7~A0	—	—
寫入資料 (分頁程式設計)	0x02	A23~A16	A15~A8	A7~A0	D7~D0	—
讀取資料	0x03	A23~A16	A15~A8	A7~A0	(D7~D0)	—
快速讀取資料	0x0B	A23~A16	A15~A8	A7~A0	dummy	(D7~D0)

12.4 SPI 的 HAL 函數庫驅動

12.4.1 SPI 暫存器操作的巨集函數

SPI 的 HAL 函數庫驅動程式標頭檔是 stm32f4xx_hal_spi.h，其中定義了 SPI 暫存器操作的巨集函數，如表 12-3 所示。巨集函數中的參數 __HANDLE__ 是具體某個 SPI 的物件指標，參數 __INTERRUPT__ 是 SPI 的中斷事件類型，參數 __FLAG__ 是事件中斷標識。

▼表 12-3 SPI 暫存器操作的巨集函數

暫存器操作巨集函數	功 能 描 述
__HAL_SPI_ENABLE(__HANDLE__)	啟用某個 SPI
__HAL_SPI_DISABLE(__HANDLE__)	停用某個 SPI
__HAL_SPI_ENABLE_IT(__HANDLE__, __INTERRUPT__)	啟用某個中斷事件來源，允許事件產生硬體中斷
__HAL_SPI_DISABLE_IT(__HANDLE__, __INTERRUPT__)	停用某個中斷事件來源，不允許事件產生硬體中斷
__HAL_SPI_GET_IT_SOURCE(__HANDLE__, __INTERRUPT__)	檢查某個中斷事件來源是否被允許產生硬體中斷
__HAL_SPI_GET_FLAG(__HANDLE__, __FLAG__)	獲取某個事件的中斷標識，檢查事件是否發生
__HAL_SPI_CLEAR_CRCERRFLAG(__HANDLE__)	清除 CRC 驗證錯誤中斷標識
__HAL_SPI_CLEAR_MODFFLAG(__HANDLE__)	清除主模式故障中斷標識
__HAL_SPI_CLEAR_FREFLAG(__HANDLE__)	清除 TI 框架格式錯誤中斷標識
__HAL_SPI_CLEAR_OVRFLAG(__HANDLE__)	清除溢位錯誤中斷標識

　　STM32CubeMX 自動生成的檔案 spi.c 會定義表示具體 SPI 的外接裝置物件變數。舉例來說，使用者初始化 SPI1 時，會定義外接裝置物件變數 hspi1，巨集函數中的參數 __HANDLE__ 就可以使用 &hspi1 作為其引用參數，參考程式如下：

```
SPI_HandleTypeDef hspi1;          // 表示 SPI1 的外接裝置物件變數
__HAL_SPI_ENABLE(&hspi1);         // 啟用 SPI1 外接裝置
```

　　1 個 SPI 只有 1 個中斷號碼，SPI 狀態暫存器 SPI_SR 中有 6 個事件的中斷標識位元，但 SPI 控制暫存器 SPI_CR2 中只有 3 個中斷事件啟用控制位元，其中 1 個錯誤事件中斷啟用控制位元 ERRIE 控制了 4 種錯誤中斷事件的啟用。這是比較特殊的情況，對於一般的外接裝置，1 個中斷事件就有 1 個啟用控制位元和 1 個中斷標識位元。

　　在 SPI 的 HAL 驅動程式中，定義了 6 個表示事件中斷標識位元的巨集，可作為巨集函數中參數 __FLAG__ 的設定值；定義了 3 個表示中斷事件類型的巨集，可作為巨集函數中參數 __INTERRUPT__ 的設定值。巨集定義符號如表 12-4 所示。

▼ 表 12-4 SPI 中斷標識位元和事件巨集定義

中斷事件	SPI_SR 中的中斷標識位元	表示中斷事件標識位元的巨集	SPI_CR2 中的中斷事件啟用控制位元	表示中斷事件啟用位元的巨集
發送緩衝區為空	TXE	SPI_FLAG_TXE	TXEIE	SPI_IT_TXE
接收緩衝區不可為空	RXNE	SPI_FLAG_RXNE	RXNEIE	SPI_IT_RXNE
主模式故障	MODF	SPI_FLAG_MODF	ERRIE	SPI_IT_ERR
溢位錯誤	OVR	SPI_FLAG_OVR		
CRC 驗證錯誤	CRCERR	SPI_FLAG_CRCERR		
TI 框架格式錯誤	FRE	SPI_FLAG_FRE		

12.4.2 SPI 初始化和阻塞式資料傳輸

SPI 初始化、狀態查詢和阻塞式資料傳輸的函數如表 12-5 所示。

▼ 表 12-5 SPI 初始化、狀態查詢和阻塞式資料傳輸的函數

函 數 名 稱	功 能 描 述
HAL_SPI_Init()	SPI 初始化，設定 SPI 參數
HAL_SPI_MspInit()	SPI 的 MSP 初始化函數，在 HAL_SPI_Init() 中被呼叫
HAL_SPI_GetState()	傳回 SPI 當前狀態，為列舉類型 HAL_SPI_StateTypeDef
HAL_SPI_GetError()	傳回 SPI 最後的錯誤碼，錯誤碼是一組巨集定義
HAL_SPI_Transmit()	阻塞式發送一個緩衝區的資料
HAL_SPI_Receive()	阻塞式接收指定長度的資料儲存到緩衝區
HAL_SPI_TransmitReceive()	阻塞式同時發送和接收一定長度的資料

1. SPI 初始化

函數 HAL_SPI_Init() 用於 SPI 的初始化，其原型定義如下：

```
HAL_StatusTypeDef HAL_SPI_Init(SPI_HandleTypeDef *hspi)
```

其中，參數 hspi 是 SPI 外接裝置物件指標，在 stm32f4xx_hal_spi.h 檔案中舉出其具體類型定義，hspi->Instance 是 SPI 暫存器的基底位址，hspi->Init 是 SPI_InitTypeDef 結構類型，儲存了 SPI 的通訊參數，相關內容將在專案實例的初始化程式分析中具體解釋。

2. 阻塞式資料發送和接收

　　SPI 是一種主 / 從通訊方式，通訊完全由 SPI 主機控制，SPI 主機和從機之間一般是應答式通訊。主機先用發送函數在 MOSI 線上發送指令或資料，忽略 MISO 線上傳入的資料；從機接收到指令或資料後會傳回回應資料，主機透過接收函數在 MISO 線上接收回應資料，接收時不會在 MOSI 線上發送有效資料。

　　函數 HAL_SPI_Transmit() 用於發送資料，其原型定義如下：

```
HAL_StatusTypeDef HAL_SPI_Transmit(SPI_HandleTypeDef *hspi, uint8_t *pData,
uint16_t Size, uint32_t Timeout)
```

　　其中，參數 hspi 是 SPI 外接裝置物件指標，pData 是輸出資料緩衝區指標，Size 是緩衝區資料的位元組數，Timeout 是逾時等待時間，單位是系統滴答訊號的節拍數，預設情況下是 ms。

　　函數 HAL_SPI_Transmit() 是阻塞式執行的，也就是直到資料發送完成或超過等待時間後才傳回。函數傳回 HAL_OK 表示發送成功，傳回 HAL_TIMEOUT 表示發送逾時。

　　函數 HAL_SPI_Receive() 用於從 SPI 接收資料，其原型定義如下：

```
HAL_StatusTypeDef HAL_SPI_Receive(SPI_HandleTypeDef *hspi, uint8_t *pData,
uint16_t Size, uint32_t Timeout)
```

　　其中，參數 hspi 是 SPI 外接裝置物件指標，pData 是接收資料緩衝區指標，Size 是要接收資料位元組數，Timeout 是逾時等待時間。

3. 阻塞式同時發送與接收資料

　　SPI 可以在 SCK 時鐘訊號作用下同時發送和接收有效資料訊號，函數 HAL_SPI_TransmitReceive() 就實現了接收和發送資料同時操作的功能，其原型定義如下：

```
HAL_StatusTypeDef HAL_SPI_TransmitReceive(SPI_HandleTypeDef *hspi,
uint8_t *pTxData, uint8_t *pRxData, uint16_t Size, uint32_t Timeout)
```

　　其中，參數 hspi 是外接裝置物件指標，pTxData 是發送緩衝區指標，pRxData 是接收資料緩衝區指標，Size 是資料位元組數，Timeout 是逾時等待時間。這種情況下，發送和接收的資料位元組數相同。

12.4.3 中斷和 DMA 方式資料傳輸

1. 中斷方式資料傳輸

SPI 能以中斷方式傳輸資料，是非阻塞式資料傳輸，相關函數列於表 12-6，中斷事件類型用中斷事件啟用控制位元的巨集定義表示。

▼ 表 12-6 SPI 中斷方式資料傳輸函數

函數名稱	函數功能	產生的中斷事件類型	對應的回呼函數
HAL_SPI_Transmit_IT()	中斷方式發送一個緩衝區的資料	SPI_IT_TXE	HAL_SPI_TxCpltCallback()
HAL_SPI_Receive_IT()	中斷方式接收指定長度的資料儲存到緩衝區	SPI_IT_RXNE	HAL_SPI_RxCpltCallback()
HAL_SPI_TransmitReceive_IT()	中斷方式發送和接收一定長度的資料	SPI_IT_TXE/SPI_IT_RXNE	HAL_SPI_TxRxCpltCallback()
HAL_SPI_IRQHandler()	SPI ISR 裡呼叫的通用處理函數	—	—
HAL_SPI_Abort()	取消非阻塞式資料傳輸，本函數以阻塞模式執行	—	—
HAL_SPI_Abort_IT()	取消非阻塞式資料傳輸，本函數以中斷模式執行	—	HAL_SPI_AbortCpltCallback()

函數 HAL_SPI_Transmit_IT() 用於以中斷方式發送緩衝區的資料，發送完成後，會產生發送完成中斷事件 (SPI_IT_TXE)，對應的回呼函數是 HAL_SPI_TxCpltCallback()。

函數 HAL_SPI_Receive_IT() 用於以中斷方式接收指定長度的資料，儲存到緩衝區，接收完成後，會產生接收完成中斷 (SPI_IT_RXNE)，對應的回呼函數是 HAL_SPI_RxCpltCallback()。

函數 HAL_SPI_TransmitReceive_IT() 是發送和接收資料同時以中斷方式進行，由它啟動的資料傳輸會產生 SPI_IT_TXE 和 SPI_IT_RXNE 中斷事件，但是有專門的回呼函數 HAL_SPI_TxRxCpltCallback()。

上述 3 個函數的原型定義如下所示，參數說明等於阻塞方式傳輸函數。

```
HAL_StatusTypeDef HAL_SPI_Transmit_IT(SPI_HandleTypeDef *hspi, uint8_t *pData,
                                uint16_t Size)
HAL_StatusTypeDef HAL_SPI_Receive_IT(SPI_HandleTypeDef *hspi, uint8_t *pData,
                                uint16_t Size)
```

```
HAL_StatusTypeDef HAL_SPI_TransmitReceive_IT(SPI_HandleTypeDef *hspi, uint8_t *pTxData,
uint8_t *pRxData, uint16_t Size)
```

這個 3 個函數都是非阻塞式，函數傳回 HAL_OK 只表示函數操作成功，並不表示資料傳輸完成，只有相應的回呼函數被呼叫才表明資料傳輸完成。上述 3 個函數在執行過程中，如果發生錯誤將產生錯誤中斷事件 (SPI_IT_ERR)，其回呼函數為 HAL_SPI_ErrorCallback()。

函數 HAL_SPI_IRQHandler() 是 SPI 中斷服務程式中呼叫的通用處理函數，它會根據中斷事件類型呼叫相應的回呼函數。使用者需要根據表 12-6 舉出的對應關係，重寫傳輸函數對應的回呼函數，以完成傳輸過程的交易處理。

函數 HAL_SPI_Abort() 用於取消非阻塞式資料傳輸過程，包括中斷方式和 DMA 方式，這個函數以阻塞模式執行。

函數 HAL_SPI_Abort_IT() 用於取消非阻塞式資料傳輸過程，包括中斷方式和 DMA 方式，這個函數以中斷方式執行，所以有回呼函數 HAL_SPI_AbortCpltCallback()。

2. DMA 方式資料傳輸

SPI 的發送和接收有各自的 DMA 請求，能以 DMA 方式進行資料發送和接收。DMA 方式傳輸時觸發 DMA 串流中斷事件，主要是 DMA 傳輸完成中斷事件。由於到目前為止本書尚未涉及 DMA 相關內容，所以僅將 SPI 的 DMA 方式資料傳輸函數列於表 12-7 中，以便於後續章節在使用時查閱。

▼表 12-7　SPI 的 DMA 方式資料傳輸函數

函 數 名 稱	功 能 描 述	中 斷 事 件	回 呼 函 數
HAL_SPI_Transmit_DMA()	DMA 方式發送資料	DMA 傳輸完成	HAL_SPI_TxCpltCallback()
		DMA 傳輸半完成	HAL_SPI_TxHalfCpltCallback()
HAL_SPI_Receive_DMA()	DMA 方式接收資料	DMA 傳輸完成	HAL_SPI_RxCpltCallback()
		DMA 傳輸半完成	HAL_SPI_RxHalfCpltCallback()
HAL_SPI_TransmitReceive_DMA()	DMA 方式發送 / 接收資料	DMA 傳輸完成	HAL_SPI_TxRxCpltCallback()
		DMA 傳輸半完成	HAL_SPI_TxRxHalfCpltCallback()
HAL_SPI_DMAPause()	暫停 DMA 傳輸	—	—
HAL_SPI_DMAResume()	繼續 DMA 傳輸	—	—
HAL_SPI_DMAStop()	停止 DMA 傳輸	—	—

12.5 SPI Flash 讀寫測試

12.5.1 開發專案

專案設計了一個簡單實例,用於測試 STM32 的 SPI 和 W25Q128 讀寫功能,程式需要對 STM32F407 的 SPI 進行初始化,以實現 SPI 資料幀傳輸功能。為實現演示操作和資訊輸出,還需要初始化按鍵、LCD 和數位管模組。隨後撰寫 W25Q128 驅動程式,實現晶片讀寫功能。為實現 SPI Flash 每次儲存資訊的不同,將 26 個英文字母組成一個環狀佇列,起始字母由按鍵次數決定。在主程式中首先需要對 SPI 進行初始化,並讀取晶片 ID,若成功,則進入無限迴圈中,不斷檢測按鍵。當 K1 鍵按下,將英文字母佇列寫入 W25Q128 晶片,當 K2 鍵按下,讀取 W25Q128 晶片儲存的資料。整個操作過程中,數位管和 TFT LCD 顯示相應資訊。

12.5.2 專案實施

1. 複製專案檔案

複製第 7 章建立的專案檔案 0701 DSGLCD 到桌面,並將資料夾重新命名為 1201 SPI Flash。

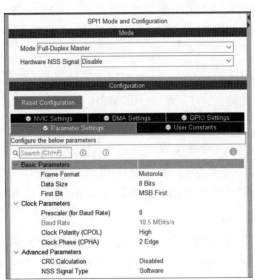

▲ 圖 12-8 SPI1 操作介面

2. STM32CubeMX 設定

打開專案範本資料夾裡面的 Template.ioc 檔案，啟動 STM32CubeMX 設定軟體，在左側設定類別 Categories 下面的 Connectivity 清單中的找到 SPI1 介面，打開其設定對話方塊，操作介面如圖 12-8 所示。

在模式設定部分只有兩個參數，分別說明如下：

(1) Mode：用於設定 SPI 工作模式，有 Disable(不使用)、全雙工主機、全雙工從機、半雙工主機、半雙工從機、主機僅接收、從機僅接收和主機僅發送模式可選。由於本專案 MCU 工作於主機模式，且有 MISO 和 MOSI 兩根串列訊號線，所以選擇 Full-Duplex Master(全雙工主機) 模式。

(2) Hardware NSS Signal：用於設定硬體 NSS 訊號。有 3 個選項，Disable 表示不使用 NSS 硬體訊號；Hardware NSS Input Signal 表示硬體 NSS 輸入訊號，SPI 從機使用硬體 NSS 訊號時選擇此選項；Hardware NSS Output Signal 表示硬體 NSS 輸出訊號，SPI 主機輸出晶片選擇訊號時選擇此選項。專案使用一個單獨的 GPIO 接腳 PB14 作為從機的晶片選擇訊號，所以此處設定為 Disable。

SPI 的參數設定分為 3 組，這些參數的設定應該與 W25Q128 的 SPI 通訊參數對應。W25Q128 的 SPI 通訊使用 8 位元資料格式，MSB 先行，支援 SPI 模式 0 和模式 3。

(1) Basic Parameters 組，基本參數。

① Frame Format：框架格式，有 Motorola 和 TI 兩個選項，但只能選 Motorola。

② Data Size：資料幀的位數，可選 8Bits 或 16Bits，本例選擇 8Bits。

③ First Bit：首先傳輸的位元，可選 MSB First 或 LSB First，本例選擇 MSB First。

(2) Clock Parameters，時鐘參數。

① Prescaler(for Baud Rate)：用於產生串列傳輸速率的預分頻係數，有 8 個可選預分頻係數，從 2 到 256。SPI 時鐘頻率就是所在 APB 匯流排的時鐘頻率，SPI1 掛接在 APB2 匯流排上。

② Baud Rate：串列傳輸速率，設定分頻係數後，STM32CubeMX 會自動根據 APB 匯流排頻率和分頻係數計算串列傳輸速率。本例 APB2 匯流排頻率為 84MHz，分頻係數為 8，所以串列傳輸速率設定為 10.5Mb/s。

③ Clock Polarity(CPOL)：時鐘極性，可選項為 High 和 Low，專案使用 SPI 模式 3，所以選擇 High。

④ Clock Phase(CPHA)：時鐘相位，可選項為 1 Edge 或 2 Edge，專案使用 SPI 模式 3，即在第 2 跳變沿採樣資料，所以選擇 2 Edge。

圖 12-8 中 CPOL 和 CPHA 的設定對應於 SPI 模式 3，因為 W25Q128 同時也支援 SPI 模式 0，所以設定 CPOL 為 Low，CPHA 為 1 Edge 也是可以的。

(3) Advanced Parameters 組，高級參數。

① CRC Calculation：CRC 計算，SPI 通訊可以在傳輸資料的最後加上 1 位元組的 CRC 計算結果，在發生 CRC 錯誤時可以產生中斷。若不使用就選擇 Disabled。

② NSS Signal Type：NSS 訊號類型，這個參數的選項由模式設定裡的 Hardware NSS Signal 的選擇結果決定。當模式設定裡選擇 Disabled 時，這個參數的選項就只能是 Software，表示用軟體產生 NSS 輸出訊號。

啟用 SPI1 後，STM32CubeMX 會自動分配 SPI1 的 3 個訊號接腳，但需要特別注意的是，SPI1 有多種接腳映射關係，有時並不是指向電路設計所使用的接腳，這時需要在接腳視圖下將其修改為 PB3、PB4、PB5 這 3 個接腳。

專案還需要將 PB14 接腳設定為推拉輸出模式，初始輸出高電位，最大輸出速度為高。LCD 和數位管的 FSMC 初始化與以往專案相同。開發板鍵盤應選擇獨立按鍵模式，並將 4 個獨立按鍵對應接腳初始化為輸入上拉模式。專案未使用 SPI 的中斷模式資料傳輸功能，所以無須打開 SPI1 的全域中斷。至此，專案初始化工作已經完成，時鐘設定和專案設定選項無須修改，按一下 GENERATE CODE 按鈕生成初始化專案。

3. SPI 初始化分析

在 STM32CubeMX 自動生成的檔案 spi.c 定義了 SPI1 的初始化函數 MX_SPI1_Init()，其相關程式如下：

```
/* ---------------------------Source File spi.c--------------------------------- */
#include "spi.h"
SPI_HandleTypeDef hspi1;
```

```
void MX_SPI1_Init(void)
{
    hspi1.Instance = SPI1;                                      //SPI1 暫存器基底位址
    hspi1.Init.Mode = SPI_MODE_MASTER;                          // 主機模式
    hspi1.Init.Direction = SPI_DIRECTION_2LINES;               // 全雙工 ( 雙線 )
    hspi1.Init.DataSize = SPI_DATASIZE_8BIT;                    //8 位元資料
    hspi1.Init.CLKPolarity = SPI_POLARITY_HIGH;                //CPOL=1
    hspi1.Init.CLKPhase = SPI_PHASE_2EDGE;                     //CPHA=1
    hspi1.Init.NSS = SPI_NSS_SOFT;                             // 軟體控制 NSS
    hspi1.Init.BaudRatePrescaler = SPI_BAUDRATEPRESCALER_8;    // 預分頻係數
    hspi1.Init.FirstBit = SPI_FIRSTBIT_MSB;                    //MSB 先行
    hspi1.Init.TIMode = SPI_TIMODE_DISABLE;                    //Motorola 框架格式
    hspi1.Init.CRCCalculation = SPI_CRCCALCULATION_DISABLE;    // 不使用 CRC
    hspi1.Init.CRCPolynomial = 10;                            //CRC 多項式
    if (HAL_SPI_Init(&hspi1) != HAL_OK)
    {Error_Handler();   }
}
void HAL_SPI_MspInit(SPI_HandleTypeDef* spiHandle)
{
    GPIO_InitTypeDef GPIO_InitStruct = {0};
    if(spiHandle->Instance==SPI1)
    {
        __HAL_RCC_SPI1_CLK_ENABLE();      /* SPI1 clock enable */
        __HAL_RCC_GPIOB_CLK_ENABLE();
        /**SPI1 GPIO Configuration PB3      ------> SPI1_SCK
        PB4      ------> SPI1_MISO PB5      ------> SPI1_MOSI      */
        GPIO_InitStruct.Pin = GPIO_PIN_3|GPIO_PIN_4|GPIO_PIN_5;
        GPIO_InitStruct.Mode = GPIO_MODE_AF_PP;
        GPIO_InitStruct.Pull = GPIO_NOPULL;
        GPIO_InitStruct.Speed = GPIO_SPEED_FREQ_VERY_HIGH;
        GPIO_InitStruct.Alternate = GPIO_AF5_SPI1;
        HAL_GPIO_Init(GPIOB, &GPIO_InitStruct);
    }
}
```

　　初始化程式定義了一個 SPI_HandleTypeDef 結構類型變數 hspi1，表示 SPI1
的外接裝置物件。函數 MX_SPI1_Init() 設定了 hspi1 各成員變數的值，其程式與
STM32CubeMX 的設定對應。程式中註釋說明了每個成員的意義。

　　HAL_SPI_MspInit() 是 SPI 的 MSP 初始化函數，在函數 MX_SPI1_Init() 中被
呼叫，其主要功能是開啟 SPI1 時鐘，並對 SPI1 通訊使用的 3 個重複使用接腳進
行 GPIO 設定。

4. W25Q128 驅動程式

完成 SPI 初始化之後，呼叫 STM32 的 HAL 函數庫即可實現資料幀的傳輸，但要實現對 SPI Flash 晶片 W25Q128 的存取，還需要根據晶片操作指令撰寫相應的驅動程式，該工作十分繁雜，令人欣慰的是，各晶片廠商均會提供相應參考程式，只需將其移植到實驗平臺即可。

▲ 圖 12-9 專案小組增加 flash.c 檔案

若 W25Q128 驅動原始檔案和標頭檔分別為 flash.c 和 flash.h，一般移植的方法為，將 flash.c 複製到 1201 SPI Flash\Core\Src 資料夾中，將 flash.h 複製到 1201 SPI Flash\Core\Inc 資料夾中。按兩下打開 MDK-ARM 專案檔案 Template. uvprojx，在工作介面的左側專案檔案管理區，按兩下 Application/User/Core 專案小組，打開增加檔案對話方塊，瀏覽並找到 flash.c 原始檔案，將其增加到專案小組下面，增加完成結果如圖 12-9 所示。

因為需要在 flash.c 中使用 SPI 的變數和函數，所以需要將其標頭檔 spi.h 包含其中。W25Q128 需要經常用到 SPI 的位元組讀取函數，為了和 flash.c 檔案使用函數保持一致，以及進一步簡化動作陳述式，作者重新撰寫了一位元組讀寫函數，同時需要將該函數宣告到 flash.h 中。

```
/*SPI1 讀寫一位元組，TxData: 要寫入的位元組，傳回值：讀取到的位元組   */
uint8_t SPI1_ReadWriteByte(uint8_t TxData)
{
    uint8_t Rxdata;
    HAL_SPI_TransmitReceive(&hspi1,&TxData,&Rxdata,1, 1000);
    return Rxdata;                       // 傳回收到的資料
}
```

　　W25Q128 的驅動程式比較多，限於篇幅無法將其全部貼出，讀者可自行查閱原始檔案，這裡僅介紹 2 個常用的讀寫函數。

1) W25Q128 讀取函數

```
// 從 SPI Flash 指定位址開始讀取指定長度的資料       pBuffer: 資料儲存區
//ReadAddr: 開始讀取的位址 (24bit)      NumByteToRead: 要讀取的位元組數 ( 最大 65535)
void W25QXX_Read(uint8_t* pBuffer,uint32_t ReadAddr,uint16_t NumByteToRead)
{
    uint16_t i;
    __Select_Flash();                          // 晶片選擇有效
    SPI1_ReadWriteByte(W25X_ReadData);          // 發送讀取命令
    if(W25QXX_TYPE==W25Q256)                     //W25Q256 位址為 4 位元組的，要發送最高 8 位元
    {
        SPI1_ReadWriteByte((uint8_t)((ReadAddr)>>24));
    }
    SPI1_ReadWriteByte((uint8_t)((ReadAddr)>>16));      // 發送 24bit 位址
    SPI1_ReadWriteByte((uint8_t)((ReadAddr)>>8));
    SPI1_ReadWriteByte((uint8_t)ReadAddr);
    for(i=0;i<NumByteToRead;i++)
    {
        pBuffer[i]=SPI1_ReadWriteByte(0XFF);    // 迴圈讀數
    }
    __Deselect_Flash();                          // 取消晶片選擇
}
```

　　因為 W25Q128 可以從任意位址開始讀取任意長度資料，所以其讀取函數較為簡單，只需要先發送讀取命令，隨後發送位址，再依次接收讀取資料即可。

2) W25Q128 寫入函數

```
// 在 SPI Flash 指定位址開始寫入指定長度的資料，附帶抹寫功能。   pBuffer: 資料儲存區
//WriteAddr: 開始寫入的位址 (24bit)      NumByteToWrite: 要寫入的位元組數 ( 最大 65535)
uint8_t W25QXX_BUFFER[4096];
void W25QXX_Write(uint8_t* pBuffer,uint32_t WriteAddr,uint16_t NumByteToWrite)
{
    uint32_t secpos;
    uint16_t secoff, secremain, i;
    uint8_t * W25QXX_BUF;
    W25QXX_BUF=W25QXX_BUFFER;
    secpos=WriteAddr/4096;      // 磁區位址
    secoff=WriteAddr%4096;      // 在磁區內的偏移
    secremain=4096-secoff;      // 磁區剩餘空間大小
    if(NumByteToWrite<=secremain) secremain=NumByteToWrite;  // 不大於 4096 位元組
    while(1)
```

```
    {
        W25QXX_Read(W25QXX_BUF,secpos*4096,4096);        // 讀出整個磁區的內容
        for(i=0;i<secremain;i++)        // 驗證資料
        {
            if(W25QXX_BUF[secoff+i]!=0XFF) break;        // 需要抹寫
        }
        if(i<secremain)                                  // 需要抹寫
        {
            W25QXX_Erase_Sector(secpos);                 // 抹寫這個磁區
            for(i=0;i<secremain;i++)                     // 複製
            {
                W25QXX_BUF[i+secoff]=pBuffer[i];
            }
            W25QXX_Write_NoCheck(W25QXX_BUF,secpos*4096,4096);   // 寫入整個磁區
        }
        else W25QXX_Write_NoCheck(pBuffer,WriteAddr,secremain);  // 直接寫入磁區剩餘區間
        if(NumByteToWrite==secremain) break;             // 寫入結束了
        else                                             // 寫入未結束
        {
            secpos++;                                    // 磁區位址增 1
            secoff=0;                                    // 偏移位置為 0
            pBuffer+=secremain;                          // 指標偏移
            WriteAddr+=secremain;                        // 寫入位址偏移
            NumByteToWrite-=secremain;                   // 位元組數遞減
            if(NumByteToWrite>4096)secremain=4096;       // 下一個磁區還是寫入不完
            else secremain=NumByteToWrite;               // 下一個磁區可以寫入完了
        }
    }
}
```

　　該函數可以在 W25Q128 的任意位址開始寫入任意長度 (必須不超過 W25Q128 的容量) 的資料。程式先獲得寫入啟始位址所在的磁區，並計算在磁區內的偏移，然後判斷要寫入的資料長度是否超過本磁區所剩下的長度。如果不超過，再先看看是否要抹寫，如果不要，則直接寫入資料即可，如果要則讀出整個磁區，在偏移處開始寫入指定長度的資料，然後抹寫這個磁區，再一次性寫入。當所需要寫入的資料長度超過一個磁區的長度的時候，先按照前面的步驟把磁區剩餘部分寫入完，再在新磁區內執行同樣的操作，如此迴圈，直到寫入結束。

　　W25Q128 寫入函數中呼叫了 W25QXX_Write_NoCheck()，這是一個無驗證寫入函數，寫入區域必須保證抹寫過。因為無須驗證，所以實現較為簡單，只需要從起始位址依次寫入，直至所有資料寫入完成，該函數在已知儲存區域為空白時被經常使用。

5. 使用者程式撰寫

　　在 main.c 中撰寫使用者程式，完成 SPI 和 W25Q128 功能測試，其參考程式如下：

```
/* ---------------------------Source File main.c---------------------------*/
#include "main.h"
#include "spi.h"
#include "gpio.h"
#include "fsmc.h"
/* USER CODE BEGIN Includes */
#include "lcd.h"
#include "flash.h"
#include "stdio.h"
/* USER CODE END Includes */
/* USER CODE BEGIN PV */
uint16_t *SEG_ADDR=(uint16_t *)(0x68000000);
uint8_t smgduan[10]={0xc0,0xf9,0xa4,0xb0,0x99,0x92,0x82,0xf8,0x80,0x90 };
uint8_t smgwei[6]={0xfe,0xfd,0xfb,0xf7,0xef,0xdf};
/* USER CODE END PV */
void SystemClock_Config(void);
/* USER CODE BEGIN PFP */
uint8_t KeyScan(void);
/* USER CODE END PFP */
int main(void)
{
    /* USER CODE BEGIN 1 */
    uint8_t KeyVal=0,i;
    uint16_t FlashID=0,PressCount=0;
    uint8_t WriteBuf[27]="",ReadBuf[27]="";
    /* USER CODE END 1 */
    HAL_Init();
    SystemClock_Config();
    MX_GPIO_Init();
    MX_FSMC_Init();
    MX_SPI1_Init();
    /* USER CODE BEGIN WHILE */
    LCD_Init();
    LCD_Clear(WHITE);
    LCD_ShowString(12*5,24*0,(uint8_t *)"SPI Test Example!",BLUE,WHITE,24,0);
    FlashID=W25QXX_ReadID();
    while((FlashID=W25QXX_ReadID())!=W25Q128)
    {
        LCD_ShowString(24*1,24*1,(uint8_t *)"W25Q128 Check Failed!", BLUE,WHITE,24,0);
        HAL_Delay(1000);
```

```
        FlashID=W25QXX_ReadID();
    }
    LCD_ShowString(24*1,24*1,(uint8_t *)"W25Q128 Check Success!",BLUE,WHITE,24,0);
    sprintf((char *)TempStr,"Flash_ID=%X",FlashID);
    LCD_ShowString(24*1,24*2,TempStr,BLUE,WHITE,24,0);
    *SEG_ADDR=0xFFFF;
    while (1)
    {
        KeyVal=KeyScan();
        switch(KeyVal)
        {
            case 1:
            {
                *SEG_ADDR=(smgwei[0]<<8)+smgduan[1];
                for(i=0;i<26;i++) WriteBuf[i]=(i+PressCount)%26+'A' ;
                W25QXX_Write(WriteBuf,0,27);
                LCD_ShowString(24*0,24*3,
                (uint8_t *)"Press Key1 Write:",BLUE,WHITE,24,0);
                LCD_ShowString(24*0,24*4,WriteBuf,BLUE,WHITE,24,0);
                PressCount++;
                break;
            }
            case 2:
            {
                *SEG_ADDR=(smgwei[1]<<8)+smgduan[2];
                W25QXX_Read(ReadBuf,0,27);
                LCD_ShowString(24*0,24*5,
                (uint8_t *)"Press Key2 Read:",BLUE,WHITE,24,0);
                LCD_ShowString(24*0,24*6,ReadBuf,BLUE,WHITE,24,0);
                break;
            }
        }
        /* USER CODE END WHILE */
    }
}
/* USER CODE BEGIN 4 */
uint8_t KeyScan()
{
    uint8_t KeyVal=0;
    if(HAL_GPIO_ReadPin(GPIOE,GPIO_PIN_0)==GPIO_PIN_RESET)
    {
        HAL_Delay(20);
        if(HAL_GPIO_ReadPin(GPIOE,GPIO_PIN_0)==GPIO_PIN_RESET)
            KeyVal=1;
        while(HAL_GPIO_ReadPin(GPIOE,GPIO_PIN_0)==GPIO_PIN_RESET) ;
    }
```

```
    if(HAL_GPIO_ReadPin(GPIOE,GPIO_PIN_1)==GPIO_PIN_RESET)
    {
        HAL_Delay(20);
        if(HAL_GPIO_ReadPin(GPIOE,GPIO_PIN_1)==GPIO_PIN_RESET)
            KeyVal=2;
        while(HAL_GPIO_ReadPin(GPIOE,GPIO_PIN_1)==GPIO_PIN_RESET) ;
    }
    return KeyVal;
}
/* USER CODE END 4 */
```

主程式首先包含專案新增加模組的標頭檔 spi.h 和 flash.h，對 SPI 初始化，隨後讀取 Flash 晶片 ID，若能正確辨識儲存晶片，則進入無限迴圈，不斷查詢按鍵情況。當 K1 鍵按下時，儲存字串，並使環狀字串游標計數值加 1，當 K2 鍵按下時，讀取儲存字串，兩者比對若一致，則 SPI 和 W25Q128 功能正常。

6. 下載偵錯

編譯專案，直到沒有錯誤為止，下載程式到開發板，重置執行，檢查實驗效果。

12.6 中文字形檔儲存

SPI Flash 儲存晶片在嵌入式系統中的典型應用就是用來儲存中文字形檔。

12.6.1 需求分析

在第 7 章 LCD 中文顯示專案實例中，我們實現了簡單的幾個中文字的顯示，可能讀者已成功完成自己學校、班級、姓名等中文資訊的顯示，應該也深深地體會到其不便和侷限。一是取餘時需要謹記規則，手動操作，陣列儲存，佔用系統主記憶體，要顯示的中文字越多，操作越麻煩，生成的目的程式越大。二是程式通用性很差，只能顯示幾個中文字，如果需要更換顯示內容，必須推倒重來，工作量很大。

開發板擴充了一片 SPI Flash 儲存晶片 W25Q128，容量高達 16MB，將其部分區域劃分出來儲存中文字形檔是一個很好的設計。專案實現過程較為複雜，首先需要對國標中文字取餘生成字形檔，隨後在 PC 端和 MCU 端撰寫控製程式，由 PC 將字形檔檔案分塊發送至 MCU，再由 MCU 以磁區為單位寫入 SPI Flash，最後改寫 LCD 驅動函數，完成基於晶片外快閃記憶體的中文資訊顯示。

12.6.2 字形檔生成與合併

1. 字形檔生成

中文顯示系統採用 GB2312 字元集，包括中文字、全形英文及部分特殊字元共 8178 個字元，每個字元均設定 4 種字型，分別為 12×12、16×16、24×24、32×32，要實現中文顯示第一步就需要製作不同字型的字形檔檔案。

使用 PCtoLCD2002 軟體製作宋體 16×16 中文字形檔設定介面如圖 12-10 所示，字模選項設定為：陰碼、逆向、逐行式，對於不同驅動晶片掃描方式會有所差別。對於其他字型大小取餘只需修改圖 12-10 中紅色框線標出的字寬和字高數字即可。之後按一下工具列「匯入大量文字或一個文字檔生成字形檔」按鈕 (圖中藍色框線所示)，打開生成字形檔對話方塊，輸出檔案面板區域選中「生成索引檔案」和「生成二進位字形檔檔案」，在輸出順序面板區域選擇「保持原始順序」，按一下「生成國標漢字形檔」按鈕即可生成二進位字形檔檔案。依據上述方法，依次生成 4 種字型所對應的字形檔檔案。

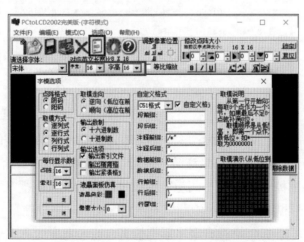

▲ 圖 12-10 中文字形檔設定介面 (編按：本圖例為簡體中文介面)

2. 位址分配

製作生成的中文字形檔相對微控制器主記憶體來說是巨量資料，所以系統外擴了一片 SPI 的 NOR Flash 記憶體 W25Q128，用於儲存中文字形檔資訊。

　　W25Q128 總容量為 16MB，記憶體的存取單位分為區塊、磁區和分頁。因為我們抹寫和寫入都是以磁區為單位進行，所以只需要了解整個儲存空間劃分為 4096 個磁區，每個磁區的大小為 4096 位元組，由此可知記憶體的 24 位元位址的高 12 位元表示磁區編號，低 12 位元表示磁區內的位元組位址。NOR Flash 讀和寫都可以從任意位址開始，但是寫入之前一定要確保寫入單元原來是空白 (0xFF)，否則一定要先抹寫再寫入，而要抹寫必須整個磁區抹寫。

　　嵌入式平臺晶片外 Flash 記憶體並不只有儲存字形檔一個用途，往往是其增值功能。作者製作的 4 種字型中文字形檔所佔空間接近 2MB，考慮到其他應用習慣於從 0 位址開始對記憶體頻繁讀寫，例如 12.5 節的 Flash 的讀寫測試專案，所以將字形檔儲存於 Flash 晶片的高 8MB 空間，即從 0x0080 0000 位址開始，同時為了抹寫和讀寫方便，字形檔儲存按磁區對齊，字形檔所佔空間和詳細位址分配資訊如表 12-8 所示。

▼表 12-8　字形檔位址分配

字形檔	名稱單字 /B	字數	需要空間 /B	磁區需求	實際使用	起止編號	空餘空間 /B	起始位址
tfont12	24	8178	196272	47.92	48	2048~2095	336	0x00800000
tfont16	32	8178	261696	63.89	64	2096~2159	448	0x00830000
tfont24	72	8178	588816	143.75	144	2160~2303	1008	0x00870000
tfont32	128	8178	1046784	255.56	256	2304~2559	1792	0x00900000
全部	256	32712	2093568	511.13	512	2048~2559	3584	0x00A00000

3. 字形檔合併

　　由圖 12-10 取餘生成的 4 個字形檔檔案需要根據表 12-8 確定的起始位址分別寫入 SPI Flash 記憶體，在產品量產時十分麻煩且容易出錯。為此，作者透過程式語言將 4 個字形檔檔案合併成一個總字形檔，儲存效率大幅提升，資料共用也更為方便。合成字形檔磁區對齊，中間填充空白字元，末尾以確認分行符號結束。

　　作者採用的是標準 C 語言實現字形檔檔案合成，考慮到專案是學習 C 語言檔案操作一個綜合性實例，所以將其參考程式列於下方，為便於讀者理解程式，程式舉出了詳細註釋。

```
#include "stdio.h"
main()
{
```

```
FILE *fp1,*fp2;
unsigned char CopyBuf;
char *SourceFile="FONT12.FON";
char *FileName[3]={"FONT16.FON","FONT24.FON","FONT32.FON"};
int i,FileIndex,CopyNum=0,SourceSize=0,Pos=0,FillNum=0;
for(FileIndex=0;FileIndex<3;FileIndex++)
{
    if((fp1=fopen(SourceFile,"rb+"))==NULL)                // 讀寫方式打 Bin 檔案
    {
        printf("Cannot Open SouceFile\n");  return ;
    }
    fseek(fp1,0,SEEK_END);                                 // 定位檔案最後
    Pos=ftell(fp1);                                        // 檔案指標位置，得到檔案總大小
    SourceSize=Pos-2;                                      // 跳過結束符號 0x0D、0x0A
    FillNum=4096-SourceSize%4096;                          // 計算磁區對齊需填充的位元組數
    fseek(fp1,-2,SEEK_END);                                // 前移兩位元，跳過結束符號
    for(i=0;i<FillNum;i++) fputc(0xFF,fp1);                // 填充空白字元
    if((fp2=fopen(FileName[FileIndex],"rb"))==NULL)        // 讀取方式打開 Bin 檔案
    {
        printf("Cannot Open SouceFile\n");  return ;
    }
    fseek(fp2,0,SEEK_END);          // 定位檔案最後
    CopyNum=ftell(fp2);             // 檔案指標位置，得到檔案總大小
    rewind(fp2);                    // 檔案指標回首部
    for(i=0;i<CopyNum;i++)
    {
        fread(&CopyBuf,1,1,fp2);    // 從原始檔案中讀取一位元組
        fwrite(&CopyBuf,1,1,fp1);   // 向目的檔案寫入一位元組
    }
    fclose(fp1);
    fclose(fp2);
}
}
```

12.6.3 字形檔儲存

因為字形檔檔案資料量遠超微控制器的 SRAM 容量，無法直接讀取並寫入外存，但可以將微控制器作為中轉站，在 PC 和微控制器之間建立資料傳輸通道，PC 分批發送資料，微控制器迴圈接收即時寫入。由此可見，字形檔儲存軟體設計分為上位機軟體開發和下位機程式設計兩部分。

1. 上位機軟體開發

上位機軟體採用視覺化程式設計工具開發，程式首先獲取 PC 可用序列埠並進行初始化。隨後等待下位機傳回 Flash 晶片初始化狀態，直至下位機準備就緒，載入字形檔檔案，向下位機發送包含起始位址和資料長度的傳輸啟動命令。依次將字形檔檔案以 4096B 分塊發送，每區塊資料發送完成之後插入軟體延遲時間，以等待下位機完成資料接收和儲存操作。迴圈發送直至字形檔資料傳輸完成，整個通訊過程中即時顯示下位機接收和處理資料狀態。

2. 微控制器端程式設計

微控制器要實現序列埠接收上位機發來的字形檔資料，並將其寫入 W25Q128，首先就需要對 USART 和 SPI 進行初始化。

序列埠初始化介面如圖 12-11(a) 所示，選擇 USART1，非同步工作模式，串列傳輸速率為 115200b/s，資料寬度為 8 位元，1 位元停止位元，無同位檢查位元，同時打開序列埠接收中斷。

SPI 初始化介面如圖 12-11(b) 所示，選擇 SPI1，全雙工模式，Motorola 框架格式，8 位元資料寬度，MSB 先行，預分頻係數為 8，串列傳輸速率為 10Mb/s，時鐘極為高，時鐘相位為第 2 邊沿跳變，NSS 訊號類型為軟體設定。

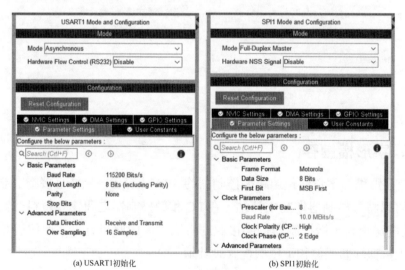

(a) USART1初始化　　　　　　　　(b) SPI1初始化

▲ 圖 12-11　微控制器端初始化

微控制器完成初始化之後，序列埠處於資料接收狀態，當監聽到上位機發來資料傳輸準備命令時，從中獲取資料儲存起始位址、長度，將儲存字形檔用到的磁區全部抹寫，發送應答資訊。上位機確認微控制器已準備就緒時，隨即啟動資料傳輸。微控制器每收到 4096B 資料，進行一次 W25Q128 寫入操作，即寫入一個磁區，同時重置緩衝區資料指標。當接收到全部資料時，計算最後一幀資料長度，並將其寫入最後一個磁區。限於篇幅，沒有將微控制器字形檔寫入原始程式碼貼出，感興趣的讀者可以下載本書書附來源程式查看。

3. 儲存操作

透過 CMSIS-DAP 偵錯器連接嵌入式平臺與 PC，下載微控制器端字形檔儲存程式，重置執行。

啟動視覺化程式設計工具開發的上位機通訊軟體 W25Qxx 序列埠下載幫手，搜索並選擇有效序列埠，選擇 Flash 晶片：W25Q128，輸入起始位址：0x00800000，打開合成的字形檔檔案：AllFont.FON。等待下位機初始化成功後，按一下「發送檔案」按鈕，開機檔案傳輸，經過一段時間等待之後，字形檔檔案的傳輸和寫入工作便已完成，操作過程如圖 12-12 所示。

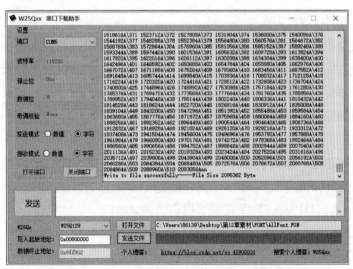

▲ 圖 12-12 操作過程 (編按：本圖例為簡體中文介面)

12.6.4 LCD 中文驅動程式

將全部字形檔儲存於晶片外 Flash 晶片 W25Q128 之後，要實現中文資訊顯示，還需要重寫 LCD 中文驅動函數。

1. 定義字形檔基底位址

要實現中文資訊顯示，必須舉出每種字型字模資料存放的啟始位址。字形檔啟始位址是以巨集定義的形式存放於字形檔檔案 lcdfont.h 檔案中，參考程式如下：

```
// 使用 SPI Flash 16MB 記憶體的高 8MB 空間，實際使用 2MB，終位址：0x00A00000
#define SPI_Flash_Save_Font12 0x00800000    //48 Sector:0*4096~47*4096
#define SPI_Flash_Save_Font16 0x00830000    //64 Sector:48*4096~111*4096
#define SPI_Flash_Save_Font24 0x00870000    //144 Sector:112*4096~255*4096
#define SPI_Flash_Save_Font32 0x00900000    //256 Sector:256*4096~512*4096
```

2. 重寫中文驅動程式

為適應本書章節內容安排順序，提高程式的通用性和靈活性，同時儘量不增加目的檔案大小。作者撰寫了兩種中文顯示驅動，由條件編譯敘述根據系統所處狀態自動選擇其中一種進行編譯，且無須使用者修改巨集定義敘述選擇。

1) 包含 flash.h 標頭檔

如果 LCD 顯示函數使用晶片外字形檔，必須初始化 SPI 和移植 W25Q128 驅動程式，並在 lcd.c 中包含 flash.h。如果不使用晶片外字形檔，上述操作均不需要完成，例如 0701 DSGLCD 專案。如何建立一個通用的 LCD 驅動檔案？上述兩種情況均可直接使用，不需要進行任何修改。

在 STM32CubeMX 生成的初始化程式中，如果已經初始化 SPI，則會自動用巨集定義命令定義一個識別字：HAL_SPI_MODULE_ENABLED。這一識別字也是 MDK-ARM 組織檔案的開關，作者在此進一步加強其開關作用，將其作為程式編譯的條件。W25Q128 驅動程式標頭檔包含敘述如下：

```
#ifdef  HAL_SPI_MODULE_ENABLED
    #include "flash.h"        // 若識別字被定義，已 SPI 初始化，包含標頭檔
#endif
```

2) 重寫中文顯示函數

LCD 驅動程式提供了 4 種字型顯示函數，每種字型顯示程式實現方法大體相

同,下面舉出 24×24 中文字顯示參考程式,其他字型依此類推。

```
void LCD_ShowChinese24x24(u16 x,u16 y,u8 *s,u16 fc,u16 bc,u8 sizey,u8 mode)
{
    #ifndef  HAL_SPI_MODULE_ENABLED
        // 手工取餘顯示程式省略
    #else
        u8 SPIFontBuf[72];
        u16 TypefaceNum;      // 一個字元所佔位元組大小
        u16 i,j,x0=x;    u32 pos=0;
        TypefaceNum=(sizey/8+((sizey%8)?1:0))*sizey;
        pos=((*s-0xa1)*94+*(s+1)-0xa1)*TypefaceNum;
        W25QXX_Read(SPIFontBuf,SPI_Flash_Save_Font24+pos,TypefaceNum);
        LCD_Address_Set(x,y,x+sizey-1,y+sizey-1);
        for(i=0;i<TypefaceNum;i++)
        {
            for(j=0;j<8;j++)
            {
                if(SPIFontBuf[i]&(0x01<<j))    LCD_DrawPoint(x,y,fc);    // 畫一個前景點
                else if(!mode) LCD_DrawPoint(x,y,bc); // 非疊加時畫背景點
                x++;
                if((x-x0)==sizey)
                {
                    x=x0;
                    y++;
                    break;
                }
            }
        }
    #endif
}
```

　　中文字顯示程式整體上採用條件編譯格式,如果識別字未被定義,則只能使用手工取餘,陣列儲存顯示方式,即第 7 章所採用的中文顯示方式,該部分程式並未貼出。如果識別字已定義,則存取外存讀取字模資訊,GB2312 字元集是一種區位碼,分為 94 個區,每區 94 個字元,每個字元的區號和位元編號加上 0xA1,即為中文字內碼。在製作國標字形檔時按區位編號依次存放,所以將內碼還原為區位編號,然後區號乘以 94,加上區位編號,即為該中文字在字形檔的中的偏移量,由此計算出顯示中文字在 W25Q128 中的絕對位址,從中讀出字模資料,完成中文字顯示。

12.7 基於 SPI 快閃記憶體的中文顯示

在完成 12.5 節 SPI 初始化和 12.6 節的字形檔儲存後，就可以實現基於晶片外 SPI Flash 任意中文資訊的顯示。本節舉出一個簡單演示實例。

1. 複製專案檔案

複製 12.5 節建立的專案檔案 1201 SPI Flash 到桌面，並將資料夾重新命名為 1202 Chinese Show。

2. STM32CubeMX 設定

SPI 初始化和 FSMC 初始化在 12.5 節已經完成，本專案無須修改。

3. 字形檔儲存與 LCD 驅動更新

字形檔生成、合併和儲存、LCD 中文顯示函數的驅動更新等工作已在 12.6 節完成。

4. 使用者程式撰寫

使用者程式大體上和 12.5 節是相同的，僅在主函數的 while 迴圈之前呼叫了 LCD_Print() 或 LCD_PrintCenter() 函數完成中文資訊顯示，上述兩個函數支援中英文字串混合顯示。中文資訊顯示部分參考程式如下：

```
LCD_Init();
LCD_Clear(BLUE);
LCD_PrintCenter(0,24*1-4,(u8 *)"行路難·其一 ",WHITE,BLUE,24,0);
LCD_PrintCenter(0,24*2+0,(u8 *)"唐 李白 ",YELLOW,BLUE,24,0);
LCD_PrintCenter(0,24*3+4,(u8 *)"金樽清酒鬥十千，玉碟珍羞直萬錢。",WHITE,BLUE,16,0);
LCD_PrintCenter(0,24*4+4,(u8 *)"停杯投箸不能食，拔劍四顧心茫然。",WHITE,BLUE,16,0);
LCD_PrintCenter(0,24*5+4,(u8 *)"欲渡黃河冰塞川，將登太行雪滿山。",WHITE,BLUE,16,0);
LCD_PrintCenter(0,24*6+4,(u8 *)"閑來垂釣碧溪上，忽複乘舟夢日邊。",WHITE,BLUE,16,0);
LCD_PrintCenter(0,24*7+4,(u8 *)"行路難，行路難，多歧路，今安在？",WHITE,BLUE,16,0);
LCD_PrintCenter(0,24*8+4,(u8 *)"長風破浪會有時，直掛雲帆濟滄海。",WHITE,BLUE,16,0);
```

5. 下載偵錯

編譯專案，直到沒有錯誤為止，下載程式到開發板，重置執行，檢查實驗效果。

12.8 開發經驗小結——條件編譯

一般情況下，來源程式中所有程式都參加編譯，但是有時希望對其中一部分內容只在滿足一定條件才進行編譯，也就是對一部分內容指定編譯條件，這就是「條件編譯」。

12.8.1 命令形式

C 語言的條件編譯命令有兩種常用形式，其中第一種形式為：

```
#ifdef 識別字
    程式區段 1
#else
    程式區段 2
#endif
```

它的作用是當所指定的識別字已經被 #define 命令定義過，則在程式編譯階段只編譯器區段 1, 否則編譯器區段 2。這裡的「程式區段」可以是敘述組，也可以是命令列。其中 #else 部分可以沒有，即：

```
#ifdef 識別字
    程式區段 1
#endif
```

條件編譯命令的第二種形式為：

```
#ifndef 識別字
    程式區段 1
#else
    程式區段 2
#endif
```

相比於條件編譯命令第一種形式，第二種形式只是將第一行敘述中的 ifdef 改為 ifndef。它的作用是若識別字未被定義過，則編譯器區段 1，否則編譯器區段 2。和第一種形式一樣，#else 部分也可以沒有。

以上兩種條件編譯形式用法差不多，且可以互換，實際使用時，視方便任選一種即可。

12.8.2　應用範例

本章的 12.6.4 節中文顯示函數透過使用條件編譯使其支援不同的字模儲存方式，在不增加程式量的前提下，提高了系統的通用性，是條件編譯很好的應用範例。

下面再看另一個範例，打開 1201 SPI Flash 專案的 gpio.h 檔案，其關鍵程式如下：

```
#ifndef __GPIO_H__
    #define __GPIO_H__
    #include "main.h"
    void MX_GPIO_Init(void);
#endif
```

上述程式表達的主要思想是：如果未定義 __GPIO_H__ 識別字，則定義之，並完成檔案包含、函數宣告等該標頭檔必須要完成的工作；如果已經定義了 __GPIO_H__ 識別字，則什麼工作也不做。由此可見上述條件編譯框架，可以保證該標頭檔僅被編譯一次，從而避免檔案被多次包含和函數重複定義。

總之，合理地使用條件編譯對於提高程式的通用性、減少程式量和高效管理檔案包含關係都是十分重要的。

本章小結

本章講解內容劃分為 SPI 和字形檔儲存兩大板塊，二者緊密聯繫，相輔相成。在 SPI 部分首先介紹了 SPI 通訊原理及 STM32F407 的 SPI 主要特徵、內部結構、時鐘訊號以及資料框架格式等內容。隨後介紹了 Flash 儲存晶片 W25Q128 和 SPI 的 HAL 函數庫驅動等內容。最後舉出一個簡單應用實例，測試 STM32 的 SPI 和 W25Q128 讀寫功能。本章的第二部分內容，也是開發板設計的便捷之處，將 W25Q128 的部分區域劃分出來儲存國標中文字形檔，實現中文字形檔儲存，包括字形檔生成與合併、PC 序列埠傳輸、微控制器 SPI 寫入，重寫 LCD 驅動程式等步驟，上述工作完成之後，呼叫中文顯示函數即可實現非特定資訊顯示。事實上，開發板在量產時，字形檔儲存和 LCD 驅動改寫已經完成，所以使用者使用開發板時，無須關注晶片外字形檔這件事，而是直接將其理解為一個全面支援中文資訊顯示的嵌入式平臺。

思考拓展

(1) 一般來說 SPI 由哪幾根線組成？它們分別有什麼作用？

(2) SPI 的連接方式有幾種？分別畫出其連接示意圖。

(3) SPI 的資料格式有哪幾種？傳輸順序可分為哪幾種？

(4) 在 SPI 時序控制中，CPOL 和 CPHA 的不同設定值對時序有什麼影響？

(5) 簡述 W25Q128 的區塊編號、磁區編號和分頁編號分別由 24 位元位址線的哪些位元表示。

(6) 分別寫出 W25Q128 區塊內、磁區內和分頁內的偏移位址範圍。

(7) 查詢本人姓名最後一個中文字的機內碼，計算其 16 號字在 W25Q128 中的絕對位址，並從中讀出字模資料，與使用取餘軟體的生成資料進行對比。

(8) 分別撰寫 W25Q128 的區塊抹寫程式和 16 個磁區抹寫程式，比較二者執行時間上的差別，思考如何減少字形檔儲存時間。

第 13 章

I2C 介面與 EEPROM

本章要點

➢ I2C 通訊原理；

➢ STM32F407 的 I2C 介面；

➢ I2C 介面的 HAL 函數庫驅動；

➢ EEPROM 儲存晶片 24C02；

➢ EEPROM 儲存開機密碼專案。

　　IIC(Inter-Integrated Circuit，積體電路匯流排)，又稱為 I2C 或 I²C，是由原飛利浦公司 (現恩智浦公司) 在 20 世紀 80 年代初設計出來的一種簡單、雙向、二線制、同步串列匯流排，主要是用來連接整體電路 (ICS)，I2C 是一種多向控制匯流排，也就是說多個晶片可以連接到同一匯流排結構，同時每個晶片都可以作為即時資料傳輸的控制源。這種方式簡化了訊號傳輸匯流排界面。

13.1 I2C 通訊原理

　　I2C 匯流排是一種用於 IC 元件之間連接的 2 線制串列擴充匯流排，它透過 2 根訊號線 (SDA，串列資料線；SCL，串列時鐘線) 在連接到匯流排上的元件之間傳送資料，所有連接在匯流排的 I2C 元件都可以工作於發送方式或接收方式。

13.1.1 I2C 串列匯流排概述

　　如圖 13-1 所示，I2C 匯流排的 SDA 和 SCL 是雙向 I/O 線，必須透過上拉電阻接到正電源，當匯流排空閒時，2 線都是「高」。所有連接在 I2C 匯流排上的元件接腳必須是開漏或集電極開路輸出，即具有「線與」功能。所有掛在匯流排

上元件的 I2C 接腳介面也應該是雙向的，SDA 輸出電路用於匯流排上發資料，而
SDA 輸入電路用於接收匯流排上的資料。主機透過 SCL 輸出電路發送時鐘訊號，
同時其本身的接收電路要檢測匯流排上 SCL 電位，以決定下一步的動作，從機的
SCL 輸入電路接收匯流排時鐘，並在 SCL 控制下向 SDA 發出或從 SDA 上接收資
料，另外也可以透過拉低 SCL(輸出) 來延長匯流排週期。

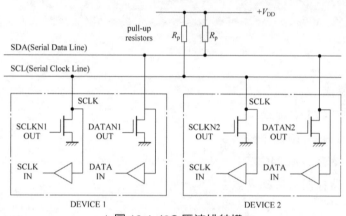

▲ 圖 13-1　I2C 匯流排結構

　　I2C 匯流排上允許連接多個元件，支援多主機通訊。但為了保證資料可靠地
傳輸，任一時刻匯流排只能由一台主機控制，其他裝置此時均表現為從機。I2C
匯流排的執行 (指資料傳輸過程) 由主機控制。所謂主機控制，就是由主機發出
啟動訊號和時鐘訊號，控制傳輸過程，結束時發出停止訊號等。每一個接到 I2C
匯流排上的裝置或元件都有一個唯一獨立的位址，以便於主機尋訪。主機與從機
之間的資料傳輸，可以是主機發送資料到從機，也可以是從機發送資料到主機。
因此，在 I2C 協定中，除了使用主機、從機的定義外，還使用了發送器、接收器
的定義。發送器表示發送資料方，可以是主機，也可以是從機，接收器表示接收
資料方，同樣也可以代表主機，或代表從機。在 I2C 匯流排上一次完整的通訊過
程中，主機和從機的角色是固定的，SCL 時鐘由主機發出，但發送器和接收器是
不固定的，經常變化，這一點請特別留意，尤其在學習 I2C 匯流排時序過程中，
不要把它們混淆。

13.1.2 I2C 匯流排的資料傳送

1. 資料位元的有效性規定

I2C 匯流排資料位元的有效性規定如圖 13-2 所示，I2C 匯流排進行資料傳送時，時鐘訊號為高電位期間，資料線上的資料必須保持穩定，只有在時鐘線上的訊號為低電位期間，資料線上的高電位或低電位狀態才允許變化。

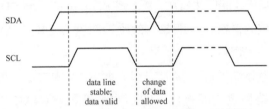

▲ 圖 13-2 I2C 匯流排資料位元的有效性規定

2. 起始和終止訊號

I2C 匯流排規定，當 SCL 為高電位時，SDA 的電位必須保持穩定不變的狀態，只有當 SCL 處於低電位時，才可以改變 SDA 的電位值，但起始訊號和停止訊號是特例。因此，當 SCL 處於高電位時，SDA 的任何跳變都會被辨識成為一個起始訊號或停止訊號。I2C 匯流排起始和終止訊號如圖 13-3 所示，SCL 線為高電位期間，SDA 線由高電位向低電位的變化表示起始訊號；SCL 線為高電位期間，SDA 線由低電位向高電位的變化表示終止訊號。

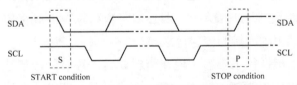

▲ 圖 13-3 I2C 匯流排起始和終止訊號

起始和終止訊號都由主機發出，在起始訊號產生後，匯流排處於被佔用的狀態；在終止訊號產生後，匯流排處於空閒狀態。連接到 I2C 匯流排上的元件，若具有 I2C 匯流排的硬體介面，則很容易檢測到起始和終止訊號。

3. 資料傳送格式

1) 位元組傳送與應答

在 I2C 匯流排的資料傳輸過程中，發送到 SDA 訊號線上的資料以位元組為單位，每位元組必須為 8 位元，而且是高位元 (MSB) 在前，低位元 (LSB) 在後，每次發送資料的位元組數量不受限制。但在這個資料傳輸過程中需要著重強調的是，當發送方每發送完一位元組後，都必須等待接收方傳回一個應答回應訊號，I2C 匯流排位元組傳送與應答如圖 13-4 所示。回應訊號寬度為 1 位元，緊接在 8 個資料位元後面，所以發送 1 位元組的資料需要 9 個 SCL 時鐘脈衝。回應時鐘脈衝也是由主機產生的，主機在回應時鐘脈衝期間釋放 SDA 線，使其處在高電位。

而在回應時鐘脈衝期間，接收方需要將 SDA 拉低，使 SDA 在回應時鐘脈衝高電位期間保持穩定的低電位，即為有效應答訊號 (ACK 或 A)，表示接收器已經成功地接收了該位元組資料。

如果在回應時鐘脈衝期間，接收方沒有將 SDA 線拉低，使 SDA 在回應時鐘脈衝高電位期間保持穩定的高電位，即為非應答訊號 (NAK 或 /A)，表示接收器沒有成功接收該位元組。

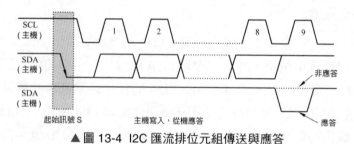

▲ 圖 13-4　I2C 匯流排位元組傳送與應答

從機由於某種原因不對主機定址訊號應答時 (如從機正在進行即時性的處理工作而無法接收匯流排上的資料)，則必須將資料線置於高電位，而由主機產生一個終止訊號以結束匯流排的資料傳送。

如果從機對主機進行了應答，但在資料傳送一段時間後無法繼續接收更多的資料時，從機可以透過對無法接收的第一個資料位元組的「非應答」通知主機，主機則應發出終止訊號以結束資料的傳送。

當主機接收到最後一個資料位元組後，必須向從機發出一個結束傳送的訊號。這個訊號是由對從機的「非應答」實現的。然後，從機釋放 SDA 線，以允許主機產生終止訊號。

2) 匯流排的定址

掛在 I2C 匯流排上的元件可以很多，但相互間只有兩根線連接 (資料線和時

鐘線)，如何進行辨識定址呢？具有 I2C 匯流排結構的元件在出廠時已經給定了元件的位址編碼。I2C 匯流排元件位址 SLA(以 7 位元為例) 格式如圖 13-5 所示。

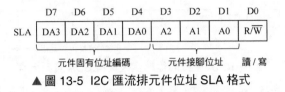

▲ 圖 13-5 I2C 匯流排元件位址 SLA 格式

(1) DA3~DA0：4 位元元件位址是 I2C 匯流排元件固有的位址編碼，元件出廠時就已給定，使用者不能自行設定。例如 I2C 匯流排元件 E2PROM AT24CXX 的元件位址為 1010。

(2) A2~A0：3 位元接腳位址用於相同位址元件的辨識。若 I2C 匯流排上掛有相同位址的元件，或同時掛有多片相同元件時，可用硬體連接方式對 3 位元接腳 A2~A0 接 VCC 或接地，形成位址資料。

(3) R/$\overline{\text{W}}$：資料傳送方向。R/$\overline{\text{W}}$=1 時，主機接收 (讀)；R/$\overline{\text{W}}$=0 時，主機發送 (寫)。

主機發送位址時，匯流排上的每個從機都將這 7 位元位址碼與其位址進行比較，如果相同，則認為自己正被主機定址，並根據 R/ 位元確定為發送器還是接收器。

3) 資料框架格式

I2C 匯流排上傳送的資料訊號是廣義的，既包括位址訊號，又包括真正的資料訊號。

在起始訊號後必須傳送一個從機的位址 (7 位元)，第 8 位元是資料的傳送方向位元 (R/$\overline{\text{W}}$)，「0」表示主機發送資料 ($\overline{\text{W}}$)，「1」表示主機接收資料 (R)。每次資料傳送總是由主機產生的終止訊號結束。但是，若主機希望繼續佔用匯流排進行新的資料傳送，則可以不產生終止訊號，馬上再次發出起始訊號對另一從機進行定址。

在匯流排的一次資料傳送過程中，可以有以下幾種組合方式：

(1) 主機向從機寫入資料。

主機向從機寫入 n 位元組資料，資料傳送方向在整個傳送過程中不變。I2C 的資料線 SDA 上的資料流程如圖 13-6 所示。陰影部分表示資料由主機向從機傳送，無陰影部分則表示資料由從機向主機傳送。A 表示應答，$\overline{A}$ 表示非應答 (高電位)。S 表示起始訊號，P 表示終止訊號。

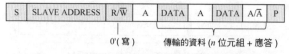

▲ 圖 13-6 主機向從機寫入資料 SDA 資料流程

如果主機要向從機傳輸一個或多位元組資料，在 SDA 上需經歷以下過程：

① 主機產生起始訊號 S。

② 主機發送定址位元組 SLAVE ADDRESS，其中的高 7 位元表示資料傳輸目標的從機位址，最後 1 位元是傳輸方向位元，此時其值為 0，表示資料傳輸方向從主機到從機。

③ 當某個從機檢測到主機在 I2C 匯流排上廣播的位址與其位址相同時，該從機就被選中，並傳回一個應答訊號 A。沒被選中的從機會忽略之後 SDA 上的資料。

④ 當主機收到來自從機的應答訊號後，開始發送資料 DATA。主機每發送完一位元組，從機產生一個應答訊號。如果在 I2C 的資料傳輸過程中，從機產生了非應答訊號 /A，則主機提前結束本次資料傳輸。

⑤ 當主機的資料發送完畢後，主機產生一個停止訊號結束資料傳輸，或產生一個重複起始訊號進入下一次資料傳輸。

(2) 主機從從機讀取資料。

主機從從機讀取 n 位元組資料時，I2C 的資料線 SDA 上的資料流程如圖 13-7 所示。其中，陰影部分表示資料由主機傳輸到從機，無陰影部分表示資料流程由從機傳輸到主機。

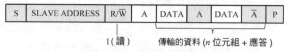

▲ 圖 13-7 主機從從機讀取資料時 SDA 上的資料流程

如果主機要從從機讀取一個或多位元組資料，在 SDA 上需經歷以下過程：

① 主機產生起始訊號 S。

② 主機發送定址位元組 SLAVE ADDRESS，其中的高 7 位元表示資料傳輸目標的從機位址，最後 1 位元是傳輸方向位元，此時其值為 1，表示資料傳輸方向由從機到主機。定址位元組 SLAVE ADDRESS 發送完畢後，主機釋放 SDA(拉高

SDA)。

③ 當某個從機檢測到主機在 I2C 匯流排上廣播的位址與其位址相同時，該從機就被選中，並傳回一個應答訊號 A。沒被選中的從機會忽略之後 SDA 上的資料。

④ 當主機收到應答訊號後，從機開始發送資料 DATA。從機每發送完一位元組，主機產生一個應答訊號。當主機讀取從機資料完畢或主機想結束本次資料傳輸時，可以向從機傳回一個非應答訊號 /A，從機即自動停止資料傳輸。

⑤ 當傳輸完畢後，主機產生一個停止訊號結束資料傳輸，或產生一個重複起始訊號進入下一次資料傳輸。

(3) 主機和從機雙向資料傳送。

在傳送過程中需要改變傳送方向時，起始訊號和從機位址都被重複產生一次，但兩次讀 / 寫方向位元正好反相。I2C 的資料線 SDA 上的資料流程如圖 13-8 所示。

▲ 圖 13-8 主機和從機雙向資料傳送 SDA 上的資料流程

主機和從機雙向資料傳送的資料傳送過程是主機向從機寫入資料和主機由從機讀取資料的組合，故不再贅述。

4. 傳輸速率

I2C 的標準傳輸速率為 100kb/s，快速傳輸可達 400kb/s。目前還增加了高速模式，最高傳輸速率可達 3.4Mb/s。

13.2　STM32F407 的 I2C 介面

STM32F407 微控制器的 I2C 模組連接 MCU 和 I2C 匯流排，提供多主機功能，支援標準和快速兩種傳輸速率，控制所有 I2C 匯流排特定的時序、協定、仲裁和定時。I2C 模組有多種用途，包括 CRC 碼的生成和驗證、SMBus(System Management Bus，系統管理匯流排) 和 PMBus(Power Management Bus，電源管理匯流排)。根據特定裝置的需要，可以使用 DMA 以減輕 CPU 的負擔。

13.2.1　STM32F407 的 I2C 主要特性

STM32F407 微控制器全系列產品均有 3 個 I2C 介面，分別為 I2C1、I2C2 和

I2C3。STM32F407 微控制器的 I2C 主要具有以下特性：

(1) 所有的 I2C 都位於 APB1 匯流排。

(2) 支援標準 (100kb/s) 和快速 (400kb/s) 兩種傳輸速率。

(3) 所有的 I2C 可工作於主模式或從模式，可以作為主發送器、主接收器、從發送器或從接收器。

(4) 支援 7 或 10 位元定址和廣播呼叫。

(5) 具有 3 個狀態標識：發送器 / 接收器模式標識、位元組傳輸結束標識、匯流排忙碌標識。

(6) 具有 2 個中斷向量：1 個中斷用於位址 / 資料通信成功，1 個中斷用於錯誤。

(7) 具有單位元組緩衝器的 DMA。

(8) 相容系統管理匯流排 SMBus2.0。

13.2.2 STM32F407 的 I2C 內部結構

STM32F407 系列微控制器的 I2C 內部結構如圖 13-9 所示，由 SDA 線和 SCL 線展開，主要分為時鐘控制、資料控制和控制邏輯等部分，負責實現 I2C 的時鐘產生、資料收發、匯流排仲裁和中斷、DMA 等功能。

1. 時鐘控制

時鐘控制模組根據控制暫存器 CCR、CR1 和 CR2 中的設定產生 I2C 協定的時鐘訊號，即 SCL 線上的訊號。為了產生正確的時序，必須在 I2C_CR2 暫存器中設定 I2C 的輸入時鐘。當 I2C 工作在標準傳輸速率時，輸入時鐘的頻率必須大於或等於 2MHz；當 I2C 工作在快速傳輸速率時，輸入時鐘的頻率必須大於或等於 4MHz。

2. 資料控制

資料控制模組透過一系列控制架構，在將要發送資料的基礎上，按照 I2C 的資料格式加上起始訊號、位址訊號、應答訊號和停止訊號，將資料一位元一位元從 SDA 線上發送出去。讀取資料時，則從 SDA 線上的訊號中提取出接收到的資料值。發送和接收的資料都被儲存在資料暫存器中。

3. 控制邏輯

控制邏輯用於產生 I2C 中斷和 DMA 請求。

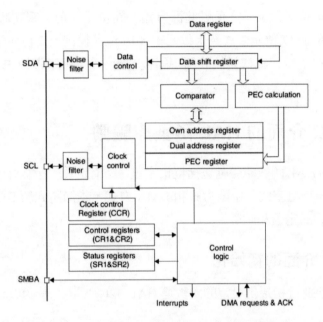

▲ 圖 13-9 STM32F407 微控制器 I2C 內部結構

（來源：https://microcontrollerslab.com/stm32-i2c-communication-examples-dma-interrupt/）

13.2.3 STM32F407 的 I2C 工作模式

I2C 介面可以按下述 4 種模式中的一種執行：

(1) 從發送器模式。

(2) 從接收器模式。

(3) 主發送器模式。

(4) 主接收器模式。

預設情況下，I2C 以從模式工作。介面在生成起始位元後會自動由從模式切換為主模式，並在出現仲裁遺失或生成停止位元時從主模式切換為從模式，從而實現多主模式功能。

主模式時，I2C 介面啟動資料傳輸並產生時鐘訊號。串列資料傳輸總是以起始條件開始並以停止條件結束。起始條件和停止條件都是在主模式下由軟體控制產生。

從模式時，I2C 介面能辨識它自己的位址 (7 位元或 10 位元) 和廣播呼叫位址。軟體能夠控制開啟或禁止廣播呼叫位址的辨識。

資料和位址按 8 位元 / 位元組進行傳輸，高位元在前。跟在起始條件後的 1 或 2 位元組是位址 (7 位元模式為 1 位元組，10 位元模式為 2 位元組)，位址只在主模式發送。在一位元組傳輸的 8 個時鐘後的第 9 個時鐘期間，接收器必須回送一個應答位元 (ACK) 給發送器。

13.3 I2C 介面的 HAL 函數庫驅動

I2C 介面的 HAL 函數庫驅動包括巨集定義、結構定義、巨集函數和功能函數。I2C 的資料傳輸有阻塞式、中斷方式和 DMA 方式，本節將介紹 I2C 的 HAL 驅動程式中一些主要的定義和函數。

13.3.1 I2C 介面的初始化

對 I2C 介面進行初始化設定的函數是 HAL_I2C_Init()，其函數原型定義如下：

```
HAL_StatusTypeDef HAL_I2C_Init(I2C_HandleTypeDef *hi2c)
```

其中，hi2c 是 I2C_HandleTypeDef 類型外接裝置物件指標。在 STM32CubeMX 自動生成的檔案 i2c.c 中，會為啟用的 I2C 介面定義外接裝置物件變數，舉例來說，為 I2C1 介面定義的變數如下：

```
I2C_HandleTypeDef  hi2c1;    //I2C1 介面的外接裝置物件變數
```

結構 I2C_HandleTypeDef 的成員變數主要是 HAL 程式內部用到的一些定義，其中最重要的成員變數 Init 是需要使用者設定的 I2C 通訊參數，是 I2C_InitTypeDef 結構類型，相關內容將結合範例進行解釋。

13.3.2 阻塞式資料傳輸

I2C 介面的阻塞式資料傳輸函數如表 13-1 所示。阻塞式資料傳輸使用方便，且 I2C 介面的傳輸速率較低，資料量不大，阻塞式傳輸是常用的資料傳輸方式。

▼表 13-1 I2C 介面的阻塞式資料傳輸函數

函 數 名 稱	功 能 描 述
HAL_I2C_IsDeviceReady()	檢查某個從裝置是否準備好了 I2C 通訊
HAL_I2C_Master_Transmit()	作為主裝置向某個位址的從裝置發送一定長度的資料
HAL_I2C_Master_Receive()	作為主裝置從某個位址的從裝置接收一定長度的資料
HAL_I2C_Slave_Transmit()	作為從裝置發送一定長度的資料
HAL_I2C_Slave_Receive()	作為從裝置接收一定長度的資料
HAL_I2C_Mem_Write()	向某個從裝置的指定儲存位址開始寫入一定長度的資料
HAL_I2C_Mem_Read()	從某個從裝置的指定儲存位址開始讀取一定長度的資料

1. 檢查 I2C 從裝置是否做好通訊準備

函數 HAL_I2C_IsDeviceReady() 用於檢查 I2C 網路上一個從裝置是否做好了 I2C 通訊準備，函數原型定義如下：

```
HAL_StatusTypeDef HAL_I2C_IsDeviceReady(I2C_HandleTypeDef *hi2c, uint16_t DevAddress,
uint32_t Trials, uint32_t Timeout)
```

其中，參數 hi2c 是 I2C 介面物件指標，DevAddress 是從裝置位址，Trials 是嘗試次數，Timeout 是逾時等待時間，預設單位為 ms。

由 13.1 節可知，一個 I2C 從裝置有兩個位址，一個是寫入操作位址，另一個是讀取操作位址。以 EEPROM AT24C02 晶片為例，其寫入操作位址是 0xA0，讀取操作位址是 0xA1，也就是在寫入操作位址上加 1。

在 I2C 介面的 HAL 驅動程式中，傳遞從裝置位址參數時，只需設定寫入操作位址，函數內部會根據讀寫操作類型，自動使用寫入操作位址或讀取操作位址。但是如果使用微控制器普通 GPIO 模擬 I2C 介面通訊時，必須明確使用相應的位址。

2. 主裝置發送和接收資料

一個 I2C 匯流排上有一個主裝置，可能有多個從裝置。主裝置與從裝置通訊時，必須指定從裝置位址。I2C 主裝置發送和接收資料的兩個函數原型定義如下：

```
HAL_StatusTypeDef HAL_I2C_Master_Transmit(I2C_HandleTypeDef *hi2c, uint16_t DevAddress,
uint8_t *pData, uint16_t Size, uint32_t Timeout)
HAL_StatusTypeDef HAL_I2C_Master_Receive(I2C_HandleTypeDef *hi2c, uint16_t DevAddress,
uint8_t *pData, uint16_t Size, uint32_t Timeout)
```

其中，參數 DevAddress 是從裝置位址，無論是發送還是接收，這個位址都要設定為 I2C 裝置的寫入操作位址，pData 是發送或接收資料的緩衝區，Size 是緩衝區大小，Timeout 為逾時等待時間，單位是滴答訊號的節拍數，預設是 ms。

　　阻塞式操作函數在資料發送或接收完成後才傳回，傳回值為 HAL_OK 時表示傳輸成功，否則可能是出現錯誤或逾時。

3. 從裝置發送和接收資料

　　I2C 從裝置發送和接收資料的兩個函數的原型定義如下：

```
HAL_StatusTypeDef HAL_I2C_Slave_Transmit(I2C_HandleTypeDef *hi2c,uint8_t *pData,
uint16_t Size, uint32_t Timeout)
HAL_StatusTypeDef HAL_I2C_Slave_Receive(I2C_HandleTypeDef *hi2c, uint8_t *pData,
uint16_t Size, uint32_t Timeout)
```

　　I2C 從裝置是應答式地回應主裝置的傳輸要求，發送和接收資料的物件總是主裝置，所以函數中無須設定目標裝置位址。

4. I2C 記憶體資料傳輸

　　對於 I2C 介面的記憶體，例如 EEPROM 儲存晶片 24C02，有兩個專門的函數用於記憶體資料讀寫。向記憶體寫入資料的函數是 HAL_I2C_Mem_Write()，其原型定義如下：

```
HAL_StatusTypeDef HAL_I2C_Mem_Write(I2C_HandleTypeDef *hi2c, uint16_t DevAddress, uint16_t
MemAddress, uint16_t MemAddSize, uint8_t *pData, uint16_t Size, uint32_t Timeout)
```

　　其中，參數 DevAddress 是 I2C 從裝置位址，MemAddress 是記憶體內部寫入資料的起始位址，MemAddSize 是記憶體內部位址大小，即 8 位元位址還是 16 位元位址，在 stm32f4xx_hal_i2c.h 檔案中使用兩個巨集定義表示記憶體內部位址大小。

```
#define I2C_MEMADD_SIZE_8BIT        0x00000001U    //8 位元記憶體位址
#define I2C_MEMADD_SIZE_16BIT       0x00000010U    //16 位元記憶體位址
```

　　參數 pData 是待寫入資料的緩衝區指標，Size 是待寫入資料的位元組數，Timeout 是逾時等待時間。使用這個函數可以很方便地向 I2C 介面記憶體一次性寫入多位元組的資料。

　　從記憶體讀取資料的函數是 HAL_I2C_Mem_Read()，參數與記憶體寫入函數相同，其原型定義如下：

```
HAL_StatusTypeDef HAL_I2C_Mem_Read(I2C_HandleTypeDef *hi2c, uint16_t DevAddress,
```

```
uint16_t MemAddress, uint16_t MemAddSize, uint8_t *pData, uint16_t Size,
uint32_t Timeout)
```

使用 I2C 記憶體資料傳輸函數可以一次性傳遞位址和資料，函數會根據記憶體的 I2C 通訊協定依次傳輸位址和資料，而不需要使用者自己分解通訊過程。

13.3.3 中斷方式資料傳輸

一個 I2C 介面有兩個中斷號碼，一個用於事件中斷，另一個用於錯誤中斷。HAL_I2C_EV_IRQHandler() 是事件中斷 ISR 中呼叫的通用處理函數；HAL_I2C_ER_IRQHandler() 是錯誤中斷 ISR 中呼叫的通用處理函數。

I2C 介面的中斷方式資料傳輸函數，以及各個傳輸函數連結的回呼函數如表 13-2 所示。

▼ 表 13-2 I2C 介面的中斷方式資料傳輸函數及其連結的回呼函數

函數名稱	功能描述	回呼函數
HAL_I2C_Master_Transmit_IT()	主裝置向某個位址的從裝置發送一定長度的資料	HAL_I2C_MasterTxCpltCallback()
HAL_I2C_Master_Receive_IT()	主裝置向某個位址的從裝置接收一定長度的資料	HAL_I2C_MasterRxCpltCallback()
HAL_I2C_Master_Abort_IT()	主裝置主動中止中斷傳輸過程	HAL_I2C_AbortCpltCallback()
HAL_I2C_Slave_Transmit_IT()	作為從裝置發送一定長度的資料	HAL_I2C_SlaveTxCpltCallback()
HAL_I2C_Slave_Receive_IT()	作為從裝置接收一定長度的資料	HAL_I2C_SlaveRxCpltCallback()
HAL_I2C_Mem_Write_IT()	從某個從裝置指定儲存位址開始寫入一定長度的資料	HAL_I2C_MemTxCpltCallback()
HAL_I2C_Mem_Read_IT()	從某個從裝置指定儲存位址開始讀取一定長度的資料	HAL_I2C_MemRxCpltCallback()
所有中斷方式傳輸函數	中斷方式傳輸過程出現錯誤	HAL_I2C_ErrorCallback()

中斷方式資料傳輸函數的參數定義與對應的阻塞式傳輸函數類似，只是沒有逾時等待參數 Timeout。舉例來說，以中斷方式讀寫 I2C 介面記憶體的兩個函數的原型定義如下：

```
HAL_StatusTypeDef HAL_I2C_Mem_Write_IT(I2C_HandleTypeDef *hi2c,
uint16_t DevAddress, uint16_t MemAddress, uint16_t MemAddSize, uint8_t *pData,
uint16_t Size);
HAL_StatusTypeDef HAL_I2C_Mem_Read_IT(I2C_HandleTypeDef *hi2c, uint16_t
DevAddress, uint16_t MemAddress, uint16_t MemAddSize, uint8_t *pData, uint16_t Size);
```

中斷方式資料是非阻塞式傳輸，函數傳回 HAL_OK 時只表示操作成功，並不表示資料傳輸完成，只有相連結的回呼函數被呼叫時，才表示資料傳輸完成。

13.3.4 DMA 方式資料傳輸

一個 I2C 介面有 I2C_TX 和 I2C_RX 兩個 DMA 請求，可以為 DMA 請求設定 DMA 串流，從而進行 DMA 方式資料傳輸。I2C 介面的 DMA 方式資料傳輸函數，以及 DMA 串流發生傳輸完成事件 (DMA_IT_TC) 中斷時的回呼函數如表 13-3 所示。

▼表 13-3 I2C 介面 DMA 方式資料傳輸函數及其連結的回呼函數

函數名稱	功能描述	回呼函數
HAL_I2C_Master_Transmit_DMA()	向某個位址的從裝置發送一定長度的資料	HAL_I2C_MasterTxCpltCallback()
HAL_I2C_Master_Receive_DMA()	從某個位址的從裝置接收一定長度的資料	HAL_I2C_MasterRxCpltCallback()
HAL_I2C_Slave_Transmit_DMA()	作為從裝置發送一定長度的資料	HAL_I2C_SlaveTxCpltCallback()
HAL_I2C_Slave_Receive_DMA()	作為從裝置接收一定長度的資料	HAL_I2C_SlaveRxCpltCallback()
HAL_I2C_Mem_Write_DMA()	向某個從裝置的指定儲存位址開始寫入資料	HAL_I2C_MemTxCpltCallback()
HAL_I2C_Mem_Read_DMA()	從某個從裝置的指定儲存位址開始讀取資料	HAL_I2C_MemRxCpltCallback()

DMA 傳輸函數的參數形式與中斷方式傳輸函數相同。DMA 傳輸是非阻塞式傳輸，函數傳回 HAL_OK 時只表示函數操作成功，並不表示資料傳輸完成。DMA 傳輸過程由 DMA 串流產生中斷事件，DMA 串流的中斷函數指標指向 I2C 驅動程式中定義的一些回呼函數。I2C 的 HAL 驅動程式中並沒有為 DMA 傳輸半完成中斷事件設計和連結回呼函數。

13.4 EEPROM 儲存晶片 24C02

13.4.1 晶片概述與硬體連接

在目前的嵌入式系統中主要存在三種記憶體，一種是程式記憶體 Flash ROM，其主要用於儲存程式碼，可以在程式撰寫階段修改；另一種是資料記憶體

SRAM，其主要用於儲存執行資料，讀取寫入，速度快，但是晶片斷電資料遺失。以上兩種記憶體系統必須具備，事實上為完善嵌入式系統功能，通常情況下，還需配備 EEPROM。

EEPROM 是指帶電可擦可程式化唯讀記憶體，是一種停電後資料不遺失的儲存晶片。EEPROM 可以在電腦上或專用裝置上抹寫已有資訊，重新程式設計。其具有隨插即用、讀取寫入、斷電資料不遺失等特點，在嵌入式系統中主要用於儲存系統組態資訊或間歇擷取資料等。

本書書附開發板上有一個 I2C 介面的 EEPROM 晶片 AT24C02，是 ATMEL 公司的產品。還有其他一些廠商的晶片與 AT24C02 接腳和功能完全相容，本書將這一類晶片簡稱為 24C02。

(1) 24C02 可以提供 2K 位元，也就是 256 個 8 位元的 EEPROM 記憶體，可以儲存 256 位元組的資料，有 256 個記憶體位址，也正好對應 1 位元組的位址範圍。

(2) 24C02 透過 I2C 匯流排界面操作。

(3) 24C02 寫入操作時，可以一次寫入一個位址，也可以一次寫入一頁。對 24C02 來說，一頁大小是 8 位元組。寫入的資料在同一頁的時候，可以寫入一次位址，每寫入 1 位元組，位址自動加 1。

(4) 24C02 讀取操作時，可以連續讀取，不管連續讀取的資料是否在同一頁，每讀取完一次資料之後，讀取位址都會自動加 1。

開發板上 24C02 電路連接如圖 13-10 所示，由圖可知，24C02 晶片使用 STM32F407 微控制器的 I2C1 介面，SCL 接腳連接至 MCU 的 I2C1_SCL 接腳 PB8，SDA 接腳連接至 MCU 的 I2C1_SDA 接腳 PB9。WP 是防寫接腳，WP 接地時，對 24C02 晶片讀取寫入。

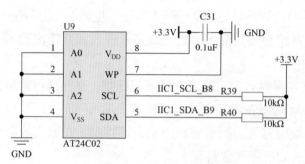

▲ 圖 13-10 24C02 電路

在 I2C 匯流排上面，每個元件都會有一個元件位址，而 24C02 的元件位址編址方式如圖 13-5 所示，由圖可知，從機位址高 4 位元 1010 是 24Cxx 系列的固定元件位址。接腳位址 A2、A1、A0 是根據元件連接來決定，由圖 13-10 可知，3 個接腳均接地，所以是 000。R/ 為選擇讀還是寫，1 的時候是讀，0 的時候是寫。所以 24C02 記憶體的寫入位址為 0xA0，讀取位址為 0xA1。需要指出的是在使用 HAL 函數庫資料傳輸函數時，從裝置只需要舉出晶片寫入位址即可，驅動函數內部會根據讀寫操作類型，自動使用寫入操作位址或讀取操作位址。而使用 MCU 普通 GPIO 模擬 I2C 介面時序時需要使用者根據讀寫指令送出讀寫操作位址。

13.4.2 介面與通訊協定

24C02 的讀寫操作比較簡單，儲存空間可反覆讀寫。以下是幾種主要的讀寫操作協定。

1. 寫入單位元組資料

MCU 向 24C02 寫入 1 位元組資料的 SDA 資料線傳輸內容和順序如圖 13-11 所示。操作的順序如下：

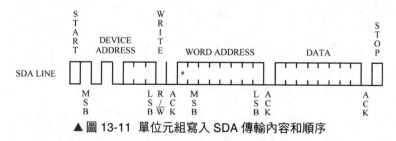

▲ 圖 13-11 單位元組寫入 SDA 傳輸內容和順序

(1) 主機發送起始訊號，然後發送元件的寫入操作位址。

(2) 24C02 應答 ACK 後，主機再發送 8 位元字位址，24C02 內部有 256 位元組儲存單元，位址範圍是 0~255，用 1 位元組表示。

(3) 24C02 應答 ACK 後，主機再發送需要寫入的 1 位元組資料。

(4) 從機接收完資料後，應答 ACK，主機發停止訊號結束傳輸。

2. 連續寫入多位元組資料

24C02 內部儲存區域按分頁劃分，每分頁 8 位元組，所以 256 位元組的儲存單元分為 32 分頁，分頁的起始位址是 $8 \times N$，其中 N=0，1，2，…，31。

使用者可以在一次 I2C 通訊過程 (一個起始訊號與一個停止訊號限定的通訊過程) 中向 24C02 連續寫入多位元組的資料，SDA 傳輸內容和順序如圖 13-12 所示。

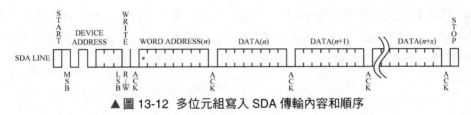

▲ 圖 13-12 多位元組寫入 SDA 傳輸內容和順序

圖中的 n 是資料儲存的起始位址，儲存的資料位元組數為 $1+x$。24C02 會自動將接收的資料從指定的起始位址開始儲存，但是要注意，連續寫入的資料的儲存位置不能超過分頁的邊界，否則將自動從這分頁的開始位置繼續儲存。

所以，在連續寫入資料時，如果資料的起始位址在分頁的起始位置，則一次最多寫入 8 位元組的資料。當然，資料儲存起始位址也可以不在分頁的起始位置，這時要注意，一次寫入的資料不要超過分頁的邊界。

3. 讀取單位元組資料

使用者可以從 24C02 的任何一個儲存位置讀取 1 位元組的資料，讀取單位元組資料時資料線 SDA 傳輸的內容和順序如圖 13-13 所示。主裝置先進行一次寫入操作，寫入需要讀取的儲存單元的位址，然後再進行一次讀取操作，讀取的 1 位元組資料就是所指定的儲存位址的儲存內容。

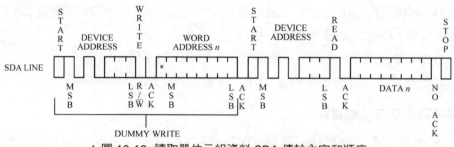

▲ 圖 13-13 讀取單位元組資料 SDA 傳輸內容和順序

4. 連續讀取多位元組資料

使用者可以從 24C02 一次性連續讀取多位元組的資料，且讀取資料時不受分頁邊界的影響，也就是讀取資料的長度可以超過 8 位元組。連續讀取多位元組資料的 SDA 傳輸內容和順序如圖 13-14 所示。主裝置先進行一次寫入操作，寫入需要讀取的儲存單元的位址，然後再進行一次讀取操作，連續讀取多位元組，記憶體內部將自動移動儲存位置，且儲存位置不受分頁邊界的影響。

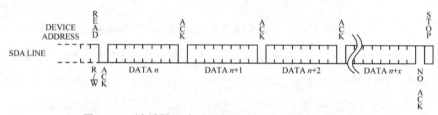

▲ 圖 13-14 連續讀取多位元組資料 SDA 傳輸內容和順序

在使用 I2C 的 HAL 驅動函數進行 24C02 的資料讀寫時，圖 13-11~ 圖 13-14 的傳輸時序由 I2C 硬體介面完成，使用者不需要關心這些時序。但如果是用軟體模擬 I2C 介面去讀寫 24C02，則需要嚴格按照這些時序操作。

13.5 EEPROM 儲存開機密碼專案

EEPROM 記憶體讀取寫入、斷電資料不遺失的特點用於儲存系統的設定資訊或重要資料常數是很合適的。

13.5.1 開發專案

本專案需要實現一個開機密碼功能，密碼為 4 位數字，以 ASCII 碼形式儲存於 24C02 晶片的最低 4 個單元，儲存單元位址為 0x00~0x03。系統啟動後先從 24C02 晶片讀取密碼資訊，LCD 提示使用者輸入密碼，短接跳線座 P8 的上面兩個接腳，選擇矩陣按鍵模式。鍵盤可循環輸入密碼，即密碼區已有 4 位密碼時，再次按鍵則將原密碼左移一位，空出位置儲存新鍵值。K1~K9 用於輸入數字 1~9，K10 用於輸入數字 0，K11 為確認鍵，K12 為取消鍵。按下確認鍵，程式比對輸入鍵值和系統密碼，如果二者一致，則進入開機程式，開機成功後執行主程式，其中 LCD 展示系統資訊，數位管顯示數位電子鐘，LED 流水燈顯示；若二者比對不成功，則提示輸入密碼錯誤，傳回輸入狀態。在按鍵輸入過程中，若按下「取消」鍵，則清空輸入密碼資訊，重置輸入索引指標，重回密碼輸入初始狀態。

13.5.2 專案實施

1. 複製專案檔案

複製第 12 章建立專案範本資料夾 1202 Chinese Show 到桌面，並將資料夾重新命名為 1301 I2C EEPROM。

2. STM32CubeMX 設定

打開專案範本資料夾裡面的 Template.ioc 檔案，啟動 STM32CubeMX 設定軟體，在左側設定類別 Categories 下面的 Connectivity 列表中找到 I2C1 介面，打開其設定對話方塊，操作介面如圖 13-15 所示。在模式設定中，設定介面類別型為 I2C，還有 SMBus 可選項，其一般用於智慧電池管理。

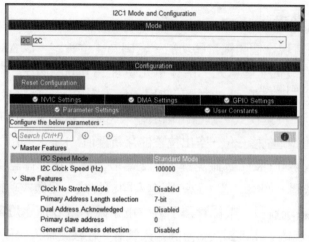

▲ 圖 13-15 I2C1 模式與參數設定

I2C1的參數設定分為兩組，分別為 Master Features 和 Slave Features 兩個類別。

(1) Master Features 組，主裝置參數。

① I2C Speed Mode：速度模式，可選標準模式(Standard Mode)或快速模式(Fast Mode)。

② I2C Clock Speed(Hz)：I2C 時鐘速度，標準模式最大值為 100kHz，快速模式最大值為 400kHz。

③ Fast Mode Duty Cycle：快速模式工作週期比，選擇快速模式後這個參數會出現，用於設定時鐘訊號的工作週期比，是一個週期內低電位與高電位的時間比，有 2：1 和 16：9 兩種選項。

本例中 I2C Speed Mode 選擇 Standard Mode，I2C Clock Speed 會自動設定為 100kHz，同時 Fast Mode Duty Cycle 選項不會出現。

(2) Slave Features 組，從裝置參數。

① Clock No Stretch Mode：禁止時鐘延長，設定為 Disabled 表示允許時鐘延長。

② Primary Address Length selection：裝置主位址長度，可選 7-bit 或 10-bit，此處選擇 7-bit。

③ Dual Address Acknowledged：雙位址確認，從裝置可以有兩個位址，如果設定為 Enabled，還會出現一個 Secondary slave address 參數，用於設定從裝置副位址。

④ Primary slave address：從裝置主位址，周邊設備作為 I2C 從裝置使用時才需要設定從裝置位址。

⑤ General Call address detection：廣播呼叫檢測，設定為 Disabled 表示禁止廣播呼叫，不對位址 0x00 應答；設定為 Enabled 表示允許廣播呼叫，對位址 0x00 回應。

啟用 I2C1 介面後，STM32CubeMX 自動分配的接腳可能是 PB6 和 PB7，而非開發板上實際使用的 PB8 和 PB9。在接腳視圖上直接將 PB8 設定為 I2C1_SCL，將 PB9 設定為 I2C1_SDA，PB6 和 PB7 的接腳設定就會自動取消。

I2C1 的 GPIO 接腳設定結果如圖 13-16 所示，工作模式自動設定為重複使用功能開漏。

Pin Name	Signal on Pin	GPIO...	GPIO mode	GPIO Pull-up/...	Maximum...	User L...	Modified
PB8	I2C1_SCL	n/a	Alternate Function Open Drain	No pull-up and no...	Very High		☐
PB9	I2C1_SDA	n/a	Alternate Function Open Drain	No pull-up and no...	Very High		☐

▲ 圖 13-16 I2C1 的 GPIO 接腳設定

在開發板上，STM32F407 是 I2C 主裝置，所以無須設定從裝置位址；24C02 是 I2C 從裝置，其從裝置寫入操作位址是 0xA0。

由於 I2C 通訊是一種應答式的通訊，與其他外接裝置的輪詢操作類似，本例不開啟 I2C1 的全域中斷。I2C 介面也具有 DMA 功能，但是 24C02 操作的資料量很小，沒有使用 DMA 的必要。

專案還需要使用矩陣按鍵、LED 指示燈、數位管和 LCD 等功能模組，其設定方法同相應章節，時鐘設定和專案設定選項無須修改，按一下 GENERATE CODE 按鈕生成初始化專案。

3. I2C 初始化程式分析

打開 MDK-ARM 資料夾下面的專案檔案 Template.uvprojx，將生成專案編譯一下，沒有錯誤和警告之後開始初始化程式分析。I2C 介面初始化程式位於 STM32CubeMX 自動生成的 i2c.c 檔案中，其相關程式如下：

```
/* ---------------------------Source File i2c.c--------------------------- */
#include "i2c.h"
I2C_HandleTypeDef hi2c1;
void MX_I2C1_Init(void)  /* I2C1 init function */
{
```

```
    hi2c1.Instance = I2C1;
    hi2c1.Init.ClockSpeed = 100000;
    hi2c1.Init.DutyCycle = I2C_DUTYCYCLE_2;
    hi2c1.Init.OwnAddress1 = 0;
    hi2c1.Init.AddressingMode = I2C_ADDRESSINGMODE_7BIT;
    hi2c1.Init.DualAddressMode = I2C_DUALADDRESS_DISABLE;
    hi2c1.Init.OwnAddress2 = 0;
    hi2c1.Init.GeneralCallMode = I2C_GENERALCALL_DISABLE;
    hi2c1.Init.NoStretchMode = I2C_NOSTRETCH_DISABLE;
    if (HAL_I2C_Init(&hi2c1) != HAL_OK)
    {  Error_Handler();  }
}
void HAL_I2C_MspInit(I2C_HandleTypeDef* i2cHandle)
{
    GPIO_InitTypeDef GPIO_InitStruct = {0};
    if(i2cHandle->Instance==I2C1)
    {
        __HAL_RCC_GPIOB_CLK_ENABLE();
        /**I2C1 GPIO Configuration  PB8 ------> I2C1_SCL  PB9 ------> I2C1_SDA    */
        GPIO_InitStruct.Pin = GPIO_PIN_8|GPIO_PIN_9;
        GPIO_InitStruct.Mode = GPIO_MODE_AF_OD;
        GPIO_InitStruct.Pull = GPIO_NOPULL;
        GPIO_InitStruct.Speed = GPIO_SPEED_FREQ_VERY_HIGH;
        GPIO_InitStruct.Alternate = GPIO_AF4_I2C1;
        HAL_GPIO_Init(GPIOB, &GPIO_InitStruct);
        __HAL_RCC_I2C1_CLK_ENABLE();    /* I2C1 clock enable */
    }
}
```

函數 MX_I2C1_Init() 用於完成 I2C1 介面的初始化，其主要工作是對 I2C 結構變數 hi2c1 各成員變數賦值，各設定陳述式與 STM32CubeMX 中的設定對應。完成 hi2c1 的賦值後，呼叫 I2C 初始化函數對 I2C1 介面進行初始化。

函數 HAL_I2C_MspInit() 是 I2C 介面的 MSP 函數，在函數 HAL_I2C_Init() 中被呼叫，其主要功能是對 I2C1 介面的重複使用接腳 PB8 和 PB9 進行 GPIO 初始化並啟用 I2C1 外接裝置時鐘。

4. 使用者程式撰寫

為實現開機密碼功能還需要撰寫使用者程式，程式主要存放於 main.c 檔案中，其中省略了部分與以往章節相同功能的程式。

```
/* -------------------------Source File main.c------------------------------- */
#include "main.h"
```

```
#include "i2c.h"   // 省略部分檔案包含
uint16_t *SEG_ADDR=(uint16_t *)(0x68000000);
uint8_t smgduan[11]={0xc0,0xf9,0xa4,0xb0,0x99,0x92,0x82,0xf8,0x80,0x90,0xbf };
uint8_t smgwei[6]={0xfe,0xfd,0xfb,0xf7,0xef,0xdf};
uint8_t hour,minute,second,SmgBuff[6],KeyPress=0,TempStr[30]="",LedVal=0x01;
uint8_t KeySta[3][4]={{1,1,1,1},{1,1,1,1},{1,1,1,1}};    // 全部按鍵當前狀態
uint8_t KeyBack[3][4]={{1,1,1,1},{1,1,1,1},{1,1,1,1}};   // 按鍵備份值
uint8_t VeriPass=0,KeyVal=0,InputIndex=0,InPW[4]={0},ReadPW[4]={0};
void SystemClock_Config(void);
void KeyScan(void);                                       // 按鍵掃描判斷程式
void DisplayMainInterface(void);                          // 顯示開機後主介面
int main(void)
{
    uint16_t i;
    HAL_Init();
    SystemClock_Config();
    MX_GPIO_Init();
    MX_FSMC_Init();
    MX_SPI1_Init();
    MX_I2C1_Init();
    MX_TIM6_Init();
    MX_TIM7_Init();
    MX_TIM13_Init();
    hour=9;minute=30;second=25;
    HAL_TIM_Base_Start_IT(&htim13);   // 按鍵中斷掃描
    LCD_Init();
    LCD_Clear(BLUE);
    W25QXX_ReadID();
    while(W25QXX_ReadID()!=W25Q128)
    {
        LCD_ShowString(24*1,24*1,(uint8_t *)"W25Q128 Check Failed!",WHITE,BLUE,24,0);
        HAL_Delay(1000);
    }
    LCD_ShowString(24*1,24*1,(uint8_t *)" ",WHITE,BLUE,24,0);
    *SEG_ADDR=0x00BF;                 // 所有數位管上均顯示 "-"
HAL_I2C_Mem_Read(&hi2c1,0xA0,0x00,I2C_MEMADD_SIZE_8BIT,ReadPW,4,400);
LCD_PrintCenter(0,24*1-16,(u8 *)" 選擇矩陣鍵盤 ",WHITE,BLUE,24,0);
LCD_PrintCenter(0,24*2-8,(u8 *)" 輸入 4 位數字密碼 ",WHITE,BLUE,24,0);
LCD_PrintCenter(0,24*7,(u8 *)"K1~K9:1~9   K10:0",YELLOW,BLUE,24,0);
LCD_PrintCenter(0,24*8+12,(u8 *)"K11:Enter   K12:Cancel",YELLOW,BLUE,24,0);
for(i=0;i<4;i++) LCD_DrawRectangle(80,100,120+40*i,140,WHITE); // 顯示輸入框線
while (1)
{
    if(VeriPass==0)                   // 未開機時執行
    {
        KeyScan();                    // 按鍵掃描，同第 9 章程式
```

```
        if(KeyPress!=0)   // 有新鍵按下
        {
            if(KeyVal<11)   // 數字鍵
            {
                if(InputIndex<4)   // 密碼輸入不足 4 位
                {
                    InPW[InputIndex]=KeyVal%10+'0';   // 數字鍵個位
                    LCD_ShowChar(92+40*InputIndex,   // 顯示已輸入密碼
                        104,InPW[InputIndex],RED,GREEN,32,0);
                    InputIndex++;
                }
                else   // 輸入密碼已有 4 位
                {
                    InPW[0]=InPW[1];InPW[1]=InPW[2];InPW[2]=InPW[3];   // 左移 1 位
                    InPW[3]=KeyVal%10+'0';   // 空位存新鍵值
                    for(i=0;i<4;i++)   // 顯示輸入密碼
                        LCD_ShowChar(92+40*i,104,InPW[i],RED,GREEN,32,0);
                }
            }
            else if(KeyVal==11)   //Enter Key
            {
                if(InPW[0]==ReadPW[0]&&InPW[1]==ReadPW[1]&&
                    InPW[2]==ReadPW[2]&&InPW[3]==ReadPW[3])   // 密碼驗證成功
                {
                    VeriPass=1;
                    LCD_PrintCenter(0,24*3,(u8 *)"密碼正確，正在開機...",WHITE,BLUE,24,0);
                    HAL_Delay(800);
                    DisplayMainInterface();                     // 顯示主介面
                }
                else                                       // 密碼驗證失敗
                {
                    LCD_PrintCenter(0,24*3,(u8 *)"密碼錯誤，重新輸入!",WHITE,BLUE,24,0);
                    for(i=0;i<4;i++)
                    {
                        InPW[i]=0;
                        LCD_ShowChar(92+40*i,104,' ',WHITE,BLUE,32,0);
                    }
                    InputIndex=0;
                }
            }
            else   //Cancel Key
            {
                for(i=0;i<4;i++)   // 清零密碼，清除顯示
                {
                    InPW[i]=0;
                    LCD_ShowChar(92+40*i,104,' ',WHITE,BLUE,32,0);
```

```
                      }
                 InputIndex=0;
            }
            KeyPress=0;   // 按鍵已處理完成
        }
    }
    else   // 已開機進入主程式
    {
        SmgBuff[0]=hour/10;SmgBuff[1]=hour%10;
        SmgBuff[2]=minute/10;SmgBuff[3]=minute%10;
        SmgBuff[4]=second/10;SmgBuff[5]=second%10;
        GPIOF->ODR=~LedVal;   //LED 流水顯示
    }
  }
}
```

　　程式首先呼叫初始化函數對專案用到的外接裝置進行初始化，然後使用 I2C
介面 HAL 函數庫的記憶體讀取函數讀取系統密碼，由於 HAL 函數庫抽象層次較
高，使用者對 24C02 記憶體的存取就顯得十分簡單，只需要舉出 24C02 記憶體裝
置位址、儲存區位址、緩衝區位址、讀取位元組數等參數即可，在上述程式中讀
取函數作加粗顯示以便於查看。隨後進入開機密碼邏輯處理事務中，如果密碼未
驗證通過則需不斷掃描按鍵，並對輸入密碼和系統密碼進行比對；如果比對成功
則進行開機操作。開機成功後進入使用者主程式，在 LCD 上顯示系統設計資訊，
在數位管上實現一個數字電子鐘功能，8 個 LED 指示燈流水顯示。

5. 下載偵錯

　　編譯專案，直到沒有錯誤為止，下載程式到開發板，重置執行，檢查實驗效
果。

本章小結

　　本章首先介紹了 I2C 通訊原理，包括 I2C 串列匯流排概述，涉及匯流排、主機、
從機、發送器、接收器等概念，還包括 I2C 匯流排的資料傳送方式，其中包括有效
性規定、起始訊號、終止訊號、通訊時序等內容。然後介紹 STM32F407 微控制器
的 I2C 介面，其中包括 I2C 的主要特性、內部結構和工作模式等內容。隨後介紹了
STM32F407 的 I2C 介面的 HAL 函數庫驅動，包括 I2C 介面初始化、阻塞式資料傳
輸和非阻塞式資料傳輸等內容。最後設計了一個綜合性專案實例，利用 EEPROM

記憶體 24C02 實現開機密碼專案，讓讀者掌握使用 HAL 函數庫驅動 I2C 介面的基本應用方法。

思考拓展

(1) 名詞解釋：主機、從機、接收器和發送器。

(2) I2C 介面由哪幾根線組成？它們分別具有什麼作用？

(3) 試比較嵌入式系統中常用的 3 種通訊介面：USART、SPI 和 I2C。

(4) I2C 的時序由哪些訊號組成？

(5) 在 I2C 協定中資料有效性規定是什麼？

(6) 在 I2C 協定中起始訊號和終止訊號的定義分別是什麼？

(7) 在 I2C 協定中如何產生應答訊號和非應答訊號？

(8) 什麼是 EEPROM？它的特點是什麼？

(9) AT24C02 記憶體的儲存空間大小和存取方式分別是什麼？

(10) 只有一片 AT24C02 記憶體，一般將其寫入位址和讀取位址分別設為什麼？

(11) 設計並完成專案，使用 AT24C02 晶片的某一單元儲存系統重置次數，系統通電執行後將數值顯示於 LCD 右上角。

(12) 在開機密碼專案中設定一個巨集定義變數 DEBUG，使用條件編譯的方式實現在偵錯狀態時寫入系統初始密碼。

(13) 對開機密碼專案進行改進，在輸入密碼時進行提示和保護，即輸入密碼時在 LCD 和數位管上短時顯示按鍵數字，之後關閉數字顯示，在 LCD 上將輸入密碼替換為「*」。

(14) 在開機密碼專案中，將取消按鍵功能修改為修改密碼功能，在進入設定密碼頁面之後，驗證原密碼透過後，可設定新密碼。

(15) 設計一款多功能數位電子鐘，使用 AT24C02 晶片儲存鬧鈴時間，當鬧鈴時間到時，蜂鳴器和 LED 發出聲光提示。

第 14 章

類 / 數轉換與光照感測器

本章要點

➢ ADC 概述；

➢ STM32F407 的 ADC 工作原理；

➢ ADC 的 HAL 函數庫驅動；

➢ 專案實例。

　　類比數位轉換器 (Analog-to-Digital Converter，ADC)，簡稱類 / 數轉換器，顧名思義，是將一種連續變化的類比訊號轉為離散的數位訊號的電子元件。ADC 在嵌入式系統中得到廣泛的應用，它是以數字處理為中心的嵌入式系統與現實類比世界溝通的橋樑。有了 ADC，微控制器增加了類比輸入功能，如同多了一雙觀察類比世界的眼睛。

14.1 ADC 概述

　　在嵌入式應用系統中，常需要將檢測到的連續變化的類比量，如電壓、溫度、壓力、流量、速度等轉換成數位訊號，才能輸入微控制器中進行處理。然後再將處理結果的數位量轉換成類比量輸出，實現對被控物件的控制。

14.1.1 ADC 基本原理

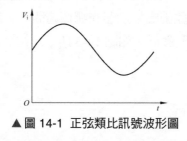

▲ 圖 14-1　正弦類比訊號波形圖

　　ADC 進行類 / 數 (A/D) 轉換一般包含三個關鍵步驟：採樣、量化、編碼。下面以一正弦類比訊號 (其波形如圖 14-1 所示) 為例講解 A/D 轉換過程。

1. 採樣

　　採樣是在間隔為 T 的 T、$2T$、$3T$、…時刻取出被測類比訊號強度，如圖 14-2 所示。相鄰兩個採樣時刻之間的間隔 T 也被稱為採樣週期。

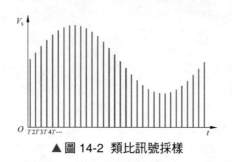

▲ 圖 14-2　類比訊號採樣

　　為了能準確無誤地用採樣訊號 V_s 表示類比輸入訊號 V_i，採樣訊號必須有足夠高的頻率，即採樣週期 T 足夠小。由奈奎斯特採樣定律可知，為了保證能從採樣訊號 V_s 中將原來的被採樣訊號 V_i 恢復，必須滿足 $f_s \geq 2f_i(\max)$ 或 $T \leq 1/2f_i(\max)$，f_s 為採樣頻率，$f_i(\max)$ 為類比輸入訊號 V_i 的最高頻率分量的頻率，T 為採樣週期。同時，隨著 ADC 採樣頻率的提高，留給每次轉換進行量化和編碼的時間會相應地縮短，這就要求相關電路必須具備更快的工作速度，因此，不能無限制地提高採樣頻率。

2. 量化

　　對類比訊號進行採樣後，得到一個時間上離散的脈衝訊號序列，但每個脈衝的幅度仍然是連續的。然而，CPU 所能處理的數位訊號不僅在時間上是離散的，而且數值大小的變化也是不連續的。因此，必須把採樣後每個脈衝的幅度進行離散化處理，得到由 CPU 處理的離散數值，這個過程就稱為量化。

　　為了實現離散化處理，用指定的最小單位將縱軸劃分為若干個 (通常是 2^n 個) 區間，然後確定每個採樣脈衝的幅度落在哪個區間內，即把每個時刻的採樣電壓表示為指定的最小單位的整數倍，如圖 14-3 所示。這個指定的最小單位就叫作量化單位，用 Δ 表示。

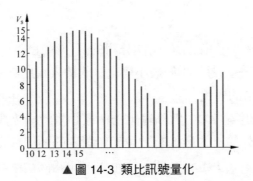

▲ 圖 14-3 類比訊號量化

　　顯然，如果在縱軸上劃分的區間越多，量化單位就越小，所表示的電壓值也越準確。為了便於使用二進位編碼量化後的離散數值，通常將縱軸劃分為 2^n 個區間，於是，量化後的離散數值可用 n 位元二進位數字表示，故也被稱為 n 位元量化。常用的量化有 8 位元量化、12 位元量化和 16 位元量化等。

　　既然每個時刻的採樣電壓是連續的，那麼它就不一定能被 Δ 整除，因此量化過程不可避免地會產生誤差，這種誤差稱為量化誤差。顯然，在縱軸上劃分的區間越多，即量化級數或量化位數越多，量化單位就越小，相應地，量化誤差也越小。

3. 編碼

　　把量化的結果二進位表示出來稱為編碼。而且一個 n 位元量化的結果值恰好用一個 n 位元二進位數字表示。這個 n 位元二進位數字就是 A/D 轉換完成後的輸出結果。

14.1.2 ADC 性能參數

　　ADC 的主要性能參數有量程、解析度、精度、轉換時間等，這些也是選擇 ADC 的重要參考指標。

1. 量程

　　量程 (Full Scale Range，FSR) 是指 ADC 所能轉換的類比輸入電壓的範圍，分為單極性和雙極性兩種類型。舉例來說，單極性的量程為 0~+3.3V、0~+5V 等；雙極性的量程為 -5~+5V、-12~+12V 等。

2. 解析度

解析度 (Resolution) 是指 ADC 所能分辨的最小類比輸入量,反映 ADC 對輸入訊號微小變化的回應能力。小於最小變化量的輸入類比電壓的任何變化都不會引起 ADC 輸出數字值的變化。

由此可見,解析度是 ADC 數外輸出一個最小量時輸入類比訊號對應的變化量,通常用 ADC 數外輸出的最低有效位元所對應的類比輸入電壓值表示。解析度由 ADC 的量化位數 n 決定,一個 n 位元 ADC 的解析度等於 ADC 的滿量程與 2^n 的比值。

毫無疑問,解析度是進行 ADC 選擇時重要的參考指標之一。但要注意的是,選擇 ADC 時,並非解析度越高越好。在無須高解析度的場合,如果選用了高解析度的 ADC,所採樣到的大多是雜訊。反之,如果選用解析度太低的 ADC,則會無法採樣到所需的訊號。

3. 精度

精度 (Accuracy) 是指對於 ADC 的數位輸出 (二進位碼),其實際需要的類比輸入值與理論上要求的類比輸入值之差。

需要注意的是,精度和解析度是兩個不同的概念,不要把兩者混淆。通俗地說,「精度」是用來描述物理量的準確程度的,而「解析度」是用來描述刻度大小的。做一個簡單的比喻,一把量程是 10cm 的尺標,上面有 100 個刻度,最小能讀出 1mm 的有效值,那麼就說這把尺標的解析度是 1mm 或量程的 1%;而它實際的精度就不得而知了 (不一定是 1mm)。而對 ADC 來說,即使解析度很高,也有可能由於溫度漂移、線性度等原因導致其精度不高。影響 ADC 精度的因素除了前面講過的量化誤差以外,還有非線性誤差、零點漂移誤差和增益誤差等。ADC 實際輸出與理論上的輸出之差是這些誤差相加的結果。

4. 轉換時間

轉換時間 (Conversion Time) 是 ADC 完成一次 A/D 轉換所需要的時間,是指從啟動 ADC 開始到獲得相應資料所需要的總時間。ADC 的轉換時間等於 ADC 採樣時間加上 ADC 量化和編碼時間。一般來說對 ADC 來說,量化和編碼時間是固定的,而採樣時間可根據被測訊號的不同而靈活設定,但必須符合採樣定律中的規定。

14.1.3 ADC 主要類型

ADC 的種類很多，按轉換原理可分為逐次逼近式 ADC、雙積分式 ADC 和 V/F 變化式 ADC，按訊號傳輸形式可分為並行 ADC 和串列 ADC。

1. 逐次逼近式 ADC

逐次逼近式 ADC 屬直接式 ADC，其原理可理解為將輸入類比量逐次與 $U_{REF}/2$、$U_{REF}/4$、$U_{REF}/8$、$\cdots$、$U_{REF}/2^{N-1}$ 比較，若類比量大於比較值，則取 1(並減去比較值)，否則取 0。逐次逼近式 ADC 轉換精度高，速度較快，價格適中，是目前種類最多、應用最廣的 ADC，典型的 8 位元逐次逼近式 A/D 晶片有 ADC0809。

2. 雙積分式 ADC

雙積分式 ADC 是一種間接式 ADC，其原理是將輸入類比量和基準量透過積分器積分轉為時間，再對時間計數，計數值即為數位量。其優點是轉換精度高，缺點是轉換時間較長，一般要 40~50ms，適用於轉換速度不快的場合。典型晶片有 MC14433 和 ICL7109。

3. V/F 變換式 ADC

V/F 變換式 ADC 也是一種間接式 ADC，其原理是將類比量轉為頻率訊號，再對頻率訊號計數，轉為數位量。其特點是轉換精度高，抗干擾性強，便於長距離傳送，廉價，但轉換速度偏低。典型的電壓頻率轉換型晶片有 LM2917 和 AD650 等，非常適合應用於遙測和遙控系統中。

14.2 STM32F407 的 ADC 工作原理

STM32F407 全系列微控制器內部均整合 3 個 12 位元逐次逼近式 ADC，它有多達 19 個通道，可測量 16 個外部和 3 個內部訊號源，各通道的 A/D 轉換可以單次、連續、掃描或間斷模式執行。ADC 的結果可以以左對齊或右對齊方式儲存在 16 位元資料暫存器中。

14.2.1 主要特徵

STM32F407 的 ADC 主要特徵如下：

(1) 可設定 12 位元、10 位元、8 位元或 6 位元解析度。

(2) 在轉換結束、注入轉換結束以及發生模擬看門狗或溢位事件時產生中斷。

(3) 單次和連續轉換模式。

(4) 多通道輸入時，具有從通道 0 到通道 n 的掃描模式。

(5) 資料對齊以保持內建資料一致性。

(6) 可獨立設定各通道採樣時間。

(7) 外部觸發器選項，可為規則轉換和注入轉換設定極性。

(8) 不連續採樣模式。

(9) 雙重 / 三重 ADC 模式 (具有 2 個或更多 ADC 元件)。

(10) 雙重 / 三重 ADC 模式下可設定的 DMA 資料儲存。

(11) 雙重 / 三重交替模式下可設定的轉換間延遲。

(12) 逐次逼近式 ADC。

(13) ADC 電源要求：全速執行時期為 2.4~3.6V，慢速執行時期為 1.8V。

(14) ADC 輸入範圍：$V_{\text{REF-}} \leq V_{\text{IN}} \leq V_{\text{REF+}}$。

(15) 規則通道轉換期間可產生 DMA 請求。

14.2.2 內部結構

STM32F407 的 ADC 內部結構如圖 14-4 所示，其由軟體或硬體觸發，在 ADC 時鐘 ADCCLK 的驅動下，對規則通道或注入通道中的類比訊號進行採樣、量化和編碼。

ADC 的 12 位元轉換結果可以以左對齊或右對齊的方式存放在 16 位元資料暫存器中。根據轉換通道的不同，資料暫存器可以分為規則通道資料暫存器 (1×16 位元) 和注入通道資料暫存器 (4×16 位元)。由於 STM32F407 微控制器 ADC 只有 1 個規則通道資料暫存器，因此如果需要對多個規則通道的類比訊號進行轉換時，經常使用 DMA 方式將轉換結果自動傳輸到記憶體變數中。

STM32F407 的 ADC 部分接腳說明如表 14-1 所示，其中 V_{DDA} 和 V_{SSA} 應該分別連接到 V_{DD} 和 V_{SS}。

▼ 表 14-1 ADC 接腳說明

名稱訊 號	類 型	注解
V_{REF+}	輸入，類比參考電源正極	$1.8V \leq V_{REF+} \leq V_{DDA}$
V_{DDA}	輸入，類比電源電壓	低速執行，$1.8V \leq V_{DDA} \leq V_{DD}$ (3.6V) 全速執行，$2.4V \leq V_{DDA} \leq V_{DD}$ (3.6V)
V_{REF-}	輸入，類比參考電源負極	$V_{REF-} = V_{SSA}$
V_{SSA}	輸入，類比電源地	等效於 V_{SS} 的類比電源地
ADCx_IN[15:0]	類比輸入訊號	16 個類比輸入通道

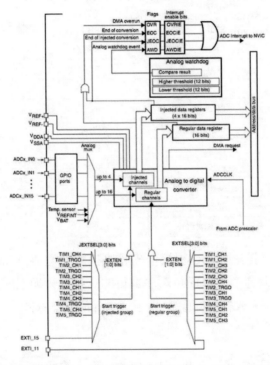

▲ 圖 14-4 ADC 內部結構 (來源：https://www.digikey.at/)

14.2.3 通道及分組

STM32F407 微控制器最多有 19 個類比輸入通道，可測量 16 個外部類比訊號和 3 個內部訊號源，ADC 通道分配關係如表 14-2 所示，其中，加灰色網底通道屬於內部訊號源，僅連接到 ADC1。

▼ 表 14-2 ADC 通道分配關係

通 道	ADC1	ADC2	ADC3
通 道 0	PA0	PA0	PA0
通 道 1	PA1	PA1	PA1
通 道 2	PA2	PA2	PA2
通 道 3	PA3	PA3	PA3
通 道 4	PA4	PA4	PF6
通 道 5	PA5	PA5	PF7
通 道 6	PA6	PA6	PF8
通 道 7	PA7	PA7	PF9
通 道 8	PB0	PB0	PF10
通 道 9	PB1	PB1	PF3
通 道 10	PC0	PC0	PC0
通 道 11	PC1	PC1	PC1
通 道 12	PC2	PC2	PC2
通 道 13	PC3	PC3	PC3
通 道 14	PC4	PC4	PF4
通 道 15	PC5	PC5	PF5
通 道 16	溫度感測器		
通 道 17	內部參考電壓		
通 道 18	備用電池電壓		

STM32F407 微控制器的 ADC 根據優先順序把所有通道分為兩個組：規則組和注入組。在任意多個通道上以任意順序進行的一系列轉換組成成組轉換。舉例來說，可以按以下順序完成轉換：通道 9、通道 5、通道 2、通道 7、通道 3、通道 8。

1. 規則通道

劃分到規則通道組 (Group of Regular Channel) 中的通道稱為規則通道。一般情況下，如果僅是一般類比輸入訊號的轉換，那麼將該類比輸入訊號的通道設定為規則通道即可。

規則通道組最多可以有 16 個規則通道，當每個規則通道轉換完成後，將轉換結果儲存到同一個規則通道資料暫存器，同時產生 A/D 轉換結束事件，可以產生對應的中斷和 DMA 請求。

2. 注入通道

劃分到注入通道組 (Group of Injected Channel) 中的通道稱為注入通道。如果需要轉換的類比輸入訊號的優先順序較其他的類比輸入訊號要高，那麼可以將該類比輸入訊號的通道歸入注入通道組中。

注入通道組最多可以有 4 個，對應地，也有 4 個注入通道資料暫存器儲存注入通道的轉換結果。當每個注入通道轉換完成後，產生 ADC 注入轉換結束事件，可以產生對應的中斷，但不具備 DMA 傳輸能力。

3. 通道組劃分

規則通道相當於正常執行的程式，而注入通道相當於中斷。當主程式正常執行的時候，中斷可以打斷其執行。同理，注入通道的轉換可以打斷規則通道的轉換，在注入通道轉換完成之後，規則通道才得以繼續轉換。

透過一個形象的例子可以說明：假如你在家裡的院子內放了 5 個溫度探測器，室內放了 2 個溫度探測器。你需要時刻監視室外溫度，偶爾想看看室內的溫度。可以使用規則通道組循環掃描室外的 5 個探測器並顯示 A/D 轉換結果，透過一個按鈕啟動注入轉換組 (2 個室內探測器) 並暫時顯示室內溫度，當放開這個按鈕後，系統又會回到規則通道組繼續檢測室外溫度。從系統設計上看，測量並顯示室內溫度的過程中斷了測量並顯示室外溫度的過程，但程式設計上可以在初始化階段分別設定好不同的轉換組，系統執行中不必再變更循環轉換的設定，從而達到兩個任務互不干擾和快速切換的效果。如果沒有規則組和注入組的劃分，當按下按鈕後，需要重新設定 A/D 循環掃描的通道，然後在釋放按鈕後需再次設定 A/D 循環掃描的通道，這樣的操作十分煩瑣，且容易出錯。

上面的例子因為速度較慢，不能完全表現這樣區分 (規則通道組和注入通道組) 的好處，但在工業應用領域中有很多檢測和監視探測器需要較快地處理，A/D 轉換的分組將簡化事件處理的程式並提高事件處理的速度。

14.2.4 時序圖

如圖 14-5 所示，ADC 在開始精確轉換前需要一個穩定時間 t_{STAB}。在開始 A/D 轉換和 15 個時鐘週期後，EOC 標識被設定，轉換結果存放在 16 位元 ADC 資料暫存器中。

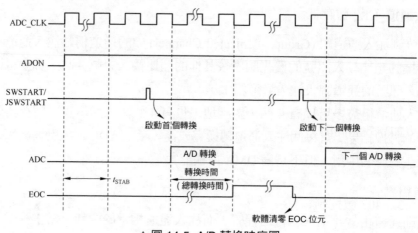

▲圖 14-5 A/D 轉換時序圖

14.2.5 資料對齊

ADC_CR2 暫存器中的 ALIGN 位元選擇轉換後資料儲存的對齊方式。資料可以右對齊或左對齊，如圖 14-6 和圖 14-7 所示。注入組通道轉換的資料值已經減去了在 ADC_JOFRx 暫存器中定義的偏移量，因此結果可以是一個負值，SEXT 位元是擴充的符號值。對於規則組通道，不需減去偏移值，因此只有 12 個位元有效。

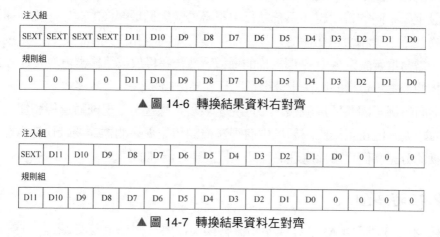

注入組

SEXT	SEXT	SEXT	SEXT	D11	D10	D9	D8	D7	D6	D5	D4	D3	D2	D1	D0

規則組

0	0	0	0	D11	D10	D9	D8	D7	D6	D5	D4	D3	D2	D1	D0

▲圖 14-6 轉換結果資料右對齊

注入組

SEXT	D11	D10	D9	D8	D7	D6	D5	D4	D3	D2	D1	D0	0	0	0

規則組

D11	D10	D9	D8	D7	D6	D5	D4	D3	D2	D1	D0	0	0	0	0

▲圖 14-7 轉換結果資料左對齊

14.2.6 校準

查詢 STM32F4xx 參考手冊可知，STM32F4 系列微控制器並沒有像 STM32F1

那樣在 ADC_CR2 暫存器中設定重置校準位元 RSTCAL 和 ADC 校準位元 CAL，ST 官方提供的常式也未曾涉及 ADC 模組校準。也就是說，STM32F4 系列微控制器無法透過軟體對 ADC 模組進行校準，而參考手冊並沒有對該部分內容說明。作者理解為，既然像 STM32F1 系列微控制器那樣，在使用 ADC 模組時，均需要撰寫較多程式對其重置和校準，倒不如直接由硬體將該部分工作自動完成，使程式設計更加高效和簡潔。

14.2.7 轉換時間

STM32F407 微控制器 A/D 轉換時間 T_{CONV}= 採樣時間 + 量化編碼時間，其中量化編碼時間固定為 12 個 ADC 時鐘週期。採樣週期數目可以透過 ADC_SMPR1 和 ADC_SMPR2 暫存器中的 SMP[2:0] 位元更改。每個通道可以分別用不同的時間採樣，可以是 3、15、28、56、84、112、144 或 480 個 ADC 時鐘週期。採樣時間的具體設定值根據實際被測訊號而定，必須符合採樣定理要求。

例如：當 ADCCLK=30MHz，採樣時間為 3 個週期時，T_{CONV} =3+12=15 個週期 =0.5μs。

14.2.8 轉換模式

A/D 轉換模式用於指定 ADC 以什麼方式組織通道轉換，主要有單次轉換模式、連續轉換模式、掃描模式和間斷模式等。

1. 單次轉換模式

在單次轉換模式下，ADC 只執行一次轉換。該模式既可透過設定 ADC_CR2 暫存器的 ADON 位元 (只適用於規則通道) 啟動，也可透過外部觸發啟動 (適用於規則通道或注入通道)，這時 CONT 位元為 0。一旦選擇通道的轉換完成，有以下 2 種情況：

(1) 如果一個規則通道被轉換：轉換資料被儲存在 16 位元 ADC_DR 暫存器中，EOC(轉換結束) 標識被設定，如果設定了 EOCIE 位元，則產生中斷。

(2) 如果一個注入通道被轉換：轉換資料被儲存在 16 位元的 ADC_JDRx(*x*=1~4) 暫存器中，JEOC(注入轉換結束) 標識被設定，如果設定了 JEOCIE 位元，則產生中斷。

2. 連續轉換模式

在連續轉換模式中，當前面 A/D 轉換一結束立刻就啟動另一次轉換。此模式可透過外部觸發啟動或透過設定 ADC_CR2 暫存器上 ADON 位元啟動，此時 CONT 位元是 1。

每個轉換後，有以下 2 種情況：

(1) 如果一個規則通道被轉換：轉換資料被儲存在 16 位元的 ADC_DR 暫存器中，EOC(轉換結束) 標識被設定，如果設定了 EOCIE 位元，則產生中斷。

(2) 如果一個注入通道被轉換：轉換資料被儲存在 16 位元的 ADC_JDRx 暫存器中，JEOC(注入轉換結束) 標識被設定，如果設定了 JEOCIE 位元，則產生中斷。

3. 掃描模式

此模式用來掃描一組類比頻道。掃描模式可透過設定 ADC_CR1 暫存器的 SCAN 位元選擇。一旦設定，ADC 掃描所有被 ADC_SQRx 暫存器 (對規則通道) 或 ADC_JSQR(對注入通道) 選中的所有通道。在每個組的每個通道上執行單次轉換，在每個轉換結束時，同一組的下一個通道被自動轉換。如果設定了 CONT 位元，轉換不會在選擇組的最後一個通道上停止，而是再次從選擇組的第一個通道繼續轉換。如果設定了 DMA 位元，在每次 EOC 事件後，DMA 控制器把規則組通道的轉換資料傳輸到 SRAM 中。而注入通道轉換的資料總是儲存在 ADC_JDRx 暫存器中。

4. 間斷模式

1) 規則組

此模式透過設定 ADC_CR1 暫存器的 DISCEN 位元啟動。它可以用來執行一個短序列的 n 次轉換 $(n \leq 8)$，此轉換是 ADC_SQRx 暫存器所選擇的轉換序列的一部分。數值 n 由 ADC_CR1 暫存器的 DISCNUM[2:0] 位元舉出。

一個外部觸發訊號可以啟動 ADC_SQRx 暫存器中描述的下一輪 n 次轉換，直到此序列所有的轉換完成為止。總的序列長度由 ADC_SQR1 暫存器的 L[3:0] 定義。

舉例：

$n=3$，被轉換的通道 =0、1、2、3、6、7、9、10。

第一次觸發：轉換的序列為 0、1、2。

第二次觸發：轉換的序列為 3、6、7。

第三次觸發：轉換的序列為 9、10，並產生 EOC 事件。

第四次觸發：轉換的序列 0、1、2。

注意：

(1) 當以間斷模式轉換一個規則組時，轉換序列結束後不自動從頭開始。

(2) 當所有子組被轉換完成，下一次觸發啟動第一個子組的轉換。在上面的例子中，第四次觸發重新轉換第一子組的通道 0、1 和 2。

2) 注入組

此模式透過設定 ADC_CR1 暫存器的 JDISCEN 位元啟動。在一個外部觸發事件後，該模式按通道順序一個一個轉換 ADC_JSQR 暫存器中選擇的序列。

一個外部觸發訊號可以啟動 ADC_JSQR 暫存器選擇的下一個通道序列的轉換，直到序列中所有的轉換完成為止。總的序列長度由 ADC_JSQR 暫存器的 JL[1:0] 位元定義。

例子：

$n=1$，被轉換的通道 =1、2、3。

第一次觸發：通道 1 被轉換。

第二次觸發：通道 2 被轉換。

第三次觸發：通道 3 被轉換，並且產生 EOC 和 JEOC 事件。

第四次觸發：通道 1 被轉換。

注意：

(1) 當完成所有注入通道轉換，下個觸發啟動第 1 個注入通道的轉換。在上述例子中，第四個觸發重新轉換第 1 個注入通道 1。

(2) 不能同時使用自動注入和間斷模式。

(3) 必須避免同時為規則組和注入組設定間斷模式。間斷模式只能作用於一組轉換。

14.2.9 外部觸發轉換和觸發極性

A/D 轉換可以由外部事件觸發 (例如計時器捕捉、EXTI 線)。如果 ADC_

CR2 暫存器的 EXTEN[1:0] 控制位元 (對於規則轉換) 或 JEXTEN[1:0] 位元 (對於注入轉換) 不等於「00」，則外部事件能夠以所選極性觸發轉換。EXTEN[1:0] 和 JEXTEN[1:0] 值與觸發極性之間的對應關係如表 14-3 所示。

▼表 14-3 設定觸發極性

觸發事件來源	EXTEN[1:0]/JEXTEN[1:0]
禁止觸發檢測	00
在上昇緣時檢測	01
在下降沿時檢測	10
在上昇緣和下降沿均檢測	11

ADC_CR2 暫存器的 EXTSEL[3:0] 和 JEXTSEL[3:0] 控制位元用於從 16 個可能事件中選擇可觸發規則組轉換和注入組轉換的事件。表 14-4 舉出了可用於規則通道的外部觸發。

▼表 14-4 規則通道的外部觸發

觸發事件來源	類型	EXTSEL[3:0]
TIM1_CH1 事件	事件片上計時器的內部訊號	0000
TIM1_CH2 事件		0001
TIM1_CH3 事件		0010
TIM2_CH2 事件		0011
TIM2_CH3 事件		0100
TIM2_CH4 事件		0101
TIM2_TRGO 事件		0110
TIM3_CH1 事件		0111
TIM3_TRGO 事件		1000
TIM4_CH4 事件		1001
TIM5_CH1 事件		1010
TIM5_CH2 事件		1011
TIM5_CH3 事件		1100
TIM8_CH1 事件		1101
TIM8_TRGO 事件		1110
EXTI 線線 11	外部接腳	1111

表 14-5 舉出了可用於注入通道的外部觸發。

▼ 表 14-5 注入通道的外部觸發

觸發事件來源	類型	JEXTSEL[3:0]
TIM1_CH4 事件	事件片上計時器的內部訊號	0000
TIM1_TRGO 事件		0001
TIM2_CH1 事件		0010
TIM2_TRGO 事件		0011
TIM3_CH2 事件		0100
TIM3_CH4 事件		0101
TIM4_CH1 事件		0110
TIM4_CH2 事件		0111
TIM4_CH3 事件		1000
TIM4_TRGO 事件		1001
TIM5_CH4 事件		1010
TIM5_TRGO 事件		1011
TIM8_CH2 事件		1100
TIM8_CH3 事件		1101
TIM8_CH4 事件		1110
EXTI 線 15	外部接腳	1111

14.2.10 中斷和 DMA 請求

1. 中斷

規則組和注入組轉換結束時能產生中斷,當模擬看門狗狀態位元和溢位狀態位元被設定時,也能產生中斷,它們都有獨立的中斷啟用位元。ADC1、ADC2 和 ADC3 的中斷映射在同一個中斷向量上。表 14-6 舉出了 STM32F407 微控制器 ADC 的中斷事件的標識位元和控制位元。

▼ 表 14-6 STM32F407 微控制器 ADC 中斷事件

中斷事件	事件標識	啟用控制位元
規則組轉換結束	EOC	EOCIE
注入組轉換結束	JEOC	JEOCIE
設定了模擬看門狗狀態位元	AWD	AWDIE
溢位 (Overrun)	OVR	OVRIE

2. DMA 請求

因為規則通道轉換的值儲存在一個僅有的資料暫存器中，所以當轉換多個規則通道時需要使用 DMA 請求，這可以避免遺失已經儲存在 ADC_DR 暫存器中的資料。在啟用 DMA 模式的情況下 (ADC_CR2 暫存器中的 DMA 位置 1)，每完成規則通道組中的通道轉換後，都會生成一個 DMA 請求。這樣便可將轉換的資料從 ADC_DR 暫存器傳輸到用軟體選擇的目標位置。而 4 個注入通道有 4 個資料暫存器用來儲存每個注入通道的轉換結果，因此注入通道無須 DMA。

14.2.11 多重 ADC 模式

STM32F407 微控制器有 3 個 ADC，這 3 個 ADC 可以獨立工作，也可以組成雙重或三重 ADC 模式。在多重 ADC 模式下，ADC1 是主元件，必須使用，可以使用 ADC1 和 ADC2 組成雙重模式，ADC1、ADC2 和 ADC3 組成三重模式。

多重 ADC 模式就是使用主元件 ADC1 的觸發訊號去交替觸發或同步觸發其他 ADC 啟動轉換。舉例來說，對於三分量類比輸出的震動感測器，需要對 X、Y、Z 這 3 個方向的震動訊號同步擷取，以合成一個三維空間中的震動向量，這時就需要使用 3 個 ADC 對 3 路訊號同步擷取，而不能使用 1 個 ADC 對 3 路訊號透過多工方式進行擷取。

多重 ADC 有多種工作模式，可以交替觸發，也可以同步觸發。設定 ADC1 和 ADC2 雙重同步工作模式時，為 ADC1 設定的觸發源同時也觸發 ADC2，以實現兩個 ADC 同步轉換。在多重模式下，有一個專門的 32 位元資料暫存器 ADC_CDR，用於儲存多重模式下的轉換結果資料。在雙重模式下，ADC_CDR 的高 16 位元儲存 ADC2 的規則轉換結果資料，ADC_CDR 的低 16 位元儲存 ADC1 的規則轉換結果資料。三重 ADC 模式和其他工作模式的原理及應用方法詳見 STM32F4xx 參考手冊。

14.3 ADC 的 HAL 函數庫驅動

STM32F407 微控制器的 ADC 的 HAL 函數庫驅動程式主要劃分為規則通道驅動、注入通道驅動和多重 ADC 驅動三部分。

14.3.1 規則通道驅動

ADC 模組的驅動程式有兩個標頭檔：檔案 stm32f4xx_hal_adc.h 是 ADC 模組整體設定和規則通道相關的函數和定義；檔案 stm32f4xx_hal_adc_ex.h 是注入通道和多重 ADC 模式相關的函數和定義。表 14-7 是檔案 stm32f4xx_hal_adc.h 中的一些主要函數。

▼ 表 14-7 ADC 模組整體設定和規則通道驅動函數

分組	功能描述	功能描述
初始化和設定	HAL_ADC_Init()	初始化，設定 ADC 整體參數
	HAL_ADC_MspInit()	ADC 初始化 MSP 函數，在 HAL_ADC_Init() 中被呼叫
	HAL_ADC_ConfigChannel()	ADC 規則通道設定，一次設定一個通道
	HAL_ADC_AnalogWDGConfig()	模擬看門狗設定
	HAL_ADC_GetState()	傳回 ADC 當前狀態
	HAL_ADC_GetError()	傳回 ADC 錯誤程式
軟體啟動轉換	HAL_ADC_Start()	啟動 ADC，並開始規則通道的轉換
	HAL_ADC_Stop()	停止規則通道的轉換，並停止 ADC
	HAL_ADC_PollForConversion()	輪詢方式等待 ADC 規則通道轉換完成
	HAL_ADC_GetValue()	讀取規則通道轉換結果暫存器的資料
中斷方式轉換	HAL_ADC_Start_IT()	開啟中斷，開始 ADC 規則通道的轉換
	HAL_ADC_Stop_IT()	關閉中斷，停止 ADC 規則通道的轉換
	HAL_ADC_IRQHandler()	ADC 中斷服務程式裡呼叫的 ADC 中斷通用處理函數
DMA 方式轉換	HAL_ADC_Start_DMA()	開啟 ADC 的 DMA 請求，開始 ADC 規則通道的轉換
	HAL_ADC_Stop_DMA()	停止 ADC 的 DMA 請求，停止 ADC 規則通道的轉換

1. ADC 初始化

函數 HAL_ADC_Init() 用於初始化某個 ADC 模組，設定 ADC 的整體參數，其原型定義如下：

```
HAL_StatusTypeDef HAL_ADC_Init(ADC_HandleTypeDef* hadc)
```

其中，參數 hadc 是 ADC_HandleTypeDef 結構類型指標，是 ADC 外接裝置物件指標。在 STM32CubeMX 為 ADC 外接裝置生成的使用者程式檔案 adc.c 中會為 ADC 定義外接裝置物件變數。舉例來說，使用者初始化 ADC1 時就會定義以下的變數：

```
ADC_HandleTypeDef  hadc1;  // 定義 ADC1 外接裝置物件變數
```

ADC_HandleTypeDef 的結構類型定義位於 stm32f4xx_hal_adc.h 檔案中，用於儲存使用 ADC 物件需要用到的參數資訊，其重要成員主要有 ADC 暫存器基址 Instance 和初始化結構 Init，具體設定方法將在專案實例中結合 STM32CubeMX 的設定作具體解釋。

2. 規則通道設定

函數 HAL_ADC_ConfigChannel() 用於設定一個 ADC 規則通道，其原型定義如下：

```
HAL_StatusTypeDef HAL_ADC_ConfigChannel(ADC_HandleTypeDef* hadc,
ADC_ChannelConfTypeDef* sConfig)
```

其中，參數 sConfig 是 ADC_ChannelConfTypeDef 結構類型指標，用於設定輸入通道編號、在 ADC 規則轉換組中的編號、採樣時間和訊號偏移量等一些參數。

3. 軟體啟動轉換

函數 HAL_ADC_Start() 用於以軟體方式啟動 ADC 規則通道的轉換，軟體啟動轉換後，需要呼叫函數 HAL_ADC_PollForConversion() 查詢轉換是否完成，轉換完成後可用函數 HAL_ADC_GetValue() 讀出規則通道轉換結果暫存器 ADC_DR 裡的 32 位元資料。若要再次轉換，需要再次使用這 3 個函數重複上述過程。使用函數 HAL_ADC_Stop() 停止 ADC 規則通道的轉換。軟體啟動轉換的模式適用於單通道、低採樣頻率的 A/D 轉換，上述函數的原型定義如下：

```
HAL_StatusTypeDef HAL_ADC_Start(ADC_HandleTypeDef* hadc)
uint32_t HAL_ADC_GetValue(ADC_HandleTypeDef* hadc)
HAL_StatusTypeDef HAL_ADC_Stop(ADC_HandleTypeDef* hadc)
HAL_StatusTypeDef HAL_ADC_PollForConversion(ADC_HandleTypeDef* hadc, uint32_t Timeout)
```

其中，參數 hadc 是 ADC 外接裝置物件指標，Timeout 是逾時等待時間，預設單位是 ms。

4. 中斷方式轉換

當 ADC 設定為用計時器或外部訊號觸發轉換時，函數 HAL_ADC_Start_IT() 用於啟動轉換，同時會開啟 ADC 全域中斷。當 A/D 轉換完成時，會觸發中斷，在中斷服務程式中，可以用 HAL_ADC_GetValue() 讀取轉換結果暫存器裡的資料。函數 HAL_ADC_Stop_IT() 可以關閉中斷，停止 A/D 轉換。開啟和停止 ADC 中斷方式轉換的兩個函數的原型定義如下：

```
HAL_StatusTypeDef HAL_ADC_Start_IT(ADC_HandleTypeDef* hadc)
HAL_StatusTypeDef HAL_ADC_Stop_IT(ADC_HandleTypeDef* hadc)
```

ADC1、ADC2 和 ADC3 共用一個中斷號碼，ISR 名稱為 ADC_IRQHandler()。ADC 有 4 個中斷事件來源，在 ADC 中斷通用處理函數 HAL_ADC_IRQHandler() 內部會判斷中斷事件的類型，並呼叫相應的回呼函數。ADC 中斷事件類型及其對應的回呼函數如表 14-8 所示，中斷事件類型使用其巨集定義形式表示。

▼表 14-8 ADC 中斷事件類型及其對應的回呼函數

中斷事件類型	中斷事件	回呼函數
ADC_IT_EOC	規則通道轉換結束事件	HAL_ADC_ConvCpltCallback()
ADC_IT_AWD	模擬看門狗觸發事件	HAL_ADC_LevelOutOfWindowCallback()
ADC_IT_JEOC	注入通道轉換結束事件	HAL_ADCEx_InjectedConvCpltCallback()
ADC_IT_OVR	資料溢位事件，即暫存器內的資料未被及時讀出	HAL_ADC_ErrorCallback()

使用者可以設定在轉換完一個通道後就產生 EOC 事件，也可以設定在轉換完規則組的所有通道後產生 EOC 事件。但是規則組只有一個轉換結果暫存器 ADC_DR，如果有多個轉換通道，若設定轉換完規則組所有通道後產生 EOC 事件，則會導致資料溢位。一般設定在轉換完一個通道後就產生 EOC 事件，所以中斷方式轉換適用於單通道或採樣頻率不高的場合。

5. DMA 方式轉換

ADC 只有一個 DMA 請求，資料傳輸方向是從外接裝置到記憶體。DMA 在 ADC 中非常有用，它可以處理多通道、高採樣頻率情況下的資料傳輸。設定函數 HAL_ADC_Start_DMA() 以 DMA 方式啟動 ADC，其原型定義如下：

```
HAL_StatusTypeDef HAL_ADC_Start_DMA(ADC_HandleTypeDef* hadc, uint32_t* pData,
uint32_t Length)
```

其中，參數 hadc 是 ADC 外接裝置物件指標，參數 pData 是 uint32_t 類型緩衝區指標，因為 ADC 轉換結果暫存器是 32 位元，所以 DMA 資料寬度是 32 位元，參數 Length 是緩衝區長度，單位是字 (4 位元組)。

停止 DMA 方式 ADC 資料轉換的函數是 HAL_ADC_Stop_DMA()，其原型定義如下：

```
HAL_StatusTypeDef HAL_ADC_Stop_DMA(ADC_HandleTypeDef* hadc)
```

DMA 串流的主要中斷事件與 ADC 回呼函數之間的關係如表 14-9 所示。一個外接裝置使用 DMA 傳輸方式時，DMA 串流的事件中斷一般使用外接裝置的事件中斷回呼函數。

▼ 表 14-9　DMA 串流中斷事件類型及其連結的回呼函數

DMA 串流中斷事件類型巨集	DMA 串流中斷事件類型	連結的回呼函數名稱
DMA_IT_TC	傳輸完成中斷	HAL_ADC_ConvCpltCallback()
DMA_IT_HT	傳輸半完成中斷	HAL_ADC_ConvHalfCpltCallback()
DMA_IT_TE	傳輸錯誤中斷	HAL_ADC_ErrorCallback()

14.3.2　注入通道驅動

ADC 的注入通道驅動有一組單獨的處理函數，在檔案 stm32f4xx_hal_adc_ex.h 中定義。ADC 注入通道驅動相關函數如表 14-10 所示。需要注意的是，注入通道沒有 DMA 傳輸方式。

▼ 表 14-10　ADC 注入通道驅動相關函數

分組	函數名稱	功能描述
通道設定	HAL_ADCEx_InjectedConfigChannel()	注入通道設定
軟體啟動轉換	HAL_ADCEx_InjectedStart()	軟體方式啟動注入通道轉換
	HAL_ADCEx_InjectedStop()	軟體方式停止注入通道轉換
	HAL_ADCEx_InjectedPollForConversion()	查詢注入通道轉換是否完成
	HAL_ADCEx_InjectedGetValue()	讀取注入通道轉換結果資料暫存器
中斷方式轉換	HAL_ADCEx_InjectedStart_IT()	開啟注入通道中斷方式轉換
	HAL_ADCEx_InjectedStop_IT()	停止注入通道中斷方式轉換
	HAL_ADCEx_InjectedConvCpltCallback()	注入通道轉換結束中斷事件回呼函數

14.3.3 多重 ADC 驅動

多重 ADC 驅動就是 2 個或 3 個 ADC 同步或交錯使用，相關函數在檔案 stm32f4xx_hal_adc_ex.h 中定義。多重 ADC 驅動只有 DMA 傳輸方式，相關函數如表 14-11 所示。

▼ 表 14-11 多重 ADC 驅動相關函數

函 數 名 稱	功 能 描 述
HAL_ADCEx_MultiModeConfigChannel()	多重模式的通道設定
HAL_ADCEx_MultiModeStart_DMA()	以 DMA 方式啟動多重 ADC
HAL_ADCEx_MultiModeStop_DMA()	停止多重 ADC 的 DMA 方式傳輸
HAL_ADCEx_MultiModeGetValue()	停止多重 ADC 後，讀取最後一次轉換結果資料

14.4 專案實例

14.4.1 多通道輪詢方式類比訊號擷取

1. 開發專案

如圖 14-8 所示，開發板總共提供了 4 個類比量輸入通道，其中前 3 路 ADIN0~ADIN2 由電位器 RV1~RV3 提供，第 4 路 Tr_AO 由分壓電阻 R7 和光敏電阻 R9 分壓提供，分壓電路一端接系統電源 3.3V，另一端接電源地，中間抽頭與 STM32 微控制器一組 GPIO 接腳 (PA0~PA3) 連接。

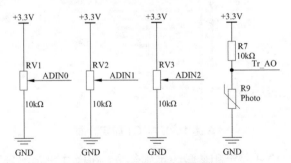

▲ 圖 14-8 A/D 採樣模組電路

專案採用軟體輪詢方式對上述 4 個通道的類比訊號依次採樣，由於 4 個通道操作方式和重要程度是相同的，所以自然而然地將其歸入規則通道組。**由於規**

則通道只有一個轉換結果暫存器 ADC_DR，如果採用循環掃描方式，且未使用 DMA 傳輸時，將導致轉換結果沒有被讀出就已經被覆蓋。基於上述原因，作者採用 ADC 單通道獨立工作模式，即每次設定並啟用一個通道，輪詢至轉換完成後讀取轉換結果，平均值濾波後透過 LCD 顯示，依此類推，直至所有通道處理完成再從頭開始。

2. 複製專案檔案

複製第 12 章建立的專案範本資料夾 1202 Chinese Show 到桌面，並將資料夾重新命名為 1401 ADC Polling。

3. STM32CubeMX 設定

打開專案範本資料夾中的 Template.ioc 檔案，啟動 STM32CubeMX 設定軟體，在左側設定類別 Categories 下面的 Analog 列表中找到 ADC1，打開其設定介面，設定介面如圖 14-9 所示。

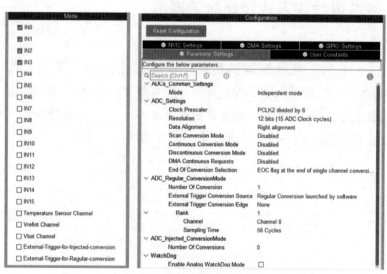

▲ 圖 14-9　ADC1 設定介面

ADC 設定分為模式設定和參數設定兩部分，在模式設定部分，全是核取方塊，其意義說明如下：

(1) IN0~IN15：ADC1 的 16 個外部輸入通道，因為開發板 4 個類比量擷取端連接 MCU 的 PA0~PA3 接腳，即 ADC1 的通道 0~ 通道 3，所以需要將 IN0~IN3

輸入通道選中。

(2) Temperature Sensor Channel：內部溫度感測器通道，連接 ADC1 的 IN16 通道。

(3) Vrefint Channel：內部參考電壓通道，連接 ADC1 的 IN17 通道。

(4) Vbat Channel：備用電源 VBAT 通道，連接 ADC1 的 IN18 通道。

(5) External-Trigger-for-Injected-conversion：注入轉換使用外部觸發。

(6) External-Trigger-for-Regular-conversion：規則轉換使用外部觸發。

ADC 參數設定部分分為多個組，各組參數分別說明如下：

1) ADCs_Common_Settings 組

Mode：ADC 工作模式，只啟用一個 ADC 時，只能選擇 Independent mode(獨立模式)。如果啟用 2 個或 3 個 ADC，會出現雙重或多重工作模式選項。

2) ADC_Settings 組

(1) Clock Prescaler：時鐘分頻，由 PCLK2 產生 ADC 時鐘訊號，可選 2、4、6、8 分頻，ADCCLK 頻率不得超過 36MHz。

(2) Resolution：分頻率，可選 12 位元、10 位元、8 位元或 6 位元，選項中還顯示了使用 3 次採樣時的單次轉換時鐘週期個數，即單次轉換最少時鐘週期個數。

(3) Data Alignment：資料對齊方式，可選擇 Right Alignment(右對齊) 或 Left Alignment(左對齊)。

(4) Scan Conversion Mode：是否使用掃描轉換模式，掃描模式用於一組輸入通道的轉換，如果啟用掃描轉換模式，則轉換完一個通道後，會自動轉換組內下一個通道，直到一組通道都轉換完。

(5) Continuous Conversion Mode：連續轉換模式，啟用連續轉換模式後，ADC 結束一個或一組轉換後立即啟動一個或一組新的轉換。

(6) Discontinuous Conversion Mode：間斷轉換模式，一般用於外部觸發時，將一組輸入通道分為多個短序列，分批次轉換。

(7) DMA Continuous Requests：是否連續產生 DMA 請求，如果設定為 Disabled，則在最後一次傳輸後不發出新的 DMA 請求；如果設定為 Enabled，只要發送資料且使用了 DMA，就發出 DMA 請求。

(8) End Of Conversion Selection：EOC 標識產生方式，選項 EOC flag at the

end of single channel conversion 表示在每個通道轉換完成後產生 EOC 標識；選項 EOC flag at the end of all conversions 表示在一組所有通道轉換完成後產生 EOC 標識。

3) ADC_Regular_ConversionMode 組

(1) Number Of Conversions：規則轉換序列的轉換個數，最多 16 個，每個轉為一個 Rank(佇列)，這個數值不必等於輸入類比頻道數。

(2) External Trigger Conversion Source：外部觸發轉換的訊號源，專案選擇 Regular Conversion Launched by Software(軟體啟動規則轉換)。週期性擷取時，一般選擇計時器 TRGO 訊號或捕捉比較事件訊號作為觸發訊號，還可以選擇外部中斷線訊號作為觸發訊號。

(3) External Trigger Conversion Edge：外部觸發轉換時使用的訊號邊沿，可選擇上昇緣、下降沿或雙邊沿都觸發。

(4) Rank：規則組每一個轉換對應一個 Rank，每個 Rank 需要設定輸入通道 (Channel) 和採樣時間 (Sampling Time)。一個規則組有多個 Rank 時，Rank 的設定順序就規定了轉換通道的序列。每個 Rank 的採樣時間可以單獨設定，採樣時間的單位是 ADCCLK 的時鐘週期數，採樣時間越長，轉換結果越準確。

4) ADC_Injected_ConversionMode 組

Number Of Conversions：注入轉換序列的轉換個數，最多 4 個，每個轉換也是一個 Rank。注入轉換的 Rank 多了一個 Offset(偏移量) 參數，可以設定 0~4095 中的數作為偏移量，A/D 轉換結果需要減去這一偏移量。

5) WatchDog 組

如果啟用了模擬看門狗，可以對一個通道或所有通道的類比電壓進行監測。需要設定一個設定值上限和一個設定值下限，數值範圍為 0~4095。可以開啟模擬看門狗中斷，在監測電壓超過上限或下限時，會產生模擬看門狗事件中斷。

完成 ADC1 模式和參數設定之後，STM32CubeMX 會自動將 ADC1 的 IN0~IN3 對應接腳 PA0~PA3 設定為類比輸入、無上拉 / 下拉模式。因為未使用中斷方式進行資料傳輸，所以無須啟用 ADC1 全域中斷。LCD、SPI、時鐘、專案等相關設定無須更改，按一下 GENERATE CODE 按鈕生成初始化專案。

4. 初始化程式分析

使用者啟用一個 ADC 外接裝置之後，STM32CubeMX 會生成 ADC 初始化原始檔案 adc.c 和初始化標頭檔 adc.h，分別用於 ADC 初始化的實現和定義，並在主程式中自動呼叫 ADC 初始化函數，其程式如下：

```
/* -------------------------Source File adc.c-------------------------------- */
#include "adc.h"
ADC_HandleTypeDef  hadc1;
/* ADC1 init function */
void MX_ADC1_Init(void)
{
    ADC_ChannelConfTypeDef  sConfig = {0};
    /** 設定 ADC 特性（時鐘、解析度、資料對齊方式、轉換個數等） **/
    hadc1.Instance = ADC1;
    hadc1.Init.ClockPrescaler = ADC_CLOCK_SYNC_PCLK_DIV6;
    hadc1.Init.Resolution = ADC_RESOLUTION_12B;
    hadc1.Init.ScanConvMode = DISABLE;
    hadc1.Init.ContinuousConvMode = DISABLE;
    hadc1.Init.DiscontinuousConvMode = DISABLE;
    hadc1.Init.ExternalTrigConvEdge = ADC_EXTERNALTRIGCONVEDGE_NONE;
    hadc1.Init.ExternalTrigConv = ADC_SOFTWARE_START;
    hadc1.Init.DataAlign = ADC_DATAALIGN_RIGHT;
    hadc1.Init.NbrOfConversion = 1;
    hadc1.Init.DMAContinuousRequests = DISABLE;
    hadc1.Init.EOCSelection = ADC_EOC_SINGLE_CONV;
    if (HAL_ADC_Init(&hadc1) != HAL_OK)
        {  Error_Handler();  }
    /** 設定規則組裡的每個 Rank 的轉換序號和採樣週期  */
    sConfig.Channel = ADC_CHANNEL_0;
    sConfig.Rank = 1;
    sConfig.SamplingTime = ADC_SAMPLETIME_56CYCLES;
    if (HAL_ADC_ConfigChannel(&hadc1, &sConfig) != HAL_OK)
        {  Error_Handler();  }
}
void HAL_ADC_MspInit(ADC_HandleTypeDef* adcHandle)
{
    GPIO_InitTypeDef GPIO_InitStruct = {0};
    if(adcHandle->Instance==ADC1)
    {
        __HAL_RCC_ADC1_CLK_ENABLE();    /* ADC1 clock enable */
        __HAL_RCC_GPIOA_CLK_ENABLE();
        /* PA0 --> ADC1_IN0  PA1 --> ADC1_IN1  PA2 --> ADC1_IN2  PA3 --> ADC1_IN3  */
        GPIO_InitStruct.Pin = GPIO_PIN_0|GPIO_PIN_1|GPIO_PIN_2|GPIO_PIN_3;
        GPIO_InitStruct.Mode = GPIO_MODE_ANALOG;
```

```
        GPIO_InitStruct.Pull = GPIO_NOPULL;
        HAL_GPIO_Init(GPIOA, &GPIO_InitStruct);
    }
}
```

　　上述程式定義了 ADC_HandleTypeDef 型外接裝置物件變數 hadc1。在函數 MX_ADC1_Init() 中對其 2 個重要成員進行賦值：一個是 Instance 成員，舉出外接裝置基底位址；另一個是 Init 成員，用於初始化 ADC 的重要參數，賦值程式與 STM32CubeMX 中的設定是對應的。

　　函數 MX_ADC1_Init() 還定義一個 ADC_ChannelConfTypeDef 類型變數，用於規則轉換通道每個 Rank 的輸入通道、轉換順序和採樣時間的設定。如果規則轉換組有多個 Rank，需要對其進行逐一設定。

　　函數 HAL_ADC_MspInit() 的功能是啟用 ADC1 時鐘，設定 ADC1 的類比輸入重複使用接腳 PA0~PA3，該函數在 HAL_ADC_Init() 中被呼叫。

5. 使用者撰寫程式

　　使用者撰寫的程式存放於 main.c 檔案中，採用輪詢方式實現 4 通道 ADC 採樣、濾波和顯示功能，其參考程式如下：

```
/* --------------------------Source File main.c--------------------------------- */
#include "main.h"
#include "adc.h"
#include "spi.h"
#include "gpio.h"
#include "fsmc.h"
/* USER CODE BEGIN Includes */
#include "lcd.h"
#include "flash.h"
#include "stdio.h"
/* USER CODE END Includes */
void SystemClock_Config(void);
int main(void)
{
    /* USER CODE BEGIN 1 */
    ADC_ChannelConfTypeDef  sConfig = {0};
    uint32_t cnum,ADVal,i;
    uint8_t TempStr[30]="";
    /* USER CODE END 1 */
    HAL_Init();
    SystemClock_Config();
    MX_GPIO_Init();
```

```
MX_FSMC_Init();
MX_SPI1_Init();
MX_ADC1_Init();
/* USER CODE BEGIN WHILE */
LCD_Init();
LCD_Clear(WHITE);
// 螢幕下半部分填充藍色背景，height=240，width=320
LCD_Fill(0,lcddev.height/2,lcddev.width,lcddev.height,BLUE);
*SEG_ADDR=0xFFFF;   // 關閉所有數位管
W25QXX_ReadID();       // 讀取 W25Q128 元件 ID，因後續程式需要使用
LCD_PrintCenter(0,24*1,(u8 *)"第 14 章 模數轉換與光照傳感 ",BLUE,WHITE,24,0);
LCD_PrintCenter(0,24*3,(u8 *)"調節 RV1-RV3，R9 光照強度 ",BLUE,WHITE,24,0);
while (1)
{
    for(cnum=0;cnum<4;cnum++)
    {
        ADVal=0;
        sConfig.Channel = cnum;
        sConfig.Rank = 1;
        sConfig.SamplingTime = ADC_SAMPLETIME_56CYCLES;
    if (HAL_ADC_ConfigChannel(&hadc1, &sConfig) != HAL_OK)
        Error_Handler();
    for(i=0;i<20;i++)
    {
        HAL_ADC_Start(&hadc1);
        if(HAL_ADC_PollForConversion(&hadc1,200)==HAL_OK)
            {
                ADVal=ADVal+HAL_ADC_GetValue(&hadc1);
            }
        }
        ADVal=ADVal/20;
        sprintf(TempStr,"CH%d,Val:%04d,Vol:%.3fV",cnum+1,ADVal,3.3*ADVal/4096);
        LCD_ShowString(0,24*(5+cnum),TempStr,WHITE,BLUE,24,0);
        HAL_Delay(500);
    }
    /* USER CODE END WHILE */
}
}
```

上述程式首先對外接裝置進行初始化，包括 ADC、FSMC、SPI、GPIO 等模組，隨後在 LCD 上顯示提示訊息，最後進入 4 通道類比量擷取、濾波和顯示的無限迴圈中。每次迴圈包括通道設定，啟動 ADC，以輪詢方式擷取資料，對轉換結果進行平均值濾波、LCD 顯示等工作。

6. 下載偵錯

　　編譯專案，直到沒有錯誤為止，下載程式到開發板，重置執行，檢查實驗效果。

14.4.2 光照感測器類比與數位同步控制

1. 開發專案

　　開發板光照傳感電路如圖 14-10 所示，其核心元件是光敏電阻 R9，其阻值隨著光照變化而變化，與 R7 組成一個分壓電路，光照越強，阻值越小，分得電壓越低，反之電壓越高。光照感測電路有兩種形式輸出：一種是類比量直接輸出，即圖中的網路標號 Tr_AO；另一種是數位量輸出，即圖中的網路標號 Tr_DO。光照感測電路數位輸出實現方法是將光敏電阻 R9 分得電壓和電位器 RP3 分得電壓分別連接至運算放大器 U3 的同相輸入端和反相輸入端。光照越強，R9 分得電壓越低，運算放大器輸出低電位，光照越弱，R9 分得電壓越高，運算放大器輸出高電位。光照感測器電位翻轉設定值由電位器 RP3 壓降決定，RP3 壓降越高，則運放 U3 電位翻轉觸發設定值越高。

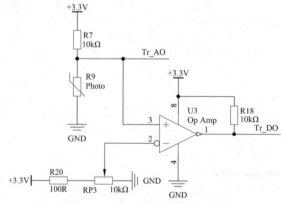

▲ 圖 14-10 開發板光照感測電路

　　專案實現光照感測器類比輸出和數位輸出同步控制效果，類比輸出控制 LED 指示燈 L4，數位輸出控制 LED 指示燈 L1，光照較強時兩個指示燈均熄滅，光照較弱時，例如使用手指遮擋光敏電阻 R9，兩個指示燈均點亮。為達到同步控制的效果，需要將類比輸出和數位輸出的設定值設定為近似相等，可以使用萬用表或開發板的 ADC 模組測得電位器 RP3 所分得電壓，顯然後者更為方便和精確。類比量擷取僅有光照感測器一個通道，所以依然將其劃分為規則通道，但採用中斷方式實現 A/D 轉換。

2. 複製專案檔案

複製上文建立的專案範本資料夾 1401 ADC Polling 到桌面，並將資料夾重新命名為 1401 Light Senor。

3. STM32CubeMX 設定

專案初始化設定基本與上一節相同，在此僅將幾項不同設定作簡要說明。本專案類比量擷取僅有光照感測器一個通道，所以需要選中 ADC1 的 IN3 通道，並將其劃分為規則通道。範例採用中斷方式實現 A/D 轉換，所以需要啟用 ADC1 的全域中斷，並為其設定一個中等的優先順序。由於採用中斷方式，每次轉換結束在 ISR 中讀取轉換結果，為進一步簡化操作，設定 ADC 工作於連續轉換模式。

4. 初始化程式分析

初始化程式與 STM32CubeMX 設定對應，與上一節所展示的程式類似，只是在設定 ADC 參數時，選擇連續工作模式；在函數 HAL_ADC_MspInit() 中增加了啟用 ADC1 全域中斷和設定中斷優先順序程式。

5. 使用者撰寫程式

使用者需要撰寫主程式和轉換結束事件回呼函數，上述程式均在 main.c 檔案中實現，參考程式如下：

```
/* --------------------------Source File main.c-------------------------------- */
#include "main.h"
#include "adc.h"
#include "spi.h"
#include "gpio.h"
#include "fsmc.h"
#include "lcd.h"
#include "flash.h"
#include "stdio.h"
uint32_t ADVal;
void SystemClock_Config(void);
int main(void)
{
```

```
    uint8_t TempStr[30]="",PhotoRes=0;
    HAL_Init();
    SystemClock_Config();
    MX_GPIO_Init();
    MX_FSMC_Init();
    MX_SPI1_Init();
    MX_ADC1_Init();
    HAL_ADC_Start_IT(&hadc1);        // 以中斷方式啟動 ADC 外接裝置
    LCD_Init();
    LCD_Clear(WHITE);
    LCD_Fill(0,lcddev.height/2,lcddev.width,lcddev.height,BLUE);
    *SEG_ADDR=0xFFFF;                // 關閉所有數位管
    W25QXX_ReadID();                 // 讀取 W25Q128 元件 ID，後續程式需要使用
    LCD_PrintCenter(0,24*0+12,(u8 *)" 第 14 章  模數轉換與光照感測 ",BLUE,WHITE,24,0);
    LCD_PrintCenter(0,24*1+24,(u8 *)" 光敏電阻類比輸出和數位輸出 ",BLUE,WHITE,24,0);
    LCD_PrintCenter(0,24*2+36,(u8 *)" 改變 R9 光照，L1 和 L4 同時亮滅 ",BLUE,WHITE,24,0);
    while (1)
    {
        /* 為實現模數同步控制，需測量 RP3 壓降，實測 ADVal=2068，Vol=1.665V*/
        sprintf((char *)TempStr,"Tr_AO:%04d,Vol:%.2fV",ADVal,3.3*ADVal/4096);
        LCD_ShowString(12,24*5+12,TempStr,WHITE,BLUE,24,0);
        if(ADVal<2038)   // 具有一定的回滯特性
            HAL_GPIO_WritePin(GPIOF,GPIO_PIN_3,GPIO_PIN_SET);
        if(ADVal>2098)   // 具有一定的回滯特性
            HAL_GPIO_WritePin(GPIOF,GPIO_PIN_3,GPIO_PIN_RESET);
        PhotoRes=HAL_GPIO_ReadPin(GPIOA,GPIO_PIN_4);
        if(PhotoRes==0)
        {
            HAL_GPIO_WritePin(GPIOF,GPIO_PIN_0,GPIO_PIN_SET);
            LCD_ShowString(12,24*7,(u8 *)"Tr_DO:LOW and L1 Off",WHITE,BLUE,24,0);
        }
        else
        {
            HAL_GPIO_WritePin(GPIOF,GPIO_PIN_0,GPIO_PIN_RESET);
            LCD_ShowString(12,24*7,(u8 *)"Tr_DO:HIGH and L1 On ",WHITE,BLUE,24,0);
        }
        HAL_Delay(200);
    }
}
/* A/D 轉換結束中斷事件 (ADC_IT_EOC) 回呼函數 */
void HAL_ADC_ConvCpltCallback(ADC_HandleTypeDef* hadc)
{
    if(hadc->Instance==ADC1)
    {
        ADVal=HAL_ADC_GetValue(hadc);
    }
}
```

　　使用者程式劃分為兩部分,重新實現的回呼函數用於讀取 A/D 轉換結果,其程式較為簡單。主程式首先對所有用到的外接裝置進行初始化,然後在 LCD 上顯示操作提示訊息,最後進入無限迴圈,根據類比輸出和數位輸出,控制 LED 指示燈的亮滅,實現同步控制效果。

6. 下載偵錯

　　編譯專案,直到沒有錯誤為止,下載程式到開發板,重置執行,檢查實驗效果。

本章小結

　　本章首先對 ADC 的基本概念進行講解,包括 ADC 基本原理、性能參數和主要類型等內容,讓讀者對 ADC 有一個基本的認識。隨後詳細講解了 STM32F407 的 ADC 工作原理,包括主要特徵、內部結構、通道分組、時序、校準、轉換模式等內容。緊接著對 ADC 的 HAL 函數庫驅動函數作了簡單介紹。最後舉出兩個 A/D 轉換綜合應用實例,範例 1 採用軟體輪詢方式實現 4 通道類比量擷取,範例 2 採用中斷方式實現光照感測器類比輸出和數位輸出同步控制。ADC 是 STM32 的王牌之一,特別是與 DMA 組合,將其應用演繹得更加豐富多彩,也使系統更加簡潔高效,相關內容將在後續章節作進一步探討。

思考拓展

(1) 什麼是 ADC ? A/D 轉換過程分為哪幾步?

(2) ADC 的性能參數有哪些?分別代表什麼意義?

(3) ADC 的主要類型有哪些?它們各有什麼特點?

(4) STM32F407 微控制器的 ADC 的觸發轉換方式有哪些?

(5) STM32F407 微控制器的 ADC 常用的轉換模式有哪幾種?

(6) STM32F407 微控制器的 ADC 類比輸入訊號的 V_{IN} 的範圍是多少?

(7) 什麼是規則組?什麼是注入組?對於類比輸入訊號如何進行分組?

(8) STM32F407 微控制器有幾個 ADC ?其資料位數是多少? ADC 類型是什麼?

(9) STM32F407 微控制器的 A/D 轉換時間由哪幾部分組成?其最短轉換時間是多少?

(10) STM32F407 微控制器的 ADC 共有多少路通道？可分為幾組？每組最多可容納多少路通道？

(11) 將 14.4.1 節專案中的數位濾波更改為中值濾波，考慮總採樣次數為奇數和偶數兩種情況。

(12) 在 14.4.1 節專案中採用連續掃描方式採樣全部 4 個通道，使用中斷方式實現轉換結果按序儲存。

第 15 章

直接記憶體存取

本章要點

➢ 直接記憶體存取 (DMA) 的基本概念；

➢ STM32F407 的 DMA 工作原理；

➢ DMA 的 HAL 函數庫驅動；

➢ 專案實例；

➢ 輪詢、中斷、DMA。

    直接記憶體存取 (Direct Memory Access, DMA) 是電腦系統中用於快速、大量資料交換的重要技術。不需要 CPU 干預，資料可以透過 DMA 快速地移動，節省了 CPU 的資源。

15.1 DMA 的基本概念

15.1.1 DMA 的由來

    一個完整的微控制器就像一台整合在一塊晶片上的電腦系統 (微控制器又稱為微控制器，即單片微型電腦)，通常包括 CPU、記憶體和外部設備等元件。這些相互獨立的元件在 CPU 的協調和互動下協作工作。作為微控制器的大腦，CPU 相當一部分工作是資料傳輸。

    為提高 CPU 的工作效率和外接裝置資料傳輸速率，希望 CPU 能從簡單頻繁的「資料搬運」工作中擺脫出來，去處理那些更重要 (運算控制)、更緊急 (即時回應) 的事情，而把「資料搬運」交給專門的元件去完成，就像第 9 章中 CPU 把「計數」操作交給計時器完成一樣，於是 DMA 和 DMA 控制器就應運而生了。

15.1.2 DMA 的定義

DMA 是一種完全由硬體執行資料交換的工作方式，由 DMA 控制器而非 CPU 控制，在記憶體和記憶體、記憶體和外接裝置之間進行批次資料傳輸，其工作方式如圖 15-1 所示。

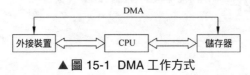

▲ 圖 15-1 DMA 工作方式

一般來說，一個 DMA 控制器有若干筆資料傳輸鏈路，稱為 DMA 串流，每條鏈路連接多個外接裝置。連接在同一 DMA 串流上的多個外接裝置可以分時重複使用這條 DMA 傳輸鏈路。但同一時刻，一筆 DMA 傳輸鏈路上只能有一個外接裝置進行 DMA 資料傳輸。使用 DMA 進行資料傳輸通常有四大要素：傳輸源、傳輸目標、傳輸單位數量和觸發訊號。

15.1.3 DMA 的優點

DMA 控制方式具有以下優點：

首先，從 CPU 使用率角度來看，DMA 控制資料傳輸的整個過程，既不通過 CPU，也不需要 CPU 干預，都在 DMA 控制器的控制下完成。因此，CPU 除了在資料傳輸開始前設定，在資料傳輸結束後處理外，在整個資料傳輸過程中可以進行其他工作。DMA 降低了 CPU 的負擔，釋放了 CPU 的資源，使得 CPU 的使用效率大幅提高。

其次，從資料傳輸效率角度來看，當 CPU 負責記憶體和外接裝置之間的資料傳輸時，通常先將資料從來源位址儲存到某個中間變數 (該變數可能位於 CPU 的暫存器中，也可能位於記憶體中)，再將資料從中間變數傳送到目標位址上。當使用 DMA 控制器代替 CPU 負責資料傳輸時，不再需要透過中間變數，而直接將來源位址上的資料送到目標位址。顯著地提高了資料傳輸的效率，滿足高速 I/O 裝置的要求。

最後，從使用者軟體開發角度來看，由於在 DMA 資料傳輸過程中，沒有儲存現場、恢復現場之類的工作。而且記憶體位址修改、傳送單位個數的計數等不是由軟體而是由硬體直接實現，因此，使用者軟體開發的程式量得以減少，程式變得更加簡潔，程式設計效率得以提高。

由此可見，DMA 傳輸方式不僅減輕了 CPU 的負擔，而且提高了資料傳輸的效率，還減少了使用者開發的程式量。

15.2 STM32F407 的 DMA 工作原理

15.2.1 DMA 簡介

STM32F407 微控制器有 2 個 DMA 控制器，即 DMA1 和 DMA2，DMA 控制器的結構如圖 15-2 所示。為幫助讀者理解 DMA 原理，首先對圖中的一些具體的物件和概念作簡介。

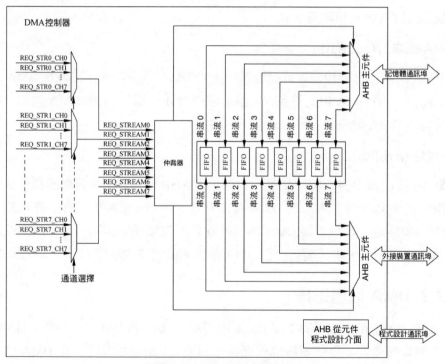

▲ 圖 15-2 DMA 控制器的結構

1. DMA 控制器 (Controller)

DMA 控制器是管理 DMA 硬體資源，實現 DMA 資料傳輸的控制器，是一個硬體模組。STM32F407 系列微控制器上有 2 個 DMA 控制器，即 DMA1 和 DMA2。2 個 DMA 控制器的結構和功能基本相同，但是 DMA2 具有記憶體到記憶體的傳輸方式，而 DMA1 沒有這種方式。

2. DMA 串流 (Stream)

DMA 串流就是能進行 DMA 資料傳輸的鏈路，是一個硬體結構，所以每個 DMA 串流有獨立的中斷位址 (見表 8-1)，具有多個中斷事件來源，如傳輸完成中斷事件、傳輸半完成中斷事件等。每個 DMA 控制器有 8 個 DMA 串流，每個 DMA 串流有獨立的 4 級 32 位元 FIFO 緩衝區。DMA 串流有很多參數，這些參數的設定決定了 DMA 傳輸屬性。

3. DMA 請求 (Request)

DMA 請求就是外接裝置或記憶體發起的 DMA 傳輸需求，又稱為 DMA 通道 (Channel)。一個 DMA 串流最多有 8 個可選的 DMA 請求，1 個 DMA 請求一般有 2 個可選的 DMA 串流。

4. 仲裁器 (Arbiter)

DMA 控制器中有一個仲裁器，其為 2 個 AHB 主通訊埠 (記憶體和外接裝置通訊埠) 提供基於優先等級的 DMA 請求管理。每個 DMA 串流有一個可設定的軟體優先順序別，如果 2 個 DMA 串流的軟體優先順序別相同，則串流編號更小的優先順序別更高，串流編號就是 DMA 串流的硬體優先順序別。

15.2.2 DMA 通道選擇

STM32F407 微控制器有 2 個 DMA 控制器 DMA1 和 DMA2，每個 DMA 控制器有 8 個資料流程，每個資料流程都與一個 DMA 請求相連結，此 DMA 請求可以從 8 個可能的通道請求中選出，每次只能選擇其中的一個通道進行 DMA 傳輸。DMA1 和 DMA2 的資料流通道映射關係如表 15-1 和表 15-2 所示。

▼ 表 15-1 DMA1 的資料流通道映射關係

外接裝置	資料流程 0	資料流程 1	資料流程 2	資料流程 3	資料流程 4	資料流程 5	資料流程 6	資料流程 7
通道 0	SPI3_RX		SPI3_RX	SPI2_RX	SPI2_TX	SPI3_TX		SPI3_TX
通道 1	I2C1_RX		TIM7_UP		TIM7_UP	I2C1_RX	I2C1_TX	SPI3_TX
通道 2	TIM4_CH1		I2S3_EXT_RX	TIM4_CH2	I2S2_EXT_TX	I2S3_EXT_TX	TIM4_UP	TIM4_CH3
通道 3	I2S3_EXT_RX	TIM2_UP TIM2_CH3	I2C3_RX	I2S2_EXT_RX	I2C3_TX	TIM2_CH1	TIM2_CH2 TIM2_CH4	TIM2_UP TIM2_CH4
通道 4	UART5_RX	USART3_RX	UART4_RX	USART3_TX	UART4_TX	USART2_RX	USART2_TX	UART5_TX
通道 5	UART8_TX[1]	UART7_TX[1]	TIM3_CH4 TIM3_UP	UART7_RX[1]	TIM3_CH1 TIM3_TRIG	TIM3_CH2	UART8_RX[1]	TIM3_CH3
通道 6	TIM5_CH3 TIM5_UP	TIM5_CH4 TIM5_TRIG	TIM5_CH1	TIM5_CH4 TIM5_TRIG	TIM5_CH2		TIM5_UP	
通道 7		TIM6_UP	I2C2_RX	I2C2_RX	USART3_TX	DAC1	DAC2	I2C2_TX

這些請求在 TM32F42xxx 和 STM32F43xxx 上可用。

▼ 表 15-2 DMA2 的資料流通道映射關係

外接裝置	資料流程 0	資料流程 1	資料流程 2	資料流程 3	資料流程 4	資料流程 5	資料流程 6	資料流程 7
通道 0	ADC1		TIM8_CH1 TIM8_CH2 TIM8_CH3		ADC1		TIM1_CH1 TIM1_CH2 TIM1_CH3	
通道 1		DCMI	ADC2	ADC2		SPI6_TX[1]	SPI6_RX[1]	DCMI
通道 2	ADC3	ADC3		SPI5_RX[1]	SPI5_TX[1]	CRYP_OUT	CRYP_IN	HASH_IN
通道 3	SPI1_RX		SPI1_RX	SPI1_TX		SPI1_TX		
通道 4	SPI4_RX[1]	SPI4_TX[1]	USART1_RX	SDIO		USART1_RX	SDIO	USART1_TX
通道 5		USART6_RX	USART6_RX	SPI4_RX[1]	SPI4_TX[1]		USART6_TX	USART6_TX
通道 6	TIM1_TRIG	TIM1_CH1	TIM1_CH2	TIM1_CH1	TIM1_CH4 TIM1_TRIG TIM1_COM	TIM1_UP	TIM1_CH3	
通道 7		TIM8_UP	TIM8_CH1	TIM8_CH2	TIM8_CH3	SPI5_RX[1]	SPI5_TX[1]	TIM8_CH4 TIM8_TRIG TIM8_COM

這些請求在 STM32F42xxx 和 STM32F43xxx 上可用。

15.2.3 DMA 主要特性

STM32F407 微控制器 DMA 主要特性如下：

(1) 雙 AHB 主匯流排架構，一個用於記憶體存取，另一個用於外接裝置存取。

(2) 僅支援 32 位元存取的 AHB 從程式設計介面。

(3) 每個 DMA 控制器有 8 個資料流程，每個資料流程有多達 8 個通道 (或稱請求)。

(4) 每個資料流程有單獨的 4 級 32 位元先進先出記憶體緩衝區 (FIFO)，可用於 FIFO 模式或直接模式。

(5) 透過硬體可以將每個資料流程設定為：

① 支援外接裝置到記憶體、記憶體到外接裝置和記憶體到記憶體傳輸的常規通道。

② 也支援在記憶體方雙緩衝的雙緩衝區通道。

(6) 8 個資料流程中的每一個都連接到專用硬體 DMA 通道 (請求)。

(7) DMA 資料流程請求之間的優先順序可用軟體程式設計 (4 個等級：非常高、高、中、低)，在軟體優先順序相同的情況下可以透過硬體決定優先順序 (舉例來說，請求 0 的優先順序高於請求 1)。

(8) 每個資料流程也支援透過軟體觸發記憶體到記憶體的傳輸 (僅限 DMA2 控制器)。

(9) 可供每個資料流程選擇的通道請求多達 8 個，可由軟體設定選擇允許幾個外接裝置啟動 DMA 請求。

(10) 要傳輸的資料專案的數目可以由 DMA 控制器或外接裝置管理。

(11) 獨立的來源和目標傳輸寬度 (位元組、半字組、字)，來源和目標的資料寬度不相等時，DMA 自動封裝 / 解封必要的傳輸資料來最佳化頻寬。這個特性僅在 FIFO 模式下可用。

(12) 對來源和目標的增量或非增量定址。

(13) 支援 4 個、8 個和 16 個節拍的增量突發傳輸。突發增量的大小可由軟體設定，通常等於外接裝置 FIFO 大小的一半。

(14) 每個資料流程都支援迴圈緩衝區管理。

(15) 具有 5 個事件標識 (DMA 半傳輸、DMA 傳輸完成、DMA 傳輸錯誤、

DMA FIFO 錯誤和直接模式錯誤)，進行邏輯或運算，從而產生每個資料流程的單一插斷要求。

15.2.4 DMA 傳輸屬性

一個 DMA 串流設定一個 DMA 請求後，就組成一個單方向的 DMA 資料傳輸鏈路，DMA 傳輸屬性由 DMA 串流的參數設定決定，下面是部分參數的詳細解釋。在即將講解的專案實例中，結合 CubeMX 中的 DMA 設定及生成的原始程式碼，可以更進一步地理解這些參數的作用。

1. 來源位址和目標位址

在 STM32 微控制器中，所有暫存器、外接裝置和記憶體在 4GB 範圍內統一編址，位址範圍為 0x00000000~0xFFFFFFFF。每個外接裝置都有其位址，外接裝置位址就是外接裝置暫存器基址。DMA 傳輸物件由來源位址和目標位址決定，也就是整個 4GB 範圍內可定址的外接裝置和記憶體。

2. 傳輸模式

根據設定的 DMA 來源和目標位址及 DMA 請求的特性，DMA 資料傳輸有以下 3 種傳輸模式，也就是資料傳輸方向。

(1) 外接裝置到記憶體 (Peripheral To Memory)，舉例來說，將 A/D 轉換結果儲存至 SRAM 中。

(2) 記憶體到外接裝置 (Memory To Peripheral)，舉例來說，透過 USART 介面發送 SRAM 中的資料。

(3) 記憶體到記憶體 (Memory To Memory)，舉例來說，將 SRAM 中資料區塊批次傳送至主記憶體 Flash 中，只有 DMA2 控制器有這種傳輸模式。

3. 傳輸資料量

預設情況下，使用 DMA 作為流量控制器，需要設定傳輸資料量的大小，也就是從來源到目標傳輸的資料總量。實際使用時，傳輸資料量的大小就是一個 DMA 傳輸資料緩衝區的大小。

4. 資料寬度

資料寬度 (Data Width) 是來源和目標傳輸的基本資料單元的大小，可選位元組 (Byte)、半字組 (Half Word) 和字 (Word)。

來源和目標的資料寬度需要單獨設定。一般情況下，來源和目標的資料寬度是一樣的。舉例來說，USART1 使用 DMA 方式接收資料，傳輸方向是外接裝置到記憶體，因為 USART1 接收資料的基本單元是位元組，所以外接裝置和記憶體的資料寬度都應該設定為位元組。

5. 位址指標遞增

DMA 資料傳輸可以設定在每次傳輸後，將外接裝置或記憶體的位址遞增或保持不變。如果是記憶體到記憶體資料批次傳輸，來源和目標位址均應遞增。透過單一暫存器存取外接裝置來源和目標資料時，應禁止位址遞增，但是在某些情況下，位址遞增可以提高傳輸效率。舉例來說，將 A/D 轉換結果以 DMA 方式存入記憶體時，可以使記憶體的位址遞增，這樣每次傳輸的資料自動存入新的位址。外接裝置和記憶體的位址遞增量的大小就是各自的資料寬度。

6. DMA 工作模式

DMA 設定中要設定傳輸資料量大小，也就是 DMA 發送和接收的資料緩衝區的大小。根據是否自動重複傳輸緩衝區的資料，DMA 工作模式分為正常模式和循環模式兩種。

(1) 正常 (Normal) 模式是指傳輸完一個緩衝區的資料後，DMA 傳輸停止，若需要再傳輸一次緩衝區的資料，就需要再啟動一次 DMA 傳輸。舉例來說，在正常模式下，執行函數 HAL_UART_Receive_DMA() 接收固定長度的資料，接收完成後就不再繼續接收，這與中斷方式接收函數 HAL_UART_Receive_IT() 類似。

(2) 循環 (Circular) 模式是指啟動一個緩衝區的資料傳輸後，會循環執行這個 DMA 資料傳輸任務。舉例來說，在循環模式下，只需執行一次 HAL_UART_Receive_DMA()，就可以連續重複地進行序列埠資料的 DMA 接收，接收滿一個緩衝區的資料後，產生 DMA 傳輸完成事件中斷。

7. DMA 串流的優先順序別

每個 DMA 串流都有一個可以設定的軟體優先順序別 (Priority Level)，優先順序別有 4 種：Very High(非常高)、High(高)、Medium(中等) 和 Low(低)。如果兩個 DMA 串流的軟體優先順序別相同，則串流編號更小的優先順序別更高，串流編號就是 DMA 串流的硬體優先順序。

> 要注意區分 DMA 串流中斷優先順序和 DMA 串流優先順序別這兩個概念。DMA 串流中斷優先順序是 NVIC 管理的中斷系統裡的優先順序，而 DMA 串流優先順序別是 DMA 控制器裡管理 DMA 請求用到的優先順序。DMA 控制器中的仲裁器是基於 DMA 串流的優先順序別進行 DMA 請求管理。

8. FIFO 或直接模式

每個 DMA 串流有 4 級 32 位元 FIFO 緩衝區，DMA 傳輸具有 FIFO 模式或直接模式。

不使用 FIFO 時就是直接模式，直接模式就是發出 DMA 請求時，立即啟動資料傳輸。如果是記憶體到外接裝置的 DMA 傳輸，DMA 會預先取資料放在 FIFO 裡，發出 DMA 請求時，立即將資料發送出去。

使用 FIFO 緩衝區時就是 FIFO 模式。可透過軟體將設定值設定為 FIFO 的 1/4、1/2、3/4 或 1 倍大小。FIFO 中儲存的資料量達到設定值時，FIFO 中的資料就傳輸到目標中。

當 DMA 傳輸的來源和目標的資料寬度不同時，FIFO 非常有用。舉例來說，來源輸出的資料是位元組資料流程，而目標要求 32 位元的字資料，這時可以設定 FIFO 設定值為 1 倍，這樣就可以自動將 4 位元組資料組合成 32 位元字資料。

9. 單次傳輸或突發傳輸

單次 (Single) 傳輸就是正常的傳輸方式，在直接模式下 (不使用 FIFO 時) 只能是單次傳輸。

要使用突發 (Burst) 傳輸，必須使用 FIFO 模式，可以設定為 4 個、8 個或 16 個節拍的增量突發傳輸。這裡的節拍數並不是位元組數，每個節拍輸出的資料大小還與位址遞增量大小有關，每個節拍輸出位元組、半字組或字。

10. 雙緩衝區模式

使用者可以為 DMA 傳輸啟用雙緩衝區模式，並自動啟動循環模式。雙緩衝區模式就是設定 2 個記憶體指標，在每次一個緩衝區傳輸完成後交換記憶體指標，DMA 串流的工作方式與常規單緩衝區一樣。

15.3 DMA 的 HAL 函數庫驅動

15.3.1 DMA 的 HAL 函數概述

DMA 的 HAL 函數庫驅動原始檔案分別為 stm32f4xx_hal_dma.c 和 stm32f4xx_hal_dma_ex.c，與其相對應的標頭檔分別為 stm32f4xx_hal_dma.h 和 stm32f4xx_hal_dma_ex.h，主要驅動函數如表 15-3 所示。

▼表 15-3 DMA 的 HAL 驅動函數

分組	函數名稱	功能描述
初始化	HAL_DMA_Init()	DMA 傳輸初始化設定
輪詢方式	HAL_DMA_Start()	啟動 DMA 傳輸，不開啟 DMA 中斷
	HAL_DMA_PollForTransfer()	輪詢方式等待 DMA 傳輸結束，可設定逾時等待時間
	HAL_DMA_Abort()	中止以輪詢方式啟動的 DMA 傳輸
中斷方式	HAL_DMA_Start_IT()	啟動 DMA 傳輸，開啟 DMA 中斷
	HAL_DMA_Abort_IT()	中止以中斷方式啟動的 DMA 傳輸
	HAL_DMA_GetState()	獲取 DMA 當前狀態
	HAL_DMA_IRQHandler()	DMA 中斷 ISR 裡呼叫的通用處理函數
雙緩衝區模式	HAL_DMAEx_MultiBufferStart()	中斷 ISR 裡呼叫的通用處理函數
	HAL_DMAEx_MultiBufferStart_IT()	啟動雙緩衝區 DMA 傳輸，不開啟 DMA 中斷
	HAL_DMAEx_ChangeMemory()	傳輸過程中改變緩衝區位址

DMA 是 MCU 上的一種比較特殊的硬體，它需要與其他外接裝置結合起來使用，不能單獨使用。外接裝置要使用 DMA 傳輸資料必須先使用函數 HAL_DMA_Init() 進行 DMA 初始化設定，設定 DMA 串流和通道、傳輸方向、工作模式、來源和目標資料寬度、DMA 串流優先順序別等參數，然後才可以使用外接裝置的 DMA 傳輸函數進行 DMA 方式的資料傳輸。

DMA 傳輸有輪詢方式和中斷方式。如果以輪詢方式啟動 DMA 資料傳輸，則需要呼叫函數 HAL_DMA_PollForTransfer() 查詢，並等待 DMA 傳輸結束。如果以中斷方式啟動 DMA 資料傳輸，則傳輸過程中 DMA 串流會產生傳輸完成事件中斷。每個 DMA 串流都有獨立的中斷位址，使用中斷方式的 DMA 資料傳輸更方便，所以在實際使用 DMA 時，一般是以中斷方式啟動 DMA 傳輸。

DMA 傳輸還有雙緩衝區模式，可用於一些高速即時處理的場合。舉例來說，

ADC 的 DMA 傳輸方向是從外接裝置到記憶體，記憶體一端可以設定兩個緩衝區，在高速 ADC 擷取時，可以交替使用兩個資料緩衝區，一個用於接收 ADC 的資料，另一個用於即時處理。

15.3.2 DMA 傳輸初始化設定

函數 HAL_DMA_Init() 用於 DMA 傳輸初始化設定，其原型定義如下：

```
HAL_StatusTypeDef HAL_DMA_Init(DMA_HandleTypeDef *hdma)
```

其中，hdma 是 DMA_HandleTypeDef 結構類型指標。結構 DMA_HandleTypeDef 的完整定義如下，成員變數說明見程式註釋。

```
typedef struct __DMA_HandleTypeDef
{
    DMA_Stream_TypeDef  *Instance;        //DMA 串流暫存器基址，用於指定一個 DMA 串流
    DMA_InitTypeDef Init;                 //DMA 傳輸的各種設定參數
    HAL_LockTypeDef Lock;                 //DMA 鎖定狀態
    __IO  HAL_DMA_StateTypeDef  State;    //DMA 傳輸狀態
    void *Parent;                         // 父物件，即連結的外接裝置物件
    /* DMA 傳輸完成事件中斷的回呼函數指標  */
    void  (* XferCpltCallback)( struct __DMA_HandleTypeDef * hdma);
    /* DMA 傳輸半完成事件中斷的回呼函數指標  */
    void (* XferHalfCpltCallback)( struct __DMA_HandleTypeDef * hdma);
    /* DMA 傳輸完成 Memory1 的回呼函數指標  */
    void  (* XferM1CpltCallback)( struct __DMA_HandleTypeDef * hdma);
    /* DMA 傳輸半完成 Memory1 的回呼函數指標  */
    void (* XferM1HalfCpltCallback)( struct __DMA_HandleTypeDef * hdma);
    /* DMA 傳輸錯誤事件中斷的回呼函數指標  */
    void (* XferErrorCallback)( struct __DMA_HandleTypeDef * hdma);
    /* DMA 傳輸中止回呼函數指標  */
    void (* XferAbortCallback)( struct __DMA_HandleTypeDef * hdma);
    __IO uint32_t       ErrorCode;        //DMA 錯誤程式
    uint32_t            StreamBaseAddress; //DMA 串流基址
    uint32_t            StreamIndex;       //DMA 串流索引號
}DMA_HandleTypeDef;
```

結構 DMA_HandleTypeDef 的成員指標變數 Instance 要指向一個 DMA 串流暫存器基址。其成員變數 Iint 是結構類型 DMA_InitTypeDef，儲存了 15.2.4 節介紹的 DMA 傳輸的各種屬性參數。結構 DMA_HandleTypeDef 還定義了多個用於 DMA 事件中斷處理的回呼函數指標。

儲存 DMA 傳輸屬性參數的結構 DMA_InitTypeDef 的定義如下，成員變數說明參見程式註釋。

```
typedef struct
{
    uint32_t Channel;              //DMA 通道，也就是外接裝置的 DMA 請求
    uint32_t Direction;            //DMA 傳輸方向
    uint32_t PeriphInc;            // 外接裝置位址指標是否自動增加
    uint32_t MemInc;               // 記憶體位址指標是否自動增加
    uint32_t PeriphDataAlignment;  // 外接裝置資料寬度
    uint32_t MemDataAlignment;     // 記憶體資料寬度
    uint32_t Mode;                 // 傳輸模式，循環模式或正常模式
    uint32_t Priority;             //DMA 串流的軟體優先順序別
    uint32_t FIFOMode;             //FIFO 模式，是否使用 FIFO
    uint32_t FIFOThreshold;        //FIFO 設定值，1/4、1/2、3/4 或 1
    uint32_t MemBurst;             // 記憶體突發傳輸資料量
    uint32_t PeriphBurst;          // 外接裝置突發傳輸資料量
}DMA_InitTypeDef;
```

結構 DMA_InitTypeDef 的很多成員變數的設定值是巨集定義常數，具體的設定值和意義在後面的專案實例裡透過 STM32CubeMX 的設定和生成的程式來解釋。

15.3.3　啟動 DMA 資料傳輸

在完成 DMA 傳輸初始化設定後，使用者程式就可以啟動 DMA 資料傳輸了。DMA 資料傳輸有輪詢方式和中斷方式。每個 DMA 串流都有獨立的中斷位址和傳輸完成中斷事件，使用中斷方式的 DMA 資料傳輸更方便。函數 HAL_DMA_Start_IT() 以中斷方式啟動 DMA 資料傳輸，其原型定義如下：

```
HAL_StatusTypeDef HAL_DMA_Start_IT(DMA_HandleTypeDef *hdma, uint32_t SrcAddress,
uint32_t DstAddress, uint32_t DataLength)
```

其中，參數 hdma 是 DMA 串流物件指標，SrcAddress 是來源位址，DstAddress 是目標位址，DataLength 是需要傳輸的資料長度。

在使用具體外接裝置進行 DMA 資料傳輸時，一般無須直接呼叫函數 HAL_DMA_Start_IT() 啟動 DMA 資料傳輸，而是由外接裝置的 DMA 傳輸函數內部呼叫函數 HAL_DMA_Start_IT() 啟動 DMA 資料傳輸。

舉例來說，在第 11 章介紹 UART 介面時就提到序列埠傳輸資料除了有阻塞

方式和中斷方式外，還有 DMA 方式。UART 以 DMA 方式發送資料和接收資料的兩個函數原型定義如下：

```
HAL_StatusTypeDef HAL_UART_Transmit_DMA(UART_HandleTypeDef *huart,const uint8_t
*pData, uint16_t Size)
HAL_StatusTypeDef HAL_UART_Receive_DMA(UART_HandleTypeDef *huart, uint8_t
*pData, uint16_t Size)
```

其中，huart 是序列埠物件指標，pData 是資料緩衝區指標，緩衝區是 uint8_t 類型陣列，因為序列埠傳輸資料的基本單位是位元組，Size 是緩衝區長度，單位是位元組。

USART1 使用 DMA 方式發送一個字串的參考程式如下：

```
uint8_t SendStr[]="Hello World!\n";
HAL_UART_Transmit_DMA(&huart1,SendStr,sizeof(SendStr));
```

函數 HAL_UART_Transmit_DMA() 內部會呼叫 HAL_DMA_Start_IT()，而且會根據 USART1 連結的 DMA 串流物件的參數自動設定函數 HAL_DMA_Start_IT() 的輸入參數，如來源位址、目標位址等。

15.3.4 DMA 中斷

DMA 中斷實際就是 DMA 串流的中斷。每個 DMA 串流有獨立的中斷號碼，有對應的中斷服務程式。DMA 中斷有多個中斷事件來源，DMA 中斷事件類型的巨集定義 (也就是中斷事件啟用控制位元的巨集定義) 如下所示：

```
#define DMA_IT_TC ((uint32_t)DMA_SxCR_TCIE)      //DMA 傳輸完成中斷事件
#define DMA_IT_HT ((uint32_t)DMA_SxCR_HTIE)      //DMA 傳輸半完成中斷事件
#define DMA_IT_TE ((uint32_t)DMA_SxCR_TEIE)      //DMA 傳輸錯誤中斷事件
#define DMA_IT_DME ((uint32_t)DMA_SxCR_DMEIE)    //DMA 直接模式錯誤中斷事件
#define DMA_IT_FE 0x00000080U                    //DMA FIFO 上溢 / 下溢中斷事件
```

對一般外接裝置來說，一個事件中斷可能對應一個回呼函數，其名稱是 HAL 函數庫固定好的。舉例來說，UART 的接收完成事件中斷對應的回呼函數名稱是 HAL_UART_RxCpltCallback()。但是在 DMA 的 HAL 驅動程式標頭檔 stm32f4xx_hal_dma.h 中，並沒有定義這樣的回呼函數，這是因為 DMA 串流是要連結不同外接裝置的，所以它的事件中斷回呼函數沒有固定的函數名稱，而是採用函數指標的方式指向連結外接裝置的事件中斷回呼函數。DMA 串流物件的結構 DMA_HandleTypeDef 的定義程式中有這些函數指標。

　　DMAx_Streamy_IRQHandler() 是 DMAx 控制器的 Streamy 的中斷服務程式框架，其中 x=1~2，y=0~7。而函數 HAL_DMA_IRQHandler() 是 DMA 串流 ISR 中呼叫的通用處理函數。其原型定義如下，其中參數 hdma 是 DMA 串流物件指標。

```
void HAL_DMA_IRQHandler(DMA_HandleTypeDef *hdma)
```

　　透過分析函數 HAL_DMA_IRQHandler() 的原始程式碼，我們整理出 DMA 串流中斷事件與 DMA 串流物件 (也就是結構 DMA_HandleTypeDef) 的回呼函數指標的關係，如表 15-4 所示。

▼表 15-4　DMA 串流中斷事件與 DMA 串流物件的回呼函數指標的關係

DMA 串流中斷事件類型巨集	DMA 串流中斷事件	DMA 串流物件回呼函數指標
DMA_IT_TC	傳輸完成中斷	XferCpltCallback
DMA_IT_HT	傳輸半完成中斷	XferHalfCpltCallback
DMA_IT_TE	傳輸錯誤中斷	XferErrorCallback
DMA_IT_DME	FIFO 錯誤中斷	無
DMA_IT_FE	直接模式錯誤中斷	無

　　在 DMA 傳輸初始化設定函數 HAL_DMA_Init() 中不會為 DMA 串流物件的事件中斷回呼函數指標賦值，一般是在外接裝置以 DMA 方式啟動傳輸時為這些回呼函數指標賦值。舉例來說，對於 UART 外接裝置，執行函數 HAL_UART_Receive_DMA() 啟動 DMA 方式接收資料時，會將序列埠連結的 DMA 串流物件的函數指標 XferCpltCallback 指向 UART 的接收完成事件中斷回呼函數 HAL_UART_RxCpltCallback()。

　　UART 以 DMA 方式發送和接收資料時，常用的 DMA 串流中斷事件與回呼函數的關係如表 15-5 所示。

▼表 15-5　UART 的 DMA 串流中斷事件與回呼函數的關係

UART 的 DMA 傳輸函數	DMA 串流中斷事件	DMA 串流物件函數指標	DMA 串流事件中斷連結回呼函數
HAL_UART_Transmit_DMA()	DMA_IT_TC	XferCpltCallback	HAL_UART_TxCpltCallback()
	DMA_IT_HT	XferHalfCpltCallback	HAL_UART_TxHalfCpltCallback()
HAL_UART_Receive_DMA()	DMA_IT_TC	XferCpltCallback	HAL_UART_RxCpltCallback()
	DMA_IT_HT	XferHalfCpltCallback	HAL_UART_RxHalfCpltCallback()

注意，這裡發生的中斷是 DMA 串流的中斷，不是 UART 中斷，DMA 串流只是使用了 UART 的回呼函數。

特別地，DMA 串流有傳輸半完成中斷事件 (DMA_IT_HT)，而 UART 是沒有這種中斷事件的，UART 的 HAL 驅動程式中定義的兩個回呼函數就是為了 DMA 串流傳輸半完成事件中斷呼叫。

在後續講解的專案實例中，本書會結合程式詳細分析 DMA 的工作原理，特別是 DMA 串流的中斷事件與外接裝置回呼函數之間的關係。

 注意，UART 使用 DMA 方式傳輸資料時，UART 的全域中斷需要開啟，但是 UART 的接收完成和發送完成中斷事件來源可以關閉。

15.4 專案實例

15.4.1 USART 介面 DMA 傳輸

1. 開發專案

本書第 12 章實現了一個具有較強實踐意義的綜合性專案，製作並合成 4 種字型中文字形檔，上位機透過序列介面 USART 將中文字形檔分批發送至微控制器，MCU 以磁區為單位寫入晶片外 Flash 晶片中，最終實現一個通用的嵌入式中文顯示系統。

由於專案傳輸資料量巨大，為提升硬體工作效率和簡化軟體設計，選擇 DMA 方式實現序列埠批次資料接收工作，即啟用 DMA 控制器，選擇 USART1_RX 通道，設定 DMA 串流參數，在串流中斷服務程式中完成接收事務的處理。專案具有傳輸效率高、使用者程式量少等優點。

2. 複製專案檔案

因為本專案需要使用的硬體模組和 12.6 節的中文顯示專案一樣，所以複製第 12 章建立的專案資料夾 1202 Chinese Show 到桌面，並將資料夾重新命名為 1501 Write Font DMA。

3. STM32CubeMX 設定

　　專案採用 DMA 方式完成 USART 接收資料工作，所以原專案的 GPIO、FSMC、SPI1 的設定無須更改，僅需為 USART1 增加 DMA 設定即可，設定介面如圖 15-3 所示。支援 DMA 的外接裝置和記憶體的設定介面都有一個 DMA Settings 頁面。

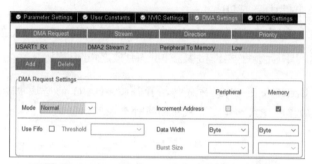

▲ 圖 15-3 DMA 請求 USART_RX 的 DMA 設定

　　圖 15-3 中的清單部分是設定的 DMA 串流物件。一個 DMA 串流物件包含一個 DMA 請求和一個 DMA 串流以及 DMA 傳輸屬性的各種設定參數。USART1 有 USART_RX 和 USART_TX 兩個 DMA 請求，本例僅需設定 USART_RX 串流物件。表格下方的 Add 和 Delete 按鈕可用於增加和刪除 DMA 串流物件。表格中每個 DMA 串流物件有 4 列參數需要設定。

　　(1) DMA Request：外接裝置或記憶體的 DMA 請求，也就是通道。USART1 有 USART1_RX(接收) 和 USART1_TX(發送) 兩個 DMA 請求。

　　(2) Stream：DMA 串流，每個 DMA 請求的可用的 DMA 串流會自動列出，舉例來說，USART1_RX 的 DMA 請求有 DMA2 Stream 2 和 DMA2 Stream 5 兩個可用的 DMA 串流，這與表 15-2 一致，選擇其中一個即可。

　　(3) Direction：DMA 傳輸方向，STM32CubeMX 會根據 DMA 請求的特性列出可選項。USART1_RX 是 USART1 的 DMA 資料登錄請求，是將 USART1 接收的資料存入緩衝區，所以方向是 Peripheral To Memory(外接裝置到記憶體)。

　　(4) Priority：DMA 串流的軟體優先順序別，有 Low、Medium、High 和 Very High 4 個選項。

　　在表格中選擇一個 DMA 串流物件後，在下方的面板上還可以設定 DMA 傳輸的更多參數。主要參數包括以下幾項：

(1) Mode：DMA 工作模式，可選 Normal 或 Circular。因為上位機發送的資料區塊大小並不總是相同，所以 USART1_RX 的 DMA 工作模式選擇 Normal，以便於即時調整接收資料的數量。

(2) Use Fifo：是否使用 FIFO，如果使用 FIFO 還需要設定 FIFO 設定值。在使用 FIFO 時還可以使用突發傳輸，需要設定突發傳輸的節拍數，本例不使用FIFO。

(3) Data Width：DMA 傳輸資料寬度。外接裝置和記憶體需要單獨設定資料寬度，資料寬度選項有 Byte、Half Word 和 Word。序列埠傳輸資料的基本單位是位元組，緩衝區的基本單位也是位元組。

(4) Increment Address：位址是否自動增加，也就是 DMA 傳輸一個基本資料單位後，外接裝置或記憶體位址是否自動增加，位址增量的大小等於資料寬度。對 DMA 請求 USART1_RX 來說，序列埠的位址是固定的，用於儲存接收資料的緩衝區在每接收 1 位元組後，記憶體的位址指標應該自動移動 1 位元組。所以，Memory 使用位址自動增加，而 Peripheral 不使用位址自動增加。

為 DMA 請求設定 DMA 串流之後，用到的 DMA 串流中斷會自動打開。要對 DMA 串流的中斷進行回應和處理，就必須開啟 USART1 的全域中斷，並在NVIC 中設定中斷優先順序。將 SysTick 先佔中斷優先順序設為最高，USART1 和DMA 串流的先佔中斷優先順序均設定為 3，因為在它們的中斷處理函數裡會用到函數 HAL_Delay()，設定結果如圖 15-4 所示。

如果外接裝置使用 DMA 傳輸，但不需要在 DMA 傳輸完成時進行處理，可以關閉 DMA 串流中斷，此時需要先將圖 15-4 中的 Force DMA channels Interrupts核取方塊取消選中，而此核取方塊預設選中。

4. DMA 初始化

當啟用外接裝置的 DMA 傳輸時，STM32CubeMX 會自動生成 DMA 初始化的原始檔案 dma.c 和標頭檔 dma.h，分別用於 DMA 初始化的實現和定義，並在主程式中自動呼叫 DMA 初始化函數，其程式如下：

```
/* ---------------------------Source File dma.c--------------------------- */
#include "dma.h"
void MX_DMA_Init(void)
{
    __HAL_RCC_DMA2_CLK_ENABLE();
    /* DMA interrupt init */
```

```
HAL_NVIC_SetPriority(DMA2_Stream2_IRQn, 3, 0);
HAL_NVIC_EnableIRQ(DMA2_Stream2_IRQn);
}
```

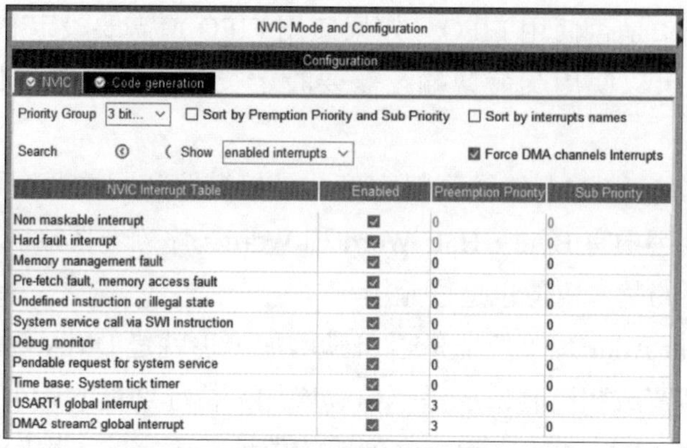

▲ 圖 15-4 DAM 串流中斷優先順序設定

函數 MX_DMA_Init() 用於 DMA 初始化,其程式十分簡單,只是啟用了 DMA2 控制器的時鐘,設定了 DMA 串流的中斷優先順序,並開啟 DMA 串流的中斷。

5. USART 初始化

USART 初始化程式的定義和宣告分別位於 STM32CubeMX 生成的 usart.c 和 usart.h 檔案中,其中 usart.c 中的初始化來源程式如下:

```
/* -------------------------Source File usart.c------------------------------- */
#include "usart.h"
UART_HandleTypeDef   huart1;          //USART1 外接裝置物件變數
DMA_HandleTypeDef   hdma_usart1_rx;   //DMA 請求 USART1_RX 的 DMA 串流物件變數
/*   USART1 初始化函數   */
void MX_USART1_UART_Init(void)
{
    huart1.Instance = USART1;
    huart1.Init.BaudRate = 115200;
    huart1.Init.WordLength = UART_WORDLENGTH_8B;
    huart1.Init.StopBits = UART_STOPBITS_1;
    huart1.Init.Parity = UART_PARITY_NONE;
    huart1.Init.Mode = UART_MODE_TX_RX;
    huart1.Init.HwFlowCtl = UART_HWCONTROL_NONE;
    huart1.Init.OverSampling = UART_OVERSAMPLING_16;
    if (HAL_UART_Init(&huart1) != HAL_OK)
    { Error_Handler();  }
```

```
}
/*  序列埠初始化 MSP 函數，在函數 HAL_UART_Init 中被呼叫   */
void HAL_UART_MspInit(UART_HandleTypeDef* uartHandle)
{
    GPIO_InitTypeDef GPIO_InitStruct = {0};
    if(uartHandle->Instance==USART1)
    {
        __HAL_RCC_USART1_CLK_ENABLE();  /* USART1 clock enable */
        __HAL_RCC_GPIOA_CLK_ENABLE();   /* USART1 clock enable */
        /** GPIO Configuration  PA9----> USART1_TX  PA10----> USART1_RX **/
        GPIO_InitStruct.Pin = GPIO_PIN_9|GPIO_PIN_10;
        GPIO_InitStruct.Mode = GPIO_MODE_AF_PP;
        GPIO_InitStruct.Pull = GPIO_NOPULL;
        GPIO_InitStruct.Speed = GPIO_SPEED_FREQ_VERY_HIGH;
        GPIO_InitStruct.Alternate = GPIO_AF7_USART1;
        HAL_GPIO_Init(GPIOA, &GPIO_InitStruct);
        /* USART1 DMA Init */         /* USART1_RX Init */
        hdma_usart1_rx.Instance = DMA2_Stream2;
        hdma_usart1_rx.Init.Channel = DMA_CHANNEL_4;
        hdma_usart1_rx.Init.Direction = DMA_PERIPH_TO_MEMORY;
        hdma_usart1_rx.Init.PeriphInc = DMA_PINC_DISABLE;
        hdma_usart1_rx.Init.MemInc = DMA_MINC_ENABLE;
        hdma_usart1_rx.Init.PeriphDataAlignment = DMA_PDATAALIGN_BYTE;
        hdma_usart1_rx.Init.MemDataAlignment = DMA_MDATAALIGN_BYTE;
        hdma_usart1_rx.Init.Mode = DMA_NORMAL;
        hdma_usart1_rx.Init.Priority = DMA_PRIORITY_LOW;
        hdma_usart1_rx.Init.FIFOMode = DMA_FIFOMODE_DISABLE;
        if (HAL_DMA_Init(&hdma_usart1_rx) != HAL_OK)
        {  Error_Handler();    }
        __HAL_LINKDMA(uartHandle,hdmarx,hdma_usart1_rx);
        HAL_NVIC_SetPriority(USART1_IRQn, 3, 0);   /* USART1 interrupt Init */
        HAL_NVIC_EnableIRQ(USART1_IRQn);           /* USART1 interrupt Init */
    }
}
```

上述程式中，定義了 DMA 請求連結的 DMA 串流物件變數 hdma_usart1_rx，用於 DMA 初始化設定。

函數 MX_USART1_UART_Init() 用於 USART1 初始化，與第 11 章的序列埠初始化程式並沒有區別。

函數 HAL_UART_MspInit() 是 UART 的 MSP 初始化函數，在 HAL_UART_Init() 中被呼叫。該函數除完成 USART1 的 GPIO 初始化之外，還進行 DMA 串流的初始化設定。對於 DMA 串流物件變數 hdma_usart1_rx，首先有以下設定陳述式：

```
hdma_usart1_rx.Instance = DMA2_Stream2;
hdma_usart1_rx.Init.Channel = DMA_CHANNEL_4;
```

hdma_usart1_rx.Instance 被賦值為 DMA2_Stream2，也就是一個 DMA 串流的暫存器基址。所以，變數 hdma_usart1_rx 表示一個 DMA 串流，這也是稱之為串流物件變數的原因。

hdma_usart1_rx 的成員 Init 是結構類型 DMA_InitTypeDef 變數，儲存了 DMA 傳輸的屬性參數。其中 hdma_usart1_rx.Init.Channel 用於 DMA 串流的通道選擇，也就是外接裝置的 DMA 請求。這裡將其賦值為 DMA_CHANNEL_4，就是 DMA 請求 USART1_RX 的通道。

程式還對 hdma_usart1_rx.Init 的其他成員變數進行賦值，這些成員變數定義了 DMA 傳輸的屬性，如傳輸模式、工作模式、外接裝置和記憶體的資料寬度等參數。程式碼與 STM32CubeMX 中的 DMA 設定對應。完成 hdma_usart1_rx 賦值後，呼叫 HAL_DMA_Init(&hdma_usart1_rx) 進行 DMA 串流的初始化。

在完成了 DMA 串流的初始化設定後，執行下面的一行敘述：

```
__HAL_LINKDMA(uartHandle,hdmarx,hdma_usart1_rx);
```

其中，參數 uartHandle 是 huart1 的位址，查看巨集函數 __HAL_LINKDMA() 的程式，將引用參數代入其中，相當於執行下面兩行敘述，即相互設定了連結物件。

```
(&huart1)-> hdmarx = &(hdma_usart1_rx);    // 序列埠的 hdmarx 指向具體的 DMA 串流物件
(hdma_usart1_rx).Parent = (&huart1);       //DMA 串流物件的 Parent 指向具體的序列埠物件
```

查看函數 MX_USART1_UART_Init() 及其相關函數的程式，可知串流物件變數 hdma_usart1_rx 的回呼函數指標並未賦值，也就是 DMA 串流傳輸完成中斷事件對應的回呼函數指標 XferCpltCallback 還沒有指向具體的函數。

6. DMA 中斷處理流程

在檔案 stm32f4xx_it.c 中自動生成 DMA 串流的中斷服務程式框架如下所示：

```
void DMA2_Stream2_IRQHandler(void)
{
    HAL_DMA_IRQHandler(&hdma_usart1_rx);
}
```

DMA 串流的 ISR 中呼叫了通用處理函數 HAL_DMA_IRQHandler()，傳遞了

DMA 串流物件指標作為參數。追蹤查看 HAL_DMA_IRQHandler() 的原始程式碼，當程式判斷 DMA 串流發生了傳輸完成事件 (DMA_IT_TC) 時，會執行以下的敘述：

```
void HAL_DMA_IRQHandler(DMA_HandleTypeDef *hdma)
{
        // …… 省略了前面的程式
        if(hdma->XferAbortCallback != NULL)
        {
            hdma->XferAbortCallback(hdma);
        }
    // …… 省略了後面的程式
}
```

其中，參數 hdma 是 DMA 串流物件指標。上述程式就是執行了 hdma 的函數指標 XferAbortCallback 指向的具體函數，前提是其指向為不可為空。進一步分析函數 HAL_DMA_IRQHandler()，可以發現 DMA 串流的中斷事件與 DMA 串流物件的函數指標之間的關係，如表 15-4 所示。

但是這個函數指標 XferAbortCallback 在哪兒被賦值？具體指向哪個函數呢？進一步分析原始程式碼會發現這個函數指標在函數 HAL_UART_Receive_DMA() 裡被賦值。

追蹤函數 HAL_UART_Receive_DMA() 會發現有以下的程式碼部分：

```
HAL_StatusTypeDef HAL_UART_Receive_DMA(UART_HandleTypeDef *huart, uint8_t *pData,
uint16_t Size)
{
    // …… 省略了前面的程式
    /* 設定 huart->hdmarx 的 DMA 傳輸完成事件中斷回呼函數指標 */
    huart->hdmarx->XferCpltCallback = UART_DMAReceiveCplt;
    /* 設定 huart->hdmarx 的 DMA 傳輸半完成事件中斷回呼函數指標 */
    huart->hdmarx->XferHalfCpltCallback = UART_DMARxHalfCplt;
    /* 設定 huart->hdmarx 的 DMA 錯誤事件中斷回呼函數指標 */
    huart->hdmarx->XferErrorCallback = UART_DMAError;
    // …… 省略了後面的程式
}
```

其中，huart->hdmarx 就是用於序列埠資料接收的 DMA 串流物件指標，也就是指向 hdma_usart1_rx。所以，hdma_usart1_rx 的函數指標 XferCpltCallback 指向函數 UART_DMAReceiveCplt()。再查看函數 UART_DMAReceiveCplt() 的原始程式碼，其核心程式如下：

```
static void UART_DMAReceiveCplt(DMA_HandleTypeDef *hdma)
```

```
{
    UART_HandleTypeDef *huart = (UART_HandleTypeDef *)((DMA_HandleTypeDef *)hdma)->Parent;
    // …… 省略了中間的程式
    HAL_UART_RxCpltCallback(huart);
}
```

　　函數的第一行敘述透過 hdma->Parent 獲得 DMA 串流連結物件指標 huart，也就是指向 USART1。後面執行了序列埠的回呼函數 HAL_UART_RxCpltCallback()。

　　所以，對於 DMA 串流物件 hdma_usart1_rx，發生 DMA 串流傳輸完成事件中斷時，最終執行的是連結的序列埠 USART1 的回呼函數 HAL_UART_RxCpltCallback()。要對 USART1 的 DMA 接收資料完成中斷進行處理，只需要重新實現這一回呼函數即可。

　　同樣分析可知，對於序列埠發送資料的 DMA 請求 USART1_TX，發生 DMA 串流傳輸完成事件中斷時，最終執行的是連結的序列埠 USART1 的回呼函數 HAL_UART_TxCpltCallback()。

　　所以，當 UART 以 DMA 方式發送或接收資料時，DMA 串流的傳輸完成事件中斷的回呼函數就是 UART 的回呼函數。UART 以 DMA 方式傳輸資料時，DMA 串流的中斷事件與回呼函數的關係如表 15-4 所示。在 UART 的 HAL 驅動函數中，還有另外兩個回呼函數 HAL_UART_TxHalfCpltCallback() 和 HAL_UART_RxHalfCpltCallback() 專門用於 DMA 串流傳輸半完成中斷事件 (DMA_IT_HT)。

　　其他外接裝置使用 DMA 方式傳輸資料時，DMA 串流的事件中斷一般也是使用外接裝置的回呼函數。分析方法與此類似，感興趣的讀者可以自行查看原始程式碼進行分析。

7. 使用者程式設計

　　使用者程式包括主程式設計和 DMA 傳輸完成回呼函數設計兩部分，二者均在 main.c 檔案中實現，其參考程式如下：

```
/* --------------------------Source File usart.c-------------------------------- */
#include "main.h"
#include "dma.h"
#include "spi.h"
#include "usart.h"
#include "gpio.h"
#include "fsmc.h"
```

```c
#include "lcd.h"
#include "flash.h"
#include "stdio.h"
#define RECEIVE_DATA_LEN 4096                    // 序列埠接收快取區大小
uint16_t *SEG_ADDR=(uint16_t *)(0x68000000);
uint8_t USART_RX_BUF[RECEIVE_DATA_LEN];          // 接收緩衝，最大 USART_REC_LEN 位元組
uint32_t data_stat = 0;                          // 序列埠接收資料個數
uint8_t start_flag = 0;                          // 開始傳輸標識位元
uint32_t file_len = 0;                           // 發送資料的總長度
uint16_t LastRecNum=0;                           // 上次接收資料長度
void SystemClock_Config(void);
void WriteFontSPIFlash(void);
void StartOneDMATransmite(void);
/*  使用者主程式  */
int main(void)
{
    HAL_Init();
    SystemClock_Config();
    MX_GPIO_Init();
    MX_DMA_Init();
    MX_FSMC_Init();
    MX_SPI1_Init();
    MX_USART1_UART_Init();
    LCD_Init();
    LCD_Clear(WHITE);
    *SEG_ADDR=0xFFFF;
    HAL_Delay(200);                              // 等待 SPI 初始化完成
    // 此段程式必須先執行，否則沒有 ID 後面的程式沒法執行
    W25QXX_ReadID();                             // 多讀取一次，避免出現檢測失敗情況
    while(W25QXX_ReadID()!=W25Q128)              // 檢測不到 W25Q128
    {printf("W25Q128 Check Failed!\r\n");  }
    printf("W25Qxx Successful initialization\r\n");
    HAL_UART_Receive_DMA(&huart1,USART_RX_BUF,11);    //  接收 11 位元組命令字元
    LCD_ShowString(24*0,24*1,(uint8_t *)" Write Chinese Font ",BLUE,WHITE,24,0);
    __HAL_UART_DISABLE_IT(&huart1,UART_IT_TC);        // 關閉 USART1 發送完成事件中斷
    __HAL_UART_DISABLE_IT(&huart1,UART_IT_RXNE);      // 關閉 USART1 接收完成事件中斷
    WriteFontSPIFlash();  // 字形檔寫入程式
    while (1)
    {
        LCD_Print(4,24*5,(u8 *)"SPI Flash 儲存中文字形檔，12 號字型",BLUE,WHITE,12,0);
        LCD_Print(4,24*6,(u8 *)"TFT LCD 中文顯示測試，16 號字型",BLUE,WHITE,16,0);
        LCD_Print(4,24*7,(u8 *)" 日期：23-01-28，24 號字型",BLUE,WHITE,24,0);
        LCD_Print(4,24*8+12,(u8 *)" 星火嵌入式開發板，32 號字型",BLUE,WHITE,24,0);
    }
}
/* 字形檔寫入程式 */
```

```
void WriteFontSPIFlash()
{
        // 程式省略，請讀者查閱來源程式文件
}
/* 序列埠 DMA 串流接收完成事件中斷回呼函數 */
void HAL_UART_RxCpltCallback(UART_HandleTypeDef *huart)
{
    if(huart->Instance==USART1)
    {
        if(start_flag==1)
            StartOneDMATransmite();
    }
}
/* 啟動一次 DMA 資料傳輸 */
void StartOneDMATransmite()
{
    data_stat=data_stat+LastRecNum;                  // 統計已接收資料量
    if((file_len-data_stat)/RECEIVE_DATA_LEN>0)   // 不是最後一個磁區
    {
        HAL_UART_Receive_DMA(&huart1,USART_RX_BUF,RECEIVE_DATA_LEN);
        LastRecNum=RECEIVE_DATA_LEN;
    }
    else
    {
        if(file_len-data_stat!=0)                    // 需要接收最後一區塊資料
        { HAL_UART_Receive_DMA(&huart1,USART_RX_BUF,file_len-data_stat);
        LastRecNum=file_len-data_stat;   }
        else                                          // 接收已經完成
        {   HAL_UART_DMAStop(&huart1);   }
    }
}
```

　　主程式首先初始化專案需要使用的各類外接裝置，使用序列埠 DMA 方式等待上位機啟動命令，隨後呼叫字形檔寫入函數，將從序列埠分塊接收到的資料寫入 SPI Flash 晶片，寫入完成後傳回。最後在主程式中呼叫中文顯示函數檢驗字形檔寫入是否成功。

　　在主程式設計中，序列埠接收資料均使用 DMA 方式，接收資料完成時觸發 DMA 串流事件中斷，呼叫序列埠接收完成回呼函數。為幫助讀者理解 DMA 工作原理，特別是 DMA 串流事件中斷連結回呼函數方法，作者在主程式中將 USART1 的發送完成 (UART_IT_TC) 中斷事件和接收完成中斷 (UART_IT_RXNE) 事件禁用了，不禁用這兩個中斷也不影響程式執行效果。

因為字形檔以磁區為單位 (4096 位元組) 分塊寫入,最後一次傳輸資料量很有可能不是一個磁區,需要單獨處理,所以本例需要重新實現序列埠接收完成回呼函數。其基本思想是,如果不是最後一個磁區,則再接收 4096 位元組資料,否則接收最後一區塊資料,當所有資料均已傳輸完成則停止 DMA 控制器。

8. 下載偵錯

編譯專案,直到沒有錯誤為止,下載程式到開發板,重置執行。同時執行上位機 W25Qxx 序列埠下載軟體,按照 12.6.3 節舉出的操作方法,寫入中文字形檔。查看開發板 LCD 中文顯示效果,檢驗字形檔是否寫入成功。

15.4.2 計時器觸發 DMA 傳輸多通道類比量擷取

1. 開發專案

雖然本書在第 14 章已經成功實現 4 通道類比量擷取,但專案還會有一些不足之處。第一,由於 ADC 只有一個規則通道轉換結果暫存器,程式採用每次設定一個通道,轉換一個通道的方法實現多通道類比量擷取。第二,由軟體啟動 A/D 轉換,無法準確計算採樣頻率。第三,採用輪詢方法等待轉換完成,執行效率較低。上述問題最終導致 CPU 佔有率高,程式設計較為複雜。

如果規則轉換組有多個輸入通道,應該使用 DMA 傳輸,使轉換結果資料透過 DMA 自動儲存到緩衝區中,在一個規則組轉換結束後再對資料進行處理,或在擷取多次資料後再處理。ADC 除了可以透過軟體命令啟動外,還可以使用計時器的觸發輸出 (TRGO) 訊號或捕捉比較事件訊號啟動,而 TRGO 訊號可以設定為計時器的更新事件 (UEV) 訊號,每次 ADC 的採樣間隔就是精確的。

本範例依然對圖 14-8 中的 RV1~RV2 的分壓訊號 ADIN0~ADIN2 和光敏電阻 R9 的分壓訊號 Tr_AO 的類比量進行擷取。這 4 路類比量分別連接至微控制器的 PA0~PA3 接腳,對應 ADC1 的 IN0~IN3。由於採用 DMA 傳輸,所以可以將上述 4 個通道全部歸入 ADC1 的規則組,採用掃描方式,一次轉換完成,由 DMA 控制器按順序將資料搬運至緩衝區。選擇計時器 TIM2 的更新事件作為 ADC1 的觸發訊號,定時啟動 ADC,時間間隔設定為 500ms。上述設計實現了 ADC 多通道擷取的定時啟動、結果自動儲存,使用者程式僅需重新實現回呼函數,將轉換結果顯示在 LCD 上即可。

2. 複製專案檔案

由於本專案是在第 14 章專案的基礎上進行擴充的，所以複製第 14 章建立的專案資料夾 1401 ADC Polling 到桌面，並將資料夾重新命名為 1502 ADC TRGO DMA。

3. STM32CubeMX 設定

1) ADC1 設定

打開專案範本資料夾裡面的 Template.ioc 檔案，啟動 STM32CubeMX 設定軟體，在左側設定類別 Categories 下面的 Analog 列表中找到 ADC1，打開其設定對話方塊，其中 Mode(模式) 部分無須更改，依然是選中 IN0~IN3 這 4 個通道。

ADC1 設定介面如圖 15-5 所示，大部分參數和 14.4.1 節專案相同，不同部分在圖中均以紅色框線標注。在 ADC_Setting 參數組中，開啟掃描轉換模式 (Scan Conversion Mode) 和 DMA 連續請求 (DMA Continuous Requests) 選項，分別表示掃描多個轉換通道和產生連續 DMA 請求。需要說明的是，在開啟 DMA 連續請求選項之前需要完成 ADC 的 DMA 傳輸設定，否則其 Enable 選項為無效狀態。

在 ADC_Regular_ConversionMode 參數組中將轉換個數設為 4，下面會自動生成 4 個 Rank 的設定，分別設定每個 Rank 的輸入通道和採樣時間，此處作者將其全部設為 28 Cycles。4 個 Rank 裡類比頻道出現的順序就是規則轉換組轉換的順序。將外部觸發轉換的訊號源 (External Trigger Conversion Source) 設定為計時器的觸發輸出事件 (Timer 2 Trigger Out event)；將外部觸發轉換時使用的訊號邊沿 (External Trigger Conversion Edge) 設定為上昇緣觸發 (Trigger detection on the rising edge)。

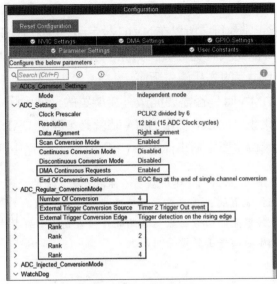

▲ 圖 15-5 ADC1 設定介面

注意，ADC_Settings 組中的 End Of Conversion Selection 的設定值不變，仍然是在每個通道轉換完成之後產生 EOC 訊號。

2) DMA 設定

ADC1 只有一個 DMA 請求，為其設定 DMA 串流 DMA2 Stream 0，設定 DMA 傳輸屬性參數，設定介面如圖 15-6 所示。DMA 傳輸方向自動設定為 Peripheral To Memory(外接裝置到記憶體)。在 DMA Request Settings 組中將 Mode(工作模式) 設定為 Circular(循環模式)，將外接裝置和記憶體的資料寬度均設定為 Word——因為 A/D 轉換結果資料暫存器是 32 位元的。傳輸過程中外接裝置位址保持不變，記憶體位址自動增加。

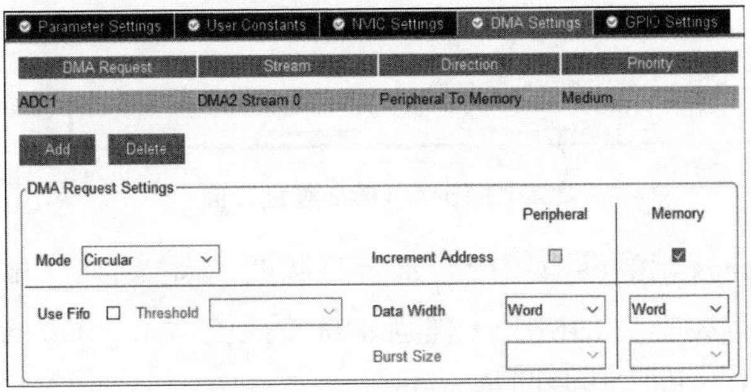

▲ 圖 15-6 ADC1 的 DMA 設定

在使用 ADC1 的 DMA 方式傳輸時發現，即使不開啟 ADC1 的全域中斷，DMA 傳輸功能也能正常執行，所以在 NVIC 設定部分關閉了 ADC1 的全域中斷。因為需要在 DMA 傳輸完成時進行資料處理，所以需要打開 DMA 串流的全域中斷，並為其設定一個中等的先佔優先順序。

外接裝置使用 DMA 時是否需要開啟外接裝置的全域中斷？不同外接裝置的情況不一樣。舉例來說，UART 使用 DMA 時就必須開啟 UART 全域中斷，但仍可以關閉 UART 的兩個主要中斷事件來源 (接收中斷和發送中斷)。

> 在外接裝置使用 DMA 時，建議儘量不開啟外接裝置的全域中斷，若必須開啟，也要禁止外接裝置的主要事件來源產生硬體中斷，因為 DMA 的傳輸完成事件中斷使用外接裝置的回呼函數，若開啟外接裝置的中斷事件來源，則可能導致一個事件發生時回呼函數被呼叫兩次。

3) 計時器設定

TIM2 設定介面如圖 15-7 所示，Mode 部分只需要設定 Clock Source 為 Internal Clock，啟用 TIM2 即可。

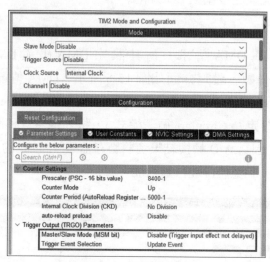

▲ 圖 15-7　TIM2 設定介面

Counter Settings 組的參數用於設定定時週期，因為 TIM2 掛接在 APB1 匯流排上，其輸入時鐘頻率為 84MHz，經過 8400 的預分頻和 5000 的計數分頻，計時器更新頻率為 2Hz，即定時週期為 500ms。

Trigger Output(TRGO) Parameters 組用於設定 TRGO 訊號，將 Master/Slave Mode(MSM bit) 設定為 Disable，即禁用主 / 從模式。Trigger Event Selection(觸發事件選擇) 設定為 Update Event，也就是以 UEV 訊號作為 TRGO 訊號。

這樣，ADC1 在 TIM2 的 TRGO 訊號的每個上昇緣啟動一次 A/D 轉換，就可以實現週期性的 A/D 轉換，轉換週期由 TIM2 的定時週期決定。無須開啟 TIM2 的全域中斷，觸發訊號也是正常輸出的。

4. 初始化程式分析

專案初始化主要涉及三部分，分別為計時器初始化、DMA 初始化和 ADC 初始化，所有程式和 STM32CubeMX 設定對應，分析方法與上一節相同。計時器初始化相對於基本計時器應用增加了觸發控制部分，對應圖 15-7 中框線標出部分。DMA 初始化部分與上一節並無區別，僅是打開 DMA2 控制器時鐘，設定 DMA2 串流中斷優先順序並啟用。ADC 初始化更新了圖 15-5 中紅色框線標出部分設定。感興趣的讀者可自行打開初始設定檔案查看並分析原始程式碼。

5. 使用者程式設計

使用者程式分為兩部分，一是系統主程式，二是 DMA 傳輸完成回呼函數，二者均位於 main.c 檔案中，參考程式如下：

```c
/* --------------------------Source File main.c------------------------------- */
#include "main.h"
#include "adc.h"
#include "dma.h"
#include "spi.h"
#include "tim.h"
#include "gpio.h"
#include "fsmc.h"
#include "lcd.h"
#include "flash.h"
#include "stdio.h"
#define BATCH_LEN 4
uint8_t TempStr[30]="";
uint16_t *SEG_ADDR=(uint16_t *)(0x68000000);
uint32_t dmaBuffer[BATCH_LEN];
void SystemClock_Config(void);
/*  主函數  */
int main(void)
{
```

```
    HAL_Init();
    SystemClock_Config();
    MX_GPIO_Init();
    MX_DMA_Init();
    MX_FSMC_Init();
    MX_SPI1_Init();
    MX_ADC1_Init();
    MX_TIM2_Init();
    LCD_Init();
    LCD_Clear(WHITE);
    LCD_Fill(0,lcddev.height/2,lcddev.width,lcddev.height,BLUE);
    *SEG_ADDR=0xFFFF;              // 關閉所有數位管
    W25QXX_ReadID();              // 讀取元件 ID，後續程式需要使用
    LCD_PrintCenter(0,24*1,(u8 *)"第 15 章 多通道 ADC 擷取 ",BLUE,WHITE,24,0);
    LCD_PrintCenter(0,24*3,(u8 *)"TIM2 觸發，DMA 傳輸 ",BLUE,WHITE,24,0);
    HAL_ADC_Start_DMA(&hadc1,dmaBuffer,BATCH_LEN); // 以 DMA 方式啟動 ADC1
    HAL_TIM_Base_Start(&htim2);    // 啟動計時器 TIM2
    while(1)
    {
    }
}
/*   DMA 傳輸完成事件中斷回呼函數   */
void HAL_ADC_ConvCpltCallback(ADC_HandleTypeDef* hadc)
{
    uint8_t i;
    for(i=0;i<BATCH_LEN;i++)
    {
        sprintf((char *)TempStr,"CH%d,Val:%04d,Vol:%.3fV",i+1,dmaBuffer[i],3.3*dmaBuffe
r[i]/4096);
        LCD_ShowString(6,24*(5+i),TempStr,WHITE,BLUE,24,0);
    }
}
```

　　由上述程式可知，主程式首先初始化需要用到的外接裝置，隨後在 LCD 上顯示中文提示訊息，緊接著以 DMA 方式啟動 A/D 轉換，以輪詢方式啟動計時器 TIM2，最後主程式進入一個無限空迴圈中。由此可見採用計時器觸發、DMA 傳輸的多通道 ADC 擷取程式更簡潔、高效。

　　採用上一節的程式追蹤分析方法，可以發現 ADC 模組的 DMA 串流中斷傳輸完成事件連結回呼函數 HAL_ADC_ConvCpltCallback()。所以如果需要在 DMA 傳輸完成時進行交易處理，僅需重新實現這一回呼函數即可。因為 A/D 轉換結果已經由 DMA 控制器按序傳輸至記憶體緩衝區，所以回呼函數的資料處理也十分簡單，僅需將轉換結果按通道顯示於 LCD 即可。

6. 下載偵錯

　　編譯專案，直到沒有錯誤為止，下載程式到開發板，重置執行，檢查實驗效果。

15.4.3 三重 ADC 同步轉換 DMA 傳輸

1. 開發專案

　　14.2.11 節介紹了多重 ADC 工作模式，但是沒有舉出應用範例，其原因就是多重 ADC 模式資料傳輸必須使用 DMA，本章在講解了 DMA 工作原理之後，舉出多重 ADC 應用 DMA 傳輸的綜合實例。使用三重 ADC 實現對震動感測器 X、Y、Z 這 3 個方向的震動訊號同步擷取，以合成一個三維空間中的震動向量。專案實施時以開發板電位器 RV1~RV3 的分壓訊號類比震動感測器三分量輸出。

　　在多重 ADC 模式下，可將 DMA 設定為使用 3 種不同的模式來傳輸轉換的資料。

1) DMA 模式 1

　　每發出一個 DMA 請求 (一個資料項目可用)，就會傳輸一個表示 A/D 轉換的資料項目的半字組。

　　在雙重 ADC 模式下，發出第一個請求時傳輸 ADC1 的資料，發出第二個請求時傳輸 ADC2 的資料，依此類推。

　　在三重 ADC 模式下，發出第一個請求時傳輸 ADC1 的資料，發出第二個請求時傳輸 ADC2 的資料，發出第三個請求時傳輸 ADC3 的資料，重複此序列。

　　DMA 模式 1 用於三重規則同時模式，傳輸範例如下所示：

　　三重規則同時模式：生成 3 個連續的 DMA 請求 (每個請求對應一個轉換資料項目)。

　　第 1 個請求：ADC_CDR[31:0]=ADC1_DR[15:0]。

　　第 2 個請求：ADC_CDR[31:0]=ADC2_DR[15:0]。

　　第 3 個請求：ADC_CDR[31:0]=ADC3_DR[15:0]。

　　第 4 個請求：ADC_CDR[31:0]=ADC1_DR[15:0]。

2) DMA 模式 2

每發送一個 DMA 請求 (兩個資料項目可用)，就會以字的形式傳輸表示兩個 A/D 轉換資料項目的兩個半字組。

在雙重 ADC 模式下，發出第一個請求時會傳輸 ADC2 和 ADC1 的資料 (ADC2 資料佔用高位元半字組，ADC1 資料佔用低位元半字組)，依此類推。

在三重 ADC 模式下，將生成三個 DMA 請求：發出第一個請求時，會傳輸 ADC2 和 ADC1 的資料 (ADC2 資料佔用高位元半字組，ADC1 資料佔用低位元半字組)。發出第二個請求時，會傳輸 ADC1 和 ADC3 的資料 (ADC1 資料佔用高位元半字組，ADC3 資料佔用低位元半字組)。發出第三個請求時，會傳輸 ADC3 和 ADC2 的資料 (ADC3 資料佔用高位元半字組，ADC2 資料佔用低位元半字組)，依此類推。

DMA 模式 2 用於交替模式和規則同時模式 (僅適用於雙重 ADC 模式)，傳輸範例如下所示：

雙重交替模式：每當有 2 個資料項目可用時，就會生成一個 DMA 請求。

第 1 個請求：ADC_CDR[31:0]=ADC2_DR[15:0]|ADC1_DR[15:0]。

第 2 個請求：ADC_CDR[31:0]=ADC2_DR[15:0]|ADC1_DR[15:0]。

3) DMA 模式 3

此模式與 DMA 模式 2 相似。唯一的區別是：在這種模式下，每發送一個 DMA 請求 (兩個資料項目可用)，就會以半字組的形式傳輸表示兩個 A/D 轉換資料項目的兩位元組。此模式下的資料傳輸順序與 DMA 模式 2 相似。DMA 模式 3 用於解析度為 6 位元和 8 位元時的交替模式。

根據上述分析，對於三分量類比輸出同步轉換應使用 DMA 模式 1 傳輸。同時為實現固定頻率空間向量擷取，依然採用計時器更新事件觸發 A/D 轉換。在三重 ADC 模式下，同時啟用 ADC1、ADC2 和 ADC3，其中 ADC1 是主元件，ADC2 和 ADC3 是從元件，定器觸發訊號和 DMA 串流設定均作用於 ADC1。

2. 複製專案檔案

複製 15.4.2 節建立的專案資料夾 1502 ADC TRGO DMA 到桌面，並將資料夾重新命名為 1503 Triple ADC DMA。

3. STM32CubeMX 設定

專案需要同時啟用 ADC1、ADC2 和 ADC3，其中 ADC1 是主元件，ADC2 和 ADC3 是從元件，需要分別對其進行設定。

1) ADC1 設定

因為是三重 ADC 同步轉換，所以每個 ADC 只轉換一個通道，並將其劃分至規則組。所以在模式部分，ADC1 轉換 IN0 通道，ADC2 轉換 IN1 通道，ADC3 轉換 IN2 通道。還需要注意的是從元件 ADC2 和 ADC3 必須先選中通道，主元件 ADC1 才可以設定為三重 ADC 模式。ADC1 的設定介面如圖 15-8 所示。

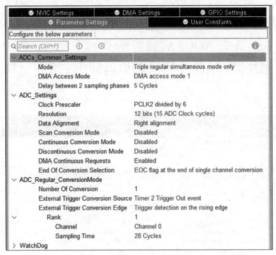

▲ 圖 15-8 ADC1 設定介面

ADCs_Common_Settings 參數組用於設定多重 ADC 模式。

Mode：用於設定多重 ADC 模式，選擇 Triple regular simultaneous mode only，也就是三重 ADC 規則同步轉換模式。

DMA Access Mode：DMA 存取模式，根據前述分析，三重 ADC 規則同步轉換只能採用 DMA access mode 1。

Delay between 2 sampling phases：兩次採樣之間的間隔，該參數用於交替模式，設定交替採樣的間隔時間，本例是同步模式，因此此參數設定無影響。

因為只有一個通道，所以將參數 Scan Conversion Mode(掃描轉換模式) 設定為 Disabled。多重 ADC 只能使用 DMA 方式傳輸資料，所以參數 DMA

Continuous Requests(DMA 連續請求) 設定為 Enabled。

在 ADC1 設定介面的 DMA Settings 頁面進行 DMA 設定，設定結果與圖 15-6 一樣，不要開啟 ADC1 的全域中斷。

ADC1 仍然由 TIM2 的 TRGO 訊號觸發，TIM2 的所有設定不變，定時週期為 500ms。

2) ADC2 設定

ADC2 輸入通道選擇 IN1，設定介面如圖 15-9 所示。除了規則轉換的 Rank 通道設定為 Channel 1 和 DMA Continuous Requests 設定為 Disabled 以外，其他參數 (如時鐘分頻係數、解析度、資料採樣時間等) 都應與 ADC1 和 ADC3 保持一致，以保證三個 ADC 能同步擷取。在圖 15-9 中沒有觸發源選項，在三重 ADC 同步模式下，ADC2 和 ADC3 由 ADC1 觸發源觸發。不要為 ADC2 設定 DMA，也不要開啟 ADC2 的全域中斷，ADC2 轉換結果傳輸由主元件 ADC1 連接的 DMA 串流負責。

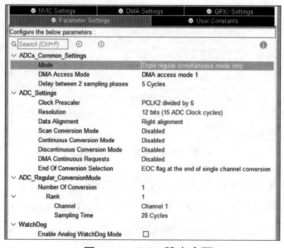

▲ 圖 15-9　ADC2 設定介面

3) ADC3 設定

ADC3 輸入通道選擇 IN2，設定介面如圖 15-10 所示。除了規則轉換的 Rank 通道設定為 Channel 2 而外，其他參數都與 ADC1 和 ADC2 保持一致，以保證三個 ADC 能同步擷取。

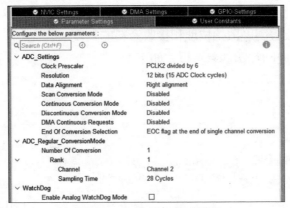

▲ 圖 15-10 ADC3 設定介面

4. 初始化程式分析

專案初始化主要涉及三部分，分別為計時器初始化、DMA 初始化和 ADC 初始化，計時器初始化和 DMA 初始化部分與 15.4.2 節完全相同，ADC 初始化部分更新了圖 15-8~ 圖 15-10 中的更改參數，所有程式和 STM32CubeMX 設定對應。感興趣的讀者可自行打開初始設定檔案查看並分析原始程式碼。

5. 使用者程式設計

使用者程式分為系統主程式和 DMA 傳輸完成回呼函數兩部分，二者相對 15.4.2 節專案來說，差別並不大，下面僅將不同之處列出。

主程式主要修改程式如下：

```
#define BATCH_LEN  3
uint32_t dmaBuffer[BATCH_LEN];
int main(void)
{
    LCD_PrintCenter(0,24*1," 第 15 章 三重 ADC 同步轉換 ",BLUE,WHITE,16,0);
    LCD_PrintCenter(0,24*3,"TIM2 觸發，DMA 傳輸，三重 ADC 同步轉換 ",BLUE,WHITE,16,0);
    HAL_ADC_Start(&hadc2);              // 啟動 ADC2
    HAL_ADC_Start(&hadc3);              // 啟動 ADC3
    // 啟動 ADC1 規則同步轉換及 DMA 傳輸
    HAL_ADCEx_MultiModeStart_DMA(&hadc1,dmaBuffer,BATCH_LEN);
    HAL_TIM_Base_Start(&htim2);         // 啟動計時器 TIM2
    while(1)  {  }
}
```

三重 ADC 模式，所有 ADC 都應啟動，從 ADC 透過函數 HAL_ADC_Start()

啟動，主 ADC 透過函數 HAL_ADCEx_MultiModeStart_DMA() 以 DMA 方式啟動，並且需要舉出接收緩衝區啟始位址和接收資料的長度。

DMA 傳輸完成回呼函數參考程式如下：

```
void HAL_ADC_ConvCpltCallback(ADC_HandleTypeDef* hadc)
{
    uint8_t i;
    for(i=0;i<BATCH_LEN;i++)
    {
        sprintf(TempStr,"RV%d,Val:%04d,Vol:%.3fV",i+1,dmaBuffer[i],3.3*dmaBuffer[i]/4096);
        LCD_ShowString(6,24*(5+i),TempStr,WHITE,BLUE,24,0);
    }
}
```

DMA 傳輸完成回呼函數連結 A/D 轉換完成回呼函數 HAL_ADC_ConvCpltCallback()，因為資料透過 DMA 控制器傳輸，所以重新實現的回呼函數僅是將緩衝區 A/D 轉換結果按通道顯示於 LCD。

6. 下載偵錯

編譯專案，直到沒有錯誤為止，下載程式到開發板，重置執行，檢查實驗效果。

15.5 開發經驗小結——輪詢、中斷、DMA

眾所皆知，在電腦系統中，週邊 I/O 裝置進行資料交換有 3 種方式：輪詢、中斷和 DMA。作為電腦系統的一大分支，嵌入式系統也不例外。

15.5.1 輪詢

在輪詢方式下，CPU 對各個週邊 I/O 裝置輪流詢問一遍有無處理要求。詢問之後，如有要求，則加以處理，並在處理完 I/O 裝置的請求後傳回繼續工作。舉例來說，在 6.2 節按鍵控制蜂鳴器發出不同聲音專案實例中，使用輪詢方式透過 GPIO 讀取按鍵 K1 和 K2 的輸入。顯然，輪詢會佔據 CPU 相當一部分的處理時間，是一種效率較低的方式，在嵌入式系統中主要用於 CPU 不忙且傳送速度不高的情況。特別地，作為輪詢方式的特例，無條件傳送方式主要用於對簡單 I/O 裝置的控制或 CPU 明確知道 I/O 裝置所處狀態的情況下。

15.5.2 中斷

在中斷方式下，週邊 I/O 裝置的資料通信是由 CPU 透過中斷服務程式來完成的。舉例來說，在 8.4 節介紹的透過按鍵調節數位電子鐘時間的實例中，透過 EXTI 使用中斷方式讀取按鍵 K1~K3 的輸入。I/O 裝置中斷方式提高了 CPU 的使用率，並且能夠支援多道程序和 I/O 裝置的平行作業，在嵌入式系統中主要用於 CPU 比較忙的情況，尤其適合即時控制和緊急事件的處理。而且為了充分利用 CPU 的高速性能和即時操作的要求，中斷服務程式通常要求儘量簡短。儘管如此，每次中斷處理都需要保護和恢復現場，因此，頻繁地中斷或在中斷服務程式中進行大量的資料交換會造成 CPU 使用率降低以及無法回應中斷。

15.5.3 DMA

DMA 是指週邊 I/O 裝置不通過 CPU 而直接與系統記憶體交換資料，即 I/O 裝置與記憶體間傳送一個資料區塊的過程中，不需要 CPU 的任何中間干涉，只需要 CPU 在資料傳輸開始時向 I/O 裝置發出「傳送區塊資料」的命令，然後透過中斷來獲知資料傳送過程結束。在本章 15.4.2 節介紹的多通道類比量擷取實例中，使用 DMA 方式不斷將片上外接裝置 ADC 的 4 通道類比量轉換結果自動傳送到記憶體變數，並且在每次傳送完畢後產生一個 DMA 傳輸完成插斷要求，透過重新實現連結的回呼函數進行擷取資料處理。與中斷相比，DMA 方式是在所要求傳送的資料區塊全部傳送結束時才產生插斷要求，需要 CPU 處理，這就大大減少了 CPU 進行中斷處理的次數。而且 DMA 方式是在 DMA 控制器的控制下，不經過 CPU 控制完成的，這就避免了 CPU 因並行 I/O 裝置過多而來不及處理以及因速度不匹配而造成資料遺失等現象。綜上所述，在嵌入式系統中，DMA 方式主要用於高速外接裝置進行大量或頻繁資料傳送的場合。

本章小結

本章首先向讀者介紹了 DMA 的由來、定義和優點等內容，隨後又具體講解了 STM32F407 微控制器的 DMA 工作原理，並介紹了 DMA 的 HAL 函數庫驅動函數。最後舉出了 3 個綜合性應用實例，第 1 個專案是將第 12 章介紹的字形檔儲存程式的序列埠中斷接收方式更改為 DMA 傳輸方式；第 2 個專案採用計時器觸發 4 通道類比量擷取，轉換結果用 DMA 傳輸；第 3 個專案採用三重 ADC 實現三維空間向量規則同步轉換。

思考拓展

(1) 什麼是 DMA？DMA 應用於哪些場合？

(2) STM32F407 微控制器的 DMA 傳輸模式有哪幾種？

(3) STM32F407 微控制器的 DMA 傳輸允許的最巨量資料量是多少？

(4) STM32F407 微控制器的 DMA 傳輸緩衝區大小如何確定？

(5) STM32F407 微控制器的 DMA 傳輸資料寬度有哪幾種？如何確定？

(6) STM32F407 微控制器的 DMA 傳輸時位址指標是否遞增是如何確定的？

(7) STM32F407 微控制器的 DMA 傳輸的工作模式有哪兩種？應如何選擇？

(8) STM32F407 微控制器有哪些 DMA 串流中斷事件？對應的函數指標分別是什麼？

(9) 根據本書舉出的程式追蹤方法，分別找出 SPI 的 DMA 發送資料完成事件和 DMA 接收資料完成事件連結的回呼函數。

(10) 最佳化 15.4.1 節專案，將 USART 接收到的資料寫入 SPI Flash 字形檔晶片的實現方法也更改為 DMA 方式。

(11) 最佳化 15.4.2 節專案，資料獲取時需要對每個通道連續擷取 20 次，然後採用平均值濾波，資料傳輸方式依然選擇 DMA。

(12) 參考 15.4.3 節專案，使用雙重 ADC 規則同步轉換，擷取開發板 RV3 電位器和光敏電阻 R9 的兩個通道類比量，並將結果顯示於 LCD。

第 16 章

數 / 類轉換器

本章要點

➢ DAC 概述；

➢ STM32F407 的 DAC 工作原理；

➢ DAC 的 HAL 函數庫驅動；

➢ 專案實例。

數位類比轉換器 (Digital-to-Analog Converter, DAC)，簡稱數 / 類轉換器，顧名思義，是將一種離散的數位訊號轉為連續變化的類比訊號的電子元件，是第 14 章介紹的類 / 數轉換器 (ADC) 的逆過程。有了 DAC，微控制器就增加了類比輸出功能，如同多了一雙操控類比世界的手。

16.1 DAC 概述

在嵌入式系統中，類比量和數位量的互相轉換是很重要的。舉例來說，用微控制器對生產過程進行控制時，首先要將被控制的類比量轉為數位量，才能送到微控制器進行運算和處理；然後又必須將處理後得到的數位量轉為類比量，才能實現對被控制的類比量進行控制。

16.1.1 DAC 基本原理

與第 14 章介紹的 ADC 相比，DAC 的結構就簡單得多。DAC 有多種，本節僅以 4 位元倒 T 形電阻網路 DAC 為例講解其工作原理，電路如圖 16-1 所示。它由 R-2R 倒 T 形電阻網路、電子類比開關 $S_0 \sim S_3$ 和運算放大器等組成。運算放大器接成反相比例運算電路，其輸出的為類比電壓 U_o。d_3、d_2、d_1、d_0 為輸入的 4

位元二進位數字，各位的數位分別控制相應的類比開關。當二進位數字碼為 1 時，開關接到運算放大器的反相輸入端 $(u_- \approx 0)$；二進位數字碼為 0 時接「地」。

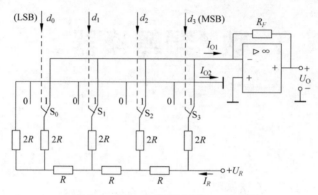

▲ 圖 16-1　倒 T 形電阻網路 DAC 電路

倒 T 形電阻網路輸出電流關係如圖 16-2 所示，可先計算電阻網路輸出電流 I_{O1}。

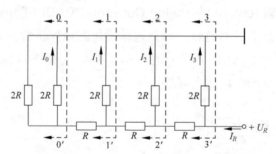

▲ 圖 16-2　計算倒 T 形電阻網路的輸出電流

計算時需要注意兩點：①在圖 16-2 中，00′、11′、22′、33′ 左邊部分電路的等效電阻均為 R；②不論類比開關接到運算放大器的反相輸入端 (虛地) 或接「地」(也就是不論輸入數位訊號是 1 或 0)，各支路的電流不變。因此，從參考電壓端輸入的電流為：

$$I_R = \frac{U_R}{R}$$

而後根據分流公式得出各支路的電流：

$$I_3 = \frac{1}{2}I_R = \frac{U_R}{R \cdot 2^1} \quad I_2 = \frac{1}{4}I_R = \frac{U_R}{R \cdot 2^2} \quad I_1 = \frac{1}{8}I_R = \frac{U_R}{R \cdot 2^3} \quad I_0 = \frac{1}{16}I_R = \frac{U_R}{R \cdot 2^4}$$

由此可得電阻網路的輸出電流為：

$$I_{O1} = \frac{U_R}{R \cdot 2^4}(d_3 \cdot 2^3 + d_2 \cdot 2^2 + d_1 \cdot 2^1 + d_0 \cdot 2^0)$$

運算放大器輸出的類比電壓 U_O 則為：

$$U_O = -R_F I_{O1} = -\frac{R_F U_R}{R \cdot 2^4}(d_3 \cdot 2^3 + d_2 \cdot 2^2 + d_1 \cdot 2^1 + d_0 \cdot 2^0)$$

如果輸入的是 n 位元二進位數字，則

$$U_O = -\frac{R_F U_R}{R \cdot 2^n}(d_{n-1} \cdot 2^{n-1} + d_{n-2} \cdot 2^{n-2} + \cdots + d_0 \cdot 2^0)$$

當取 $R_F = R$ 時，則上式為：

$$U_O = -\frac{U_R}{2^n}(d_{n-1} \cdot 2^{n-1} + d_{n-2} \cdot 2^{n-2} + \cdots + d_0 \cdot 2^0)$$

由上式可知：U_O 的最小值為 $\frac{U_R}{2^n}$；最大值為 $\frac{(2^n - 1)U_R}{2^n}$。

16.1.2 DAC 性能參數

DAC 的主要性能參數有解析度、轉換精度、轉換速度、溫度係數等，這些也是選擇 DAC 的重要參考指標。

1. 解析度

DAC 對輸入微小量變化敏感程度用解析度來表徵，其定義為 DAC 輸出類比電壓可能被分離的等級數，n 位元 DAC 輸出類比量最多有 2^n 個不同值，例如 8 位元 DAC 輸出電壓能被分離的等級數為 2^8 個。輸入數位量位元數越多，輸出電壓可分離的等級越多，即解析度越高。所以實際應用中，往往用輸入數位量的位元數表示 DAC 的解析度。

2. 轉換精度

由於受到電路元件參數誤差、基準電壓不穩和運算放大器的零點漂移等因素的影響，DAC 實際輸出的類比量與理想值之間存在誤差。這些誤差的最大值定義為轉換精度。轉換誤差有比例係數誤差、失調誤差和非線性誤差等。

3. 轉換速度

當 DAC 輸入的數位量發生變化時，輸出的類比量並不能立即達到所對應的量值，它要延遲一段時間。通常用建立時間來描述 DAC 的轉換速度，建立時間是指輸入數位量變化時，輸出電壓達到規定誤差範圍所需的時間。一般用 DAC 輸入的數位量從全 0 變為全 1，輸出電壓達到規定的誤差範圍 (±LSB/2) 時所需時間表示。

4. 溫度係數

溫度係數是指在輸入不變的情況下，輸出類比電壓隨溫度變化產生的變化量。一般用在滿刻度輸出條件下，溫度每升高 1℃，輸出電壓變化的百分數作為溫度係數。

16.2 STM32F407 的 DAC 工作原理

STM32F407 有一個 DAC 模組，其具有兩路 DAC 通道，每個通道有獨立的 12 位元 DAC。兩個通道可以獨立輸出，也可以同步輸出。

16.2.1 DAC 結構與特性

STM32F407 的 DAC 模組是 12 位元數位輸入，電壓輸出型的 DAC。DAC 可以設定為 8 位元或 12 位元模式，也可以與 DMA 控制器配合使用。DAC 工作在 12 位元模式時，資料可以設定成左對齊或右對齊。DAC 模組有 2 個輸出通道，每個通道都有單獨的轉換器。在雙 DAC 模式下，2 個通道可以獨立地進行轉換，也可以同時進行轉換並同步地更新 2 個通道的輸出。DAC 可以透過接腳輸入參考電壓 V_{REF+} (與 ADC 共用) 以獲得更精確的轉換結果。

STM32F407 的 DAC 模組主要特點有：

(1) 兩個 DAC 各對應一個輸出通道。

(2) 12 位元模式下資料採用左對齊或右對齊。

(3) 同步更新功能。

(4) 生成雜訊波。

(5) 生成三角波。

(6) DAC 雙通道單獨或同時轉換。

(7) 每個通道都具有 DMA 功能。

(8) DMA 下溢錯誤檢測。

(9) 透過外部觸發訊號進行轉換。

(10) 輸入參考電壓 V_{REF+}。

STM32F407 的 DAC 內部功能結構如圖 16-3 所示。圖中 V_{DDA} 和 V_{SSA} 為 DAC 模組類比部分的供電，而 V_{REF+} 則是 DAC 模組的參考電壓，與 ADC 模組共用，電壓範圍：$1.8V \leq V_{REF+} \leq V_{DDA}$。DAC_OUTx 是 DAC 的輸出通道，DAC_OUT1 對應 PA4 接腳，DAC_OUT2 映射到 PA5 接腳。

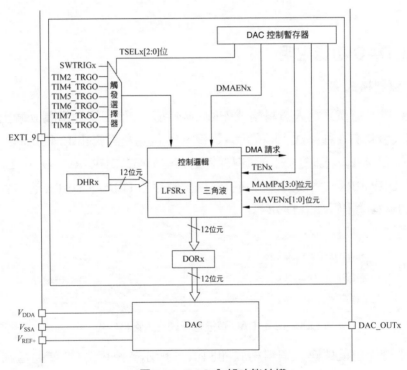

▲ 圖 16-3 DAC 內部功能結構

STM32F407 的 DAC 的核心是 12 位元的 DAC，它將資料輸出暫存器 DORx(x=1~2，表示通道 1 或通道 2) 的 12 位元數位量轉為類比電壓輸出到重複使用功能接腳 DAC_OUTx。DAC 還有一個輸出緩衝器，如果使用輸出緩衝器，可以降低輸出阻抗並提高輸出的負載能力。

　　資料輸出暫存器 DORx 的內容不能直接設定，而是由控制邏輯部分生成。DORx 的資料可以來自資料保持暫存器 DHRx，也可以來自控制邏輯生成的三角波資料或雜訊波資料，亦或 DMA 緩衝區的資料。

　　D/A 轉換可以由軟體指令觸發，也可以由計時器的 TRGO 訊號觸發，或由外部中斷線 EXTI_9 觸發。DAC 掛接在匯流排 APB1 上，DAC 的工作時鐘訊號就是 PCLK1。

　　DAC 輸出的類比電壓由暫存器 DORx 的數值和參考電壓 $V_{\text{REF+}}$ 決定，輸出電壓的計算公式為：

$$\text{DAC}_{\text{OUTPUT}} = \frac{\text{DORx}}{2^{12}} \times V_{\text{REF+}}$$

16.2.2 DAC 功能說明

1. DAC 資料格式

　　DAC 單通道模式寫入資料格式如圖 16-4 所示，使用單通道獨立輸出時，向 DAC 寫入資料有 3 種格式：8 位元右對齊、12 位元左對齊和 12 位元右對齊。這 3 種格式的資料寫入相應的對齊資料保持暫存器 DAC_DHR8Rx、DAC_DHR12Lx 或 DAC_DHR12Rx，然後被移位到資料保持暫存器 DHRx，DHRx 的內容再被載入到通道資料輸出暫存器 DORx。

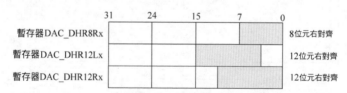

▲ 圖 16-4　DAC 單通道模式寫入資料格式

　　DAC 雙通道模式寫入資料格式如圖 16-5 所示，使用 DAC 雙通道同步輸出時，有 3 個專用的雙通道暫存器用於向兩個 DAC 通道同時寫入資料，寫入資料的格式有 3 種，其中高位元是 DAC2，低位元是 DAC1。使用者寫入的資料會被移位儲存到資料保持暫存器 DHR2 和 DHR1，然後再被載入到通道資料輸出暫存器 DOR2 和 DOR1。

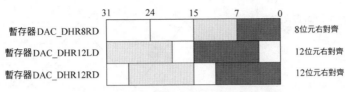

▲ 圖 16-5 DAC 雙通道模式寫入資料格式

2. D/A 轉換時間

不能直接將資料寫入 DOR，需要將資料寫入 DHR 後，再轉移到 DOR。使用軟體觸發時，經過一個 APB1 時鐘週期後，DHR 的內容移入 DOR；使用外部硬體觸發 (計時器觸發或 EXTI_9 線觸發) 時，觸發訊號到來後，需要經過 3 個 APB1 時鐘週期才將 DHR 的內容移入 DOR。

圖 16-6 是軟體觸發時的 D/A 轉換時序，當 DOR 的內容更新後，接腳上的類比電壓需要經過一段時間 $t_{SETTING}$ 之後才穩定，具體時間長度取決於電源電壓和類比輸出負載。

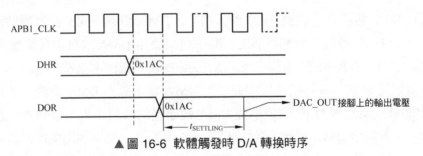

▲ 圖 16-6 軟體觸發時 D/A 轉換時序

3. 輸出雜訊波和三角波

DAC 內部使用線性回饋移位暫存器 (Linear Feedback Shift Register，LFSR) 生成變振幅的偽雜訊，每次發生觸發時，經過 3 個 APB1 時鐘週期後，LFSR 生成一個隨機數並移入 DOR。注意，要生成雜訊波或三角波，必須使用外部觸發。

三角波生成過程如圖 16-7 所示，可以在直流訊號或慢變訊號上疊加一個小幅三角波。在 DAC 控制暫存器 DAC_CR 的 MAMP[3:0] 位元設定一個參數用於表示三角波最大振幅，振幅為 1~4095(非連續)。每次發生觸發時，內部的三角波計數器會遞增或遞減，在保障不溢位的情況下，會和資料保持暫存器 DHRx 的值疊加後，移送到資料輸出暫存器 DORx。

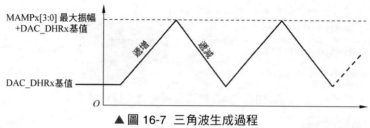

▲圖 16-7　三角波生成過程

4. 雙通道同步轉換

　　為兩個通道選擇相同的外部觸發訊號源，就可以實現兩個 DAC 通道同步觸發。如果為兩個 DAC 通道設定輸出資料，需要按照圖 16-5 中的格式將兩個通道的資料合併並設定到一個 32 位元雙 DAC 資料暫存器 DAC_DHR8RD、DAC_DHR12LD 或 DAC_DHR12RD 裡，然後 DAC 再自動將資料移送到暫存器 DOR1 和 DOR2 中。

5. DMA 請求

　　每個 DAC 通道有一個獨立的 DMA 請求，DMA 傳輸方向是從記憶體到外接裝置。單一 DAC 通道受外部觸發工作時，可以使用 DMA 進行資料傳輸，DMA 緩衝區的資料在外部觸發作用下，依次轉移到 DAC 通道的輸出暫存器。

　　在雙通道模式下，可以為每個通道的 DMA 請求設定 DMA 串流，並按照圖 16-4 中的格式為每個 DAC 通道準備 DMA 緩衝區的資料；也可以只為一個通道的 DMA 請求設定 DMA 串流，並按照圖 16-5 中的格式為兩個通道準備資料，在發生 DMA 請求時可以將 DMA 緩衝區的 32 位元資料分解送到兩個 DAC 通道。

6. DAC 中斷

　　DAC 模組的兩個通道只有一個中斷號碼，且只有一個中斷事件，即 DMA 下溢 (Underrun) 事件。DAC 的 DMA 請求沒有緩衝佇列，如果第二個外部觸發到達時尚未收到第一個外部觸發的確認，就不會發出新的 DMA 請求，這就是 DMA 下溢事件。一般是因為 DAC 外部觸發頻率太高，導致 DMA 下溢，應適當降低 DAC 外部觸發頻率以清除 DMA 下溢。

16.3 DAC 的 HAL 函數庫驅動

DAC 模組的 HAL 函數庫驅動分為 DAC 驅動巨集函數和 DAC 驅動功能函數兩部分。

16.3.1 DAC 驅動巨集函數

DAC 的 HAL 驅動原始檔案是 stm32f4xx_hal_dac.c 和 stm32f4xx_hal_dac_ex.c，其對應的標頭檔是 stm32f4xx_hal_dac.h 和 stm32f4xx_hal_dac_ex.h。直接操作相關暫存器的巨集函數位於標頭檔中，如表 16-1 所示。巨集引數中的參數 __HANDLE__ 是 DAC 物件指標，__DAC_Channel__ 是 DAC 通道，__INTERRUPT__ 是 DAC 的中斷事件類型，__FLAG__ 是事件中斷標識。

▼ 表 16-1 DAC 驅動巨集函數

巨集函數	功能描述
__HAL_DAC_ENABLE(__HANDLE__ , __DAC_Channel__)	開啟 DAC 的某個通道
__HAL_DAC_DISABLE(__HANDLE__ , __DAC_Channel__)	關閉 DAC 的某個通道
__HAL_DAC_ENABLE_IT(__HANDLE__ , __INTERRUPT__)	開啟 DAC 模組的某個中斷事件來源
__HAL_DAC_DISABLE_IT(__HANDLE__ , __INTERRUPT__)	關閉 DAC 模組的某個中斷事件來源
__HAL_DAC_GET_IT_SOURCE(__HANDLE__ , __INTERRUPT__)	檢查 DAC 模組的某個中斷事件來源是否開啟
__HAL_DAC_GET_FLAG(__HANDLE__ , __FLAG__)	獲取某個事件的中斷標識，檢查事件是否發生
__HAL_DAC_CLEAR_FLAG(__HANDLE__ , __FLAG__)	清除某個事件的中斷標識

在 STM32CubeMX 自動生成的 DAC 外接裝置初始設定檔案 dac.c 中，有表示 DAC 的外接裝置物件變數 hadc。巨集函數中的參數 __HANDLE__ 是 DAC 外接裝置物件指標，格式為 &hadc。

```
DAC_HandleTypeDef hadc;        // 表示 DAC 的外接裝置物件變數
```

DAC 模組有兩個 DAC 通道，用巨集定義表示如下，可作為巨集函數中參數 __DAC_Channel__ 的設定值。

```
#define DAC_CHANNEL_1        0x00000000U    //DAC 通道 1
#define DAC_CHANNEL_2        0x00000010U    //DAC 通道 1
```

DAC 只有兩個中斷事件來源，就是兩個 DAC 通道的 DMA 下溢事件。中斷事件類型的巨集定義如下，可作為巨集函數中參數 __INTERRUPT__ 的設定值。

```
#define DAC_IT_DMAUDR1    (DAC_SR_DMAUDR1)    // 通道 1 的 DMA 下溢中斷事件
#define DAC_IT_DMAUDR2    (DAC_SR_DMAUDR2)    // 通道 2 的 DMA 下溢中斷事件
```

對應兩個中斷事件來源，有兩個事件中斷標識，其巨集定義如下，可作為巨集函數中參數 __FLAG__ 的設定值。

```
#define DAC_FLAG_DMAUDR1    (DAC_SR_DMAUDR1)    // 通道 1 的 DMA 下溢中斷標識
#define DAC_FLAG_DMAUDR2    (DAC_SR_DMAUDR2)    // 通道 2 的 DMA 下溢中斷標識
```

16.3.2 DAC 驅動功能函數

DAC 驅動功能函數如表 16-2 所示。注意，DAC 沒有以中斷方式啟動的轉換函數，只有軟體 / 外部觸發啟動和 DMA 方式啟動，DMA 方式必須和外部觸發結合使用。

▼ 表 16-2 DAC 驅動功能函數

類 別 分 組	函 數 名 稱	功 能 描 述
初始化和通道設定	HAL_DAC_Init()	DAC 初始化
	HAL_DAC_MspInit()	DAC 的 MSP 初始化函數
	HAL_DAC_ConfigChannel()	設定 DAC 通道 1 或通道 2
	HAL_DAC_GetState()	傳回 DAC 模組的狀態
	HAL_DAC_GetError()	傳回 DAC 模組的錯誤程式
軟體觸發轉換	HAL_DAC_Start()	啟動某個 DAC 通道，軟體 / 外部觸發
	HAL_DAC_Stop()	停止某個 DAC 通道
	HAL_DAC_GetValue()	傳回某個 DAC 通道的輸出值，即 DORx 的值
	HAL_DAC_SetValue()	設定某個 DAC 通道的輸出值，即 DHRx 的值
	HAL_DACEx_DualGetValue()	一次獲取兩個通道的輸出值
	HAL_DACEx_DualSetValue()	同時為兩個通道設定輸出值
產生波形	HAL_DACEx_TriangleWaveGenerate()	在某個 DAC 通道上產生三角波，必須外部觸發
	HAL_DACEx_NoiseWaveGenerate()	在某個 DAC 通道上產生雜訊波，必須外部觸發
DAC 中斷處理	HAL_DAC_IRQHandler()	DAC 中斷通用處理函數
	HAL_DAC_DMAUnderrunCallbackCh1()	通道 1 出現 DMA 下溢事件中斷的回呼函數
	HAL_DACEx_DMAUnderrunCallbackCh2( )	通道 2 出現 DMA 下溢事件中斷的回呼函數
DMA 方式啟動和停止	HAL_DAC_Start_DMA()	啟動某個通道的 DMA 方式傳輸，必須外部觸發
	HAL_DAC_Stop_DMA()	停止某個 DAC 通道的 DMA 方式傳輸

類 別 分 組	函 數 名 稱	功 能 描 述
通道 1 的 DMA 串流中 斷回呼函數	HAL_DAC_ConvCpltCallbackCh1()	DMA 傳輸完成事件中斷的回呼函數
	HAL_DAC_ConvHalfCpltCallbackCh1()	DMA 傳輸半完成事件中斷的回呼函數
	HAL_DAC_ErrorCallbackCh1()	DMA 傳輸錯誤事件中斷的回呼函數
通道 2 的 DMA 串流中 斷回呼函數	HAL_DACEx_ConvCpltCallbackCh2()	DMA 傳輸完成事件中斷的回呼函數
	HAL_DACEx_ConvHalfCpltCallbackCh2()	DMA 傳輸半完成事件中斷的回呼函數
	HAL_DACEx_ErrorCallbackCh2()	DMA 傳輸錯誤事件中斷的回呼函數

1. DAC 初始化與通道設定

函數 HAL_DAC_Init() 用於 DAC 模組初始化設定，其原型定義如下：

```
HAL_StatusTypeDef HAL_DAC_Init(DAC_HandleTypeDef *hdac)
```

其中，參數 hdac 是定義的外接裝置物件指標。

函數 HAL_DAC_ConfigChannel() 用於對某個 DAC 通道進行設定，其原型定義如下：

```
HAL_StatusTypeDef HAL_DAC_ConfigChannel(DAC_HandleTypeDef *hdac,
DAC_ChannelConfTypeDef *sConfig, uint32_t Channel)
```

其中，參數 sConfig 是表示 DAC 通道屬性的 DAC_ChannelConfTypeDef 類型結構指標，Channel 表示 DAC 通道，設定值為巨集定義常數 DAC_CHANNEL_1 或 DAC_CHANNEL_2。

表示 DAC 通道屬性的結構 DAC_ChannelConfTypeDef 的定義如下：

```
typedef struct
{
    uint32_t DAC_Trigger;         // 外部觸發訊號源
    uint32_t DAC_OutputBuffer;    // 是否使用輸出緩衝器
} DAC_ChannelConfTypeDef;
```

在進行 DAC 初始化時，需要先呼叫 HAL_DAC_Init() 進行 DAC 模組的初始化，再呼叫函數 HAL_DAC_ConfigChannel() 對需要使用的 DAC 通道進行設定。

2. 軟體觸發轉換

函數 HAL_DAC_Start() 用於以軟體觸發或外部觸發方式啟動某個 DAC 通道，函數 HAL_DAC_Stop() 停止某個 DAC 通道，這兩個函數的原型定義如下：

```
HAL_StatusTypeDef HAL_DAC_Start(DAC_HandleTypeDef *hdac, uint32_t Channel)
HAL_StatusTypeDef HAL_DAC_Stop(DAC_HandleTypeDef *hdac, uint32_t Channel)
```

使用函數 HAL_DAC_SetValue() 或 HAL_DACEx_DualSetValue() 向 DAC 通道寫入輸出資料就是軟體觸發轉換。函數 HAL_DAC_SetValue() 用於向一個 DAC 通道寫入資料，實際就是將資料寫入資料保持暫存器 DHRx，其原型定義如下：

```
HAL_StatusTypeDef HAL_DAC_SetValue(DAC_HandleTypeDef *hdac, uint32_t Channel,
uint32_t Alignment, uint32_t Data)
```

其中，參數 Channel 是要寫入的 DAC 通道，Alignment 表示資料對齊方式，Data 是要寫入的資料。向單一 DAC 通道寫入資料有圖 16-4 所示的 3 種對齊方式，參數 Alignment 可以從以下的 3 個巨集定義中設定值。

```
#define DAC_ALIGN_12B_R      0x00000000U    //12 位元右對齊
#define DAC_ALIGN_12B_L      0x00000004U    //12 位元左對齊
#define DAC_ALIGN_8B_R       0x00000008U    //8 位元右對齊
```

函數 HAL_DAC_GetValue() 用於讀取某個 DAC 通道的資料輸出暫存器的值，資料輸出暫存器 DORx 是低 12 位元有效，總是右對齊的。其原型定義如下：

```
uint32_t HAL_DAC_GetValue(DAC_HandleTypeDef *hdac, uint32_t Channel)
```

函數 HAL_DACEx_DualSetValue() 用於在雙通道模式下向兩個 DAC 通道同時寫入資料，其函數原型定義如下：

```
HAL_StatusTypeDef HAL_DACEx_DualSetValue(DAC_HandleTypeDef *hdac,
uint32_t Alignment, uint32_t Data1, uint32_t Data2)
```

雙通道模式寫入資料的 3 種格式如圖 16-5 所示，參數 Alignment 設定值與單通道寫入函數一樣。注意，參數 Data1 是寫入 DAC 通道 2 的資料，Data2 是寫入 DAC 通道 1 的資料。

函數 HAL_DACEx_DualGetValue() 用於讀取雙通道的資料輸出暫存器的內容，其原型定義如下：

```
uint32_t HAL_DACEx_DualGetValue(DAC_HandleTypeDef *hdac)
```

函數傳回值的高 16 位元是 DAC2 的輸出值，低 16 位元是 DAC1 的輸出值。

3. 生成三角波或雜訊波

函數 HAL_DACEx_TriangleWaveGenerate() 可以在輸出訊號上疊加一個三角波訊號，該函數需要在啟動 DAC 通道前呼叫，其原型定義如下：

```
HAL_StatusTypeDef HAL_DACEx_TriangleWaveGenerate(DAC_HandleTypeDef *hdac,
uint32_t Channel, uint32_t Amplitude)
```

其中，參數 Amplitude 是三角波最大幅度，用 4 位元二進位數字表示，範圍為 1~4095，有一組巨集定義可作為參數值。每次發生軟體觸發或外部觸發時，三角波內部計數值就會遞增 1 或遞減 1，在保障不溢位的情況下，會和 DHRx 暫存器的值疊加後移送到 DORx 暫存器。

函數 HAL_DACEx_NoiseWaveGenerate() 用於產生雜訊波，需要在啟動 DAC 通道前呼叫。每次發生觸發時，DAC 內部就會產生一個隨機數並移入 DORx 暫存器，其原型定義如下：

```
HAL_StatusTypeDef HAL_DACEx_NoiseWaveGenerate(DAC_HandleTypeDef *hdac,
uint32_t Channel, uint32_t Amplitude)
```

其中，參數 Amplitude 是生成隨機數量的最大幅度，用 4 位元二進位遮罩表示，有一組巨集定義可作為參數值。注意，要生成雜訊波，必須使用外部觸發。

4. DAC 中斷處理

DAC 只有兩個中斷事件來源，就是兩個 DAC 通道的 DMA 下溢事件。如果發生 DMA 下溢，一般是因為外部觸發訊號頻率太高，應當重新調整外部觸發訊號的頻率，以消除 DMA 下溢。

DAC 沒有以中斷方式啟動轉換的函數，HAL_DAC_Start() 以軟體觸發或外部觸發方式啟動 D/A 轉換；HAL_DAC_Start_DMA() 以外部觸發和 DMA 方式啟動 D/A 轉換。DAC 驅動程式定義了幾個用於 DMA 串流中斷事件的回呼函數，這些回呼函數與 DAC 的中斷無關。

5. DMA 方式傳輸

使用外部觸發訊號時，可以使用 DMA 方式啟動 D/A 轉換。DMA 方式啟動 D/A 轉換的函數是 HAL_DAC_Start_DMA()，其原型定義如下：

```
HAL_StatusTypeDef HAL_DAC_Start_DMA(DAC_HandleTypeDef *hdac, uint32_t Channel,
uint32_t *pData, uint32_t Length, uint32_t Alignment)
```

其中，參數 Channel 是 DAC 通道編號，pData 是輸出到 DAC 外接裝置的資料緩衝區位址，Length 是緩衝區資料個數，Alignment 是資料對齊方式。

使用 DMA 方式傳輸時，每次外部訊號觸發時，DMA 緩衝區的資料傳輸到 DAC 通道的資料輸出暫存器 DORx。設定記憶體位址自動增加時，位址指標就會移到 DMA 緩衝區的下一個資料點。

　　函數 HAL_DAC_Start_DMA() 可以啟動單通道的 DMA 傳輸，也可以啟動雙通道的 DMA 傳輸。在啟動雙通道的 DMA 傳輸時，緩衝區 pData 裡儲存的應該是圖 16-5 中的雙通道複合資料。

　　停止某個通道的 DMA 傳輸，並停止 DAC 的函數是 HAL_DAC_Stop_DMA()，定義如下：

```
HAL_StatusTypeDef HAL_DAC_Stop_DMA(DAC_HandleTypeDef *hdac, uint32_t Channel)
```

　　DAC 的驅動程式定義了用於 DMA 串流事件中斷的回呼函數，如表 16-2 所示。舉例來說，要處理 DAC1 通道的 DMA 傳輸完成事件中斷時，就重新實現函數 HAL_DAC_ConvCpltCallbackCh1()。

這些回呼函數是 DMA 串流的事件中斷回呼函數，與 DAC 的中斷無關，所以在使用 DMA 時，可關閉 DAC 的全域中斷。

16.4　專案實例

16.4.1　軟體觸發 D/A 轉換

1. 開發專案

　　STM32F407 微控制器的 DAC1 輸出接腳是 PA4，DAC2 的輸出接腳是 PA5，這兩個接腳同時可以作為 ADC1 或 ADC2 的 IN4、IN5 輸入通道。如圖 16-8 所示，開發板設計時，使用跳線座 P1 連接 MCU 的 PA0~PA7 與功能模組電路，預設跳線開關全部短接。

P1

PA7	1　2	PULS OUT
PA6	3　4	PWM OUT
PA5	5　6	DAC OUT
PA4	7　8	Tr DO
PA3	9　10	Tr AO
PA2	11　12	ADIN2
PA1	13　14	ADIN1
PA0	15　16	ADIN0

Header 8X2

▲ 圖 16-8　P1 跳線座電路連接

　　DAC 輸出的類比訊號可以透過萬用表測量或示波器觀察，但更為簡便的方法是使用微控制器的 ADC 模組測量，然後對比 DAC 的設定值和 ADC 的測量值，以驗證電路功能。本專案用於演示軟體觸發 D/A 轉換，其主要功能和操作流程如下：

　　(1) 取下 P1 跳線座的 5~6 和 7~8 接腳上的跳線蓋，並使用其中一個跳線蓋短接 P1 的 5-7 接腳，DAC2(PA5) 輸出由 ADC-IN4(PA4) 擷取。

　　(2) ADC1 在計時器 TIM2 的 TRGO 訊號觸發下擷取，TIM2 定時週期 500ms。

　　(3) 選擇獨立按鍵模式，透過按鍵 K1 和 K2 控制 DAC2 輸出值的增減，用軟體觸發方式設定 DAC2 的輸出值。

　　(4) 在 TFT LCD 上顯示設定的 DAC2 輸出值以及 ADC1 通道 IN4 的測量值。

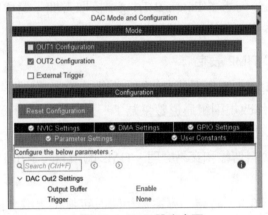

▲ 圖 16-9　DAC 設定介面

2. 複製專案檔案

　　因為專案需要同時使用 DAC 模組和 ADC 模組，和 15.4.2 節專案有許多共同之處，所以複製第 15 章建立的專案資料夾 1502 ADC TRGO DMA 到桌面，並將資料夾重新命名為 1601 DAC Software。

3. STM32CubeMX 設定

1) DAC 的設定

打開專案資料夾裡面的 Template.ioc 檔案，啟動 STM32CubeMX 設定軟體，在左側設定類別 Categories 下面的 Analog 列表中找到 DAC，打開其設定對話方塊，設定介面如圖 16-9 所示。

在 DAC 的 Mode(模 式) 設 定 部 分， 有 OUT1 Configuration 和 OUT2 Configuration 兩個核取方塊，用於啟用 DAC 輸出通道 1 和輸出通道 2。External Trigger 核取方塊用於設定是否使用外部中斷線觸發。本專案只用到 DAC 通道 2，所以選中 OUT2 Configuration 核取方塊，其重複使用接腳是 PA5。因為 PA4 被設定為 ADC1 的 IN4 通道，所以 OUT1 Configuration 不可選，以粉紅色顯示。

DAC 參數設定部分只有以下兩個參數：

(1) Output Buffer：設定是否使用輸出緩衝器，如果使用輸出緩衝器，可以降低輸出阻抗並提高輸出的負載能力，預設設定為 Enable。

(2) Trigger：外部觸發訊號源，觸發訊號源包括多個計時器的 TRGO 訊號，如果在模式設定部分勾選了 External Trigger 核取方塊，還會多一個外部中斷線 EXTI_9 的選項。本專案不使用觸發訊號，所以設定為 None。

2) ADC 設定和 TIM2 設定

ADC1 設定與 15.4.2 節專案基本相同，在模式設定部分僅選中 IN4 輸入通道，在參數設定部分，修改規則組通道數量為 1，並為其設定轉換序列參數，其餘參數均不作修改。取消 DMA 串流設定，打開 ADC1 全域中斷，即採用中斷方式而非 DMA 方式進行資料傳輸和交易處理。TIM2 的所有設定和 15.4.2 節專案完全一樣。

GPIO、FSMC、SPI、時鐘、專案等相關設定無須更改，按一下 GENERATE CODE 按鈕生成初始化專案。

4. 初始化程式分析

使用者啟用一個 DAC 通道之後，STM32CubeMX 會生成 DAC 初始化原始檔案 dac.c 和初始化標頭檔 dac.h，分別用於 DAC 初始化的實現和定義，並在主程式中自動呼叫 DAC 初始化函數，其程式如下：

```
/* --------------------------Source File dac.c--------------------------------- */
#include "dac.h"
DAC_HandleTypeDef hdac;
void MX_DAC_Init(void)  /* DAC init function */
{
    DAC_ChannelConfTypeDef sConfig = {0};
```

```
    hdac.Instance = DAC;                                     //DAC 暫存器基址
    if (HAL_DAC_Init(&hdac) != HAL_OK)
        Error_Handler();
    sConfig.DAC_Trigger = DAC_TRIGGER_NONE;              // 不使用外部觸發
    sConfig.DAC_OutputBuffer = DAC_OUTPUTBUFFER_ENABLE;  // 啟用輸出緩衝器
    if (HAL_DAC_ConfigChannel(&hdac, &sConfig, DAC_CHANNEL_2) != HAL_OK)
        Error_Handler();
}
void HAL_DAC_MspInit(DAC_HandleTypeDef* dacHandle)
{
    GPIO_InitTypeDef GPIO_InitStruct = {0};
    if(dacHandle->Instance==DAC)
    {
        __HAL_RCC_DAC_CLK_ENABLE();      /* DAC 時鐘啟用 */
        __HAL_RCC_GPIOA_CLK_ENABLE();
        /**  DAC GPIO Configuration     PA5------> DAC_OUT2   **/
        GPIO_InitStruct.Pin = GPIO_PIN_5;
        GPIO_InitStruct.Mode = GPIO_MODE_ANALOG;
        GPIO_InitStruct.Pull = GPIO_NOPULL;
        HAL_GPIO_Init(GPIOA, &GPIO_InitStruct);
    }
}
```

上述程式定義了 DAC 外接裝置物件變數 hdac。函數 MX_DAC_Init() 中先呼叫 HAL_DAC_Init() 進行 DAC 模組初始化，又呼叫函數 HAL_DAC_ConfigChannel() 設定了 DAC 通道 2。

函數 HAL_DAC_MspInit() 是 DAC 模組的 MSP 函數，在 HAL_DAC_Init() 中被呼叫，重新實現的這個函數進行了 DAC2 重複使用接腳 PA5 的 GPIO 設定。

5. 使用者程式設計

使用者程式分為兩部分，一是系統主程式，二是 A/D 轉換完成回呼函數，二者均位於 main.c 檔案中，參考程式如下：

```
/* -------------------------Source File main.c------------------------------- */
#include "main.h"
#include "adc.h"
#include "dac.h"
#include "spi.h"
#include "tim.h"
#include "gpio.h"
#include "fsmc.h"
/* USER CODE BEGIN Includes */
#include "lcd.h"
```

```c
#include "flash.h"
#include "stdio.h"
/* USER CODE END Includes */
/* USER CODE BEGIN PV */
uint8_t TempStr[30]="", KeyVal=0;
uint16_t *SEG_ADDR=(uint16_t *)(0x68000000);
uint32_t Dac2Val=2000;
/* USER CODE END PV */
void SystemClock_Config(void);
/* USER CODE BEGIN PFP */
uint8_t KeyScan(void);
/* USER CODE END PFP */
int main(void)     /*  主程式  */
{
    HAL_Init();
    SystemClock_Config();
    MX_GPIO_Init();
    MX_FSMC_Init();
    MX_SPI1_Init();
    MX_ADC1_Init();
    MX_TIM2_Init();
    MX_DAC_Init();
    /* USER CODE BEGIN WHILE */
    LCD_Init();
    LCD_Clear(WHITE);
    LCD_Fill(0,lcddev.height/2,lcddev.width,lcddev.height,BLUE);
    *SEG_ADDR=0xFFFF;                       // 關閉所有數位管
    W25QXX_ReadID();                        // 讀取元件 ID，後續程式需要使用
    LCD_PrintCenter(0,24*1,"1601 軟體觸發 D/A 轉換 ",BLUE,WHITE,24,0);
    LCD_PrintCenter(0,24*3,"獨立按鍵，DAC2 輸出，ADC1-IN4 擷取 ",BLUE,WHITE,16,0);
    HAL_DAC_Start(&hdac,DAC_CHANNEL_2);     // 啟動 DAC 通道 2
    HAL_DAC_SetValue(&hdac,DAC_CHANNEL_2,DAC_ALIGN_12B_R,Dac2Val);
    HAL_ADC_Start_IT(&hadc1);               // 以中斷方式啟動 ADC1
    HAL_TIM_Base_Start(&htim2);             // 啟動計時器 TIM2
    while(1)
    {
        KeyVal=KeyScan();
        if(KeyVal==1)
        {
            Dac2Val=Dac2Val+50;
            if(Dac2Val>=4050) Dac2Val=50;
            HAL_DAC_SetValue(&hdac,DAC_CHANNEL_2,DAC_ALIGN_12B_R,Dac2Val);
        }
        else if(KeyVal==2)
        {
            Dac2Val=Dac2Val-50;
```

```
            if(Dac2Val<=50) Dac2Val=4050;
            HAL_DAC_SetValue(&hdac,DAC_CHANNEL_2,DAC_ALIGN_12B_R,Dac2Val);
        }
        /* USER CODE END WHILE */
    }
}
/* USER CODE BEGIN 4 */
/*  A/D 轉換完成中斷回呼函數   */
void HAL_ADC_ConvCpltCallback(ADC_HandleTypeDef* hadc)
{
    uint32_t AdcVal=0;
    AdcVal=HAL_ADC_GetValue(&hadc1);
    sprintf((char *)TempStr,"DAC 通道 2 設定值：%4d",Dac2Val);
    LCD_Print(6,24*5+12,TempStr,WHITE,BLUE,24,0);
    sprintf((char *)TempStr,"ADC-IN4 轉換值為：%4d",AdcVal);
    LCD_Print(6,24*7,TempStr,WHITE,BLUE,24,0);
    sprintf((char *)TempStr," 擷取類比電壓為 :%.2fV",AdcVal*3.3/4096);
    LCD_Print(6,24*9-12,TempStr,WHITE,BLUE,24,0);
}
/* USER CODE END 4 */
```

使用者主程式首先完成外接裝置初始化，隨後以輪詢方式啟動 DAC2，設定通道輸出值，以中斷方式啟動 ADC1，以輪詢方式啟動 TIM2，最後進入按鍵檢測與處理的無限迴圈中。

TIM2 以 0.5s 為週期觸發 A/D 轉換，完成後轉入 HAL_ADC_ConvCpltCallback() 函數執行，重新實現這一回呼函數，用於讀取 A/D 轉換結果。

6. 下載偵錯

編譯專案，直到沒有錯誤為止，下載程式到開發板。程式執行時期，LCD 即時顯示 DAC 設定值、ADC 測量值以及對應的類比電壓，按下 K1 和 K2 按鍵可以更改 DAC2 通道輸出值，ADC1 擷設定值隨之變化，但是設定值與測量值之間總是會有些偏差。

16.4.2 三角波輸出

如果需要輸出波形是三角波或雜訊波，使用微控制器內建波形發生電路更為方便。要生成雜訊波或三角波，必須使用外部觸發。專案使用計時器觸發，在 DAC2 通道上產生頻率約為 100Hz 的三角波訊號。

1. 複製專案檔案

複製上一節建立的專案資料夾 1601 DAC Software 到桌面，並將資料夾重新命名為 1602 DAC Triangle Wave。

2. STM32CubeMX 設定

1) DAC 的設定

DAC 的模式設定中仍然只勾選 OUT2 Configuration 核取方塊，DAC2 參數設定介面如圖 16-10 所示，只有 DAC Out2 Settings 一個參數組，其中有 3 個與外部觸發訊號和生成三角波相關的參數。

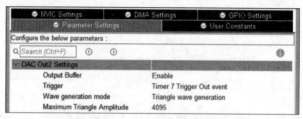

▲ 圖 16-10 DAC2 參數設定介面

(1) Trigger：外部觸發訊號源，可以選擇計時器或外部中斷線作為觸發訊號，此處選擇 Timer 7 Trigger Out event，也就是使用 TIM7 的 TRGO 訊號作為 DAC2 觸發訊號源。

(2) Wave generation mode：波形生成模式，當參數 Trigger 不為 None 時，這個參數就會出現。Triangle wave generation 表示生成三角波，Noise wave generation 用於生成雜訊波。

(3) Maximum Triangle Amplitude：三角波最大強度，當選擇 Triangle wave generation 後，這個參數就會出現。三角波最大強度是由 4 位元二進位表示的參數，範圍在 1~4095，劃分為 1、3、7、15、31、63、127、255、511、1023、2047 和 4095 共 12 個檔位，此處選擇最大值 4095。

2) 計時器設定

TIM7 是基礎計時器，在其模式設定中啟用即可，參數設定如圖 16-11 所示。

TIM7 掛接在 APB1 匯流排上，TIMCLK 頻率為 84MHz，設定預分頻係數為 1(PSC 暫存器值為 0)，計數器週期設定為 102(ARR 暫存器值為 101)。設定三角波的最大幅度為 4095，DAC2 在每次觸發時，使三角波幅度值加 1(上行程) 或減

1(下行程)，所以一個三角波的週期需要 TIM7 觸發 8190(4095×2) 次，相當於對計時器訊號進行再次分頻。輸出三角波的頻率為 84MHz/(102×8190) ≈ 100Hz。將 Trigger Event Selection 選項設為 Update Event，即使用更新事件觸發 DAC 輸出。計時器參數設定原理詳見第 9 章。

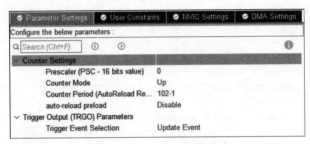

▲ 圖 16-11　TIM7 參數設定

3. 初始化程式分析

1) TIM7 初始化

　　TIM7 用於週期性觸發 DAC2 轉換，初始化程式設定了 TIM7 的定時週期，將 UEV 設為 TRGO 訊號來源，初始化程式如下所示，與圖 16-11 中的 STM32CubeMX 設定對應。

```
void MX_TIM7_Init(void)  /* TIM7 init function */
{
    TIM_MasterConfigTypeDef sMasterConfig = {0};
    htim7.Instance = TIM7;
    htim7.Init.Prescaler = 0;
    htim7.Init.CounterMode = TIM_COUNTERMODE_UP;
    htim7.Init.Period = 102-1;
    htim7.Init.AutoReloadPreload = TIM_AUTORELOAD_PRELOAD_DISABLE;
    if (HAL_TIM_Base_Init(&htim7) != HAL_OK)
        Error_Handler();
    sMasterConfig.MasterOutputTrigger = TIM_TRGO_UPDATE;
    sMasterConfig.MasterSlaveMode = TIM_MASTERSLAVEMODE_DISABLE;
    if (HAL_TIMEx_MasterConfigSynchronization(&htim7, &sMasterConfig) != HAL_OK)
        Error_Handler();
}
```

2) DAC 初始化

　　函數 MX_DAC_Init() 和 HAL_DAC_MspInit() 用於對 DAC 進行初始化，是 STM32CubeMX 自動生成的，位於 dac.c 檔案中。函數 HAL_DAC_MspInit() 是

DAC 的 MSP 函數，相對於上一節並無改變，所以未將其貼出。函數 MX_DAC_
Init() 程式如下：

```
void MX_DAC_Init(void)     /* DAC init function */
{
    DAC_ChannelConfTypeDef sConfig = {0};
    hdac.Instance = DAC;   /*  DAC Initialization  */
    if (HAL_DAC_Init(&hdac) != HAL_OK)
        Error_Handler();
    sConfig.DAC_Trigger = DAC_TRIGGER_T7_TRGO;
    sConfig.DAC_OutputBuffer = DAC_OUTPUTBUFFER_ENABLE;
    if (HAL_DAC_ConfigChannel(&hdac, &sConfig, DAC_CHANNEL_2) != HAL_OK)
        Error_Handler();
    if (HAL_DACEx_TriangleWaveGenerate(&hdac, DAC_CHANNEL_2, DAC_TRIANGLEAMPLITUDE_4095)
!= HAL_OK)
        Error_Handler();
}
```

函數 MX_DAC_Init() 在完成 DAC 模組初始化和通道設定後，還呼叫了產生
三角波的函數 HAL_DACEx_TriangleWaveGenerate()，其功能就是設定內部的三
角波計數器，從而在觸發訊號驅動下產生三角波資料。

4. 使用者程式設計

使用者程式與上一節專案差別很小，下面僅將差別之處程式列出。

```
uint32_t Dac2Val=0;
int main(void)
{
LCD_PrintCenter(0,24*3,"1602 生成三角波波形",BLUE,WHITE,24,0);
LCD_PrintCenter(0,24*6,"DAC2 輸出，頻率約：100Hz，強度：3.3V",WHITE,BLUE,16,0);
HAL_DAC_Start(&hdac,DAC_CHANNEL_2);    // 啟動 DAC 通道 2
/*  設定 DAC 通道 2 資料保持暫存器 DHR2 的值，三角波以 0V 為起點  */
HAL_DAC_SetValue(&hdac,DAC_CHANNEL_2,DAC_ALIGN_12B_R,Dac2Val);
HAL_TIM_Base_Start(&htim7);  // 啟動計時器 TIM2
while(1)
{
}
}
```

由上述程式可知，由於是使用 DAC 模組內建的波形發生電路，所以使用者
程式設計相對簡單很多，已無須重新實現中斷回呼函數。主程式初始化外接裝置
之後，隨後輸出提示訊息，緊接著就是以輪詢方式啟動 DAC2 並設定 DHR2 的值，
以輪詢方式啟動 TIM7，最後進入無限空迴圈中。專案設定 DHR2 的值為 0，生

成的三角波以 0V 為基準，當然也可以改變 DHRx 暫存器的值在三角波上疊加一個直流訊號或是慢變訊號。

5. 下載偵錯

　　編譯專案，直到沒有錯誤為止，下載程式到開發板，重置並執行，使用示波器觀察 DAC2(PA5) 輸出波形，其結果如圖 16-12 所示，由圖可見三角波波形規整，頻率約為 100Hz，強度為 3.3V，實驗結果符合專案預期。

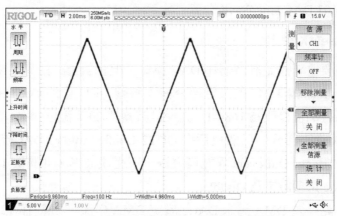

▲ 圖 16-12　DAC 輸出波形（編按：本圖例為簡體中文介面）

16.4.3　使用 DMA 輸出正弦波訊號

1. 開發專案

　　DAC 附帶的波形輸出功能只能產生三角波和雜訊波，若要輸出自訂波形，使用 DMA 是比較好的辦法。在 DMA 輸出緩衝區裡定義輸出波形的完整週期資料，然後用計時器觸發 DAC 輸出，每次觸發時輸出 DMA 緩衝區內的資料點，設定 DMA 工作模式為循環模式就可以輸出連續的自訂波形。

　　專案實例使用 DAC2 的 DMA 輸出功能，在 PA5 接腳輸出頻率可調的正弦波，初始頻率為 50Hz，具體功能和實現原理如下：

　　(1) 將 DAC2 設定為 TIM7 TRGO 訊號觸發，TIM7 的定時週期設定為 20μs。

　　(2) 生成 1000 個 32 位元無號型正弦波波形資料，數值範圍在 0~4095。

　　(3) 為 DAC2 設定 DMA，將 DMA 的工作模式設定為循環模式，並以 DMA 方式啟動 DAC2。

計時器每個定時週期輸出一個 D/A 轉換電壓，緩衝區資料全部傳輸完成輸出一個完整波形。如果 TIM7 的定時週期設定為 20μs，緩衝區有 1000 個資料點，那麼正弦波的週期是 20ms，頻率為 50Hz。如果需要改變正弦波的頻率，僅需更改計時器的溢位週期即可。

2. 複製專案檔案

複製上一節建立的專案資料夾 1602 DAC Triangle Wave 到桌面，並將資料夾重新命名為 1603 DAC sine Wave。

3. STM32CubeMX 設定

本專案需要重新設定計時器和 DAC 模組，但相對上一節專案來說，修改的地方並不多。計時器 TIM7 的設定部分僅需將圖 16-11 中的 Counter Period(Auto Reload Register) 的值修改為 1680-1，以使計時器每 20μs 溢位一次。

DAC 模式設定部分，仍然只選擇 OUT2 Configuration；DAC 參數設定部分選擇 Timer 7 Trigger Out event 作為觸發源，不生成波形，即將圖 16-10 中 Wave generation mode 選項設定為 Disabled。

設定的重點是為 DMA 請求 DAC2 設定 DMA 串流，如圖 16-13 所示。DMA 傳輸方向自動設定為 Memory To Peripheral(從記憶體到外接裝置)。把 DMA 的 Mode 設定為 Circular(循環模式)，資料寬度為 Word，記憶體位址自動增加。DMA 串流的中斷會自動打開，並為其設定一個中等優先順序，請勿打開 DAC 的全域中斷。

專案使用 L1 指示 DMA 傳輸完成，所以還需要將 PF0 設定為推拉輸出模式，其餘設定保持不變，按一下 GENERATE CODE 按鈕生成初始化專案。

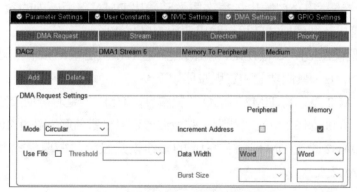

▲ 圖 16-13 DAC2 請求的 DMA 設定

4. 初始化程式分析

　　相對上一節專案來說，計時器僅更新了初始化結構的週期值；GPIO 初始化部分增加了 PF0 的初始化部分；STM32CubeMX 建立了 dma.c 檔案，用於實現 DMA 初始化，其功能是開啟 DMA 控制器的時鐘和設定 DMA 串流中斷優先順序。上述程式均較為簡單，且與 STM32CubeMX 選項直接對應，若有需要請讀者自行查看來源程式。

　　DAC 初始化的實現和定義分別位於 dac.c 和 dac.h 檔案中，其中 DAC 的初始化程式如下：

```
/* -------------------------Source File dac.c------------------------------- */
#include "dac.h"
DAC_HandleTypeDef hdac;
DMA_HandleTypeDef hdma_dac2;
void MX_DAC_Init(void)     /* DAC init function */
{
    DAC_ChannelConfTypeDef sConfig = {0};
    hdac.Instance = DAC;  /** DAC Initialization  */
    if (HAL_DAC_Init(&hdac) != HAL_OK)
        Error_Handler();
    sConfig.DAC_Trigger = DAC_TRIGGER_T7_TRGO;  /** DAC channel OUT2 config  */
    sConfig.DAC_OutputBuffer = DAC_OUTPUTBUFFER_ENABLE;
    if (HAL_DAC_ConfigChannel(&hdac, &sConfig, DAC_CHANNEL_2) != HAL_OK)
        Error_Handler();
}
void HAL_DAC_MspInit(DAC_HandleTypeDef* dacHandle)
{
    GPIO_InitTypeDef GPIO_InitStruct = {0};
    if(dacHandle->Instance==DAC)
    {
        __HAL_RCC_DAC_CLK_ENABLE();     /* DAC clock enable */
        __HAL_RCC_GPIOA_CLK_ENABLE();
        /**  DAC GPIO Configuration    PA5 ------> DAC_OUT2  **/
        GPIO_InitStruct.Pin = GPIO_PIN_5;
        GPIO_InitStruct.Mode = GPIO_MODE_ANALOG;
        GPIO_InitStruct.Pull = GPIO_NOPULL;
        HAL_GPIO_Init(GPIOA, &GPIO_InitStruct);
        /* DAC DMA Init */ /* DAC2 Init */
        hdma_dac2.Instance = DMA1_Stream6;
        hdma_dac2.Init.Channel = DMA_CHANNEL_7;
        hdma_dac2.Init.Direction = DMA_MEMORY_TO_PERIPH;
        hdma_dac2.Init.PeriphInc = DMA_PINC_DISABLE;
        hdma_dac2.Init.MemInc = DMA_MINC_ENABLE;
        hdma_dac2.Init.PeriphDataAlignment = DMA_PDATAALIGN_WORD;
        hdma_dac2.Init.MemDataAlignment = DMA_MDATAALIGN_WORD;
        hdma_dac2.Init.Mode = DMA_CIRCULAR;
        hdma_dac2.Init.Priority = DMA_PRIORITY_MEDIUM;
```

```
        hdma_dac2.Init.FIFOMode = DMA_FIFOMODE_DISABLE;
        if (HAL_DMA_Init(&hdma_dac2) != HAL_OK)
            Error_Handler();
        __HAL_LINKDMA(dacHandle,DMA_Handle2,hdma_dac2);
    }
}
```

　　函數 MX_DAC_Init() 用於 DAC 的初始化，函數 HAL_DAC_MspInit() 對 DMA 串流進行了設定和初始化，上述程式與 STM32CubeMX 中的設定對應。

5. 使用者程式撰寫

　　使用者程式包括系統主程式和 DMA 傳輸完成回呼函數，均位於 main.c 檔案中，其參考程式如下所示，由於主程式與前述兩個專案有很多相似之處，所以下述程式將相同部分略去。

```
/* ----------------------------Source File dac.c---------------------------- */
#include "main.h"
#include "math.h"
uint8_t TempStr[30]="";
uint32_t WaveData[1000];
int main(void)      /*  系統主函數  */
{
    uint16_t i,KeyVal=0;
    uint16_t Frequency=50;
    LCD_PrintCenter(0,24*1,"1603 DMA 輸出正弦波訊號 ",BLUE,WHITE,24,0);
    LCD_PrintCenter(0,24*3," 初始頻率 50Hz，K1：f+，K2：f-，強度 3.3V",BLUE,WHITE,16,0);
    for(i=0;i<1000;i++)              // 形成正弦波資料點，基準線向上平移 1.65V
        WaveData[i]=sin(i*2*3.1416/1000)*2047.5+2047.5;
    HAL_DAC_Start_DMA(&hdac,DAC_CHANNEL_2,WaveData,1000,DAC_ALIGN_12B_R);
    HAL_TIM_Base_Start(&htim7);         // 啟動計時器 TIM7
    while(1)
    {
        KeyVal=KeyScan();
        if(KeyVal==1)                   // 頻率增加，週期數減少
        {
            if(Frequency<100)
            {
                Frequency=Frequency+10;
                __HAL_TIM_SetAutoreload(&htim7,84000000/1000/Frequency-1);
                sprintf((char *)TempStr,"Frequency=%3dHz，Au=3.3V",Frequency);
                LCD_PrintCenter(0,24*6,TempStr,WHITE,BLUE,24,0);
            }
        }
        else if(KeyVal==2)          // 頻率減小，週期數增加
        {
            if(Frequency>10)
            {
                Frequency=Frequency-10;
```

```
                __HAL_TIM_SetAutoreload(&htim7,84000000/1000/Frequency-1);
                sprintf((char *)TempStr,"Frequency=%3dHz，Au=3.3V",Frequency);
                LCD_PrintCenter(0,24*6,TempStr,WHITE,BLUE,24,0);
            }
        }
    }
}
/* DMA 傳輸完成中斷回呼函數 */
void HAL_DACEx_ConvCpltCallbackCh2(DAC_HandleTypeDef *hdac)
{
    static uint16_t k=0;
    if(++k%10==0)   HAL_GPIO_TogglePin(GPIOF,GPIO_PIN_0);
}
```

在上述程式中，主程式首先完成外接裝置初始化，隨後準備波形資料，以 DMA 方式啟動 DAC2，以輪詢方式啟動 TIM7，最後進入按鍵檢測和處理的無限迴圈中，K1 按下時增加正弦波的頻率，K2 按下時減少正弦波的頻率。

使用 L1 指示一個週期波形資料 DMA 傳輸完成，查看驅動函數可知，DMA 串流傳輸完成中斷事件連結的回呼函數是 HAL_DACEx_ConvCpltCallbackCh2()，重新實現這一回呼函數，透過 L1 電位狀態翻轉指示 DMA 傳輸完成，L1 閃爍的快慢還可以間接指示正弦訊號的頻率。

6. 下載偵錯

編譯專案，直到沒有錯誤為止，下載程式到開發板，重置並執行，使用示波器觀察 DAC2(PA5) 輸出波形，其結果如圖 16-14 所示，初始輸出正弦波的頻率是 50Hz，幅度約為 3.3V。按 K1 鍵可增加輸出訊號頻率，最大可至 100Hz，按 K2 鍵可減小輸出訊號的頻率，最小可至 10Hz。

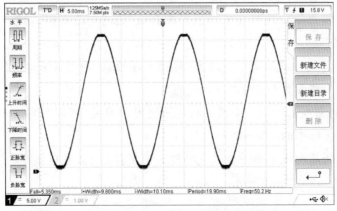

▲ 圖 16-14　正弦波輸出 (編按：本圖例為簡體中文介面)

本章小結

D/A 轉換是第 14 章介紹的 A/D 轉換的逆過程，用於將電腦系統的數位量轉為作用於執行機構的類比量，ADC 和 DAC 組合在一起，形成了對類比世界的完整控制方式。相對也能部分實現數位量對類比量控制的 PWM 功能來說，DAC 模組具有功能全面、軟體簡單、執行效率高、抗干擾能力強等諸多優點，所以 DAC 也是嵌入式學習必須掌握的基礎模組之一。

本章首先對 DAC 的基本概念進行講解，包括 DAC 基本原理性能參數等內容，讓讀者對 DAC 有一個基本的認識。隨後詳細講解了 STM32F407 微控制器的 DAC 具體設定情況，包括主要特徵、內部結構、資料格式、轉換時間、波形生成、DMA 請求、DAC 中斷等內容。緊接著對 STM32F407 微控制器的 DAC 模組 HAL 函數庫驅動函數作了簡單介紹。最後舉出三個 D/A 轉換綜合應用實例，分別為軟體觸發 D/A 轉換，基於內建波形發生器的三角波輸出和使用 DMA 輸出頻率可調的正弦波。

思考拓展

(1) 什麼是 DAC？在控制系統中有什麼作用？

(2) 試說明倒 T 形電阻網路 DAC 工作原理？

(3) DAC 的性能參數有哪些？分別代表什麼意義？

(4) STM32F407 微控制器有幾個 DAC 模組？各有幾個通道？

(5) STM32F407 微控制器的 DAC 模組的資料寫入有哪些格式？

(6) STM32F407 微控制器的 DAC 模組有幾個 DMA 請求？資料傳輸的方向是什麼？

(7) 利用 DAC 模組附帶波形發生功能，在 DAC 的通道 2 上輸出頻率為 100Hz、強度為 3V 的雜訊波。

(8) 採用 DMA 傳輸方式，使用按鍵 K1 選擇，在 DAC 的通道 2 輸出頻率為 50Hz 的方波、三角波、鋸齒波和正弦波中的一種。

(9) 在上一題的基礎上，進一步擴充功能，使用按鍵 K2 實現頻率在 50~150Hz 的範圍內循環調節，以 10Hz 為一級。

(10) 在上一題的基礎上，進一步擴充功能，使用按鍵 K3 實現強度在 1.9~3.3V 的範圍內循環調節，以 0.2V 為一級。

第 17 章

位元帶操作與溫濕度感測器

本章要點

➢ STM32 位元帶操作；

➢ 溫濕度感測器 DHT11；

➢ 溫濕度即時監測。

本章主要涉及兩部分內容，一是 STM32 位元帶操作方法，二是溫濕度感測器 DHT11 的應用，並提供一個專案實例將二者融合在一起。

17.1 STM32 位元帶操作

STM32 微控制器不支援暫存器的位元操作，也沒有位元變數這一概念，所以在進行位元運算時顯得不夠靈活和方便，位元帶操作可以在一定程度上彌補這一不足。

17.1.1 位元帶介紹

1. 位元帶操作概念

學習過 51 或 AVR 微控制器的讀者對位元操作並不陌生。假設有一個 LED 採用共陽接法連接到微控制器的 P1.2 接腳，在使用關鍵字 sbit 定義一個位元變數 LED 表示 P1.2 接腳之後，就可以使用敘述「LED=0」或「LED=1」來控制 LED 的亮滅，其操作十分簡單。

但是 STM32 中並沒有這類關鍵字，而是透過存取位元帶別名區來實現，即透過將每個位元膨脹成一個 32 位元字，當存取這些字的時候就達到了存取位元的目的。舉例來說，GPIO 的 BSRR 暫存器有 32 個位元，可以映射到 32 個位址上，存取這 32 個位址就達到存取 32 個位元的目的。往某個位址寫入 1 就達到往對應位元位元寫入 1 的目的，同樣往某個位址寫入 0 就達到往對應的位元位元寫入 0 的目的。

位元帶別名區的資料字僅最低位元 (LSE) 有效，其餘位元無效。也就是寫入 0x01 與寫入 0xFF 的效果一樣，寫入 0x00 與寫入 0xFE 的效果也相同。

2. 位元帶及位元帶別名區域

在 Cortex-M4 核心中，有兩個區中實現了位元帶，其中一個是 SRAM 區的最低 1MB 範圍，第二個則是晶片上外接裝置區的最低 1MB 範圍，位元帶映射位址分配如圖 17-1 所示。這兩個區中的位址除了可以像普通的 RAM 一樣使用外，它們還都有自己的「位元帶別名區」，位元帶別名區把每個位元膨脹成一個 32 位元的字。透過位元帶別名區存取這些字時，就可以達到存取原始位元的目的。

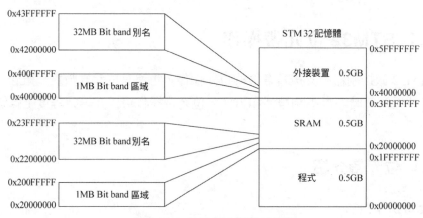

▲ 圖 17-1 位元帶映射位址分配

17.1.2 位元等量與位元帶別名區位址轉換

使用位元帶操作時，一個關鍵步驟就是根據要操作的位元所在的暫存器位址 A 和位元序號 n，計算出位元帶別名區中映射字的位址。

由圖 17-1 可知，晶片上外接裝置位等量的位址範圍是 0x40000000~0x400FFFFF，大小為 1MB；晶片上外接裝置位帶別名區的位址範圍是 0x42000000~0x43FFFFFF，大小為 32MB。SRAM 位元等量的位址範圍是 0x20000000~0x200FFFFF，大小為 1MB；SRAM 位元帶別名區的位址範圍是 0x22000000~0x23FFFFFF，大小為 32MB。

位元等量與位元帶別名區位址轉換是基於以下事實推導出來的：第一，兩個儲存區都是從某一基底位址開始依次儲存；第二，位元帶別名區是將位元等量的 1 位元膨脹為 32 位元，位址偏移量擴大了 32 倍；第三，暫存器位元在位附帶別名區的映射位址是根據位元序號以 4 位元組為步進值依次遞增。由上述分析可以推導出以下兩個轉換公式，其中 A 是目標位元所在暫存器的位址，n 是位元序號。

外接裝置位等量與外接裝置位附帶別名區的位址轉換公式：

$$AliasAddr = 0x42000000 + (A - 0x40000000) \times 32 + n \times 4$$

SRAM 位元等量與 SRAM 位元附帶別名區的位址轉換公式：

$$AliasAddr = 0x22000000 + (A - 0x20000000) \times 32 + n \times 4$$

如果將上述兩個公式合併成一個公式，使用起來將更為便利。合併的基礎是位元等量基底位址和位元帶別名區基底位址的最高 4 位元二進位數字相同，之後都是加上 0x02000000。無論是晶片上外接裝置位等量還是 SRAM 位元等量，位址偏移量都是暫存器位址的低 20 位元，所以位元等量和位元帶別名區位址轉換公式統一為：

$$AliasAddr = ((A \,\&\, 0xF0000000) + 0x02000000 + ((A \,\&\, 0x000FFFFF) \ll 5) + (n \ll 2))$$

下面舉出一個計算範例，設專案需要實現開發板上連接至微控制器 PF2 接腳的 LED2 閃爍，且知 GPIOF_ODR 暫存器的位址為 0x40021414，則可知 GPIOF_ODR 暫存器的 ODR2 位元的映射位址為：

$$
\begin{aligned}
AliasAddr &= ((0x40021414 \,\&\, 0xF0000000) + 0x02000000 + \\
&\quad ((0x40021414 \,\&\, 0x000FFFFF) \ll 5) + (2 \ll 2)) \\
&= 0x42000000 + 21414 \ll 5 + 2 \ll 2 \\
&= 0x42428288
\end{aligned}
$$

計算出 ODR2 映射位址後，將該位址轉為無號長整數指標，對該位址寫入資料即可實現對目標位元操作，翻轉 LED2 的參考程式如下：

```
#define LED2 *((volatile unsigned long  *)(0x42428288))
LED2 = !LED2;
```

17.1.3 位元帶操作巨集定義

　　上節範例舉出位元帶存取的具體方法，但是如果每次使用位元帶操作都進行計算和定義，無疑是十分麻煩的，所以有必要舉出常用外接裝置位元帶操作巨集定義，以標頭檔形式進行儲存，使用時將其包含到專案檔案中即可。

```
#define BITBAND(addr, bitnum)  ((addr & 0xF0000000)+0x2000000+((addr & 0xFFFFF)<<5)+(bitnum<<2))
#define MEM_ADDR(addr)    *((volatile unsigned long  *)(addr))
#define BIT_ADDR(addr, bitnum)   MEM_ADDR(BITBAND(addr, bitnum))
// GPIO 通訊埠輸出資料暫存器 (GPIOx_ODR) (x = A..I) 位址
#define GPIOA_ODR_Addr        (GPIOA_BASE+20)                //0x40020014
#define GPIOB_ODR_Addr        (GPIOB_BASE+20)                //0x40020414
#define GPIOC_ODR_Addr        (GPIOC_BASE+20)                //0x40020814
#define GPIOD_ODR_Addr        (GPIOD_BASE+20)                //0x40020C14
#define GPIOE_ODR_Addr        (GPIOE_BASE+20)                //0x40021014
#define GPIOF_ODR_Addr        (GPIOF_BASE+20)                //0x40021414
#define GPIOG_ODR_Addr        (GPIOG_BASE+20)                //0x40021814
// GPIO 通訊埠輸入資料暫存器        (GPIOx_IDR) (x = A..I) 位址
#define GPIOA_IDR_Addr        (GPIOA_BASE+16)                //0x40020010
#define GPIOB_IDR_Addr        (GPIOB_BASE+16)                //0x40020410
#define GPIOC_IDR_Addr        (GPIOC_BASE+16)                //0x40020810
#define GPIOD_IDR_Addr        (GPIOD_BASE+16)                //0x40020C10
#define GPIOE_IDR_Addr        (GPIOE_BASE+16)                //0x40021010
#define GPIOF_IDR_Addr        (GPIOF_BASE+16)                //0x40021410
#define GPIOG_IDR_Addr        (GPIOG_BASE+16)                //0x40021810
// IO 通訊埠操作，只對單一的 IO 通訊埠！    確保 n 的值小於 16 !
#define PAout(n)              BIT_ADDR(GPIOA_ODR_Addr,n)     // 輸出
#define PAin(n)               BIT_ADDR(GPIOA_IDR_Addr,n)     // 輸入
#define PBout(n)              BIT_ADDR(GPIOB_ODR_Addr,n)     // 輸出
#define PBin(n)               BIT_ADDR(GPIOB_IDR_Addr,n)     // 輸入
#define PCout(n)              BIT_ADDR(GPIOC_ODR_Addr,n)     // 輸出
#define PCin(n)               BIT_ADDR(GPIOC_IDR_Addr,n)     // 輸入
#define PDout(n)              BIT_ADDR(GPIOD_ODR_Addr,n)     // 輸出
#define PDin(n)               BIT_ADDR(GPIOD_IDR_Addr,n)     // 輸入
#define PEout(n)              BIT_ADDR(GPIOE_ODR_Addr,n)     // 輸出
#define PEin(n)               BIT_ADDR(GPIOE_IDR_Addr,n)     // 輸入
#define PFout(n)              BIT_ADDR(GPIOF_ODR_Addr,n)     // 輸出
#define PFin(n)               BIT_ADDR(GPIOF_IDR_Addr,n)     // 輸入
#define PGout(n)              BIT_ADDR(GPIOG_ODR_Addr,n)     // 輸出
#define PGin(n)               BIT_ADDR(GPIOG_IDR_Addr,n)     // 輸入
```

　　上述程式中，最上面的三個巨集定義是位元帶操作實現的核心敘述。巨集定義 BITBAND(addr，bitnum) 是根據目標位元所在暫存器位址和位元序號計算映射位址。巨集定義 MEM_ADDR(addr) 將計算得到的映射位址 (立即數) 轉為

volatile unsigned long 型指標，然後再轉為指標所指向的變數。巨集定義 BIT_ADDR(addr，bitnum) 用於將前述兩個巨集定義組合在一起，以實現計算映射位址和造訪網址中內容的一體化操作。

隨後，舉出了 GPIO 通訊埠輸出資料暫存器和 GPIO 通訊埠輸入資料暫存器的位址，最後定義了多組 I/O 操作巨集函數。以 GPIOA 為例，PAout(n) 用於設定 PA 通訊埠的第 n 位元的電位狀態，$n \leq 16$，例如要設定 PA2 為高電位，僅需使用「PAout(2)=1」運算式即可實現。PAin(n) 用於讀取 PA 通訊埠的第 n 位元對應接腳電位，$n \leq 16$，例如要檢測 PE1 連接的按鍵是否按下，僅需使用「if(PEin(1)==0)」運算式即可實現。實際應用中，還可以根據需要繼續使用巨集定義，使上述運算式進一步簡化。

17.2 溫濕度感測器 DHT11

17.2.1 DHT11 功能說明

1. DHT11 簡介

DHT11 是一款含有已校準數位訊號輸出的溫濕度複合感測器，它應用專用的數位模組擷取技術和溫濕度傳感技術，具有較高的可靠性與穩定性。感測器包括一個電容式感濕元件和一個 NTC(Negative Temperature Coefficient, 負溫度係數) 測溫元件，具有回應快、抗干擾能力強、C/P 值高等優點。每個感測器都在濕度驗證室中進行校準，校準係數以程式的形式儲存在一次性可程式化記憶體中。感測器採用單匯流排界面，具有超小體積和極低功耗，系統集成簡易便捷。DHT11 可應用於農業、家電、汽車、氣象、醫療等許多領域，如暖通空調、除濕機、冷鏈倉儲、測試及檢測裝置、資料記錄儀、濕度調節系統等。

DHT11 溫濕度感測器工作電壓範圍：3.3~5.5V，平均工作電流：1mA，溫度測量範圍：-20~60℃，濕度測量範圍：5%~95%RH，溫度測量誤差：±2℃，濕度測量誤差：±5%RH，採樣週期：2s。

2. 外形尺寸與接腳定義

DHT11 實物圖及外形尺寸如圖 17-2 所示，其中圖 17-2(a) 為實物圖，圖 17-2(b) 為正面尺寸標注，圖 17-2(c) 為側面尺寸標注，圖 17-2(d) 為反面尺寸標注，尺寸標注單位為 mm。

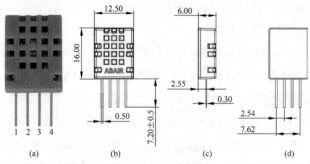

▲圖 17-2　DHT11 實物圖及外形尺寸

　　DHT11 溫濕度感測器接腳序號定義如圖 17-2(a) 所示，即將 DHT11 正面放置，4 個接腳序號依次為 1~4，接腳功能描述如表 17-1 所示。

▼表 17-1　DHT11 接腳功能描述

序號	名稱	描述
1	VCC	外部供電電源正極輸入端：3.3~5.5V
2	SDA	串列資料傳輸端，連線單匯流排
3	NC	空腳
4	GND	外部供電電源負極輸入端 (接地端)

17.2.2　DHT11 單匯流排通訊協定

1. 單匯流排概述

　　DHT11 採用簡化的單匯流排通訊。單匯流排即僅有一根資料線 (SDA)，通訊所進行的資料交換、掛在單匯流排上的所有裝置之間進行訊號交換與傳遞均在一條通訊線上實現。單匯流排上必須有一個上拉電阻 (Rp) 以實現單匯流排閒置時，其處於高電位狀態。同時所有單匯流排上的裝置必須透過一個具有並設定為開漏或三態的 I/O 通訊埠連至單匯流排，以實現在進行單匯流排通訊時，裝置間交替控制單匯流排。在單匯流排中，微控制器與感測器是主從結構，只有微控制器呼叫感測器時，感測器才會應答。微控制器存取感測器必須嚴格遵循單匯流排時序要求，否則感測器將不回應主機。

2. 單匯流排典型電路

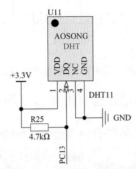

▲ 圖 17-3 單匯流排典型電路

單匯流排典型電路如圖 17-3 所示，STM32F407 與 DHT11 連接電路是單匯流排通訊的典型電路。由圖 17-3 可知，單匯流排通訊模組由 DHT11 的 DQ(SDA) 接腳、上拉電阻 R25 和微控制器的 I/O 通訊埠 PC13 組成，上拉電阻 R25 一般取 4.7kΩ，感測器引線越長，R25 阻值應越小，具體請根據需要自行調整。

使用圖 17-3 中典型的單匯流排電路通訊時，需注意以下幾點：

(1) 使用 3.3V 電壓給 DHT11 供電時，建議微控制器與 DHT11 連接線長度不得大於 100cm。否則線路壓降會導致對 DHT11 的供電不足，造成測量偏差。

(2) 與 DHT11 通訊最小間隔時間為 2s，若小於 2s 可能導致溫濕度測量或通訊不成功等情況。因此感測器通電後應等待 2s 再去讀取感測器，以避免感測器處於不穩定狀態。

(3) 每次通訊結束後，DHT11 會進行一次溫濕度擷取，然後進入待機狀態。因此每次通訊讀出的溫濕度數值為上一次通訊時 DHT11 擷取的溫濕度資料，故建議使用時隔 2s 連續 2 次讀取 DHT11，以獲得當前測量環境即時溫濕度。

3. 單匯流排傳送資料定義

SDA 接腳所在線路用於微控制器與 DHT11 之間的通訊和同步，採用單匯流排資料格式，一次傳送 40 位元長度資料，高位元先傳送。

DHT11 單匯流排傳送資料如圖 17-4 所示。

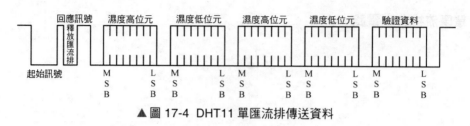

▲圖 17-4 DHT11 單匯流排傳送資料

DHT11 單匯流排傳送資料定義說明如表 17-2 所示。

▼ 表 17-2 DHT11 單匯流排傳送資料表

名稱	單匯流排傳輸定義
起始訊號	微處理器將單匯流排 (SDA) 拉低一段時間 (18~30ms)，通知感測器準備資料
回應訊號	感測器將單匯流排 (SDA) 拉低 $83\mu s$，再拉高 $87\mu s$ 以回應主機的起始訊號
濕度資訊	濕度高 8 位元為濕度整數部分資料，濕度低 8 位元為濕度小數部分資料
溫度資訊	溫度高 8 位元為溫度整數部分資料，溫度低 8 位元為溫度符號及小數部分資料 (含最高位元 Bit7 符號位元，Bit7 為 1 則表示負溫度)
驗證資料	驗證位元組＝濕度高位元＋濕度低位元＋溫度高位元＋溫度低位元

下面舉出一個資料計算範例：

當傳輸的資料如圖 17-5 所示時，根據表 17-2 中的資訊，可以計算出驗證碼和轉換得出濕度與溫度。

00110100	00000001	00011000	10001100	11011001
0x34	0x01	0x18	0x8C	0xD9
濕度高 8 位元	濕度低 8 位元	溫度高 8 位元	溫度低 8 位元	驗證位元組

▲圖 17-5 DHT11 單匯流排資料計算範例

根據表 17-2 中驗證資料計算方式，可以得出驗證碼，如下：

$$34H+01H+18H+8CH=D9H$$

將計算得到的驗證碼 D9H 與接收到的驗證碼進行比較，如果相同則表示接收到的濕度資訊和溫度資訊資料正確，否則應捨棄本次通訊資料。

濕度與溫度的數值可以根據資料結構轉換得出。如，濕度高 8 位元 (整數) 為 34H，低 8 位元 (小數) 為 01H，將兩部分數值轉為十進位後可以得出 52.1，即濕度為 52.1%RH。同理可以得出圖 17-5 中的溫度為 -24.12℃。此處溫度為負值是因為溫度資料的低 8 位元的最高位元 Bit7 為 1；當最高位元 Bit7 為 0 時，數值為正值。

4. 單匯流排通訊時序

　　單匯流排通訊時序如圖 17-6 所示，詳細時序訊號特性見表 17-3。為保證通訊正確，使用者在與感測器通訊時必須嚴格按照圖 17-6 和表 17-3 中的時序和參數要求。

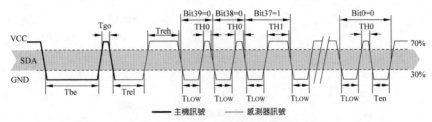

▲ 圖 17-6 DHT11 單匯流排通訊時序

▼ 表 17-3 DHT11 時序訊號特性

符號	參數	最小	典型	最大	單位
Tbe	主機起始訊號拉低時間	18	20	30	ms
Tgo	主機釋放單匯流排時間	10	13	35	μs
Trel	回應低電位時間	78	83	88	μs
Treh	回應高電位時間	80	87	92	μs
T_{LOW}	用於表示資料位元 BitX=0 或 1 的低電位部分的時間，X=0~39	50	54	58	μs
TH0	用於表示資料位元 BitX=0 的高電位狀態部分的時間	23	24	27	μs
TH1	用於表示資料位元 BitX=1 的高電位狀態部分的時間	68	71	74	μs
Ten	感測器釋放單匯流排時間	52	54	56	μs

5. 外接裝置讀取流程

　　應用單匯流排讀取 DHT11 感測器時，微控制器和 DHT11 之間的通訊應按圖 17-7 所示的流程完成資料讀取。

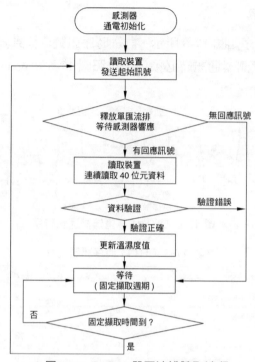

▲圖 17-7　DHT11 單匯流排讀取流程

　　在 DHT11 通電後，需要等待至少 2s 才完成感測器的初始化。初始化期間，感測器連線單匯流排的微控制器 I/O 應設定為開漏模式並輸出高電位，以保證單匯流排處於空閒狀態 (高電位)。DHT11 感測器初始化後執行採樣溫濕度資料任務，結束後自動轉入休眠狀態。此後，DHT11 將監測 SDA 接腳上單匯流排電位狀態變化，以判斷是否需要通訊。

　　發送起始訊號是透過使微控制器的 I/O 輸出低電位，且低電位持續時間不能小於 18ms(最大不得超過 30ms)，然後微控制器的 I/O 切換為輸入 (上拉) 模式，釋放單匯流排。DHT11 等待主機釋放單匯流排後，DHT11 控制單匯流排，輸出 83μs 的低電位作為應答訊號，隨後輸出 87μs 的高電位通知微控制器準備接收資料，完成回應訊號傳輸從而實現 DHT11 對微控制器的應答。應答時序如圖 17-8 所示。

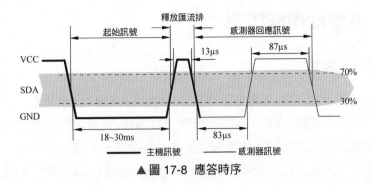

▲ 圖 17-8 應答時序

　　DHT11 完成上述應答過程，隨後透過 SDA 接腳控制單匯流排，DHT11 將從 SDA 接腳輸出 40 位元長度資料訊號至單匯流排，微控制器透過單匯流排可接收到 40 位元長度的資料。資料中每個資料位元時序如圖 17-9 所示。資料位元為「0」時，DHT11 先輸出 50~58μs 的低電位，隨後輸出 23~27μs 的高電位；資料位元為「1」時，DHT11 先輸出 50~58μs 的低電位，隨後輸出 68~74μs 的高電位。

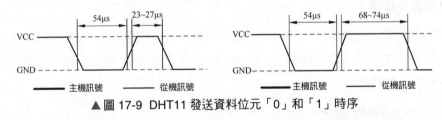

▲ 圖 17-9 DHT11 發送資料位元「0」和「1」時序

　　DHT11 完成輸出 40 位元長度資料後，繼續輸出 50~58μs 的低電位，然後轉為輸入狀態，不再控制單匯流排，實現對單匯流排的釋放，本次通訊結束。

　　通訊結束後，DHT11 會立即進行一次溫濕度採樣，隨後自動進入休眠狀態。DHT11 只有再次收到微控制器發出的起始訊號後，才被喚醒進入單匯流排通訊模式。與此同時，微控制器將接收資料按照表 17-2 方式進行資料驗證，如果驗證正確則對資料解析並得到溫濕度值，否則捨棄本次通訊接收的資料。微控制器本次通訊結束後等待至少 2s 的間隔週期後，可以再次發送起始訊號讀取 DHT11。

17.3　溫濕度即時監測

17.3.1　開發專案

　　DHT11 溫濕度感測器連接電路如圖 17-3 所示。DHT11 的資料線 DQ 連接至微控制器的 PC13 接腳，VDD 接腳連接至 3.3V 系統電源，上拉電阻 R25 阻值為 4.7kΩ，感測器 NC 接腳和 GND 接腳並聯在一起連接至系統地線。

　　專案實例用於演示位元帶操作方法和單匯流排通訊協定實現。專案實施時，使用位元帶操作實現微控制器 I/O 操作，撰寫單匯流排通訊程式，存取 DHT11 溫濕度感測器，即時擷取環境的溫度和濕度資訊，並將其顯示於 TFT LCD，L1 週期閃爍以指示程式執行。

17.3.2　專案實施

1. 複製專案檔案

　　專案需要中文顯示，而不需要 TIM、ADC、DAC 等其他功能模組，所以複製第 12 章建立的專案資料夾 1202 Chinese Show 到桌面，並將資料夾重新命名為 1701 BitBand DHT11。

2. STM32CubeMX 設定

　　專案需要設定兩個 GPIO 接腳，一個是 DHT11 資料線控制接腳 PC13，另一個是程式執行指示燈 L1 控制接腳 PF0。由於 DHT11 使用的單匯流排界面非 MCU 片上外接裝置，且 PC13 工作模式也不固定，所以在 STM32CubeMX 中不對 PC13 進行設定，而是由驅動程式直接實現。所以本例僅需將 L1 控制接腳 PF0 設定為推拉低速輸出模式即可。FSMC、SPI、時鐘、專案等相關設定無須更改，按一下 GENERATE CODE 按鈕生成初始化專案。

3. 位元帶巨集定義和延遲時間程式

　　由 17.1 節分析可知，要想使用位元帶操作，必須對其進行巨集定義，所以將 17.1.3 節的位元帶操作巨集定義程式複製到 main.h 檔案中的巨集定義程式沙箱內，即將其放在/* USER CODE BEGIN EM */和/* USER CODE END EM */之間。

由圖 17-6 的單匯流排通訊時序圖可知，要實現單匯流排通訊協定，需要精確的毫秒和微秒延遲時間，僅使用 HAL 附帶的 HAL_Delay() 延遲時間函數是不夠的。所以需要將 5.3.4 節實現的 delay_ms() 和 delay_us() 延遲時間函數複製到 main.c 檔案的程式沙箱內，推薦放置在 /* USER CODE BEGIN 4 */ 和 /* USER CODE END 4 */ 之間。同時還需要將這兩個延遲時間函數宣告在 main.h 檔案的程式沙箱內。推薦放置在 /* USER CODE BEGIN EFP */ 和 /* USER CODE END EFP */ 之間。

若讀者建立的專案檔案中，上述兩部分程式已經存在或部分存在，則可以省略已完成部分操作。

4. 建立 DHT11 驅動檔案

按一下工具列新建檔案圖示，或「File/New」選單，新建一個空白檔案，並將其儲存至「1701 BitBand DHT11\Core\Src」路徑下，命名為 dht11.c。同樣方法再次新建一個檔案，儲存至「1701 BitBand DHT11\Core\Inc」路徑下，命名為 dht11.h。按兩下打開 MDK-ARM 專案檔案 Template.uvprojx，在工作介面的左側專案檔案管理區，按兩下 Application/User/Core 專案小組，打開增加檔案對話方塊，瀏覽並找到 dht11.c 原始檔案，將其增加到專案小組下面。

5. 撰寫 DHT11 驅動標頭檔

DHT11 標頭檔中的程式包括系統標頭檔包含、DHT11 連接接腳和通訊埠巨集定義、單匯流排 I/O 位元帶操作巨集定義以及驅動函數宣告四部分內容，參考程式如下：

```
#ifndef _dht11_H
#define _dht11_H
#include "main.h"
#define DHT11 (GPIO_PIN_13)              //PC13
#define GPIO_DHT11 GPIOC
#define DHT11_DQ_IN   PCin(13)           // 輸入
#define DHT11_DQ_OUT PCout(13)           // 輸出
void DHT11_IO_OUT(void);
void DHT11_IO_IN(void);
uint8_t DHT11_Init(void);
void DHT11_Rst(void);
uint8_t DHT11_Check(void);
uint8_t DHT11_Read_Bit(void);
```

```
uint8_t DHT11_Read_Byte(void);
uint8_t DHT11_Read_Data(uint8_t *temp,uint8_t *humi);
#endif
```

6. 撰寫 DHT11 驅動原始檔案

DHT11 驅動原始檔案 dht11.c 用於驅動程式的實現，包括資料傳輸方向設定，DHT11 重置、檢測和初始化以及 DHT11 資料讀取函數三部分。

1) 資料傳輸方向設定

DHT11 資料傳輸方向設定由 DHT11_IO_OUT() 和 DHT11_IO_IN() 兩個函數實現。函數 DHT11_IO_OUT() 將 DQ 接腳設定為推拉高速輸出模式。函數 DHT11_IO_IN() 將 DQ 設定為上拉輸入模式。參考程式如下：

```
//DHT11 輸出模式設定
void DHT11_IO_OUT()
{
    GPIO_InitTypeDef GPIO_InitStructure;
    GPIO_InitStructure.Mode=GPIO_MODE_OUTPUT_PP;        // 輸出模式
    GPIO_InitStructure.Pin=DHT11;                       // 接腳設定
    GPIO_InitStructure.Speed=GPIO_SPEED_HIGH;           // 速度為 100M
    GPIO_InitStructure.Pull=GPIO_PULLUP;                // 上拉
    HAL_GPIO_Init(GPIO_DHT11,&GPIO_InitStructure);      // 初始化結構
}
//DHT11 輸入模式設定
void DHT11_IO_IN()
{
    GPIO_InitTypeDef GPIO_InitStructure;
    GPIO_InitStructure.Mode=GPIO_MODE_INPUT;            // 輸入模式
    GPIO_InitStructure.Pin=DHT11;                       // 接腳設定
    GPIO_InitStructure.Pull=GPIO_PULLUP;                // 上拉
    HAL_GPIO_Init(GPIO_DHT11,&GPIO_InitStructure);      // 初始化結構
}
```

2) DHT11 重置、檢測和初始化

DHT11 重置、檢測和初始化參考程式如下：

```
// 重置 DHT11
void DHT11_Rst()
{
    DHT11_IO_OUT();                                     //SET OUTPUT
    DHT11_DQ_OUT=0;                                     // 拉低 DQ
    delay_ms(20);                                       // 拉低至少 18ms
```

```
    DHT11_DQ_OUT=1;                                    //DQ=1
    delay_us(30);                                      // 主機拉高 20~40μs
}
// 等待 DHT11 的回應    傳回 1：未檢測到 DHT11 的存在    傳回 0：存在
uint8_t DHT11_Check()
{
    uint8_t retry=0;
    DHT11_IO_IN();   //SET INPUT
    while(DHT11_DQ_IN&&retry<100)
    {
        retry++;
        delay_us(1);
    }
    if(retry>=100) return 1;
    else retry=0;
    while(!DHT11_DQ_IN&&retry<100)
    {
        retry++;
        delay_us(1);
    }
    if(retry>=100) return 1;
    return 0;
}
//DHT11 初始化，傳回 0：初始化成功，傳回 1：失敗
uint8_t DHT11_Init()
{
    GPIO_InitTypeDef GPIO_InitStructure;
    __HAL_RCC_GPIOC_CLK_ENABLE();
    GPIO_InitStructure.Mode=GPIO_MODE_OUTPUT_PP;        // 推拉輸出模式
    GPIO_InitStructure.Pin=DHT11;                       // 接腳設定
    GPIO_InitStructure.Speed=GPIO_SPEED_FREQ_HIGH;      // 速度為 100MHz
    GPIO_InitStructure.Pull=GPIO_PULLUP;                // 上拉
    HAL_GPIO_Init(GPIO_DHT11,&GPIO_InitStructure);      // 初始化結構
    DHT11_DQ_OUT=1;                                     // 拉高
    DHT11_Rst();
    return DHT11_Check();
}
```

上述程式碼是圖 17-8 時序的具體實現，DHT11 初始化副程式開 GPIOC 時鐘，將 DQ 接腳設定為推拉高速輸出模式，初始輸出高電位，之後重置 DHT11，檢測 DHT11 是否存在。DHT11 重置程式比較簡單，先置 DQ 輸出模式，輸出 20ms 的低電位，再輸出 30μs 的高電位。DHT11 檢測程式判斷的原則是高電位或低電位持續 100μs 及以上則 DHT11 不存在，如果低電位持續時間少於 100μs 則 DHT11 存在。

3) DHT11 資料讀取函數

　　DHT11 資料傳輸函數分為三個層次，由低到高分別為讀取一位元資料、讀取一位元組資料和讀取一次轉換資料，其參考程式如下：

```
// 從 DHT11 讀取一位元資料，傳回值：1/0
uint8_t DHT11_Read_Bit(void)
{
    uint8_t retry=0;
    while(DHT11_DQ_IN&&retry<100)        // 等待變為低電位
    {
        retry++;
        delay_us(1);
    }
    retry=0;
    while(!DHT11_DQ_IN&&retry<100)       // 等待變為高電位
    {
        retry++;
        delay_us(1);
    }
    delay_us(40);     // 等待 40μs
    if(DHT11_DQ_IN) return 1;
    else return 0;
}
// 從 DHT11 讀取一位元組資料，傳回值：讀到的資料
uint8_t DHT11_Read_Byte(void)
{
    uint8_t i,dat;
    dat=0;
    for (i=0;i<8;i++)
    {
        dat<<=1;
        dat|=DHT11_Read_Bit();
    }
    return dat;
}
// 從 DHT11 讀取一次資料，傳回值：0, 正常 ;1, 讀取失敗
//temp: 溫度值（範圍 :-20~50℃）      humi: 濕度值（範圍 :5%~95%）
uint8_t DHT11_Read_Data(uint8_t *temp,uint8_t *humi)
{
    uint8_t buf[5];
    uint8_t i;
    DHT11_Rst();
    if(DHT11_Check()==0)
    {
        for(i=0;i<5;i++)  // 讀取 5 位元組資料
```

```
        {
            buf[i]=DHT11_Read_Byte();
        }
        if((buf[0]+buf[1]+buf[2]+buf[3])==buf[4])
        {
            *humi=buf[0];*(humi+1)=buf[1];
            *temp=buf[2];*(temp+1)=buf[3];
        }
    }else return 1;
    return 0;
}
```

上述程式中，位元辨識函數是 DHT11 資料讀取的基礎，其採用了一種簡單且巧妙的辨識方法，基本思想是，先等待資料線上的前一位元高電位結束，再等待當前位元低電位結束，延遲時間 40μs 後仍為高電位，辨識為 1，否則辨識為 0，事實上是將圖 17-9 中的高電位持續時間以 40μs 為設定值一分為二。位元組讀取函數是呼叫位元辨識函數連續讀取 8 位元。資料讀取函數呼叫位元組讀取函數，一次讀取 5 位元組轉換資料，並進行檢驗，驗證通過後解析溫濕度資料，驗證未透過則丟棄本次資料。

7. 使用者程式設計

使用者主程式在 main.c 檔案中實現，用於即時擷取環境溫度和濕度資訊，並顯示於 LCD，參考程式如下：

```
#include "main.h"
#include "spi.h"
#include "gpio.h"
#include "fsmc.h"
#include "lcd.h"
#include "flash.h"
#include "stdio.h"
#include "dht11.h"
#define L1 PFout(0)          //L1 位元段操作定義
void SystemClock_Config(void);
void data_pros(void);        // 資料處理函數
int main(void)
{
    uint16_t i;
    HAL_Init();
    SystemClock_Config();
    MX_GPIO_Init();
    MX_FSMC_Init();
```

```
    MX_SPI1_Init();
    LCD_Init();
    LCD_Clear(WHITE);
    LCD_Fill(0,lcddev.height/2,lcddev.width,lcddev.height,BLUE);
    W25QXX_ReadID();              // 讀取元件 ID，後續程式需要使用
    LCD_PrintCenter(0,24*1," 位元帶操作與 DHT 感測器 ",BLUE,WHITE,24,0);
    LCD_PrintCenter(0,24*3," 演示位元帶操作方法，即時擷取溫濕度訊號 ",BLUE,WHITE,16,0);
    while(DHT11_Init())           // 檢測 DHT11 是否存在
    {
        LCD_Print(8,24*5+6,(u8 *)"DHT11 檢測失敗 ",WHITE,BLUE,24,0);
        delay_ms(500);
    }
    LCD_Print(8,24*5+6,(u8 *)"DHT11 檢測成功 ",WHITE,BLUE,24,0);
    while (1)
    {
        if(++i%20==0)
        {
            L1=!L1;               //L1 指示燈閃爍
            data_pros();          //DHT11 資料讀取和處理函數
        }
        delay_ms(20);
    }
}
/* 讀取 DHT11 轉換結果，並進行資料解析和顯示 */
void data_pros()                  // 資料讀取和處理函數
{
    uint8_t temp[2]={0},humi[2]={0};
    DHT11_Read_Data(temp,humi);
    sprintf((char *)TempStr," 溫度：%d.%d℃      ",temp[0],temp[1]);
    LCD_Print(8,24*6+12,TempStr,WHITE,BLUE,24,0);
    sprintf((char *)TempStr," 濕度：%d.%d%%RH   ",humi[0],humi[1]);
    LCD_Print(8,24*7+18,TempStr,WHITE,BLUE,24,0);
}
```

　　主程式首先包含 DHT11 驅動標頭檔並舉出 L1 的位元段操作巨集定義，隨後進行 DHT11 檢測，成功後進入即時擷取溫濕度的無限迴圈中，結果同步更新於 LCD 上。

8. 下載偵錯

　　編譯專案，直到沒有錯誤為止，下載程式到開發板，重置執行，檢查實驗效果。

本章小結

　　本章首先介紹了位元帶操作的概念以及位元帶別名區位址計算，完成了 GPIO 位元帶操作巨集定義。隨後介紹了溫濕度感測器 DHT11 的功能特性、外形尺寸、接腳定義、應用範圍等內容，詳細講解了 DHT11 單匯流排通訊協定，該內容是 DHT11 驅動程式撰寫的基礎。最後舉出了位元帶操作和 DHT11 溫濕度感測器綜合應用實例，即即時擷取環境溫度和濕度資訊，同步更新於 LCD 顯示幕。

思考拓展

(1) 試說明位元帶操作相比於 HAL 函數庫操作方式有哪些優點。

(2) 試計算開發板 K1 按鍵所連接的 PE0 輸入接腳的位元帶別名區映射位址。

(3) DHT11 感測器可以測量哪些訊號？測量範圍和測量精度分別是多少？

(4) 查閱資料，比較 DHT11 和 DS18B20 兩者之間的異同，並說明各應用於什麼場合。

(5) 在實現 17.3 節專案的基礎上，進一步擴充其功能，使其可以處理和顯示溫度為負值情況。

(6) 獨立按鍵模式下，使用位元帶操作方式，實現 K1~K4 按鍵控制 L1~L4 指示燈，某一按鍵按下，相同序號指示燈點亮，鬆開按鍵指示燈熄滅。

第 18 章

RTC 與藍牙通訊

本章要點

➢ RTC 概述；

➢ RTC 的 HAL 函數庫驅動；

➢ 備份暫存器；

➢ RTC 日曆和鬧鈴專案；

➢ 藍牙通訊模組；

➢ 無線時間同步電子萬年曆。

　　在前面章節中，我們實踐過幾個關於時鐘的專案，實現了計時、顯示和調整等一系列控制要求，但是設計出來的時鐘還是存在一些不足之處，難以進行實際應用。主要表現為電路一旦斷電，時間資料就會遺失，時間設定複雜且精度不高等。在空間受限、佈線困難的場合使用無線通訊相比於有線通訊更具優勢，藍牙模組因具有控制簡單、可靠性高和研發週期短等優點，而備受青睞。

18.1 RTC 概述

　　RTC(Real-Time Clock)，即即時時鐘。在學習 51 微控制器的時候，絕大部分同學學習過即時時鐘晶片 DS1302，時間資料直接由 DS1302 晶片計算儲存，且其電源和晶振獨立設定，主電源斷電計時不停止，微控制器直接讀取晶片儲存單中繼資料，即可獲得即時時鐘資訊。STM32F407 微控制器內部也整合了一個 RTC 模組，大幅簡化系統軟硬體設計難度。

18.1.1 RTC 功能

STM32F407 晶片上 RTC 模組可以由內部或外部時鐘訊號驅動，提供日曆時間資料。它內部維護一個日曆，能自動確定每個月的天數，能自動處理閏年情況，還可以設定日光節約時間補償。RTC 能夠提供 BCD 或二進位的秒鐘、分鐘、小時 (12 或 24 小時制)、星期、日期、月份、年份資料，還可以提供二進位的微秒資料。

RTC 及其時鐘都使用備用儲存區域，而備用儲存區域使用 V_{BAT} 備用電源 (一般為紐扣電池)，所以主電源斷電或系統重置也不影響 RTC 的工作。

RTC 有兩個可程式化鬧鈴，可以設定任意組合和重複性的鬧鈴；有一個週期喚醒單元，可以作為一個普通計時器使用；還具有時間戳記和入侵偵測功能。

18.1.2 RTC 工作原理

RTC 內部結構如圖 18-1 所示，下面結合方塊圖對 RTC 工作原理和功能特性說明。

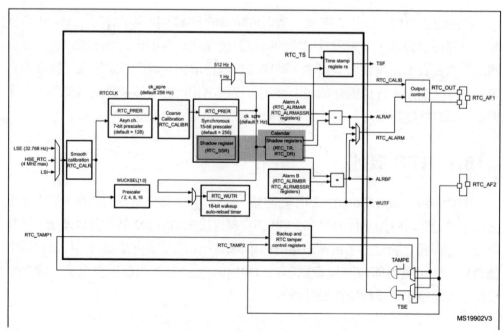

▲ 圖 18-1 RTC 內部結構 (來源：st.com)

1. RTC 時鐘訊號源

由圖 18-1 可知，RTC 可以從下述 3 個時鐘訊號中選擇一個作為 RTC 的時鐘訊號源。

(1) LSI：微控制器內部的 32kHz 時鐘訊號。

(2) LSE：微控制器外接的 32.768kHz 時鐘訊號。

(3) HSE_RTC：HSE 經過 2 到 31 分頻後的時鐘訊號。

如果 MCU 有外接的 32.768kHz 晶振，一般選擇 LSE 作為 RTC 的時鐘源，因為 32.768kHz 經過多次 2 分頻後，可以得到精確的 1Hz 時鐘訊號。

本書書附開發板配有備用電源和外接 32.768kHz 晶振，所以在後續實驗專案中均選擇 LSE 作為 RTC 時鐘訊號源。

2. 預分頻器

RTC 時鐘源訊號經過精密校準後就是時鐘訊號 RTCCLK，RTCCLK 再依次經過一個 7 位元的非同步預分頻器 (最高 128 分頻) 和一個 15 位元的同步預分頻器 (預設為 256 分頻)。

如果選用 32.768kHz 的 LSE 時鐘源作為 RTCCLK，經過非同步預分頻器 128 分頻後的訊號 ck_apre 是 256Hz。256Hz 的時鐘訊號再經過同步預分頻器 256 分頻後得到 1Hz 時鐘訊號 ck_spre。1Hz 訊號可以用於更新日曆，也可以作為週期喚醒單元的時鐘源。

ck_apre 和 ck_spre 經過選擇器後，可以選擇其中一個時鐘訊號作為 RTC_CALIB 時鐘訊號，這個時鐘訊號再經過輸出控制選擇，可以輸出到重複使用接腳 RTC_AF1，向外提供一個 256Hz 或 1Hz 的時鐘訊號。

3. 即時時鐘和日曆資料

圖 18-1 中有 3 個影子暫存器，分別為微秒資料暫存器 RTC_SSR、時間資料暫存器 RTC_TR 和日期資料暫存器 RTC_DR。影子暫存器就是內部微秒計數器、日曆時間計數器的數值暫存暫存器，系統每隔兩個 RTCCLK 週期就將當前的日曆值複製到影子暫存器。當程式讀取日期時間資料時，讀取的是影子暫存器的內容，而不會影響日曆計數器的工作。

4. 週期性自動喚醒

RTC 內有一個 16 位元自動重加載遞減計數器，可以產生週期性的喚醒中斷，16 位元暫存器 RTC_WUTR 儲存用於設定定時週期的自動重加載值。週期喚醒計時器的輸入時鐘有以下兩個時鐘源：

(1) 同步預分頻器輸出的 ck_spre 時鐘訊號，通常為 1Hz。

(2) RTCCLK 經過 2、4、8 或 16 分頻後的時鐘訊號。

週期喚醒是 RTC 的一種定時功能，一般為週期喚醒計時器設定 1Hz 時鐘源，每秒或每隔幾秒中斷一次。使用 RTC 的週期喚醒功能可以很方便地設定 1s 定時中斷，與系統時鐘頻率無關，比用計時器設定 1s 中斷要簡單得多。喚醒中斷產生事件訊號 WUTF，這個訊號可以設定輸出到重複使用接腳 RTC_AF1。

5. 可程式化鬧鈴

RTC 有 2 個可程式化鬧鈴，即鬧鈴 A 和鬧鈴 B。鬧鈴的時間和重複方式可以設定，鬧鈴觸發時可以產生事件訊號 ALRAF 和 ALRBF。這兩個訊號和週期喚醒事件訊號 WUTF 一起經過選擇器，可以選擇其中一個訊號作為輸出訊號 RTC_ALARM，再透過輸出控制可以輸出到重複使用接腳 RTC_AF1。

6. 時間戳記

時間戳記 (Timestamp) 就是某個外部事件 (上昇緣或下降沿) 發生時刻的日曆時間，舉例來說，行車記錄儀在發生碰撞時儲存的發生碰撞時刻的 RTC 日期時間資料就是時間戳記。

啟用 RTC 的時間戳記功能，可以選擇重複使用接腳 RTC_AF1 或 RTC_AF2 作為事件來源 RTC_TS，監測其上昇緣或下降沿的變化。當重複使用接腳上發生事件時，RTC 就將當前的日期時間資料記錄到時間戳記暫存器，還會產生時間戳記事件訊號 TSF，回應此事件中斷就可以讀取出時間戳記暫存器的資料。如果檢測到入侵事件，也可以記錄時間戳記資料。

7. 入侵偵測

入侵偵測 (Tamper Detection) 輸入訊號源有兩個，即 RTC_TAMP1 和 RTC_TAMP2，訊號源可以映射到重複使用接腳 RTC_AF1 和 RTC_AF2。可以設定為邊沿檢測或附帶濾波的電位檢測。

STM32F407 微控制器有 20 個 32 位元備份暫存器，位於備份區域中，由備用電源 V_{BAT} 供電。在系統主電源關閉或重置時，備份暫存器的資料不會遺失，所以可以用於儲存使用者定義資料。當檢測到入侵事件發生時，MCU 就會重置這 20 個備份暫存器的內容。

檢測到入侵事件時，MCU 會產生中斷事件訊號，同時還會記錄時間戳記資料。

8. 數位校準

RTC 內部有粗略數位校準和精密數位校準。粗略數位校準需要使用非同步預分頻器的 256Hz 時鐘訊號，校準週期為 64min。精密數位校準需要使用同步預分頻器輸出的 1Hz 時鐘訊號，預設模式下校準週期為 32s。

使用者可以選擇 256Hz 或 1Hz 數位校準時鐘訊號作為校準時鐘輸出訊號 RTC_CALIB，透過輸出控制可以輸出到重複使用接腳 RTC_AF1。

9. RTC 參考時鐘檢測

RTC 的日曆更新可以與一個參考時鐘訊號 RTC_REFIN(通常為 50Hz 或 60Hz) 同步，RTC_REFIN 使用接腳 PB15。參考時鐘訊號 RTC_REFIN 的精度應該高於 32.768kHz 的 LSE 時鐘。啟用 RTC_REFIN 檢測時日曆仍由 LSE 提供時鐘，而 RTC_REFIN 用於補償不準確的日曆更新頻率。

18.1.3 RTC 的中斷和重複使用接腳

一般的外接裝置只有一個中斷號碼，一個中斷號碼有多個中斷事件來源，如第 11 章介紹的 USART，雖然有多個中斷事件來源，但只有一個中斷號碼。但是 RTC 有 3 個中斷號碼，每個中斷號碼有對應的 ISR，如表 18-1 所示。

▼表 18-1 RTC 的中斷名稱及 ISR

中斷號碼	中斷名稱	功能說明	中斷服務程式 2
2	TAMP_STAMP	連接到 EXTI21 線的 RTC 入侵和時間戳記中斷	TAMP_STAMP_IRQHandler()
3	RTC_WKUP	連接到 EXTI22 線的 RTC 喚醒中斷	RTC_WKUP_IRQHandler()
41	RTC_Alarm	連接到 EXTI17 線的 RTC 鬧鈴 (A 或 B) 中斷	RTC_Alarm_IRQHandler()

RTC 的這 3 個中斷號碼各對應 1~3 個中斷事件來源，舉例來說，RTC_WKUP 中斷只有 1 個中斷事件來源，即週期喚醒中斷事件，RTC_Alarm 中斷有 2 個中斷

事件來源，即鬧鈴 A 中斷事件和鬧鈴 B 中斷事件，而 TAMP_STAMP 有 3 個中斷事件來源。

HAL 驅動程式為每個中斷事件定義了表示中斷事件類型的巨集，每個中斷事件對應一個回呼函數。中斷名稱、中斷事件類型和回呼函數的對應關係如表 18-2 所示。使用者在處理某個中斷事件時，只需重新實現其回呼函數即可。

▼表 18-2 RTC 的中斷事件和回呼函數

中斷名稱	中斷事件來源	中斷事件類型	映射引腳	回呼函數
RTC_Alarm	鬧鈴 A	RTC_IT_ALRA	RTC_AF1	HAL_RTC_AlarmAEventCallback()
	鬧鈴 B	RTC_IT_ALRB	RTC_AF1	HAL_RTCEx_AlarmBEventCallback()
RTC_WKUP	週期喚醒	RTC_IT_WUT	RTC_AF1	HAL_RTCEx_WakeUpTimerEventCalback()
TAMP_STAMP	時間戳記	RTC_IT_TS	RTC_AF1 或 RTC_AF2	HAL_RTCEx_TimeStampEventCallback()
	入侵偵測 1	RTC_IT_TAMP1	RTC_AF1 或 RTC_AF2	HAL_RTCEx_Tamper1EventCallback()
	入侵偵測 2	RTC_IT_TAMP2	RTC_AF1 或 RTC_AF2	HAL_RTCEx_Tamper2EventCallback()

表 18-2 中的「中斷事件類型」是 HAL 函數庫定義的巨集，實際上是各中斷事件在 RTC 控制暫存器 RTC_CR 中的中斷啟用控制位元的遮罩。

某些中斷事件產生的訊號可以選擇輸出到 RTC 的重複使用接腳，某些事件需要外部輸入訊號。其中，鬧鈴 A、鬧鈴 B 和週期喚醒中斷的訊號可以選擇輸出到重複使用接腳 RTC_AF1，時間戳記事件檢測一般使用 RTC_AF1 作為輸入接腳，入侵偵測可以使用 RTC_AF1 或 RTC_AF2 作為輸入接腳。

對於 STM32F407 微控制器，重複使用接腳 RTC_AF1 是接腳 PC13，重複使用 RTC_AF2 是接腳 PI8。只有 176 個接腳的 MCU 才有 PI8，所以，STM32F407ZG/STM32F407ZE 晶片上沒有 RTC_AF2，只有 RTC_AF1。

重複使用接腳除了可以作為鬧鈴 A、鬧鈴 B 和週期喚醒中斷訊號的輸出接腳外，還可以作為兩個預分頻器的時鐘輸出接腳 (見圖 18-1)，用於輸出 256Hz 或 1Hz 的時鐘訊號。

18.2 RTC 的 HAL 函數庫驅動

RTC 的 HAL 驅動原始檔案為 stm32f4xx_hal_rtc.c 和 stm32f4xx_hal_rtc_ex.c，其相應的標頭檔為 stm32f4xx_hal_rtc.h 和 stm32f4xx_hal_rtc_ex.h，分別用於 RTC 功能模組的實現和定義。

18.2.1 RTC 的 HAL 基礎驅動程式

RTC 的基本功能函數如表 18-3 所示，包括 RTC 初始化函數、讀取和設定日期的函數、讀取和設定時間的函數、二進位數字和 BCD 碼之間的轉換函數以及一些判斷函數等。

▼表 18-3 RTC 的基本功能函數

函 數 名 稱	功 能 描 述
HAL_RTC_Init()	RTC 初始化
HAL_RTC_MspInit()	RTC 初始化的 MSP 弱函數，在 HAL_RTC_Init() 中被呼叫
HAL_RTC_GetTime()	獲取 RTC 當前時間，傳回時間資料是 RTC_TimeTypeDef 類型結構
HAL_RTC_SetTime()	設定 RTC 時間
HAL_RTC_GetDate()	獲取 RTC 當前日期，傳回日期資料是 RTC_DateTypeDef 類型結構
HAL_RTC_SetDate()	設定 RTC 日期
HAL_RTC_GetState()	傳回 RTC 當前狀態，傳回狀態是列舉類型 HAL_RTCStateTypeDef
RTC_ByteToBcd2()	將二進位數字轉為 2 位元 BCD 碼
RTC_Bcd2ToByte()	2 位元 BCD 碼轉為二進位數字
IS_RTC_YEAR(YEAR)	巨集函數，判斷參數 YEAR 是否小於 100
IS_RTC_MONTH(MONTH)	巨集函數，判斷參數 MONTH 是否為 1~12
IS_RTC_DATE(DATE)	巨集函數，判斷參數 DATE 是否為 1~31

1. RTC 初始化函數

進行 RTC 初始化的函數是 HAL_RTC_Init()，其原型定義如下：

```
HAL_StatusTypeDef HAL_RTC_Init(RTC_HandleTypeDef *hrtc)
```

其中，參數 hrtc 是 RTC 外接裝置物件指標，是 RTC_HandleTypeDef 結構類型指標。結構 RTC_HandleTypeDef 的定義如下：

```
typedef struct
{
    RTC_TypeDef                *Instance;     //RTC 暫存器基底位址
    RTC_InitTypeDef            Init;          //RTC 參數
    HAL_LockTypeDef            Lock;          //RTC 鎖定物件
    __IO HAL_RTCStateTypeDef   State;         // 時間通訊狀態
} RTC_HandleTypeDef;
```

其中，成員變數 Init 儲存了 RTC 的各種參數，是 RTC_InitTypeDef 結構類型，其原型定義如下：

```
typedef struct
{
    uint32_t HourFormat;        // 小時資料格式，12 小時制或 24 小時制
    uint32_t AsynchPrediv;      // 非同步預分頻器值，範圍為 0x00~0x7F，預設值為 127
    uint32_t SynchPrediv;       // 同步預分頻器值，範圍為 0x00~0x7FFF，預設值為 255
    uint32_t OutPut;            // 選擇訊號作為 RTC 輸出訊號
    uint32_t OutPutPolarity;    // 輸出訊號的極性，訊號有效時的電位
    uint32_t OutPutType;        // 輸出接腳的模式，開漏輸出或推拉輸出
} RTC_InitTypeDef;
```

其中，小時資料格式的設定值為以下兩個巨集定義常數中的。

```
#define RTC_HOURFORMAT_24 0x00000000U     //24 小時制
#define RTC_HOURFORMAT_12 0x00000040U     //12 小時制
```

2. 讀取和設定日期

讀取 RTC 當前日期的函數是 HAL_RTC_GetDate()，其原型定義如下：

```
HAL_StatusTypeDef HAL_RTC_GetDate(RTC_HandleTypeDef *hrtc, RTC_DateTypeDef *sDate,
uint32_t Format)
```

傳回的日期資料儲存在 RTC_DateTypeDef 類型指標 sDate 指向的變數中，參數 Format 表示傳回日期資料型態是 BCD 碼或二進位碼，透過以下兩個巨集定義常數進行選擇。

```
#define RTC_FORMAT_BIN 0x00000000U     // 二進位格式
#define RTC_FORMAT_BCD 0x00000001U     //BCD 碼格式
```

日期資料結構體 RTC_DateTypeDef 的定義如下：

```
typedef struct
{
    uint8_t WeekDay;        // 星期幾，巨集定義常數，例：RTC_WEEKDAY_SUNDAY
    uint8_t Month;          // 月份，巨集定義常數，例：RTC_MONTH_JUNE
```

```
    uint8_t Date;          // 日期，範圍：1~31
    uint8_t Year;          // 年，範圍：0~99, 表示 2000~2099
} RTC_DateTypeDef;
```

設定日期的函數是 HAL_RTC_SetDate()，其原型定義如下：

```
HAL_StatusTypeDef HAL_RTC_SetDate(RTC_HandleTypeDef *hrtc,
RTC_DateTypeDef *sDate, uint32_t Format)
```

參數 sDate 是需要設定的日期資料指標，參數 Format 表示資料的格式是 BCD 碼或二進位碼。

3. 讀取和設定時間

讀取時間的函數是 HAL_RTC_GetTime()，其原型定義如下：

```
HAL_StatusTypeDef HAL_RTC_GetTime(RTC_HandleTypeDef *hrtc,
RTC_TimeTypeDef *sTime, uint32_t Format)
```

傳回的時間資料儲存在 RTC_TimeTypeDef 類型指標 sTime 指向的變數裡，參數 Format 表示傳回時間資料型態是 BCD 碼或二進位碼。

時間資料結構體 RTC_TimeTypeDef 的定義如下：

```
typedef struct
{
    uint8_t Hours;             // 小時，12 小時制：0~11，24 小時制：0~23
    uint8_t Minutes;           // 分鐘，範圍：0~59
    uint8_t Seconds;           // 秒鐘，範圍：0~59
    uint8_t TimeFormat;        // 時間格式，AM 或 PM 顯示
    uint32_t SubSeconds;       // 微秒資料
    uint32_t SecondFraction;   // 秒的小數部分
    uint32_t DayLightSaving;   // 日光節約時間設定
    uint32_t StoreOperation;   // 儲存操作定義
} RTC_TimeTypeDef;
```

一般我們只關心時間的時、分、秒資料，如果是 12 小時制，還需要看 TimeFormat 的值。AM/PM 的設定值使用以下的巨集定義：

```
#define RTC_HOURFORMAT12_AM        ((uint8_t)0x00)
#define RTC_HOURFORMAT12_PM        ((uint8_t)0x01)
```

設定時間的函數是 HAL_RTC_SetTime()，其原型定義如下：

```
HAL_StatusTypeDef HAL_RTC_SetTime(RTC_HandleTypeDef *hrtc,
RTC_TimeTypeDef *sTime, uint32_t Format)
```

任何時候讀取日期和讀取時間的函數都必須成對使用，即使讀出的日期或時間資料用不上。也就是說，呼叫 HAL_RTC_GetTime() 之後，必須呼叫 HAL_RTC_GetDate()，否則不能連續更新日期和時間。因為呼叫 HAL_RTC_GetTime() 時會鎖定日曆影子暫存器當前值，直到日期資料被讀出後才會被解鎖。

4. 二進位數字和 BCD 碼之間的轉換

讀取和設定 RTC 的日期或時間資料時，可以指定資料格式為二進位或 BCD 碼。二進位就是常規的數，例如十進位數字 56 的二進位表示是 0b0011 1000，其中 0b 表示二進位數字，同時為了便於區分 8 位元二進位的高低四位元，在資料中間加了一個空格，對應的十六進位數為 0x38。BCD 碼又稱為 8421BCD 碼，就是用 4 位元二進位表示一位元十進位數字，還以十進位數字 56 為例，其 BCD 碼二進位表示為 0b0101 0110，對應的十六進位數為 0x56。

讀取日期或時間的函數中有個 Format 參數，可以指定為二進位格式 (RTC_FORMAT_BIN) 或 BCD 碼格式 (RTC_FORMAT_BCD)，這兩種編碼的資料之間可以透過 HAL 提供的兩個函數進行轉換。這兩個函數的原型定義如下，需要注意，這兩個函數只能轉換兩位元數字的資料。

```
uint8_t RTC_ByteToBcd2(uint8_t number);       // 二進位數字轉為兩位元 BCD 碼
uint8_t RTC_Bcd2ToByte(uint8_t number);       // 兩位元 BCD 碼轉為二進位數字
```

5. 一些判斷函數

在檔案 stm32f4xx_hal_rtc.h 中還有一些以 IS_RTC 為首碼的巨集函數，主要用於判斷參數是否在合理的範圍之內。部分典型的巨集函數定義如下，全部此類函數定義參見原始檔案。

```
#define IS_RTC_YEAR(YEAR)              ((YEAR) <= 99U)
#define IS_RTC_MONTH(MONTH)            (((MONTH) >= 1U) && ((MONTH) <= 12U))
#define IS_RTC_DATE(DATE)              (((DATE) >= 1U) && ((DATE) <= 31U))
#define IS_RTC_ASYNCH_PREDIV(PREDIV)   ((PREDIV) <= 0x7FU)
#define IS_RTC_SYNCH_PREDIV(PREDIV)    ((PREDIV) <= 0x7FFFU)
```

18.2.2　週期喚醒相關 HAL 函數

RTC 週期喚醒中斷的相關函數在檔案 stm32f4xx_hal_rtc_ex.h 中定義，常用的函數如表 18-4 所示。

▼ 表 18-4 週期喚醒中斷的相關函數

函數名稱	功能描述
__HAL_RTC_ WAKEUPTIMER_ENABLE()	開啟 RTC 的週期喚醒單元
__HAL_RTC_ WAKEUPTIMER_DISABLE()	停止 RTC 的週期喚醒單元
__HAL_RTC_ WAKEUPTIMER_ENABLE_IT()	允許 RTC 週期喚醒事件產生硬體中斷
__HAL_RTC_ WAKEUPTIMER_DISABLE_IT()	禁止 RTC 週期喚醒事件產生硬體中斷
HAL_RTCEx_GetWakeUpTimer()	獲取週期喚醒計數器的當前計數器，傳回數值型態 uint32_t
HAL_RTCEx_SetWakeUpTimer()	設定週期喚醒單元的計數週期數和時鐘訊號源，不開啟中斷
HAL_RTCEx_SetWakeUpTimer_IT()	設定週期喚醒單元的計數週期數和時鐘訊號源，開啟中斷
HAL_RTCEx_DeactivateWakeUpTimer()	停止 RTC 週期喚醒單元及其中斷，停止後可用巨集函數重新啟用
HAL_RTCEx_ WakeUpTimerIRQHandler()	RTC 週期喚醒中斷的 ISR 裡呼叫的通用處理函數
HAL_RTCEx_ WakeUpTimerEventCallback()	RTC 週期喚醒事件的回呼函數

1. 巨集函數

已知 RTC 外接裝置物件變數和週期喚醒中斷事件類型定義如下：

```
RTC_HandleTypeDef hrtc;              //RTC 外接裝置物件變數
#define RTC_IT_WUT 0x00004000U       // 週期喚醒中斷事件類型
```

使用巨集函數允許和禁止 RTC 週期喚醒事件產生硬體中斷的參考程式如下：

```
__HAL_RTC_WAKEUPTIMER_ENABLE_IT(&hrtc, RTC_IT_WUT)
__HAL_RTC_WAKEUPTIMER_DISABLE_IT(&hrtc, RTC_IT_WUT)
```

表 18-4 只列出了部分常用的巨集函數，使用者程式設計一般不需要直接使用這些巨集函數，若需了解全部函數或需要使用某些功能，可以查看原始檔案。

2. 週期喚醒計時器

函數 HAL_RTCEx_SetWakeUpTimer() 設定週期喚醒計時器的定時週期數和時鐘訊號源，不開啟週期喚醒中斷，其原型定義如下：

```
HAL_StatusTypeDef HAL_RTCEx_SetWakeUpTimer(RTC_HandleTypeDef *hrtc, uint32_t
WakeUpCounter, uint32_t WakeUpClock)
```

其中，參數 WakeUpCounter 是計數週期值，WakeUpClock 是時鐘訊號源，可以使用一組巨集定義表示時鐘訊號源。

函數 HAL_RTCEx_SetWakeUpTimer_IT() 設定週期喚醒計時器的定時週

期數和時鐘訊號源,並開啟週期喚醒中斷,函數參數形式與 HAL_RTCEx_SetWakeUpTimer() 一樣。這兩個函數在 STM32CubeMX 生成的 RTC 初始化函數程式中會被呼叫。

函數 HAL_RTCEx_DeactivateWakeUpTimer() 用於停止 RTC 週期喚醒單元及其中斷,其內部會呼叫 __HAL_RTC_WAKEUPTIMER_DISABLE() 和 __HAL_RTC_WAKEUPTIMER_DISABLE_IT()。

3. 週期喚醒中斷回呼函數

RTC 的週期喚醒中斷有獨立的中斷號碼,ISR 是 RTC_WKUP_IRQHandler()。在 STM32CubeMX 中開啟 RTC 的週期喚醒中斷後,在檔案 stm32f4xx_it.c 中會自動生成週期喚醒 ISR,程式如下:

```
void RTC_WKUP_IRQHandler(void)
{
    HAL_RTCEx_WakeUpTimerIRQHandler(&hrtc);
}
```

其中,函數 HAL_RTCEx_WakeUpTimerIRQHandler() 是週期喚醒中斷的通用處理函數,它內部會呼叫週期喚醒事件的回呼函數 HAL_RTCEx_WakeUpTimerEventCallback()。所以,使用者要對週期喚醒中斷進行處理,只需重新實現這個回呼函數即可。

18.2.3 鬧鈴相關 HAL 函數

RTC 有兩個鬧鈴 (某些型號 MCU 只有一個),鬧鈴相關的函數在檔案 stm32f4xx_hal_rtc.h 和 stm32f4xx_hal_rtc_ex.h 中定義。有些函數需要使用以下兩個巨集定義來區分鬧鈴 A 和鬧鈴 B。

```
#define RTC_ALARM_A RTC_CR_ALRAE          // 鬧鈴 A
#define RTC_ALARM_B RTC_CR_ALRBE          // 鬧鈴 B
```

表示鬧鈴 A 和鬧鈴 B 的中斷事件類型巨集定義如下:

```
#define RTC_IT_ALRA RTC_CR_ALRAIE          // 鬧鈴 A 的中斷事件
#define RTC_IT_ALRB RTC_CR_ALRBIE          // 鬧鈴 B 的中斷事件
```

鬧鈴的相關函數如表 18-5 所示,範例中直接使用了 RTC 外接裝置物件變數 hrtc。

▼表 18-5 鬧鈴的相關函數

函數名稱	功能描述
__HAL_RTC_ALARM_ENABLE_IT()	允許鬧鈴 A 或鬧鈴 B 產生硬體中斷，例如 __HAL_RTC_ALARM_ENABLE_IT(&hrtc,RTC_ALARM_A)
__HAL_RTC_ALARM_DISABLE_IT()	禁止鬧鈴 A 或鬧鈴 B 產生硬體中斷，例如 __HAL_RTC_ALARM_DISABLE_IT(&hrtc,RTC_ALARM_B)
__HAL_RTC_ALARMA_ENABLE()	開啟鬧鈴 A 模組，例如：__HAL_RTC_ALARMA_ENABLE(&hrtc)
__HAL_RTC_ALARMA_DISABLE()	關閉鬧鈴 A 模組，例如：__HAL_RTC_ALARMA_DISABLE(&hrtc)
__HAL_RTC_ALARMB_ENABLE()	開啟鬧鈴 B 模組，例如：__HAL_RTC_ALARMB_ENABLE(&hrtc)
__HAL_RTC_ALARMB_DISABLE()	關閉鬧鈴 B 模組，例如：__HAL_RTC_ALARMB_DISABLE(&hrtc)
HAL_RTC_SetAlarm()	設定鬧鈴 A 或鬧鈴 B 的鬧鈴參數，不開啟鬧鈴中斷
HAL_RTC_SetAlarm_IT()	設定鬧鈴 A 或鬧鈴 B 的鬧鈴參數，開啟鬧鈴中斷
HAL_RTC_DeactivateAlarm()	停止鬧鈴 A 或鬧鈴 B
HAL_RTC_GetAlarm()	獲取鬧鈴 A 或鬧鈴 B 的設定時間和遮罩
HAL_RTC_AlarmIRQHandler()	鬧鈴硬體 ISR 裡呼叫的通用處理函數
HAL_RTC_AlarmAEventCallback()	鬧鈴 A 中斷事件的回呼函數
HAL_RTCEx_AlarmBEventCallback()	鬧鈴 B 中斷事件的回呼函數

　　函數 HAL_RTC_SetAlarm() 用於設定鬧鈴時間和遮罩，此函數參數較為複雜，會在專案實例中結合程式講解。函數 HAL_RTC_GetAlarm() 用於獲取設定的鬧鈴時間和遮罩，其參數類型與 HAL_RTC_SetAlarm() 相同。

　　RTC 鬧鈴有一個中斷號碼，其 ISR 是 RTC_Alarm_IRQHandler()。函數 HAL_RTC_AlarmIRQHandler() 是鬧鈴中斷 ISR 中呼叫的通用處理函數，檔案 stm32f4xx_it.c 中鬧鈴的 ISR 程式如下：

```
void RTC_Alarm_IRQHandler(void)
{
    HAL_RTC_AlarmIRQHandler(&hrtc);
}
```

　　函數 HAL_RTC_AlarmIRQHandler 會根據鬧鈴事件來源，分別呼叫鬧鈴 A 的中斷事件回呼函數 HAL_RTC_AlarmAEventCallback() 或鬧鈴 B 的中斷事件回呼函數 HAL_RTCEx_AlarmBEventCallback()。

18.3 備份暫存器

STM32F407 的 RTC 有 20 個 32 位元的備份暫存器，暫存器的名稱為 RTC_BKP0R~RTC_BKP19R。這些備份暫存器由備用電源 VBAT 供電，在系統重置或主電源關閉時，只要 VBAT 有電，備份暫存器的內容就不會遺失。所以，備份暫存器可以用來儲存一些使用者資料。

檔案 stm32f4xx_hal_rtc_ex.h 中有讀寫備份暫存器的功能函數，其原型定義如下：

```
uint32_t  HAL_RTCEx_BKUPRead(RTC_HandleTypeDef *hrtc, uint32_t BackupRegister)
Void HAL_RTCEx_BKUPWrite(RTC_HandleTypeDef *hrtc, uint32_t BackupRegister, uint32_t Data)
```

其中，參數 BackupRegister 是備份暫存器編號，檔案 stm32f4xx_hal_rtc_ex.h 中定義了 20 個備份暫存器編號的巨集，部分定義如下：

```
#define RTC_BKP_DR0      0x00000000U
#define RTC_BKP_DR1      0x00000001U
……    // 省略了中間定義程式
#define RTC_BKP_DR18     0x00000012U
#define RTC_BKP_DR19     0x00000013U
```

RTC 也可以由備用電源供電，在系統重置或主電源關閉時，RTC 的日曆不受影響。

 為避免系統重置時日曆被重複初始化，可以在日曆初始化完成後向某一備份暫存器中寫入標記資料，以區分是否已經初始化，這是備份暫存器在 RTC 專案中的典型應用。

18.4 RTC 日曆和鬧鈴專案

18.4.1 開發專案

本專案實現一個不間斷日曆，同時使用 RTC 的週期喚醒、鬧鈴 A 和鬧鈴 B 中斷。專案具有以下功能。

(1) 使用 32.768kHz 的 LSE 時鐘作為 RTC 時鐘源，RTC 模組和備份暫存器由 CR1220 紐扣電池供電。

(2) 初始化 RTC 日期為 2023-02-28，時間為 09: 30: 25，在 RTC_BKP0R 暫存器中寫入資料 0xA5A5，以避免重複初始化。

(3) 每秒喚醒一次，在週期喚醒中斷中讀取當前日期、星期和時間並在 LCD 上顯示日曆。

(4) 鬧鈴 A 實現整點報時功能，即在 xx: 00: 00 時刻觸發，蜂鳴器發聲 3 次，觸發次數顯示於 LCD 上。

(5) 鬧鈴 B 實現分鐘中間提示功能，即在 xx: xx: 30 時刻觸發，LED 快閃兩次，觸發次數顯示於 LCD 上。

(6) 按鍵 K1~K3 分別用於時、分、秒調節，時間數值在設定值範圍內向上循環調節。

(7) PC 獲取網路時間，透過序列埠發送至微控制器，MCU 接收並解析出日曆資料，更新 RTC 暫存器。

18.4.2 專案實施

1. 複製專案檔案

複製第 17 章建立的專案資料夾 1701 BitBand DHT11 到桌面，並將資料夾重新命名為 1801 RTC and BKP。

2. STM32CubeMX 設定

打開專案資料夾裡面的 Template.ioc 檔案，啟動 STM32CubeMX 設定軟體，依次對專案涉及模組進行設定。

1) RCC 元件設定

在 Pinout & Configuration 設定頁面中的 System Core 類別下面找到 RCC 元件，打開其設定介面，設定 LSE 為 Crystal/Ceramic Resonator。然後在 Clock Configuration 設定頁面設定 LSE 的 32.768kHz 的時鐘訊號作為 RTC 的時鐘源，RCC 元件設定結果如圖 18-2 所示。

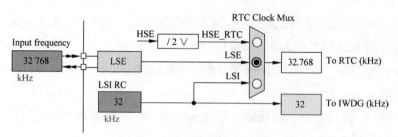

▲ 圖 18-2　RCC 元件設定

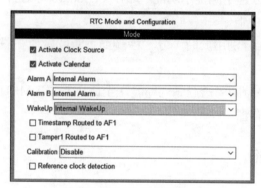

▲ 圖 18-3　RTC 模式設定介面

2) RTC 模式設定

RTC 模式設定介面如圖 18-3 所示，首先啟用時鐘源 (Activate Clock Source) 和日曆 (Activate Calendar)。鬧鈴 A(Alarm A) 和鬧鈴 B(Alarm B) 旁邊的下拉式選單裡都有 3 個選項。

(1) Disable：禁用鬧鈴。

(2) Internal Alarm：內部鬧鈴功能。

(3) Routed to AF1：鬧鈴事件訊號輸出到重複使用接腳 RTC_AF1，也就是接腳 PC13。

WakeUp 是週期喚醒功能，它旁邊的下拉式選單裡也有 3 個選項。

(1) Disable：禁用週期喚醒功能。

(2) Internal WakeUp：內部週期喚醒。

(3) Routed to AF1：週期喚醒事件訊號輸出到重複使用接腳 RTC_AF1。

鬧鈴 A、鬧鈴 B 和週期喚醒都可以產生中斷，且中斷事件訊號都可以輸出到重複使用接腳 RTC_AF1，但只能選擇其中一個輸出到 RTC_AF1。

開發板設計時，RTC_AF1 映射接腳 PC13 作為溫濕度感測器 DHT11 的資料線使用，所以此處均使用內部事件功能，即將鬧鈴 A、鬧鈴 B 均設定為 Internal Alarm，週期喚醒設定為 Internal WakeUp。

圖 18-3 中最下方的 Reference clock detection 是參考時鐘檢測功能，如果勾選此項，就會使接腳 PB15 作為 RTC_REFIN 接腳，這個接腳需要接一個 50Hz 或 60Hz 的精密時鐘訊號，用於對 RTC 日曆的 1Hz 更新頻率進行精確補償。某些 GPS 模組可以設定輸出 0.25Hz~10MHz 的時鐘訊號，在 GPS 模組的應用中，就可以設定 GPS 模組輸出 50Hz 訊號，作為 RTC 的參考時鐘源。

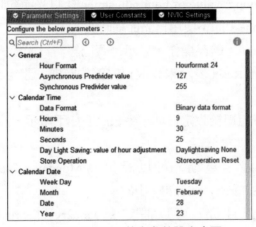

▲ 圖 18-4 RTC 基本參數設定介面

3) RTC 基本參數設定

RTC 基本參數設定介面如圖 18-4 所示，劃分為 General、Calendar Time 和 Calendar Date 三個類別組。

General 組用於 RTC 模組通用參數設定，有以下設定選項，其中 Output Polarity 參數和 Output Type 參數僅當 Alarm A、Alarm B、WakeUp 等事件選擇 Routed to AF1 選項時才會出現。

(1) Hour Format：小時格式，可以選擇 12 小時制或 24 小時制。

(2) Asynchronous Predivider value：非同步預分頻器值，設定範圍為 0~127，對應分頻係數是 1~128。當 RTCCLK 為 32.768kHz 時，128 分頻後就是 256Hz。

(3) Synchronous Predivider value：同步預分頻器值，設定範圍為 0~32767，對應分頻係數是 1~32768，256 分頻後就是 1Hz。

(4) Output Polarity：輸出極性，鬧鈴 A、鬧鈴 B、週期喚醒中斷事件訊號有效時輸出極性，可設定為高電位或低電位。

(5) Output Type：重複使用接腳 RTC_AF1 的輸出類型，可選開漏輸出 (Open drain) 或推拉輸出 (Push pull)。

Calendar Time 分組用於設定日曆的時間參數和初始化資料，選項說明如下：

(1) Data Format：資料格式，可以選擇二進位格式或 BCD 格式，這裡選擇 Binary data format。

(2) Hours、Minutes、Seconds：初始化時間數值，此處設定為 09: 30: 25。

(3) Day Light Saving: value of hour adjustment：日光節約時間設定，這裡設定為 Daylightsaving None，即不使用日光節約時間。

(4) Store Operation：儲存操作，表示是否已經對日光節約時間設定做修改，設定為 Storeoperation Reset 表示未修改日光節約時間，設定為 Storeoperation Set 表示已修改。

Calendar Date 分組用於設定日期，參數說明如下所示，設定日期為 2023 年 2 月 28 日、星期二。

(1) Week Day：設定星期，可以設定為 Monday、Tuesday、Wednesday、Thursday、Friday、Saturday、Sunday 中的。

(2) Month：設定月份，可以設定為 January、February、March、April、May、June、July、August、September、October、November、December 中的。

(3) Date：設定日期，數值範圍為 1~31。

(4) Year：設定年份，數值範圍為 0~99，表示 2000—2099 年。

4) 鬧鈴定時設定

使用者在 RTC 模式設定裡啟用鬧鈴 A 和鬧鈴 B 後，就會在參數設定部分看到鬧鈴的設定。鬧鈴的觸發時間可以設定為日期 (天或星期幾)、時、分、秒、微秒的任意組合，只需設定相應的日期時間和遮罩即可。鬧鈴 A 和鬧鈴 B 的設定方法是完全一樣的，下面以鬧鈴 A 的設定為例進行講解。

在本專案中，RTC 初始時間設定為 09: 30: 25，鬧鈴 A 在 xx: 00: 00 時刻觸發，實現整點報時功能，具體參數設定和說明如表 18-6 所示。

▼表 18-6 鬧鈴 A 的參數設定和說明

參數	意義	取值範例	範圍及說明
Hours	小時	09	0~23
Minutes	分鐘	0	0~59
Seconds	秒鐘	0	0~59
SubSeconds	微秒	0	0~59
Alarm MaskDate weekday	遮罩日期	Enable	設定為 Enable 表示遮罩，即鬧鈴與日期資料無關 設定為 Disable 表示日期資料參與比對
Alarm Mask Hours	遮罩小時	Enable	設定為 Enable 表示遮罩，即鬧鈴與小時資料無關 設定為 Disable 表示小時資料參與比對
Alarm Mask Minutes	遮罩分鐘	Disable	設定為 Enable 表示遮罩，即鬧鈴與分鐘資料無關 設定為 Disable 表示分鐘資料參與比對
Alarm MaskSeconds	遮罩微秒	Disable	設定為 Enable 表示遮罩，即鬧鈴與秒鐘資料無關 設定為 Disable 表示秒鐘資料參與比對
AlarmSubSecond Mask	遮罩秒鐘	Al Alarm SS fieldaremasked	設定為 All Alarm SS field are masked 表示遮罩，鬧鈴與微秒資料無關，設定為其他選項表示微秒資料參與比對
Alarm Date Week DaySel	日期形式	Date	有 Date 和 Weekday 兩個選項，選項 Date 表示用 1~31 日表示日期，選項 Weekday 表示用 Monday~Sunday 表示星期幾
Alarm Date	日期 / 周	28	1~31 或 Monday~Sunday

對於鬧鈴 A，只有 Alarm Mask Minutes 和 Alarm Mask Seconds 設定為 Disable，所以鬧鈴 A 的觸發時刻是 xx: 00: 00，與小時、日期資料無關，設定結果如圖 18-5 所示。

同樣，對於鬧鈴 B，只有 Alarm Mask Seconds 設定為 Disable，所以鬧鈴 B 的觸發時刻是 xx: xx: 30，即每分鐘的第 30s 觸發鬧鈴 B，設定結果如圖 18-6 所示。

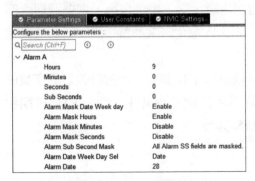

▲圖 18-5 鬧鈴 A 設定結果

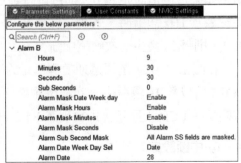

▲圖 18-6 鬧鈴 B 設定結果

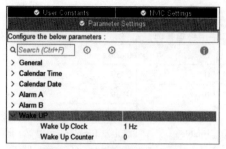

▲ 圖 18-7 週期喚醒的參數設定

5) 週期喚醒設定

週期喚醒的參數設定如圖 18-7 所示，只有兩個參數需要設定。

Wake Up Clock 參數用於設定週期喚醒的時鐘源。由圖 18-1 可知，週期喚醒的時鐘源可以來自同步預分頻的 1Hz 訊號，也可以來自 RTCCLK 經過 2、4、8、16 分頻的訊號。若 RTCCLK 頻率為 32.768kHz，則這個參數各選項意義如下：

(1) RTCCLK/16：16 分頻訊號，即 2.048kHz。

(2) RTCCLK/8：8 分頻訊號，即 4.096kHz。

(3) RTCCLK/4：4 分頻訊號，即 8.192kHz。

(4) RTCCLK/2：2 分頻訊號，即 16.384kHz。

(5) 1 Hz：來自 ck_spre 的 1Hz 訊號。

(6) 1 Hz with 1 bit added to Wake Up Counter：來自 ck_spre 的 1Hz 訊號，將 Wake Up Counter(喚醒計數器) 的值加 2^{16}。

Wake Up Counter 參數用於設定喚醒計數器的多載值，設定值的範圍是 0~65535。表示週期喚醒計數器的計數值達到這個值時，就觸發一次 WakeUp 中斷。如果這個值設定為 0，則每個時鐘週期中斷 1 次。舉例來說，選擇週期喚醒時鐘源為 1Hz 訊號時，若設定此值為 0，則每 1s 發生一次喚醒中斷；若此值設定為 1，則每 2s 發生一次喚醒中斷。

在圖 18-7 中，選擇週期喚醒單元的時鐘源為 1Hz 訊號，喚醒計數器的多載值為 0，所以每 1s 會發生一次喚醒中斷。在其中斷服務程式中，讀取 RTC 日期和時間並在 LCD 上顯示，即實現了 RTC 日曆功能。

6) 中斷設定

使用者可以在 NVIC 元件的設定介面設定 RTC 的中斷，選擇優先順序組別 3，因為其他中斷服務程式中可能會呼叫 HAL_Delay() 函數，所以將 SysTick 中斷優先順序設定為最高，數值為 0。開啟 RTC 週期喚醒中斷，它使用 EXTI 線 22，設定搶點優先順序為 4，回應優先順序為 0。鬧鈴 A 和鬧鈴 B 共用 EXTI 線 17，設定先佔優先順序為 5，回應優先順序為 0。開啟 EXTI0~EXTI2 中斷，並將其先佔優先順序設定為 6，回應優先順序設為 0。開啟 USART1 中斷，並將其先佔優先順序設定為 4，回應優先順序設定為 0。NVIC 設定結果如圖 18-8 所示。

NVIC Interrupt Table	Enabled	Preemption Pri	Sub Priority
Non maskable interrupt	☑	0	0
Hard fault interrupt	☑	0	0
Memory management fault	☑	0	0
Pre-fetch fault, memory access fault	☑	0	0
Undefined instruction or illegal state	☑	0	0
System service call via SWI instruction	☑	0	0
Debug monitor	☑	0	0
Pendable request for system service	☑	0	0
Time base: System tick timer	☑	0	0
RTC wake-up interrupt through EXTI line 22	☑	4	0
EXTI line0 interrupt	☑	6	0
EXTI line1 interrupt	☑	6	0
EXTI line2 interrupt	☑	6	0
USART1 global interrupt	☑	4	0
RTC alarms A and B interrupt through EXTI line 17	☑	5	0

▲圖 18-8 NVIC 設定結果

　　FSMC、SPI、GPIO、專案等相關設定參照以往專案設定，按一下 GENERATE CODE 按鈕生成初始化專案。

3. 初始化程式分析

　　使用者啟用 RTC 模組後，STM32CubeMX 會生成 RTC 初始化原始檔案 rtc.c 和初始化標頭檔 rtc.h，分別用於 RTC 初始化的實現和定義，並在主程式中自動呼叫 RTC 初始化函數，其程式如下：

```
/* ---------------------------Source File rtc.c-------------------------------- */
#include "rtc.h"
RTC_HandleTypeDef hrtc;
void MX_RTC_Init(void)  /* RTC init function */
{
    RTC_TimeTypeDef sTime = {0};
    RTC_DateTypeDef sDate = {0};
    RTC_AlarmTypeDef sAlarm = {0};
    hrtc.Instance = RTC;  /** Initialize RTC Only  */
    hrtc.Init.HourFormat = RTC_HOURFORMAT_24;
    hrtc.Init.AsynchPrediv = 127;
    hrtc.Init.SynchPrediv = 255;
```

```
hrtc.Init.OutPut = RTC_OUTPUT_DISABLE;
hrtc.Init.OutPutPolarity = RTC_OUTPUT_POLARITY_HIGH;
hrtc.Init.OutPutType = RTC_OUTPUT_TYPE_OPENDRAIN;
if (HAL_RTC_Init(&hrtc) != HAL_OK)
    Error_Handler();
/* USER CODE BEGIN Check_RTC_BKUP */
if(HAL_RTCEx_BKUPRead(&hrtc,RTC_BKP_DR0)==0xA5A5)
{
    goto  SKIP_CAL_INIT;  // 跳過日曆初始化
}
/* USER CODE END Check_RTC_BKUP */
sTime.Hours = 9;  /** Initialize RTC and set the Time and Date  */
sTime.Minutes = 30;
sTime.Seconds = 25;
sTime.DayLightSaving = RTC_DAYLIGHTSAVING_NONE;
sTime.StoreOperation = RTC_STOREOPERATION_RESET;
if (HAL_RTC_SetTime(&hrtc, &sTime, RTC_FORMAT_BIN) != HAL_OK)
    Error_Handler();
sDate.WeekDay = RTC_WEEKDAY_TUESDAY;
sDate.Month = RTC_MONTH_FEBRUARY;
sDate.Date = 28;
sDate.Year = 23;
if (HAL_RTC_SetDate(&hrtc, &sDate, RTC_FORMAT_BIN) != HAL_OK)
    Error_Handler();
SKIP_CAL_INIT:     /*  重新生成程式需手動增加此標號  */
sAlarm.AlarmTime.Hours = 9;  /** Enable the Alarm A  */
sAlarm.AlarmTime.Minutes = 0;
sAlarm.AlarmTime.Seconds = 0;
sAlarm.AlarmTime.SubSeconds = 0;
sAlarm.AlarmTime.DayLightSaving = RTC_DAYLIGHTSAVING_NONE;
sAlarm.AlarmTime.StoreOperation = RTC_STOREOPERATION_RESET;
sAlarm.AlarmMask = RTC_ALARMMASK_DATEWEEKDAY|RTC_ALARMMASK_HOURS;
sAlarm.AlarmSubSecondMask = RTC_ALARMSUBSECONDMASK_ALL;
sAlarm.AlarmDateWeekDaySel = RTC_ALARMDATEWEEKDAYSEL_DATE;
sAlarm.AlarmDateWeekDay = 28;
sAlarm.Alarm = RTC_ALARM_A;
if (HAL_RTC_SetAlarm_IT(&hrtc, &sAlarm, RTC_FORMAT_BIN) != HAL_OK)
    Error_Handler();
sAlarm.AlarmTime.Minutes = 30;  /** Enable the Alarm B  */
sAlarm.AlarmTime.Seconds = 30;
sAlarm.AlarmMask = RTC_ALARMMASK_DATEWEEKDAY|RTC_ALARMMASK_HOURS|RTC_ALARMMASK_MINUTES;
sAlarm.Alarm = RTC_ALARM_B;
if (HAL_RTC_SetAlarm_IT(&hrtc, &sAlarm, RTC_FORMAT_BIN) != HAL_OK)
    Error_Handler();
if (HAL_RTCEx_SetWakeUpTimer_IT(&hrtc, 0, RTC_WAKEUPCLOCK_CK_SPRE_16BITS) !=HAL_OK)
    Error_Handler();
```

```
    /* USER CODE BEGIN RTC_Init 2 */
    HAL_RTCEx_BKUPWrite(&hrtc,RTC_BKP_DR0,0xA5A5);  // 標記初始化完成
    /* USER CODE END RTC_Init 2 */
}
void HAL_RTC_MspInit(RTC_HandleTypeDef* rtcHandle)
{
    RCC_PeriphCLKInitTypeDef PeriphClkInitStruct = {0};
    if(rtcHandle->Instance==RTC)
    {
        /* 初始化外接裝置時鐘 */
        PeriphClkInitStruct.PeriphClockSelection = RCC_PERIPHCLK_RTC;
        PeriphClkInitStruct.RTCClockSelection = RCC_RTCCLKSOURCE_LSE;
        if (HAL_RCCEx_PeriphCLKConfig(&PeriphClkInitStruct) != HAL_OK)
            Error_Handler();
        __HAL_RCC_RTC_ENABLE(); /* RTC clock enable */
        HAL_NVIC_SetPriority(RTC_WKUP_IRQn, 4, 0); /* RTC interrupt Init */
        HAL_NVIC_EnableIRQ(RTC_WKUP_IRQn);
        HAL_NVIC_SetPriority(RTC_Alarm_IRQn, 5, 0);
        HAL_NVIC_EnableIRQ(RTC_Alarm_IRQn);
    }
}
```

由上述程式可知，函數 MX_RTC_Init() 用於 RTC 初始化，主要包括 RTC 基本參數初始化、日曆初始化、鬧鈴 A 初始化和鬧鈴 B 初始化四部分程式。函數 HAL_RTC_MspInit() 是 RTC 模組的 MSP 函數，重新實現這一函數主要用於設定 RTC 外接裝置時鐘源、啟用 RTC 時鐘和設定中斷優先順序。

本範例要實現不間斷日曆功能，雖然在主電源斷電後，由後備電源繼續供電，維持日曆執行，但是每次通電重置會再次初始化，使系統從程式設定時間重新計時。所以需要修改初始化程式，使日曆初始化程式僅在系統第一次重置時執行一次。

作者採用的方法是，在完成 RTC 基本參數初始化之後，讀取後備暫存器 RTC_BKP0R，如果其數值是 0xA5A5，表明已經初始化完成，則透過 goto 敘述跳過日曆初始化程式，跳躍目標為鬧鈴初始化敘述啟始位址，標號名稱為 SKIP_CAL_INIT。在完成所有程式初始化之後，還需要向 RTC_BKP0R 暫存器寫入資料 0xA5A5(可以設定為非 0 的任意數)，以表示初始化完成。上述程式在程式中均作加粗顯示，其中跳躍陳述式和寫入 BKP 暫存器敘述放置在程式沙箱中，而跳躍目標行標號沒有程式沙箱可放置，所以 STM32CubeMX 重新生成程式時，行標號將消失，所以還需要手動增加一下這個行標號。

當由後備電源供電時，僅向日曆模組和後備暫存器供電，以維持日曆執行。而 RTC 參數設定和中斷設定仍然需要在主電源恢復時進行初始化，所以本例中系統重置僅跳過了日曆初始化部分，其他所有初始化程式依然需要全部執行。

4. 使用者程式設計

使用者程式分為主程式設計和回呼函數設計兩部分，均位於 main.c 檔案中，參考程式如下：

1) 主程式設計

```
/* -------------------------Source File main.c------------------------------ */
#include "main.h"
#include "rtc.h"
#include "spi.h"
#include "usart.h"
#include "gpio.h"
#include "fsmc.h"
#include "lcd.h"
#include "flash.h"
#include "stdio.h"
#define LED1 PFout(0)
uint8_t TempStr[30]="",BeepCount=0,LampFlashCount=0,RxData=0;
RTC_TimeTypeDef sTime = {0};
RTC_DateTypeDef sDate = {0};
void SystemClock_Config(void);
void delay(uint32_t i);
void sound2(void);
int main(void)
{
    HAL_Init();
    SystemClock_Config();
    MX_GPIO_Init();
    MX_FSMC_Init();
    MX_SPI1_Init();
    MX_RTC_Init();
    MX_USART1_UART_Init();
    LCD_Init();
    LCD_Clear(WHITE);
    *SEG_ADDR=0XFFFF;              //關全部數位管！
    LCD_Fill(0,lcddev.height/2,lcddev.width,lcddev.height,BLUE);
    W25QXX_ReadID();              // 讀取元件 ID，後續程式需要使用
    LCD_PrintCenter(0,24*1,(u8 *)"RTC 時鐘與藍牙通訊 ",BLUE,WHITE,24,0);
    LCD_PrintCenter(0,24*3,(u8 *)" 週期喚醒、鬧鈴 A、鬧鈴 B、BKP 暫存器 ",BLUE,WHITE,16,0);
```

```
    HAL_UART_Receive_IT(&huart1,&RxData,1);
    //HAL_RTCEx_BKUPWrite(&hrtc,RTC_BKP_DR0,0); // 偵錯時清零
    while (1)
    {
        if(BeepCount>0)
        {
            BeepCount--;
            sound2();
            HAL_Delay(200);
        }
        if(LampFlashCount>0)
        {
            LampFlashCount--;
            LED1=!LED1;
            HAL_Delay(200);
        }
    }
}
```

　　主程式首先定義了一些全域變數，隨後對外接裝置進行初始化，並在 LCD 上輸出專案資訊，最後進入一個無限迴圈，用於對鬧鈴事件的處理，而日曆功能實現則由週期喚醒中斷服務程式實現。

2) 週期喚醒中斷回呼函數

　　週期喚醒中斷服務程式回呼函數參考程式如下：

```
void HAL_RTCEx_WakeUpTimerEventCallback(RTC_HandleTypeDef *hrtc)
{
    char *WeekName[7]={"Monday","Tuesday","Wednesday","Thursday","Friday","Saturday","Sunday"};
    if(HAL_RTC_GetTime(hrtc,&sTime,RTC_FORMAT_BIN)==HAL_OK)
    {
        HAL_RTC_GetDate(hrtc,&sDate,RTC_FORMAT_BIN);
        sprintf((char *)TempStr,"Date:%4d-%02d-%02d %s",
            sDate.Year+2000, sDate.Month, sDate.Date, WeekName[sDate.WeekDay-1]);
        LCD_PrintCenter(0,24*5,TempStr,WHITE,BLUE,24,0);
        sprintf((char *)TempStr,"Time is %02d:%02d:%02d",
            sTime.Hours, sTime.Minutes, sTime.Seconds);
        LCD_PrintCenter(0,24*6,TempStr,WHITE,BLUE,24,0);
    }
}
```

　　週期喚醒中斷每秒中斷一次，其功能為讀取時間和日期資料並顯示於 LCD，實現日曆顯示功能，讀取時間和讀取日期函數必須成對使用，即使其中一組資料無須使用，否則無法解鎖日曆影子暫存器！

3) 鬧鈴中斷回呼函數

鬧鈴 A 和鬧鈴 B 的中斷服務程式對應回呼函數參考程式如下：

```
void HAL_RTC_AlarmAEventCallback(RTC_HandleTypeDef *hrtc)
{
    static uint16_t AlarmATrigNum=0;
    BeepCount=3;
    AlarmATrigNum++;
    sprintf((char *)TempStr,"AlarmA(xx:00:00):%d",AlarmATrigNum);
    LCD_Print(24*2,24*7,TempStr,WHITE,BLUE,24,0);
}
void HAL_RTCEx_AlarmBEventCallback(RTC_HandleTypeDef *hrtc)
{
    static uint16_t AlarmBTrigNum=0;
    LampFlashCount=2;
    AlarmBTrigNum++;
    sprintf((char *)TempStr,"AlarmB(xx:xx:30):%d",AlarmBTrigNum);
    LCD_Print(24*2,24*8,TempStr,WHITE,BLUE,24,0);
}
```

由上述程式可知，鬧鈴 A 和鬧鈴 B 均對中斷次數進行記錄，並顯示於 LCD，同時設定各自鬧鈴事件全域變數，為使中斷服務程式儘量簡短，鬧鈴事件的處理由主程式完成。

4) 按鍵中斷回呼函數

按鍵中斷服務程式對應的回呼函數參考程式如下：

```
void HAL_GPIO_EXTI_Callback(uint16_t GPIO_Pin)
{
    HAL_Delay(15);
    if(HAL_GPIO_ReadPin(GPIOE,GPIO_Pin)==GPIO_PIN_RESET)
    {
        // 首先讀出日曆時間
        if(HAL_RTC_GetTime(&hrtc,&sTime,RTC_FORMAT_BIN)==HAL_OK)
        HAL_RTC_GetDate(&hrtc,&sDate,RTC_FORMAT_BIN);
        // 按鍵調節時間
        if(GPIO_Pin==GPIO_PIN_0)
            if(++sTime.Hours==24) sTime.Hours=0;
        if(GPIO_Pin==GPIO_PIN_1)
            if(++sTime.Minutes==60) sTime.Minutes=0;
        if(GPIO_Pin==GPIO_PIN_2)
            if(++sTime.Seconds==60) sTime.Seconds=0;
        // 寫入調整後的時間，並更新於 LCD
        HAL_RTC_SetTime(&hrtc, &sTime, RTC_FORMAT_BIN);
```

```
        sprintf((char *)TempStr,"Time is %02d:%02d:%02d",
                        sTime.Hours,sTime.Minutes,sTime.Seconds);
        LCD_PrintCenter(0,24*6,TempStr,WHITE,BLUE,24,0);
    }
}
```

　　按鍵中斷服務程式用於實現按鍵調節時間功能，雖然範例推薦使用序列埠同步時間，但是按鍵調節身為後備調節方式還是相當有必要的。

5) USART 中斷回呼函數

USART1 中斷服務程式對應的回呼函數參考程式如下：

```
void HAL_UART_RxCpltCallback(UART_HandleTypeDef *huart)
{
    static uint8_t k=0;
    if(huart->Instance==USART1)
    {
        k++;   // 統計接收到資料個數
        switch (k%7)
        {
            case 1:     sDate.Year= RxData;        break;
            case 2:     sDate.Month=RxData;        break;
            case 3:     sDate.Date= RxData;        break;
            case 4:     sDate.WeekDay=RxData;      break;
            case 5:     sTime.Hours= RxData;       break;
            case 6:     sTime.Minutes=RxData;      break;
            case 0:       // 接收到完整資料再更新日曆
            sTime.Seconds= RxData;
            HAL_RTC_SetTime(&hrtc, &sTime, RTC_FORMAT_BIN);
            HAL_RTC_SetDate(&hrtc,&sDate,RTC_FORMAT_BIN);
            break;
            default: break;
        }
        HAL_UART_Transmit(&huart1,&k,1,100);
        HAL_UART_Receive_IT(&huart1,&RxData,1);
    }
}
```

　　USART1 中斷服務程式用於從序列埠接收上位機發來的日曆資料，並解析後寫入日曆暫存器，實現方式類似於第 11 章序列埠通訊專案。

5. 下載偵錯

　　編譯專案，直到沒有錯誤為止，下載程式到開發板，重置執行，檢查實驗效果。

18.5 藍牙模組通訊

18.5.1 藍牙通訊概述

　　藍牙身為近距離無線通訊技術，由於其具有低功耗、低成本、高傳輸速率、網路拓樸簡單以及可同時管理資料和語音傳輸等諸多優點而深受嵌入式工程師的青睞。藍牙的工作頻段為全球通用的 2.4GHz ISM 頻段，資料傳輸速率為 1Mb/s，理想的通訊範圍為 10cm~10m，透過建立通用的無線空中介面及其控制軟體的公開標準，使不同廠商生產的可攜式裝置可以無線互聯互通，手機、PAD、無線喇叭、汽車電子、筆記型電腦等許多裝置都在使用藍牙技術。隨著藍牙技術的進步和自動化領域對便攜性需求急劇增加，藍牙技術也將用於更多檢測儀器儀表和工業自動化控制系統中。

18.5.2 藍牙透明傳輸原理

　　使用藍牙技術組建近距離無線通訊網實現資料互聯互通有兩種開發方式，一種是基於藍牙晶片的一次開發，需要了解複雜的藍牙底層協定，在 SDK 環境下設計晶片程式並進行測試封裝。雖然該方式在成本、靈活性方面具有明顯優勢，但也存在需要藍牙認證，開發難度大，研發週期長，對設計人員要求高等缺點。另一種是基於藍牙模組的延伸開發，在藍牙晶片設計公司提供的藍牙模組中已完成藍牙認證和底層協定封裝，對外提供一個操作介面，一般是序列埠，使用者在使用藍牙模組時只需要將其當成一個序列埠裝置即可，不用關心資料是如何接收和發送的，這就是藍牙模組的序列埠透明傳輸方式。使用藍牙模組雖然需要在成本和靈活性上做出一定的犧牲，但換來的是高可靠性和研發週期大幅縮短，普通嵌入式工程師可以很快地將藍牙技術應用於其研發產品中。基於上述分析，本章選用藍牙模組實現近距離無線傳輸網路組建，其工作於序列埠透明傳輸模式。

　　序列埠即通用同步 / 非同步收發器 USART，身為電路板等級有線通訊方式被廣泛應用於各類嵌入式系統中，如果需要連接兩個具有 USART 介面的裝置，則每個裝置至少透過三個接腳與其他裝置連接在一起，分別為接收資料登錄 (RxD)、發送資料輸出 (TxD)、兩個裝置之間的共地訊號 (GND)，其連接方式如圖 18-9 所示，需要注意的是兩個 USART 裝置的 TxD 和 RxD 必須交叉相連。

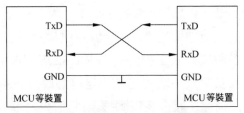

▲ 圖 18-9 兩個 USART 裝置連接

　　兩個具備 USART 序列埠的裝置組建藍牙無線通訊網簡單、高效的方式是選用藍牙模組採用序列埠透傳方式進行資料通信。其硬體連接方式如圖 18-10 所示，每個通訊裝置分別使用序列埠連接各自藍牙模組，此時至少需要連接 4 根線，分別為接收資料登錄 (RxD)、發送資料輸出 (TxD) 以及兩個裝置之間的電源訊號 (VCC) 和共地訊號 (GND)，如有必要還可以連接藍牙模組的按鍵重置和狀態指示訊號，此時仍然需要注意通訊裝置和藍牙模組的 RxD 訊號與 TxD 訊號交叉相連。完成如圖 18-10 所示硬體連接之後，藍牙模組可以看成序列埠裝置，資料發送和接收均是透過存取序列埠實現，至於資料如何在藍牙模組之間無線傳輸已不需要使用者關心，傳輸過程對通訊裝置來說完全透明。

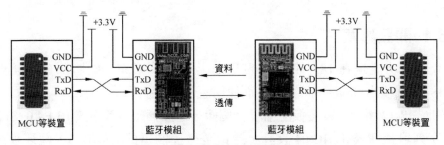

▲ 圖 18-10 兩個通訊裝置藍牙模組連接

　　上述通訊連接方式常見於各種工業控制過程中，但是作為嵌入式系統課程的藍牙模組網路拓樸教學案例，實施起來卻有些不便，主要表現為需要準備兩塊開發板，在兩台電腦上完成程式設計再下載分別執行，教師在課堂透過投影進行原理講解和功能演示則更加困難。所以考慮將上述通訊終端的一方更改為智慧裝置，可選的方案主要有手機、PAD 和 PC，PAD 不具備普遍性首先排除，手機雖然應用廣泛，但螢幕較小，而且非軟體專業的學生掌握手機 App 開發是比較困難的，應用起來有一定難度，所以最終選擇 PC 作為通訊另一終端。

　　如圖 18-11 所示，MCU 與 PC 通訊的微控制器端的硬體連接方式不變，還是採用序列埠交叉連接方式，PC 端無須藍牙模組，因為藍牙裝置已經整合到電腦硬體系統中了。為了更便捷地使用 PC 藍牙裝置收發資料，並考慮到嵌入式系統的開發傳統，即絕大多數嵌入式工程師有過 RS232 序列埠通訊或 USB 轉序列埠通訊開發經歷並累積大量常式，使用起來也是得心應手，所以在 PC 端將藍牙裝置虛擬成序列埠，這一過程一般會在電腦搜索到藍牙模組時自動完成，如果未能成功增加藍牙虛擬序列埠，也可以在藍牙設定選項中手動增加。

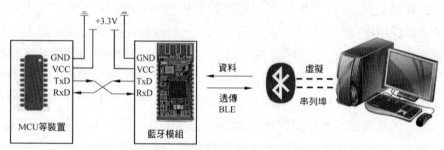

▲ 圖 18-11　微控制器與 PC 藍牙連接

▌18.6　無線時間同步電子萬年曆

18.6.1　開發專案

　　本專案功能是在 18.4 節專案的基礎上進一步擴充，硬體部分不再使用 CMSIS-DAP 偵錯器的序列埠通訊，而使用藍牙模組通訊。

　　如圖 18-12 所示，開發板配備了一個藍牙連接插座，其根據 BLE4.0+SPP2.0 雙模序列埠透傳模組 HC-04 設計，連接至微控制器的 USART3，藍牙模組的 TxD 接腳接微控制器 USART3 的 RxD 接腳，藍牙模組的 RxD 接腳接微控制器 USART3 的 TxD 接腳，此外還需將開發板電源和地線連接藍牙模組為其提供通訊電源。藍牙模組連接指示接腳連接微控制器的 PF14 接腳，藍牙模組的 AT 指令設定接腳連接微控制器的 PF15 接腳，上述兩個接腳只有在執行 AT 指令和進行連接指示時才需要使用。

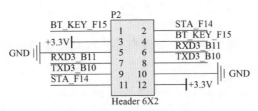

▲ 圖 18-12 藍牙模組連接插座

專案使用藍牙模組在 PC 與 MCU 之間建立無線資料傳輸通道,實現 PC 與微控制器之間時間同步,以達到精確、快捷設定 RTC 日曆時間的目標,專案需要完成以下功能:

(1) 實現 18.4 節專案全部功能,並將序列埠有線通訊更改為藍牙無線傳輸。

(2) 將陽曆日期轉為陰曆日期,並使用陰曆表示方法表示出年份和屬相。

(3) 設定 3 個按鍵調節日曆資料,分別用於選項選擇、數值加和數值減,調節選項使用特定顏色標示。星期資料無須調節,由日期計算得出。

(4) 即時擷取溫度、濕度和光照等環境資訊,並將日曆和環境資訊顯示於 LCD,同時將時間反白顯示於數位管。

18.6.2 專案實施

1. 複製專案檔案

因為本專案是在上一專案的基礎上進行擴充的,所以複製 18.4.2 節建立的專案資料夾 1801 RTC And BKP 到桌面,並將資料夾重新命名為 1802 BlueTooth Calendar。

2. STM32CubeMX 設定

本專案在 18.4.2 節專案基礎上進行擴充,二者設定基本相同,僅需將序列介面 USART1 設定取消,轉而設定藍牙模組透傳介面 USART3。由於藍牙模組預設傳輸速率是 9600b/s,所以此時也將 USART3 串列傳輸速率設定為 9600b/s,中斷及其他設定均無須修改。本專案還涉及 DHT11、蜂鳴器、LED 指示燈、光敏電阻數位輸入、FSMC、SPI、RTC 等模組,其設定同相關章節。時鐘、專案等相關設定無須更改,按一下 GENERATE CODE 按鈕生成初始化專案。

3. 初始化程式分析

專案涉及的初始化模組較多，但僅有序列埠初始化有微小變化，其位於 usart. c 檔案中，程式如下：

```
/* -------------------------Source File usart.c------------------------------- */
#include "usart.h"
UART_HandleTypeDef huart3;
void MX_USART3_UART_Init(void)
{
    huart3.Instance = USART3;
    huart3.Init.BaudRate = 9600;
    huart3.Init.WordLength = UART_WORDLENGTH_8B;
    huart3.Init.StopBits = UART_STOPBITS_1;
    huart3.Init.Parity = UART_PARITY_NONE;
    huart3.Init.Mode = UART_MODE_TX_RX;
    huart3.Init.HwFlowCtl = UART_HWCONTROL_NONE;
    huart3.Init.OverSampling = UART_OVERSAMPLING_16;
    if (HAL_UART_Init(&huart3) != HAL_OK)
        Error_Handler();
}
void HAL_UART_MspInit(UART_HandleTypeDef* uartHandle)
{
    GPIO_InitTypeDef GPIO_InitStruct = {0};
    if(uartHandle->Instance==USART3)
    {
        __HAL_RCC_USART3_CLK_ENABLE();    /* USART3 clock enable */
        __HAL_RCC_GPIOB_CLK_ENABLE();
        /** USART3 GPIO  PB10---> USART3_TX    PB11--> USART3_RX **/
        GPIO_InitStruct.Pin = GPIO_PIN_10|GPIO_PIN_11;
        GPIO_InitStruct.Mode = GPIO_MODE_AF_PP;
        GPIO_InitStruct.Pull = GPIO_NOPULL;
        GPIO_InitStruct.Speed = GPIO_SPEED_FREQ_VERY_HIGH;
        GPIO_InitStruct.Alternate = GPIO_AF7_USART3;
        HAL_GPIO_Init(GPIOB, &GPIO_InitStruct);
        HAL_NVIC_SetPriority(USART3_IRQn, 4, 0);    /* USART3 interrupt Init */
        HAL_NVIC_EnableIRQ(USART3_IRQn);
    }
}
```

由上述程式可知，藍牙模組初始化本質上就是初始化序列埠 USART3。

4. 主程式設計

使用者程式劃分為主程式和中斷回呼函數兩部分，二者均位於 main.c 檔案中。

在主程式或中斷回呼函數中需要呼叫的農曆和星期計算來源程式位於 solartolunar.
c 檔案中，需要呼叫的溫濕度擷取來源程式位於 dht11.c 檔案中，呼叫時需要包含
其相應的標頭檔。主程式參考原始程式碼如下：

```c
/* -------------------------Source File main.c------------------------------- */
#include "main.h"
#include "rtc.h"
#include "spi.h"
#include "tim.h"
#include "usart.h"
#include "gpio.h"
#include "fsmc.h"
#include "lcd.h"                    //LCD 顯示
#include "flash.h"                  // 字形檔晶片驅動
#include "stdio.h"                  // 標準輸入輸出
#include "dht11.h"                  // 溫濕度擷取
#include "solartolunar.h"           // 農曆和星期計算
#define LED1 PFout(0)               //LED1 位元帶操作定義
uint8_t TempStr[30]="",BeepCount=0,LampFlashCount=0,RxData=0;
uint8_t ShowCalendarFlag=0,SmgBuff[6],SetIndex=0;
uint16_t *SEG_ADDR=(uint16_t *)(0x68000000);
uint8_t smgduan[11]={0xc0,0xf9,0xa4,0xb0,0x99,0x92,0x82,0xf8,0x80,0x90};
uint8_t smgwei[6]={0xFE,0xFD,0xFB,0xF7,0xEF,0xDF};
RTC_TimeTypeDef sTime = {0};  RTC_DateTypeDef sDate = {0};
char *WeekName[7]={"Monday", "Tuesday", "Wednesday", "Thursday", "Friday",
"Saturday", "Sunday"};
void SystemClock_Config(void);
void delay(uint32_t i);                    // 延遲時間函數
void sound2(void);                         // 蜂鳴器發聲
void ShowCalendar(void);                   // 顯示日曆
void Dht11AndPhotoProcess(void);           // 溫度、濕度、光照處理
int main(void)
{
HAL_Init();
SystemClock_Config();
MX_GPIO_Init();
MX_FSMC_Init();
MX_SPI1_Init();
MX_RTC_Init();
MX_USART3_UART_Init();
MX_TIM7_Init();
LCD_Init();                                 //LCD 初始化
LCD_Clear(WHITE);                          // 白色清螢幕
*SEG_ADDR=0XFFFF;                          // 關全部數位管！
LCD_Fill(0,lcddev.height/2,lcddev.width,lcddev.height,BLUE);   // 下半頁藍色填充
```

```
W25QXX_ReadID();                              // 讀取元件 ID
HAL_TIM_Base_Start_IT(&htim7);                // 啟用 TIM7
HAL_UART_Receive_IT(&huart3,&RxData,1);       // 序列埠接收一個字元
ShowCalendar();  // 顯示日曆，含農曆計算、干支計算、屬相計算、設定區域標示等
LCD_Print(32,128,(u8 *)" 星火嵌入式開發板 ",WHITE,BLUE,32,0);
LCD_PrintCenter(0,24*7-4,(u8 *)" 萬年曆 V1.0　設計：黃克亞 ",YELLOW,BLUE,24,0);
LCD_PrintCenter(0,24*8,(u8 *)" 藍牙時間同步，按鍵調節日曆 ",WHITE,BLUE,24,0);
while(DHT11_Init())                           // 檢測 DHT11 是否存在
{
LCD_Print(0,24*9,(u8 *)"DHT11 檢測失敗 ",WHITE,BLUE,24,0);
delay_ms(500);
}
        LCD_Print(0,24*9,(u8 *)"  K1: 選擇 K2: 增加 K3: 減少 ",WHITE,BLUE,24,0);
        Dht11AndPhotoProcess();               // 初次顯示溫度、濕度和光照
//HAL_RTCEx_BKUPWrite(&hrtc,RTC_BKP_DR0,0);   // 偵錯時清零
while (1)
{
    if(BeepCount>0)                           // 鬧鈴 A 事件處理
    {
            BeepCount--;
            sound2();
            HAL_Delay(200);
    }
    if(LampFlashCount>0)                       // 鬧鈴 B 事件處理
    {
        LampFlashCount--;
        LED1=!LED1;
        HAL_Delay(200);
    }
    if(ShowCalendarFlag==1)                    // 週期更新事件處理
    {
        ShowCalendarFlag=0;
        ShowCalendar();
        Dht11AndPhotoProcess();
    }
    }
}
```

　　由上述程式可知，主程式首先完成外接裝置的初始化工作，隨後啟用外接裝置，檢測 DHT11 和讀取 W25Q128 元件 ID，並輸出系統資訊，最後進入中斷交易處理無限迴圈中。

　　由西曆轉為農曆在 ShowCalendar() 函數中完成。需要明確的是，農曆的確定與天文關係緊密相連，儲存的資料來自網路，起源於天文臺等權威機構公佈的農

曆的資料。如果計算時間跨度太大，如幾千年後的農曆，天文臺也沒有資料，無法計算表示，所以本專案並沒有實現一個真正的萬年曆，而僅計算 1901—2099 年農曆日期、干支和屬相。

5. 中斷回呼函數設計

專案中斷及優先順序設定結果如圖 18-13 所示，每類中斷都有其相應的回呼函數，為節省篇幅，本節僅介紹中斷回呼函數的名稱和功能，若需要了解詳細資訊，可查看專案原始檔案。

NVIC Interrupt Table	Enabled	Preemptio...	Sub Pri
Non maskable interrupt	☑	0	0
Hard fault interrupt	☑	0	0
Memory management fault	☑	0	0
Pre-fetch fault, memory access fault	☑	0	0
Undefined instruction or illegal state	☑	0	0
System service call via SWI instruction	☑	0	0
Debug monitor	☑	0	0
Pendable request for system service	☑	0	0
Time base: System tick timer	☑	0	0
RTC wake-up interrupt through EXTI line 22	☑	4	0
EXTI line0 interrupt	☑	6	0
EXTI line1 interrupt	☑	6	0
EXTI line2 interrupt	☑	6	0
USART3 global interrupt	☑	4	0
RTC alarms A and B interrupt through EXTI line 17	☑	5	0
TIM7 global interrupt	☑	7	0

▲ 圖 18-13 專案中斷及優先順序設定結果

1) 喚醒中斷

RTC 喚醒每秒中斷一次，用於更新日曆、溫度、濕度和光照等顯示資訊。為使中斷服務程式足夠簡短，在 RTC 中斷回呼函數中僅設定了一個喚醒中斷標識位元，而交易處理轉移到主程式執行。喚醒中斷回呼函數定義如下：

```
void HAL_RTCEx_WakeUpTimerEventCallback(RTC_HandleTypeDef *hrtc)
{
    … … // 喚醒中斷回呼函數
}
```

2) 鬧鈴中斷

STM32F407 的鬧鈴 A 和鬧鈴 B 共用一個中斷號碼，但有各自的回呼函數，鬧鈴 A 在 xx: 00: 00 時刻觸發，蜂鳴器整點提示。鬧鈴 B 在 xx: xx: 30 時刻觸發，LED 每分鐘中間閃爍 2 次。鬧鈴 A 和鬧鈴 B 回呼函數定義如下，在其中僅設定了事件標識位元，交易處理程式由主程式完成。

```
void HAL_RTC_AlarmAEventCallback(RTC_HandleTypeDef *hrtc)
{
    … …  // 鬧鈴 A 中斷回呼函數
}
void HAL_RTCEx_AlarmBEventCallback(RTC_HandleTypeDef *hrtc)
{
    … …  // 鬧鈴 B 中斷回呼函數
}
```

3) 外部中斷 EXTI

按鍵 K1~K3 使用外部中斷 EXTI0~EXT2 實現日期和時間調節，其中 K1 用於選擇設定選項，在年、月、日、時、分、秒選項中依次切換，專案無須設定星期，因為由日期可以計算出星期。K2 用於選項數值增加，K3 用於選項數值減小，二者均在設定值範圍內循環調節。EXTI0~EXTI2 使用同一中斷回呼函數，其定義如下：

```
void HAL_GPIO_EXTI_Callback(uint16_t GPIO_Pin)
{
    … …   //EXTI0~EXTI2 中斷回呼函數
}
```

4) 無線接收中斷

由於採用藍牙模組序列埠透明傳輸實現無線通訊，所以無線接收中斷回呼函數即為 USART3 的接收中斷回呼函數。中斷回呼函數的處理方式與 18.4.2 節專案類似，USART3 序列埠接收中斷回呼函數定義如下：

```
void HAL_UART_RxCpltCallback(UART_HandleTypeDef *huart)
{
    … …   //USART3 中斷回呼函數
}
```

6. 下載偵錯

專案實現藍牙時間同步的不間斷電子萬年曆，由於涉及藍牙無線通訊，所以偵錯時需要同時對微控制器端和 PC 端藍牙硬體進行連接和設定。

微控制器端，將藍牙模組 HC-04 縱向靠左安裝至藍牙連接插座 P2，安裝完成後，RxD 和 TxD 接腳交叉相連，其餘接腳名稱相同相連。編譯開發專案，直到沒有錯誤為止，下載程式到開發板，重置執行，此時藍牙模組的藍色指示燈不停閃爍，表示其處於未連接狀態。

　　PC 端和使用藍牙滑鼠或藍牙耳機等裝置一樣，首次使用需要配對，並會儲存設定資訊，再次使用即可直接連接，藍牙模組設定典型操作方式如下：

　　(1) 按一下工作列「藍牙」圖示，打開「設定」或按一下「開始」選單，選擇「設定→裝置」命令，均可打開「藍牙和其他裝置」設定對話方塊，操作介面如圖 18-14 所示。

▲ 圖 18-14 「藍牙和其他裝置」對話方塊 (編按：本圖例為簡體中文介面)

　　(2) 按一下圖 18-14 中的「增加藍牙或其他裝置」前面的「+」號，會彈出「增加裝置」對話方塊，選擇裝置類型為「藍牙」，此時會搜索附近的藍牙裝置。作者使用的是 BLE4.0+SPP2.0 雙模序列埠透傳模組 HC-04，所以此時會出現兩個藍牙裝置，一個是 HC-04，另一個是 HC-04BLE，選擇 HC-04 連接，會彈出一個輸入密碼對話方塊，輸入初始密碼 1234，開始連接，成功後會將 HC-04 增加至圖 18-14 的已配對裝置列表中。

　　(3) 完成藍牙裝置配對後，將滑鼠置於圖 18-14 對話方塊的最右側，向下滑動出現的捲軸，找到「更多藍牙選項」連結，按一下打開「藍牙設定」對話方塊，選擇「COM 通訊埠」標籤，設定介面如圖 18-15 所示。由圖 18-15 可知，當藍牙模組成功配對後，作業系統會自動虛擬出兩個序列介面，用於資料透明傳輸。傳入通訊埠是 PC 從機裝置，傳出通訊埠是 PC 主機裝置。本例中，PC 藍牙裝置作主機裝置使用，所以名稱為 HC-04'SerialPort' 的傳出通訊埠 COM7 是有效通訊埠；傳入通訊埠 COM4 並未使用，如有必要也可以將其刪除。

　　(4) 在 PC 端執行「微控制器與 PC 通訊 .exe」上位機通訊軟體，介面如圖 18-16 所示。相比於第 11 章序列埠通訊專案，有兩點需要注意。第一，需要將序列埠設定為 PC 藍牙虛擬傳出通訊埠 (本例為 COM7)，軟體在介面載入時會列舉有效序列埠，並會自動打開最大序列埠編號的序列埠，這一序列埠一般情況下就是藍牙虛擬傳出通訊埠，若不是，則需要讀者手動修改一下。第二，需要將序列埠通訊串列傳輸速率由預設的 115200b/s 修改為藍牙模組的 9600b/s。

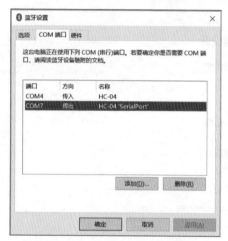

▲ 圖 18-15　藍牙「COM 通訊埠」
(編按：本圖例為簡體中文介面)

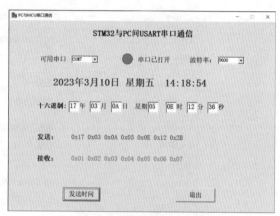

▲ 圖 18-16　上位機通訊軟體
(編按：本圖例為簡體中文介面)

　　(5) 當藍牙模組指示燈由閃爍轉變為常亮，表示藍牙連接成功，即可進行藍牙序列埠透明傳輸。按一下「發送時間」按鈕，上位機會將即時獲取的日期、星期、時間資訊透過序列埠透明傳輸出去。微控制器端的藍牙模組無線接收到資料後，再透過模組序列埠發送給微控制器，微控制器對收到資料進行解析，並更新日曆資訊，從而實現網路時間同步。讀者會發現，雖然我們使用的是藍牙無線傳輸，但是無論是 PC 還是 MCU 端均操作的是序列埠，其使用的軟體與操作方式和第 11 章的 UART 通訊一樣，就好像藍牙模組根本不存在一樣，這就是藍牙透明傳輸。這一原理還可以推廣到 WIFI 模組等其他複雜外接裝置，是嵌入式系統實現複雜通訊的一種典型方式。

　　系統的其他功能，如農曆轉換、干支計算、屬相計算、不間斷計時、日曆按鍵設定、鬧鈴功能和環境參數擷取等也需要逐一進行測試和驗證。

本章小結

　　本章內容大體上劃分為兩部分，第一部分介紹 RTC 時鐘與備份暫存器的功能、原理和 HAL 函數庫驅動方式，舉出本章第一個綜合性專案——使用 STM32F407 內部 RTC 模組實現不間斷日曆功能，並設定了兩個鬧鈴事件，透過序列埠精確設定起始時間。第二部分介紹了藍牙模組序列埠透明傳輸原理，舉出本章第二個綜合性專案——電子萬年曆，其具有藍牙無線時間同步，農曆、干支、屬相計算，日期、時間調節，溫度、濕度、光照擷取等眾多功能。RTC 是微控制器內部硬體模組，使用靈活、方便、計時準確，是嵌入式系統日曆、鬧鈴功能實現的不二之選。相比於藍牙晶片一次開發，藍牙模組序列埠透明傳輸可大幅縮短專案研發週期、提高系統可靠性以及快速實現嵌入式系統無線互聯互通。

思考拓展

(1) 什麼是 RTC 時鐘？

(2) 什麼是備份暫存器？

(3) 什麼是後備區域？

(4) 簡要說明 RTC 模組的內部結構。

(5) 使用 BKP 暫存器儲存系統密碼，實現類似於第 13 章的開機密碼功能。

(6) 擴充 18.4 節專案功能，使其可以進行鬧鈴設定，並將設定結果儲存於備份暫存器中。

(7) 擴充 18.6 節專案功能，由上位機發送命令控制開發板 LED 指示燈點亮或熄滅。

(8) 擴充 18.6 節專案功能，MCU 端以分鐘為週期向上位機發送溫度、濕度和光照的擷取資訊。

附錄 A

ASCII 碼表

ASCII	字元	ASCII	字元	ASCII	字元	ASCII	字元
0	NUL	32	SP	64	@	96	`
1	SOH	33	!	65	A	97	a
2	STX	34	"	66	B	98	b
3	ETX	35	#	67	C	99	c
4	EOT	36	$	68	D	100	d
5	ENQ	37	%	69	E	101	e
6	ACK	38	&	70	F	102	f
7	BEL	39	`	71	G	103	g
8	BS	40	(	72	H	104	h
9	HT	41	)	73	I	105	i
10	NL	42	*	74	J	106	j
11	VT	43	+	75	K	107	k
12	FF	44	,	76	L	108	l
13	CR	45	-	77	M	109	m
14	SO	46	.	78	N	110	n
15	SI	47	/	79	O	111	o
16	DLE	48	0	80	P	112	p
17	DC1	49	1	81	Q	113	q
18	DC2	50	2	82	R	114	r
19	DC3	51	3	83	S	115	s
20	DC4	52	4	84	T	116	t
21	NAK	53	5	85	U	117	u
22	SYN	54	6	86	V	118	v
23	ETB	55	7	87	W	119	w
24	CAN	56	8	88	X	120	x
25	EM	57	9	89	Y	121	y
26	SUB	58	:	90	Z	122	z
27	ESC	59	;	91	[	123	{
28	FS	60	<	92	\	124		

29	GS	61	=	93	]	125	}
30	RE	62	>	94	^	126	~
31	US	63	?	95	_	127	DEL

附錄 B
運算子和結合性關係表

優先順序	運算子	含義	運算物件個數	結合方向
1	( ) [ ] -> .	圓括號 下標運算子 指向結構成員運算子 結構成員運算子		自左至右
2	! ~ ++ -- (類型) * & sizeof	邏輯非運算子 位元反轉運算子 自動增加運算子 自減運算子 負號運算子 類型轉換運算子 指標運算子 取位址運算子 長度運算子	1 (一元運算子)	自右至左
3	* / %	乘法運算子 除法運算子 求餘運算子	2 (二元運算子)	自左至右
4	+ -	加法運算子 減法運算子	2 (二元運算子)	自左至右
5	<< >>	左移運算子 右移運算子	2 (二元運算子)	自左至右
6	< <= > >=	關係運算子	2 (二元運算子)	自左至右
7	== !=	等於運算子 不等於運算子	2 (二元運算子)	自左至右
8	&	位元與運算子	2 (二元運算子)	自左至右
9	^	位元互斥運算子	2 (二元運算子)	自左至右
10	|	位元或運算子	2 (二元運算子)	自左至右

優先順序	運算子	含義	運算物件個數	結合方向
11	&&	邏輯與運算子	2 (二元運算子)	自左至右
12	||	邏輯或運算子	2 (二元運算子)	自左至右
13	?:	條件運算子	3 (三元運算子)	自右至左
14	= += -= * = /= % = >> = <<= &= ^ = |=	設定運算子	2 (二元運算子)	自右至左
15	,	逗點運算子 (順序求值運算子)		自左至右

說明：

(1) 同一優先順序的運算子，運算次序由結合方向決定。舉例來說，* 與 / 具有相同的優先順序別，其結合方向為自左至右，因此 3*5/4 的運算次序是先乘後除。- 和 ++ 為同一優先順序，結合方向為自右向左，因此 -i++ 相當於 -(i++)。

(2) 不同的運算子要求有不同的運算物件個數，如 +(加) 和 -(減) 為二元運算子，要求在運算子兩側各有一個運算物件 (如 3+6、9-6 等)。而 ++ 和 -(負號)運算子是一元運算子，只能在運算子的一側出現一個運算對角，如 -a、i++、--i、(float)i、sizeof(int)、*p 等。條件運算子是 C 語言中唯一的三元運算子，如 x?a: b。

(3) 從上表中可以大致歸納出各類運算子的優先順序。

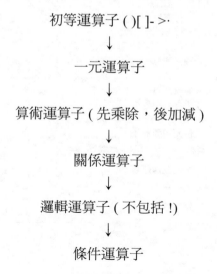

初等運算子 ( )[ ]- >·

↓

一元運算子

↓

算術運算子 (先乘除，後加減)

↓

關係運算子

↓

邏輯運算子 (不包括 !)

↓

條件運算子

設定運算子

↓

逗點運算子

　　以上的優先順序別由上到下遞減。初等運算子優先順序最高，逗點運算子優先順序最低。位元運算的優先順序比較分散，有的在算術運算子之前 (如 ~)，有的在關係運算子之前 (如 << 和 >>)，有的在關係運算子之後 (如 &、^、|)。為了便於記憶，使用位元運算符號時可加圓括號。

附錄 C

STM32F407 微控制器接腳定義表

封裝形式		接腳名稱	類型	I/O 電位	註釋	重複使用功能	附加功能
LQF P100	LQF P144						
1	1	PE2	I/O	FT		TRACECLK/FSMC_A23/ETH_MII_TXD3/EVENTOUT	
2	2	PE3	I/O	FT		TRACED0/FSMC_A19/EVENTOUT	
3	3	PE4	I/O	FT		TRACED1/FSMC_A20/DCMI_D4/EVENTOUT	
4	4	PE5	I/O	FT		TRACED2/FSMC_A21/TIM9_CH1/DCMI_D6/EVENTOUT	
5	5	PE6	I/O	FT		TRACED3/FSMC_A22/TIM9_CH2/DCMI_D7/EVENTOUT	
6	6	VBAT	S				
7	7	PC13	I/O	FT	(2)(3)	EVENTOUT	RTC_AF1
8	8	PC14-OSC32_IN(PC14)	I/O	FT	(2)(3)	EVENTOUT	OSC32_IN(4)
9	9	PC15-OSC32_OUT(PC15)	I/O	FT	(2)(3)	EVENTOUT	OSC32_OUT(4)
—	10	PF0	I/O	FT		FSMC_A0/I2C2_SDA/EVENTOUT	
—	11	PF1	I/O	FT		FSMC_A1/I2C2_SCL/EVENTOUT	
—	12	PF2	I/O	FT		FSMC_A2/I2C2_SMBA/EVENTOUT	
—	13	PF3	I/O	FT	(4)	FSMC_A3/EVENTOUT	ADC3_IN9
—	14	PF4	I/O	FT	(4)	FSMC_A4/EVENTOUT	ADC3_IN14
—	15	PF5	I/O	FT	(4)	FSMC_A5/EVENTOUT	ADC3_IN15
10	16	VSS	S				
11	17	VDD	S				
—	18	PF6	I/O	FT	(4)	TIM10_CH1/FSMC_NIORD/EVENTOUT	ADC3_IN4
—	19	PF7	I/O	FT	(4)	TIM11_CH1/FSMC_NREG/EVENTOUT	ADC3_IN5
—	20	PF8	I/O	FT	(4)	TIM13_CH1/FSMC_NIOWR/EVENTOUT	ADC3_IN6
—	21	PF9	I/O	FT	(4)	TIM14_CH1/FSMC_CD/EVENTOUT	ADC3_IN7
—	22	PF10	I/O	FT	(4)	FSMC_INTR/EVENTOUT	ADC3_IN8

封裝形式		接腳名稱	類型	I/O 電位	註釋	重複使用功能	附加功能
LQF P100	LQF P144						
12	23	PH0-OSC_IN (PH0)	I/O	FT		EVENTOUT	OSC_IN(4)
13	24	PH1-OSC _ OUT(PH1)	I/O	FT		EVENTOUT	OSC_OUT(4)
14	25	NRST	I/O	RST			
15	26	PC0	I/O	FT	(4)	OTG_HS_ULPI_STP/EVENTOUT	ADC123_IN10
16	27	PC1	I/O	FT	(4)	ETH_MDC/EVENTOUT	ADC123_IN11
17	28	PC2	I/O	FT	(4)	SPI2_MISO/OTG_HS_ULPI_DIR/TH_MII_TXD2/I2S2ext_SD/EVENTOUT	ADC123_IN12
18	29	PC3	I/O	FT	(4)	SPI2_MOSI/I2S2_SD/OTG_HS_ULPI_NXT/ETH_MII_TX_CLK/EVENTOUT	ADC123_IN13
19	30	VDD	S				
20	31	VSSA	S				
21	32	VREF+	S				
22	33	VDDA	S				
23	34	PA0-WKUP (PA0)	I/O	FT	(5)	USART2_CTS/UART4_TX/ETH_MII_CRS/TIM2 _ CH1 _ ETR/TIM5 _ CH1/TIM8_ETR/EVENTOUT	ADC123_IN0/ WKUP(4)
24	35	PA1	I/O	FT	(4)	USART2 _ RTS/UART4 _ RX/ETH _ RMII_REF_CLK/ETH_MII_RX_CLK/TIM5_CH2/TIMM2_CH2/EVENTOUT	ADC123_IN1
25	36	PA2	I/O	FT	(4)	USART2_ TX/TIM5 _ CH3/TIM9 _ CH1/TIM2_CH3/ETH_MDIO/EVENTOUT	ADC123_IN2
26	37	PA3	I/O	FT	(4)	USART2 _ RX/TIM5 _ CH4/TIM9 _ CH2/TIM2_CH4/OTG_HS_ULPI_D0/ETH_MII_COL/EVENTOUT	ADC123_IN3
27	38	VSS	S				
28	39	VDD	S				
29	40	PA4	I/O	TTa	(4)	SPI1 _ NSS/SPI3 _ NSS/USART2 _ CK/DCMI_HSYNC/OTG_HS_SOF/I2S3_WS/EVENTOUT	ADC12_IN4/DAC1_OUT
30	41	PA5	I/O	TTa	(4)	SPI1_SCK/OTG_ HS_ULPI_CK/TIM2_CH1_ETR/TIM8_CHIN/EVENTOUT	ADC12_IN5/DAC2_OUT
31	42	PA6	I/O	FT	(4)	SPI1 _ MISO/TIM8 _ BKIN/TIM13 _ CH1/DCMI _ PIXCLK/TIM3 _ CH1/TIM1_BKIN/EVENTOUT	ADC12_IN6
32	43	PA7	I/O	FT	(4)	SPI1 _ MOSI/TIM8 _ CH1N/TIM14 _ CH1/TIM3_CH2/ETH _ MII _ RX _ DV/TIM1_CH1N/RMII_CRS_DV/EVENTOUT	ADC12_IN7

封裝形式		接腳名稱	類型	I/O 電位	註釋	重複使用功能	附加功能
LQF P100	LQF P144						
33	44	PC4	I/O	FT	(4)	ETH_RMII_RX_D0/ETH_MII_RX_D0/EVENTOUT	ADC12_IN14
34	45	PC5	I/O	FT	(4)	ETH_RMII_RX_D1/ETH_MII_RX_D1/EVENTOUT	ADC12_IN15
35	46	PB0	I/O	FT	(4)	TIM3_CH3/TIM8_CH2N/OTG_HS_ULPI_D1/ETH_MII_RXD2/TIM1_CH2N/EVENTOUT	ADC12_IN8
36	47	PB1	I/O	FT	(4)	TIM3_CH4/TIM8_CH3N/OTG_HS_ULPI_D2/ETH_MII_RXD3/OTG_HS_INTN/TIM1_CH3N/EVENTOUT	ADC12_IN9
37	48	PB2-BOOT1 (PB2)	I/O	FT		EVENTOUT	
—	49	PF11	I/O	FT		DCMI_12/EVENTOUT	
—	50	PF12	I/O	FT		FSMC_A6/EVENTOUT	
—	51	VSS	S				
—	52	VDD	S				
—	53	PF13	I/O	FT		FSMC_A7/EVENTOUT	
—	54	PF14	I/O	FT		FSMC_A8/EVENTOUT	
—	55	PF15	I/O	FT		FSMC_A9/EVENTOUT	
—	56	PG0	I/O	FT		FSMC_A10/EVENTOUT	
—	57	PG1	I/O	FT		FSMC_A11/EVENTOUT	
38	58	PE7	I/O	FT		FSMC_D4/TIM1_ETR/EVENTOUT	
39	59	PE8	I/O	FT		FSMC_D5/TIM1_CH1N/EVENTOUT	
40	60	PE9	I/O	FT		FSMC_D6/TIM1_CH1/EVENTOUT	
—	61	VSS	S				
—	62	VDD	S				
41	63	PE10	I/O	FT		FSMC_D7/TIM1_CH2N/EVENTOUT	
42	64	PE11	I/O	FT		FSMC_D8/TIM1_CH2/EVENTOUT	
43	65	PE12	I/O	FT		FSMC_D9/TIM1_CH3N/EVENTOUT	
44	66	PE13	I/O	FT		FSMC_D10/TIM1_CH3/EVENTOUT	
45	67	PE14	I/O	FT		FSMC_D11/TIM1_CH4/EVENTOUT	
46	68	PE15	I/O	FT		FSMC_D12/TIM1_BKIN/EVENTOUT	
47	69	PB10	I/O	FT		SPI2_SCK/I2S2_CK/I2C2_SCL/USART3_TX/OTG_HS_ULPI_D3/ETH_MII_RX_ER/TIM2_CH3/EVENTOUT	
48	70	PB11	I/O	FT		I2C2_SDA/USART3_RX/OTG_HS_ULPI_D4/ETH_RMII_TX_EN/ETH_MII_TX_EN/TIM2_CH4/EVENTOUT	
49	71	VCAP_1	S				
50	72	VDD	S				

封裝形式		接腳名稱	類型	I/O 電位	註釋	重複使用功能	附加功能
LQF P100	LQF P144						
51	73	PB12	I/O	FT		SPI2 _ NSS/I2S2 _ WS/I2C2 _ SMBA/ USART3 _ CK/TIM1 _ BKIN/CAN2 _ RX/OTG_HS_ULPI_D5/ETH_RMII_ TXD0/ETH _ MII _ TXD0/OTG _ HS _ ID/EVENTOUT	
52	74	PB13	I/O	FT		SPI2 _ SCK/I2S2 _ CK/USART3 _ CTS/ TIM1 _ CH1N/CAN2 _ TX/OTG _ HS _ ULPI _ D6/ETH _ RMII _ TXD1/ETH _ MII_TXD1/EVENTOUT	OTG_HS_VBUS
53	75	PB14	I/O	FT		SPI2_MISO/TIM1_CH2N/TIM12_CH1/ OTG _ HS _ DM/USART3 _ RTS/TIM8 _ CH2N/I2S2ext_SD/EVENTOUT	
54	76	PB15	I/O	FT		SPI2 _ MOSI/I2S2 _ SD/TIM1 _ CH3N/ TIM8_CH3N/TIM12_CH2/OTG_HS_ DP/EVENTOUT	
55	77	PD8	I/O	FT		FSMC_D13/USART3_TX/EVENTOUT	
56	78	PD9	I/O	FT		FSMC_D14/USART3_RX/EVENTOUT	
57	79	PD10	I/O	FT		FSMC_D15/USART3_CK/EVENTOUT	
58	80	PD11	I/O	FT		FSMC _ CLE/FSMC _ A16/USART3 _ CTS/EVENTOUT	
59	81	PD12	I/O	FT		FSMC_ALE/FSMC_A17/TIM4_CH1/ USART3_RTS/EVENTOUT	
60	82	PD13	I/O	FT		FSMC_A18/TIM4_CH2/EVENTOUT	
—	83	VSS	S				
—	84	VDD	S				
61	85	PD14	I/O	FT		FSMC_D0/TIM4_CH3/EVENTOUT/ EVENTOUT	
62	86	PD15	I/O	FT		FSMC_D1/TIM4_CH4/EVENTOUT	
—	87	PG2	I/O	FT		FSMC_A12/EVENTOUT	
—	88	PG3	I/O	FT		FSMC_A13/EVENTOUT	
—	89	PG4	I/O	FT		FSMC_A14/EVENTOUT	
—	90	PG5	I/O	FT		FSMC_A15/EVENTOUT	
—	91	PG6	I/O	FT		FSMC_INT2/EVENTOUT	
—	92	PG7	I/O	FT		FSMC_INT3/USART6_CK/EVENTOUT	
—	93	PG8	I/O	FT		USART6_RTS/ETH_PPS_OUT/ EVENTOUT	
—	94	VSS	S				
—	95	VDD	S				
63	96	PC6	I/O	FT		I2S2 _ MCK/TIM8 _ CH1/SDIO _ D6/ USART6 _ TX/DCMI _ D0/TIM3 _ CH1/EVENTOUT	

封裝形式		接腳名稱	類型	I/O 電位	註釋	重複使用功能	附加功能
LQFP100	LQFP144						
64	97	PC7	I/O	FT		I2S3 _ MCK/TIM8 _ CH2/SDIO _ D7/USART6 _ RX/DCMI _ D1/TIM3 _ CH2/EVENTOUT	
65	98	PC8	I/O	FT		TIM8 _ CH3/SDIO _ D0/TIM3 _ CH3/USART6_CK/DCMI_D2/EVENTOUT	
66	99	PC9	I/O	FT		I2S_CKIN/MCO2/TIM8_CH4/SDIO_D1/I2C3 _ SDA/DCMI _ D3/TIM3 _ CH4/EVENTOUT	
67	100	PA8	I/O	FT		MCO1/USART1_CK/TIM1_CH1/I2C3_SCL/OTG_FS_SOF/EVENTOUT	
68	101	PA9	I/O	FT		USART1 _ TX/TIM1 _ CH2/I2C3 _ SMBA/DCMI_D0/EVENTOUT	OTG_FS_VBUS
69	102	PA10	I/O	FT		USART1_RX/TIM1_CH3/OTG_FS_ID/DCMI_D1/EVENTOUT	
70	103	PA11	I/O	FT		USART1 _ CTS/CAN1 _ RX/TIM1 _ CH4/OTG_FS_DM/EVENTOUT	
71	104	PA12	I/O	FT		USART1 _ RTS/CAN1 _ TX/TIM1 _ ETR/OTG_FS_DP/EVENTOUT	
72	105	PA13 (JTMS-SWDIO)	I/O	FT		JTMS-SWDIO/EVENTOUT	
73	106	VCAP_2	S				
74	107	VSS	S				
75	108	VDD	S				
76	109	PA14 (JTCK-SWCLK)	I/O	FT		JTCK-SWCLK/EVENTOUT	
77	110	PA15(JTDI)	I/O	FT		JTDI/SPI3_NSS/I2S3_WS/TIM2_CH1_ETR/SPI1_NSS/EVENTOUT	
78	111	PC10	I/O	FT		SPI3 _ SCK/I2S3 _ CK/UART4 _ TX/SDIO _ D2/DCMI _ D8/USART3 _ TX/EVENTOUT	
79	112	PC11	I/O	FT		UART4 _ RX/SPI3 _ MISO/SDIO _ D3/DCMI _ D4/USART3 _ RX/I2S3ext _ SD/EVENTOUT	
80	113	PC12	I/O	FT		UART5 _ TX/SDIO _ CK/DCMI _ D9/SPI3 _ MOSI/I2S3 _ SD/USART3 _ CK/EVENTOUT	
81	114	PD0	I/O	FT		FSMC_D2/CAN1_RX/EVENTOUT	
82	115	PD1	I/O	FT		FSMC_D3/CAN1_TX/EVENTOUT	
83	116	PD2	I/O	FT		TIM3_ETR/UART5_RX/SDIO_CMD/DCMI_D11/EVENTOUT	
84	117	PD3	I/O	FT		FSMC_CLK/USART2_CTS/EVENTOUT	

封裝形式		接腳名稱	類型	I/O 電位	註釋	重複使用功能	附加功能
LQF P100	LQF P144						
85	118	PD4	I/O	FT		FSMC_NOE/USART2_RTS/EVENTOUT	
86	119	PD5	I/O	FT		FSMC_NWE/USART2_TX/EVENTOUT	
—	120	VSS	S				
—	121	VDD	S				
87	122	PD6	I/O	FT		FSMC_NWAIT/USART2_RX/EVENTOUT	
88	123	PD7	I/O	FT		USART2 _ CK/FSMC _ NE1/FSMC _ NCE2/EVENTOUT	
—	124	PG9	I/O	FT		USART6 _ RX/FSMC _ NE2/FSMC _ NCE3/EVENTOU	
—	125	PG10	I/O	FT		FSMC_NCE4_1/FSMC_NE3/EVENTOUT	
—	126	PG11	I/O	FT		FSMC_ NCE4 _ 2/ETH _ MII _ TX _ EN/ ETH_RMII_TX_EN/EVENTOUT	
—	127	PG12	I/O	FT		FSMC_NE4/USART6_RTS/EVENTOUT	
—	128	PG13	I/O	FT		FSMC _ A24/USART6 _ CTS/ETH _ MII _ TXD0/ETH_RMII_TXD0/EVENTOUT	
—	129	PG14	I/O	FT		FSMC _ A25/USART6 _ TX/ETH _ MII _ TXD1/ETH_RMII_TXD1/EVENTOUT	
—	130	VSS	S				
—	131	VDD	S				
—	132	PG15	I/O	FT		USART6_CTS/DCMI_D13/EVENTOUT	
89	133	PB3（JTDO/ TRACESWO)	I/O	FT		JTDO/TRACESWO/SPI3_SCK/I2S3_CK/ TIM2_CH2/SPI1_SCK/EVENTOUT	
90	134	PB4 (NJTRST)	I/O	FT		NJTRST/SPI3 _ MISO/TIM3 _ CH1/ SPI1_MISO/I2S3ext_SD/EVENTOUT	
91	135	PB5	I/O	FT		I2C1 _ SMBA/CAN2 _ RX/OTG _ HS _ ULPI _ D7/ETH _ PPS _ OUT/TIM3 _ CH2/SPI1 _ MOSI/SPI3 _ MOSI/DCMI_ D10/I2S3_SD/EVENTOUT	
92	136	PB6	I/O	FT		I2C1 _ SCL/TIM4 _ CH1/CAN2 _ TX/ DCMI_D5/USART1_TX/EVENTOUT	
93	137	PB7	I/O	FT		I2C1_SDA/FSMC_NL/DCMI_VSYNC/ USART1_RX/TIM4_CH2/EVENTOUT	
94	138	BOOT0	I	B			VPP
95	139	PB8	I/O	FT		TIM4 _ CH3/SDIO _ D4/TIM10 _ CH1/ DCMI _ D6/ETH _ MII _ TXD3/I2C1 _ SCL/CAN1_RX/EVENTOUT	
96	140	PB9	I/O	FT		SPI2 _ NSS/I2S2 _ WS/TIM4 _ CH4/ TIM11 _ CH1/SDIO _ D5/DCMI _ D7/ I2C1_SDA/CAN1_TX/EVENTOUT	
97	141	PE0	I/O	FT		TIM4 _ ETR/FSMC _ NBL0/DCMI _ D2/EVENTOUT	

封裝形式		接腳名稱	類型	I/O 電位	註釋	重複使用功能	附加功能
LQF P100	LQF P144						
98	142	PE1	I/O	FT		FSMC_NBL1/DCMI_D3/EVENTOUT	
99	—	VSS	S				
—	143	PDR_ON	I	FT			
100	144	VDD	S				

注意：

(1) 接腳功能可用性取決於所選裝置。

(2) PC13、PC14、PC15 和 PI8 透過電源開關供電。由於電源開關只吸收有限的電流量 (3mA)，所以在輸出模式使用上述接腳應受到限制。

(3) 備份區域第一次通電，接腳呈現主功能，稍後取決於 RTC 暫存器的內容，即使重置依然如此，因為 RTC 暫存器不受系統重置影響。

(4) FT=5V 容限，但在類比模式或振盪器模式下除外 (適用於 PC14、PC15、PH0 和 PH1)。

參 考 文 獻

[1] ARM.Cortex-M4 Devices Generic User Guide[EB/OL].(2014)[2022-09-02].http://www.arm.com.

[2] ST.STM32F4 Reference Manual(RM0090)[EB/OL].(2021)[2022-09-02].http://www.st.com.

[3] ST.STM32 Cortex-M4 MCUs and MPUs programming manual[EB/OL].(2020)[2022-09-02].http://www.st.com.

[4] 黃克亞 .ARM Cortex-M3 嵌入式原理及應用——基於 STM32F103 微控制器 [M]. 北京：清華大學出版社，2020.

[5] 王維波，鄔志丹，王釗 .STM32Cube 高效開發教學 (基礎版)[M]. 北京：人民郵電出版社，2021.

[6] 王益涵，孫憲坤，史志才 . 嵌入式系統原理及應用——基於 ARM Cortex-M3 核心的 STM32F103 系列微控制器 [M]. 北京：清華大學出版社，2016.

[7] 郭建，陳剛，劉錦輝，等 . 嵌入式系統設計基礎及應用——基於 ARM Cortex-M4 微處理器 [M]. 北京：清華大學出版社，2022.

[8] 張洋，劉軍，嚴漢宇，等 . 精通 STM32F4 函數庫版 [M].2 版 . 北京：北京航空航太大學出版社，2019.

[9] 宋雪松 . 一步步教你學 51 微控制器 C 語言版 [M].2 版 . 北京：清華大學出版社，2020.

[10] 馬潮 .AVR 微控制器嵌入式系統原理與應用實踐 [M].2 版 . 北京：北京航空航太大學出版社，2007.

[11] 陳慶 . 感測器原理與應用 [M]. 北京：清華大學出版社，2021.

[12] Joseph Yiu，吳常玉，曹孟娟，等 .ARM Cortex-M3 與 Cortex-M4 權威指南 [M].3 版 . 北京：清華大學出版社，2015.

[13] 黃克亞 . 基於虛擬模擬和 ISP 下載的 AVR 微控制器實驗模式研究 [J]. 實驗技術與管理，2013，30(8): 81-85.

[14] 黃克亞 . 基於藍牙技術的時間同步與無線監控系統實驗設計 [J]. 實驗技術與管理，2021，38(11): 64-69.

[15] 黃克亞 . 基於 FSMC 匯流排的嵌入式系統多顯示終端驅動設計 [J]. 液晶與顯示，2022，37(6): 718-725.

[16] 黃克亞，陳良 . 基於 SPI 快閃記憶體和主記憶體 IAP 的嵌入式平臺中文顯示系統設計 [J]. 實驗室研究與探索，2022，41(12): 74-80.